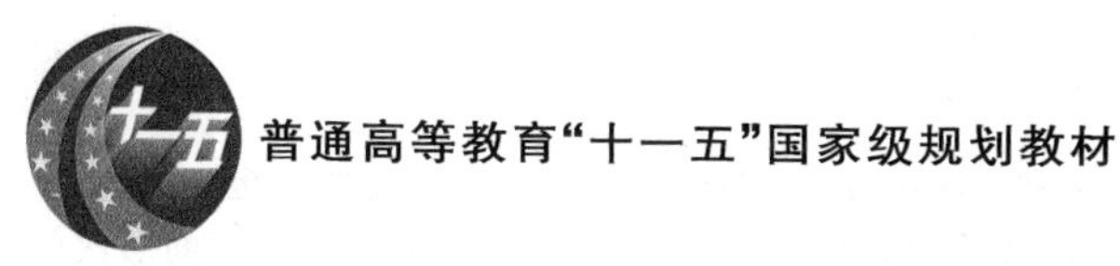

基础物理实验

（修订版）

李朝荣　徐　平　唐　芳　王慕冰　编著

北京航空航天大学出版社

内容简介

本书从强化基本训练、便于学生进行研究性学习和实践出发，本着强化规范、突出自主的思想，对基础实验教材的编写进行了认真的探索。教材在基本实验部分采用系列专题形式编写，每个专题包含不同层次的多个实验内容，学生可根据自己的能力选做其中一个或多个实验，这样有助于更好地发挥学生的潜能；基本实验后面分别设置"实验方法专题讨论"，旨在帮助学生归纳总结实验的基本理论与方法；设计性实验中提出了怎样做好设计性实验的讨论，便于学生的自学、思考和提高；配有数据处理示例，可帮助学生尽快掌握数据处理的方法。总之，本教材力求既适应多数学生的认识规律和教学的基本要求，又兼顾优秀学生进行深入研究的需求，为因材施教提供更多的教学层次和伸缩空间。

本书共分6章，前3章主要为实验基本理论和数据处理方法，以及实验的预备知识；后3章分别是基本实验、综合性实验和设计性实验。本书可作为60学时左右的理工科物理实验教材，也可供物理、农医等其他专业师生参考。

图书在版编目(CIP)数据

基础物理实验 / 李朝荣等编著. --修订本. --北京：北京航空航天大学出版社，2010.9

ISBN 978-7-5124-0208-9

Ⅰ.①基… Ⅱ.①李… Ⅲ.①物理学—实验—高等学校—教材 Ⅳ.①O4-33

中国版本图书馆 CIP 数据核字(2010)第 172563 号

基础物理实验(修订版)

李朝荣 徐 平 唐 芳 王慕冰 编著

责任编辑 刘晓明

*

北京航空航天大学出版社出版发行

北京市海淀区学院路37号(邮编100191) http://www.buaapress.com.cn

发行部电话：(010)82317024 传真：(010)82328026

读者信箱：bhpress@263.net 邮购电话：(010)82316936

北京九州迅驰传媒文化有限公司印装 各地书店经销

*

开本：787×960 1/16 印张：23.25 字数：521千字

2010年9月第1版 2020年9月第8次印刷 印数：19 101～19 300册

ISBN 978-7-5124-0208-9 定价：64.00元

修订版前言

本教材是北京航空航天大学教师长期坚持教学改革与教学实践的产物。在此之前该书已出版过三次，第一版由张士欣主编（北京科学技术出版社，1993 年），第二版由邬铭新主编（北京航空航天大学出版社，1998 年），第三版由梁家惠主编（北京航空航天大学出版社，2005 年）。此次是对第三版北京高等教育精品教材《基础物理实验》进行修订。

在第三版的基础上，本版主要作了如下修改与继承：

① 基本实验采用系列专题形式编排，每个专题包含不同层次的多个实验内容，学生可根据自己的能力选做其中一个或多个实验，以激励学生更好地发挥其潜能。

② 新增了一批具有鲜明特色或有较强训练价值的综合性实验，其中包括由我们自行研制开发的光纤陀螺寻北实验、多普勒效应测量超声声速、劳埃镜的白光干涉等实验项目。

③ 将基本仪器的介绍改放到教学网站上，可让学生更直观地掌握仪器的使用方法和注意事项。

④ 去掉了原版教材第 5 章设计性实验一（选做实验），将其部分内容移植到基本实验系列专题中。

⑤ 去掉了原版教材的预习思考题，而将其归并到预习要点中，以促使学生进行全面的预习。

⑥ 保留了原版教材独具特色的“实验方法专题讨论”栏目，共分 10 个专题，放在10 个相关实验之后，旨在帮助学生归纳总结实验的基本理论与方法。该部分内容也可单独成篇，待做完全部实验后再通读一遍，更有助于对实验内容和实验方法的深入理解。

⑦ 保留并修改了数据处理示例，以利于学生尽快克服数据处理中的困难。

本版教材除继承了以往教材的成果外,还增选了李华、李英姿老师撰写的部分综合性实验初稿。在本版教材的编写过程中,先由李朝荣、徐平、唐芳、王慕冰分工对各章节作了补充、修改和完善,最后由李朝荣完成统稿。在本书定稿时,尽管我们作了很大的努力,但由于学识和水平所限,加之时间仓促,仍可能存在缺陷甚至错误之处,敬请读者和专家批评指正,以便再版时修正。

最后,作者衷心感谢有关部门及领导将本书列入普通高等教育“十一五”国家级规划教材并给予财力上的支持,感谢北京航空航天大学出版社及其他工作人员为本书出版所作的努力。

作　者
2010 年 6 月

原版序言

21 世纪来临，物理学的发展和物理学教育是科学、技术、经济和社会可持续发展的重要基础。众所周知，过去、现在和将来，物理学的发展都是技术创新的重要源泉。迄今为止，每一次工程技术的新突破，基本上都来源于物理学的新发现；这不仅因为物理学是研究物质最基本的运动形式和规律的一门科学，是工程技术的基础，还在于物理学和物理实验的方法，对思维方法和理念的培养有着深刻的影响。当前人们面临的社会、科学和技术都发生了极大的变化，高技术的发展对物理学人才和物理学的教育提出了新的要求。因此，加强物理学教育的现代化，全面提高理工科学生的物理学素质，把握和运用物理学的基本知识、基本技能和基本方法是十分必要的。为培养了解现代物理学的理工科学生，除了课堂讲授物理学的知识外，物理学实验的训练也是必不可少的。

从本质上说，物理学是一门实验科学。物理学的新实验方法、新测试手段及新仪器已广泛地应用到科学技术的各个领域。因此，物理学和物理实验课不仅是理工科学生的必修课，对医农商甚至人文学科也是不宜取消的。物理实验是高等学校的一门基础课，全世界概莫能外。物理实验方法和技能将给学生探求未知世界的工具；物理实验对学生的思维方法和理念的培养也是不可替代的。在物理实验革新的进程中，北京航空航天大学物理实验中心的梁家惠先生和他的同事们做了多年的探索，迄今有了丰富的积累。

本书蕴涵着该中心的实验工作者多年的创造性劳动成果，这不仅体现在本书作者独立研制的新实验里，也体现在对传统和引进实验的二次开发中，还体现在他们为学生撰写的有关实验知识、方法和技术的总结中。只要认真读过本书，读者是不难从中感受到这一点的。

本书的作者告诉我，书中有关的基础物理实验是该实验室长期积累的成果，若干实验的关键设备是他们自制的，也有不少是从老师们的科研成果转化而来的。更为可贵的是，北京航空航天大学物理实验中心一面承担着繁重的教学任务，一面在实验室的建设上做了大量的工作。他们的物理实验中心在很大程度上，已经能满足普通物理实验和近代物理实验的要求。这一点同样是值得向同行们推荐的。实验室建设离不开经费的支持,但最关键的是人才的勤奋、智慧和创造。单靠钱是堆不出一流水平的实验室来的。

物理实验是一件有趣的事情。物理教学实验的重点在于对学生的训练。相对前人,学生们从事的实验已经不是创新性的活动,而且在实验中会有不可避免的重复。感谢北京航空航天大学物理实验中心的老师们,他们认真投入,不断进取,在基础物理实验的现代化的工作中取得了成功。在对学生进行基本功训练的同时,他们也获得了创造的乐趣。本书集中体现了他们的成果,也将成为人才素质和能力培养的基本教程。

解思深

2005 年 3 月

解思深博士:中国科学院物理研究所研究员,中国科学院院士,第三世界科学院院士,国家纳米科学中心首席科学家。

原版前言

本教材是北京航空航天大学教师和广大学生长期教学实践的结晶。特别是在“211工程”教学建设和世界银行贷款“高等教育发展”项目的支持下,我校物理实验课程的面貌发生了深刻的变化,新教材正是在这样的背景下面世的。因此它也是教学改革成果的体现。

我校物理实验课的教学体系和运作是按照基本实验—设计性实验—综合性实验—研究性实验(自主创新实验)的方式来进行的。考虑到自主创新实验目前仍采用开放物理实验选修课的形式,相应内容本书未予涉及。

本书编写的指导思想是以学生为本,有利于学生自学和进行研究性的学习与实践,有利于强化实验课的三基(基础知识、基本技能和基本方法)训练,有利于调动学生的学习积极性。和兄弟院校的同类教材相比,本书具有以下的特点:

1. 融入了一批体现实验内容现代化的新实验,其中也包括了由我们自行研制或开发的创新实验,例如碰撞过程的瞬态数字测量、声源定位和GPS仿真、超声CT、补偿法测短路电流等。

2. 在基本实验中,除新增了诸如数字测量等新实验以外,对传统实验也按新的教学基本要求进行了认真的精选与改造,使之在内容安排、仪器使用和数据处理等方面,具有自己的特色。

例如补偿法突出了自组电位差计的训练,删除了11线,弱化了箱式电位差计的内容;在热功当量和牛顿环实验中,强化了一元线性回归的训练等。配合具体实验,增写了实验方法专题讨论,帮助学生把实验的三基训练理论化、系统化。

3. 围绕设计性实验,安排了两种类型的实验。

在对学生进行比较严格、规范的设计性实验的训练和考核以前,在各基本实验中增加了一批内容上有联系、设计相对简单或以定性半定量估算为主的选做实验。例如在低阻测量中安排电缆短路故障的识别,在分光仪调整中安排双棱镜顶角和折射率的测量,在声速测量和示波器使用中安排电信号在导线中传播速度的估算,在牛顿环实验中安排纤维或细丝直径的测量等。这种较低层次的设计性实验,不仅便于对初学者进行独立工作能力的初步训练,培养常规学习难以获得的实验素质(物理规律的灵活运用,物理现象的发现、观察和分析,物理量的量级估计等),也有利于优秀实验人才的涌现和早期培养。

4. 综合性实验的选题,既要反映题目的新颖、综合,有明确的应用背景,也要突出基础训练的价值。

对一些物理思想好但训练环节少、操作“简单”的综合性实验,我们在内容上作了充实,如热导率测量、混沌电路的研究、全息实验等。对推导比较复杂、工科低年级学生感到困难的内容或原理,我们从大学物理的层面作了新的阐述或推演,例如光学傅里叶变换、布拉格衍射、液晶光阀、晶体的电光效应等。

考虑到综合性实验采用开放式选课,并且上课时教师不作系统讲解,我们增补了实验及应用背景介绍,以指导选课;扩充了思考及课堂讨论题,以促进学生间的讨论和研究;每个实验还提供了有助于深入研究的参考文献。

本教材是集体劳动的产物。参加过本书特别是综合性实验初稿选录工作的教师有王慕冰、陆肖宜、李清生、李朝荣、郑明、苗明川、徐平、唐芳、梁厚蕴和梁家惠等。书中的一些基本内容和素材继承了以往教材[1]的成果,并参考了许多兄弟院校和国外教材的论述。在实验改造,特别是新实验的开发中,许多实验管理人员和学生也付出了创造性的劳动。本书出版前,先由徐平、唐芳、李朝荣和梁家惠分工对全部内容作了补充、修改和完善,一些章节进行了重写,在此基础上又由梁家惠和李朝荣完成统稿。尽管我们作了很大的努力,但由于学识和水平的限制,书中若有缺陷甚至错误,敬请读者和专家批评指正。

衷心感谢有关部门及领导将本书列入北京高等教育精品教材的出版计划,并给予了财力上的支持。感谢清华大学张连芳教授在百忙中对本书作了认真的审核。

我们要特别感谢解思深院士为本书撰写了序言。他的许多意见既是对我们的鼓励,更是一种鞭策。

编　者

2005 年 7 月

[1] 《基础物理实验》,张士欣等编,北京科学技术出版社,1993 年;《基础物理实验》,邬铭新、李朝荣等编,北京航空航天大学出版社,1998 年。

目　　录

加“*”号的内容为超纲内容。

绪　论　怎样做好物理实验

1. 开设物理实验课程的目的

物理实验是高等理工科院校对学生进行科学实验基本训练的必修基础课程，也是本科生接受系统实验方法和实验技能训练的开端。完成设定内容的系列实验，将使学生得到系统的实验方法和实验技能的训练，了解科学实验的主要过程和基本方法，为实验能力的培养和综合素质的提高奠定基础；同时，本课程的实验思想和方法、实验设计和测量方法以及分析问题与解决问题的方法也将对学生的智力发展特别是创新意识的开发大有裨益。

2. 物理实验课程的任务①

本课程的具体任务如下：

① 培养学生的基本科学实验技能，提高学生的科学实验基本素质，使学生初步掌握实验科学的思想和方法。通过物理实验课的教学，使学生掌握误差分析、数据处理的基本理论和方法；学会常用仪器的调整和使用；了解常用的实验方法；能够对常用物理量进行一般测量；具有初步的实验设计能力。

② 培养学生的科学思维和创新意识，使学生掌握实验研究的基本方法，提高学生的分析能力和创新能力。通过物理实验引导学生深入观察实验现象，建立合理的模型，定量研究物理规律；能够运用物理学理论对实验现象进行初步的分析判断，逐步学会提出问题、分析问题和解决问题，激发学生创造性思维；能够完成符合规范要求的设计性内容的实验，进行简单的具有研究性或创意性内容的实验。

③ 提高学生的科学素养，培养学生理论联系实际和实事求是的科学作风，认真严谨的科学态度，积极主动的探索精神，遵守纪律、爱护公共财产的优良品德以及互助合作的团队意识。

3. 怎样做好物理实验

(1) 做好物理实验要抓好三个环节

1) 预　习

预习，是指上实验课前的准备工作。有条件时，可到实验室结合仪器进行预习。预习首先要明确本次实验要达到的目的，以此为出发点，弄明白实验所依据的理论、所采用的实验方法；搞清控制物理过程的关键及必要的实验条件；知道实验要进行的内容和实施的步骤，仪器如何选择、安排和调整；分析实验中可能出现的问题等。在此基础上写出实验预习报告。

预习效果的好坏至关重要。它不仅影响实验者能否主动、顺利地进行实验，而且会在很大

---

① 引自《理工科类大学物理实验课程教学基本要求》(2008 年版)。

程度上决定接受训练的质量和收获的大小。

2) 实　验

在实验中要努力弄懂为何要这样安排实验、如此规定实验步骤的道理;要掌握正确的调整操作方法;要注意观察实验现象:什么现象说明调节已达到规定的要求?观察到的现象是否与预期的一致?这些现象说明什么问题?出现故障时如何根据现象分析其产生的原因等;应正确地记录数据:正确地设计出数据表格,正确地判断数据的科学性,如实地、清楚地记录下全部原始实验数据和必要的环境条件、仪器型号与规格以及正确的有效数字等。

实验中要做到四多(多观察、多动手、多分析、多判断),三反对(反对侥幸心理、反对机械地操作、反对实验的盲目性)。

实验过程是物理实验教学的中心环节,内容非常丰富,是学生主动研究、积极探索的好时机。一堂课收获的大小,很大程度上取决于个人主观能动性的发挥程度。

3) 报　告

实验报告是实验结果的文字报道,是实验过程的总结。为了写好实验报告,应该做到:认真学习实验数据的处理方法;有根据地、具体地进行误差分析;正确地表示出测量结果,并对结果作出合乎实际的说明和讨论;记录并分析实验中发生的现象;认真回答思考题等。

书写出一份字迹清楚、文理通顺、图表正确、数据完备、结果明确的报告是对大学生的起码要求,也是大学生应具备的基本能力。

(2) 严格基本训练,培养动手能力

基础实验训练是成才的基本功。“不积小流,无以成江海”。严格训练要从一点一滴、一招一式做起。例如基本仪器的正确使用,就涉及仪器位置的摆放、连线与拆线的方法、操作顺序、调零、消视差、读数记录和整理等最基本的步骤。

实验不能仅满足于测几个数据,要充分利用实践机会来培养自己的动手能力。可以通过重复实验、改变实验条件或参量数值以及作对比分析来判断测量结果的正确性;遇到困难或数据超差,不要一味埋怨仪器不好或简单重做一遍,而要作认真的分析,找出原因,自己动手排除障碍,尽力把实验做好。

经典的传统实验,集中了许多科学实验的训练内容,每个实验都包括一些具有普遍意义的实验知识、实验方法和实验技能。完成实验以后,可结合该实验的目的和要求进行必要的归纳总结,提高自己驾驭知识的能力,例如总结不同实验中体现出来的基本实验方法——比较法、放大法、模拟法、补偿法、干涉法及转换测量法等;总结实验中用到的数据处理的一些基本方法——列表法、作图法、逐差法、回归法等。为了帮助学生把握具体实验背后的普遍性精华,挖掘这些在分散中闪亮的思想、观点和方法并加以分析和综合,我们增加了一个“实验方法专题讨论”栏目,共分 10 个专题放在 10 个相关实验之后。该部分内容也可单独成篇,待做完全部实验后再通读一遍,更有助于对实验内容和实验方法的深入理解。

4. 关于教材与实验安排

物理实验课包括了4种类型的实验，它们是基本实验、综合性实验、设计性实验和研究性实验。基本实验为学生获得最初步的实验基本知识、方法和技能提供训练平台；综合性实验为物理学的现代工程应用提供若干基础性的知识和技术平台；设计性实验为学生提供灵活应用学过的知识独立解决实际问题的训练平台；研究性实验即自主、创新实验，则是为优秀学生提供个性发展和创新意识培养的训练平台。

第一学期以基本实验为主。由于绝大多数学生都是第一次接受比较严格的实验基本功训练，为了帮助大家缩短适应期，我们在教材编写上采取了一些措施：① 重新修订了实验思考题并增加了预习要点，希望有助于大家做实验特别是预习时的思考；② 提供了若干数据处理的实例并加有旁注，希望有助于克服处理数据中的困难；③ 结合具体的实验，增写了10个实验方法的专题讨论，希望能推动同学们在实验后的总结与归纳①；④ 实验题目按系列专题形式安排，每个专题包含不同层次的多个实验内容，学生可根据自己的能力选做其中一个或多个实验，希望这种个性化的培养方式能激励学生充分发挥各自的潜能，以不同的速度尽早达到各自的最佳水平。

“凡做学问，贵在自悟”。我们希望这些措施能够成为学生培养能力、提高素质的有用元素，而不是越俎代庖甚至填写数据、对付作业的抄本。

5. 关于教学安排及方式

本课程总学时为60学时，分两学期（32学时＋28学时）完成。第一学期做基本实验，第二学期做综合性实验和设计性（考试）实验。而研究性实验目前以“自主创新物理实验”选修课形式开出。

本课程采用“积分制”教学模式。我们预先根据每个实验题目的难易程度设置了不同的积分，每学期只规定学生必须获得若干积分，而不限定必须做几个实验，学生可根据自己的能力通过选做少数几个难度大的实验或多个难度小的实验来完成积分。实验时间和实验题目均由学生在选课网上自行选择。

第一学期基本实验以专题的形式开出，每个专题包含不同层次、不同难度的多个实验题目。学生可以（但不鼓励）多次重复选择同一专题的实验。

第二学期安排综合性实验和设计性（考试）实验（综合性实验20学时，考试实验8学时）。综合性实验包含菜单型和课题型两种形式：菜单型实验是从开出的15个实验中选做4～5个；课题型实验不固定题目，可由实验室给出或由学生自行提出，实验方案和实验仪器也由学生自提，学生可自由组成课题组，共同完成整个实验项目。设计性（考试）实验是把设计性实验和考试方法结合起来的一种教学形式。实验题目在课前10分钟由计算机随机决定，教师不做讲

① 著名物理学家杨振宁把教学方法分成演绎法和归纳法。物理实验应当归入归纳法。它要求学生从具体实验的长期积累中归纳、抽象，并把握系统的实验规律，成为会做实验的人。

解,每个学生要独立完成由设计、实验到处理数据、撰写报告的全过程。

课前必须做好预习,预习内容包括实验名称、实验目的、实验原理(理论依据、实验方法、主要计算公式及公式中各量的意义,电路图、光路图和实验装置,有些实验还要自拟实验方案,设计实验线路,选择仪器等)、实验的关键步骤和主要注意事项、数据表格等。**重点是:在认真思考的基础上对实验原理和方法、操作步骤和关键进行归纳及整理。**预习报告在上课前交教师审阅,经教师课堂提问、考查认可后方可进入实验阶段。

每个实验要求提交规范、正确的数据处理报告,每步要有公式、计算式,然后给出结果。原始数据要按列表法规范填写,不得有任何涂改痕迹,由任课教师在原始数据记录单上签字。数据处理不规范者不给积分,学生须重做数据处理,待全部符合标准后方可获得积分。对随意修改数据或结果者,不给积分并责其重做实验。

每学期按"研究性报告"形式撰写1～2篇完整的实验报告,其格式可参见各学术杂志论文格式。它大体上包括以下几个环节:① 摘要(100～200字);② 实验原理和特点;③ 实验数据和结果;④ 小结与问题讨论等。

另外,学生在修完本课程后,可以按课外物理实验方式选修其他的综合性实验或自主创新实验,也可结合冯如杯、SRTP和物理实验竞赛等项目进行实验。

6. 关于成绩考核和评定

两学期单独考核评分。第一学期安排理论考试,第二学期安排实验考试(设计性实验)。

第一学期实验成绩由4部分组成:平时实验成绩(50 %)、研究性报告成绩(20 %)、绪论考试(10 %)、期末考试(20 %)。

绪论考试:开课四周后随堂进行,闭卷考试,时间为30分钟。

期末考试:全校统一笔试,考试范围为教材前3章及做过的所有实验。期末考试成绩所占比例虽然不大,但它划分有及格线、中线和优良线。也就是说,要得到某个成绩,期末考试必须过相应的分数线;反之,若期末考试过线了,总评却不一定能得到该成绩,要按上述比例合成。比如要达到及格,必须期末考试过及格线,同时总评成绩及格,两者缺一不可。期末理论考试未达到及格线的学生,本学期实验不及格,但有一次补考(理论)机会;补考仍不及格者,须参加重修;平时实验不及格者,一律重修,不能补考。

第二学期实验成绩由3部分组成:平时成绩(40 %)、考试实验成绩(40 %)、研究性报告(20 %)。考虑到不同教师在掌握评分标准上的不同差异,其中考试实验成绩采用根据各教师平均分加权平均的方法进行处理。

在其他物理实验方面取得过好成绩(例如参加学生课外物理实验活动成绩突出,因物理实验项目获奖等)或撰写过优秀的研究性报告(例如被杂志录用)的学生,其实验成绩可以破格提档或评优。

第1章　实验误差与不确定度评定

1.1　测量、误差和不确定度

在科学技术、工农业生产、国内外贸易、工程项目以至日常生活的几乎所有领域都离不开科学测量。物理学是一门实验科学，对它的研究离不开对各种物理量进行测量。在物理学的发展历程中，对物理现象、状态或过程中各种物理量的准确测量是实验物理学的核心任务。测量也是发现新物理规律、验证新物理理论、研究新物质材料和发明新装置必不可少的实践基础。

测量是以确定被测对象量值为目的的全部操作，它是物理实验的基础。测量的主要目的是确定被测量的量值。然而由于理论的近似性、测量设备与测量方法的不完善、测量环境的影响和测量者的主观影响等原因，测量值与被测量的真值之间不可避免地存在着差异，这种差异的数值表现即为误差。误差存在于一切科学实验与测量过程之中，没有误差的测量结果是不存在的。随着科学技术水平的不断提高，测量误差可以控制得越来越小，但却永远不会降低到零。因此误差是反映测量结果好坏的最直接判据，正确、合理地处理测量数据，减小、控制和评定实验误差，是判定和改善测量结果的基础。

1.1.1　测量的基本概念

1. 概　念

① 测量——为确定被测对象的量值而进行的一组操作。

例如用(钢板)直尺去测量某钢丝的长度，把直尺作为标准的长度量具，使钢丝伸直与之对齐并记录钢丝两端相应的读数之差。

② 测量结果——由测量所得到的赋予被测量的值。

测量结果即是根据已有的信息和条件对被测量量值作出的最佳估计，也就是真值的最佳估计。

③ 测量结果的重复性——在相同测量条件下，对同一被测量进行连续多次测量所得结果之间的一致性。

相同测量条件亦称之为"重复性条件"，主要包括：相同的测量程序、相同的测量仪器、相同的观测者、相同的地点、在短期内的重复测量和相同的测量环境等。

④ 测量结果的复现性——在不同测量条件下，对同一被测量进行多次测量时，其结果之

间的一致性。

这里所指的测量条件,包括测量原理、测量方法、观测者、测量仪器、参考物质标准、地点和测量环境等;所指的改变是其中的一个或几个发生变动。

2. 测量的分类

测量的分类有多种,这里只介绍一种按测量值获取方法进行的分类:直接测量和间接测量。

① 直接测量:无需对被测量与其他量的量值进行函数关系的辅助计算,而由仪器直接得到被测量量值的测量。如用卷尺量桌子长度、用电流表测线路中的电流等。

② 间接测量:根据直接测量法测得的量值与被测量之间的已知函数关系,通过计算间接得到被测量量值的测量。如测量长方形面积 S,S 是被测量,一般无法用仪器直接测出,而是通过间接测量长方形的长 a 和宽 b,由公式 $S=a\cdot b$ 计算得到被测量 S 的量值。

1.1.2 误差的基本知识

物理实验离不开测量,但从事过测量工作的人几乎都会认识到:测量结果和实际值并不完全一致,即存在误差。造成误差的原因可以是:测量仪器本身的局限性(例如量具刻度不可能绝对准确均匀,最小刻度以下的尾数无法读出等),测量方法的局限性(例如电学测量中引线电阻的影响等),实验条件难以严格保证(例如环境温度对测量的影响等),实验人员操作水平的限制(例如眼睛无法对平衡位置作出严格的判断等)以及主观因素的影响等。因此作为一个测量结果,不仅需要提供被测对象的量值大小和单位,还需要对量值本身的可靠程度作出分析。不知道可靠程度的测量值是没有多大意义的。

1. 真值和误差

为了对测量及误差作进一步的讨论,下面介绍有关真值和误差的一些基本概念。

真值——被测量在其所处的确定条件下,实际具有的量值。

误差——测量值与真值之差,记为

$$\Delta N = N - A \tag{1.1.1}$$

式中,N 是测量结果(给出值),A 是被测量的真值,ΔN 是测量误差,又称绝对误差。

真值是客观存在的,但它是一个理想的概念,在一般情况下不可能准确知道。然而在某些特定情况下,真值又是可知的。例如三角形三个内角之和为 180°(理论真值);按定义规定的国际千克基准的值可认为真值是 1 kg(计量学的约定真值)等。为了使用上的需要,也常用相对真值(如用满足规定精确度的更高准确度计量器具所得的值)代替真值。例如为了估计用伏安法测电阻的误差,可以用可靠性更高的电桥的测量结果作为“真值”;对于氦氖激光器的波长,可以把为大量文献采用的 632.8 nm 作为“真值”等。这种与真值非常接近,从而在一定条件下能代替真值的给定值,常被称为约定真值。

按照定义,**误差是测量结果与客观真值之差**,它既有大小,又有方向(正负)。由于真值在

多数情况下无法知道，因此误差也是未知的，只能用约定真值代替真值进行绝对误差的计算。

误差与真值之比称为相对误差，记为

$$E = \frac{\Delta N}{A} = \frac{N - A}{A} \times 100\ \% \tag{1.1.2}$$

对于约定真值已知的情况，绝对误差和相对误差均可近似算出。

2. 误差的分类

误差按其特征和表现形式可以分为3类：系统误差、随机误差和粗大误差。

为便于理解，先举两个具体的例子。

例1，用天平称衡物体的质量。由于制造、调整及其他原因，天平横梁臂长不会绝对相等，因此测量结果与真值会产生定向的偏离。如果左臂比右臂短，当待测物体放在左盘时，称衡的结果将偏小，反之则偏大。

例2，用停表测单摆周期。尽管操作者作了精心的测量，但由于人眼对单摆通过平衡位置的判断前后不一、手计时响应的快慢不匀，以及来自环境、仪器等造成周期测量微小涨落的其他因素，测量结果呈现出某种随机起伏的特点。表1.1.1给出了测量50个周期的6个数据。

表1.1.1 单摆周期测量记录

项目 \ 测量次数	1	2	3	4	5	6
$50T_i$	1′49.70″	1′50.02″	1′49.83″	1′50.12″	1′49.93″	1′49.78″
T_i/s	2.194 0	2.200 4	2.196 6	2.202 4	2.198 6	2.195 6

我们把类似例1的误差称为系统误差，类似例2的误差称为随机误差。

(1) 系统误差

在同一被测量的多次测量过程中，保持恒定或以可预知方式变化的那一部分误差分量称为系统误差。

系统误差的特点是它的确定规律性。这种规律性可以表现为定值的，如天平的标准砝码不准造成的误差；可以表现为累积的，如用受热膨胀的钢尺进行测量，其指示值将小于真实长度，误差随待测长度成比例增加；也可以表现为周期性规律的，如测角仪器中刻度盘与指针转动中心不重合造成的偏心差(参见本章习题5)；还有可以表现为其他复杂规律的。系统误差的确定性反映在：测量条件一经确定，误差也随之确定；重复测量时，误差的绝对值和符号均保持不变。因此，在相同实验条件下，多次重复测量不可能发现系统误差。

对操作者来说，系统误差的规律及其产生的原因可能知道，也可能不知道。**已被确切掌握了其大小和符号的系统误差，称为可定系统误差；对大小和符号不能确切掌握的系统误差称为未定系统误差。**前者一般可以在测量过程中采取措施予以消除或在测量结果中进行修正；而后者一般难以作出修正，只能估计出它的取值范围。

(2) 随机误差

在同一测量条件下,多次测量同一量时,以不可预知的方式变化的那一部分误差称为随机误差。

随机误差的特点是单个具有随机性,而总体服从统计规律。在单摆实验中,不仅每一次数据难有相同,如果换一个人重测单摆周期,又会获得另一套数据;即使是同一个人去测量,也不可能获得与表1.1.1相同的结果。这说明单摆周期的测量误差显示出没有确定的规律性,即在相同条件下,每一次测量结果的误差(绝对值和正负)无法预言,是不确定的。但这些数据又是“八九不离十”,围绕着某个数值前后摆动,体现出总体(大量测量个体的总和)上的某种规律性。我们把这样一种现象称为随机现象。随机现象在个体上表现为不确定性,而在总体上又服从所谓的统计规律。随机误差的这种特点使我们能够在确定条件下,通过多次重复测量来发现它,而且可以从相应的统计分布规律来讨论它对测量结果的影响。

(3) 粗大误差

由于测量系统偶然偏离所规定的测量条件和方法或在记录、计算数据时出现失误而产生的误差,称为粗大误差,简称粗差或过失误差。这实际上是一种测量错误。对这种数据(习惯上称为坏数)应当予以剔除。需要指出的是,不应当把有某种异常的观测值都作为粗大误差来处理,因为它可能是数据中固有的随机性的极端情况。判断一个观测值是否为异常值时,通常应根据技术上或物理上的理由直接作出决定;当原因不明确时,可以按照一定的准则来判断,最后决定是否把该可疑数据剔除。

上面虽将误差分为三类,但它们之间又有着内在的联系,尤其是系统误差和随机误差,它们的产生根源都来自于测量方法、设备装置、人员素质及环境的不完善。在一定的实验条件下,它们有自己的内涵和界限;但当条件改变时,彼此又可能互相转化。例如系统误差与随机误差的区别有时与空间和时间的因素有关。环境温度在短时间内可保持恒定或缓慢变化,但在长时间中却是在某个平均值附近作无规律变化,这种由于温度变化造成的误差在短时间内可以看成是系统误差,而在长时间内则宜作随机误差处理。随着技术的发展和设备的改进,有些造成随机误差的因素能够得到控制,某些随机误差就可确定为系统误差并得到改善或修正;而有些规律复杂的未定系统误差,也可以通过改变测量状态使之随机化,这种系统误差又可当做随机误差处理。事实上,对那些微小的未定系统误差,很难做到在测量时保证其确定的状态,因此它们就会像随机误差那样,呈现出某种随机性。例如测弹性模量用的钢丝,由于制造和使用方面的原因,其截面不可能是严格的圆。因此对确定的钢丝位置,“直径”的测量值主要表现出系统误差;但对不同的截面和方位,这种系统误差却又呈现出某种随机性。事物的这种内在统一性,使我们有可能在减消或修正了各种可定系统误差以后,用统一的方法对其余部分作出估计和评定。

总之,系统误差和随机误差并不存在绝对的界限。随着对误差性质认识的深化和测试技术的发展,有可能把过去作为随机误差的某些误差分离出来作为系统误差,或把某些系统误差

作为随机误差来处理。当测量条件偏离允许范围时，系统误差、随机误差也可能转化成粗大误差。

1.1.3　精密度、正确度和准确度

习惯上人们经常用“精度”一类的词来形容测量结果的误差大小。为此，我们对有关名词从误差角度作必要的说明。

精密度——表示测量结果中随机误差大小的程度。系指在规定条件下对被测量进行多次测量时，所得结果之间符合的程度。

正确度——表示测量结果中系统误差大小的程度。它反映了在规定条件下，测量结果中所有系统误差的综合。

准确度——表示测量结果与被测量的(约定)真值之间的一致程度。准确度又称精确度，它反映了测量结果中系统误差与随机误差的综合。

作为一种形象的说明，可以把它们比做打靶弹着点的分布，参照图 1.1.1 来帮助理解。

精度一词通常可理解为精密度的简称，但有时也被用来泛指正确度或准确度。

(a) 正确度好,精密度差　　(b) 精密度好,正确度差　　(c) 准确度好

图 1.1.1　精密度、正确度和准确度

1.1.4　不确定度

测量误差是普遍存在的。随着实验技术和设备的改善及操作人员水平的提高，误差可以被削弱和改善，但不可能(往往也没有必要)完全消除。通常人们关心的只是把误差控制在允许的范围内。

前面已经指出，对测量结果的表述，应当包括误差情况的报道，但是误差通常是无法知道的。对误差情况的定量估计，是通过不确定度来完成的。

不确定度是测量结果带有的一个参数，用以表征合理赋予被测量值的分散性。因此一个完整的测量结果应该包含被测量的估计与分散性参数两部分。用不确定度来表征测量结果是基于这样的理解：任何测量都是在多种误差存在的条件下进行的，这些误差的综合作用引起了测量结果的分散。尽管我们无法知道每次测量的具体误差，却可以对测量结果的分散性给出某种定量的描述。不确定度提供了测量分散范围的一个量度，它以很大的可能性包含了真值。

那么如何进行不确定度的定量计算呢？测量结果的不确定度按其数值评定方法，可分为 A 类不确定度和 B 类不确定度两大类。**A 类不确定度是对测量数据进行统计分析而获得的**

不确定度分量;B 类不确定度是用非统计方法获得的不确定度分量。下面两节将以随机误差和仪器误差为例来介绍它的处理。

1.2 随机误差的统计处理

1.2.1 随机误差和正态分布

在重复性条件下,对同一被测量进行多次的测量,若每一次的测量结果中无粗大误差和系统误差,即只有随机误差,那么对这种误差有比较完整的处理方法。由于数学上的原因,我们将只限于介绍它的一些主要特征和结论。有兴趣的读者可参阅 1.8 节和 1.9 节作进一步讨论。

重做测定单摆周期的实验(1.1 节例 2),并且次数足够地多(例如 $k=64$),得到如表 1.2.1 所列的一组数据,把它画成 $k_i/k-T_i$ 曲线(见图 1.2.1)。其中 k 是测量的总次数,k_i 是在 k 次测量中周期为 T_i 的次数(频数)。从图上可以看出,每次测量的周期尽管各不相同,但总是围绕着某个平均值($T_0=2.198$ s)而起伏。起伏本身具有随机性,但总的趋势是偏离平均值越远的次数越少,而且偏离过远的测量结果实际上不存在。如果再增加测量次数,图形也将发生变化。从细节上看这种变化是随机的,但从总体上看却具有某种规律性。当 $k\to\infty$ 时,k_i/k 趋于某个确定值。对这类实验,无法预言下一次测量结果的确切数值,但可以从总体上把握结果取某个测量值的可能性。数学上把这种观测量称为随机变量(用 X 表示),而把观测量取某个具体结果 x_i 的可能性称为 $X=x_i$ 的概率,用概率函数 $P(x_i)$ 表示。$P(x_i)$ 可以理解为 $k\to\infty$ 时的结果,即

$$P(x_i)=\lim_{k\to\infty}\frac{k_i}{k}$$

表 1.2.1 单摆周期测量数据的统计

周期 T_i/s	2.194	2.195	2.196	2.197	2.198	2.199	2.200	2.201	2.202	2.203	2.204
频数 k_i	1	3	6	10	14	11	8	4	3	2	1
频率 k_i/k	0.015 6	0.046 9	0.093 8	0.156 2	0.218 8	0.171 9	0.125 0	0.062 5	0.046 9	0.031 2	0.015 6

如果观测是离散取值的(如表 1.2.1 的单摆周期),则应有 $\sum_i P(x_i)=1$(观测量取各种可能结果的总概率为 1)。如果 X 是连续的(X 离散取值的最小间隔→0),则概率函数关系将由一族离散线(见图 1.2.1)过渡到一条光滑的连续曲线。这时,在数学上应该用概率密度函数 $p(x)$ 来描写:观测量 X 取值 $x\sim x+\mathrm{d}x$ 的可能性(概率)是 $p(x)\mathrm{d}x$。显然,$\int_{-\infty}^{\infty}p(x)\mathrm{d}x=1$。

不同的观测量可以服从不同的概率(密度)分布。由误差理论可知,相当多的随机误差满

足的概率密度是如图 1.2.2 所示的正态(高斯)分布。在减消了系统误差以后，x_0(概率极大的取值位置)就是测量真值 A。服从正态分布的随机误差具有下列特点：

单峰性——绝对值小的误差比绝对值大的误差出现的概率大，当 $x=A$ 时概率密度曲线有极大值 $p(A)=\max$；

对称性——大小相等而符号相反的误差出现的概率相同，即 $p(A-\Delta x)=p(A+\Delta x)$；

有界性——在一定测量条件下，误差的绝对值不超过一定限度，即有 $[p(x)]_{x>A+\Delta}\approx 0$ 和 $[p(x)]_{x<A-\Delta}\approx 0$；

抵偿性——误差的算术平均值随测量次数 k 的增加而趋于零，即 $\int_{-\infty}^{\infty}(x-A)p(x)\mathrm{d}x=0$ 或 $\lim\limits_{k\to\infty}\frac{1}{k}\sum\limits_{i=1}^{k}\Delta x_i=\lim\limits_{k\to\infty}\frac{1}{k}\sum\limits_{i=1}^{k}(x_i-A)=0$。由此可知 $A=\int_{-\infty}^{\infty}xp(x)\mathrm{d}x$ 或 $A=\lim\limits_{k\to\infty}\frac{1}{k}\sum\limits_{i=1}^{k}x_i$。

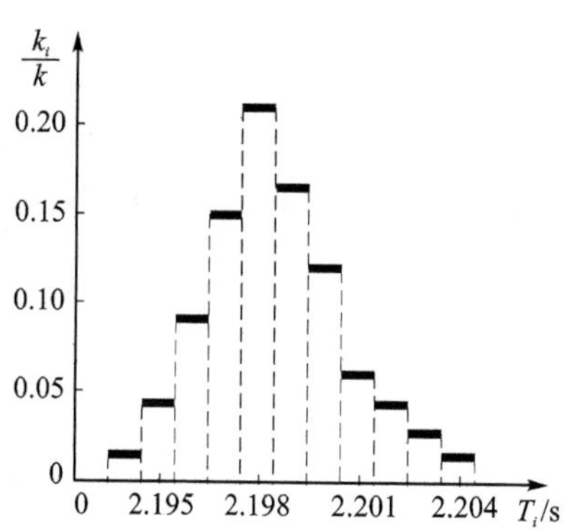

图 1.2.1　周期测量分布

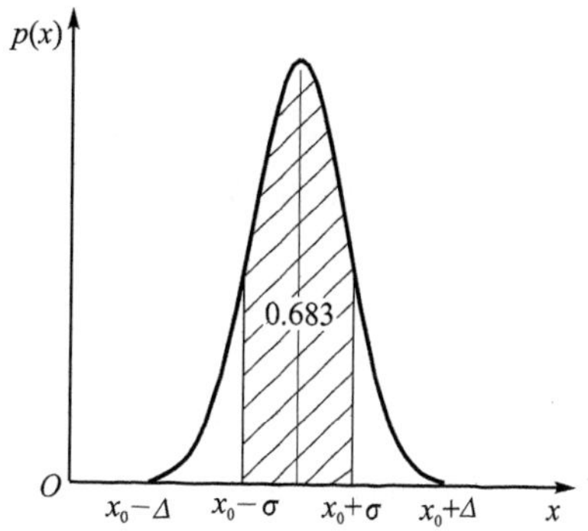

图 1.2.2　正态分布

1.2.2　标准差和置信概率

我们已经知道，实验数据的处理对象是所谓的随机变量，即在一定的实验条件下它可能取很多数值中的一个，甚至有无限多个可能值。测量结果的概率(密度)函数提供了测量及其误差分布的全部知识。曲线越“瘦”，说明测量的精密度越高；越“胖”，则说明精密度越低。为了给误差分布的“胖瘦”以定量的描述，可以引入一个描述这种离散宽度的特征量：标准误差 $\sigma(x)$(或方差 $\sigma^2(x)$)，表示为

$$\sigma^2(x)=\int_{-\infty}^{\infty}(x-A)^2p(x)\mathrm{d}x \tag{1.2.1}$$

$\sigma(x)$可以作为测量结果误差分布区间的估计($\sigma(x)$越小，测量结果的精密度越高)。为了对 σ 的物理意义有进一步的了解，我们来计算在真值 A 附近 $\pm\sigma(x)$ 范围内所包含的概率 $\int_{A-\sigma}^{A+\sigma}p(x)\mathrm{d}x$。计算表明，对正态分布，有

$$\int_{A-\sigma}^{A+\sigma} p(x)\mathrm{d}x = 0.683^{①} \tag{1.2.2}$$

这个结果说明,对满足正态分布的物理量作任何一次测量,其结果将有 68.3 %的可能落在 $A-\sigma \sim A+\sigma$ 的区间内。还可以从测量结果包含真值的角度来理解。设某次测量的结果为 x,则 x 满足下述条件的可能性是 0.683。

$$A-\sigma \leqslant x \leqslant A+\sigma \quad 或 \quad x+\sigma \geqslant A \geqslant x-\sigma \tag{1.2.3}$$

这就是说,如果把 σ 作为单次测量的误差分布范围来估计,则真值 A 落在 $x-\sigma \sim x+\sigma$ 区间内的可能性是 68.3 %,或者说 A 在区间 $[x-\sigma, x+\sigma]$ 内的置信概率为 68.3 %(对正态分布而言)。

需要指出的是,在实际测量中概率密度函数 $p(x)$的具体形式往往事先不知道。直接测量得到的只是一组含有误差的数据。如何从中获得有关标准误差 $\sigma(x)$的信息呢?对一组离散的测量结果,$\sigma(x)$也可以按下式来理解,即

$$\sigma^2(x) = \lim_{k\to\infty} \sum_i (x_i - A)^2 / k \tag{1.2.4}$$

当然,式(1.2.4)仍然只具有理论的意义,无法通过测量来实现,因为 A 未知,k 也不可能是无穷多次。但是可以证明(见 1.9.1 小节),如果用测量的平均值代替真值,当测量次数→∞时,有

$$\lim_{k\to\infty} \frac{\sum_i (x_i - \bar{x})^2}{k-1} = \sigma^2(x) \tag{1.2.5}$$

式中,$\bar{x}$ 是多次测量结果 $x_i (i=1,2,\cdots,k)$ 的算术平均值,$\bar{x} = \sum x_i / k$ 。因此在有限次测量中,可以取

$$s(x) = \sqrt{\frac{\sum (x_i - \bar{x})^2}{k-1}} \tag{1.2.6}$$

作为 $\sigma(x)$的估计值。$s(x)$称为有限次测量的标准偏差。注意:$s(x)$并不是严格意义上的标准误差,而只是它的估计值。因此,当用 $x \pm s(x)$来报道测量结果时,如果 X 满足正态分布,则其置信概率将小于 0.683②。

1.2.3 平均值和平均值的标准差

提取真值和标准误差是测量的基本目的。我们的问题是:在真值未知的情况下,如何给出它们的近似值,即在进行了一组等精密度的重复测量以后,如何从获得的数据中找出真值和标

① 还可以证明,在 A 附近 $\pm 3\sigma$ 范围内所包含的概率是 $\int_{A-3\sigma}^{A+3\sigma} p(x)\mathrm{d}x = 0.9973$。

② 这时,如需进行置信概率的定量讨论,应作 t 分布的修正。详见 1.8.3 小节 t 分布(学生分布)。

准误差的最佳估计值。随机误差的统计理论的结论(见 1.9.1 小节)是对直接观测量 X 作了有限次的等精密度独立测量,结果为 x_1, x_2, …, x_k;若不存在系统误差,则应该把算术平均值

$$\bar{x} = \frac{x_1 + x_2 + \cdots + x_k}{k} = \frac{\sum x_i}{k} \tag{1.2.7}$$

作为真值的最佳估计;把平均值的标准(偏)差(注意它和 $s(x)$ 的区别)

$$s(\bar{x}) = \sqrt{\frac{\sum (x_i - \bar{x})^2}{k(k-1)}} \tag{1.2.8}$$

作为平均值 $\bar{x}$ 的标准误差的估计值。

1.2.4　小　结

① 标准误差 $\sigma(x)$ 是一个描述测量结果的离散程度的统计参量。在观测值服从正态分布且减消了系统误差的前提下,若单次测量为 x,则在 $[x-\sigma, x+\sigma]$ 的区间内包含真值的可能性为 68.3 %,或称置信概率为 68.3 %。如果 σ 未知,则可以把 $s(x)$ 作为 $\sigma(x)$ 的估计值。需要强调指出,**$s(x)$ 是 $\sigma(x)$ 的估计值,它提供的是单次测量的标准误差信息**,尽管式(1.2.6)中用到了平均值和多次测量的结果。

② 如果直接测量中系统误差已减至最小,被测量是稳定的并且对它作了多次测量,则应该**用算术平均值 $\bar{x} = \sum x_i/k$ 作为测量值的最佳估计,用平均值的标准偏差 $s(\bar{x})$(式(1.2.8))作为标准误差的最佳估计**。

③ $s(x)$ 和 $s(\bar{x})$ 是作为 $\sigma(x)$ 和 $\sigma(\bar{x})$ 的估计值而出现的,它们都不是原来意义上的误差,而是属于不确定度的范畴。从简化叙述的考虑出发,除非特殊需要,下面将不再把标准误差和标准偏差加以区分,而统称为标准差。计算 $s(x)$ 和 $s(\bar{x})$ 的式(1.2.6)和式(1.2.8)称为贝塞尔公式。需要强调的是,**$s(x)$ 和 $s(\bar{x})$ 只有在 k 较大时才可作为 $\sigma(x)$ 和 $\sigma(\bar{x})$ 的最佳估计**;当测量次数很少时,不适于用贝塞尔公式计算 $s(x)$ 和 $s(\bar{x})$。尽管增加测量次数可以提高测量精度,但测量精度与测量次数的平方根成反比,而且测量次数越多,越难保证测量条件的恒定,从而带来新的误差,因此一般情况下测量次数在 10 次以内较为适宜;在物理实验课上,由于时间的限制,测量次数不可能很多,但**通常也不应少于 5～8 次**。

1.3　仪器误差(限)

任何测量过程都存在测量误差,用以说明测量结果的可靠程度且可以操作的定量指标是它的不确定度。当人们操作仪器进行各种测量并记录数据时,测量的不确定度与仪器的原理、结构以及环境条件等有关。测量仪器的误差来源往往很多。以最普通的指针式电表为例,它们包括:轴承摩擦,转轴倾斜,游丝的弹性不均、老化和残余变形,磁场分布不均匀,分度不均匀以及检测标准本身的误差等。逐项进行深入的分析处理并非易事,在绝大多数情况下也无必要。实际上,人们最关心的是仪器提供的测量结果与真值的一致程度,即测量结果中各系统误差与随机误差的综合估计指标。在物理实验中,常常把由国家技术标准或检定规程规定的计量器具的允许误差或允许基本误差,经过适当简化称为仪器误差限,用以代表常规使用中仪器示值和(作用在仪器上的)被测真值之间可能产生的最大误差。这样做将大大简化实验教学中的不确定度计算。下面作简要的介绍。

1.3.1 长度测量仪器

物理实验中最基本的长度测量工具是米尺、游标卡尺和螺旋测微计(千分尺)。钢直尺和钢卷尺的允许误差如表 1.3.1 所列。不同分度值的游标卡尺的允许示值误差如表 1.3.2 所列。螺旋测微计的示值误差如表 1.3.3 所列。

表 1.3.1 钢直尺和钢卷尺的允许误差

钢直尺		钢卷尺	
尺寸范围/mm	允许误差/mm	准确度等级	示值允许误差/mm
1～300	±0.10	Ⅰ级	$\pm(0.1+0.1L)$
300～500	±0.15	Ⅱ级	$\pm(0.3+0.2L)$
500～1 000	±0.20	注:式中 L 是以米为单位的长度,当长度不是米的整倍数时,取最接近的较大的整“米”数。例如示值为 102.3 mm 时,取 $L=1$	
1 000～1 500	±0.27		
1 500～2 000	±0.35		

表 1.3.2 游标卡尺的示值误差

测量长度/mm	示值误差/mm		
	分度值/mm		
	0.02	0.05	0.10
0～150	±0.02	±0.05	±0.10
150～200	±0.03	±0.05	
200～300	±0.04	±0.08	
300～500	±0.05	±0.08	
500～1 000	±0.07	±0.10	±0.15

表 1.3.3　螺旋测微计的示值误差

测量范围/mm	示值误差/μm
0～25，25～50	4
50～75，75～100	5
100～125，125～150	6
150～175，175～200	7

在基础物理实验中，约定(除非具体实验另有讨论)：

游标卡尺的仪器误差限按其分度值估计，而钢板尺、螺旋测微计的仪器误差限按其最小分度的 1/2 计算(见表 1.3.4)。

表 1.3.4　本课程中长度量具仪器误差限的简化约定

钢板尺、钢卷尺	游标卡尺			螺旋测微计
	(1/10) mm 分度	(1/20) mm 分度	(1/50) mm 分度	
0.5 mm	0.1 mm	0.05 mm	0.02 mm	0.005 mm

1.3.2　质量称衡仪器

物理实验中称衡质量的主要工具是天平，本实验室常用的是 JA21001 型电子天平。它是一种采用电磁力平衡原理制造的精密台秤，最大称量为 2 100 g，读数精度为 0.1 g，线性误差为±0.1g，稳定时间约 3 s。

在基础物理实验中，该电子天平的**仪器误差限按 0.1 g 估计**。

1.3.3　时间测量仪器

停表是物理实验中最常用的计时仪表。对石英电子秒表，其最大偏差$\leqslant \pm(5.8\times10^{-6}t+0.01\ \text{s})$，其中 t 是时间的测量值。在本课程中，对较短时间的测量可按 0.01 s 作为停表的误差限。

1.3.4　温度测量仪器

物理实验中常用的测温仪器包括水银温度计、热电偶和电阻温度计等。表 1.3.5 给出了实验常用的工作用温度计的允许误差。

表 1.3.5　工作用温度计的示值允许误差

温度计类别		测量范围/℃	示值允许误差/℃			
			分度值/℃			
			0.1	0.2	0.5	1
工作用玻璃水银温度计	全浸式	−30～+100	±0.2	±0.3	±0.5	±1.0
		100～200	±0.4	±0.4	±1.0	±1.5
	局浸式	−30～+100	—	—	±1.0	±1.5
		100～200	—	—	±1.5	±2.0
工作用铂铑-铂热电偶(热电偶参考端为 0 ℃)	(Ⅰ级)	0～1 100	±1			
		1 100～1 600	±[1 ℃+(t−1 100 ℃)×0.003]			
	(Ⅱ级)	0～600	±1.5			
		600～1600	±0.25 % t			
工业铂电阻分度号 Pt10 和 Pt100	(A 级)	−200～+850	±(0.15 ℃+0.002|t|)			
	(B 级)		±(0.30 ℃+0.005|t|)			

1.3.5　电学量测量仪器

电学量测量仪器按国家标准大多是根据准确度大小划分为等级，其仪器误差限可通过准确度等级的有关公式给出。

1. 电磁仪表(指针式电流表、电压表)

电磁仪表的仪器误差限为

$$\Delta_{仪} = a\ \% \cdot N_m \tag{1.3.1}$$

式中，N_m 是电表的量程，a 是以百分数表示的准确度等级，分为 5.0、2.5、1.5、1.0、0.5、0.2、0.1 共 7 个级别。

2. 直流电阻器

实验室用的直流电阻器包括标准电阻和电阻箱。直流电阻器也分为若干个准确度等级，可由铭牌读出。标准电阻在某一温度下的电阻值 R_x 可由下式给出，即

$$R_x = R_{20}[1 + \alpha(t - 20\ ℃) + \beta(t - 20\ ℃)^2] \tag{1.3.2}$$

式中，+20 ℃时的电阻值 R_{20} 和一次、二次温度系数 α、β 可由产品说明书查出。在规定的使用范围内仪器误差限由准确度级别和电阻值的乘积决定。

实验室广泛使用的另一种标准电阻是电阻箱。它的优点是阻值可调，但接触电阻和接触电阻的变化要比固定的标准电阻大一些。一般按不同度盘分别给出准确度级别，同时给出残余电阻(即各度盘开关取 0 时连接点的电阻值)，**仪器误差限可按不同度盘允许误差限之和再**

加上残余电阻来估算[①]，即

$$\Delta_{仪} = \sum_i a_i \% \cdot R_i + R_0 \tag{1.3.3}$$

式中，R_0 是残余电阻，R_i 是第 i 个度盘的示值，a_i 是相应电阻度盘的准确度级别。一般来说，阻值越小的挡位，准确度级别越低。因此电阻箱只使用×1 Ω 和×0.1 Ω 挡位时，准确性将显著下降。

当非零项的最高位度盘带入的误差限远大于其余各项贡献的总和时，式(1.3.3)也可按下式作简化近似，即

$$\Delta_{仪} \approx a_0 \% \cdot R \tag{1.3.4}$$

式中，a_0 是非零项的最高位度盘的准确度级别，R 是总电阻示值。

3. 直流电位差计

$$\Delta_{仪} = a \% \left(U_x + \frac{U_0}{10}\right) \tag{1.3.5}$$

直流电位差计仪器误差限由两项组成，**一项是与标度盘示值成比例的可变项 $a \% \cdot U_x$，a 是电位差计的准确度级别；另一项是与基准值 U_0 有关的常数项**。基准值 U_0 是有效量程的一个参考单位；除非制造单位另有规定，**有效量程的基准值规定为该量程中最大的 10 的整数幂**。例如，某电位差计的最大标度盘示值为 1.8 V，量程因数(倍率比)为 0.1，则有效量程(最大读数)为 1.8 V×0.1=0.18 V，不大于 0.18 的最大的 10 的整数幂是 $10^{-1}=0.1$，所以相应的基准值 $U_0=10^{-1}$ V=0.1 V。

4. 直流电桥

直流电桥的仪器误差限为

$$\Delta_{仪} = a \% \left(R_x + \frac{R_0}{10}\right) \tag{1.3.6}$$

式中，**R_x 是电桥标度盘示值，a 是电桥的准确度级别，R_0 是基准值**，R_0 的规定与式(1.3.5)中的 U_0 相似。

5. 数字仪表

随着科学技术的发展，电压、电流、电阻、电容和电感的数字测量仪表得到了越来越广泛的应用。

数字仪表的仪器误差限有几种表达式，下面给出两种：

$$\Delta_{仪} = a \% N_x + b \% N_m \tag{1.3.7}$$

或

$$\Delta_{仪} = a \% N_x + n\ 字 \tag{1.3.8}$$

---

① ZX-21 电阻箱的 $R_0=(20\pm5)$ mΩ。因此更严格的处理是把 20 mΩ 作为修正值计入电阻箱的示值，而把 5 mΩ 计入 $\Delta_{仪}$。但在实验室使用条件下，由 R_0 带入的误差限通常要比此大得多。

式中,a 是数字式电表的准确度等级;N_x 是显示的读数;b 是某个常数,称为误差的绝对项系数;N_m 是仪表的满度值;n 代表仪器固定项误差,相当于最小量化单位的倍数,只取 1,2,…这些数字。例如:某数字电压表 $\Delta_{仪}=0.02\ \%U_x+2$ 字,则某固定项误差是最小量化单位的2倍。如果取 2 V 量程时数字显示为 1.478 6 V,最小量化单位是 0.000 1 V,则 $\Delta U=[0.02\ \%\times 1.478\ 6+2\times 0.000\ 1]\ \text{V}\approx 5\times 10^{-4}\ \text{V}$。

仪表的准确度指数通常用百分数(%)表示,但有时也采用百万分数(10^{-6})或科学计数法表示。例如某标准电阻 R 的等级指数为 $2\ 000\times 10^{-6}$,其允许误差限应写成 $\Delta_{仪}=2\ 000\times 10^{-6}R$,相当于 0.2 级(0.2 %)或 2×10^{-3}(科学计数法)的准确度。

1.3.6 小　结

① 仪器误差限是一种简化了的误差限值,在物理实验教学中常被用来估计由测量仪器造成的误差范围,本课程中也常被简称为仪器误差。这样做,当然是相当粗略的,但却有助于我们从量级上把握测量仪器的准确度,仍有重要的训练和参考价值。

② 仪器误差限提供的是误差绝对值的极限值,并不是测量的真实误差。它既不等于误差的大小,也无法确定其符号,因此它属于不确定度的范畴。和前面讨论的标准差一样,也可以从概率含量的角度来理解它,只不过它有较高的置信概率(例如≥95 %)罢了。

③ 仪器误差(限)包含了在规定条件下,偏移误差(系统误差)和重复性误差(随机误差)的综合。例如数字仪表是通过对被测信号进行适当的放大(或衰减)后作量化计数并给出数字显示的。其中由于放大(或衰减)系数和量化单位不准造成的误差属于可定系统误差,来自测量过程中电子系统的漂移而产生的误差属于未定系统误差,而量化过程的尾数截断造成的误差又具有随机误差的性质。尽管如此,在基础物理实验中,考虑到仪器状态、测量条件的偏离以及被测量本身的不稳定等因素,来自重复性测量的不确定度分量常需单独参与合成,当存有其他随机因素、仪器组合(例如用电阻箱自组电桥)或不同条件(例如电位差计使用灵敏度较低的检流计)时,还要计及其他的附加不确定度分量。

1.4 不确定度分量的评定和方差合成

1.4.1 不确定度分量的两类评定方法

误差按产生的物理机制和特性的不同,分为系统误差和随机误差,但从测量的角度来看,反映实验结果可靠性的定量指标是不确定度。这时从不确定度的计算方法来分类比较方便。不确定度分量的计算原则上可以分为两类,1.2 节和 1.3 节分别提供了这两种方法的实例。下面作一些归纳说明。

1. 采用统计方法评定的 A 类分量

对可以进行重复测量的物理量 x，若 x 是稳定的，k 次独立测量的结果是 $x_1, x_2, \cdots, x_k$，则把 $\overline{x} = \sum x_i / k$ 作为 x 的最佳估计，把平均值的标准偏差

$$s(\overline{x}) = \sqrt{\frac{\sum (x_i - \overline{x})^2}{k(k-1)}} = \sqrt{\frac{\overline{x^2} - \overline{x}^2}{k-1}} \tag{1.4.1}$$

作为不确定度的 A 类估计(标准差)，式中 $\overline{x^2} = \sum x_i^2 / k$。这种以统计方法给出的标准差称为 A 类评定的标准不确定度分量。

2. 采用其他方法评定的 B 类分量

对以不同于统计方法给出的不确定度分量统称为 B 类分量。在基础物理实验中，常用的 B 类方法有以下几种：

① 根据实际条件估算误差限。例如弹性模量实验中，光杠杆镜面到标尺的距离的不确定度需要由测量端的位置对准、卷尺弯曲、水平保持等实际条件来估计误差限。一般来说，它将远大于钢卷尺本身的仪器误差。

② 根据理论公式或实验测定来推算误差限。例如，处理灵敏度误差可以按照人眼分辨率的误差限 0.2div(或 0.2 mm)推算出灵敏阈造成的不确定度：$\dfrac{0.2}{\Delta n / \Delta x}$。其中，$\Delta n / \Delta x$ 可以通过实验测定或理论公式给出。它表示：当被测量 x 发生变化时，指示仪表偏转格数 Δn 与被测量变化值 Δx 之比。又如，长度绝对测量中估计温度变化造成的不确定度时，由于线膨胀造成长度的不确定度为 $L \cdot \alpha \cdot \Delta t$。其中，$L$ 是被测长度，α 是量尺的线膨胀系数，Δt 是温度的不确定度。

③ 根据计量部门、制造厂或其他资料提供的检定结论或误差限。例如仪器说明书上给出的允许误差限或示值误差。

需要说明的是 B 类分量在许多场合以误差限 Δ_b 的形式出现；而在不确定度的计算中，常常需要它的标准差 u_b 的信息，两者之间的关系是：

$$u_b = \frac{\Delta_b}{K} \tag{1.4.2}$$

式中，K 是一个与该分量分布特性有关的常数，称为包含因子。对正态分布 $K \approx 3$(误差限对应 0.997 3 的置信概率)；对均匀分布，$K = \sqrt{3}$；对其他分布，可以查找有关书籍(本教材对几种分布作了讨论，有兴趣者可参阅 1.8 节)。现在的问题是，若分布特性事先不知道怎么办？考虑到在基础物理实验中，基本仪器的误差限含有较多的系统误差分量，兼顾保险(标准不确定度的估计值适当取大)和教学训练的规范，我们规定：除非另有说明，**仪器误差限和近似标准差的关系在缺乏信息的情况下，按均匀分布近似处理，即 $u_b = \dfrac{\Delta_b}{\sqrt{3}}$。**

不确定度评定是以统一的观点来处理误差的，A 类和 B 类只说明不确定度数值评定方法

有所不同,并不是区分随机误差和系统误差的反映。把A类方法理解为对随机误差的处理,而把B类方法说成是对系统误差的处理,这是不妥当的。实际上许多未定系统误差由于测量条件的人为改变或不可能实现严格控制,同样会表现出随机性,也可用A类方法来处理;而随机误差有时也会以B类方式出现(例如未能进行重复测量而引用别人或文献中的结果);还有一些A、B类分量本身反映了若干个随机误差和系统误差作用的综合。

1.4.2 不确定度的方差合成

1. 直接测量量不确定度的合成

由于测量情况的复杂性,被测量往往存在众多的误差来源,其不确定度应当是若干个不确定度的分量合成。不确定度的综合是以方差合成为基础的。具体的做法是,在尽可能地减消或修正了可定系统误差以后,把余下的全部误差估计值按A类分量 $u_{a1},u_{a2},\cdots,u_{ai},\cdots$(或 $s_1,s_2,\cdots,s_i,\cdots$)和B类分量 $u_{b1},u_{b2},\cdots,u_{bj},\cdots$ 的形式列出,这些分量都是以标准不确定度的形式(标准差或近似标准差)给出。如果它们互相独立,则合成的不确定度 u 由下式给出,即

$$u=\sqrt{\sum_i u_{ai}^2+\sum_j u_{bj}^2}=\sqrt{\sum_i s_i^2+\sum_j u_{bj}^2} \tag{1.4.3}$$

例如:某数字电压表的仪器误差限 $\Delta_{仪}=0.02\ \%U_x+2$ 字,用它测量电源电压,6次重复测量的结果是:1.499 0,1.498 5,1.498 7,1.499 1,1.497 6,1.497 5(单位:V)。测量结果的算术平均值为

$$\bar{V}=1.498\ 4\ \text{V}$$

A类不确定度为

$$u_a(\bar{V})=\sqrt{\frac{\sum(V_i-\bar{V})^2}{6\times 5}}=2.83\times 10^{-4}\ \text{V}$$

B类不确定度来自

$$\Delta_{仪}=(0.02\ \%\times 1.498\ 4+2\times 0.000\ 1)\ \text{V}=5.00\times 10^{-4}\ \text{V}$$

$$u_b(V)=\Delta_{仪}/\sqrt{3}=2.88\times 10^{-4}\ \text{V}$$

所以

$$u=\sqrt{u_a^2(\bar{V})+u_b^2(V)}=4.04\times 10^{-4}\ \text{V} \tag{1.4.4}$$

测量结果应表达为

$$V\pm u(V)=(1.498\ 4\pm 0.000\ 4)\ \text{V} \tag{1.4.5}$$

2. 间接测量量不确定度的合成

设间接观测量 F 是 n 个独立输入量(直接观测量)$x_1,x_2,\cdots,x_n$ 的函数,$F=f(x_1,x_2,\cdots,x_n)$,则合成不确定度 u 或 $u(F)$ 可以写成(证明见1.9.2小节):

$$u=\sqrt{\sum_i u_i^2}=\sqrt{\sum_i\left(\frac{\partial f}{\partial x_i}\right)^2 u^2(x_i)} \tag{1.4.6}$$

式中，$u_i=\frac{\partial f}{\partial x_i}u(x_i)$，$u(x_i)$是输入量 x_i 的标准差，它代表 x_i 的不确定度。若它包括若干个A、B类分量，则 $u(x_i)$可以先按式(1.4.3)合成；**$\frac{\partial f}{\partial x_i}$ 是被测量 F 对输入量 x_i 的偏导数，称为不确定度的传播系数**。请注意 u_i 和 $u(x_i)$的区别。u_i 有着和合成不确定度 u 相同的量纲，它是输出量 F 的一个不确定度分量，而 $u(x_i)$则是输入量 x_i 的标准不确定度。u_i^2 是间接观测量 F 的(估计)方差的一个分量，它是 x_i 的方差 $u^2(x_i)$与传递系数 $\frac{\partial f}{\partial x_i}$ 的平方之积。为了便于与 $u(x_i)$区分，可以把 u、u_i 分别写成 $u(F)$、$u_i(F)$。

当 $F=f(x_1, x_2, \cdots, x_n)$为乘除或方幂的函数关系时，采用相对不确定度可以大大简化合成不确定度的运算。方法是先取对数后再作方差合成，得

$$\frac{u(F)}{F}=\sqrt{\sum_i\left[\frac{\partial \ln f}{\partial x_i}u(x_i)\right]^2} \tag{1.4.7}$$

例如：$F=Ax^py^qz^r\cdots$(A 是常数)，按式(1.4.7)运算，可以得到

$$\frac{u(F)}{F}=\sqrt{\left[\frac{pu(x)}{x}\right]^2+\left[\frac{qu(y)}{y}\right]^2+\left[\frac{ru(z)}{z}\right]^2+\cdots} \tag{1.4.8}$$

在熟悉对数运算的微分关系后，应当能绕过式(1.4.7)直接得到类似式(1.4.8)的结果。

1.4.3 不确定度合成举例

[例] 用伏安法测电阻，电路如图 1.4.1 所示。所用仪器及参数如下：1 级毫安表，量程 150 mA；1 级伏特表，量程 3 V，内阻 $r_0\pm u(r_0)=(1.001\pm0.004)$ kΩ。测量数据为 $V=3.00$ V，$I=147.4$ mA。要求给出待测电阻 R 的测量结果和正确表述。

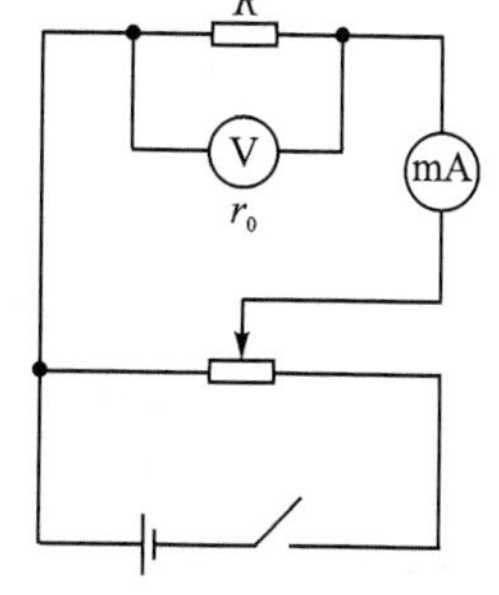

图 1.4.1 伏安法测电阻

[解] 本实验中主要误差来源是：① 方法误差——由于电流表外接而产生的系统误差，使 $R_测<R_真$；② 电压测量误差；③ 电流测量误差。

①属于可定系统误差，应在计算不确定度前予以修正。修正后的 R 为

$$R=\frac{V}{I-V/r_0}=\frac{r_0V}{r_0I-V}=20.775\ 2\ \Omega \tag{1.4.9}$$

②和③的误差来源较多，包括器具误差、读数误差和接线误差等，在本实验条件下可由相应仪表的允许误差限综合评定：

$$\Delta V=3\ \text{V}\times1.0\ \%=0.03\ \text{V} \tag{1.4.10}$$
$$\Delta I=150\ \text{mA}\times1.0\ \%=1.5\ \text{mA}$$

由式(1.4.2)得

$$u(V) = \Delta V/\sqrt{3} = 0.0173\ \text{V}$$

$$u(I) = \Delta I/\sqrt{3} = 0.866\ \text{mA} \tag{1.4.11}$$

列表给出各项不确定度分量和传播系数，见表 1.4.1。

表 1.4.1　R 不确定度分量计算

i	$u(x_i)$	$\dfrac{\partial f}{\partial x_i}$	$\left\lvert\dfrac{\partial f}{\partial x_i}\right\rvert u(x_i) = u_i$
1	$u(V) = 0.0173\ \text{V}$	$r_0^2 I/(r_0 I - V)^2$	$0.1223\ \Omega$
2	$u(I) = 0.866\ \text{mA}$	$-r_0^2 V/(r_0 I - V)^2$	$0.1246\ \Omega$
3	$u(r_0) = 0.004\ \text{k}\Omega$	$-V^2/(r_0 I - V)^2$	$0.0017\ \Omega$

$$u(R) = \sqrt{\left[\frac{\partial R}{\partial V}u(V)\right]^2 + \left[\frac{\partial R}{\partial I}u(I)\right]^2 + \left[\frac{\partial R}{\partial r_0}u(r_0)\right]^2} =$$

$$\sqrt{\left[\frac{r_0^2 I}{(r_0 I - V)^2}u(V)\right]^2 + \left[\frac{r_0^2 V}{(r_0 I - V)^2}u(I)\right]^2 + \left[\frac{V^2}{(r_0 I - V)^2}u(r_0)\right]^2} =$$

$$\sqrt{0.1223^2 + 0.1246^2 + 0.0017^2} = 0.1747\ \Omega$$

所以

$$R \pm u(R) = (20.8 \pm 0.2)\ \Omega \tag{1.4.12}$$

其他计算实例请参阅本书第 3 章的数据处理示例。

1.4.4　数据修约和测量结果的最终表述

由于误差的存在，真值不可能获得，只能得到它的近似值，因此无论是直接测量的仪器示值(读数)，还是通过函数关系获得的间接测量结果，不可能也没有必要记录过多的位数。数据截断(或称修约)的原则是能正确反映它的可靠性，也就是按测量的不确定度来规定数据的有效位数。那么如何决定不确定度的有效位数呢？我们知道，合成不确定度通常并不是严格意义上的标准差，而只是它的近似估计值，因此不确定度本身也有一个置信概率的问题。除了某些特殊测量以外，不确定度最多保留两位，再多就没有意义了。为了简化教学，我们规定：**不确定度只取 1 位；测量结果取位应与不确定度对齐。数据截断时，剩余的尾数按“四舍六入五凑偶”原则，即“小于 5 舍去，大于 5 进位，等于 5 凑偶”的原则修约。**“五凑偶”的含意是当尾数等于 5 时，把前一位数字凑成偶数(奇数加 1，偶数不变)。例如电动势测量的计算结果为 $E=1.507549\ \text{V}$，$u(E)=0.00455\ \text{V}$，修约后应写成 $E \pm u(E) = (1.508 \pm 0.005)\ \text{V}$，而 $l=24.1550\ \text{cm}$，$u(l)=0.0250\ \text{cm}$，则应表述成 $l \pm u(l) = (24.16 \pm 0.02)\ \text{cm}$。顺便指出，五凑偶的修约方法与传统的四舍五入稍有不同，这样做的好处是使尾数入与舍的概率相同，舍入误差表现为单纯的随机误差，避免在作进一步的计算时造成系统误差(进位的概率大于舍去的概

率)。另外还需要注意的是,修约过程应该一次完成,不能多次连续修约,例如要使 0.546 保留到一位有效位数,不能先修约成 0.55,接着再修约成 0.6,而应当一次修约成 0.5。

对过大和过小的数据,应当用**科学计数法**来表示,即把它写成小数形式,**小数点前为一位非零整数,而后乘以 10 的方幂**。例如 11 亿 8 千万,应写成 1.18×10^9,不宜写为 1 180 000 000;若转动惯量的计算值为 $J=11\,145.012\,6\ \text{g}\cdot\text{cm}^2$,$u(J)=45.462\,5\ \text{g}\cdot\text{cm}^2$,则最后的测量结果应表达为

$$J\pm u(J)=(1.115\pm0.005)\times10^4\ \text{g}\cdot\text{cm}^2=(1.115\pm0.005)\times10^{-3}\ \text{kg}\cdot\text{m}^2$$

而 0.000 635 m,则应写成 6.35×10^{-4} m。需要注意的是,在测量结果的最终表达式中,根据计量技术规范的要求,单位一般不出现两次,例如不应写成 $R=1.23\ \text{k}\Omega\pm0.03\ \text{k}\Omega$,而应表述为 $R=(1.23\pm0.03)\ \text{k}\Omega$。

总之,**测量结果的最终报告形式是**

$$F\pm u(F)=(\text{经过修约的相应数字})(\text{单位})\tag{1.4.13}$$

本节举例中的式(1.4.5)、式(1.4.12)都是按上述规定给出的标准方式。至于中间的运算环节,各物理量应该以不影响最终结果的正确报道为原则,比正常截断多取几位(比如 1~2 位),以免造成舍入误差的积累效应。本节举例中,各项不确定度分量都给出了 3 位,在有可能造成连续修约的地方还给出了 4 位,就是为了保证最终结果不会因中间数据的修约而带来附加的误差累积。

1.4.5　小　结

1. 间接测量合成不确定度的具体计算步骤

① 给出测量公式,其中的可定系统误差(主要是影响较大的可定系统误差)应通过测量方法的改进加以减消或在结果中加以修正。

② 对每个独立的观测量列出各自的误差来源,把它们按 A 类和 B 类不确定度,分别给出标准差或近似标准差并按方差合成给出相应物理量的不确定度。

③ 由测量公式导出具体的方差合成公式(1.4.6)或公式(1.4.7)。

④ 代入数值计算 F 和 $u(F)$,并把它表示成 $F\pm u(F)$ 的形式。

应该指出,**方差合成公式是以小误差、各分量独立为条件的**,这些要求在多数基础物理实验中可以得到(或近似)满足。

2. 从微分关系出发计算合成不确定度

合成不确定度也可以从微分关系出发,结合不确定度的定义和合成法则来计算。重新处理上例并且计算相对不确定度(绝对不确定度的处理原则相同,只是全微分时不取对数):

① 给出函数关系式(1.4.9),即

$$R=\frac{V}{I-V/r_0}=\frac{r_0V}{r_0I-V}$$

② 将 R 取对数并取 $\ln R$ 的全微分：

$$\ln R = \ln V + \ln r_0 - \ln(r_0 I - V)$$

$$\frac{\mathrm{d}R}{R} = \frac{\mathrm{d}V}{V} + \frac{\mathrm{d}r_0}{r_0} - \frac{\mathrm{d}(Ir_0 - V)}{Ir_0 - V} = \frac{\mathrm{d}V}{V} + \frac{\mathrm{d}r_0}{r_0} - \frac{I\mathrm{d}r_0 + r_0\mathrm{d}I - \mathrm{d}V}{Ir_0 - V}$$

③ 合并同类项：

$$\frac{\mathrm{d}R}{R} = \left(\frac{1}{V} + \frac{1}{Ir_0 - V}\right)\mathrm{d}V + \left(\frac{1}{r_0} - \frac{I}{Ir_0 - V}\right)\mathrm{d}r_0 - \frac{r_0}{Ir_0 - V}\mathrm{d}I$$

④ 把微分符号改成不确定度符号，并对独立项取方和根(平方、求和、开根)值：

$$\frac{u(R)}{R} = \sqrt{\left(\frac{1}{V} + \frac{1}{Ir_0 - V}\right)^2 u^2(V) + \left(\frac{1}{r_0} - \frac{I}{Ir_0 - V}\right)^2 u^2(r_0) + \left(\frac{r_0}{Ir_0 - V}\right)^2 u^2(I)} \tag{1.4.14}$$

代入各项数据可得 $\frac{u(R)}{R} = 0.008\,4$，$u(R) = 0.2\ \Omega$，结果相同。

小结 1 和 2 中提供的两种计算步骤，实质上是一回事，大家可以根据自己的习惯来进行选择。

3. 列出全部误差因素并作出不确定度估计

这项工作对初学者来说是一件相当困难的事情，希望大家在实践中注意学习和积累。一般可以从以下几个环节去考察：

① 器具误差——测量仪器本身所具有的误差。例如作为长度量具的米尺刻度不准确，电阻箱本身有误差等。

② 人员误差——测量人员主观因素和操作技术所引起的误差。例如计时响应的超前或落后。

③ 环境误差——由于实际环境条件与规定条件不一致所引起的误差。环境条件包括温度、湿度、气压、振动、照明、电磁场、加速度等，不一致包括空间分布的不均匀以及随时间变化等。

④ 方法误差——测量方法不完善所引起的误差。例如所用公式的近似性，以及在测量公式中没有得到反映但实际上却起作用的因素(像热电势、引线电阻或引线电阻的压降等)。

⑤ 调整误差——由于测量前未能将计量器具或被测对象调整到正确位置或状态所引起的误差。例如天平使用前未调整到水平，千分尺未调整零位等。

⑥ 观测误差——在测量过程中由于观测者主观判断所引起的误差。例如测单摆周期时由于位置判断不准而引起的误差。

⑦ 读数误差——由于观测者对计量器具示值不准确读数所引起的误差。读数误差包括视差和估读误差。视差是指当指示器与标尺表面不在同一平面时，观测者偏离正确观测方向进行读数或瞄准时所引起的误差；估读误差是指观测者估读指示器位于两相邻标尺标记间的相对位置而引起的误差。

在全面分析误差分量时，要力求做到既不遗漏，也不重复，对于主要误差来源尤其如此。有些不确定度例如仪器误差，已经是几种误差因素的综合估计，这一点也应予以注意。在本门

课程中将着重采取以下办法来进行训练：有针对性地就几项误差来源作不确定度估计；实验室给出主要误差来源，操作者只就其中几项作出估计，其余不确定度分量由实验室提供；在实验室的提示下，由操作者自己分析主要误差来源，并合成不确定度。

4. 在计算合成不确定度时，注意运用微小误差原则简化运算

① 当合成不确定度来自多个分量的贡献时，应注意把它们按量级作出分类，通常可以略去微小项的贡献。如在式(1.4.12)中略去来自 $u(r_0)$ 的贡献，不会影响 $u(R)$ 的计算结果。微小项的判据是：该项不确定度分量在合成不确定度的 1/3 以下。

② 在测量公式中，有时要引入修正项以提高测量准确度。在计算不确定度时，当修正项是一个相对小量时，它对不确定度的贡献通常可以略去。仍以本节的例子加以说明。电压表内阻 $r_0 \gg R$，因此可以把它的影响作为修正项处理。为此，改写测量公式(1.4.9)。

$$R = \frac{V}{I - \dfrac{V}{r_0}} = \frac{V/I}{1 - \dfrac{V}{Ir_0}} \approx \frac{V}{I}\left(1 + \frac{V}{Ir_0}\right) = \frac{V}{I} + \frac{V^2}{I^2 r_0} \tag{1.4.15}$$

式中，第二项即可作为修正项处理。略去它对不确定度的贡献，得

$$\frac{u(R)}{R} = \sqrt{\left[\frac{u(V)}{V}\right]^2 + \left[\frac{u(I)}{I}\right]^2} = 8.24 \times 10^{-3} \tag{1.4.16}$$

可算出

$$u(R) = \frac{u(R)}{R} \cdot R = 0.171\ \Omega$$

结果与式(1.4.12)一致，但计算简化了许多。需要提出的是，把修正项作为小项处理应当在事先(有时也可能在事后)给出定量的核算或说明，在本例中就是要验算 $\dfrac{V}{Ir_0} \ll 1$，实际上 $\dfrac{V}{Ir_0} = 0.02$ 满足$\ll 1$ 的条件。

5. 不确定度是误差可能取值范围的一种估计

不确定度并不是实际的误差，也不代表误差的绝对值，它只是提供了在概率含义下的误差可能取值范围的一种估计。在许多情况下，测量结果可能相当接近(约定)真值，两者之差明显地小于不确定度；当然也可能存在另一种情况，真值落在不确定度提供的范围之外，只是这种可能性通常很小罢了。

就合成不确定度而言，如果各独立观测量的不确定度均是严格的标准差(标准不确定度)，那么它也具有标准不确定度的性质。但是通常不能知道它对应的置信概率。如果认为被测量近似服从正态分布，那么大体上可以说真值落在 $[F-u(F), F+u(F)]$ 区间内的可能性在2/3左右①。

① 在许多场合(例如测量比较、产品或仪器的合格检验等)，上述概率的置信程度过低，这时可以把标准不确定度乘以系数 K(称为**包含因子**，或极限因子、置信因子)：$U(F)=Ku(F)$ 或 $U=Ku$ 。U 或 $U(F)$ 称为**总不确定度**(或展伸不确定度、扩展不确定度)。在 $[F-U, F+U]$ 的区间内将以更高的置信概率(例如$\geqslant 0.95$)包含真值。K 的取值范围一般为 2～3。更为合适的办法是采用 t 分布来计算(参见 1.8.3 小节 t 分布(学生分布))。考虑到物理实验的基础训练特点，本课程一般只要求按标准不确定度来作出估计。

6. 不确定度符号表示方法

本节中使用的不确定度符号,初学者可能不太习惯,其实只要掌握以下原则,其意义并不难理解。① **标准不确定度或合成不确定度用小写字母 u 表示**(有时为便于区分,也用小写字母 s 表示 A 类的标准不确定度)。展伸不确定度(或误差限)用大写字母 U(或 Δ)表示。② **不确定度所代表的物理量,用括号说明**(在不会引起误解的情况下也可省去)。例如 $u(A)$代表的是观测量 A 的(标准)不确定度。③ **不确定度的具体分量,用下标给出**,这些下标可以是数字、类型或输入量的符号。例如 $u_a(V)$代表观测量 V 的不确定度的 A 类分量;$u_{b2}(x)$ 代表观测量 x 的第二个 B 类分量;$u_x(A)$代表观测量 A 的不确定度的 x 分量,即 $\frac{\partial A}{\partial x}u(x)$ 。

1.5 有效数字及其运算法则

一个具体的测量过程总是或多或少地存在着误差,因此表达一个物理量的测量结果时,不应该随意取位,而应当正确反映测量所能提供的有效信息。用直尺测量长度,可以从尺上直接读出测量结果,例如 26.35 cm、8.23 cm 等。其中,26.3 和 8.2(mm 和 mm 以上位)是直接读出的,称为可靠数字,最末一位的 0.05 和 0.03((1/10) mm 位)则是从尺上最小刻度之间估计出来的,叫做可疑数字(当然这种估计是有一定根据的,因此是有意义的),而(1/10) mm 位以下的部分则是用这种规格的尺子不可能读出的。**由可靠数字和可疑数字合起来就构成了测量的有效数字**①。前面的读数中,26.35 cm 有 4 位有效数字,8.23 cm 有 3 位有效数字。可见,有效数字的多少是由测量工具和被测量的大小决定的。

应当指出,**测量结果第一位(最高位)非零数字前的 0,不属于有效数字,而非零数字后的 0 都是有效数字**。因为前者只反映了测量单位的换算关系,与有效数字无关。例如,0.012 5 m 是 3 位有效数字,不应理解为 5 位有效数字,它与 1.25 cm 实际上是一回事。而非零数字后的 0 则反映了测量的大小和准确度,不难想见,1.090 0 cm 要比 1.09 cm 测量的准确度高得多,因为前者表示测量进行到了(1/10 000) cm,而后者只进行到(1/100) cm 位。

对于已经作出不确定度估计的,可以按 1.4.4 小节的修约原则来处理和决定测量结果的有效数字。但在有些测量中,准确度要求不高或难以进行不确定度估计(如用图示法提取实验参数),这时可以省去不确定度的分析计算,只要求大体上能反映出测量结果的准确度即可。为此需要制定一些规则,下面作些必要的说明。

1.5.1 仪器示值的有效数字读取

对直接观测量,直接读取**仪器示值**时,规定:**通常可按估读误差来决定数据的有效数字**,即

① 这里是按物理学的习惯和传统来理解有效数字的,与计量学中的定义稍有不同。

一般可读至标尺最小分度的 1/10 或 1/5。例如用量程为 150 mA、75div 分度的电流表测电流，最小分度为 2 mA，读数误差按 0.2div 即 0.4 mA 估计，因此可以取至小数点后 1 位。图 1.5.1 所示的电流值应写成 96.8 mA。

注意：在作数据记录时，为防止差错，可以先读出原始示值的位置(偏转格数)，再转换成测定值。例如图 1.5.1 所示 mA 表的读数，直接记录为 48.4div 比较方便，在整理列表时才写成 96.8 mA(1div=2 mA)。

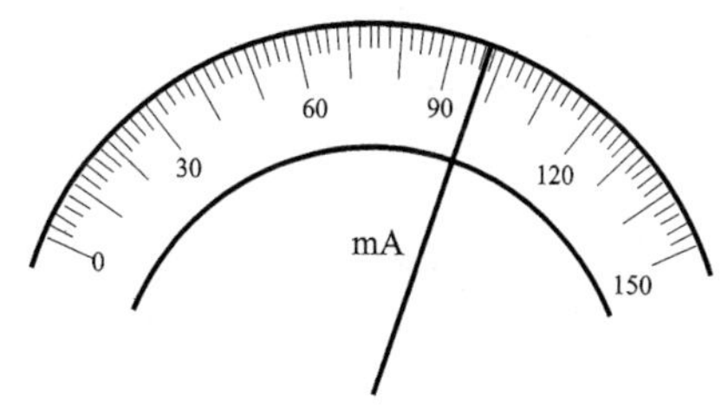

图 1.5.1　mA 表表盘

1.5.2　有效数字的运算法则

对间接测量，需要通过一系列的函数运算才能得到最终测量结果。这就需要有一些简单的规则来处理有关的函数运算，以便使计算简捷明了，而又在大体上能反映结果的准确度。

1. 加减法

例如 $N=A+B+C-D$，合成不确定度 $u(N)=\sqrt{u^2(A)+u^2(B)+u^2(C)+u^2(D)}$ 主要取决于 A、B、C、D 中绝对不确定度的最大者，按有效数字的定义，也即有效数字最后一位的位数最高的那个数。设 $A=5\ 472.3$，$B=0.753\ 6$，$C=1\ 214$，$D=7.26$，则有效数字最后一位的位数最高者是 C。具体来说，C 的个位数已是可疑位。因此，N 的有效数字取至个位数(与 C 相同)即可。为了避免因中间运算造成"误差"，上例中的 A、B、D 均应保留到小数点后面一位(或暂不做截断，取原始数据计算)，算出结果后再与 C 取齐，即

$$N=5\ 472.3+0.8+1\ 214+7.3=6\ 694$$

2. 乘除法

例如 $N=\dfrac{ABC}{D}$，合成相对不确定度 $\dfrac{u(N)}{N}=\sqrt{\left[\dfrac{u(A)}{A}\right]^2+\left[\dfrac{u(B)}{B}\right]^2+\left[\dfrac{u(C)}{C}\right]^2+\left[\dfrac{u(D)}{D}\right]^2}$ 主要取决于 A、B、C、D 中相对不确定度的最大者；为此我们规定，对乘除法运算，以有效数字最少的输入量为准。对本例，$N=\dfrac{ABC}{D}$，若 $A=80.5$，$B=0.001\ 4$，$C=3.083\ 26$，$D=764.9$，则 $N=\dfrac{80.5\times0.001\ 4\times3.083\ 26}{764.9}=0.000\ 45$，应取 2 位有效数字(与有效数字最少的 B 相同)。

3. 混合四则运算

应按前述原则按部就班进行运算，并获得最后结果。例如：

$$N=\frac{A}{B-C}+D=\frac{7.032}{5.709-5.702}+31.54=1\times10^3$$

4. 其他函数运算

我们给出一般的处理原则：**先在直接观测量的最后一位有效数字位上取 1 个单位作为测**

量值的不确定度,再用函数的微分公式求出间接量不确定度所在的位置,最后由它确定有效数字的位数。显然,这样给出的是函数有效位数的上限。

[例] $\sqrt[20]{3.25}=?$(20是准确数字)

[解] 以 x 代表3.25,将 $\sqrt[20]{3.25}$ 写成函数形式 $y=x^{1/n}$,有

$$y=x^{1/n}=3.25^{1/20}=1.060\,739$$

取 $\Delta x=0.01$ 得

$$\Delta y=\frac{1}{n}\cdot\frac{\Delta x}{x}\cdot y=\frac{1}{20}\times\frac{0.01}{3.25}\times 3.25^{1/20}=0.000\,1_6$$

说明 Δy 的可疑数字发生在小数点后面第4位,故 $y=1.060\,7$,为5位有效数字。

1.5.3 小 结

1. 有效数字的运算法则

① 加减法运算,以参加运算各量中有效数字最末一位位数最高的为准并与之取齐。

② 乘除法运算,以参加运算各量中有效数字最少的为准,结果的有效数字个数与该量相同。

③ 混合四则运算按以上原则按部就班执行。

④ 其他函数运算根据不确定度决定有效数字的原则,在自变量有效数字末位设置一个单位的不确定度,通过微分关系作传播处理。

2. 有效数字运算法则的应用范围

有效数字的运算法则是一种粗略但实验中经常会用到的数据处理方法,应当熟练掌握。在不要求计算不确定度的场合,它被用来确定测量结果的有效数字;在严格估计不确定度的情况下,它可用做数据处理过程的参考。但若两者出现不一致的情况,则应以不确定度的处理结果为准。

3. 中间过程有效数字的取值原则

为了防止数字截断后运算引入新的"误差",在中间过程,**参与运算的物理量应多取1~2位有效数字(无理常数也按此处理)。**

1.6 系统误差的发现和减消

系统误差可以通过一定的实验和数据处理方法加以限制、减小或大部分消除。一些系统误差分量可通过加修正值的方法基本消除,但修正值本身也有一定的不确定度(误差限)。一些影响测量结果的主要系统误差分量的消除会使测量准确度有所提高,但是某些原来次要的分量和新发现的系统误差分量又会成为影响准确度继续提高的主要障碍。因此系统误差不可能绝对完全地被消除,只可能在测量的各个环节中设法减小或基本消除某些主要系统误差分量对测量结果的影响。因此本教材中采用"减消系统误差"而不使用"消除系统误差"的说法。

实验的不确定度应当在尽可能减消或修正了系统误差，特别是影响显著的系统误差的基础上进行。因此，如何发现、减消或修正系统误差是做好实验的重要组成部分。由于系统误差的分析很难脱离具体的实验内容，本节将涉及较多后续章节的实验。对初学者来说，我们只要求对此有初步的了解，等积累了一定的实验经验再回过头来予以消化和总结。

1.6.1 系统误差的形式

系统误差由固定不变的或按确定规律变化的因素所造成，它所服从的规律有以下几种形式。

1. 固定误差

在整个测量过程中，误差的符号和大小都固定不变的系统误差，称为固定误差。

如某砝码的公称质量为 10 g，实际质量为 10.001 g，若按公称质量使用，则始终会存在 0.001 g的误差。

2. 线性误差

在测量过程中，误差值随某些因素作线性变化的系统误差，称为线性误差。

如刻度值为 1 mm 的标准刻尺，由于存在刻划误差 Δl(mm)（常数），每一刻度间的实际距离为 1 mm$\pm\Delta l$(mm)，若用它测量长为 L(mm)的某物，则测量长度为

$$K = L/(1\ \text{mm} \pm \Delta l)$$

这样就产生了随测量值 K 的大小而变化的线性误差 $K\Delta l$。

3. 多项式误差

当线性关系不能很好地描写误差与因素之间的关系时，可采用多项式来表述。

例如电阻与温度的关系为 $R = R_{20} + \alpha(t-20\ ℃) + \beta(t-20\ ℃)^2$（其中，$R$ 是温度为 t 时的电阻，R_{20} 是温度为 20 ℃时的电阻，α 和 β 分别为电阻的一次及二次温度系数），当用 R_{20} 近似代表 R 时，将产生二次函数的误差。

4. 周期性误差

测量过程中，随某些因素按周期性规律变化的误差，称为周期性误差。

当仪表指针的回转中心与刻度盘中心有偏心值 e 时，指针在任一转角 φ 下由于偏心造成的误差 ΔN 为周期性误差（参见本章练习题 5 及图 1.10.1）：

$$N = e\sin\varphi$$

5. 复杂规律误差

在整个测量过程中，若误差是按确定的且复杂的规律变化的，则称为复杂规律误差。

如微安表的指针偏转角与偏转力矩之间不可能严格保持线性关系，而表盘仍采用均匀刻度读数，这样产生的误差就属于复杂规律误差。

1.6.2 系统误差的发现

发现系统误差是减消、修正系统误差的前提。系统误差的特点是它的确定规律性，即在一

定的实验条件下多次测量,误差有确定的大小和符号,因此在同一实验条件下,对同一物理量作简单的重复测量不可能发现系统误差。下面,列举本教材中揭示系统误差的一些基本方法。

1. 理论分析

测量过程中因理论公式的近似性等原因所造成的系统误差,常常可以从理论上作出判断并估计其量值。如伏安法测电阻,当电流表内接时将产生正误差,外接时则为负误差;在气轨实验中,用U形挡光杆测平均速度来代替相应位置的瞬时速度也会产生系统误差。

2. 实验结果和已知真值比较

对已经调好的仪器或系统,先进行(约定)真值已知的物理量的测量,常常可以发现它们是否存在重大的系统误差。例如在光学实验中,可以通过测量波长已知的钠双线(589.0 nm和589.6 nm)或氦氖激光器发出的红光(632.8 nm)来检查系统的测量准确度。当测量结果和“真值”的偏离明显超出估算的不确定度并且具有固定的方向时,就应当怀疑是否存在重要的系统误差未被减消。

3. 进行不同测量方法的比较

用不同测量原理、方法或设备去测量同一物理量,常常可以通过结果的对比了解是否存在系统误差。如电桥实验,分别用自组法和箱式电桥测量同一电阻,通过对比有助于判断是否存在系统误差。

4. 进行不同实验条件的比较测量

改变产生某项系统误差的具体条件进行比较测量,可以发现有关的系统误差。例如气轨实验,为了避免导轨倾斜带来测量误差,需要进行水平调整,方法是用U形挡光杆测量滑块不同位置处的速度。当沿同一方向(例如从左向右)让挡光杆顺序通过位于位置1和2的两个光电门时,两者的通过时间ΔT会存在微小差异(设ΔT_1小于且约等于ΔT_2),这时很难判断究竟是导轨不平还是气流的粘滞阻尼所引起;如果改变滑块运动方向(从右向左)再作一次测量,就很容易把两种效应分开了。

1.6.3 系统误差的减消和修正

发现系统误差之后需要对测量的各个环节进行周密的分析,进一步验证并找出产生误差的具体原因,才有可能作出针对性的处理。实际上,这些过程通常也难以完全分开,它不仅与具体的实验内容、方法以及设备、条件等因素有关,还在很大程度上取决于实验者的素质和修养,希望大家注意积累和总结。下面,列举本课程用来减消和修正系统误差的几种基本方法。

1. 用修正方法减消系统误差

(1) 通过理论公式引入修正值

例如伏安法测电阻,可由下式给出修正:

电流表内接时为

$$R = \frac{V}{I} - R_A$$

电流表外接时为

$$R = V/\left(I - \frac{V}{R_V}\right)$$

式中，R_A、R_V 分别是电流表和电压表的内阻。

（2）通过实验作出修正曲线

例如校准电流表或电压表时，常选用更高级别的电表作出待校表的校准曲线，以后使用该表时可通过校准曲线获得修正值，将修正值加到测量结果上即可减消系统误差。由于修正值本身也包含一定误差，因此用修正值减消系统误差的方法不可能将全部系统误差修正掉，总要残留少量系统误差，修正后的残留部分一般可按随机误差处理。

2. 从产生误差根源上减消系统误差

从产生误差根源上减消系统误差是最有效的办法，但它的前提条件是必须预先知道产生误差的因素，在测量前将误差减消。例如用电流表测量电流时，必须检查电流表指针是否指为零，如果不在零位，需将指针调整到零位，这样可减消由于指针零位偏移而产生的系统误差。在弹性模量和简谐振动实验中，钢丝和弹簧的自然状态几乎均非完全伸直，可以采用加起始载荷的方法来减消这类“起始”误差。

3. 改进测量原理和测量方法

对某种固定的或有规则变化的系统误差，可巧妙地设计测量方法加以减消。

（1）固定系统误差减消法

1）替换法

在测量装置上对未知量测量后，立即用一个标准量代替未知量，再次进行测量，从而求出未知量与标准量的差值，则有

$$\text{未知量} = \text{标准量} + \text{差值}$$

这样可以减消测量装置带入的固定系统误差。

2）抵消法（异号法）

这种方法要求进行两次测量，使出现两次符号相反、大小相等的系统误差，取其平均值作为测量结果，即可减消系统误差。

例如，用自准法测量透镜焦距时，要将透镜反转 180°重测一次，然后取反转前后两结果的平均值作为透镜的焦距，这样可以减消透镜中心和支架刻线位置不重合所带来的系统误差；在光栅实验中，采用对±1 级衍射角取平均的办法来改善光束偏离垂直入射造成的测角误差。

3）交换法

根据误差产生的原因，将某些条件交换，可减消固定系统误差。

如用复称法可减消天平不等臂的误差;自组电桥实验中,交换标准电阻与待测电阻的位置,可减消桥臂电阻 R_1 与 R_2 不等的系统误差。

除上述三种常用方法外,还有其他减消固定系统误差的方法。如在透镜焦距的测量中,采用共轭法可以减消透镜中心和支架刻线位置不重合所带来的系统误差。这是因为,$f=(b^2-a^2)/(4b)$ 计算公式中只涉及两次成像时凸透镜的位置差 a。顺便指出,类似这种利用差值或比值测量的方法,可以有效地减消因零点或基准值不准所造成的系统误差。

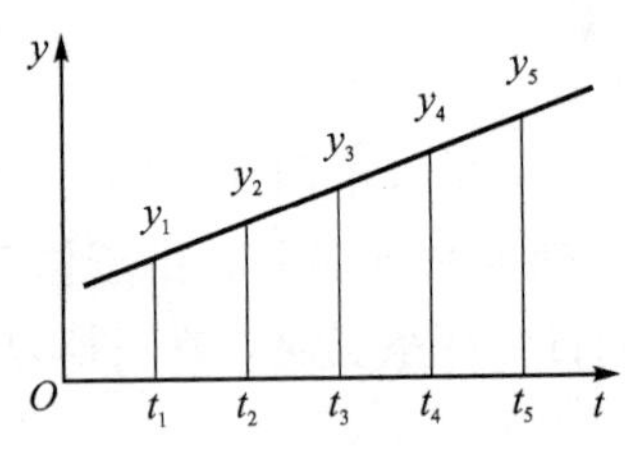

图 1.6.1　线性系统误差

(2) 线性系统误差减消法

对称法是减消线性系统误差的有效方法。图 1.6.1 表示按线性规律变化的系统误差,若它是随时间 t 成比例变化的,则由图 1.6.1 可知,以某一时刻为中心点,对称于该点的一对系统误差的算术平均值彼此相等,即有 $\frac{y_1+y_5}{2}=\frac{y_2+y_4}{2}=y_3$。利用这个特点,可以对称地进行测量,然后在测量结果中取各对称点两次读数的算术平均值作为测量值,这样就可以减消线性系统误差。

(3) 周期性系统误差的减消方法

对周期性误差,每经过半个周期进行偶数次测量,就能有效地加以减消,这样的方法称为半周期偶数次测量法。

例如在分光仪实验中,采用对径读数法可减消度盘的偏心差。

4. 实验曲线的内插、外推和补偿

例如,在气轨实验测瞬时速度时,可以设法测量不同 l(U 形挡光杆的挡光间隔)对应的平均速度,然后外推到 $l\to 0$ 时的极限值。

需要指出的是,上述外推实验应当在修正值甚大于其他测量误差的条件下进行,否则不仅修正本身意义不大,而且很可能使数据的规律性被来自其他误差的随机性所湮没。

5. 系统误差的随机化处理

对有些系统误差,可在均匀改变测量状态下作多次测量,并取测量的平均值来削弱。由于改变了测量条件,(系统)误差取值时大时小、时正时负,平均的结果可实现误差的部分抵偿。例如,使用测微目镜测间距,由于测微丝杠的螺距不可能做得绝对均匀,测量中存在微小的偏离误差,如果利用丝杠的不同部位进行测量,则螺距不均匀所造成的系统误差在一定程度上被随机化了,因此用平均值来表达测量结果就较为准确。分光仪测角,应在度盘的不同位置上进行测量,也是这个道理。

在圆柱体积测量和弹性模量测量中也采用了类似的办法。在圆柱或钢丝的不同截面、不同方位进行直径测量,可以部分抵偿因材质和加工等原因造成试样直径不均匀或形状不规则所带来的微小误差。

总之，处理系统误差的基本原则是：尽可能地减消或削弱系统误差的影响，对未能减消、其影响又不能忽略的系统误差，原则上应分作两部分处理，即定值部分＋变动部分（误差的期望值为零），前者应加以修正，后者参与不确定度的合成。对可作随机化处理的系统误差，可归入 A 类不确定度，其余按 B 类不确定度处理。

1.7　*粗大误差的判别与处理

在基础物理实验中判别粗差的关键是尽可能分析、检查产生误差的原因，在确认该数据是在不合要求的条件下获取时，可将其从记录中划去。在缺乏依据时，也可以采用某些统计的方法来剔除坏数。本节重点介绍两种粗大误差判别准则：拉依达准则（3σ 准则）和 t 检验准则。

1.7.1　拉依达准则(3σ 准则)

拉依达准则是最简单的粗大误差判别准则，它以随机误差的正态分布为基础。设 x_1，x_2，…，x_n 是对某量的一组等精度测量值，由正态分布理论可知：误差落在 $\pm 3\sigma$（σ 为单次测量的标准差）内的概率为 99.73 %，也就是说误差落在 $\pm 3\sigma$ 外的概率为 0.27 %。这是一个小概率事件。拉依达准则认为，如果在测量列中，发现有绝对值大于 3σ 的误差，即

$$|x_i - A| > 3\sigma \qquad (1 \leqslant i \leqslant n) \tag{1.7.1}$$

则该测量值 x_i 包含粗大误差，应予以剔除。

在实际测量过程中，由于真值不可知，常用平均值 $\bar{x}$ 代替 A，用单次测量标准偏差 s 代替单次测量的标准差 σ，从而得到实用拉依达准则的判据为

若

$$|x_i - \bar{x}| > 3s \qquad (1 \leqslant i \leqslant n) \tag{1.7.2}$$

成立，则认为 x_i 为坏值，应予剔除。

拉依达准则只在大量重复测量中才比较有效。由于实用拉依达准则利用 $|x_i - \bar{x}|$ 代替 $|x_i - A|$，s 代替 σ，故使得它的使用具有一定局限性。易证明，当测量次数≤10 次时，对任何 x_i 均有 $|x_i - \bar{x}| < 3s$，即 3σ 准则失效。

1.7.2　t 检验准则

在常规测量中，测量次数往往较少，很难达到 10 次以上，此时可按所谓的 t 检验准则处理。

设对某量等精度独立测量值为 x_1，x_2，…，x_n，若要判别测量值 x_d 是否为坏值，可先将其剔除，然后计算其他数据的平均值 $\bar{x}$ 与单次测量标准偏差 s，再根据测量次数 n 和选定的置信概率 p，从表 1.7.1 中查得 t 检验系数 $k(n,\ p)$ 值。若

$$|x_d - \bar{x}| > k(n, p) \cdot s \tag{1.7.3}$$

则此 x_d 是含有粗差的坏值，应予以剔除，否则就予以保留。

按上述两种准则判别粗大误差时,如果存在两个以上的测量值含有粗大误差,则此时只能先剔除含有最大误差的测量值,然后再重新计算,再判别,依此程序逐步剔除,直至所有测量值皆不含粗大误差为止。

表 1.7.1　t 检验系数 $k(n,\ p)$ 数值表

n \ p	0.99	0.95	n \ p	0.99	0.95	n \ p	0.99	0.95
4	11.46	4.97	13	3.23	2.29	22	2.91	2.14
5	6.53	3.56	14	3.17	2.26	23	2.90	2.13
6	5.04	3.04	15	3.12	2.24	24	2.88	2.12
7	4.36	2.78	16	3.08	2.22	25	2.86	2.11
8	3.96	2.62	17	3.04	2.20	26	2.85	2.10
9	3.71	2.51	18	3.01	2.18	27	2.84	2.10
10	3.54	243	19	3.00	2.17	28	2.83	2.09
11	3.41	2.37	20	2.95	2.16	29	2.82	2.09
12	3.31	2.33	21	2.93	2.15	30	2.81	2.08

1.8　*几种主要的统计分布和置信概率

本节的目的是介绍几种物理实验中最常见到的概率密度分布,它们是正态分布、均匀分布、t 分布和 χ^2 分布。

1.8.1　正态分布(高斯分布)

正态分布(见图 1.2.2)是误差理论中应用最多的一种分布,它的重要性不仅在于它是随机误差的一种典型分布,而且是其他分布的一种“极限”(数学上称为中心极限定理)。理论和实践都证明,如果被测量存在多个独立的误差来源,不管这些随机因素服从哪种分布,只要它们对测量结果的总影响不大,那么该被测量的分布就可近似看做正态分布。这个结论在讨论不知道分布的测量结果的置信概率时,有重要的意义。

正态分布概率密度函数的数学形式为

$$p(x) = A_0 e^{-\frac{1}{2}\left(\frac{x-x_0}{\sigma}\right)^2} \tag{1.8.1}$$

式中,常数 A_0 应由归一化条件 $\int_{-\infty}^{\infty} p(x)\mathrm{d}x = 1$ 决定。利用 $\int_{-\infty}^{\infty} e^{-x^2}\mathrm{d}x = \sqrt{\pi}$ 可推得

$$A_0 = \frac{1}{\sqrt{2\pi}\sigma} \tag{1.8.2}$$

由此可以计算测量值落在 $(x_0-\sigma, x_0+\sigma)$ 中的概率：

$$\int_{x_0-\sigma}^{x_0+\sigma} p(x)\mathrm{d}x = \int_{x_0-\sigma}^{x_0+\sigma} \frac{1}{\sqrt{2\pi}\sigma}\exp\left[-\frac{1}{2}\left(\frac{x-x_0}{\sigma}\right)^2\right]\mathrm{d}x = \frac{1}{\sqrt{2\pi}}\int_{-1}^{1}\exp\left(-\frac{t^2}{2}\right)\mathrm{d}t = 0.682\ 7 \tag{1.8.3}$$

类似地还可以算出

$$\int_{x_0-2\sigma}^{x_0+2\sigma} p(x)\mathrm{d}x = \frac{1}{\sqrt{2\pi}}\int_{-2}^{2}\exp\left(-\frac{t^2}{2}\right)\mathrm{d}t = 0.954\ 5$$

$$\int_{x_0-3\sigma}^{x_0+3\sigma} p(x)\mathrm{d}x = \frac{1}{\sqrt{2\pi}}\int_{-3}^{3}\exp\left(-\frac{t^2}{2}\right)\mathrm{d}t = 0.997\ 3 \tag{1.8.4}$$

式(1.8.3)和式(1.8.4)表明，观测量 X 在 x_0 左右 1 倍、2 倍和 3 倍标准差范围内的概率分别是 0.683、0.954 和 0.997。应该指出，从理论上讲，正态分布的随机变量取值范围可以从 $-\infty \sim +\infty$，因此只有包括从 $-\infty \sim +\infty$ 的取值范围内的概率才等于 1。但就具体的测量过程而言，测量值范围在 $\pm 3\sigma$ 范围以外的可能性(0.002 7)实际上可以看做 0。因此对正态分布，可取 $\Delta = 3\sigma$ 作为误差最大限值来处理，其标准差和误差限之间满足关系：

$$\sigma = \frac{\Delta}{3} \tag{1.8.5}$$

1.8.2　均匀分布

均匀分布(见图 1.8.1)的特点是，在其误差范围内误差出现的概率密度相同；而在此范围以外，概率密度为 0，即

$$p(x) = \begin{cases} a, & x_0-\Delta \leqslant x \leqslant x_0+\Delta \\ 0, & x < x_0-\Delta, x > x_0+\Delta \end{cases} \tag{1.8.6}$$

由归一化条件 $\int_{-\infty}^{\infty} p(x)\mathrm{d}x = \int_{x_0-\Delta}^{x_0+\Delta} p(x)\mathrm{d}x = 1$，不难得出 $a = \frac{1}{2\Delta}$。

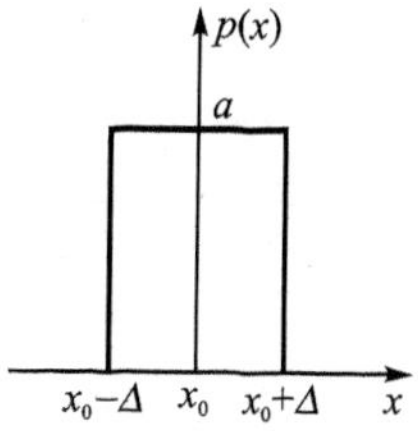

由此可推出，在均匀分布下标准差 σ 满足：

$$\sigma^2 = \int_{x_0-\Delta}^{x_0+\Delta}(x-x_0)^2 p(x)\mathrm{d}x = \frac{1}{2\Delta}\int_{-\Delta}^{\Delta} t^2\mathrm{d}t = \frac{\Delta^2}{3} \tag{1.8.7}$$

图 1.8.1　均匀分布

可见在均匀分布下，标准差 σ 和误差限 Δ 之间的关系是 $\sigma = \frac{\Delta}{\sqrt{3}}$。

均匀分布也是经常遇到的一种分布。例如：各种标尺的估读误差、数字仪表的量化误差以及数据处理中尾数截断产生的舍入误差等均服从均匀分布。均匀分布是一种偏离正态分布较远的分布，常用来处理未知分布的未定系统误差。

1.8.3 t 分布(学生分布)

在误差处理中,t 分布的重要性在于和正态分布的某种关联。大家知道,观测量 X 如果满足正态分布,测量 k 次算得平均值 $\overline{x}$,那么在 $(\overline{x}-\sigma(\overline{x}),\overline{x}+\sigma(\overline{x}))$ 的范围内包含真值(其他系统误差已减消或修正)的概率为 68.3 %,在 $(\overline{x}-3\sigma(\overline{x}),\overline{x}+3\sigma(\overline{x})$ 的范围内包含真值的概率为 99.7 %。现在的问题是:平均值的标准误差 $\sigma(\overline{x})$ 通常不知道,只能用有限次测量的平均值的标准偏差 $s(\overline{x})$ 来代替。$s(\overline{x})=\sqrt{\left[\sum(x_i-\overline{x})^2\right]/[k(k-1)]}$ 并不是一个准确值,而是在 $\sigma(\overline{x})$ 附近摆动的一个估计值。因此在 $(\overline{x}-s(\overline{x}),\overline{x}+s(\overline{x}))$ 区间内的概率含量(置信度)就要下降。为了具体讨论这种下降情况,仅仅知道被测量 X 满足正态分布是不够的,还要进一步讨论 $\dfrac{\overline{x}-x_0}{s(\overline{x})}$ 满足什么分布。可以证明,它将不再服从正态分布而服从所谓的t 分布。为了继续使用标准偏差 $s(\overline{x})$ 来报道测量结果的置信概率,就应当在此基础上进行必要的修正,即乘以一个修正因子 $t_p(\nu)$。应当指出,$t_p(\nu)$不仅与指定的置信概率 p 有关,而且与测量次数(更严格的说法是自由度 ν,$\dfrac{\overline{x}-x_0}{s(\overline{x})}$ 满足 $\nu=k-1$ 的 t 分布)有关。表 1.8.1 给出了不同置信概率下,$t_p(\nu)$随自由度 ν 的变化,相应置信概率的不确定度由 $t_p(\nu)\cdot s(\overline{x})$ 给出。

表 1.8.1　t 分布修正 $t_p(\nu)$

自由度 ν		2	3	4	5	6	7	8	9	10	11
置信概率 p	0.682 7	1.32	1.20	1.14	1.11	1.09	1.08	1.07	1.06	1.05	1.05
	0.95	4.30	3.18	2.78	2.57	2.45	2.36	2.31	2.26	2.23	2.20
	0.954 5	4.53	3.31	2.87	2.65	2.52	2.43	2.37	2.32	2.28	2.25
	0.997 3	19.21	9.22	6.62	5.51	4.90	4.53	4.28	4.09	3.96	3.85
自由度 ν		12	13	14	15	20	30	40	50	100	∞
置信概率 p	0.682 7	1.04	1.04	1.04	1.03	1.03	1.02	1.01	1.01	1.005	1.000
	0.95	2.18	2.16	2.14	2.09	2.09	2.04	2.02	2.01	1.984	1.960
	0.954 5	2.23	2.21	2.20	2.13	2.13	2.09	2.06	2.05	2.025	2.000
	0.997 3	3.76	3.69	3.64	3.42	3.42	3.27	3.20	3.16	3.077	3.000

关于总不确定度与合成不确定度之间的包含因子 K 的比较严格的数学处理也是基于t 分布的修正,即把相应置信概率的 $t_p(\nu)$作为 K 的计算值。只要计算出该合成不确定度对应的自由度 ν 即可按表 1.8.1 求得 K。至于合成不确定度的自由度 ν 如何计算,这里不再讨论。有兴趣的读者可参考《测量误差及数据处理技术规范解说》(李慎安、钱钟泰等编,中国计量出版社)或《基础物理实验》(邬铭新、李朝荣等编,北京航空航天大学出版社)。

1.8.4　χ^2 分布

χ^2 分布的概率密度函数是 $p(\chi^2,\nu)=a(\chi^2)^{\nu/2-1}\mathrm{e}^{-\chi^2/2}$ 。式中，ν 是该分布的一个参数，称为 χ^2 的自由度；χ^2 的取值范围是 $0\sim\infty(\chi^2\geqslant 0)$；$a$ 是归一化常数，$a\int_0^\infty(\chi^2)^{\nu/2-1}\mathrm{e}^{-\chi^2/2}\mathrm{d}\chi^2=1$ 。χ^2 分布有一个重要的性质，它的数学期望 $\mathrm{E}(\chi^2)=v$。证明如下：

$$\int_0^\infty \chi^2 a(\chi^2)^{\nu/2-1}\mathrm{e}^{-\chi^2/2}\mathrm{d}\chi^2=a\int_0^\infty t^{\nu/2}\mathrm{e}^{-t/2}\mathrm{d}t=a(-2)\int_0^\infty t^{\nu/2}\mathrm{d}\mathrm{e}^{-t/2}=$$

$$-2at^{\nu/2}\mathrm{e}^{-t/2}\Big|_0^\infty+2a\int_0^\infty \mathrm{e}^{-t/2}\mathrm{d}t^{\nu/2}=a\nu\int_0^\infty t^{\nu/2-1}\mathrm{e}^{-t/2}\mathrm{d}t=\nu$$

证明中利用了归一化条件。χ^2 分布在实验数据处理中有重要应用，其原因在于：

① 若 $x_1,\ x_2,\ \cdots,\ x_k$ 服从正态分布，则 $\dfrac{\sum(x_i-\bar{x})^2}{\sigma^2}$ 服从 $\nu=k-1$ 的 χ^2 分布，即 $\mathrm{E}\left[\dfrac{\sum(x_i-\bar{x})^2}{\sigma^2}\right]=k-1$。它表明 $\sum(x_i-\bar{x})^2/\sigma^2$ 应在 $k-1$ 附近摆动，如果 σ^2 未知，则可利用它来给出 σ^2 的估计；如果 σ^2 已知，则可以作为对测量结果的检验。

② 若 $\mathrm{E}(\chi_1^2)=\nu_1$ ，$\mathrm{E}(\chi_2^2)=\nu_2$ ，则 $\mathrm{E}(\chi_1^2+\chi_2^2)=\nu_1+\nu_2$ 。这个性质常被用于多个实验结果的综合，以检验这些实验结果之间是否协调，是否可能有未被发现的系统误差或对不确定度估计过小。

1.9　*平均值的方差和不确定度的方差合成

本节的目的是利用简单的概率知识从数学上证明：

① 用标准偏差 $s(x)$和平均值的标准偏差 $s(\bar{x})$ 作为标准误差估计的合理性；

② 间接测量不确定度的方差合成公式及其使用条件；

③ 相关系数的意义。

1.9.1　标准偏差和平均值标准偏差

对一个存在误差但减消了定值系统误差的测量系统，测量结果将围绕真值摆动。真值 $A=\lim\limits_{k\to\infty}\dfrac{1}{k}\sum\limits_{i=1}^{k}x_i$ 。如果测量结果可以连续取值，则 $A=\int_{-\infty}^{\infty}xp(x)\mathrm{d}x$ 。实验观测值 x 构成了所谓的随机变量，$p(x)$被称为随机变量 x 的概率密度函数。我们无法预见某一次测量的取值结果以及偏离真值的正负和远近，但可以知道测量结果在 x 附近 $\mathrm{d}x$ 范围内的可能性（概率）$p(x)\ \mathrm{d}x$。把 $\mathrm{E}(x)=A=\int_{-\infty}^{\infty}xp(x)\mathrm{d}x$ 称为随机变量 x 的数学期望，把$(x-A)^2$ 的数学

期望 $E[(x-A)^2]=\sigma^2(x)=\int_{-\infty}^{\infty}(x-A)^2 p(x)\mathrm{d}x=\int_{-\infty}^{\infty}[x-E(x)]^2 p(x)\mathrm{d}x$ 称为随机变量 x 的方差。数学期望的物理意义是概率平均值。σ 大体上描写了测量结果对真值的离散范围(宽度)。现在的问题是:在真值 $A=E(x)$ 甚至 $p(x)$ 的形式都不知道的情况下,如何用有限次的测量值 $x_1, x_2, \cdots, x_k$ 给出 A 和 σ 的近似模写。有关的结论是:应当用 $\bar{x}=\sum x_i/k$ (有限次测量的平均值)和 $s^2(\bar{x})=\frac{s^2(x)}{k}$ (平均值的样本方差)作为 A 和 σ^2 的估计值。式中,$s(x)=\sqrt{\frac{1}{k-1}\sum_{i=1}^{k}(x_i-\bar{x})^2}$ 称为样本的标准偏差,或单次测量结果的标准偏差。证明上述结论的方法是:分别计算 $\bar{x}=\frac{1}{k}\sum_{i=1}^{k}x_i$、$s^2(\bar{x})$ 和 $s^2(x)$ 的数学期望,应当有 $E(\bar{x})=A$、$\sigma^2(\bar{x})=\sigma^2(x)/k$ 和 $E[s^2(x)]=\sigma^2(x)$。现讨论如下。

设被测量 x 服从概率密度为 $p(x)$ 的分布,那么如果把各次测量结果 $x_1, x_2, \cdots, x_k$ 同时都看成是一个独立的观测量,则它们将构成 k 个随机变量的系统。考虑到 $x_1, x_2, \cdots, x_k$ 彼此独立且概率密度函数的形式相同,该系统的概率密度函数 $p(x_1,x_2,\cdots,x_k)=p_1(x_1)p_2(x_2)\cdots p_k(x_k)=p(x_1)p(x_2)\cdots p(x_k)$,它表示测量结果序列在 $(x_1, x_2, \cdots, x_k)$ 附近 $\mathrm{d}x_i(i=1,2,\cdots,k)$ 范围内的概率是 $p(x_1,x_2,\cdots,x_k)\,\mathrm{d}x_1\mathrm{d}x_2\cdots\mathrm{d}x_k$,而 $\bar{x}=\sum x_i/k$ 则是 $(x_1, x_2, \cdots, x_k)$ 的函数,因此 $E(\bar{x})=\frac{1}{k}\iint\cdots\int\left(\sum_{i=1}^{k}x_i\right)p(x_1,x_2,\cdots,x_k)\mathrm{d}x_1\mathrm{d}x_2\cdots\mathrm{d}x_k=\frac{1}{k}\sum_{i=1}^{k}\int x_i p(x_i)\mathrm{d}x_i=A$。式中利用了 $\int x_i\, p(x_i)\mathrm{d}x_i=A$ 和 $\int p(x_i)\mathrm{d}x_i=1$。

下面讨论 $\sigma^2(\bar{x})$ 与 $\sigma^2(x)$ 的关系:

因为
$$\bar{x}-A=\frac{1}{k}\sum_{i=1}^{k}x_i-A=\frac{1}{k}\sum_{i=1}^{k}(x_i-A)$$

所以
$$(\bar{x}-A)^2=\frac{1}{k^2}\left[\sum_{i}(x_i-A)^2+\sum_{i\neq j}(x_i-A)(x_j-A)\right]$$

故
$$E[(\bar{x}-A)^2]=\frac{1}{k^2}\sum_{i}E[(x_i-A)^2]+\frac{1}{k^2}\sum_{i\neq j}E[(x_i-A)(x_j-A)]=$$
$$\frac{1}{k^2}\sum_{i}E[(x_i-A)^2]=\frac{1}{k}E[(x-A)^2] \tag{1.9.1}$$

即 $\sigma^2(\bar{x})=\frac{1}{k}\sigma^2(x)$。推导中利用了概率密度函数的基本性质:

$$E\left\{\frac{1}{k^2}\sum_{i}[(x_i-A)^2]\right\}=\iint\cdots\int\frac{1}{k^2}\sum_{i=1}^{k}(x_i-A)^2 p(x_1,x_2,\cdots,x_k)\mathrm{d}x_1\mathrm{d}x_2\cdots\mathrm{d}x_k=$$

$$\frac{1}{k^2}\sum_{i=1}^{k}\int (x_i - A)^2 p(x_i)\mathrm{d}x_i = \frac{1}{k}\int (x - A)^2 p(x)\ \mathrm{d}x$$

和独立测量条件：

$$\iint\cdots\int (x_i - A)(x_j - A)p(x_1, x_2, \cdots, x_k)\mathrm{d}x_1\mathrm{d}x_2\cdots\mathrm{d}x_k =$$

$$\int (x_i - A)p(x_i)\ \mathrm{d}x_i\int (x_j - A)p(x_j)\ \mathrm{d}x_j = 0$$

再讨论 $s^2(x)$的数学期望：

因为

$$\begin{aligned}\sum (x_i - \bar{x})^2 &= \sum (x_i - A + A - \bar{x})^2 = \\ &\sum [(x_i - A)^2 + (A - \bar{x})^2 - 2(x_i - A)(\bar{x} - A)] = \\ &\sum (x_i - A)^2 + k(\bar{x} - A)^2 - 2(\bar{x} - A)\sum (x_i - A) = \\ &\sum (x_i - A)^2 + k(\bar{x} - A)^2 - 2(\bar{x} - A)k(\bar{x} - A) = \\ &\sum (x_i - A)^2 - k(\bar{x} - A)^2\end{aligned}$$

所以类似地有

$$\begin{aligned}\mathrm{E}\left[\frac{\sum (x_i - \bar{x})^2}{k-1}\right] &= \frac{1}{k-1}\mathrm{E}\left\{\sum [(x_i - A)^2 - k(\bar{x} - A)^2]\right\} = \\ &\frac{1}{k-1}\left\{\mathrm{E}\left[\sum [(x_i - A)^2] - k\mathrm{E}[(\bar{x} - A)^2]\right]\right\} = \\ &\frac{1}{k-1}\left\{k\mathrm{E}[(x - A)^2] - k\,\frac{\mathrm{E}[(x - A)^2]}{k}\right\} = \mathrm{E}[(x - A)^2]\end{aligned}$$

推导时利用了 $\sigma^2(\bar{x}) = \frac{1}{k}\sigma^2(x)$，即

$$\frac{1}{k-1}\mathrm{E}\left[\sum (x_i - \bar{x})^2\right] = \mathrm{E}[(x - A)^2] \quad 或 \quad \mathrm{E}[s^2(x)] = \sigma^2(x) \tag{1.9.2}$$

1.9.2　方差合成公式

为了简化方差合成公式(1.4.6) 的表述方式，将着重讨论两个自变量的情形(不会失去一般性)。被测量(间接观测量)F 是输入量(直接观测量)x、y 的函数，$F = f(x, y)$。将 $f(x, y)$ 在 x、y 的数学期望值附近作泰勒展开，只保留到一级无穷小，即

$$f(x, y) = f[\mathrm{E}(x), \mathrm{E}(y)] + \left[\frac{\partial f}{\partial x}\right]_{\mathrm{E}(x),\mathrm{E}(y)}[x - \mathrm{E}(x)] + \left[\frac{\partial f}{\partial y}\right]_{\mathrm{E}(x),\mathrm{E}(y)}[y - \mathrm{E}(y)]$$

注意到 $\mathrm{E}(F) = f[\mathrm{E}(x), \mathrm{E}(y)]$，移项并求平方和：

$$[F - \mathrm{E}(F)]^2 = \left(\frac{\partial f}{\partial x}\right)^2[x - \mathrm{E}(x)]^2 + \left(\frac{\partial f}{\partial y}\right)^2[y - \mathrm{E}(y)]^2 +$$

$$2\frac{\partial f}{\partial x}\frac{\partial f}{\partial y}[x - \mathrm{E}(x)][y - \mathrm{E}(y)]$$

于是

$$E\{[F-E(F)]^2\}=\left(\frac{\partial f}{\partial x}\right)^2 E\{[x-E(x)]^2\}+\left(\frac{\partial f}{\partial y}\right)^2 E\{[y-E(y)]^2\}+2\frac{\partial f}{\partial x}\frac{\partial f}{\partial y}E\{[x-E(x)][y-E(y)]\}$$

如果 x 和 y 彼此独立,则

$$E\{[x-E(x)][y-E(y)]\}=E[x-E(x)]E[y-E(y)]=0$$ (想一想,为什么?)

$$\sigma^2(F)=\left(\frac{\partial f}{\partial x}\right)^2\sigma^2(x)+\left(\frac{\partial f}{\partial y}\right)^2\sigma^2(y)$$

类似地,对含 n 个直接观测量的情况,$F=f(x_1, x_2, \cdots, x_n)$,若各 x_i 为独立观测量,则有

$$\sigma^2(F)=\left(\frac{\partial f}{\partial x_1}\right)^2\sigma^2(x_1)+\left(\frac{\partial f}{\partial x_2}\right)^2\sigma^2(x_2)+\cdots+\left(\frac{\partial f}{\partial x_n}\right)^2\sigma^2(x_n)=\sum_i\left(\frac{\partial f}{\partial x_i}\right)^2\sigma^2(x_i) \tag{1.9.3}$$

把标准不确定度理解为 σ,上式即为式(1.4.6)。由推导过程,可以得出几个重要的结论:

① 方差合成公式是在略去高次项(只保留线性项)的条件下得到的,因此它只对直接观测量 x_i 的线性函数严格成立,对非线性函数在小误差条件下近似成立。**如果各 x_i 的不确定度都是以标准差形式提供的,那么合成不确定度仍然保留了标准差的属性,而不必考虑这些物理量各自满足什么样的统计分布**。当然,如需严格讨论 $u(F)$ 的置信概率,仍要知道 F 满足的概率分布特性。

② **方差合成公式(1.4.6)是在小误差并且各不确定度分量彼此独立的条件下得到的**。如果各观测量 x_i 彼此不独立,则要计入不同分量之间的相关贡献。为避免相关系数引入的复杂性,应使各不确定度分量保持独立。在1.4.5小结中,由式(1.4.9)导出式(1.4.14)时,强调了在对不确定度计算方和根前,要先合并同类项,其实质就是把线性相关的同一来源的各不确定度分量归并成一项,以避免相关项的出现。

1.9.3 相关系数

如果 x 和 y 不独立,则 $E\{[x-E(x)][y-E(y)]\}\neq 0$,称为 x 和 y 的协方差。引入相关系数

$$r_{xy}=\frac{E\{[x-E(x)][y-E(y)]\}}{\sqrt{E\{[x-E(x)]^2\}E\{[y-E(y)]^2\}}}$$

则有

$$\sigma^2(F)=\left(\frac{\partial f}{\partial x}\right)^2\sigma^2(x)+\left(\frac{\partial f}{\partial y}\right)^2\sigma^2(y)+2r_{xy}\left(\frac{\partial f}{\partial x}\right)\left(\frac{\partial f}{\partial y}\right)\sigma(x)\sigma(y)$$

对有限次测量,可取

$$r = \frac{\sum_i (x_i - \bar{x})(y_i - \bar{y})}{\sqrt{\sum_i (x_i - \bar{x})^2 \sum_i (y_i - \bar{y})^2}} \tag{1.9.4}$$

作为 r_{xy} 的估计值。相关系数 r_{xy}（或 r）描述了 x、y 之间的相关程度，如果当测量值 x 偏大时伴随有 y 值也偏大的倾向，则 **$r>0$，称为正相关**；反之，若 x 测量出现正误差时，y 值有出现负误差的趋势，则 **$r<0$，称为负相关。r 的取值范围为 $[-1,+1]$（$|r|\leqslant 1$）**。若 $|r|=1$，称 x、y 完全线性相关，两者互为线性函数。

1.10　第 1 章练习题

1. 说明以下误差来源产生的是什么误差：可定系统误差，未定系统误差，随机误差或粗差。

① 由于三线摆发生微小倾斜，造成周期测量的变化；

② 测出单摆周期以推算重力加速度，因计算公式的近似而造成的误差；

③ 用停表测量单摆周期时，由于对单摆平衡位置判断忽前忽后造成的误差；

④ 因楼板的突然振动，造成望远镜中标尺的读数变化了约 1 cm；

⑤ 由公式 $V = \frac{\pi}{4}d^2 h$ 测量圆柱体积，在不同位置处测得直径 d 的数据因加工缺陷而离散。

2. $\sigma(x)$、$\sigma(\bar{x})$、$s(x)$ 和 $s(\bar{x})$ 分别表示了什么物理量？为什么要用 $s(x) = \sqrt{\frac{1}{k-1}\sum_{i=1}^{k}(x_i - \bar{x})^2}$ 而不是 $\sqrt{\frac{1}{k}\sum_{i=1}^{k}(x_i - \bar{x})^2}$ 作为 $\sigma(x)$ 的估计值呢？

3. 圆管体积 $V = \frac{\pi}{4}L(D_1^2 - D^2)$，管长 $L \approx 10$ cm，外径 $D_1 \approx 3$ cm，内径 $D \approx 2$ cm，问哪一个量测量误差对结果影响最大？（提示：比较不确定度传播系数）。

4. 实验测得一组扭摆 50 个周期的数据，如果认为人眼的位置判断和启停响应能力不会超过扭摆周期的 1/4，表 1.10.1 数据中是否有粗差存在？如果用统计判别的方法呢？

表 1.10.1　题 4 表

i	1	2	3	4	5
$50T_i$	1′10.36″	1′09.93″	1′10.12″	1′10.02″	1′09.90″

5. 试证明如果电流表指针的转动中心 O 与刻度盘圆心 O' 不重合（见图 1.10.1），读数将产生正弦规律的系统误差（已知 $OO' = e$，要求给出表达式）。

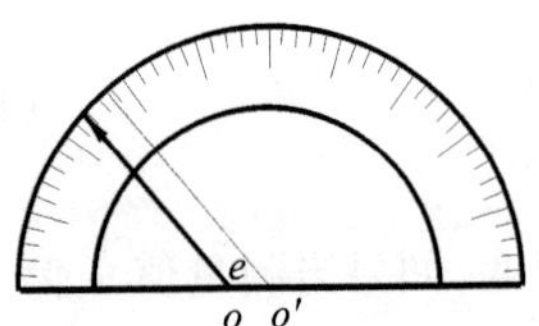

图 1.10.1 题5图电表指针的偏心差

6. 数字三用表说明书给出电压(量程 2 V)挡的允许误差限是 1 %V+5 字。若表的示值为 1.315 V,应如何计算仪器误差?

7. 图 1.4.1 伏安法测电阻的示例中,用了两种方法来计算 $u(R)$,这两种方法有什么不同?哪种方法更方便一些?如果按式(1.4.15)处理,请写出直接取微分计算 $u(R)$ 的计算公式,并比较两者的优劣。

8. 刻度盘为 25div、量程为 100 μA 的 2.5 级电流表,若表的指针在 19.2div 处,试给出测量结果的表示 $I\pm u(I)$。

9. 测量结果表述成 $x\pm u(x)$。对此有三种看法:① 真值是 x;② x 的误差是 $u(x)$;③ 真值落在 $x-u(x)\sim x+u(x)$之间。这些看法正确吗?为什么?

10. 有人说测量次数越多,平均值的标准偏差就越小,因此只要测量次数足够多,不确定度就可以在实际上减少到 0,这样就可以得到真值。这种看法是否正确?

11. 用电子毫秒计测量时间 t 共 11 次,结果是 0.135,0.136,0.138,0.133,0.130,0.129,0.133,0.132,0.134,0.129,0.136(单位:s)。要求给出 $\bar{t}\pm u(\bar{t})$ 及 $\dfrac{u(\bar{t})}{\bar{t}}$。

12. 按照有效数字的定义及运算规则,改正以下错误:

① $L=(28\ 000\pm 8\ 000)$ mm

② $L=(35.0\pm 0.010)$ cm

③ 28 cm=280 mm

④ $2\ 500=2.5\times 10^3$

⑤ $0.022\ 1\times 0.022\ 1=0.000\ 488\ 41$

⑥ $\dfrac{400\times 1\ 500}{12.60-11.6}=600\ 000$

⑦ $a=0.002\ 5$ cm,$b=0.12$ cm,则 $a\times b=3\times 10^{-4}$ cm^2,$a+b=0.122\ 5$ cm。

13. 导出表 1.10.2 中函数的不确定度表示。

表 1.10.2 题13表

函数表达式 N	$u(N)$	$u(N)/N$
$N=x-y$		
$N=x^m y^n/z^l$		
$N=x^{l/k}$		
$N=\ln x$		
$N=\sin x$		

第 2 章　物理实验数据处理的基本方法

实验数据的处理包含十分丰富的内容，例如数据的记录、描绘，从带有误差的数据中提取参数，验证和寻找经验规律，外推实验数值等。本章将结合物理实验的基本要求，介绍一些最基本的实验数据处理方法。

2.1　列表法

顾名思义，列表法就是把数据按一定规律列成表格。这是在记录和处理实验数据时最常用的方法，又是其他数据处理方法的基础，应当熟练掌握。列表法的优点是对应关系清楚、简捷，有助于揭示相关数据之间的实验规律。

2.1.1　列表注意事项

列表时应注意以下事项：

① 表格设计应合理、简单明了，应重点考虑如何能完整地记录原始数据及揭示相关量之间的函数关系。

② **表格的标题栏中注明物理量的名称、符号和单位**，单位不必在数据栏内重复书写。

③ **数据要正确反映测量结果的有效数字**。这里强调指出，数据的原始记录应该直接记录读数，不要作任何计算(包括从标尺上直接得到的分度数，一般也不要乘以分度值，以减少出错)，在报告列表栏内再作必要的计算和整理)。

④ 提供与表格有关的说明和参数。包括表格名称，主要测量仪器的规格(型号、量程及准确度等级等)，有关的环境参数(如温度、湿度等)和其他需要引用的常量和物理量等。

⑤ 为了便于揭示或说明物理量之间的联系，可以根据需要增加除原始数据以外的处理结果。

列表法还可用于实验数据的运算，如求微商或积分的近似值，这里不再介绍。

2.1.2　应用举例——在气轨上做简谐振动实验，验证周期与系统参量的关系

表 2.1.1 为简谐振子周期测量用表。

表 2.1.1　简谐振子周期测量

主要仪器:光电计数仪　　型号________　量程________

倔强系数 $k_1=$________N/m,$k_2=$________N/m

振子质量 m/kg	周期 $T_{测}$/s						$T_{计算}=2\pi\sqrt{\dfrac{m}{k_1+k_2}}$/s	$\dfrac{T_{计算}-T_{测}}{T_{测}}\times 100\ \%$
	1	2	3	4	5	$\overline{T}_{测}$		

说明:

① 标题栏内给出了测振子周期的光电计数仪的有关参数,用于计算 $T_{计算}$ 的弹簧倔强系数(劲度系数)k_1 及 k_2;

② 表格中有记录完整原始数据的内容(5 个质量值,对应每个质量的 5 次周期测量值);

③ 栏目内物理量的名称、符号和单位正确;

④ 为了反映实验目的——用列表法验证周期与系统参数的关系,还增加了周期的理论计算值 $T_{计算}=2\pi\sqrt{\dfrac{m}{k_1+k_2}}$ 和$\dfrac{T_{计算}-T_{测}}{T_{测}}$的栏目。如果只作原始数据记录用,则表格中的 $T_{计算}$ 和$\dfrac{T_{计算}-T_{测}}{T_{测}}$栏目可省去。

2.2　图示法

所谓图示法,就是把实验数据用自变量和因变量的关系作成曲线,以便反映它们之间的变化规律或函数关系。图示法是表述、处理或分析实验数据的常用手段之一,它不仅可以简洁、直观地显示实验数据,获得全面的测量信息,还可以对实验数据进行初步检验、快速分析、比较、计算和推断等。

2.2.1　作图的基本规则

① **有完整的原始数据并列成表格**,注意名称、符号、单位及有效数字的规范使用。

② 除了一些特殊情况以外,凡要通过作图提取参数或内插、外推数据的,**一定要用坐标纸作图**。图纸的选择以不损失实验数据的有效数字和能包括全部实验点作为最低要求,因此**至少应保证坐标纸的最小分格(通常为 1 mm)以下的估计位与实验数据中最后一位数字对应。**

在某些情况下(例如图形过小),还要适当放大,以便于观察,同时也有利于避免因作图而引入附加的误差。

③ **选好坐标轴并标明有关物理量的名称(或符号)、单位和坐标分度值**。坐标起点不一定通过原点,通常以曲线充满图纸,使全图比较美观(不要偏于一边或一角,对于直线其倾斜度最好在 40°～50°之间)为原则。分度比例要选择得当,一般取 1, 2, 5, 10… 较好,以便于换算和描点。

④ **实验数据点以＋、×、□、⊙、△等符号标出,不同曲线用不同的符号**。一般不用细圆点“·”标示实验点(容易与图纸本身的缺陷如尘埃、斑点相混淆或被拟合曲线所掩盖)。用直尺或曲线板把**数据点连成直线或光滑曲线**。作曲线时应反映出实验的总趋势,不必强求曲线通过数据点,但应使**实验点匀称地分布于曲线两侧**。用曲线板作图的要领是:看准 4 个点,描中间两点间的曲线,依次后移,完成整个曲线。

光滑处理的原则不适用于绘制校准曲线。例如电表校准,数据点间应以直线连接(见图 2.2.1)。这是因为考虑到被校表的测量误差主要来自可定系统误差,因此校准以后的数据准确度有所提高,两个点之间的测量值一般可用内插法处理。

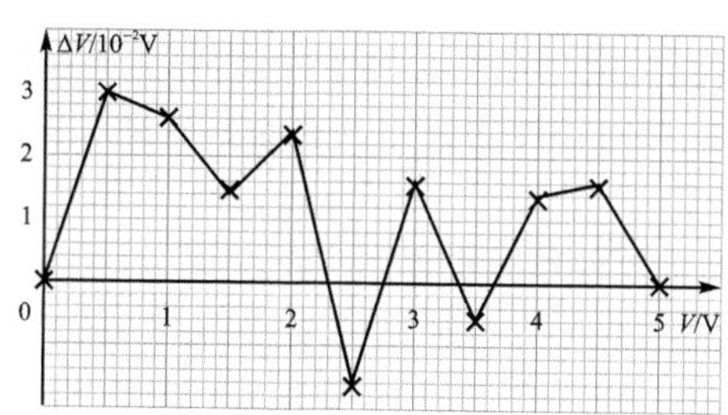

图 2.2.1　电压表校正曲线

⑤ 求直线图形的斜率和截距。当图线是直线时,图示法经常用于求直线的经验公式。这时只要求出斜率 b 和截距 a,就可以得到直线方程:

$$y=a+bx$$

具体做法是在直线两端部各取一点(x_1,y_1)、(x_2,y_2),则

$$\left.\begin{aligned} b &= \frac{y_2-y_1}{x_2-x_1} \\ a &= \frac{x_2y_1-x_1y_2}{x_2-x_1} \end{aligned}\right\} \tag{2.2.1}$$

取点的原则是:**从拟合的直线上取点**(为利用直线的平均效果,不取原数据点);**两点相隔要远一些**(否则由式(2.2.1)计算后有效数字位数会减少,影响准确度),但仍在实验范围之内;所取点的坐标应在图上注明(见图 2.2.2)。若直线通过横坐标的 0 点,a 也可由图上读出。

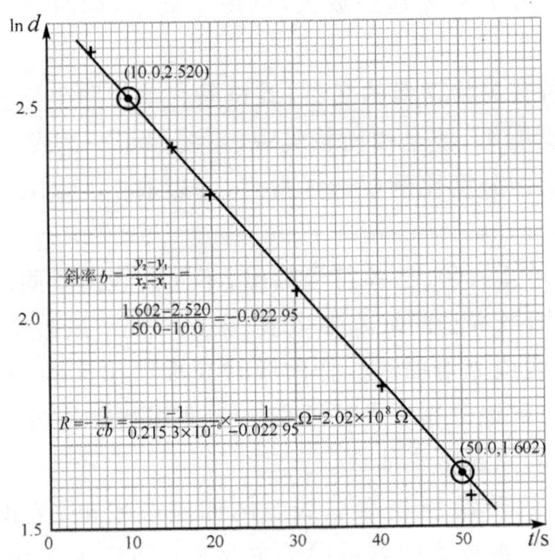

图 2.2.2 ln d-t 关系曲线

⑥ 曲线改直。有些物理量之间虽然没有线性关系,但能通过适当的变换将函数形式改成直线。这时就可以用直线来代替对曲线的研究。它的好处是对直线的判断和参数提取比曲线要方便得多。

随着计算机的普及,计算机软件作图也得到广泛应用,对此应当鼓励和提倡。但作为初学者的基本训练,在基本实验阶段,仍要求按教材的规定作图。进入综合性实验阶段以后,允许在实验报告中采用计算机作图。值得指出的是,即便是用计算机作图,这里强调的规范除个别叙述(例如必须使用坐标纸及有关最小分度的规定)外,原则上仍然有效。

2.2.2 应用举例——电容充放电法测高阻

实验原理如图 2.2.3 所示。电容器由电源充电后,经电阻放电,用停表测出放电时间 t,剩

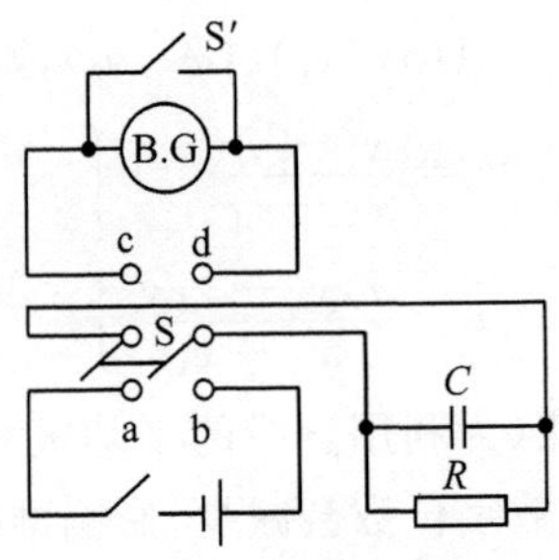

图 2.2.3 电容放电测高阻

余电荷使冲击电流计发生偏转。可以证明冲击电流计的最大偏转 d 和放电时间 t、时间常数 RC(被测电阻和电容的乘积)有如下关系：

$$d = d_0 e^{-t/RC} \tag{2.2.2}$$

实验测得 t 和 d 的数据如表 2.2.1 所列。要求用图示法计算 R。

表 2.2.1　t(放电时间)-d(冲击电流计偏转)关系

i	1	2	3	4	5	6
t_i/s	5.4	15.2	19.9	30.1	40.3	51.0
d_i/cm	13.95	11.10	9.90	7.85	6.25	4.85
$\ln d_i$	2.63_5	2.40_7	2.29_2	2.06_0	1.83_2	1.57_9

注：C=0.215 3 μF。

说明：

① t 和 d 的关系不是线性关系，采用曲线改直的方案。对式(2.2.2)取对数，则

$$\ln d = -\frac{t}{RC} + \ln d_0 \tag{2.2.3}$$

以 t 为自变量，$\ln d$ 为因变量，则由拟合直线的斜率 b 可算出：

$$R = -\frac{1}{bC} \tag{2.2.4}$$

② d 的不确定度(读数误差)以 0.05 cm 计，$\ln d$ 有 3～4 位有效数字(表格中末尾小字为第 4 位，t 取 3 位有效数字。根据数据大小，应取横坐标的分度值为 5 mm 代表 1 s，纵坐标的分度值为 1 mm 代表 0.01，这样既能保证测量的精确度，又可使整个图形充满一张 16 开(23 cm×16 cm)的坐标纸。由于篇幅有限，图 2.2.2 缩小了。

③ 实验点用"+"标出，坐标轴注明时间 t 和 $\ln d$，并标出分度及 t 的单位。

④ 用直尺画出拟合直线后，靠近直线两端取计算点，用符号⊙标出，注明坐标值(50.0, 1.602)、(10.0, 2.520)，并由此算得

$$R = -\frac{1}{bC} = -\frac{x_2 - x_1}{y_2 - y_1} \cdot \frac{1}{C} = -\frac{50.0 - 10.0}{1.602 - 2.520} \times \frac{1}{0.2153 \times 10^{-6}}\ \Omega = 2.02 \times 10^{8}\ \Omega$$

图示法具有简单、直观的优点，能方便地显示出函数的极值、拐点、突变或周期等特征，连成光滑曲线的过程有取平均的效果(有时还有助于发现测量错误或问题)，是一种基本的数据处理方法，应当很好地掌握。图示法的缺点是受图纸大小的限制，一般只有 3～4 位有效数字，且连线有一定的主观性，用图示法求值比较粗糙，一般也不再求不确定度。

如果变量变化范围较大，直角坐标纸容纳不下，或者物理量之间的关系为指数或幂函数，则可以使用对数坐标纸；为了显示物理量随角度的分布，还可采用极坐标纸。作为例子，采用半对数纸重新处理式(2.2.2)的有关数据。横坐标 t 仍用直角坐标，纵坐标采用对数坐标，直接就得出直线。注意 d_t 应直接描点，不必先算对数。但求斜率时，应将纵坐标取对数后再代

入斜率公式。如图 2.2.4 所示,取两点 A、B,则

$$b=-\frac{\ln d_B-\ln d_A}{t_B-t_A}=\frac{\ln 4.9-\ln 12.4}{50.0-10.0}=-0.0232$$

$$R=-\frac{1}{-Cb}=2.0\times 10^8\ \Omega$$

不难看到,采用半对数坐标纸后,图形在 d_t 方向被压缩,精密度也要受影响。

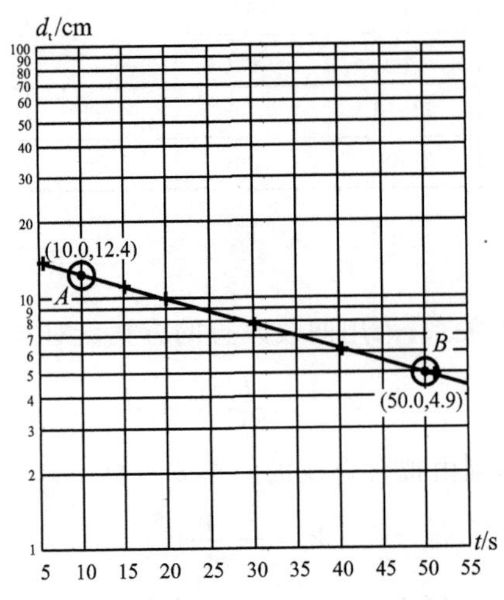

图 2.2.4 d_t-t 关系曲线

2.3 最小二乘法和一元线性回归

从含有误差的数据中寻求经验方程或提取参数是实验数据处理的重要内容。事实上,用图示法获得直线的斜率和截距就是一种平均处理的方法,但这种方法有一定的主观成分,结果往往因人而异。最小二乘法是一种比较精确的曲线拟合方法。它的判据是:**对等精密度测量若存在一条最佳的拟合曲线,那么各测量值与这条曲线上对应点之差(残差)的平方和应取极小值。**

本课程将限于讨论用最小二乘法来处理直线的拟合(一元线性回归)问题,并进一步假定在等精密度测量中,只有因变量 y 有误差,自变量 x 作为准确值处理(实际只需 x 的测量误差远小于 y 的测量误差即可)。

2.3.1 一元线性回归

设直线的函数形式是 $y=a+bx$。实验测得的数据为(x_1, y_1),(x_2, y_2),…,(x_k, y_k),其中 x_1,x_2,…,x_k没有测量误差,y 的最佳值(回归值)是 $a+bx_1$,$a+bx_2$,…,$a+bx_k$。用最

小二乘原理推算 a、b 的值，应满足 y 的测量值 y_i 和回归值 $a+bx_i$ 之差的平方和取极小：

$$\sum_{i=1}^{k}[y_i-(a+bx_i)]^2=\min \tag{2.3.1}$$

选择 a、b 使式(2.3.1)取极小值的必要条件是：

$$\left.\begin{aligned}\frac{\partial}{\partial a}\sum_{i=1}^{k}[y_i-(a+bx_i)]^2=0\\ \frac{\partial}{\partial b}\sum_{i=1}^{k}[y_i-(a+bx_i)]^2=0\end{aligned}\right\} \tag{2.3.2}$$

即有

$$\left.\begin{aligned}\sum_{i=1}^{k}2[y_i-(a+bx_i)](-1)=0\\ \sum_{i=1}^{k}2[y_i-(a+bx_i)](-x_i)=0\end{aligned}\right\} \tag{2.3.3}$$

整理后得

$$\left.\begin{aligned}ak+b\sum_{i=1}^{k}x_i=\sum_{i=1}^{k}y_i\\ a\sum_{i=1}^{k}x_i+b\sum_{i=1}^{k}x_i^2=\sum_{i=1}^{k}x_iy_i\end{aligned}\right\} \tag{2.3.4}$$

由式(2.3.4) 解得

$$\left.\begin{aligned}b=\frac{\sum x_i\sum y_i-k\sum x_iy_i}{(\sum x_i)^2-k\sum x_i^2}=\frac{\overline{x}\,\overline{y}-\overline{xy}}{\overline{x}^2-\overline{x^2}}\\ a=\frac{\sum x_iy_i\sum x_i-\sum y_i\sum x_i^2}{(\sum x_i)^2-k\sum x_i^2}=\overline{y}-b\overline{x}\end{aligned}\right\} \tag{2.3.5}$$

a、b 称为回归系数。式(2.3.5)中 $\overline{x}=\frac{1}{k}\sum x_i$，$\overline{y}=\frac{1}{k}\sum y_i$，$\overline{x^2}=\frac{1}{k}\sum x_i^2$，$\overline{xy}=\frac{1}{k}\sum x_iy_i$。在进一步的研究中还有一些需要深入讨论的问题，我们将给出一些结论。关于证明，有兴趣的读者可参阅 1.9.3 小节和 2.3.4 小节。

(1) 相关系数 r

任何一组测量值$\{x_i,y_i\}$都可以通过式(2.3.5)得到"回归"系数 a、b，但 x_i 和 y_i 的线性关系是否强烈却需要讨论，一般可通过计算相关系数 r 来描写：

$$r=\frac{\sum\left[\left(x_i-\frac{1}{k}\sum x_i\right)\left(y_i-\frac{1}{k}\sum y_i\right)\right]}{\sqrt{\sum\left(x_i-\frac{1}{k}\sum x_i\right)^2\cdot\sum\left(y_i-\frac{1}{k}\sum y_i\right)^2}}=\frac{\overline{xy}-\overline{x}\,\overline{y}}{\sqrt{(\overline{x^2}-\overline{x}^2)(\overline{y^2}-\overline{y}^2)}} \tag{2.3.6}$$

r 是一个绝对值 $\leqslant 1$ 的数。若 x、y 有严格的线性关系(直线 $y=a+bx$ 通过全部的实验点 x_i、y_i,$i=1,2,\cdots$),则 $|r|=1$;若 x_i、y_i 之间线性相关强烈,则 $|r|\approx 1$,$r>0$,表示随 x 增加,y 也增加;$r<0$,则表示随 x 增加,y 减小;$r=0$,说明 x、y 线性无关。$|r|<1$,说明 x、y 的线性关系未被严格遵守,其原因可以是来自 y_i 的测量误差(x_i 被认为是准确值),也可以是由于 x、y 之间存在非线性关系,或者两者兼有。相关系数反映了 x_i、y_i 之间线性相关的程度,但它不能完全代替对线性模型本身的检验。

(2) y_i 的不确定度估计

y_i 为等精度测量,所有的 y_i 应有相同的标准差 $\sigma(y)$。如果预先不知道 $\sigma(y)$,则可按 y 的有限次测量的标准偏差 $s(y)$ 作为它的估计值:

$$s(y)=\sqrt{\frac{\sum[y_i-(a+bx_i)]^2}{k-2}} \tag{2.3.7}$$

(3) 回归系数的不确定度估计

a、b 的标准偏差(A 类不确定度)由下式给出,即

$$\left.\begin{aligned} u_a(a)=s(a)=s(y)\sqrt{\frac{\sum x_i^2}{k\sum x_i^2-\left(\sum x_i\right)^2}}=s(y)\sqrt{\frac{\overline{x^2}}{k(\overline{x^2}-\overline{x}^2)}} \\ u_a(b)=s(b)=s(y)\sqrt{\frac{k}{k\sum x_i^2-\left(\sum x_i\right)^2}}=s(y)\sqrt{\frac{1}{k(\overline{x^2}-\overline{x}^2)}} \end{aligned}\right\} \tag{2.3.8}$$

通常,回归系数和相关系数已经算出,这时 a、b 的标准偏差可由下式得到,即

$$\left.\begin{aligned} u_a(b)=s(b)=b\sqrt{\frac{1}{k-2}\left(\frac{1}{r^2}-1\right)} \\ u_a(a)=s(a)=\sqrt{\overline{x^2}}\cdot u_a(b) \end{aligned}\right\} \tag{2.3.9}$$

2.3.2 应用举例——单摆测重力加速度

单摆的摆长 $L=l+d/2$(见图 2.3.1)。在不同 l 下,测定单摆摆动 50 个周期的时间如表 2.3.1所列。试用一元线性回归方法,求出重力加速度 g。

表 2.3.1 单摆周期与摆长关系

i	1	2	3	4	5	6
l_i/cm	48.70	58.70	68.70	78.70	88.70	98.70
$50T_i$/s	70.90	77.81	84.02	89.74	95.13	100.44

[解]

$$T=2\pi\sqrt{\frac{l+d/2}{g}}$$

T 和 l 之间不存在简单的线性关系，不能直接使用一元线性回归方法。为此，对上式取平方并作整理：

$$l=\frac{g}{4\pi^2}T^2-\frac{d}{2}$$

设 $x=T^2$，$y=l$（周期 T 测量的准确度较高，故选 T^2 为自变量），即可由回归方程 $y=a+bx$ 求得 $g=4\pi^2 b$。

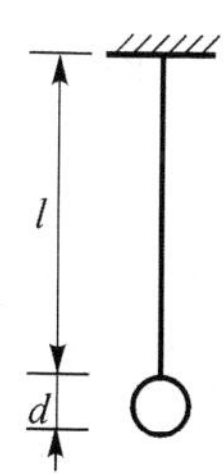

图 2.3.1　单摆测重力加速度

列表计算及结果如表 2.3.2 所列（考虑到最后要计算 g 的不确定度，中间过程的数据取位适当增加）：

表 2.3.2　回归计算列表及结果

类　别	$x_i=T_i^2$	$x_i^2=T_i^4$	$y_i=l_i$	$y_i^2=l_i^2$	$x_iy_i=l_iT_i^2$
1	2.010 72	4.043 0	48.70	2 371.69	97.922
2	2.421 76	5.864 9	58.70	3 445.69	142.157
3	2.823 74	7.973 5	68.70	4 719.69	193.991
4	3.221 31	10.376 8	78.70	6 193.69	253.517
5	3.619 89	13.103 6	88.70	7 867.69	321.084
6	4.035 28	16.283 5	98.70	9 741.69	398.282
$\sum$	18.132 7	57.645 3	$4.422\,0\times10^2$	$3.434\,0\times10^4$	$1.406\,95\times10^3$
平均	3.022 12	9.607 55	73.70	$5.723\,33\times10^3$	$2.344\,92\times10^2$

$$a=\frac{\sum x_iy_i\sum x_i-\sum y_i\sum x_i^2}{\left(\sum x_i\right)^2-k\sum x_i^2}=$$

$$\frac{1.406\,95\times10^3\times18.132\,7-4.422\,0\times10^2\times57.645\,3}{(18.132\,7)^2-6\times57.645\,3}\ \text{cm}=-1.23\ \text{cm}$$

$$b=\frac{\sum x_i\sum y_i-k\sum x_iy_i}{\left(\sum x_i\right)^2-k\sum x_i^2}=$$

$$\frac{18.132\,7\times4.422\,0\times10^2-6\times1.406\,95\times10^3}{(18.132\,7)^2-6\times57.645\,3}\ \text{cm/s}^2=24.796\ \text{cm/s}^2$$

$$r=\frac{\overline{xy}-\bar{x}\ \bar{y}}{\sqrt{(\overline{x^2}-\bar{x}^2)(\overline{y^2}-\bar{y}^2)}}=0.999\,978\,3$$

$$g=4\pi^2b=4\pi^2\times24.796=978.90\ \text{cm/s}^2$$

如略去其他不确定度分量的贡献，则有

$$u(b)=b\sqrt{\frac{1}{k-2}\left(\frac{1}{r^2}-1\right)}=0.082\ \text{cm/s}^2,\qquad u(g)=4\pi^2u(b)=3.2\ \text{cm/s}^2$$

$$g=(979\pm3)\ \text{cm/s}^2=(9.79\pm0.03)\ \text{m/s}^2$$

2.3.3 小 结

① 式(2.3.5)建立在最小二乘的基础上,在各种可能的直线中,回归系数 a、b 具有最小的方差。但应当注意**公式的使用条件:等精密度测量并且自变量 x 无测量误差**。因此在使用时应当选择准确度较高的物理量作为自变量,并且确认不同的 y 有大体相同的标准差,即 $\sigma(y_i)\approx$常数。

② **在求得回归系数 a、b 以后,应当作线性关系的检验**。这里包含两层意思:Y 和 X 的单一线性函数模型是否合理(是否还有非线性效应或其他物理量的影响等)以及是否会因为测量误差过大(甚至存在粗差)而在实际上掩盖了这种线性规律。在本课程中,要求:

i 利用物理规律或其他方法(例如作图)确认线性关系 $Y=a+bX$ 的存在。例如电容充放电法测高阻 $\ln d=a+bt$(见图 2.2.3 示例);单摆测重力加速度 $l=a+bT^2$(见图 2.3.1 示例)等。

ii 计算相关系数 r,并检查是否有$|r|\approx 1$。

顺便指出,本课程未对相关系数检验的定量指标作出讨论,也未涉及线性相关的其他显著性检验,因为这些均已超出课程的基本要求。在基础物理实验中,被测量之间的函数关系一般事先已经确定,线性关系在物理上可以得到保证,因此只要测量误差不是太大,$|r|$ 通常是非常接近 1 的。

③ 回归系数 a、b 的 A 类不确定度估计由式(2.3.7)和式(2.3.8)给出。这里再次强调,上述公式是建立在**忽略 x 的测量误差和对 y 进行等精密度测量**的基础上的。式(2.3.8)中的 $u_a(a)$ 和 $u_a(b)$ 也只涉及通过重复测量可以反映出来的随机误差(有时也包括已经随机化了的部分未定系统误差)的贡献。

④ 最小二乘法是一种应用广泛的曲线拟合方法,本课程仅限于讨论直线拟合的问题,但利用曲线改直的方法,可以扩大一元线性回归的应用领域。上例中就是利用了摆长和周期的平方存在线性关系来求得加速度的。

应当注意回归系数 a、b 的物理意义。在上例中 $a=-\dfrac{d}{2}$,所以 $d=-2a$,由此可以求得摆球直径的估计值。有些物理问题中,理论上应有 $a=0$,这时一般应按 $y=bx$ 进行最小二乘处理。但也应注意另一类情况,理论上应有 $a=0$,但按 $y=a+bx$ 拟合后,发现 a 并不能在误差范围内近似为 0,这时应检查具体原因,可能存在与 a 有关的定值系统误差。

2.3.4 一元线性回归系数的标准偏差

回归系数 a、b 的标准差计算并不复杂,可由不确定度的方差合成公式(1.4.4)直接得到。只要注意到:

① x 无测量误差,所以所有 x_i 可按常数处理;

② y 为等精密度测量，所以所有 y_i 有相同的标准差 $u(y_i)=\sigma(y)$ 。

由式(2.3.5)，有

$$b=\frac{\overline{x}\,\overline{y}-\overline{xy}}{\overline{x}^2-\overline{x^2}}=\frac{\overline{x}\sum y_i-\sum x_iy_i}{k(\overline{x}^2-\overline{x^2})}=\frac{\sum(\overline{x}-x_i)y_i}{k(\overline{x}^2-\overline{x^2})}\tag{2.3.10}$$

所以

$$\sigma^2(b)=\frac{\sum(\overline{x}-x_i)^2\sigma^2(y_i)}{[k(\overline{x}^2-\overline{x^2})]^2}=\frac{\sigma^2(y)\sum(\overline{x}-x_i)^2}{[k(\overline{x}^2-\overline{x^2})]^2}=\frac{\sigma^2(y)}{k(\overline{x^2}-\overline{x}^2)}\tag{2.3.11}$$

推导中利用了

$$\sum_{i=1}^{k}(\overline{x}-x_i)^2=\sum(\overline{x}^2-2\overline{x}x_i+x_i^2)=$$

$$\sum\overline{x}^2-2\overline{x}\sum x_i+\sum x_i^2=k\overline{x}^2-2\overline{x}k\overline{x}+\overline{k}\,\overline{x^2}=k(\overline{x^2}-\overline{x}^2)$$

类似地

$$a=\overline{y}-b\overline{x}=\overline{y}-\overline{x}\,\frac{\overline{x}\,\overline{y}-\overline{xy}}{\overline{x}^2-\overline{x^2}}=\frac{\overline{x}\,\overline{xy}-\overline{x^2}\,\overline{y}}{\overline{x}^2-\overline{x^2}}=$$

$$\frac{\overline{x}\sum x_iy_i-\overline{x^2}\sum y_i}{k(\overline{x}^2-\overline{x^2})}=\frac{\sum(\overline{x}x_i-\overline{x^2})y_i}{k(\overline{x}^2-\overline{x^2})}\tag{2.3.12}$$

即有

$$\sigma^2(a)=\frac{\sum(\overline{x}x_i-\overline{x^2})^2\sigma^2(y_i)}{k^2(\overline{x}^2-\overline{x^2})^2}=\frac{\sum[\overline{x}^2x_i^2+(\overline{x^2})^2-2\overline{x}\,\overline{x^2}x_i]\sigma^2(y_i)}{[k(\overline{x}^2-\overline{x^2})]^2}=$$

$$\sigma^2(y)\,\frac{\overline{x}^2\sum x_i^2+\sum(\overline{x^2})^2-2\overline{x}\,\overline{x^2}\sum x_i}{[k(\overline{x}^2-\overline{x^2})]^2}=$$

$$\sigma^2(y)\,\frac{\overline{x}^2\cdot k\,\overline{x^2}+k(\overline{x^2})^2-2\overline{x}\,\overline{x^2}k\overline{x}}{[k(\overline{x}^2-\overline{x^2})]^2}=$$

$$\sigma^2(y)\,\frac{(\overline{x^2})^2-\overline{x}^2\,\overline{x^2}}{k(\overline{x}^2-\overline{x^2})^2}=\frac{\overline{x^2}\sigma^2(y)}{k(\overline{x^2}-\overline{x}^2)}\tag{2.3.13}$$

如果预先不知道 y 的标准差 $\sigma(y)$，则可以按有限次测量的标准偏差 $s(y)$ 作为它的估计值：

$$s(y)=\sqrt{\frac{\sum[y_i-(a+bx_i)]^2}{k-2}}$$

此即式(2.3.7)。它和随机误差的标准偏差计算公式(1.2.6)非常类似，只是分母不是 $k-1$，而是 $k-2$。这一点是与下列事实相关联的：式(1.2.6)中用平均值代替真值，自由度减少 1；而一元线性回归用回归值代替真值时，使用了 a、b 两个关系式，自由度减少 2。

至于式(2.3.9)，可由式(2.3.8)结合式(2.3.5)～式(2.3.7)的关系直接得出，这里不再赘述。

2.4 逐差法

在一些特定条件下，可以用简单的代数运算来处理一元线性拟合问题。逐差法就是其中之一，它与图示法相比，没有人为拟合的随意性；与最小二乘法相比，计算上简单一些，但结果相近，在物理实验中也经常使用。

2.4.1 线性关系和一次逐差处理

设自变量和因变量之间存在线性关系 $y = a + bx$，并已测得一组相关实验数据：$(x_1, y_1), (x_2, y_2), \cdots, (x_k, y_k)$。

为确定起见，设 k 是偶数 $k=2n$，把数据分成两组，用“；”隔开：

$$x_1, x_2, \cdots, x_n; x_{n+1}, x_{n+2}, \cdots, x_{2n}$$

$$y_1, y_2, \cdots, y_n; y_{n+1}, y_{n+2}, \cdots, y_{2n}$$

用后一组的测量值和前一组的测量值对应相减(隔 n 项逐差)，并利用公式 $y=a+bx$ 得到

$$\left.\begin{array}{l} x_{n+1}-x_1,\ y_{n+1}-y_1,\ b_1=(y_{n+1}-y_1)/(x_{n+1}-x_1) \\ x_{n+2}-x_2,\ y_{n+2}-y_2,\ b_2=(y_{n+2}-y_2)/(x_{n+2}-x_2) \\ \qquad\vdots \qquad\qquad\qquad \vdots \\ x_{2n}-x_n,\ y_{2n}-y_n,\ b_n=(y_{2n}-y_n)/(x_{2n}-x_n) \end{array}\right\} \tag{2.4.1}$$

取平均值

$$\bar{b}=\frac{1}{n}\sum_{i=1}^{n} b_i=\frac{1}{n}\sum_{i=1}^{n}\frac{y_{n+i}-y_i}{x_{n+i}-x_i} \tag{2.4.2}$$

通常逐差法更多地用于自变量等间隔分布的情况，这时

$$x_{n+i}-x_i=\Delta_n x$$

$$\bar{b}=\frac{1}{n\Delta_n x}\sum_{i=1}^{n}(y_{n+i}-y_i) \tag{2.4.3}$$

求得 $\bar{b}$ 后可由 $\sum y_i=\sum a+b\sum x_i$ 求出

$$\bar{a}=\frac{1}{k}\left(\sum y_i-\bar{b}\sum x_i\right) \tag{2.4.4}$$

$\bar{b}$ 的 A 类不确定度在等精密度测量条件下可由相应的标准偏差来估计：

$$u_{\mathrm{a}}(b)=s(\bar{b})=\sqrt{\frac{\sum(b_i-\bar{b})^2}{n(n-1)}} \tag{2.4.5}$$

注意 $n=k/2$ 是测量次数的一半。

如果 k 为奇数，设 $k=2n-1$，类似地有

$$b_i = \frac{y_{n+i} - y_i}{x_{n+i} - x_i} \qquad (i = 1, 2, \cdots, n-1)$$

$$\bar{b} = \frac{1}{n-1}\sum_{i=1}^{n-1}\frac{y_{n+i} - y_i}{x_{n+i} - x_i} \tag{2.4.6}$$

$$u_a(b) = s(\bar{b}) = \sqrt{\frac{\sum (b_i - \bar{b})^2}{(n-1)(n-2)}} \tag{2.4.7}$$

2.4.2　应用举例

重新处理 2.3 节中单摆测重力加速度的例子(见表 2.4.1)。

表 2.4.1　单摆测重力加速度

i	$x_i = l_i/\text{cm}$	$y_i = T_i^2/\text{s}^2$	$\Delta_3 x_i = l_{3+i} - l_i$	$\Delta_3 y_i = T_{3+i}^2 - T_i^2$
1	48.70	2.010 72	30.00	1.210 59
2	58.70	2.421 76	30.00	1.198 13
3	68.70	2.823 74	30.00	1.211 54
4	78.70	3.221 31		
5	88.70	3.619 89		
6	98.70	4.035 28		

[解]　由 $T^2 = \frac{4\pi^2}{g}\left(l + \frac{d}{2}\right)$,可得

$$\bar{b} = \frac{4\pi^2}{g} = \frac{1}{3}\sum_{i=1}^{3}\frac{T_{3+i}^2 - T_i^2}{l_{3+i} - l_i} = \frac{1}{3\Delta_3 l}\sum_{i=1}^{3}(T_{3+i}^2 - T_i^2) =$$

$$\frac{1.210\ 59 + 1.198\ 13 + 1.211\ 54}{3 \times 30.00}\ \text{s}^2/\text{cm} = 0.040\ 225\ \text{s}^2/\text{cm}$$

$$s(\bar{b}) = 1.4 \times 10^{-4}\ \text{s}^2/\text{cm}$$

$$g = \frac{4\pi^2}{b} = \frac{4\pi^2}{0.040\ 225}\ \text{cm/s}^2 = 981.4\ \text{cm/s}^2$$

如略去其他不确定度分量

$$\frac{u(g)}{g} = \frac{s(\bar{b})}{b} = \frac{1.4 \times 10^{-4}}{4.022 \times 10^{-2}} = 3.6 \times 10^{-3}$$

$$u(g) = g \cdot \frac{u(g)}{g} = 3.5\ \text{cm/s}^2$$

所以

$$g = (9.81 \pm 0.04)\ \text{m/s}^2$$

说明:

① **逐差法多用在自变量等间隔测量的情况下**,它的优点是能充分利用数据,计算也比较简单,且计算时有某种平均效果,还可以绕过一些具有确定值的未知量而直接得到“斜率”。本例中,就绕过了摆球直径 d 的数据,而直接得到了重力加速度的估计值。

② **用逐差法计算线性函数的系数时,必须把数据分为两半,并对前后两半的对应项进行逐差**,不应采用逐项逐差的办法处理数据。后者不仅会使计算的精密度下降($\Delta_n y_i = y_{n+i} - y_i$ 的相对不确定度为 $\sqrt{u^2(y_{n+i}) + u^2(y_i)}/(y_{n+i} - y_i)$,易见间隔的项数 n 越小,相对不确定度越大),而且不能均匀地使用数据,特别是在自变量等间隔分布时,将只计及首尾项的贡献(中间各项互相抵消),使多组测量失去意义。仍以 2.3 单摆数据为例,逐项逐差的结果是

$$b = \frac{1}{5}\left(\frac{T_2^2 - T_1^2}{\Delta_1 l} + \frac{T_3^2 - T_2^2}{\Delta_1 l} + \frac{T_4^2 - T_3^2}{\Delta_1 l} + \cdots + \frac{T_6^2 - T_5^2}{\Delta_1 l}\right) = \frac{1}{5\Delta_1 l}(T_6^2 - T_1^2)$$

只剩下 T_1 和 T_6 的贡献。式中,$\Delta_1 l = l_{i+1} - l_i = 10.00\ \text{cm}$。

③ 用逐差法只能处理线性函数或多项式形式的函数。后者需用多次逐差,因为使用很少,精密度也低,这里不作介绍。

2.5 第 2 章练习题

1. 弹簧自然长度 $l_0=10.00$ cm,以后依次增加砝码 10 g,测得长度依次为 10.81,11.60,12.43,13.22,14.01,14.83,15.62(单位:cm)。试按列表法要求将原始数据列表并验证胡克定律:$F=-kx$。

2. 阻尼振动实验中,每隔 1/2 周期(周期 $T=2.56$ s),测得振幅 A 的数据如表 2.5.1 所列。

表 2.5.1　题 2 表

半周期数	1	2	3	4	5	6
A/ div	60.0	31.0	15.2	8.0	4.2	2.2

试用图示法验证振幅变化满足指数衰减规律,并求出衰减系数。

3. 用最小二乘原理证明:在一组测量值 $N_1, N_2, \cdots, N_k$ 中,真值的最佳估计值是它的算术平均值 $\overline{N} = \sum N_i/k$。

4. 试证明由最小二乘原理拟合的直线,通过数据点的“重心”$(\overline{x}, \overline{y})$。

5. 已知铜棒长度随温度变化的关系为 $l = l_0(1+\alpha t)$,试用一元线性回归方法由表 2.5.2 中的数据求线膨胀系数 α。

表 2.5.2　题 5 表

i	1	2	3	4	5	6
t_i/ ℃	10.0	20.0	25.0	30.0	40.0	45.0
l_i/mm	2 000.36	2 000.72	2 000.80	2 001.07	2 001.48	2 001.60

6. 给出题 5 中铜棒在 35.0 ℃时 l 的最佳估计值。
7. 用图示法求 2.3 节实例中摆球的直径。
8. 用逐差法求 2.3 节实例中摆球的直径。
9. 伏安法测电阻的实验中，数据如表 2.5.3 所列。

表 2.5.3　题 9 表

i	1	2	3	4	5	6	7
V/V	0	0.50	1.00	1.50	2.00	2.50	3.00
I/mA	0	36	77	116	145	190	231

试用图示法求出电阻值。

10. 重新讨论第 9 题，结合仪器误差，计算各测量值的相对不确定度。说明上述数据处理有什么缺点？

11. 高温计温度 t 和电流 I 之间的经验公式为 $t= a+bI+cI^2$。已测得 m 组不同温度下的电流值(t_i, I_i)，$i=1, 2, \cdots, m$。试由最小二乘法求出参数 a、b、c 的最佳估计值。

第3章　实验预备知识

3.1　电学实验预备知识

3.1.1　电学实验操作规程

① **分析线路图**。实验线路一般分为电源部分、控制部分和测量部分。在线路中找出这三部分并了解其功能。

② **合理安排仪器**。在看懂线路图的基础上，把需要经常操作的仪器放在手边，需要经常读数据的仪表放在眼前，并按实验安全、操作方便和走线合理的原则来布置仪器。

③ **按回路接线法连线和查线**。布置好仪器后，将线路图分解为若干个回路，由第一个回路的高电位点开始连线，循回路连至电位最低点，然后再接第二个回路，这样一个回路、一个回路地接线称回路接线法。连线后再按回路检查，保证接线正确无误。

在连接时可利用不同颜色的导线，以标示电路的电位高低，也便于检查。一般用红色或浅色导线接正极或高电位，用黑色或深色导线接负极或低电位。导线要长短合适，走线美观整齐。最后还要特别指出，连线时电源要先空出一端，在所有开关打开的情况下最后连入电路，绝对不可先接通电源。

④ **检查仪器零点与安全位置**。在接电源前要检查各电表指针是否指零并检查各电器是否处于安全位置：电键处于“开”位，滑线变阻器滑动端处于使电路中电流最小或电压最低位置，电阻值处于预估值，电表量程合适等。如不合要求则需进行调整。

⑤ **瞬态试验和“宏观”粗测**。在确信线路连接无误后，先跃接电源开关，密切观察线路状况有无异常，若出现异常（如电源不能启动、发热、有焦味、表针反转、表针超量程等），则应立即断电，一定要检查出异常的原因，方可再次试接通。若情况正常，则正式接通电源。然后粗调控制电路，宏观、全面地查看测量仪器的变化，待心中有数后，再仔细调节至实验的最佳状态，进行数据测量。当需要更换电路或元器件时，应将电路中各仪器的有关旋钮拨到安全位置，然后断开开关，再改接电路。

⑥ **实验完毕先断电源**。实验结束后，应将电路中仪器旋钮拨到安全位置，断开开关，**经教师检查实验数据后再拆线**。拆线时要先断开电源，拆下电源两端连线再拆其他导线，以免无意中造成电源短路；然后将仪器还原至非工作状态（如电源输出旋钮打至“最小”，检流计处于“短路”等），并归位放置；最后把导线捆扎好，将实验台收拾整齐。

3.1.2　电学基本仪器

1. 直流电源

(1) 晶体管直流稳压电源

其输出电压有的为固定的，有的为连续可调的；有的仅有一路输出，有的可有两路输出，甚至有多路输出，使用起来很方便。晶体管稳压电源内阻小，输出电压长期稳定性好，瞬时稳定性稍差。对有两路或多路输出的电源，应注意仪器所显示的电压是哪一路的输出，不可盲目调节。使用时注意电压的调节范围和额定电流值。实验室中最常用的稳压电源的电压调节范围是 0～30 V，最大电流是 1～3 A。一般稳压电源的输出可通过面板上的表头读出，使用时注意选对开关(许多双路电源共用一个表头，而且电压表和电流表也是切换使用的)，其指示一般也不能作为准确值(精度偏低)。

(2) 干电池

干电池的优点是体积小，安装方便，内阻小，电压瞬时稳定性好；缺点是长期稳定性较差，有寿命限制，长期使用后电压降低，内阻增加，直至报废。干电池的主要特性包括几何尺寸、标称(输出)电压和容量。常用的有 1 号、2 号、5 号干电池等，标称输出电压为 1.5 V。另一类实验室常用的电池是层叠电池，标称电压分 6 V、9 V、15 V 等几种。需要指出的是干电池的寿命与放电条件有关，超过正常的放电电流范围，会大大缩短电池的使用寿命，甚至失效报废。仪器盒中的干电池较长时间不用时，应及时取出；电压低于终止值时必须更换，以免损坏仪器。

(3) 直流稳流电源

直流稳流电源的内阻很大，可在一定负载范围内输出稳定的电流。电流大小可调。

选用电源要注意功率要求。在输出电压符合需要的情况下，要注意其电流是否在额定范围之内，电流过载，将导致电源急剧发热而损坏。对**稳压电源、干电池，要特别防止短路**。有些晶体管稳压电源具有过载保护功能，在短路或过载时，会自动切断或限制输出，这时应首先排除故障，才能重新启动使用。

2. 直流电表

直流电表是指用于直流电路中的电流表(毫安表、微安表、安培表)及电压表(毫伏表、伏特表)。在物理实验中常用的为指针式磁电仪表和数字电压表。

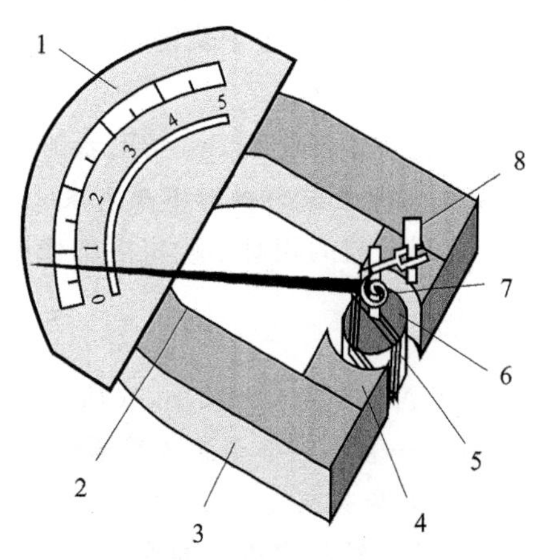

1—刻度盘；2—指针；3—永久磁铁；
4—极掌；5—线圈；6—软铁芯；
7—游丝；8—调零器

图 3.1.1　指针式磁电仪表结构示意图

(1) 指针式磁电仪表

指针式磁电仪表的结构如图 3.1.1 所示。将一个可以自由转动的线圈放在永久磁铁的磁场(径向均匀分布)内,当有电流流过时,线圈受电磁力矩作用而偏转,同时弹簧游丝又给线圈一个反向回复力矩,使线圈平衡在某一角度,线圈偏转角度的大小与所通过的电流成正比。

指针式电表的主要规格指量程、内阻和准确度等级。它的某些技术指标、性能、使用条件等常用符号标在表盘上,现择要列举于表 3.1.1 中。

表 3.1.1　表盘上的符号及意义

符　号	∩	—	≃	1.0	⊓	⊥	Ω/V
意　义	磁电式	直流	交直流两用	准确度等级	平放	竖放	电压表内阻:每伏欧姆数

1) 电表的量程和内阻

量程表示可测量的范围,一块表可以是多量程的。内阻对电表的性能有着极大的影响,其大小可由说明书查出,精确数值须由实验测定。电压表的内阻常表示为每伏欧姆数,不同量程电压表的内阻可由下式计算,即

$$内阻=量程\times每伏欧姆数$$

2) 电表的准确度等级和仪器误差限

国家标准规定,电表一般分为 0.1、0.2、0.5、1.0、1.5、2.5、5.0 七个准确度等级,电表出厂时通常已将级别标在表盘上。

仪器误差限是指在规定的(计量检定)条件下,电表所具有的允许误差范围。指针式电表的仪器误差限 Δ_m 可按下式进行计算,即

$$\Delta_m = N_m \cdot a_m \% \tag{3.1.1}$$

式中,N_m 是电表的量程,a_m 是电表的等级。

3) 电表测量值的相对不确定度

电表测量值的相对不确定度的极限可由仪器误差限 Δ_m 与测量值 N_x 之比求出:

$$E = \frac{\Delta_m}{N_x} = \frac{N_m}{N_x} \cdot a_m \% \tag{3.1.2}$$

显然,E 因 N_x 的增大而减小,故从减小测量误差考虑,应**选择合适的量程**,使测量值接近或达到满量程,**一般不应小于 2/3 量程,至少不小于 1/2 量程**。

4) 电表的读数

电表的指针与表盘有间距,因视差而使读数不准。为消除视差,眼睛需正对指针。通常 1.0 级以上的电表在表盘上有反射镜面,观察时,只有**指针与镜面中指针的像重合**,才是正确的读数位置,这时因视差而造成的读数误差可以忽略。电表的表盘分度与准确度级别是相匹配的,一般应**读到仪表最小分度的 1/10 或 1/5**。

5) 电表的正确使用

首先从表盘(或说明书)了解该电表的技术规格及使用条件,认清接线柱的极性及对应的

量程。按使用要求水平(或垂直)地放置在便于观测的位置,用调零钮调整好机械零点,并按估计出的测量值大小选好量程后再进行连线。有时测量值大小无法估计,为安全起见,可由较大量程开始,逐次减小量程,以保证测量值既最接近量程,又不超量程。

(2) 数字电压表

数字电压表是采用数字化测量技术,把连续的模拟量(直流输入电压)转换成离散的数字量并加以显示的仪表,它可以与计算机接口组成自动化测试系统,还可以配以各种转换器实现对其他电学量的测量,如测量电流、电阻、电容、电感、频率、温度等,这种功能齐全的数字表又称为数字万用表。

数字电压表具有测量准确度高(高质量的数字电压表显示位数可达 7~8 位,相对误差可小到±0.000 1 %)、输入阻抗高(一般的数字电压表为 1 MΩ 或 10 MΩ,最高可达 10^{10} Ω)、分辨率高(最高可达 1 μV)、抗干扰能力强等特点。

数字电压表按显示位数可分为三位半、四位半、五位半、六位、八位等。其中位数指数字电压表能完整地显示数字的最大位数,**能显示出 0~9 这十个数字称为一个整位,最高位只能显示 0 和 1 的称为半位**。例如能显示 999999 时称为六位;最大能显示 19999 的称为四位半,**半位都出现在最高位**。

数字电压表的仪器误差限有如下两种表示形式:

$$\Delta_{仪} = a\ \%U_x + b\ \%U_m \tag{3.1.3}$$

$$\Delta_{仪} = a\ \%U_x + n\ 字 \tag{3.1.4}$$

式中,a 是误差的相对项系数,即数字电压表的准确度等级;b 是误差的绝对项系数;U_x 是测量指示值;U_m 是满度值;n 代表仪器固定项误差,是最小量化单位的整倍数,只取 1,2,…数字。例如某数字电压表 $\Delta_{仪}$=0.02 %U_x+2 字,则其固定项误差是最小量化单位的 2 倍。一个 2 V 量程的数字电压表,若示值为 1.478 6 V,最小量化单位是 0.000 1 V,则 ΔU=(0.02 %×1.478 6+2×0.000 1) V≈5×10^{-4} V。

3. 电阻箱

电阻箱一般由锰铜线绕制的精密电阻串联而成,通过十进位旋钮使阻值改变。电阻箱的主要规格是总电阻、额定功率(即允许使用的最大功率)和准确度等级。以 ZX－21 型旋钮式直流电阻箱为例,见图 3.1.2,总电阻为 9×(0.1+1+10+…+10 000) Ω,有 6 个十进旋钮盘,4 个接线柱。若所需电阻在 0~0.9 Ω 范围内,则用 0 与 0.9 Ω 接线柱;在 0.9~9.9 Ω 范围内,则用 0 与 9.9 Ω 接线柱。这可避免电阻箱其余部分的接触电阻和导线电阻对低电阻的附加误差。

电阻箱仪器误差计算式为

$$\Delta_{仪}(R) = \sum_i a_i\ \% \cdot R_i + R_0 \tag{3.1.5}$$

式中,a_i 为电阻箱各示值盘的准确度等级,R_i 为各示值盘的示值,R_0 为残余电阻。常用铭牌

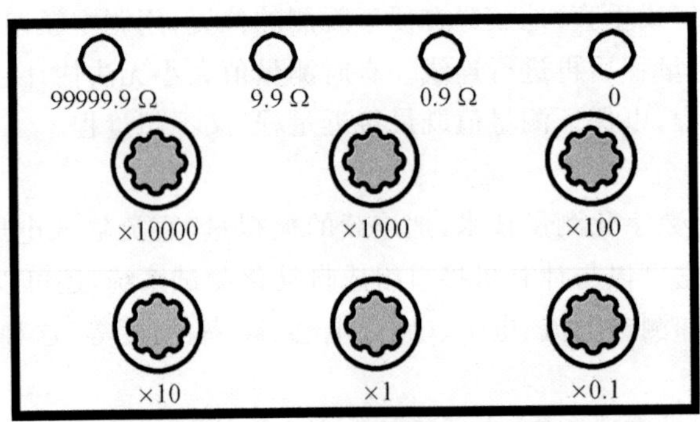

图 3.1.2　直流多值电阻箱

标出各示值盘的不同准确度等级。较早期的电阻箱准确度处理比较粗糙，也不太合理，只给出单一等级，各电阻盘的准确度视为相同。图 3.1.3 是 ZX－21 型电阻箱的铭牌，第二行的数值是以百万分数(10^{-6})表示的准确度，由此可换算出该示值盘准确度等级百分数 $a_i\%$。以×10 000示值盘为例：

$$a_i\ \% = 1\ 000 \times 10^{-6} = 0.001 = 0.1\ \%$$

故该电阻盘 $a_i=0.1$。同理可得其他各电阻盘的准确度等级：×10000～×100 各电阻盘均为 0.1 级，×10 电阻盘为 0.2 级，×1 电阻盘为 0.5 级，×0.1 电阻盘为 5.0 级。可见电阻越小，准确度越低。

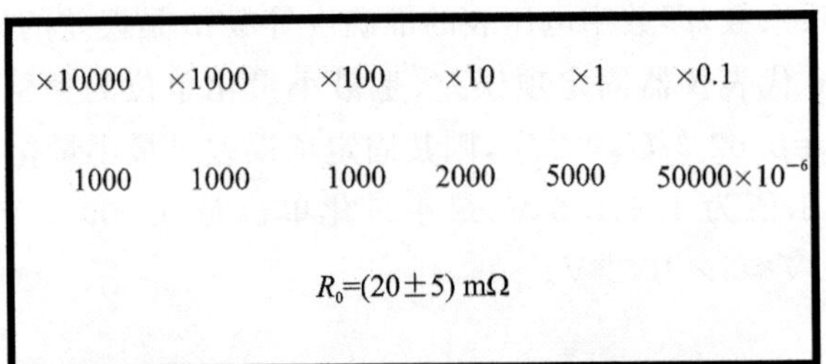

图 3.1.3　ZX－21 型电阻箱铭牌

4. 滑线变阻器

滑线变阻器是一种阻值可连续调节的电阻器，由均匀密绕在瓷管上的电阻丝构成，它有两个固定的接线端 A 和 B 以及一个在线圈上滑动的滑动端 C，如图 3.1.4 所示。滑线变阻器的主要规格是全电阻值和额定电流。

滑线变阻器在电路中常用做串联可变电阻，起控制电流大小的作用；或并联于电路中组成分压电路，起调节电压高低的作用。应当根据在电路中的作用及外接负载的情况来选用适当阻值和额定电流的变阻器。

(1) 制流作用

图 3.1.5 所示为滑线变阻器的制流电路。电路中 R_L 为负载，R 为滑线变阻器。根据欧姆定律，此电路中的电流 I（电流表的内阻略去）为

$$I=\frac{V_0}{R_L+R_{AC}} \tag{3.1.6}$$

式中，V_0 为电源的端电压，R_{AC} 为变阻器 R 中接入电路的部分电阻，R_L 为负载电阻。当 $R_{AC}=0$ 时，$I=I_0$，且

$$I_0=\frac{V_0}{R_L} \tag{3.1.7}$$

式(3.1.6)与式(3.1.7)两式相除得

$$\frac{I}{I_0}=\frac{R_L}{R_L+R_{AC}}=\frac{R_L/R}{R_L/R+R_{AC}/R} \tag{3.1.8}$$

式中，R 为变阻器的总电阻。

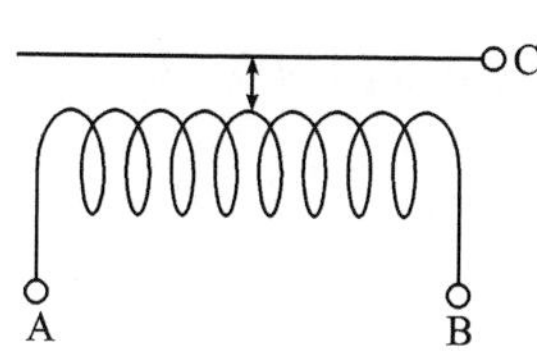

图 3.1.4　滑线变阻器原理图

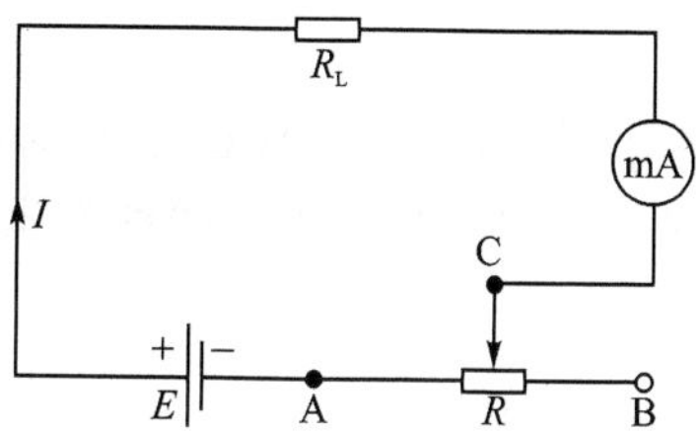

图 3.1.5　制流电路

以 R_{AC}/R 为横坐标、以 I/I_0 为纵坐标，绘出图 3.1.6，此即滑线变阻器的制流特性曲线。由图 3.1.6 可以看出：

① 当 $R_{AC}=0$ 时，电路中有最大电流，为 I_0；当 $R_{AC}=R$ 时，电路中电流最小，为 I_{min}，一般此电流不为零。电流调节范围为 $I_{min}\sim I_0$。

② R 相对 R_L 越小，电流 I 的调节量 ΔI 越小，但调节性能（电流 I 随 R_{AC} 线性变化）越好。

③ R 相对 R_L 越大，电流的调节范围越大，但调节的线性变化性能变坏。一般在负载电阻 R_L 确定后，按

$$\frac{R_L}{2}<R<R_L \tag{3.1.9}$$

选择变阻器阻值 R，既可使电流调节范围较大，又

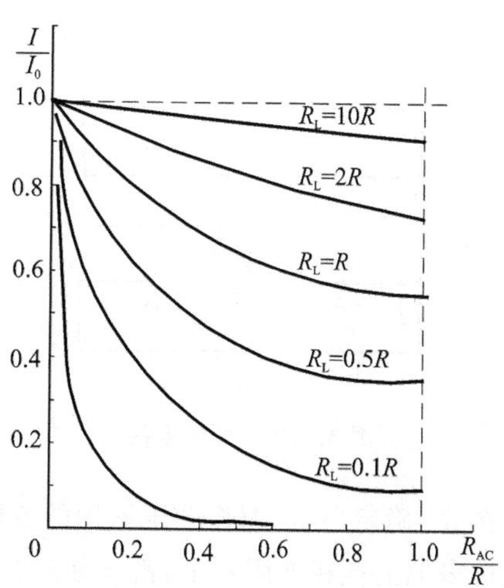

图 3.1.6　制流特性

可使调节线性变化性能较好。当选取变阻器时,除考虑阻值外,还要考虑其额定电流应满足电路需要。

(2) 分压作用

图 3.1.7 所示为滑线变阻器的分压电路。略去电压表的接入误差,AC 两端输出可调电压 V_{AC} 为

$$V_{AC}=\frac{V_{AB}}{R_{BC}+\frac{R_{AC}R_L}{R_{AC}+R_L}}\left(\frac{R_{AC}R_L}{R_{AC}+R_L}\right) \tag{3.1.10}$$

上式左右两端分别除以 V_{AB},有

$$\frac{V_{AC}}{V_{AB}}=\frac{\frac{R_{AC}R_L}{R_{AC}+R_L}}{R_{BC}+\frac{R_{AC}R_L}{R_{AC}+R_L}} \tag{3.1.11}$$

右端分子、分母同除以 R。以 R_{AC}/R 为横坐标、V_{AC}/V_{AB} 为纵坐标作出图 3.1.8。由图 3.1.8 可见:

① $R_{AC}=0$ 时,$V_{AC}=0$;$R_{AC}=R$ 时,$V_{AC}=V_{AB}\approx E$,电压调节范围为 $0\sim E$。

② R 相对 R_L 越小,调节线性变化性能越好。

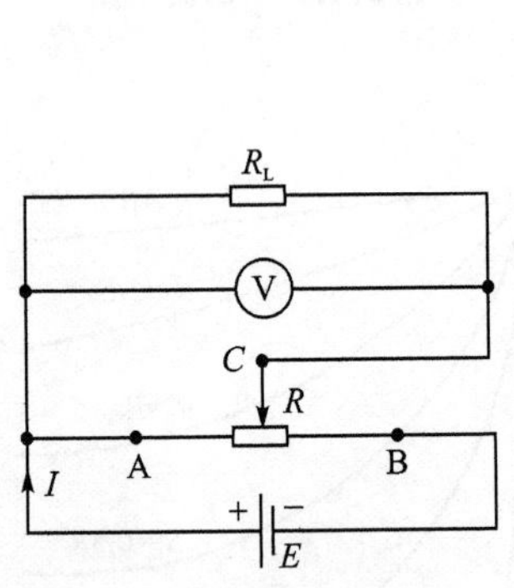

图 3.1.7 分压电路

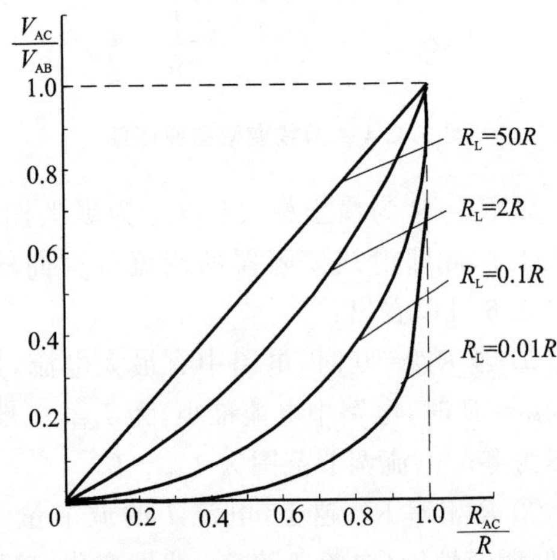

图 3.1.8 分压特性

在 R_L 确定后,选取作分压器用的变阻器时,其阻值取 $R\leqslant R_L/2$,但 R 不可取得过小,以免电流过多地消耗在变阻器上,甚至超过其额定电流而损坏变阻器。

有时为了使电流(或电压)既有较大调节范围又能作精细调节,还可在电路中增加一细调电阻 $R'\approx R/10$,如图 3.1.9 所示。

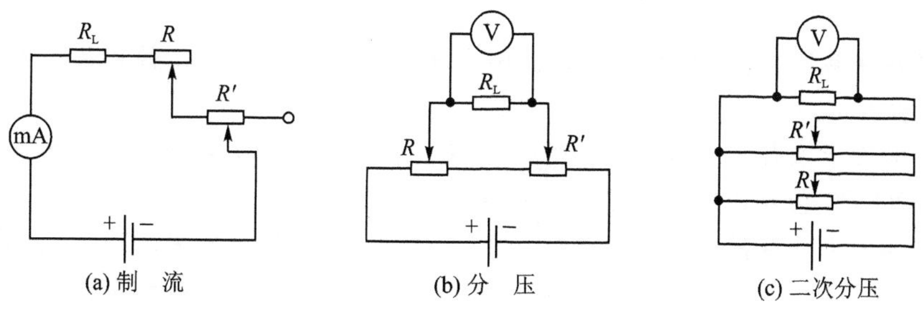

图 3.1.9　细调电路

5. 开关(电键)

开关在电路中具有重要作用。在物理实验中最常用的有单刀单掷、单刀双掷、双刀单掷、双刀双掷、换向开关等,它们的表示符号如图 3.1.10 所示。单刀单掷开关多用于电源的通断及其他需要通断的单回路。单刀双掷开关主要用于两个单回路的换接。双刀单掷开关用于需同时接通或断开两个回路的场合,双刀双掷开关用做两个回路的换接。换向开关是双刀双掷开关的变形,用于使负载中的电流换向。

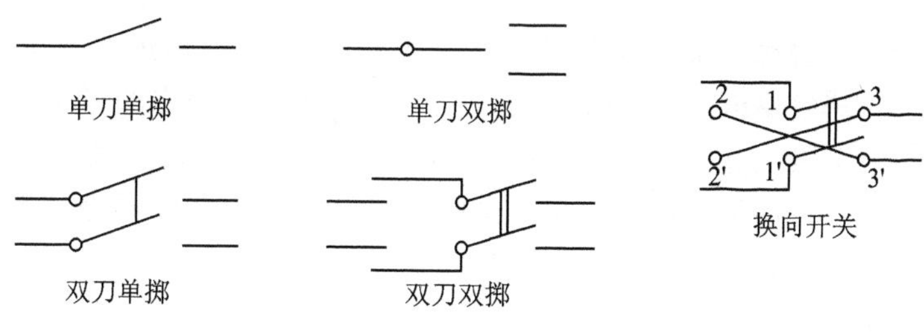

图 3.1.10　各种开关

3.2　光学实验预备知识

3.2.1　光学元件和仪器的保护

光学元件,如透镜、棱镜、反射镜、光栅等,大多数是用光学玻璃制成的,许多光学表面还经过镀膜处理。其光学性能,如折射率、反射率、透射率等能满足较高的质量要求,但就机械性能和化学性能而言,它们却相当娇气,使用和维护不当,如摔落、磨损、污损、发霉、腐蚀等都会降低其光学性能,甚至损坏报废。

为了安全使用光学元件和仪器,必须遵守以下规则:

① 在了解仪器的操作和使用方法后方可使用仪器。

② 轻拿轻放,勿使仪器或光学元件受到冲击或振动,特别要防止摔落。不使用的光学元

件应随时装入专用盒内并放在桌子的里侧。

③ **不准用手触摸光学元件的表面**。需用手拿光学元件时,只能接触其磨砂面、边缘、上下底面等非光学表面。

④ 光学表面上如有灰尘,须用专用的干燥脱脂软毛笔轻轻拭去,或用橡皮球吹掉,不得用手擦拭或用嘴吹气,以免出现污痕或溅上唾液。

⑤ 光学表面上若有轻微的污痕或指印,用清洁的镜头纸轻轻拭去,但不能加压擦拭,更不准用手帕、纸片等擦拭。若表面有较严重的污痕和指印,应交由实验室人员作特殊的清洁处理,所有镀膜面均不能触碰或擦拭。

⑥ 调整光学仪器时,要耐心细致,需一边观察一边调整,动作要轻、慢,严禁野蛮操作。

⑦ 仪器用毕应放回箱(盒)内或加罩,防止灰尘沾污。

3.2.2 常用光源

光学实验离不开光源。光源的正确选择对实验的成败和结果的准确性至关重要。下面简要介绍一些常用光源。

1. 白炽灯

白炽灯是一种热辐射源。常用的白炽灯灯丝通电加热后,呈白炽状态而发光。灯丝常用钨丝制成,它熔点高,蒸发率低,可在较高的温度下工作,从而有较多的可见光能量辐射,机械强度大。普通白炽灯可做白光光源和照明用,交流或直流供电均可。当需更大的亮度时,一般采用卤钨灯。在钨丝灯泡中加入卤素的用处是减慢因钨蒸发而造成泡壳的黑化,从而使钨丝能工作在更高的温度,提高发光的强度和效率。

2. 气体放电灯

利用灯内气体在两电极间放电发光的原理制成的灯称为气体放电灯。其基本原理是:管内气体原子与被两电极间电场加速的电子发生非弹性碰撞,使气体原子激发;激发态原子返回基态时,多余的能量以光辐射的形式释放出来。实验室中最常用的气体放电灯是低压钠灯、汞灯和氢灯,在可见光谱区,它们各自发出较强的特征光谱线。

(1) 低压钠灯

钠灯是蒸气放电灯。灯管内充有金属钠和惰性气体。灯丝通电后,惰性气体电离放电,灯管温度逐渐升高,金属钠气化,然后产生钠蒸气弧光放电,发出较强的钠黄光。钠黄光光谱含有 589.0 nm 和 589.6 nm 两条特征谱线,物理实验中常取其平均值 589.3 nm 作为单色光使用。

钠灯具有弧光放电负阻现象。为防止钠光灯发光后电流急剧增加而烧坏灯管,在供电电路中需串入相应的限流器。由于钠是一种难熔金属,故一般通电后要 10 余分钟才能稳定发光。注意:气体放电光源关断后,不能马上重新开启,以免烧断保险丝,影响灯管寿命。

(2) 低压汞灯

灯管内充有汞及惰性气体，工作原理和钠灯相似。它发出绿白色光，在可见光范围内主要特征谱线是：579.1 nm、577.0 nm、546.1 nm、435.8nm 和 404.7 nm，其中 546.1 nm 和 435.8 nm两条谱线最强。

(3) 氢放电管(氢灯)

灯管内充氢气，在管子两端加上高电压后，氢气放电发出粉红色的光。在可见光范围内，氢灯发射的原子光谱线主要有 3 条，其波长分别为 656.28 nm(红)、486.13 nm(青)、434.05 nm(蓝紫)。

3. 激光器

激光是一种新的光源，它将激活介质和谐振腔结合在一起，形成了受激辐射的光的"讯号源"。激光器是一种单色性好、方向性强、亮度高、相干性好的新型光源。实验室最常用的激光器为氦氖激光器和半导体激光器。氦氖激光器发出的波长为 632.8 nm。激光管内充有一定配比的氦气和氖气，在管端两极加以直流高压才能激发出光，使用中应注意人身安全。激光器关闭后，也不能马上触及两电极，否则电源内的电容器高压会放电伤人。半导体激光器可以获得几种不同波长的红色或绿色的激光，其中最常见的波长为 650 nm。激光束能量集中，不能用眼睛直接观察，以免造成伤害。

3.2.3 消视差

要测准物体的大小，必须将量度标尺与被测物体紧靠在一起，处于同一平面；如果标度尺远离被测物体，读数将随眼睛的位置不同而有所改变，此称视差，如图 3.2.1 所示。光学实验中经常要测量像的位置和大小，像往往是看得见而摸不着的。怎样才能判断标尺(叉丝)和待测像是否紧靠一起(处于同一平面)呢？这就要利用"视差"现象。如果待测像和叉丝未调到同一平面，当上下左右晃动眼睛时，叉丝与像将有相对位移，出现"视差"。一边调节像面位置或叉丝位置，一边微微晃动眼睛观察，直到"视差"消失，此称"消视差"调节。"消视差"是光学实验中必不可少的操作步骤。

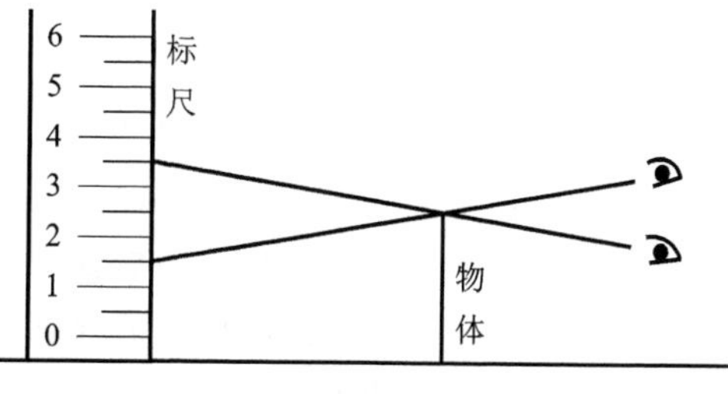

图 3.2.1　视　差

3.2.4 等高共轴调节

光学实验中，经常要用到一个或多个光学元件(透镜、测微目镜、双棱镜等)。为了保证光路通畅、满足近轴成像条件并获得好的像质，必须使它们的光轴重合即所谓等高共轴。等高共轴调节方法如下。

① 粗调:将物和各光学元件靠拢在一起,调节它们的高低、左右位置,凭目测使它们的中心大致在一条与导轨平行的直线上,元件平面与导轨垂直。这一步仅凭眼睛判断,称为目测粗调。有时为了寻找光的传播途径,还需借助白屏进行粗调。

② 细调:在粗调的基础上,再靠仪器或依成像规律来判断和调节,称为细调。不同的实验装置,具体的调节方法也有所不同。下面介绍物与单个凸透镜的共轴调节方法。

使物与凸透镜共轴,是指把物上的某一点(通常是指其中心,例如物点 B)调到透镜的主光轴上。如图 3.2.2 所示,取物(AC)与屏间的距离 $L>4f$(f 为透镜焦距)。将透镜沿光轴方向移到 O_1 和 O_2,分别在屏上成大像 A_1C_1 和小像 A_2C_2。物点 A 位于光轴上,两次所成像 A_1 和 A_2 也均在光轴上。物点 B 不在光轴上,两次所成像 B_1、B_2 也都不在光轴上(物点 B 在光轴上方,B_1、B_2 在光轴下方),且不重合(B_1 在 B_2 下方)。但小像的 B_2 点总比大像的 B_1 点更接近光轴。据此可知,欲将 B 调至光轴上,只需记下屏上小像 B_2 点的位置,再找到放大像 B_1,调节透镜的高低位置,使 B_1 向 B_2 靠拢并稍超过(称“大像追小像”),反复调节几次,逐步逼近,直到 B_1 和 B_2 重合,物点 B 便与透镜共轴了。

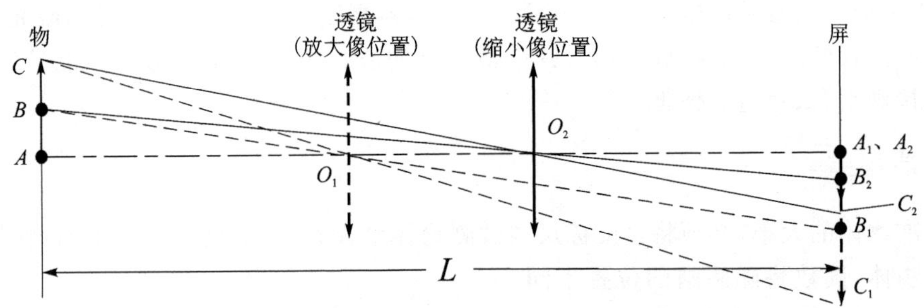

图 3.2.2 等高共轴调整

在使用激光做光源的实验中,经常利用激光束的方向性来调整光学系统的同轴等高。基本方法是:先用激光束打在白屏上,前后移动白屏,观察光点在屏上的位置。调整激光器,使屏上的光点位置始终保持不变。将白屏放在远端,再依次加入其他元件,调整该元件的方位,使光点(斑)仍然落在原处即可。

3.3 数据处理示例

这里给出若干实验数据处理示例,以便了解主要的数据处理方法。

3.3.1 示例 1 测钢丝的弹性模量

实验原理与测量方法见 4.1 节。

1. 数据记录

钢丝长度 $L=39.7$ cm；

平面镜到标尺的距离 $H=103.5$ cm；

光杠杆前后足间距 $b=8.50$ cm。

钢丝直径 D 如表 3.3.1 所列，加外力后标尺的读数 r 如表3.3.2所列。

表 3.3.1　钢丝直径 D

千分尺零点 $x_0=-0.003$ mm

i	1	2	3	4	5
x/mm	0.800	0.797	0.798	0.800	0.797
D/mm	0.803	0.800	0.801	0.803	0.800
i	6	7	8	9	10
x/mm	0.798	0.800	0.797	0.796	0.798
D/mm	0.801	0.803	0.800	0.799	0.801

表 3.3.2　加外力后标尺的读数 r

i	1	2	3	4
m/kg	10.0	11.0	12.0	13.0
r_+/cm	3.10	3.29	3.49	3.68
r_-/cm	3.02	3.22	3.43	3.62
$r=(r_++r_-)/2$/cm	3.060	3.255	3.460	3.65
i	5	6	7	8
m/kg	14.0	15.0	16.0	17.0
r_+/cm	3.89	4.08	4.27	4.47
r_-/cm	3.82	4.02	4.21	4.42
$r=(r_++r_-)/2$/cm	3.855	4.050	4.240	4.445
i	9	10	11	12
m/kg	18.0	19.0	20.0	21.0
r_+/cm	4.68	4.85	5.04	5.30
r_-/cm	4.62	4.82	5.02	5.22
$r=(r_++r_-)/2$ /cm	4.650	4.835	5.030	5.26
i	13	14	15	16
m/kg	22.0	23.0	24.0	25.0
r_+/cm	5.45	5.65	5.85	6.02
r_-/cm	5.42	5.62	5.82	6.02
$r=(r_++r_-)/2$ /cm	5.435	5.635	5.835	6.020

说　明

本实验中 L 和 H 用钢卷尺测量，b 用(1/50) mm 卡尺测量，通常可分别读至 0.01 cm位和 0.002 cm 位，但由于测量方法的限制，读数有效位减少。

钢丝直径 D 用千分尺测量，应精确到 0.001 mm。注意读取估读位，若估读位为“0”，则末位要用“0”补齐。

r_+ 和 r_- 系经望远镜放大的叉丝位置，即钢板尺读数，应精确到 0.01 cm。

r 作为中间过程数据，应多保留一位。

2. 用逐差法计算弹性模量

标尺读数改变量如表 3.3.3 所列。

表 3.3.3　逐差法求标尺读数改变量 C

i	1	2	3	4	5
$C_i=(r_{i+8}-r_i)$/cm	1.590	1.580	1.570	1.610	1.580
i	6	7	8	平均	
$C_i=(r_{i+8}-r_i)$/cm	1.585	1.595	1.575	1.5856	

C_i 的结果要列表表示，以便后面计算不确定度。

$$E=\frac{16mgLH}{\pi D^2 bC}=$$

$$\frac{16\times 8\times 9.8012\times 0.397\times 1.035}{3.1416\times 0.0008011^2\times 0.0850\times 0.015856}\ \text{Pa}=$$

$$1.897\times 10^{11}\ \text{Pa}$$

（北京地区 $g=9.8012\ \text{m/s}^2$）

g 取 5 位有效数字，以不影响最后结果的有效数字位数。

3. 不确定度的计算

L、H、b 只测一次，不确定度只有 B 类分量，根据测量过程的实际情况，如尺弯曲、不水平，数值读不准等，估计出它们的误差限为 $\Delta L=0.3$ cm，$\Delta H=0.5$ cm，$\Delta b=0.02$ cm。

L、H、b 只测一次是因为多次测量结果接近，其不确定度 A 类分量远小于 B 类分量。

$$u(L)=u_b(L)=\frac{\Delta L}{\sqrt{3}}=\frac{0.3}{\sqrt{3}}\ \text{cm}=0.173\ \text{cm}$$

$$u(H)=u_b(H)=\frac{\Delta H}{\sqrt{3}}=\frac{0.5}{\sqrt{3}}\ \text{cm}=0.289\ \text{cm}$$

$$u(b)=u_b(b)=\frac{\Delta b}{\sqrt{3}}=\frac{0.02}{\sqrt{3}}\ \text{cm}=0.0115\ \text{cm}$$

D 的不确定度：

$$u_a(D)=\sqrt{\frac{\sum(D_i-\overline{D})^2}{10(10-1)}}=0.00046\ \text{mm}$$

$$u_b(D)=\frac{\Delta_{仪}}{\sqrt{3}}=\frac{0.005}{\sqrt{3}}\ \text{mm}=0.00289\ \text{mm}$$

$$u(D)=\sqrt{u_a^2(D)+u_b^2(D)}=$$

$$\sqrt{0.00046^2+0.00289^2}\ \text{mm}=0.00293\ \text{mm}$$

不确定度的 A 类分量用 u_a 表示，B 类分量用 u_b 表示，合成不确定度用 u 表示。千分尺 $\Delta_{仪}=0.0005$ cm

C 的不确定度：

$$u_a(C) = \sqrt{\frac{\sum (C_i - \bar{C})^2}{8(8-1)}} = 0.004\,5\ \text{cm}$$

$$u_b(C) = \frac{\Delta_{仪}}{\sqrt{3}} = \frac{0.05}{\sqrt{3}}\ \text{cm} = 0.028\,9\ \text{cm}$$

$$u(C) = \sqrt{u_a^2(C) + u_b^2(C)} = \sqrt{0.004\,5^2 + 0.028\,9^2}\ \text{cm} = 0.029\,2\ \text{cm}$$

钢板尺 $\Delta_{仪}=0.05$ cm

计算 E 的不确定度：

由 E 的计算公式，两边取对数得

$$\ln E = \ln L + \ln H - 2\ln D - \ln b - \ln C + \ln 16 + \ln m + \ln g - \ln \pi$$

等式两边同时求导：

$$\frac{\mathrm{d}E}{E} = \frac{\mathrm{d}L}{L} + \frac{\mathrm{d}H}{H} - 2\frac{\mathrm{d}D}{D} - \frac{\mathrm{d}b}{b} - \frac{\mathrm{d}C}{C}$$

将上式中的 d 改为 u，并取方和根：

$$\frac{u(E)}{E} = \sqrt{\left[\frac{u(L)}{L}\right]^2 + \left[\frac{u(H)}{H}\right]^2 + 4\left[\frac{u(D)}{D}\right]^2 + \left[\frac{u(b)}{b}\right]^2 + \left[\frac{u(C)}{C}\right]^2} =$$

$$\sqrt{\left[\frac{0.173}{39.7}\right]^2 + \left[\frac{0.289}{103.5}\right]^2 + 4\left[\frac{0.002\,93}{0.801\,1}\right]^2 + \left[\frac{0.011\,5}{8.50}\right]^2 + \left[\frac{0.029\,2}{1.585\,6}\right]^2}$$

$$= 0.020 = 2.0\ \%$$

$$u(E) = E\left[\frac{u(E)}{E}\right] = 1.897 \times 10^{11} \times 0.020\ \text{Pa} = 0.04 \times 10^{11}\ \text{Pa}$$

对弹性模量 E 这类以乘除为主的运算，先计算相对不确定度 $u(E)/E$，再计算不确定度 $u(E)$ 比较简便；若运算以加减为主，则先计算不确定度 $u(E)$，再计算相对不确定度 $u(E)/E$ 较好。

为避免多次截断增大计算误差，中间过程不确定度都保留了 3 位，其他的计算也适当多保留了 1～2 位有效数字。**相对不确定度一般保留两位。**

不确定度 $u(E)$ 保留一位有效数字，E 的有效数字由 $u(E)$ 确定，两者的有效位数对齐。

4. 测量结果

$$E \pm u(E) = (1.90 \pm 0.04) \times 10^{11}\ \text{Pa} = (0.190 \pm 0.004)\ \text{TPa}$$

3.3.2　示例 2　气轨上研究简谐振动

该实验是验证周期与系统参量的关系。测得振子质量 m 与对应的振动周期 T 的一系列数据，欲验证公式 $T = 2\pi\sqrt{\frac{m}{k_1 + k_2}}$ 的正确性（k_1 和 k_2 为振子弹簧的倔强系数），可采用列表比较、作图、线性回归等方法处理数据。本示例说明一元线性回归法在该实验中的应用。

下面给出某次实验弹簧倔强系数的测量结果。m 与对应的振动周期 T(5 次测量的平均值)的测量数据,如表 3.3.4 所列。

由于版面的限制,略去了部分原始数据;如作为正式的实验报告,则必须列出全部实验数据。

表 3.3.4 质量 m 与周期 T 测量结果

$k_1 = 2.926\ 9$ N/m, $k_2 = 2.395\ 8$ N/m

i	m/kg	周期的平均值 $T_{测}$/s
1	0.259 66	1.388 08
2	0.309 66	1.511 98
3	0.359 66	1.626 90
4	0.409 66	1.733 47
5	0.459 66	1.837 97

曲线改直线:

由公式
$$T = 2\pi\sqrt{\frac{m}{k_1 + k_2}}$$

可得
$$m = \frac{k_1 + k_2}{4\pi^2}T^2 \tag{3.3.1}$$

回归法要求自变量 x 的误差可以忽略,故选择测量准确度较高的周期 T 作自变量,而振子质量 m 作因变量。

不宜将公式变形为 $T^2 = \frac{4\pi^2}{k_1 + k_2}m$,从而设 $x \equiv m$,$y \equiv T^2$。

令 $x \equiv T^2$,$y \equiv m$,并设一元线性回归方程
$$y = a + bx$$

为求出回归系数 a、b 与相关系数 r,列表计算 $\sum x$、$\sum y$、$\sum x^2$、$\sum y^2$ 与 $\sum xy$,如表 3.3.5 所列。

表 3.3.5 求回归系数

i	$x_i = T_i^2$	$y_i = m_i$	$x_i^2 = T_i^4$	$y_i^2 = m_i^2$	$x_i y_i = T_i^2 m_i$
1	1.926 77	0.259 66	3.712 43	0.067 423	0.500 304
2	2.286 08	0.309 66	5.226 18	0.095 885	0.707 909
3	2.646 80	0.359 66	7.005 57	0.129 355	0.951 950
4	3.004 92	0.409 66	9.029 53	0.167 821	1.230 995
5	3.378 13	0.459 66	11.411 79	0.211 287	1.552 792
求和 $\sum$	13.242 70	1.798 30	36.385 50	0.671 775	4.943 950
平均	2.648 54	0.359 66	7.277 10	0.134 355	0.988 790

线性拟合如果在计算机上用专用软件或在具有线性回归功能的计算器上完成,则表 3.3.5 可省去。

1. 计算回归系数 b

用回归法求出 k_1+k_2 的计算值，并与实测的 k_1+k_2 值比较；

$$b=\frac{\sum x_i\sum y_i-k\sum x_iy_i}{\left(\sum x_i\right)^2-k\sum x_i^2}=$$

$$\frac{13.242\,70\times1.798\,30-5\times4.943\,950}{13.242\,70^2-5\times36.385\,50}\ \mathrm{N/m}=$$

$$0.138\,05\ \mathrm{N/m}$$

式中，$k=5$ 是测量次数。

对比式(3.3.1)与回归方程 $y=a+bx$，可求出：

回归值为

$$(k_1+k_2)_{回}=4\pi^2b=5.450\,0\ \mathrm{N/m}$$

而实测值为

$$(k_1+k_2)_{测}=2.926\,9+2.395\,8\ \mathrm{N/m}=5.322\,7\ \mathrm{N/m}$$

相对偏差

$$\frac{(k_1+k_2)_{测}-(k_1+k_2)_{回}}{(k_1+k_2)_{回}}=$$

$$\frac{5.322\,7-5.450\,0}{5.450\,0}=-0.023=-2.3\ \%$$

由于动态测量与静态测量方法的差异及其他的测量误差，实测的 k_1+k_2 与按回归法计算出的 k_1+k_2 不会完全相等，但相差不应太大，一般相对偏差不超过3 %。上面得出的相对偏差为 -2.3 %(负号表示回归法得出的动态 k_1+k_2 偏大，这是合理的)，说明系统参量与周期的上述关系是正确的。

2. 计算回归系数 a

$$a=\bar{y}-b\bar{x}=(0.359\,66-0.138\,05\times2.648\,54)\ \mathrm{kg}=$$

$$-5.971\times10^{-3}\ \mathrm{kg}$$

a 值并不等于零，而是稍小于零，这是因为上面的讨论忽略了弹簧的有效质量 m_0。考虑 m_0 后，公式应为 $T=2\pi\sqrt{\dfrac{m+m_0}{k_1+k_2}}$，则式(3.3.1)应改写为

$$m=\frac{k_1+k_2}{4\pi^2}T^2-m_0 \tag{3.3.2}$$

可见

$$a=-m_0$$

由 a 可求出弹簧的有效质量为

$$m_0=-a=5.971\times10^{-3}\ \mathrm{kg}=5.971\ \mathrm{g}$$

(按弹性理论，m_0 应为两弹簧总质量的 1/3)

3. 计算相关系数 r

$$r=\frac{\overline{xy}-\bar{x}\,\bar{y}}{\sqrt{(\overline{x^2}-\bar{x}^2)(\overline{y^2}-\bar{y}^2)}}=0.999\,973$$

r 极接近于1，说明 T^2 与 m 高度线性相关。

用一元线性回归方法来验证弹簧振子周期与系统参量关系应包括两层意思，即

① 计算公式中线性函数形式的确认；

② 拟合直线定量关系的满足。

其中①的重点是考察 T^2 与 m 的线性模型是否严格成立。由相关系数 $r=0.999\,973$ 说明 T^2 与 m 正相关，且两者的线性相关极好，故 $m=bT^2+a$ 的关系成立。②是检查 $b=k/(4\pi^2)$ 和 $a=-m_0$ 的定量关系是否满足。由拟合结果，$k=k_1+k_2$ 有很大可能落在 5.47～5.43 N/m 之间，它与测量值 5.322 7 N/m 有一定偏离，即使按照 $3u(k_1+k_2)$ 考虑，计算 k 也应落在 5.38～5.52 N/m 之间，仍大于测量值。这表明两者存在某种系统误差。其原因正是前面所说的动、静态倔强系数的差异造成的。

4. 计算不确定度

$$u_a(b) = s(b) = b\sqrt{\frac{1}{k-2}\left(\frac{1}{r^2}-1\right)} =$$

$$0.138\ 05\sqrt{\frac{1}{5-2}\left(\frac{1}{0.999\ 973^2}-1\right)}\ \mathrm{N/m} =$$

$$0.000\ 586\ \mathrm{N/m}$$

$$u_a(a) = s(a) = \sqrt{\overline{x^2}} \cdot u_a(b) =$$

$$\sqrt{7.277\ 10} \times 0.000\ 586\ \mathrm{g} = 0.001\ 58\ \mathrm{g}$$

易证明 $u_b(b) \ll u_a(b)$、$u_b(a) \ll u_a(a)$，则

$$u(k_1+k_2) = 4\pi^2 u_a(b) = 4\pi^2 \times 0.000\ 586\ \mathrm{N/m} = 0.023\ \mathrm{N/m}$$

$$u(m_0) = u_a(a) = 0.001\ 6\ \mathrm{g}$$

5. 最后结果

$$(k_1+k_2) \pm u(k_1+k_2) = (5.45 \pm 0.02)\ \mathrm{N/m}$$

$$m_0 \pm u(m_0) = (5.971 \pm 0.002)\ \mathrm{g}$$

综合以上各点，周期与系统参量的关系已得到验证。

计算 $u_a(b)$ 时，相关系数 r 的位数必须足够多(本题中至少取 6 位以上)，否则将给结果带来很大的出入。这再一次说明中间过程应当增加取位的重要。

与式(2.3.8)类似，有

$$\begin{cases} u_b(a) = u_b(y)\sqrt{\dfrac{\overline{x^2}}{k(\overline{x^2}-\bar{x}^2)}} \\ u_b(b) = u_b(y)\sqrt{\dfrac{1}{k(\overline{x^2}-\bar{x}^2)}} \end{cases}$$

其中 $u_b(y) = u_b(m) = \dfrac{\Delta_{仪}}{\sqrt{3}}$

3.3.3 示例 3 自组电桥测电阻

自组电桥如图 3.3.1 所示。R_1 与 R_2 是两个标称值相同的固定电阻，R_N 是标准电阻箱，R_X 是待测电阻。调电桥平衡测得 R_N 的值，交换 R_X 与 R_N(或 R_1 与 R_2)，再调电桥平衡测得电阻箱的值为 R_N'，并测得相应的灵敏度。

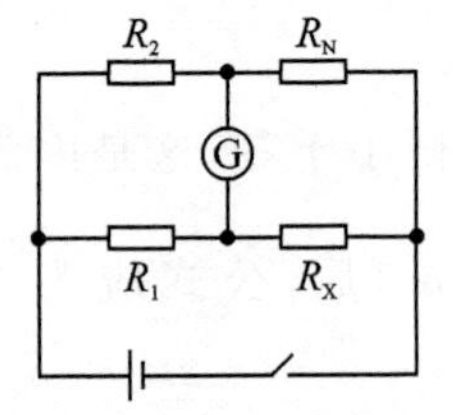

图 3.3.1 示例 3 附图

实测数据如表 3.3.6 所列。

表 3.3.6 电阻测量数据

R_N/Ω	R_N'/Ω	Δn/格	$\Delta R_N/\Omega$
181.1	183.6	5.0	1.1

根据第 4.7 节的式(4.7.14)得

$$R_X = \sqrt{R_N R_N'} = \sqrt{181.1 \times 183.6}\ \Omega = 182.35\ \Omega$$

测量只进行一次，如果忽略电阻 R_1 与 R_2 在测量过程中数值变动引起的误差，不确定度只有 B 类分量，则由电阻箱仪器误差引起的不

思考：为什么只做一次测量?

确定度与电桥灵敏度引起的不确定度合成得到，即

$$u(R_X) = \sqrt{u_{仪}^2(R_X) + u_{灵}^2(R_X)}$$

1. 仪器误差引起的不确定度

电阻箱仪器误差为

$$\Delta_{仪} = \sum a_i \% R_i + R_0$$

> a_i 为电阻箱各示值盘的准确度等级，R_i 为各示值盘的示值，R_0 为残余电阻。

根据电阻箱的铭牌（见图 3.1.3），可得出各示值盘的准确度等级，×100 电阻盘为 0.1 级（$1\ 000\times10^{-6}=0.1\ \%$），×10 电阻盘为 0.2 级，×1 电阻盘为 0.5 级，×0.1 电阻盘为 5.0 级，则

$$\Delta_{仪}(R_N) = (0.1\ \% \times 100 + 0.2\ \% \times 80 + 0.5\ \% \times 1 + 5.0\ \% \times 0.1 + 0.02)\ \Omega = 0.290\ \Omega$$

$$\Delta_{仪}(R'_N) = (0.1\ \% \times 100 + 0.2\ \% \times 80 + 0.5\ \% \times 3 + 5.0\ \% \times 0.6 + 0.02)\ \Omega = 0.325\ \Omega$$

> 也可根据铭牌值直接计算：$\Delta_{仪}(R_N) = (1\ 000\times10^{-6}\times100 + 2\ 000\times10^{-6}\times80 + 5\ 000\times10^{-6}\times1 + 50\ 000\times10^{-6}\times0.1 + 0.020)\ \Omega = 0.290\ \Omega$

其标准差为

$$u_{仪}(R_N) = \frac{\Delta_{仪}(R_N)}{\sqrt{3}}, \qquad u_{仪}(R'_N) = \frac{\Delta_{仪}(R'_N)}{\sqrt{3}}$$

R_X 的仪器误差引起的不确定度由传递公式得出：

$$R_X = \sqrt{R_N R'_N}, \qquad \ln R_X = \frac{1}{2}(\ln R_N + \ln R'_N),$$

$$\frac{dR_X}{R_X} = \frac{1}{2}\left(\frac{dR_N}{R_N} + \frac{dR'_N}{R'_N}\right)$$

把微分符号改成不确定度符号，并对右端的两项取方和根：

$$\frac{u_{仪}(R_X)}{R_X} = \frac{1}{2}\sqrt{\left[\frac{u_{仪}(R_N)}{R_N}\right]^2 + \left[\frac{u_{仪}(R'_N)}{R'_N}\right]^2} = \frac{1}{2}\sqrt{\left[\frac{\Delta_{仪}(R_N)}{\sqrt{3}R_N}\right]^2 + \left[\frac{\Delta_{仪}(R'_N)}{\sqrt{3}R'_N}\right]^2} = \frac{\sqrt{3}}{6}\sqrt{\left[\frac{0.290}{181.1}\right]^2 + \left[\frac{0.325}{183.6}\right]^2} = 6.9\times10^{-4} = 0.069\ \%$$

所以　$u_{仪}(R_X) = (6.9\times10^{-4}\times182.35)\ \Omega = 0.128\ \Omega$

> 也可直接求导计算 $u_{仪}(R_X)$：
>
> $$R_X = \sqrt{R_N R'_N}$$
>
> $$dR_X = \frac{1}{2}\frac{R'_N dR_N}{\sqrt{R_N R'_N}} + \frac{1}{2}\frac{R_N dR'_N}{\sqrt{R_N R'_N}}$$
>
> $$u_{仪}(R_X) = \frac{1}{2}\sqrt{\frac{R'^2_N u^2(R_N)}{R_N R'_N} + \frac{R^2_N u^2(R'_N)}{R_N R'_N}} = \frac{1}{2}\sqrt{\frac{R'_N \Delta^2(R_N)}{R_N\times3} + \frac{R_N \Delta^2(R'_N)}{R'_N\times3}} = \frac{1}{2}\left(\frac{183.6}{181.1}\times\frac{0.295^2}{3} + \frac{181.1}{183.6}\times\frac{0.33^2}{3}\right)^{1/2}\ \Omega = 0.128\ \Omega$$
>
> 不难看出此算法要麻烦得多。

2. 灵敏度引起的不确定度

灵敏度　　$S = \dfrac{\Delta n}{\Delta R_X} = \dfrac{R_2 \Delta n}{R_1 \Delta R_N}$

> S 的计算公式可参阅 4.7 节的式(4.7.15)～式(4.7.18)

R_1 与 R_2 的标称值相同，即 $R_1 \approx R_2$，则 $S \approx \dfrac{\Delta n}{\Delta R_N} = \dfrac{5.0}{1.1} = 4.5$ 格/Ω。

$$u_{灵}(R_X)=\frac{\Delta_{灵}(R_X)}{\sqrt{3}}=\frac{0.2}{S\sqrt{3}}=\frac{0.2}{4.5\sqrt{3}}\ \Omega=0.025\ 7\ \Omega$$

3. 合成不确定度

$$u(R_X)=\sqrt{u_{仪}^2(R_X)+u_{灵}^2(R_X)}=$$
$$(\sqrt{0.128^2+0.025\ 7^2})\ \Omega=0.131\ \Omega$$

4. 测量结果

$$R_X\pm u(R_X)=(182.4\pm0.1)\ \Omega$$

由于 $\frac{u_{灵}(R_X)}{u_{仪}(R_X)}=\frac{0.025\ 7}{0.126}\approx 0.2$，故计算 $u(R_X)$时可以忽略 $u_{灵}(R_X)$的影响，即 $u(R_X)=u_{仪}(R_X)=0.128\ \Omega$。这给我们提供了简化不确定度计算的启示：两分量不确定度作方差合成时，若其中之一的大小≤合成不确定度的 1/3，则通常可以略去它对合成不确定度的贡献。

3.3.4 示例 4 测条纹间距

某实验中用分度值为 0.01 mm 的测微目镜测得连续 20 个条纹的位置读数如表 3.3.7 所列。

原始数据列表表示。

表 3.3.7 条纹位置 mm

i	1	2	3	4	5
x_i	8.330	8.052	7.805	7.562	7.344
i	6	7	8	9	10
x_i	7.105	6.865	6.648	6.408	6.115
i	11	12	13	14	15
x_i	5.955	5.705	5.445	5.215	5.005
i	16	17	18	19	20
x_i	4.752	4.526	4.265	4.045	3.815

试用逐差法、一元线性回归法和图示法分别计算条纹间距。

1. 逐差法

逐差结果如表 3.3.8 所列。

表 3.3.8 逐差结果 mm

i	1	2	3	4	5
x_i	8.330	8.052	7.805	7.562	7.344
x_{i+10}	5.955	5.705	5.445	5.215	5.005
$10\Delta x=x_i-x_{i+10}$	2.375	2.347	2.360	2.347	2.339
i	6	7	8	9	10
x_i	7.105	6.865	6.648	6.408	6.115
x_{i+10}	4.752	4.526	4.265	4.045	3.815
$10\Delta x=x_i-x_{i+10}$	2.353	2.339	2.383	2.363	2.300

注意：此处应将 $10\Delta x$ 理解为“直接观测量”，而不能将 Δx 作为直接观测量处理。它说明测量等间隔条纹的间距时，增加间隔数有利于提高测量精度。

$$\overline{10\Delta x} = 2.350\ 6\ \text{mm}, \qquad \Delta x = 0.235\ 06\ \text{mm}$$

$$u_a(10\Delta x) = \sqrt{\frac{\sum(10\Delta x_i - \overline{10\Delta x})^2}{10(10-1)}} = 0.007\ 26\ \text{mm}$$

$$u_b(10\Delta x) = \frac{\Delta_{仪}}{\sqrt{3}} = \frac{0.01/2}{\sqrt{3}}\ \text{mm} = 0.002\ 89\ \text{mm}$$

$$u(10\Delta x) = \sqrt{u_a^2(10\Delta x) + u_b^2(10\Delta x)} =$$

$$\sqrt{0.007\ 26^2 + 0.002\ 89^2}\ \text{mm} = 0.007\ 8\ \text{mm}$$

$$u(\Delta x) = \frac{u(10\Delta x)}{10} = \frac{0.007\ 8}{10}\ \text{mm} = 0.000\ 78\ \text{mm}$$

所以

$$\Delta x \pm u(\Delta x) = (0.235\ 1 \pm 0.000\ 8)\ \text{mm}$$

测微目镜仪器误差为最小分度的一半，即 $\Delta_{仪} = 0.005$ mm

此处常易错将 Δx 当做直接测量量，从而取

$$u_b(\Delta x) = \frac{\Delta_{仪}}{\sqrt{3}}$$

2. 回归法

设第 0 个条纹的位置读数为 x_0，则条纹间距 Δx 的计算公式可写为

$$\Delta x = \frac{x_i - x_0}{i} \qquad 即 \qquad x_i = x_0 + \Delta x \cdot i$$

令 $x \equiv i, y \equiv x_i$，并设一元线性回归方程 $y = a + bx$，则有

$$\Delta x = b, \qquad x_0 = a$$

计算回归系数与相关系数：

$$b = \frac{\sum x_i \sum y_i - k\sum x_i y_i}{(\sum x_i)^2 - k\sum x_i^2} = -0.235\ 88\ \text{mm}$$

$$a = \bar{y} - b\bar{x} = 8.524\ 8\ \text{mm}$$

$$r = \frac{\overline{xy} - \bar{x}\,\bar{y}}{\sqrt{(\overline{x^2} - \bar{x}^2)(\overline{y^2} - \bar{y}^2)}} = -0.999\ 908\ 9$$

关键是要找到线性函数关系并正确选择自变量。这里 i 是一个整数，没有误差，可作为自变量。

有人习惯沿用逐差法公式来找线性关系：

$$\Delta x = \frac{x_{i+10} - x_i}{10}$$

然后变形为

$$x_{i+10} = 10\Delta x + x_i$$

并设

$$y \equiv x_{i+10}, \qquad x \equiv x_i$$

请想一想，这样做有什么问题？

则

$$u_a(b) = b\sqrt{\frac{1}{k-2}\left(\frac{1}{r^2} - 1\right)} =$$

$$0.235\ 88\sqrt{\frac{1}{20-2}\left(\frac{1}{0.999\ 908\ 9^2} - 1\right)}\ \text{mm} = 0.000\ 750\ 5\ \text{mm}$$

$$u_b(b) = u_b(y)\sqrt{\frac{1}{k(\overline{x^2} - \bar{x}^2)}} =$$

$$\frac{0.005}{\sqrt{3}}\sqrt{\frac{1}{20(143.5 - 10.5^2)}}\ \text{mm} = 0.000\ 111\ 9\ \text{mm}$$

$$u(b) = \sqrt{u_a^2(b) + u_b^2(b)} = \sqrt{0.000\ 750\ 5^2 + 0.000\ 111\ 9^2}\ \text{mm} = 0.000\ 76\ \text{mm}$$

$$u(a) = \sqrt{\overline{x^2}}\,u(b) = \sqrt{143.5} \times 0.000\ 76\ \text{mm} = 0.000\ 91\ \text{mm}$$

于是可得

$$\Delta x = |b| = 0.236\ 13\ \text{mm}$$

$$u(\Delta x) = u(b) = 0.000\ 76\ \text{mm}$$

即

$$\Delta x \pm u(\Delta x) = (0.236\ 1 \pm 0.000\ 8)\ \text{mm}$$

3. 图示法

所用公式同回归法。

正确作图见图 3.3.2(a)。由于篇幅所限,作图精度少取一位,若条件许可,则最好将图纸加大 5 倍。

由图易算得

$$b = \frac{y_2 - y_1}{x_2 - x_1} = \frac{3.900 - 8.260}{19.60 - 1.20}\ \text{mm} = -0.237\ 0\ \text{mm}$$

所以

$$\Delta x = |b| = 0.237\ 0\ \text{mm}$$

为了说明图示法的要领,作为对照,图 3.3.2(b)给了一个初学者作图不规范的例子。该图的问题是:

① 没有使用坐标纸,无法保证拟合值的精度;

② 横轴无物理量,纵轴既无物理量又无单位;

③ 纵轴无合理的分度标示,只标了一些测量值;

④ 实验点标示不显著,一些实验点被掩盖;

⑤ 用以计算斜率的点未以明确方式注明坐标;

⑥ 采用实验点来计算斜率,失去了作图的意义;

⑦ 计算点相距太近,降低了 b 的计算精度。按此计算:

$$b = \frac{6.408 - 5.705}{9 - 12} = -0.234$$

3.3.5 数据处理小结

① 图示法的优点是简单直观,能方便地显示出函数的极值、拐点、突变或周期等特征,连成光滑曲线的过程有取平均的效果,且有时有助于发现错误或问题。缺点是受图纸大小限制会影响精度,且连线有一定的主观性;作图法求值比较粗糙,一般不要求计算不确定度。

随着计算机的高度普及和各种软件的应用,手工作图已逐渐被计算机作图所替代。计算机作图克服了图示法精度不高的缺点,同时又保留了简单、直观的优点,目前被越来越多地采用。然而在使用计算机作图时,也应遵守前面所述的作图规范(个别叙述如必须使用坐标纸等除外),因此学习图示法仍非常必要。

② 最小二乘法建立在**忽略 x 的测量误差和对 y 进行等精密度测量**的基础上,是一种应用广泛的曲线拟合方法。本课程仅限于讨论一元线性回归的数据处理方法(包括曲线变直的情况)。一元线性回归法是一种比较精确的数据处理方法,其结果的合理性较强,且不因人而异。缺点是计算过程较繁琐,但使用多功能计算器或借助计算机也可简便完成。使用一元线性回归法还需注意,在求得回归系数之后应当作线性关系的检验。

③ 逐差法多用在自变量等间隔测量的情况下,能充分利用数据,与回归法相比计算比较简单,与作图法相比没有人为拟合的随意性。逐差法只处理线性函数或多项式函数,后者需多

次逐差，精度也会因此降低，故很少使用。

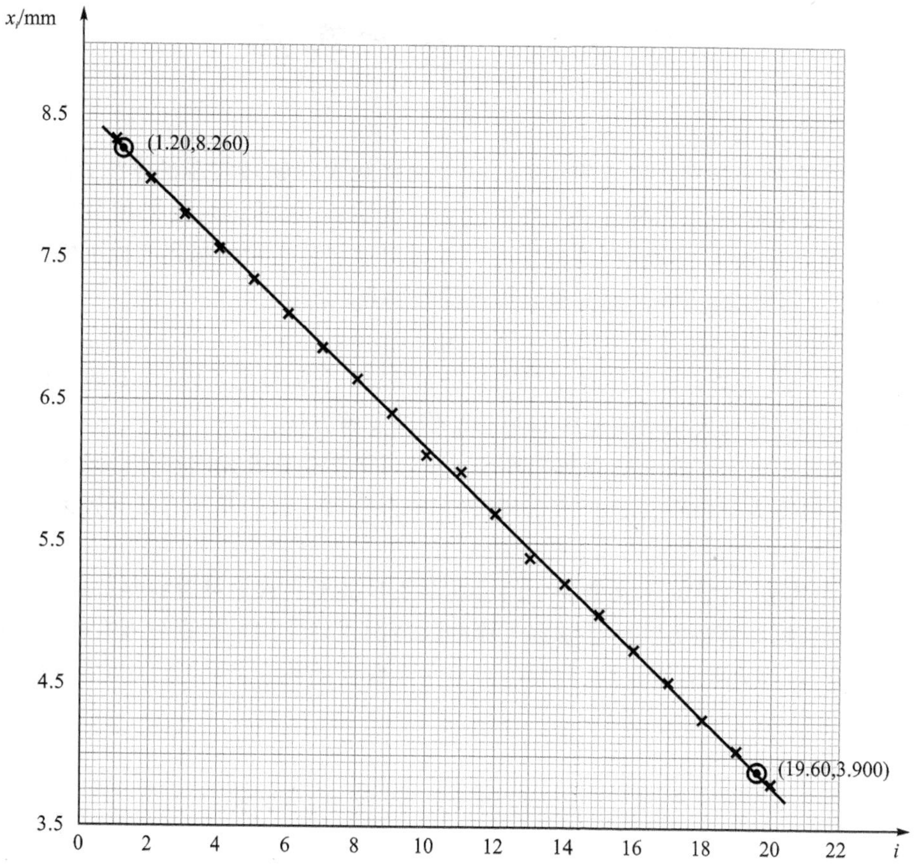

(a) 规范的作图示例

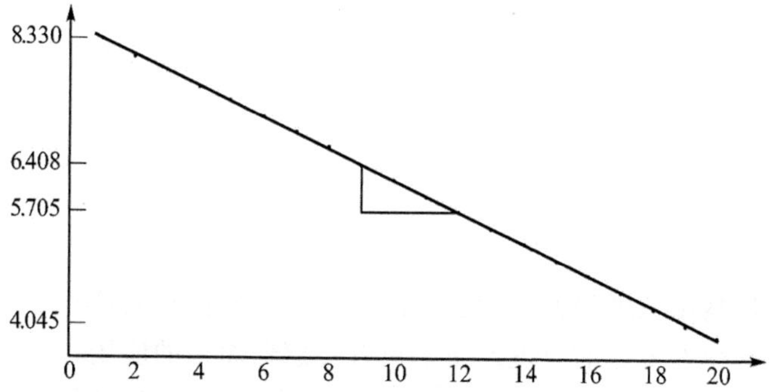

(b) 不规范的作图示例

图 3.3.2　示例 4 图示法(续)

第 4 章　基本实验

本章是学生在第一学期要完成的实验。一个刚接触大学物理实验的学生,常常会感到有些茫然,如不知怎样做预习、怎样才能很好地完成一次实验、怎样记录数据和书写实验报告等等。本章将带领大家逐步适应这门课的学习。教材对这部分实验的描述有以下特点:

① 安排了预习要点,帮助理解实验原理及操作要点;

② 说明了操作方法,对重要的操作环节给出了提示;

③ 增加了一个"实验方法专题讨论"栏目,分放在 10 个实验之后,每个专题的内容通常涉及若干个实验,旨在帮助大家从实验中归纳总结物理实验方法。

另外,第 3 章中给出了几个实验数据处理示例,可供学生在开始时模仿。只要大家肯动脑筋,一定会很快熟悉大学物理实验的特点,理解并掌握物理实验的基本方法与技能以及数据处理的方法。

每做完一个实验,应该对本次实验中的成功与不足甚至失误之处进行很好的总结,还应该想想:该实验用到哪些测量方法?已掌握了哪些仪器的正确使用?数据处理有什么长进?等。每次课都应该在这些方面有所收获,只要注意每一个收获的积累,实验素质与实验能力就会不断提高。

4.1　金属弹性模量的测量

物体在外力作用下,或多或少都要发生形变。当形变不超过某个限度时,外力撤销后形变会随之消失,这种形变称为"弹性形变"。发生弹性形变时,物体内部会产生恢复原状的内应力。弹性模量就是描述材料形变与应力关系的重要特征量,它是工程技术中常用的一个参数。本节通过若干实验,学习弹性模量的不同测量方法。

4.1.1　实验要求

1. 实验重点

① 学习两种测量微小长度的方法:光杠杆法、霍尔位置传感器法;

② 了解弯曲法测弹性模量的原理及霍尔位置传感器原理的应用;

③ 了解用动力学法测弹性模量的原理和测量方法及用李萨如图形来研究强迫振动相位特性的原理;

④ 熟练使用游标卡尺和千分尺,正确读取游标,注意千分尺的规范操作(恒力装置的使用

和零点校对)。

2. 预习要点

实验 1　拉伸法测钢丝弹性模量

① 对**任意方向**的入射光线,根据光的反射定律,证明入射光线的方向不变时,平面镜转动 θ 角,反射光线转过 2θ 角。

② 光杠杆是怎样进行角放大的?它的灵敏度(放大率)与哪些物理量有关?怎样提高灵敏度?

③ 测量钢丝伸长时应采用什么方法来减小钢丝的弹性滞后效应?数据的记录应如何安排?

④ 使用千分尺时,应转动其什么部位使丝杠前进?某同学认为:使用千分尺要先转动微分筒夹住测件,再转动恒力装置,听到"咔咔"声进行微调,然后读数;若听不到响声,则继续转动微分筒,使千分尺夹紧。这种做法正确吗?

实验 2　弯曲法测横梁弹性模量

① 弯曲梁所受力为中心点处砝码的重力 mg,以及两刀口处向上的支撑力,为什么应用胡克定律推导式(4.1.6)时,取 $\mathrm{d}S=b\mathrm{d}y$,而不是取 $\mathrm{d}S=b\mathrm{d}x$?此时对所研究的对象而言受力的方向如何?

② 本实验利用霍尔传感器测量微小位移 ΔZ,其基本原理是霍尔电压在一定条件下与位移成正比,请问这个条件是什么?怎样来保证?

③ 应用霍尔位置传感器测量位移前,必须先对其进行定标,即测量霍尔传感器的灵敏度 $\dfrac{\Delta U_{\mathrm{H}}}{\Delta Z}=KI\dfrac{\mathrm{d}B}{\mathrm{d}Z}$,本实验是利用什么进行定标的?

实验 3　动态法测弹性模量

① 本实验中应将悬线挂在细棒的什么位置?为什么?

② 双踪示波器观察的是什么波形?如何连接?如何正确选择功能开关的挡位?

③ 实验中常会观察到一些伪信号,它们不是由试件棒共振产生的,用什么办法可简单分辨它们?

4.1.2　实验原理

实验 1　拉伸法测钢丝弹性模量

一条各向同性的金属棒(丝),原长为 L,截面积为 A,在外力 F 作用下伸长 δL。当呈平衡状态时,如忽略金属棒本身的重力,则棒中任一截面上,内部的恢复力必与外力相等。在弹性限度(更严格的说法是比例极限)内,按胡克定律应有应力 $\left(\sigma=\dfrac{F}{A}\right)$ 与应变 $\left(\varepsilon=\dfrac{\delta L}{L}\right)$ 成正比的关系,即 $E=\dfrac{应力}{应变}=\dfrac{\sigma}{\varepsilon}$。$E$ 称为该金属的弹性模量(又称杨氏模量)。弹性模量 E 与外力

F、物体的长度 L 以及截面积 A 的大小均无关，只取决于棒的材料性质，是表征材料力学性能的一个物理量。

若金属棒为圆柱形，直径为 D，在金属棒(丝)下端悬以重物产生的拉力为 F，则

$$E=\frac{\sigma}{\varepsilon}=\frac{F/A}{\delta L/L}=\frac{4FL}{\pi D^2\delta L} \tag{4.1.1}$$

根据式(4.1.1)测出等式右边各项，就可算出该金属的弹性模量，其中 F、L、D 可用一般的方法测得。测量的难点是，在线弹性限度内，$F=mg$ 不可能很大，相应的 δL 很小，用一般的工具不易测出。下面介绍用光杠杆法测量微小长度变化的实验方法。

光杠杆的结构如图 4.1.1 所示，一个直立的平面镜装在倾角调节架上，它与望远镜、标尺、二次反射镜组成光杠杆测量系统。

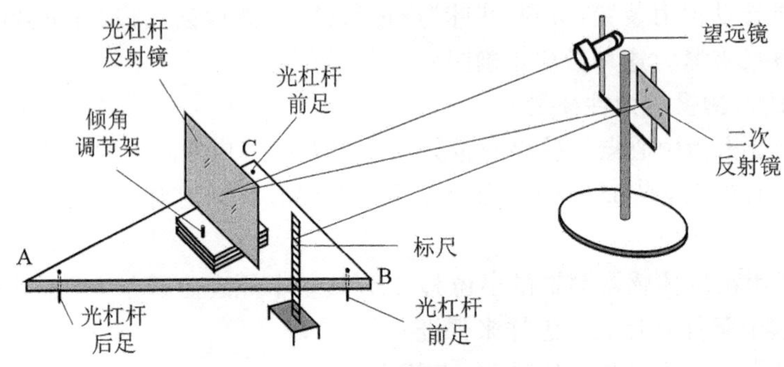

图 4.1.1　光杠杆及其测量系统

实验时，将光杠杆两个前足尖放在弹性模量测定仪的固定平台上，后足尖放在待测金属丝的测量端面上。当金属丝受力后，产生微小伸长，后足尖便随测量端面一起作微小移动，并使光杠杆绕前足尖转动一微小角度，从而带动光杠杆反射镜转动相应的微小角度，这样标尺的像在光杠杆反射镜和二次反射镜之间反射，便把这一微小角位移放大成较大的线位移。这就是光杠杆产生光放大的基本原理。

开始时光杠杆反射镜与标尺在同一平面，在望远镜上读到的标尺读数为 r_0；当光杠杆反射镜的后足尖下降 δL 时，产生一个微小偏转角 θ，在望远镜上读到的标尺读数为 r_i，则放大后的钢丝伸长量 $C_i=r_i-r_0$(常称做视伸长)。由图 4.1.2 可知

$$\delta L_i=b\cdot\tan\theta\approx b\theta \tag{4.1.2}$$

式中，b 为光杠杆前后足间的垂直距离，称光杠杆常数(见图 4.1.3)。

由于经光杠杆反射而进入望远镜的光线方向不变，故当平面镜旋转一角度 θ 后，入射到光杠杆的光线的方向就要偏转 4θ，因 θ 甚小，OO' 也甚小，故可认为平面镜到标尺的距离 $H\approx O'r_0$，并有

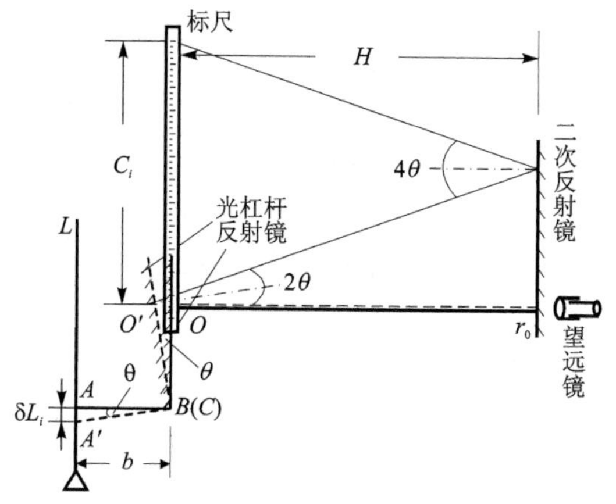

图 4.1.2　光杠杆工作原理图

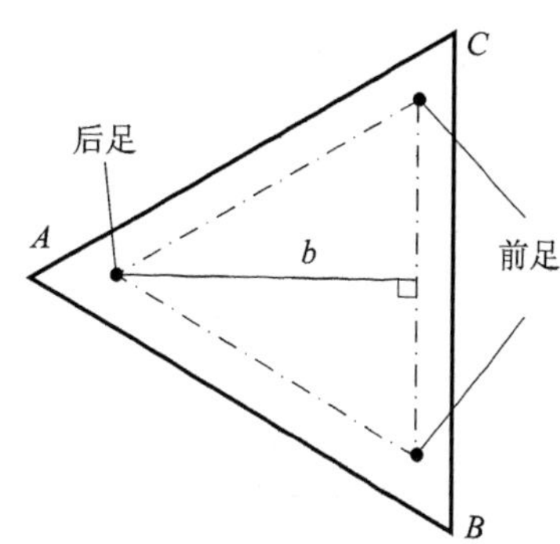

图 4.1.3　光杠杆前后足间距

$$2\theta \approx \tan 2\theta = \frac{C_i/2}{H}, \qquad \theta = \frac{C_i}{4H} \tag{4.1.3}$$

从式(4.1.2)与式(4.1.3)两式得

$$\delta L_i = \frac{bC_i}{4H} = WC_i, \qquad W = \frac{b}{4H} \tag{4.1.4}$$

$\frac{1}{W} = \frac{4H}{b}$ 称做光杠杆的“放大率”。式(4.1.4)中 b 和 H 可以直接测量，因此只要从望远镜中测得标尺刻线移过的距离 C_i，即可算出钢丝的相应伸长 δL_i。适当增大 H，减小 b，可增大光杠杆的放大率。光杠杆可以做得很轻，对微小伸长或微小转角的反应很灵敏，方法简单实用，在精密仪器中常有应用。

将式(4.1.4)代入式(4.1.1)中得

$$E = \frac{16FLH}{\pi D^2 bC_i} \tag{4.1.5}$$

实验 2　弯曲法测横梁弹性模量

将厚度为 a、宽度为 b 的横梁放在相距为 l 的两刀口上(见图 4.1.4)，在梁上两刀口的中点处挂一质量为 m 的砝码，这时梁被压弯，梁中心处下降的距离 ΔZ 称为弛垂度。

在横梁发生微小弯曲时，梁的上半部发生压缩，下半部发生拉伸；而中间存在一个薄层，虽然弯曲但长度不变，称为中性面，如图 4.1.5 虚线所示。

取中性面上相距为 y、厚为 $\mathrm{d}y$、形变前长为 $\mathrm{d}x$ 的一段作为研究对象(见图 4.1.5)。梁弯曲后所对应的张角为 $\mathrm{d}\theta$，长度改变量为 $y \cdot \mathrm{d}\theta$，所受拉力为 $-\mathrm{d}F$。根据胡克定律有

$$\frac{\mathrm{d}F}{\mathrm{d}S} = -E\frac{y\,\mathrm{d}\theta}{\mathrm{d}x}$$

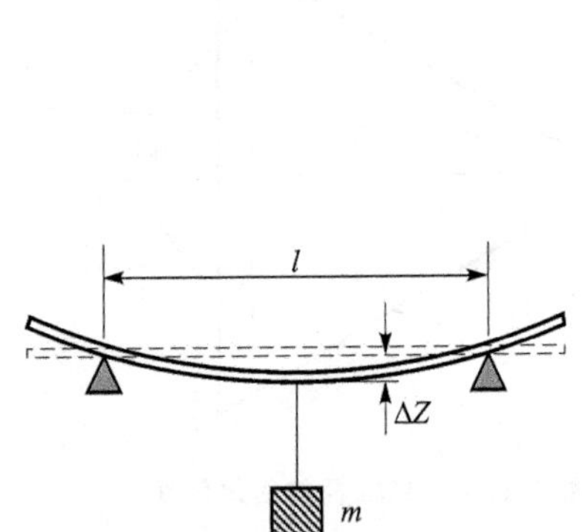
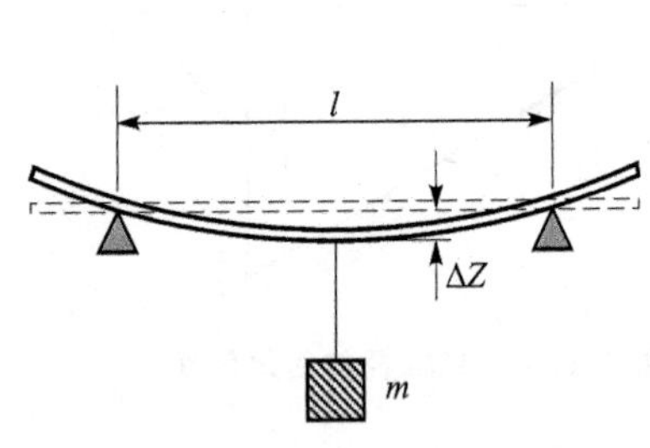

图 4.1.4　弯曲法测弹性模量原理

图 4.1.5　弯曲梁弹性模量计算用图

式中,dS 表示形变层的横截面积,设横梁宽度为 b,则 dS=bdy。于是

$$\mathrm{d}F = -Eb\,\frac{\mathrm{d}\theta}{\mathrm{d}x}y\,\mathrm{d}y \tag{4.1.6}$$

此力对中性面的转矩 dM 为

$$\mathrm{d}M = |\,\mathrm{d}F\,|\cdot y = Eb\,\frac{\mathrm{d}\theta}{\mathrm{d}x}y^2\,\mathrm{d}y$$

积分得

$$M = Eb\,\frac{\mathrm{d}\theta}{\mathrm{d}x}\int_{-\frac{a}{2}}^{\frac{a}{2}} y^2\,\mathrm{d}y = \frac{Eba^3}{12}\,\frac{\mathrm{d}\theta}{\mathrm{d}x} \tag{4.1.7}$$

如果将梁的中点 O 固定,在两侧各为 $\frac{l}{2}$ 处分别施以向上的力 $\frac{1}{2}mg$ (见图 4.1.6),则梁的弯曲情况与图 4.1.5 所示完全相同。梁上距中点 O 为 x、长为 dx 的一段,由于弯曲产生的下降 d(ΔZ)为

$$\mathrm{d}(\Delta Z) = \left(\frac{l}{2} - x\right)\mathrm{d}\theta \tag{4.1.8}$$

当梁平衡时,由外力 $\frac{1}{2}mg$ 对该处产生的力矩 $\frac{1}{2}mg\left(\frac{l}{2}-x\right)$ 应当等于由式(4.1.7)求出的转矩 M,即

$$\frac{1}{2}mg\left(\frac{l}{2} - x\right) = \frac{Eba^3}{12}\,\frac{\mathrm{d}\theta}{\mathrm{d}x} \tag{4.1.9}$$

从式(4.1.9)中解出 dθ 代入式(4.1.8)中并积分,可求出弛垂度

$$\Delta Z = \frac{6mg}{Ea^3 b}\int_0^{\frac{l}{2}} \left(\frac{l}{2} - x\right)^2 \mathrm{d}x = \frac{mgl^3}{4Ea^3 b} \tag{4.1.10}$$

于是弹性模量为

$$E = \frac{mgl^3}{4a^3 b \cdot \Delta Z} \tag{4.1.11}$$

与前一实验同理，ΔZ 属微小位移，用一般工具很难测准，在此可用霍尔位置传感器进行测量。将霍尔元件置于磁感应强度为 B 的磁场中，在垂直于磁场方向通以电流 I，则与这二者相垂直的方向上将产生霍尔电势差：

$$U_{\mathrm{H}} = kIB \tag{4.1.12}$$

式中，k 为元件的霍尔灵敏度。如果保持霍尔元件的电流 I 不变，而使其在一个均匀梯度的磁场中移动，则输出的霍尔电势差变化量为

$$\Delta U_{\mathrm{H}} = kI\frac{\mathrm{d}B}{\mathrm{d}Z}\Delta Z = K\Delta Z \tag{4.1.13}$$

此式说明，若 $\frac{\mathrm{d}B}{\mathrm{d}Z}$ 为常数，则 ΔU_H 与 ΔZ 成正比，其比例系数用 K 表示，称为霍尔传感器灵敏度。

为实现均匀梯度的磁场，可如图 4.1.7 所示，将两块相同的磁铁(磁铁截面积及表面磁感应强度相同)相对放置，即 N 极与 N 极相对，两磁铁之间留一定间隙，霍尔元件平行于磁铁放在该间隙的中轴上。间隙大小要根据测量范围和测量灵敏度要求而定，间隙越小，磁场梯度就越大，灵敏度就越高。磁铁截面要远大于霍尔元件，以尽可能减小边缘效应的影响，提高测量精确度。

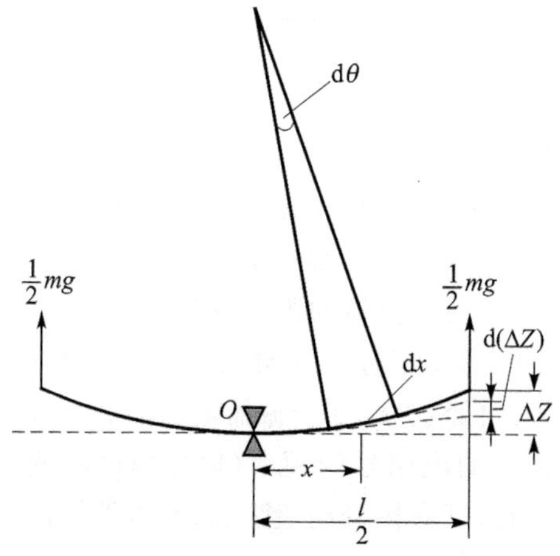

图 4.1.6　中心固定时梁弯曲等效图

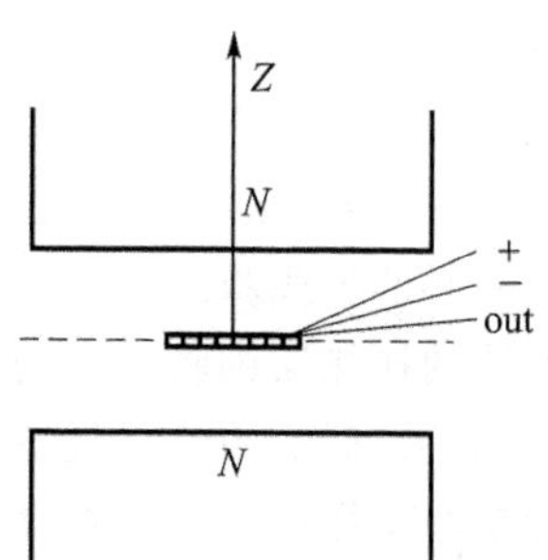

图 4.1.7　均匀梯度磁场

若磁铁间隙内中心截面处的磁感应强度为零，霍尔元件处于该处，则输出的霍尔电势差应该为零。当霍尔元件偏离中心沿 Z 轴发生位移时，由于磁感应强度不再为零，霍尔元件也就产生相应的电势差输出，其大小可以用数字电压表测量。由此可以将霍尔电势差为零时元件

所处的位置作为位移参考零点。

霍尔电势差与位移量之间存在一一对应的关系,当位移量较小(<2 mm)时,这一对应关系具有良好的线性。

实验 3　动态法测弹性模量

物体振动的固有频率与材料的弹性模量有关,因此可以从固有频率来计算弹性模量。两端自由的细棒在作弯曲振动时固有频率为

$$f=\frac{k^2}{2\pi l^2}\sqrt{\frac{EI}{\rho s}} \tag{4.1.14}$$

式中,E、ρ、l、s 分别是材料的弹性模量、密度、棒长、截面积;$I=\int z^2\mathrm{d}s$ 是截面 s 对 z 轴(质点作弯曲振动的位移方向)的面积转动惯量(惯性矩),对圆形棒 $I=\pi d^4/64$(d 是圆棒直径),对矩形棒 $I=bh^3/12$(b 和 h 分别是截面的宽度和高度);k 是一个常数,与棒作弯曲振动的简正方式有关。对基频振动,$k=4.730\ 040\ 8$(见图 4.1.8(a));对一阶的反对称振动,$k=7.853\ 204\ 6$(见图 4.1.8(b))。对圆形棒,只要测出棒的直径 d、长度 l、质量 m 和它作弯曲振动的基频固有频率 f,即可定出该材料的弹性模量 E:

$$E=\frac{\rho s}{I}\cdot\frac{4\pi^2 l^4 f^2}{k^4}=1.606\ 7\,\frac{l^3 m}{d^4}f^2 \tag{4.1.15}$$

式中,已取 $k=4.730\ 040\ 8$。

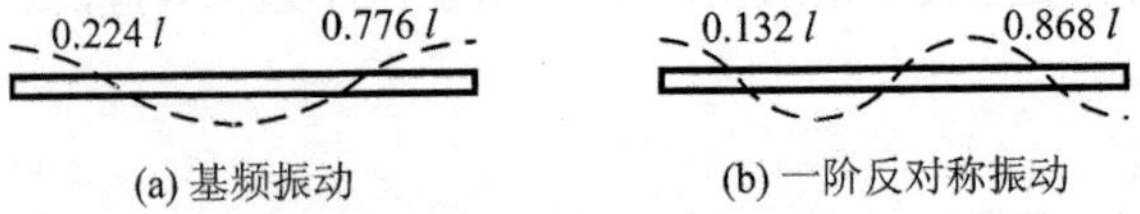

0.224 l　0.776 l

(a) 基频振动

0.132 l　0.868 l

(b) 一阶反对称振动

图 4.1.8　细长棒弯曲振动模式

本实验的关键是要准确测出试样棒的固有频率 f。其装置如图 4.1.9 所示,被测试样用两根细线悬挂在换能器下面。其中一个作为激振器,来自信号发生器的正弦信号经放大(如信号已能满足激振需要,则可省去放大器)后加在激振器上,使激振器的膜片发生振动,它又通过固定在膜片中心的悬线激发试样(棒)振动,试样棒的振动又通过另一端的悬线传给拾振器。而作为拾振器的换能器则将试样的振动转变为电信号,再经放大(如拾振器输出能满足显示需要,也可以不放大)后输出给示波器。改变加在激振器上的电信号的频率(信号幅度不变),当强迫振动频率与试样棒的弯曲振动基频固有频率一致时,试样棒振动最强烈,拾振器输出的电信号最大,由此可测出 f。

试样共振用示波器来观察。当信号发生器的频率不等于试样的固有频率时,示波器上几乎没有波形;当信号发生器的频率等于试样的固有频率时,试样发生共振,示波器上的波形突然增大,这时信号发生器的频率可以认为就是试样的固有频率 f。

细线悬挂点的选择是实验必须考虑的一个问题。由图 4.1.8(a)可知,如果要严格保证弯

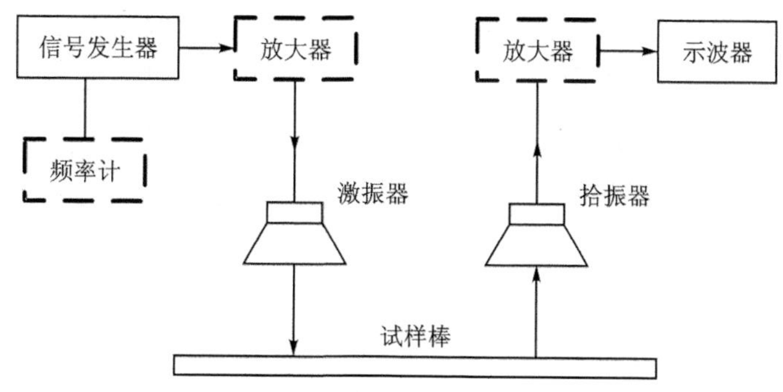

图 4.1.9　动力学法测弹性模量

曲振动的简正波条件，细线应悬挂在细棒振动的节点位置（距细棒端部 0.224 l 和 0.776 l 处），但这样做，激振器将不可能激发出细棒的振动，测量也就无法进行，因此只能将细线悬挂在试样节点的附近来进行测量。更细致的考虑则可通过改变悬线的位置，测出共振频率与位置的关系曲线，从而拟合出悬线在节点位置的共振频率值。

4.1.3　实验仪器

实验 1：弹性模量测定仪（包括：细钢丝、光杠杆、望远镜、标尺及拉力测量装置）；钢卷尺、游标卡尺和螺旋测微计。

实验 2：霍尔位置传感器测弹性模量装置一台（底座固定箱、读数显微镜、95 型集成霍尔位置传感器、磁铁两块等）；霍尔位置传感器输出信号测量仪一台（包括直流数字电压表）。

实验 3：动态弹性模量测定仪、铜棒、铝棒、卡尺、电子天平；信号发生器、频率计、示波器、屏蔽电缆若干。

4.1.4　实验内容

实验 1　光杠杆法测钢丝弹性模量

（1）调整测量系统

测量系统的调节是本实验的关键，调整后的系统应满足光线沿水平面传播的条件，即与望远镜等高位置处的标尺刻度经两个平面镜反射后进入望远镜视野（见图 4.1.10）。为此，可通过以下步骤进行调节。

1）目测粗调

首先调整望远镜，使其与光杠杆等高，然后左右平移望远镜与二次反射镜，直至凭目测从望远镜上方观察到光杠杆反射镜中出现二次反射镜的像，再适当转动二次反射镜至出现标尺的像（见图 4.1.11）。

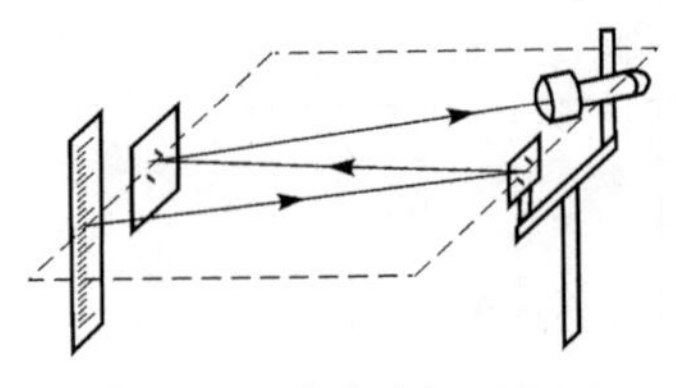

图 4.1.10　测量系统光路图

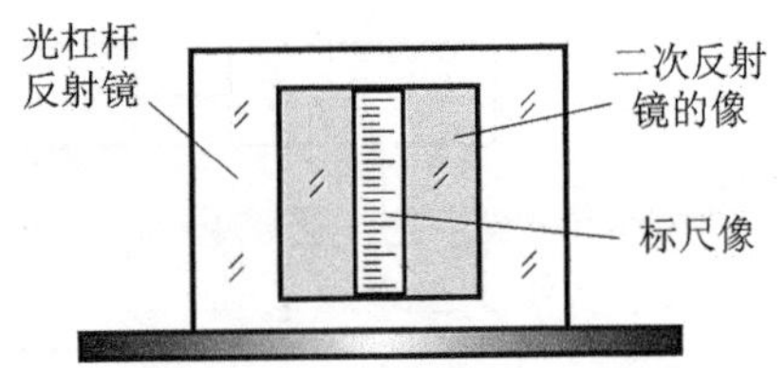

图 4.1.11　目测粗调结果

2) 调焦找尺

首先调节望远镜目镜旋轮,使“十”字叉丝清晰成像(目镜调焦);然后调节望远镜物镜焦距,至标尺像与“十”字叉丝无视差。

3) 细调光路水平

观察望远镜水平叉丝所对应的标尺读数与光杠杆在标尺上的实际位置读数是否一致,若明显不同,则说明入射光线与反射光线未沿水平面传播,可适当调节二次反射镜的俯仰,直到望远镜读出的数恰为其实际位置为止。调节过程中还应兼顾标尺像上下清晰度一致,若清晰度不同,则可适当调节望远镜俯仰螺钉。

(2) 测量数据

① 首先预加 10 kg 拉力,将钢丝拉直,然后逐次改变钢丝拉力,测量望远镜水平叉丝对应的标尺读数。

提示:物体受力后并不是立即伸长到应有数值,外力撤销后也不能立即恢复原状,这是弹性滞后效应。为了减小该效应引起的误差,可在增加拉力过程和减小拉力过程中各测一次对应拉力下标尺的读数,然后取两次结果的平均值。

注意:测量结束后要将拉力全部释放至“0”,否则加力装置易受损。

② 根据量程及相对不确定度大小,选择合适的长度测量仪器,分别用卷尺、游标卡尺或千分尺测 L、H、b 各一次,测钢丝直径 D 若干次。

(3) 数据处理

选择用逐差法、一元线性回归法或图解法计算弹性模量,并估算不确定度。其中 L、H、b 各量只测了一次,由于实验条件的限制,它们的不确定度不能简单地只由量具的仪器误差来决定。

① 测量钢丝长度 L 时,由于钢丝上下端装有紧固夹头,米尺很难测准,故其误差限可达 0.3 cm。

② 测量镜尺间距 H 时,难以保证米尺水平、不弯曲和两端对准,若该距离为 1.2～1.5 m,则误差限可定为 0.5 cm。

③ 用卡尺测量光杠杆前后足距 b 时,不能完全保证是垂直距离,该误差限可定为 0.02 cm。

实验 2　霍尔位置传感器法测金属弹性模量

（1）调整系统

① 参见图 4.1.12 所示实验装置，利用水准器将底座调水平，再通过调节架将霍尔位置传感器调至磁铁中间，当毫伏表数值很小时，旋调零电位器使毫伏表读数为零。

② 调节读数显微镜，使观察到清晰分划板和铜架上的基线，并使两者重合。

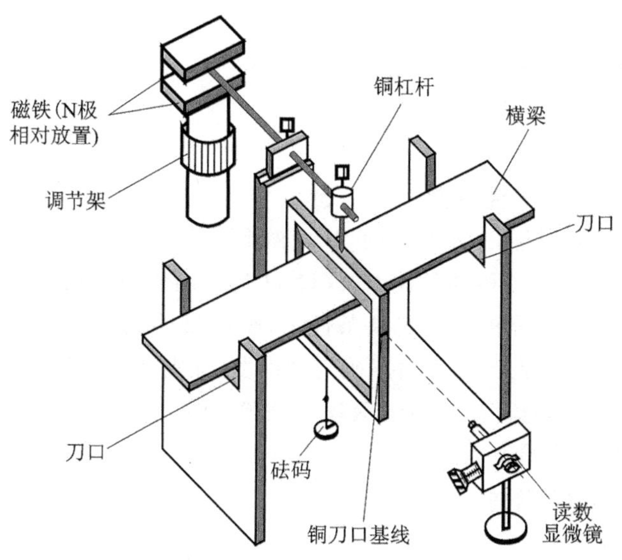

图 4.1.12　霍尔位置传感器法测弹性模量实验装置

（2）测量数据

① 对霍尔位置传感器定标。逐次增加砝码 m_i，用读数显微镜读出梁的弯曲位移 ΔZ_i，同时用数字电压表测出霍尔电压 U_{Hi}。

② 测另一根横梁的弹性模量。换另一种材料的横梁，仅测量霍尔电压 U_H 随砝码 m 变化的数据。

③ 测量横梁两刀口间的长度 l、横梁宽度 b 和横梁厚度 a。

（3）数据处理

① 用一元线性回归法计算霍尔位置传感器的灵敏度 K 及其不确定度。

② 用逐差法按照式(4.1.11)计算待测材料的弹性模量 E，并估算不确定度，计算与标准值的相对误差。

已知黄铜材料的标准值为 $E_{Cu}=10.55\times10^{10}\ \mathrm{N/m^2}$，铸铁材料的标准值为 $E_{Fe}=18.15\times10^{10}\ \mathrm{N/m^2}$。

实验 3　动态法测弹性模量

(1) 调节示波器

参见 4.6 节示波器的使用,调整好示波器。

(2) 测量数据

用示波器观察试棒作受迫振动的振幅特性,测量固有频率。

(3) 数据处理

计算铝棒和铜棒的弹性模量 E 及其不确定度 $u(E)$。

4.1.5　思考题

实验 1　拉伸法测钢丝弹性模量

① 测光杠杆镜面到标尺的水平距离时,尺子做不到绝对水平,如果倾角为 5°,则由此产生 H 的测量误差是多少?是什么性质的误差?(设 H 的准确值为 120.0 cm)。

② 根据你的实验数据,分析在本实验条件下,哪些量的测量对实验准确度的影响最大。实验中采取了什么措施?(提示:从相对不确定度出发,分别计算各分量的贡献。)

③ 请提供一个利用其他新技术测量钢丝弹性模量的例子,要求给出实验方案和装置简图。如果有可能,请你来实验室完成它。

实验 2　弯曲法测横梁弹性模量

① 在对霍尔传感器进行定标的过程中,已用读数显微镜测出了砝码 m 与位移 ΔZ 的关系,试据此计算出第一种材料的弹性模量,并与标准值进行对比。

② 本实验中若砝码所加的位置不在两刀口的正中心,这会给测量结果带来怎样的影响?设此偏离为 0.5 mm,试估算由此引起的误差有多大?

实验 3　动态法测弹性模量

① 由于不能把支点放在试样棒的节点上,将会给测量造成多大的误差或不确定度?能否找到一种能更精确测定 f 的办法?

② 能否用李萨如图形来测得共振频率?如果可以,请提供测量方案。

实验方法专题讨论之一 ——对实验结果的讨论

(本节实例主要取自“光杠杆法测弹性模量”)

初次做实验的学生往往只满足于求得被测量的数值,而忽略了对实验和数据处理结果的讨论。实际上对实验结果的解释和测量数据的讨论是研究工作的重要方面,也是写好实验报告的基本要求。下面结合基本实验的特点,指出几点在写实验报告中应注意的问题。

1. 结果表述

测量结果的最终表达形式为 $X \pm u(X)$（单位）。例如光杠杆法测弹性模量的某次实验测量结果为

$$E \pm u(E) = (1.85 \pm 0.05) \times 10^{11}\ \text{Pa}$$

这个表达式的含义是什么呢？它表示该材料的弹性模量的真值应以较大的概率落在 $1.80 \times 10^{11} \sim 1.90 \times 10^{11}$ Pa 之间 [1.85－0.05，1.85＋0.05]。这个概率究竟是多大，教材中未作讨论。如果认为被测量满足正态分布，一般可估计为 2/3 左右，那么这个结论是否可信呢？由于被测量的约定真值不知道，因此常常感到无从下手。好在基础物理实验中这个问题在许多情况下是可以解决的。例如查阅文献，用精度更高的仪器测定，用同一系统去测量真值已知的物理量，用不同仪器测同一物理量作比对等①。这时测量结果会存在两种情况：

① 真值落在测量结果的范围内。这时如果没有未被计及的重要的不确定度分量，一般可以认为测量结果是可信的。

② 真值没有落在测量结果的范围内，它又可以分成三种情况：

i 完全由于概率的原因，真值未落在不确定度估计的范围内。比如置信概率约为 2/3，那就意味着真值还有约 1/3 的可能性落在该范围之外。

ii 还有未被计及的重要误差来源，特别是定值系统误差存在。这在基础物理实验中并不少见。

iii 由于熟练程度等原因，操作中出现了粗差。

为了使分析具有说服力，也为了使报告人能从这种分析中获得能力的提高，这种讨论不应该空对空地泛泛议论，而应力求在定量或半定量的基础上进行。为此我们给出一个讨论的实例。在弹性模量的测量中，多数学生测得的 E 要比文献报道的测量值（$2.0 \times 10^{11} \sim 2.1 \times 10^{11}$ Pa）偏小。仔细分析后发现，钢丝在多次使用后，留下了许多折弯。它是造成测量结果偏小的一个可能的原因：在同样的载荷下，钢丝的表观“伸长”将显著增加。为了说明这一点，审查某次钢丝的伸长记录（见表 4.1.1）。逐差法计算结果表明 4 个砝码的载荷下，钢丝的伸长在逐渐减小，从 2.51 mm→2.485 mm→2.43 mm→2.41 mm。画出每增加一个砝码的载荷钢丝的伸长曲线，如图 4.1.13 所示，也不难发现第一次施加载荷时，钢丝伸长最大，随载荷的增加，钢丝有变“硬”的趋势。这一切都隐含着一个事实：钢丝的“伸长”包括两部分，一部分是钢丝的折弯被拉直，另

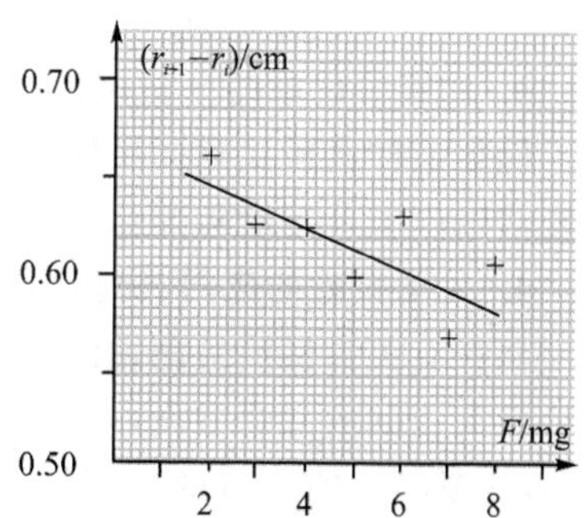

图 4.1.13　载荷与钢丝伸长曲线

① 还可以进行有关的统计检验，例如 χ^2 检验等。由于篇幅的限制，此处不作讨论，也不作教学要求。

一部分才是钢丝的应变。而随着载荷的增加,折弯减少,它的贡献也就下降了。

表 4.1.1　加载荷后标尺的读数 r　cm

i	1	2	3	4	5	6	7	8
m/kg	0	0.36	0.72	1.08	1.44	1.80	2.16	2.52
增砝码 r_+	23.43	22.77	22.14	21.53	20.92	20.27	19.74	19.13
减砝码 r_-	23.47	22.81	22.19	21.55	20.96	20.34	19.73	19.13
$r=\frac{r_+ + r_-}{2}$	23.45	22.79	22.165	21.54	20.94	20.305	19.735	19.13
$C_i=r_{i+4}-r_i$	2.51	2.485	2.43	2.41				

2. 对不确定度的分析讨论

以表 3.3.1 的数据进行讨论。

$$\frac{u(E)}{E}=\sqrt{\left[\frac{u(L)}{L}\right]^2+\left[\frac{u(H)}{H}\right]^2+\left[2\frac{u(D)}{D}\right]^2+\left[\frac{u(b)}{b}\right]^2+\left[\frac{u(C)}{C}\right]^2}=$$

$$\sqrt{\left(\frac{0.173}{39.7}\right)^2+\left(\frac{0.289}{103.5}\right)^2+\left(2\times\frac{0.002\ 93}{0.801\ 1}\right)^2+\left(\frac{0.011\ 5}{8.50}\right)^2+\left(\frac{0.029\ 2}{1.585\ 6}\right)^2}=$$

$$\sqrt{0.004\ 35^2+0.002\ 79^2+0.007\ 31^2+0.001\ 35^2+0.018\ 4^2}=0.020=2.0\ \%$$

在 E 的 5 个不确定度分量中,来自 $u(C)$ 的影响最大,其次是 $u(D)$ 的影响。因此本实验提高测量精度的首要因素是改善 C(钢丝伸长的标尺读数)和 D(钢丝直径)的测量。

实际上按微小误差的舍去原则:某项不确定度分量在合成不确定度的 1/3 以下,即可略去不计。按本例的数据,略去 $\frac{u(L)}{L}$、$\frac{u(H)}{H}$、$\frac{u(b)}{b}$ 的贡献,则 $\frac{u(E)}{E}\approx\sqrt{\left[2\frac{u(D)}{D}\right]^2+\left[\frac{u(C)}{C}\right]^2}=0.020$,对结果没有影响。

3. 对实验现象的分析讨论

例如怎样迅速找到标尺像?怎样判断系统是否已经调好?为什么有时看到了标尺像,但刻度清晰度上下不对称等?

4. 关于实验的应用、提高精度的途径以及新的测量原理方法等的讨论

例如有关弹性模量测定的新方法的讨论等。

上面提到的几个方面,不必面面俱到,还要力戒人云亦云。关键是要锻炼自己的思考能力,在突破点上有中肯的分析与见地。

4.2　测定刚体的转动惯量

转动惯量是描写刚体转动特性的一个基本物理量,它不仅与物体的质量、转轴位置有关,还与质量分布(即形状、大小和密度分布)有关。对于形状简单且质量分布均匀的刚体,可直接

计算其绕特定转轴的转动惯量。而形状不规则,质量分布不均匀的刚体,计算将极为复杂,通常采用实验方法来测定。

测量转动惯量,一般是使刚体以一定形式运动,通过表征这种运动特征的物理量与转动惯量的关系,进行转换测量。对于不同形状的刚体,设计了不同的测量方法和仪器,如三线摆(three - wire pendulum)、扭摆(torsional pendulum)、复摆(compound pendulum)以及利用各种特制的转动惯量测定仪等都可以很方便地测定刚体的转动惯量。本实验利用扭摆和三线摆,由摆动周期及其他参数的测定计算出物体的转动惯量。

4.2.1　实验要求

1. 实验重点

① 学习两种物理实验方法——比值测量法和转换测量法;

② 熟悉扭摆的构造及使用方法,掌握数字式计时器的正确使用;

③ 用扭摆测定几种不同形状物体的转动惯量,并与理论值进行比较;

④ 验证转动惯量平行轴定理;

⑤ 用振动法(三线摆)测量物体的转动惯量。

2. 预习要点

① 本实验是怎样运用比值测量法的?其中哪个物理量是已知标准量?通过比较又消去了哪个物理量的影响?试导出全部待测物的转动惯量测量公式。

② 找其他参考书,查出全部待测物转动惯量的理论计算公式。

③ 测量待测物质量时,其上金属支座的质量应计入其中吗?

④ 保证三线摆作角谐振动的主要措施是什么?

⑤ 三线摆测转动惯量公式中的 R、r 是否一定是上下盘的半径?

4.2.2　实验原理

实验 1　扭摆法测定转动惯量

扭摆的构造如图 4.2.1 所示,在其垂直轴 1 上装有一根薄片状的螺旋弹簧 2,用以产生恢复力矩。在轴的上方可以装上各种待测物体。垂直轴与支座间装有轴承,使摩擦力矩尽可能降低。将物体在水平面内转过一角度 θ 后,在弹簧的恢复力矩作用下,物体就开始绕垂直轴作往返扭转运动。根据胡克定律,弹簧受扭转而产生的恢复力矩 M 与所转过的角度 θ 成正比,即

$$M = -K\theta \tag{4.2.1}$$

式中,K 为弹簧的扭转常数。根据转动定律 $M_{总} = I\beta$(I 为物体绕转轴的转动惯量,β 为角加速度),忽略轴承的摩擦阻力矩,则有 $M_{总} = M$。由 $\beta = \ddot{\theta}$,并令 $\omega^2 = \dfrac{K}{I}$,得

$$\beta = \frac{\mathrm{d}^2\theta}{\mathrm{d}t^2} = -\frac{K}{I}\theta = -\omega^2\theta \tag{4.2.2}$$

上述方程表示扭摆运动具有角谐振动的特性:角加速度与角位移成正比,且方向相反。此方程的解为

$$\theta = A\cos(\omega t + \varphi) \tag{4.2.3}$$

式中,A 为谐振动的角振幅,φ 为初相位角,ω 为角(圆)频率。此谐振动的周期为

$$T = \frac{2\pi}{\omega} = 2\pi\sqrt{\frac{I}{K}} \tag{4.2.4}$$

利用式(4.2.4),测得扭摆的摆动周期后,在 I 和 K 中任何一个量已知时即可计算出另一个量。

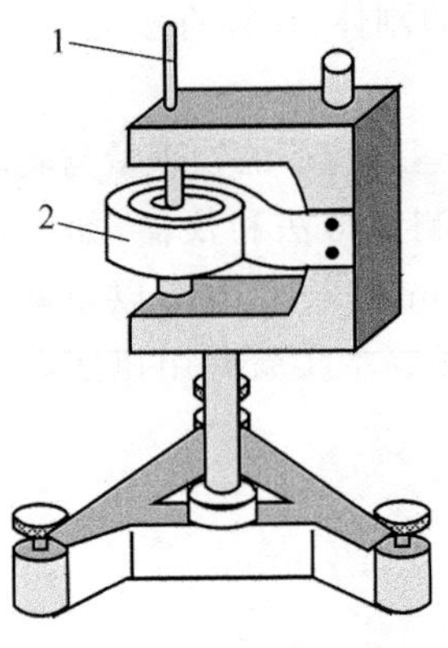

1—垂直轴;2—螺旋弹簧

图 4.2.1 扭摆测转动惯量

本实验用一个几何形状规则的物体(圆柱),其转动惯量(I_1)可以根据它的质量和几何尺寸用理论公式直接计算得到,再算出本仪器弹簧的 K 值。若要测定其他形状物体的转动惯量,只需将待测物体安放在本仪器顶部的各种夹具上,测定其摆动周期,由式(4.2.4)即可换算出该物体绕转动轴的转动惯量。

理论分析证明,若质量为 m 的物体绕过质心轴的转动惯量为 I_c,当转轴平行移动距离 x 时,则此物体对新轴线的转动惯量变为 $I_c + mx^2$。这称为转动惯量的平行轴定理。

实验 2 三线摆法测定转动惯量

两半径分别为 r 与 $R(R>r)$ 的刚性圆盘,用对称分布的三条等长的无弹性、质量可忽略的细线相连,上盘固定,则构成一振动系统,称为三线摆,如图 4.2.2 所示。上、下圆盘的系线点构成等边三角形,下盘处于悬挂状态,并可绕 OO' 轴线作扭转摆动,称为摆盘。若调节三线摆使上下盘均处于水平,当摆角 θ_0 很小,且忽略空气阻力与悬线扭力时,根据能量守恒与刚体转动定律,可以证明下圆盘绕中心轴的振动是简谐振动(参见本节附录)。

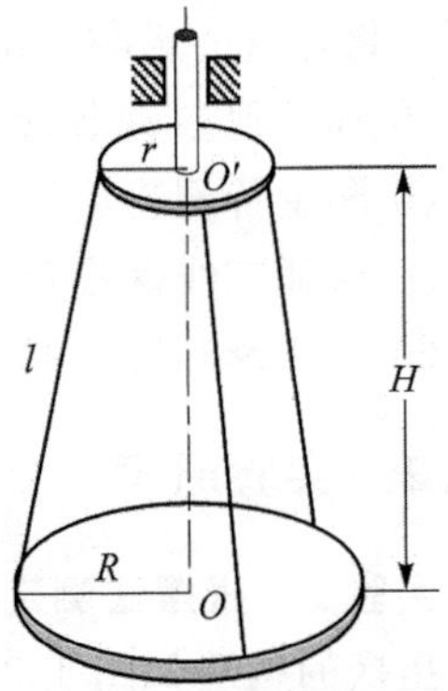

图 4.2.2 三线摆示意图

设下圆盘质量为 m_0,上下圆盘间距为 H,则下盘的振动周期为

$$T_0 = 2\pi\sqrt{\frac{H}{m_0 gRr}I_0} \tag{4.2.5}$$

由上式看出,振动系统的周期将取决于结构参数 R、r、H 及下盘的质量 m_0 和下盘绕转轴的转动惯量 I_0(转动惯量与质量及质量的分布有关)。如果将质量为 m_1、转动惯量为 I_1 的圆环对称放置在下盘上,使其圆心重合,则新振子的质量为 $m_0 + m_1$,相对于系统中心的转动惯量为 $I_0 + I_1$,那么新振子的振动周期为

$$T_1 = 2\pi\sqrt{\frac{H(I_0 + I_1)}{(m_0 + m_1)gRr}} \tag{4.2.6}$$

由式(4.2.5)和式(4.2.6)可求出待测转动惯量 I_1 为

$$I_1 = \left[\frac{(m_0 + m_1)T_1^2}{m_0 T_0^2} - 1\right] I_0 \tag{4.2.7}$$

I_0 可以用理论公式

$$I_0 = \frac{1}{8} m_0 D_0^2 \tag{4.2.8}$$

计算得到，式中的 D_0 是下盘的直径。I_0 也可根据式(4.2.5)用实验方法测得。

由于三线摆的摆动周期与摆盘的转动惯量有一定关系，所以把待测样品放在摆盘上后，三线摆系统的摆动周期就要相应地随之改变。这样，根据摆动周期、摆动质量以及有关的参量，就能求出摆盘系统的转动惯量。

4.2.3　实验仪器

扭摆、塑料圆柱体、金属空心圆筒、实心塑料(或木)球、金属细长杆(两个滑块可在上面自由移动)、数字式计时器、电子天平；三线摆、钢卷尺、电子秒表、圆环、气泡水平仪。

4.2.4　实验内容

实验 1　扭摆法测定转动惯量

(1) 调整测量系统

用水准仪调整仪器水平，设置计时器。

(2) 测量数据

① 装上金属载物盘，测定其摆动周期 T_0；将塑料圆柱体垂直放在载物盘上，测出摆动周期 T_1，测定扭摆的弹簧扭转常数 K。

提示：

i 安装时要旋紧止动螺丝，否则摆动数次后摆角可能会明显减小甚至停下。

ii 光电探头宜放置在挡光杆的平衡位置处，挡光杆(片)不能和它相接触，以免增大摩擦力矩。

iii 弹簧的扭转常数 K 不是固定常数，它与摆动角度略有关系，摆角在 90°～40°间基本相同，在小角度时变小。因此，整个实验中应保持摆角基本在这一范围内。

iv 由测出的 T_0 和 T_1，再结合式(4.2.4)推导出扭转常数 K 的计算公式，其中圆柱的转动惯量 I_1 视做已知量(由理论公式算出)。

② 测定金属圆筒、塑料(或木)球与金属细长杆的转动惯量。列表时注意给出各待测物体转动惯量的测量公式(金属圆筒 I_2、塑料球 I_3 以及金属细长杆 I_4)和理论计算公式(金属圆筒 J_2、塑料球 J_3 以及金属细长杆 J_4)。

③ 验证转动惯量平行轴定理。将滑块对称地放置在细杆两边的凹槽内(此时滑块质心离

转轴的距离分别为 5.00、10.00、15.00、20.00、25.00(单位:cm))测出摆动周期 T_{5i}。

若时间许可,还可以将两个滑块不对称放置(例如分别取 5.00 与 10.00,10.00 与 15.00,15.00 与 20.00,20.00 与 25.00(单位:cm)),这样采用图解法验证此定理时效果更好。

提示:滑块绕过质心且平行其端面的对称轴转动,其转动惯量的计算公式(理论值)为 $J_{滑}=\frac{1}{16}m_{滑}(D^2_{滑内}+D^2_{滑外})+\frac{1}{12}m_{滑}h^2$,其中 $m_{滑}$ 是滑块质量,$D_{滑内}$、$D_{滑外}$ 是滑块的内外直径,h 是滑块的长度。

④ 测量其他常数。利用电子天平,测出塑料圆柱、金属圆筒、塑料(或木)球与金属细长杆的质量,并记录有关物体的内、外径和长度。

考虑:在称衡圆球与金属细长杆的质量时,是否要取下支架?

(3) 数据处理——用列表法处理数据

① 设计原始数据记录表格;

② 算出金属圆筒、塑料(或木)球和金属细长杆的转动惯量 I_2、I_3、I_4,并与理论计算值 J_2、J_3、J_4 比较,求百分差;

③ 验证平行轴定理。

实验 2 三线摆法测定转动惯量

① 自行设计方案,测量物体的转动惯量。

② 数据处理。

i 设计原始数据记录表格;

ii 计算转动惯量及其不确定度,并给出最后结果表述。

4.2.5 思考题

① 测塑料球和细长杆的转动惯量是在一个金属支座上进行的,它会引起误差吗?计算塑料球和细长杆转动惯量的理论值时,是否应该加上其支座(金属块)的质量?合理的修正应当怎样进行?

② 由测量结果算出小滑块绕过质心且平行其端面的对称轴的转动惯量,并与理论值对比。

③ 研究一个测量实物(例如飞机或微电机)转动惯量的实验方案,并给出测量公式。

4.2.6 附录 三线摆下盘作角谐振动的推证

设悬线长度为 l,下圆盘悬线距圆心为 R_0,当下圆盘转过一角度 θ_0 时,从上圆盘 B 点作下圆盘垂线,与升高 h 前、后下圆盘分别交于 C 和 C_1,如图 4.2.3 所示,则

$$h=BC-BC_1=\frac{(BC)^2-(BC_1)^2}{BC+BC_1}$$

由于 $$(BC)^2 = (AB)^2 - (AC)^2 = l^2 - (R-r)^2$$

及 $$(BC_1)^2 = (A_1B)^2 - (A_1C_1)^2 = l^2 - (R^2 + r^2 - 2Rr\cos\theta_0)$$

所以 $$h = \frac{2Rr(1-\cos\theta_0)}{BC + BC_1} = \frac{4Rr\sin^2\frac{\theta_0}{2}}{BC + BC_1}$$

在扭转角 θ_0 很小，摆长 l 很长时，$\sin\frac{\theta_0}{2} \approx \frac{\theta_0}{2}$，而 $BC + BC_1 \approx 2H$，其中 $H = \sqrt{l^2 - (R-r)^2}$，则

$$h = \frac{Rr\theta_0^2}{2H} \tag{4.2.9}$$

H 为两盘静止时的垂直距离。

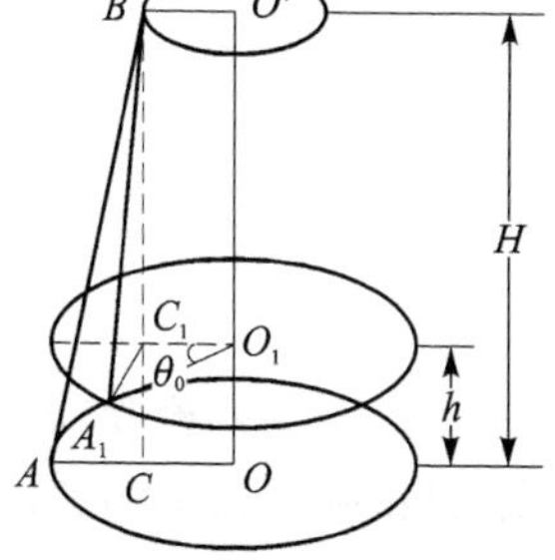

图 4.2.3　三线摆原理图

另外，当忽略摩擦力与悬线扭力时，此系统遵循机械能守恒定律，对下盘有：

$$\frac{1}{2}I_0\omega^2 + m_0gh + \frac{1}{2}m_0v^2 = \text{常量} \tag{4.2.10}$$

式中，m_0 是下盘的质量，I_0 是下盘绕中心轴的转动惯量，ω 是下盘扭转 θ_0 角上升到 h 时的角速度 $\mathrm{d}\theta_0/\mathrm{d}t$，$v$ 是下盘上升的速度 $\mathrm{d}h/\mathrm{d}t$。

在 θ_0 相当小且 l 较长时，大圆盘上下运动的平动动能远小于转动动能，即 $\frac{1}{2}m_0v^2 \ll \frac{1}{2}I_0\omega_0^2$，于是近似有 $\frac{1}{2}I_0\omega^2 + m_0gh = \text{常量}$，对该式微分，可得

$$I_0\frac{\mathrm{d}\theta_0}{\mathrm{d}t}\frac{\mathrm{d}^2\theta_0}{\mathrm{d}t^2} + m_0g\frac{\mathrm{d}h}{\mathrm{d}t} = 0 \tag{4.2.11}$$

又由式(4.2.9)得 $\frac{\mathrm{d}h}{\mathrm{d}t} = \frac{Rr\theta_0}{H}\frac{\mathrm{d}\theta_0}{\mathrm{d}t}$，将此式代入式(4.2.11)，整理得

$$\frac{\mathrm{d}^2\theta_0}{\mathrm{d}t^2} = -\frac{m_0gRr}{I_0H}\theta_0 = -\omega^2\theta_0 \tag{4.2.12}$$

上式为简谐振动方程。这就证明了在满足一定的近似条件时，下盘作简谐振动的结论。其振动周期 $T_0 = \frac{2\pi}{\omega}$ 可由式(4.2.12)得出，故得式(4.2.5)结果：

$$T_0 = 2\pi\sqrt{\frac{H}{m_0gRr}I_0}$$

4.3　气垫导轨上的系列实验

气垫导轨由一根平直、光滑的三角形铝合金型材固定在一根刚性很强的金属支承梁上构

成,轨面上钻有等距离排列的喷气小孔。气轨内腔充入压缩空气,气流从小孔喷出可使滑块浮起约 0.1 mm,这样滑块在气轨上运动时就避免了接触,消除了摩擦,仅有微小的空气粘滞阻力和气流的阻力,多数情况下可近似看成是无摩擦运动。

在气轨上装配光电门可以测量运动物体的速度,从而可进行动量和能量守恒定律等的验证。

4.3.1 实验要求

1. 实验重点

① 学习气轨的调整及光电计时仪的使用,通过对气轨进行水平调节,学习物理实验的对称测量法;

② 用碰撞特例检验动量守恒定律;

③ 讨论弹簧振子的振动周期与系统参量的关系;

④ 验证简谐振动中的机械能守恒定律;

⑤ 根据粘滞性摩擦阻力所遵从的规律,测定粘滞阻尼常数。

2. 预习要点

① 两个等质量物体的弹性碰撞和完全非弹性碰撞各具什么规律?在两种碰撞中,机械能是否也守恒?若不守恒,请给出碰撞前后动能损失百分比的理论计算公式。

② 本实验要求将气轨调成滑块作匀速运动,而不是调成水平,这是为什么?其中包含了怎样的实验条件?(注意滑块的运动方向。)

③ 结合图 4.3.4 说明,调整气轨时应调节哪个螺钉?怎样判断气轨是否调节好?

④ 实验中两光电门间的距离按什么原则选取?为什么?

⑤ 如何用光电门测量振子的振动周期?

4.3.2 实验原理

实验 1 动量守恒的研究

动量守恒是自然界的基本规律之一,无论是宏观物体还是微观粒子运动,无论是低速运动还是高速(接近光速)运动,都普遍成立。按动量守恒定律,如果系统不受外力或所受外力的矢量和为零,则系统的总动量保持不变。考虑在水平气轨上的两个物体,由于气垫的漂浮作用,物体受到的摩擦力被大大减小,这样,在气轨上研究碰撞时,如略去滑块与气轨之间很小的粘滞阻力,系统(即两个滑块)在水平方向所受合外力为零,只有相互作用的内力,则系统的水平动量守恒。

设两个滑块的质量分别为 m_1 和 m_2,它们在碰撞前的速度为 v_{10} 和 v_{20},碰撞后的速度为 v_1 和 v_2,则根据动量守恒有

$$m_1 \boldsymbol{v}_{10} + m_2 \boldsymbol{v}_{20} = m_1 \boldsymbol{v}_1 + m_2 \boldsymbol{v}_2 \tag{4.3.1}$$

碰撞前后，物体的运动在同一水平直线上，为一维水平碰撞；当给定速度的正方向以后，式(4.3.1)可改写为

$$m_1 v_{10} + m_2 v_{20} = m_1 v_1 + m_2 v_2 \tag{4.3.2}$$

(1) 弹性碰撞

弹性碰撞的特点是碰撞前后系统的动量守恒，机械能也守恒。如果在两个滑块的相碰端安装缓冲弹簧，在碰撞过程中，缓冲弹簧仅发生弹性变形，则可近似认为机械能没有损失，两滑块碰撞前后的总动能不变(机械能守恒)，用公式可表示为

$$\frac{1}{2}m_1 v_{10}^2 + \frac{1}{2}m_2 v_{20}^2 = \frac{1}{2}m_1 v_1^2 + \frac{1}{2}m_2 v_2^2 \tag{4.3.3}$$

如果两滑块的质量相等，即 $m_1 = m_2$，而且在碰撞前 m_2 滑块的速率为零，即 $v_{20}=0$，则两滑块彼此交换速率，m_1 静止下来，m_2 以 v_2 速率前进：

$$v_1 = 0, \qquad v_2 = v_{10}$$

(2) 完全非弹性碰撞

如果两个滑块碰撞后合在一起以同一速度运动，则两滑块作完全非弹性碰撞，碰撞前后系统的动量守恒，但机械能不守恒。为了实现完全非弹性碰撞，可以在滑块的相碰端装上尼龙搭扣或橡皮泥。

设碰撞后两滑块合在一起具有相同的速率 v，即

$$v_1 = v_2 = v$$

由式(4.3.2)得

$$m_1 v_{10} + m_2 v_{20} = (m_1 + m_2)v$$

$$v = \frac{m_1 v_{10} + m_2 v_{20}}{m_1 + m_2}$$

如果两滑块的质量相等，$m_1 = m_2$，而且在碰撞前，其中一个滑块的速度为零，如 $v_{20}=0$，则 $v = \frac{1}{2}v_{10}$。

实验2　气轨上研究简谐振动

(1) 弹簧振子的简谐运动方程

两个倔强系数近似相等的弹簧，拴住一个质量为 m 的物体。弹簧的另外两端固定在气轨两端。物体在光滑面(气轨)上作振动，如图4.3.1所示。当 m 处于平衡位置 O 时，两个弹簧的伸长量分别为 x_1、x_2。当 m 距平衡点 x 时，m 受弹性恢复力的作用，略去阻尼，根据牛顿第二定律，其运动方程为

$$-K_1(x_1 + x) + K_2(x_2 - x) = m\ddot{x} \tag{4.3.4}$$

当滑块处于平衡位置时，其所受合力为零，即 $-K_1x_1 + K_2x_2 = 0$，则式(4.3.4)变为

$$-(K_1 + K_2)x = m\ddot{x}, \qquad \ddot{x} = -\frac{K_1 + K_2}{m}x$$

令 $\omega^2=\dfrac{K_1+K_2}{m}$，则得方程

$$\ddot{x}=-\omega^2 x \tag{4.3.5}$$

这表明滑块的运动是简谐运动，它的解为 $x=A\cos(\omega t+\varphi_0)$，滑块的运动速度为 $v=-A\omega\sin(\omega t+\varphi_0)$。

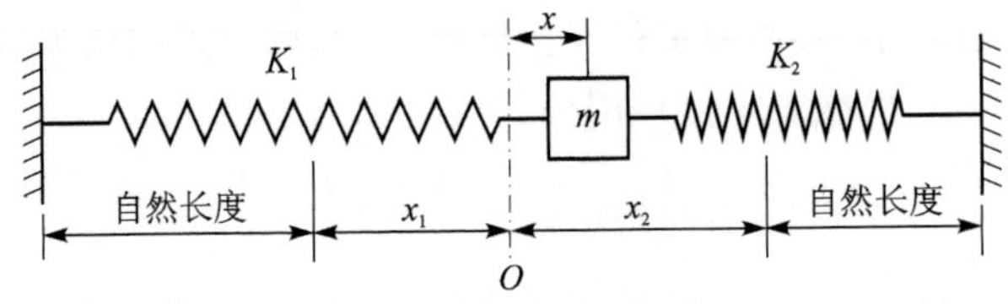

图 4.3.1　气轨上的振子

(2) 简谐振动的能量

本实验中，任意时刻系统的振动动能为 $E_K=\dfrac{1}{2}mv^2$，系统的弹性势能为两个弹簧的弹性势能之和。若选取滑块处于平衡位置时的势能为零，则在任意位置，弹性势能为

$$E_P=\frac{1}{2}(K_1+K_2)x^2 \tag{4.3.6}$$

系统总机械能为

$$E=\frac{1}{2}mv^2+\frac{1}{2}(K_1+K_2)x^2 \tag{4.3.7}$$

实验 3　粘滞性阻尼常数的测定

在气轨上运动的滑块虽说不受滑动摩擦力的作用，但仍受到滑块和气轨之间由于气层的相对运动所产生的一种"内摩擦力"的作用。这种"内摩擦力"也称为"粘滞性摩擦阻力"。正是由于粘滞性摩擦阻力的存在，会造成测量系统误差。为了对这种系统误差进行修正，必须研究粘滞性摩擦阻力所遵从的规律。

由气体的内摩擦理论可知，如果用 f_μ 表示这种"粘滞性摩擦阻力"，则在滑块的速度不太大时，可以认为它由下式决定，即

$$f_\mu=\eta\frac{\Delta v}{\Delta d}A \tag{4.3.8}$$

式中，$\dfrac{\Delta v}{\Delta d}$ 表示滑块和导轨之间气层的速度梯度，A 是滑块和导轨之间气层的接触面积，η 是空气的内摩擦系数或粘滞系数。

在本实验条件下，可以认为和导轨接触气层的定向运动速度为零，与滑块接触的气层的定向运动速度等于滑块速度 v，而 Δd 就是滑块在垂直于导轨表面方向的漂浮高度 h，如图 4.3.2 所示。如果近似地认为滑块和导轨之间气层的速度梯度是常数，则速度梯度可表示为

$$\frac{\Delta v}{\Delta d}=\frac{v}{h} \tag{4.3.9}$$

将式(4.3.9)代入式(4.3.8)得

$$f_{\mu}=\eta\frac{v}{h}A \tag{4.3.10}$$

在一定的实验条件下，式中的 η、h、A 都是不变的常数，因此，粘滞性阻力可以认为与滑块速度 v 成正比。如果考虑到阻力的方向和速度方向 v 相反，则该式可改写为

$$f_{\mu}=-bv \tag{4.3.11}$$

式中，$b=\eta\frac{A}{h}$，称为粘滞性阻尼常数。可以看出，滑块速度越大，粘滞性阻力也越大。

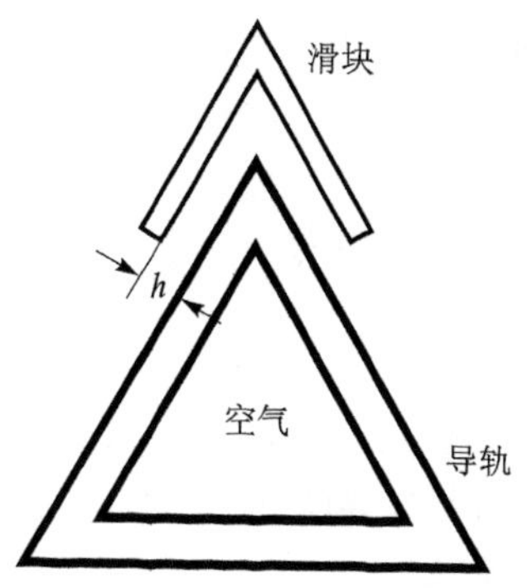

图 4.3.2　气轨截面图

现在讨论阻尼常数 b 的测定问题。由于 f_{μ} 是一个变力，所以很难用静力平衡的方法创造滑块作匀速运动的运动条件。这里采用动态法，从 f_{μ} 对滑块运动的影响来寻求测量 b 的方法。

把导轨倾斜一微小角度 α，如图 4.3.3 所示。

此时滑块受常力 $Mg\sin\alpha$ 及粘滞阻力 f_{μ} 的共同作用，则滑块的运动方程可写为

$$M\frac{\mathrm{d}^2x}{\mathrm{d}t^2}=Mg\sin\alpha-b\frac{\mathrm{d}x}{\mathrm{d}t}$$

即

$$\mathrm{d}v=g\sin\alpha\mathrm{d}t-\frac{b}{M}\mathrm{d}x$$

由初始条件 $t=0(x=0,v=v_0)$，对上式积分可得

$$v-v_0=g\sin\alpha t-\frac{b}{M}x$$

如能分别测出滑块通过光电门 1 和光电门 2 时的速度 v_1 和 v_2、滑块从光电门 1 运动到光电门 2 的时间 t_{12} 以及两光电门之间的距离 x，则有

$$v_2=v_1+g\sin\alpha t_{12}-\frac{bx}{M} \tag{4.3.12}$$

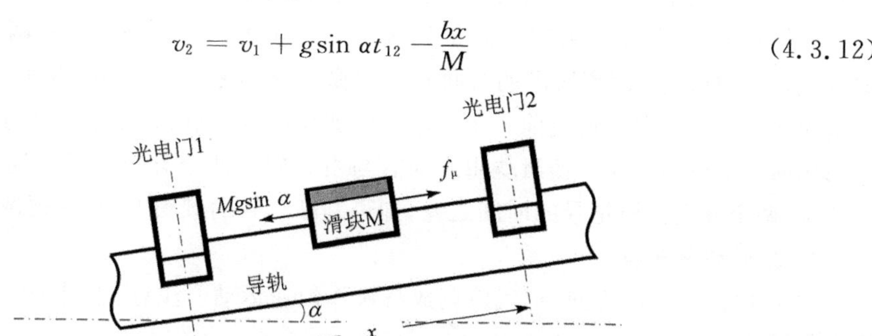

图 4.3.3　粘滞系数测量示意图

但是实验中很难准确测量导轨倾斜角度 α。测量时,保持倾角不变,使滑块和导轨底部的缓冲弹簧碰撞后向上弹回,再分别测出滑块通过光电门 2 和光电门 1 的速度,设分别为 v_3 及 v_4,通过两光电门的时间为 t_{34}。根据式(4.3.12)有

$$v_4 = v_3 - g\sin\alpha t_{34} - \frac{bx}{M} \tag{4.3.13}$$

式中,α 和 x 都与滑块下滑时相同。解式(4.3.12)和式(4.3.13),消去 $\sin\alpha$,得

$$b = \frac{[(v_3 - v_4)t_{12} - (v_2 - v_1)t_{34}]M}{x(t_{12} + t_{34})} \tag{4.3.14}$$

b 值的测定,一方面可使我们对粘滞性阻力产生的系统误差进行修正,另一方面 b 值的大小可以作为判断导轨优劣的标志之一,b 值越大,滑块在一定的速度下所受的阻力越大,说明导轨的性能越差。

4.3.3 实验仪器

气垫导轨、光电计时仪、滑块(两套)、负载质量块、电子天平、弹簧、负载、测高装置(焦利称)、砝码、游标卡尺。

4.3.4 实验内容

1. 气轨调整

本节实验中有的需将气轨调至水平,有的需将气轨调至滑块沿某个方向作匀速运动。下面重点介绍气轨的调平方法。

① 粗调:开启气源后使滑块浮起,在自然状态下若滑块始终向一方运动,则说明气轨向该方向倾斜,调节导轨下面的底脚螺钉,直到滑块保持不动或稍有滑动但无一定方向为止,此时即可认为气轨大致水平。

② 细调:采用动态调平方法,将两光电门放在实验区域相距约 100 cm 的位置,测滑块在这两个位置的速率,可判断气轨的倾斜方向,进而调平气轨。

取带有 U 形挡光片的滑块,测量其从左向右和从右向左分别通过两光电门的速率(实际测量的是滑块通过 l 距离所需的时间),由于微小粘滞阻力的作用,当气轨水平时滑块通过后一个光电门的速率要比通过前一个光电门的速率稍慢一点,即无论运动方向如何,总有后一个时间比前一个时间略长。使滑块由左向右与由右向左两个方向运动的速率基本相等,比较前后两次、两个光电门所记录的时间之差,即可判断气轨的倾斜方向,并逐渐将其调节为水平。

2. 验证动量守恒

① 按照滑块运动方向,把气轨调成滑块作匀速运动。注意:不是把气轨调成水平,具体做法自行思考。

② 分别进行等质量弹性碰撞、不等质量弹性碰撞、等质量完全非弹性碰撞、不等质量完全

非弹性碰撞的实验测量。要求每种过程有 2 组数据。负载质量用电子天平称衡。

提示：

① 光电计时仪的时标选择应取最高的仪器分辨率，即 0.01 ms；

② 用大质量滑块去碰小质量滑块。

思考：① 为什么？② 滑块的运动方向怎样选择？

3. 气轨上研究简谐振动

① 测量弹簧的倔强系数。（提示：根据胡克定律用测高装置如焦利称测量。）

② 将气轨调至水平，设计方案测量弹簧振子振动的周期与系统参量的关系。

③ 设计方案测量振动系统的能量，验证简谐运动机械能守恒。

4. 粘滞性阻尼常数的测定

① 将气轨调平后，用高度垫将调平的导轨一端垫高，使导轨倾斜。

② 设计方案测量粘滞阻尼常数。

③ 分别改变滑块质量和导轨倾斜度，观察粘滞阻尼常数如何变化。

5. 数据处理

① 验证动量守恒：用列表法处理动量守恒实验数据（包括等质量弹性碰撞、不等质量弹性碰撞、等质量完全非弹性碰撞、不等质量完全非弹性碰撞等共 8 组数据）；给出碰撞前后动量差值的百分差和动能损失比，并与理论值进行比较。

② 研究简谐振动：用逐差法计算弹簧的倔强系数，选择合适的数据处理方法确定振动周期与系统参量的关系，计算振子在不同位置的能量，并验证机械能守恒。

③ 测定粘滞性阻尼常数：求出 b 及其不确定度。

4.3.5　思考题

① 在完全非弹性碰撞中，若两滑块的质量相等，沿同方向运动发生碰撞，求碰撞前后速度的关系。如何用实验方法进行验证？若两滑块相向运动又如何？

② 在弹性碰撞中，推动大质量滑块去碰小质量滑块与用小质量滑块碰大质量滑块，在实验技术和数据处理上有哪些不同？

③ 实验发现：完全非弹性碰撞实验，碰后两滑块搭接通过光电门时，两者的速度并不相等，常是后者的通过时间稍短。请你分析这是什么原因造成的？（气轨已按要求调好。）

④ 若考虑弹簧的质量，振动系统的周期应为 $T=2\pi\sqrt{\dfrac{m+m_0}{K_1+K_2}}$，$m_0$ 是弹簧的有效质量，请根据你所测得的数据求出弹簧的有效质量，并比较计入 m_0 前后对系统不同位置处机械能带来的误差。

实验方法专题讨论之二 ——关于有效数字

(本节实例主要取自“气垫导轨上的系列实验”)

有效数字是正确表达实验结果所必需的,也是对操作者应知应会的起码要求。有关有效数字处理的一些主要结论是:

① **有效数字的基本概念是准确数字+可疑数字(或欠准数字)**。在本教材中规定,欠准数字只取一位。

② 在严格计算不确定度的场合,直接**由不确定度来决定测量结果的有效数字**。在本教材中规定,不确定度只取一位(可疑数字),测量结果的有效数字与此对齐。

③ 在不能严格进行不确定度计算或不要求计算不确定度的场合,有效数字可分 3 种类型处理。

i 直接测量结果(原始数据记录)的有效数字应**按仪器设备的精度或实验条件书写**。一般可读至标尺最小分度的 1/10 或 1/5。

ii 间接测量是通过加减乘除四则运算得到的,按相应的运算法则处理:**对加减法运算,计算结果的有效数字与输入量中末位有效数字位数最高的对齐;对乘除法运算,计算结果的有效数字个数与输入量中有效数字最少的相同。**

iii 其他函数运算的办法是**人为设置一个最小单位的不确定度,按不确定度传递公式来决定可疑数字所在的位置**。它非常类似于数学的微分运算。其目的是找到欠准位的位置。

例如做分贝运算,20lg 100.46(20 是准确值)的有效数字按下面的方法处理:

设物理量 $Y=20\lg X$,其中 $X=100.46$,人为设置的不确定度 $\Delta X=0.01$(在 X 的欠准位上的一个最小单位),不确定度传递公式为

$$\Delta Y=\frac{\mathrm{d}Y}{\mathrm{d}X}\Delta X=\frac{20}{\ln 10}\frac{\Delta X}{X}=\frac{20\times 0.01}{2.30\times 100.46}=0.000\,86$$

说明 20lg 100.46 的欠准位在小数点后的第四位上,而 20lg 100.46 的第一位非零数字在十位数上,故它有 6 位有效数字,20lg 100.46=40.039 7 dB。

微分运算也可以通过更直接的理解来处理:$\Delta Y=|20\lg(X+\Delta X)-20\lg X|=|20\lg 100.47-20\lg 100.46|=0.000\,86$,结果相同。

④ 为了保证被测量最后的有效数字的取位和数值的可靠,所有**中间结果的有效数字**必须比上述原则**多保留 1 位,甚至更多**。由于计算机(器)的普及,多保留几位数字并不是什么难事,因此最省事的办法就是中间过程多留,等获取最后结果时再进行截断(修约)。

⑤ 有效数字的修约原则是:**“小于 5 舍去,大于 5 进位,等于 5 凑偶”**。这里的“大于 5 进位”是指要舍去的数字的最高位大于 5,或等于 5,但其后尚有非零的数;“等于 5 凑偶”是指要

舍去的数字的最高位是 5，同时其后面已没有数字或数字全是 0。

最后，给出一个等质量完全非弹性碰撞的一组实验数据(见表 4.3.1)，并对其有效数字的处理作一些说明。

表 4.3.1 实验数据 (l=1.000 cm)

m_1/kg	m_2/kg	ΔT_{10}/ms	ΔT_2/ms	$v_{10}=l/\Delta T_{10}/(\mathrm{m\cdot s^{-1}})$	$v_1=v_2=l/\Delta T_2/(\mathrm{m\cdot s^{-1}})$
0.190 91	0.190 90	11.58	24.21	86.35_{58}	41.30_{52}

$p_0=m_1v_{10}$(kg m/s)	$p_1=(m_1+m_2)v_2$(kg m/s)	$\Delta p/p_0=(p_1-p_0)/p_0$
16.48_{62}	15.77_{08}	−4.3 %

$E_{p0}=m_1v_{10}^2/2$ (J)	$E_{p1}=(m_1+m_2)v_2^2/2$ (J)	$\left.\frac{\Delta_p}{E_{p0}}\right\vert_{测}=\frac{E_{p1}-E_{p0}}{E_{p0}}$	$\left.\frac{\Delta E_p}{E_{p0}}\right\vert_{理}=\frac{-m_2}{m_{1p}+m_2}$	$\frac{\Delta\varepsilon}{\varepsilon}$
711.8_{39}	325.7_{07}	$-0.542\ 4_{42}$	$-0.499\ 98_{69}$	4.24 %

等质量完全非弹性碰撞：

① 直接测量结果(原始数据记录)的有效数字按仪器设备的精度或实验条件书写。例如质量 m_1 和 m_2 用数字天平测量，可读至 0.01 g，故有 5 位有效数字；ΔT 用光电计时仪测量，可读至 0.01 ms，为 4 位有效数字。

② 间接测量或计算结果表达的有效数字按有效数字的运算法则处理。例如 $l/\Delta T_{10}$ 的分子、分母均为 4 位有效数字，故 v_{10} 为 4 位有效数字；而动量差值的百分比，因分子 p_1-p_0 只有 2 位有效数字(分母有 4 位有效数字)，故最终只有 2 位有效数字。类似地，动能损失比的测量值为 4 位有效数字，理论值为 5 位有效数字，而两者的百分差为 3 位有效数字。

③ 中间过程的有效数字至少比法则规定的多出 1～2 位。例如 v_{10}、v_1、p_0、p_1、E_{p0} E_{p1} 以及 $\Delta E_p/E_{p0}$ 均比法则规定的多算了 2 位数字(为明确起见，用小字表示)。

4.4 数字测量实验

4.4.1 实验要求

1. 实验重点

① 用实验研究一维的力学碰撞过程并验证动量定理；

② 了解现代测量技术的基本方法(以微机为中心的传感器、A/D 转换和数字测量技术)；

③ 学习用计算机编程处理实验数据。

2. 预习要点

① 什么是压电效应？什么是力传感器？为什么可以通过测量力传感器产生的电荷获知外力的大小？该系统要求与基座固联，使其加速度为零，为什么需要此条件？

② 电荷放大器的作用是什么？它将电荷量,亦即将力的作用最终转变成了什么物理量？什么是电荷放大器灵敏度？若将其取为 1 V/Unit 表示什么物理意义？

③ 什么是 A/D 转换？经过 A/D 转换后,模拟量 $V(t)$ 被转变成了什么量？ΔV 的物理意义是什么？怎样进行计算？

④ 什么是采样定理？欲获得完整的信息,采样时间 Δt 应怎样选取？

⑤ 本实验中气轨应调至何状态？为什么？怎样调整？

4.4.2 实验原理

碰撞和冲击通常是一个很短暂的时间过程,质点在碰撞前后的动量变化服从动量定理：

$$mv - mv_0 = \int_{t_0}^{t} f(t)\,\mathrm{d}t \tag{4.4.1}$$

气垫导轨的传统实验装置不能用来进行动量定理的实验测定和验证,主要困难是不能进行冲击力变化过程的瞬态测量。本实验采用压电晶体做成的力传感器完成力电信号的转换,结合现代的数字测量技术实现冲击力的瞬态测量,从而使问题得以解决。

1. 压电效应和力传感器

某些晶体以及经极化处理的多晶铁电体(压电陶瓷),在受到外力发生形变时,在它们的某些表面会产生电荷,这种效应称为压电效应;反过来,当它们在外电场的作用下,又会产生形变,这种效应则被称为逆压电效应。本实验中的力传感器就是用一种叫做锆钛酸铅的压电陶瓷或石英晶体做成的。压电效应的定量讨论应当从压电方程出发,并且要涉及力学量(应力和应变)和电学量(电场强度和电位移矢量)的关联。压电方程通常是一组张量或者矩阵关系,但对一维的压电运动形式比较简单。

如图 4.4.1 所示,沿 z 方向(厚度方向)极化的压电陶瓷,两端面上涂敷电极,并且只在 z 方向受到正应力(拉应力为正,压应力为负),这时压电关系可按最简单的一维问题处理：

$$D_3 = d_{33}T_3 + \varepsilon_{33}^{T}E_3 \tag{4.4.2}$$

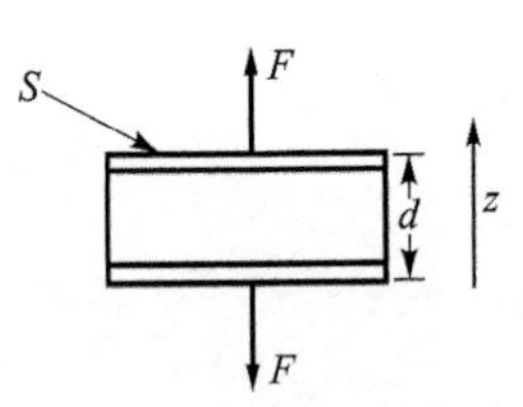

图 4.4.1 压电陶瓷的一维运动

式中,D_3 是电位移矢量的 z 分量,数值上等于端面电极上产生的电荷密度 Q/S(S 为端面积)；T_3 是 z 方向的正应力,$T_3=F/S$;E_3 是 z 方向的电场强度分量;d_{33} 是描写压电效应的物理量,称为压电常数,它代表在电场强度不变的条件下,z 方向施加单位正应力时,引起电位移 z 分量的改变;ε_{33}^{T} 则是描写压电陶瓷介电性质的系数,代表在应力不变的条件下,z 方向电场和电位移分量之间的介电常数。请注意式(4.4.2)中的 D_3、T_3、E_3 均指压电效应发生时,电位移、应力和电场强度的改变量,而不是它们的静态值。类似平行板电容器的讨论,引入 $E=V/d$(d 是极板之间的距离,即压电片厚度),结合 $D_3=Q/S$,$T_3=F/S$,并且注意到压电体受力时极板上的电荷变化(通常可由电

荷放大器测出)，这时应视做电端短路，即 $V=0$。把这些关系代入式(4.4.2)，得

$$Q=d_{33}F \tag{4.4.3}$$

力传感器的原理装置如图4.4.2所示，压电晶片的前端是一个测力头，后端通过很重的质量块与基座连接。当测力头受到外力 F 作用时，由于质量块很大并且与基座相连，因此系统加速度可视做0。不难想见，这时晶体两极面将受到压力 F，由式(4.4.3)可知 $|Q|=d_{33}F$。由此可以看出，只要知道了压电常数 d_{33}，就可以通过极板电荷的变化推知作用力的变化。实际上由于各种误差的存在(例如动态过程与静态力的测量的差异、d_{33} 并非是不随频率变化的常数、传感器横向效应以及装配缺陷等)，传感器的电荷与作用力的关系需要经过校准(标定)。校准通常是把一个已知的力的作用过程施加在传感器上，测出相应的电荷输出来对其定标的。

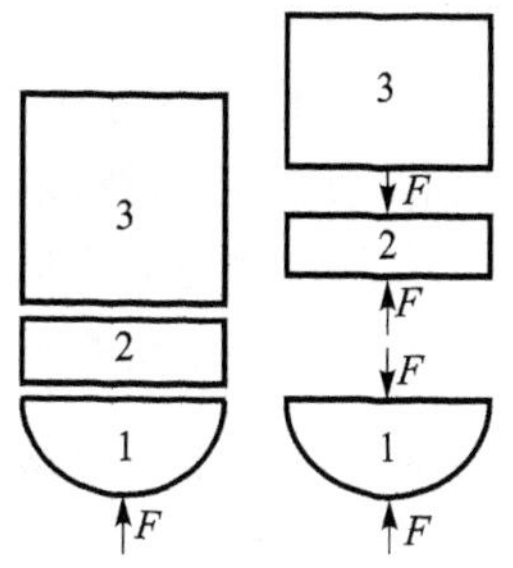

1—测力头；2—压电晶片；
3—质量块(基座)

图4.4.2 力传感器受力分析

电荷放大器的工作原理如图4.4.3所示，高增益运算放大器的输出端通过电容 C_f 与输入端相连，由于输入阻抗很高，放大器输入端没有分流作用，而极高的放大倍数又使 $V_a\approx 0$，因此传感器的电荷将全部流入电容 C_f，则

$$V_0=-\frac{Q}{C_f}=\frac{d_{33}}{C_f}F \tag{4.4.4}$$

利用压电传感器和电荷放大器，就把力的作用过程转换成了电压的变化过程，即 $F(t)=kV(t)$，转换系数 k 可由力传感器的校准和电荷放大器的反馈电容得出。

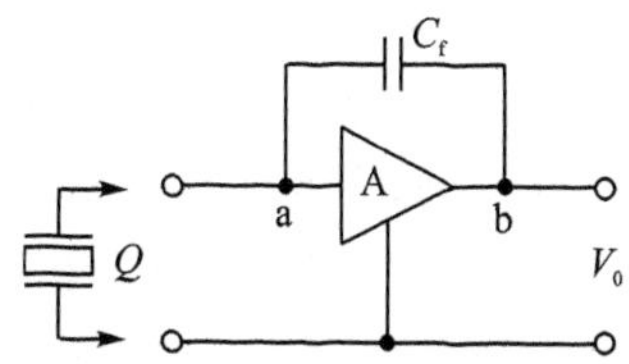

图4.4.3 电荷放大器

2. A/D、D/A转换和瞬态信号的数字采集

普通示波器只能观察可以重复的连续或脉冲信号，不能观察像冲击过程那样一类瞬态波形。这个矛盾可以利用数字存储技术得到解决。把一个可以连续取值的电压信号(模拟量)量化为一组相应的二进制编码(数字量)，这种变换称为模(拟量)/数(字量)转换或A/D转换。这就像用特定单位的尺子量布一样，对连续信号 V 进行测量，测量结果给出一个数 M(由一组二进制数组成)，它是某个最小单位电压 ΔV 的整倍数，余数按四舍五入取整，则 $V\approx M\Delta V$，于是连续取值的模拟量 V 就可以用一个离散的数字量 M 来表示。对一个随时间变化的电压信号 $V(t)$，$t\in[t_0,\ t]$，则可以按一定的时间间隔 Δt，顺序进行A/D转换，这样一来，随时间的连续变化过程就可以用数的序列 $M_1,\ M_2,\cdots,M_i,\cdots$ 来描写，其中任何一个 M_i 实际上代表了 $t_i=t_0+i\Delta t$ 时刻的 $V(t_i)\approx M_i\Delta V$。上述过程叫做采样，它可以通过适当的A/D

转换芯片配以一些其他电路来完成。

这里还有一些需要讨论的问题,它们分别与采样间隔 Δt 和电压比较单位 ΔV 有关。一是采样间隔 Δt 的选择。如图 4.4.4 所示,当波形按 Δt 进行采样时,离散的数据序列保持了原信号的基本特征;但当按 $8\Delta t$ 采样时(见图 4.4.4(b)),形成的数据集合与原信号相比已是“面目全非”。信号变化越剧烈,采样间隔越大,问题就越严重。应当怎样选择 Δt 才能不丢失数据的信息呢?这个问题的结论是:一个实际的信号 $f(t)$,不管形状多么复杂,总可以把它看成是许多不同频率的正弦振动的叠加;在这些参与叠加的正弦信号中,如果存在某个上限频率 $f_{\max}$,比之更高的频率分量可以略去,或者实际上存在 $f_{\max}$,那么,只要 $\frac{1}{\Delta t} \geqslant 2f_{\max}$,就可以由采样值 $f(i\Delta t), i=1,2,\cdots$ 来恢复原来的连续信号 $f(t)$。这就是所谓的采样定理,$\frac{1}{\Delta t}$ 叫做奈奎斯特(Nyquist)频率。进行一次采样所需的最短时间是 A/D 器件的一个重要性能。

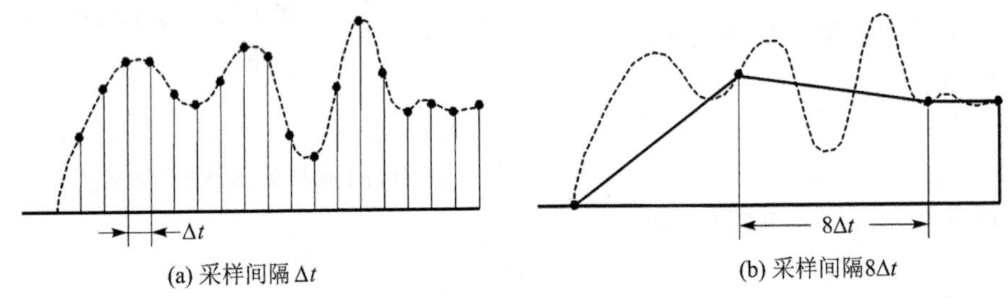

(a) 采样间隔 Δt　　(b) 采样间隔8Δt

图 4.4.4　采样间隔的选择

与电压比较单位 ΔV 有关的则是所谓 A/D 转换的分辨率问题。采样数据是以二进制位来表示的,称为 bit,用多少个 bit 来表达数据是描写 A/D 转换器件的重要指标。以常见的 8 bit器件为例,用 8 个二进制单元来表达数据,最大值为 $2^8-1=255$,最小值为 0;如果电压在 0~ V_A 范围内变化,那么最小的单位电压 $\Delta V=V_A/2^8=V_A/256$。V_A 的大小可以根据信号实际情况由放大器(或衰减器)作出调整,但数据用多少个 bit 来表示则是由器件本身的性质所决定的。A/D 器件的分辨率除 8 bit 以外,还有 10 bit、12 bit 乃至 16 bit 的,分辨率越高,A/D转换的准确度也越高。

采样过程经常遇到的另一个参数是采样长度,也就是被采样后保留暂存的数据总数 N。N 乘以 Δt(采样间隔)实际上决定了被记录的时间过程的长度。采样长度通常用字节(B)作单位,如 1K(1 024)B,2K(2 048)B 和 4K(4 096)B 等,1 B=8 bit。

瞬态信号的 A/D 转换还有一个必须解决的问题:采样从什么时候开始。突发信号的出现经常有随机性,一般是当信号达到一定的大小(电平)时,产生触发信号,系统开始采样;但这样一来,在触发之前的信息将被丢失。为了解决这个问题,瞬态采集系统专门增加了前触发功能,即预先设定好一个数 N_p,系统在信号到达前即已启动采样,并且不断把采样数据送入存储

器，存储器装满 N 个数据（采样长度）以后，按照先进先出的原则，“吐故纳新”；一旦触发信号产生，系统将继续进行 $N-N_p$ 次采样，并送入存储器；采样结束，存储器中保存的 N 个信号将由触发前 N_p 个采样记录和触发后的 $N-N_p$ 个采样记录组成。只要 N_p 设置得当，就可以把信号的全过程（包括前沿部分）完整地记录下来。当然，有“前”，也可以有“后”，通过后触发方式，将使采样数据延迟若干个采样时间后才进行记录。

3. 数字信号的微机接口和数据处理

采集后的数字信号存放在瞬态采集板的存储器内，它可以通过接口传送到计算机进行处理。数据传送可以采用并行或串行方式，取决于系统的接口电路和通信方式。

暂存在采集板上的数据也可以经过 D/A 转换器件重新恢复成电压信号（模拟量）输出。对 D/A 器件加上一定的参考电压，并把数字量以二进制方式送到它的输入端，就可以在输出端产生相应的电压输出，其大小与输入的数字量成正比。改变参考电压可以在一定范围内调节输出电压的动态范围。把 A/D 转换后的数字量按一定的速率顺序送入 D/A 转换电路，就会形成随时间变化的模拟输出信号。如果略去 A/D 转换的量化误差等附加效应，则它和A/D 转换前的信号有完全相似的形状，只是在时间上作了离散处理，并且幅度和时间都可能差一个比例常数，但通常并不难找出两者的换算关系。由 D/A 形成的模拟信号可以按一定的重复率循环产生，因此它可以显示在普通示波器的荧光屏上。

4.4.3　实验仪器

气垫导轨、光电计时仪、滑块、力传感器（含 4 种测力头）、微机（带电荷放大器和瞬态数字插卡）及连接电缆等。

4.4.4　实验内容

1. 气轨调平

调节方法参见 4.3 节。

2. 验证动量定理

使光电门在正常工作的前提下，尽量安装在靠近力传感器处。

更换不同的测力头，使滑块与力传感器发生碰撞（保持碰撞前滑块的初速度近似不变），获取碰撞前后滑块的动量变化和冲击力时间历程的完整数据。4 种测力头各测 2 组数据。

3. 软件运行方法

(1) 开机运行

双击“碰撞过程的瞬态数字测…”图标，系统启动。屏幕出现“请输入以下信息”栏。

根据信息栏的提示，在“您是”列表中选择“学生”，同时输入本人姓名和学号，并“确认”。屏幕转入实验的视窗操作界面。

(2) 实验操作

① 参数设置。单击菜单栏的“操作”→“参数设置”选项(或按 F2 键),进入参数设置对话框。屏幕分 6 步依次出现传感器灵敏度、板卡编号、电荷放大器灵敏度、电压放大倍数、触发电平、偏置电平、触发方式、采样长度、提前量、采样速率、上限频率、翻转波形等选项。根据具体要求用鼠标作出选择或键盘输入(完成后单击“下一步”确认)。初做时,除传感器灵敏度必须按校准值(见传感器上的标示值,或传感器灵敏度校准曲线)输入以外,其余可选系统提供的默认值进行。获取数据后再按情况变更。

② 波形采集。在确认参数设置“第六步”、“完成”后,屏幕出现“正在进行 A/D 转换”字样,表明系统已经启动采样即模/数转换。这时,可先对计算机通用计数器清零,再给滑块以初速度,让它与力传感器发生碰撞。当冲击力产生的电压信号大于设定的触发电平时,则屏幕显示该冲击力的波形。如果冲击力太小不足以产生触发信号,则屏幕不发生变化。这时需重新对计算机通用计数器清零,加大滑块的初速度,再次让它与力传感器发生碰撞,直至获得理想的冲击力瞬态波形(见图 4.4.5)。另一种情况是碰撞发生时,冲击力超过量程,波形被“削顶”(见图 4.4.6,放大器饱和)。这时应由叠在波形图上的对话框中选择“关闭”;再单击“操作”→“启动 A/D”;屏幕出现“要保存数据吗”对话框时,选择“否”;系统重新启动采样,出现“正在进行 A/D 转换”后,再进行碰撞实验。

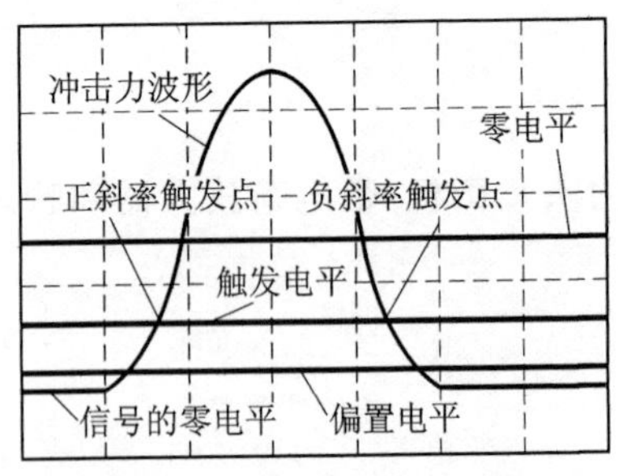

图 4.4.5　冲击力的瞬态波形

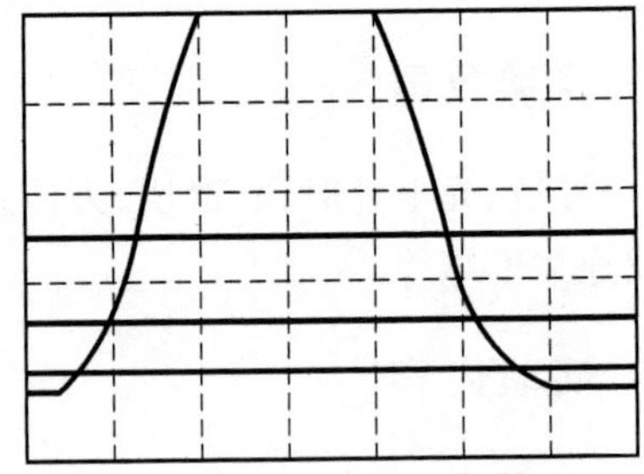

图 4.4.6　被削顶的失真冲击力波形

③ 保存实验数据。冲击力波形合理的一般含义是:碰撞发生时,力传感器的加速度约为 0,参数设置适当,因而所采集的波形胖瘦合适;波形的高低部分整体能充满方格框的最上最下线;波形没有失真;近似半正弦波等(见图 4.4.5)。如果获得的冲击力合理,就可以在冲击力波形图叠加的对话框中填好“质量块质量”、“挡光板宽度”、“碰撞前挡光时间”和“ 碰撞后挡光时间”,并把结果保存下来(数据保存在 Data 子目录下,扩展名为. Csf)。

④ 导出文本文件。保存数据后,应从菜单栏单击“文件”→“导出文本文件”,把测量数据转变为文本文件,用于进行冲击测量部分和动量测量部分的数据处理。这时会弹出一个对话框,可以选择保存的路径和指定保存的文件名。导出的文本文件可以用软盘复制后在其他微机上用文本编辑器查看或调用编程(注意:③中保存的 *. Csf 数据不能在非本软件的环境中

打开)。

①②③④的操作也可以利用工具栏中的图标进行,具体办法以及更详细的软件使用说明,请参见菜单栏中的“帮助”。

⑤ 重复①②③④,测得第二组数据。

⑥ 更换测力头,重复①～⑤。获得 4 种测力头的碰撞数据(每种 2 组)。要求每次碰撞前滑块有接近的初速度,并根据不同的测力头调整系统参数,注意观察相同滑块与不同测力头碰撞时冲击力的变化(大小、宽窄、形状等)。

⑦ 用软盘复制获得的全部实验数据(文本文件),以便课后上机处理并撰写实验报告。

4. 数据处理

用计算机编程处理碰撞过程瞬态数字测量的实验数据(4 种测力头共 8 组数据),计算每次碰撞过程的动量变化和冲量,给出两者的百分差,以及碰撞时间、最大冲击力和平均冲力。

注:报告应提供实验数据处理的程序和打印结果。

4.4.5　思考题

① 在 4 个测力头的碰撞实验中,冲击力波形有什么不同,说明了什么?如果在碰撞过程中力传感器存在晃动现象,会对测量结果产生什么影响?有无改进的办法?

② 图 4.4.7 给出了压电加速度计的结构原理。把加速度计安装(固定)在加速度待测的物体上,就可以通过测出压电片上的电荷量来得到物体的加速度。请说明其工作原理。如质量块的质量 M 和压电片的 d_{33} 已知,试给出加速度计的灵敏度。

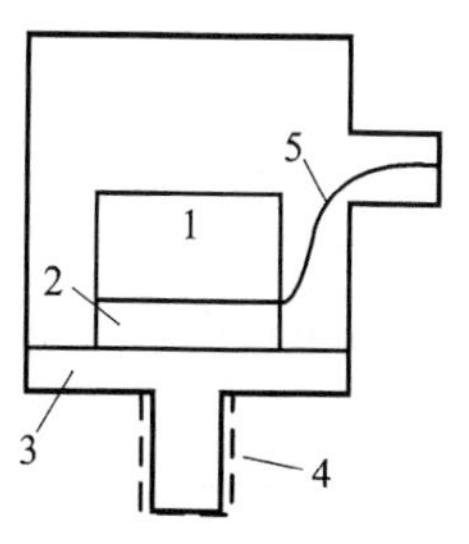

1—质量块;2—压电陶瓷晶片;
3—壳体;4—安装螺钉;5—接插件

图 4.4.7　压电加速度计

③ 如果力传感器实际灵敏度为 3.99 pc/N,参数设置时按 39.9 pc/N 输入,电荷放大器灵敏度选择 0.5 V/Unit,电压放大倍数选择 2.0,此时 1 V 电压输出代表了多大的作用力?如果 A/D 转换的动态范围为±2.5 V,分辨率为 8 bit,碰撞发生前的读数为 20,碰撞发生时的最大读数为 245,碰撞发生时的最大冲击力为多大?

实验方法专题讨论之三 ——关于数字化测量

(本节实例主要取自“碰撞过程的瞬态数字测量”)

现代实验技术的一个重大发展是数字化。从 1952 年诞生了第一台数字电压表以来,数字化实验仪器的发展极为迅速。从普通测量到精密测量,从电测仪表到非电量的测量,从单一参数到系统多参数、多功能的测量,从静态到动态测量,从人工手动到自动化、网络化、遥控遥测的智能化等,数字技术给实验测量带来了一个全新的时代,也给实验方法、知识和技能的教学与训练提出了新的课题和任务。数字化的含义远不只是用数字来显示测量结果,而是在对被测量进行采样、量化、变换和编码的基础上进行的全新创造,因此数字化测量的最基础技术就是模/数(A/D)转换。下面结合本实验,就 A/D 转换所涉及的一些基础知识和数字仪表的性能指标作小结。

1. 模/数(A/D)转换的基本性能参数

有关模/数转换的参数众多,最主要的是采样(速)率、采样长度、(采样)分辨率和动态范围。其中采样(速)率和(采样)分辨率又是反映 A/D 性能从而也是决定其价格的核心指标。采样率反映了 A/D 转换的快慢,决定了能不失真地记录多高频率的正弦信号(非正弦信号可通过傅里叶展开来讨论);采样分辨率决定着量化单位。例如分辨率为 10 bit、动态范围为 0～10 V 的 A/D 板,它的最小量化电压是 $10\ \text{V}/2^{10}=9.765\ 6\times10^{-3}\ \text{V}$。

请思考:碰撞过程的瞬态数字测量中 A/D 转换的主要参数:采样(速)率、采样长度、(采样)分辨率和动态范围为多大?

2. 重视数字仪表的编码数字输出与实际观测量的关系(包括单位)

经 A/D 转换后的编码数字输出与实际观测量的关系是从事物理实验或测量的人所必须弄清楚的问题。被测物理量在 A/D 转换前,首先要经过传感器和调理电路的处理。传感器的作用是把待测量转化为电学量,调理电路又把它变换到 A/D 转换所需的信号类型(通常是电压)和动态范围。本实验的被测量是“力”,因此使用的是力传感器,它把“力”⇒“电荷”(“牛顿”⇒“库仑”),调理电路由电荷放大器和电压放大器组成,其作用是把“电荷”⇒“电压”(“库仑”⇒“伏特”)。

有了这些概念,就应当能把输入量和输出数字之间的转换关系建立起来。

请思考:碰撞过程的瞬态数字测量中的编码数字与被测量是什么关系?

3. 数字仪表的仪器误差(限)

与电桥、电位差计类似,数字仪表的仪器误差(限)也采用了两项式的不确定度表达方式:

$$\Delta_{仪} = a\ \% \times N_x(\text{读数}) + b\ \% \times N_m(\text{有效量程最大值})$$

或

$$\Delta_{仪} = a\ \% \times N_x(\text{读数}) + n\ \text{个字}$$

两项中的第一项由数字化仪表的变换系数误差引起,第二项为由其他各种误差原因引起的固定项。

此外,和模拟仪表相对应的还有灵敏度和分辨率的概念。数字仪表灵敏度的含义与传统仪表相同,代表被测量发生一个单位的改变时引起仪表读数的变化量。

数字仪表的分辨率是一个完全确定的量,等于量化单位的 1/2。

4.5　热学系列实验

本系列包括测量冰的熔解热、电热法测量焦耳热功当量和稳态法测量不良导体的热导率三个实验。

测量冰的熔解热实验涉及热学实验的若干基本内容，具有热学实验绪论的性质，无论在实验原理和方法(混合量热法和孤立系统、冷却定律和修正散热、测温原理等)，仪器构造和使用(量热器、温度计等)，操作技巧(搅拌、读温度等)和参量选择(水、冰取多少为宜，温度如何选择等)，都对热学实验有普遍的意义。

电热法测量焦耳热功当量实验是证明能量守恒和转换定律的基础实验。焦耳从 1840 年起，花费了几十年的时间做了大量实验，论证了传热和作功一样，是能量传递的一种形式；热功当量是一个普适常数，与作功方式无关，从而为能量守恒和转换定律的确立奠定了坚实的实验基础。

热导率(也叫导热系数)是表征物质传导热量特性的物理量，是材料的一个重要的热学性能。材料结构的变化及所含杂质对热导率都有明显的影响，因此材料的热导率常需要由实验具体测定。稳态法是测量不良导体热导率的一种基本方法。

4.5.1　实验要求

1. 实验重点

① 熟悉热学实验中的基本问题——量热和计温；

② 研究电热法中作功与传热的关系；

③ 学习两种进行散热修正的方法——牛顿冷却定律法和一元线性回归法；

④ 了解热学实验中合理安排实验和选择参量的重要性；

⑤ 熟悉热学实验中基本仪器的使用。

2. 预习要点

实验 1　测量冰的熔解热实验

① 什么是牛顿冷却定律？常用的两种粗略进行散热修正的方法是什么？

② 按照第二种方法修正散热时，应怎样选取水的初温？冰块熔化后的曲线应是怎样的？怎样得知冰块完全熔化时的温度 T_3？

③ 计时起点应在何处？三段曲线可否分别计时？

④ 使用电子天平应注意什么？

实验 2　电热法测量焦耳热功当量实验

① 本实验是如何利用一元线性回归法来修正散热的？其中采用了何种近似？经此近似得到的是哪个时刻的温度和温度变化率？

② 什么是一元线性回归法？它有哪些使用条件？相关系数说明了什么？

实验3　稳态法测量不良导体的热导率实验

① 说明式(4.5.10)和式(4.5.13)的成立条件,在实验中如何给予保证和满足?

② 式(4.5.13)中的各物理量如何进行测量?如何知道系统已经达到稳定状态?操作时如何较快实现?

4.5.2　实验原理

实验1　测定冰的熔解热实验

(1) 一般概念

一定压强下晶体物质熔解时的温度,也就是该物质的固态和液态可以平衡共存的温度,称为该晶体物质在此压强下的熔点。单位质量的晶体物质在熔点时从固态全部变成液态所需的热量,叫做该晶体物质的熔解潜热,亦称熔解热。

本实验用混合量热法来测定冰的熔解热。其基本做法是:把待测的系统 A 和一个已知其热容的系统 B 混合起来,并设法使它们形成一个与外界没有热量交换的孤立系统 $C(C=A+B)$,这样 A(或 B)所放出的热量,全部为 B(或 A)所吸收,因为已知热容的系统在实验过程中所传递的热量 Q,是可由其温度的改变 δT 和热容 C_s 计算出来的,即 $Q=C_s\delta T$,因此,待测系统在实验过程中所传递的热量也就知道了。

由此可见,保持系统为孤立系统,是混合量热法所要求的基本实验条件。这要从仪器装置、测量方法以及实验操作等各方面去保证。如果这样做以后,实验过程中与外界的热交换仍不能忽略,就要进行散热或吸热修正。

温度是热学中的一个基本物理量,量热实验中必须测量温度。一个系统的温度,只有在平衡态时才有意义,因此计温时必须使系统各处温度达到均匀。用温度计的指示值代表系统温度,必须使系统与温度计之间达到热平衡。

(2) 装置简介

为了使实验系统(包括待测系统与已知其热容的系统)成为一个孤立系统,本实验采用了量热器。热量传递有3种方式:传导、对流和辐射。因此,热学实验应使系统与环境之间的传导、对流和辐射都尽量减少,量热器可以近似满足这样的要求。

量热器的种类很多,随测量的目的、要求、测量精度的不同而异,最简单的一种如图4.5.1所示,它由良导体做成的内筒放在一较大的外筒中组成。通常在内筒中放水、温度计及搅拌器,它们(内筒、温度计、搅拌器及水)连同放进的待测物体就构成了我们所考虑的(进行实验的)系统,内筒、水、温度计和搅拌器的热容是可以计算出来或实测得到的,在此基

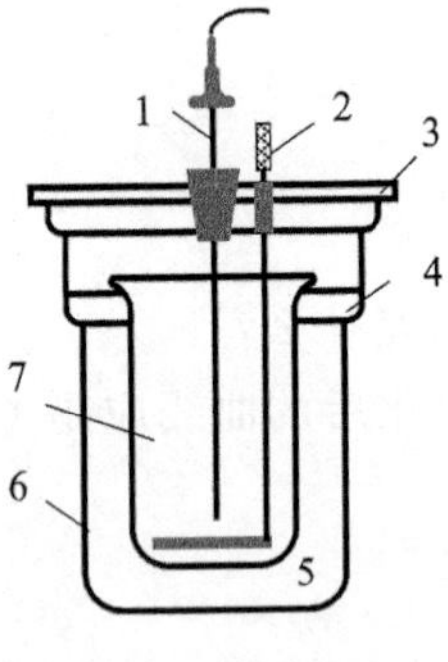

1—温度计;2—带绝热柄的搅拌器;
3—绝热盖;4—绝热架;5—空气;
6—表面镀亮的金属外筒;
7—表面镀亮的金属内筒

图4.5.1　量热器示意图

础上，就可以用混合法进行量热实验了。

内筒置于一绝热架上，外筒用绝热盖盖住，因此空气与外界对流很小，又因空气是不良导体，所以内、外筒间靠传导方式传递的热量同样可以减至很小，同时由于内筒的外壁及外筒的内外壁都电镀得十分光亮，使得它们发射或吸收辐射热的本领变得很小，于是实验系统和环境之间因辐射而产生的热量传递也得以减小，这样的量热器就可以使实验系统粗略地接近于一个孤立系统了。

(3) 实验原理

若有质量为 M 、温度为 T_1 的冰(在实验室环境下其比热容为 c_1，熔点为 T_0)，与质量为 m、温度为 T_2 的水(比热容为 c_0)混合，冰全部熔解为水后的平衡温度为 T_3，设量热器的内筒和搅拌器的质量分别为 m_1、m_2，比热容分别为 c_1、c_2，温度计的热容为 δm 。如果实验系统为孤立系统，将冰投入盛水的量热器中，则热平衡方程式为

$$c_1M(T_0 - T_1) + ML + c_0M(T_3 - T_0) = (c_0m + c_1m_1 + c_2m_2 + \delta m)(T_2 - T_3) \tag{4.5.1}$$

式中，L 为冰的熔解热。

在本实验条件下，冰的熔点也可认为是 0 ℃，即 $T_0 = 0$ ℃，所以冰的熔解热为

$$L = \frac{1}{M}(c_0m + c_1m_1 + c_2m_2 + \delta m)(T_2 - T_3) - c_0T_3 + c_IT_1 \tag{4.5.2}$$

为了尽可能使系统与外界交换的热量达到最小，除了使用量热器以外，实验的操作过程中也必须予以注意，例如不应当直接用手去把握量热器的任何部分；不应当在阳光的直接照射下或空气流动太快的地方(如通风过道、风扇旁边)进行实验；冬天要避免在火炉或暖气旁做实验等。此外，由于系统与外界温度差越大时，在它们之间传递热量越快，而且时间越长，传递的热量越多，因此在进行量热实验时，要尽可能使系统与外界温度差小，并尽量使实验过程进行得迅速。

尽管注意到了上述的各个方面，系统仍不可能完全达到绝热的要求(除非系统与环境的温度时时刻刻完全相同)。因此，在作精密测量时，就需要采用一些办法来求出实验过程中实验系统究竟散失或吸收了多少热量，进而对实验结果进行修正。

一个系统的温度如果高于环境温度，它就要散失热量。实验证明，当温度差相当小时(例如不超过 10～15 ℃)，散热速率与温度差成正比，此即牛顿冷却定律，用数学形式表示可写成

$$\frac{\delta q}{\delta t} = K(T - \theta) \tag{4.5.3}$$

式中，δq 是系统散失的热量；δt 是时间间隔；K 是散热常数，与系统表面积成正比，并随表面的吸收或发射辐射热的本领而变；T、θ 分别是所考虑的系统及环境的温度；$\frac{\delta q}{\delta t}$ 称为散热速率，表示单位时间内系统散失的热量。

下面介绍一种根据牛顿冷却定律粗略修正散热的方法。已知当 $T>\theta$ 时，$\frac{\delta q}{\delta t} > 0$ ，系统向

外散热；当 $T<\theta$ 时，$\dfrac{\delta q}{\delta t}<0$，系统从环境吸热。可以取系统的初温 $T_2>\theta$，终温 $T_3<\theta$，以设法使整个实验过程中系统与环境间的热量传递前后彼此抵消。

考虑到实验的具体情况，刚投入冰时，水温高，冰的有效面积大，熔解快，因此系统表面温度 T(即量热器中水温)降低较快；随后，随着冰的不断熔化，冰块逐渐变小，水温逐渐降低，冰熔解变缓，水温的降低也就变慢起来。量热器中水温随时间的变化曲线如图 4.5.2 所示。

根据式(4.5.3)，实验过程中，即系统温度从 T_2 变为 T_3 这段时间($t_2\sim t_3$)内系统与环境间交换的热量为

$$q=\int_{t_2}^{t_3}K(T-\theta)\mathrm{d}t=K\int_{t_2}^{t_\theta}(T-\theta)\mathrm{d}t+K\int_{t_\theta}^{t_3}(T-\theta)\mathrm{d}t \tag{4.5.4}$$

前一项 $T-\theta>0$，系统散热，对应于图 4.5.2 中面积 $S_A=\int_{t_2}^{t_\theta}(T-\theta)\mathrm{d}t$；后一项 $T-\theta<0$，系统吸热，对应于面积 $S_B=\int_{t_\theta}^{t_3}(T-\theta)\mathrm{d}t$。不难想见，面积 S_A 与系统向外界散失的热量成正比，即 $q_{散}=KS_A$；而面积 S_B 与系统从外界吸收的热量成正比，即 $q_{吸}=KS_B$，K 是散热常数。因此，只要使 $S_A\approx S_B$，系统对外界的吸热和散热就可以相互抵消。

要使 $S_A\approx S_B$，就必须使$(T_2-\theta)>(\theta-T_3)$(想一想，为什么?)，究竟 T_2 和 T_3 应取多少，或$(T_2-\theta):(\theta-T_3)$应取多少，要在实验中根据具体情况选定。

上述这种使散热与吸热相互抵消的做法，不仅要求水的初温比环境温度高，末温比环境温度低，而且对初温、末温与环境温度相差的幅度要求比较严格，往往经过多次试做，效果仍可能不理想。因此希望把上述思想进行扩展，放宽对量热器中水的初温和末温的限制。

如图 4.5.3 所示，在 $t=t_2$ 时投入冰块，在 $t=t_3$ 时冰块熔化完毕。在投入冰块前，系统的温度沿 $T_2''T_2$ 变化；在冰块熔化完毕后，系统温度沿 T_3T_3'' 变化。$T_2''T_2$ 和 T_3T_3'' 实际上都很接近直线。作 $T_2''T_2$ 的延长线到 T_2'，作 T_3T_3'' 的延长线到 T_3'，连接 $T_2'T_3'$，使 $T_2'T_3'$ 与 T 轴平行，且使面积 $S_1+S_2=S_3$，用 T_2' 代替 T_2，用 T_3' 代替 T_3，代入式(4.5.2)求 L，就得到系统与环境没有发生热量交换的实验结果。

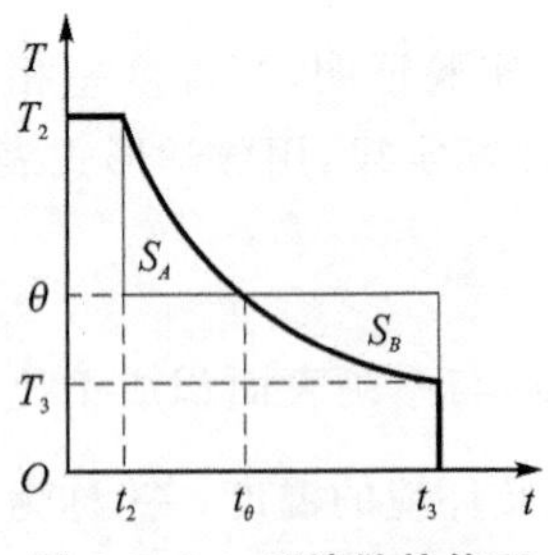

图 4.5.2　系统散热修正

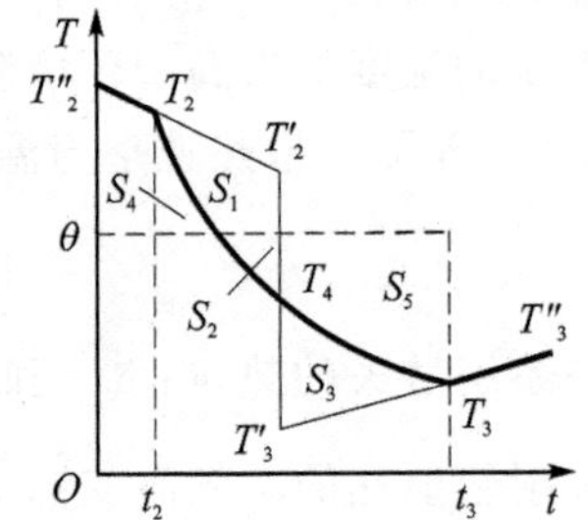

图 4.5.3　另一种散热修正方法

其理由如下：

实际的温度变化本来是 $T_2''T_2T_4T_3T_3''$，在从冰块投入到冰块熔化完毕的过程中，系统散失的热量相当于面积 S_4，从环境吸收的热量相当于面积 S_2+S_5，综合两者，系统共吸收的热量相当于面积 $S=S_2+S_5-S_4$ 。

在用 T_2' 代替 T_2、用 T_3' 代替 T_3 后，得到另一条新的温度曲线 $T_2''T_2T_2'T_3'T_3T_3''$。在从冰块投入到冰块熔化完毕的过程中，系统散失的热量相当于面积 S_1+S_4，从环境吸收的热量相当于面积 S_3+S_5。综合两者，系统共吸收的热量相当于面积 $S'=S_3+S_5-S_1-S_4$ 。

因为作图时已使 $S_1+S_2=S_3$ ，所以有 $S'=S$ 。这说明，新的温度曲线与实际温度曲线是等价的。

新的温度曲线的物理意义是，它把系统与环境交换热量的过程与冰熔化的过程分割开来，从 T_2 到 T_2' 和从 T_3' 到 T_3 是系统与环境交换热量的过程，从 T_2' 到 T_3' 是冰熔化的过程。由于冰熔化的过程变为无限短，自然没有机会进行热量交换，因而从 T_2' 到 T_3'，便仅仅是由于冰的熔化而引起的水温变化。这一方法**把对热量的修正转换为对初温和末温的修正**，且对量热器中水的初温和末温原则上没有任何限制。尽管如此，考虑到牛顿冷却定律成立的条件以及其他因素，T_2、T_3 还是选择在 θ 附近为好，即让 $T_2>\theta$，$T_3<\theta$，但它们与 θ 的差值可以不受限制。

实验 2　电热法测量焦耳热功当量实验

(1) 一般说明

如图 4.5.4 所示，给电阻 R 两端加上电压 V，通过 R 的电流为 I，在通电时间 t 内电场力作功 $W=VIt$ 。若这些功全部转化为热量，使一个盛水的量热器系统由初温 θ_0 升高至 θ，系统吸收的热量为 Q，则热功当量 $J=W/Q$ 。按照能量守恒定律，若采用国际单位制，则 W 和 Q 的单位都是焦耳(J)，比值 $J=1$；若 Q 用卡(cal)做单位，则 $J=4.1868$ J/cal，表示产生 1 卡热量所需作的功。

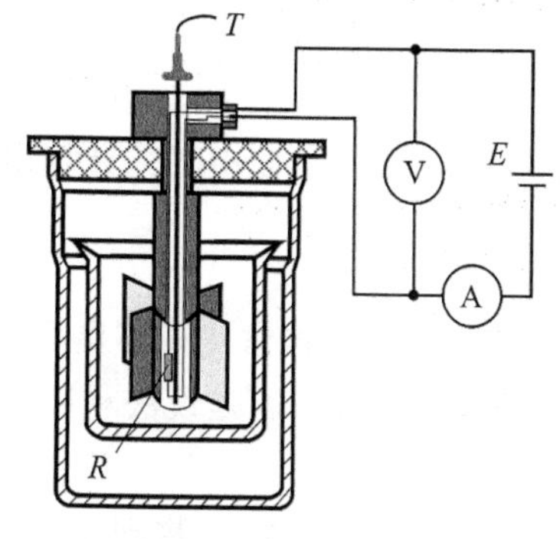

图 4.5.4　热功当量实验装置

实验在装水的量热筒中进行。系统吸收的热量为

$$Q=(c_0m_0+c_1m_1+c_2m_2)(\theta-\theta_0)=Cm(\theta-\theta_0) \tag{4.5.5}$$

式中，c_0、c_1、c_2 分别是水、量热装置及加热器的比热容；m_0、m_1、m_2 分别是其相应的质量；$Cm=c_0m_0+c_1m_1+c_2m_2$ 是系统的总热容；θ_0 为系统初温。本实验的主要内容就是测定热功当量 $J=VIt/Cm(\theta-\theta_0)$ 。

(2) 散热修正

本实验的难点是如何考虑系统散热的修正。我们从系统应满足的微分方程出发。若把系统看成是理想绝热的，即只考虑系统由于通电而升温，则由系统吸热方程 $Q=Cm(\theta-\theta_0)$ 对时间求导可以得到温度变化率所满足的关系式为

$$\left.\frac{\mathrm{d}\theta}{\mathrm{d}t}\right|_{吸}=\frac{VI}{JCm} \tag{4.5.6}$$

考虑通电时系统吸热的同时也向环境中放热,根据牛顿冷却定律,由于放热引起的温度变化率为

$$\left.\frac{\mathrm{d}\theta}{\mathrm{d}t}\right|_{放}=-K(\theta-\theta_{环}) \tag{4.5.7}$$

式中,K 为系统的散热系数。综合式(4.5.6)和式(4.5.7)描述的吸热、放热效应,系统温度的实际变化率为

$$\frac{\mathrm{d}\theta}{\mathrm{d}t}=\frac{VI}{JCm}-K(\theta-\theta_{环}) \tag{4.5.8}$$

这是一个一阶线性的常系数微分方程。我们试图利用一元线性回归法处理数据,令 $y\equiv\frac{\mathrm{d}\theta}{\mathrm{d}t}$,$x\equiv\theta-\theta_{环}$,式(4.5.8)变成 $y=a+bx$,其中 $a=\frac{VI}{JCm}$,$b=-K$ 。给加热系统通电,并同时记录系统温度-时间的变化关系,每隔 1 min 记录一次温度,共测 30 个连续时间对应的温度值,即 $(t_1,\theta_1),(t_2,\theta_2),\cdots,(t_{30},\theta_{30})$ 。根据测量出的数据,用差分代替微分计算 $t=\frac{t_i+t_{i+1}}{2}$ 时的 $\theta=\frac{\theta_i+\theta_{i+1}}{2}$、$\frac{\mathrm{d}\theta}{\mathrm{d}t}=\frac{\theta_{i+1}-\theta_i}{t_{i+1}-t_i}$,这样由一系列 (t_i,θ_i) 就换算出 (y_i,x_i) 数据了,代入回归系数计算式求得 a ,从而由下式计算出热功当量 J(式中 R 是加热用的电阻值),即

$$a=\frac{V^2}{RJCm}\quad\rightarrow\quad J=\frac{V^2}{aRCm} \tag{4.5.9}$$

实验 3　稳态法测量不良导体的热导率实验

所谓稳态法,就是设法利用热源在待测样品内部形成不随时间改变的稳定温度分布,然后进行测量。

1882 年法国数学、物理学家傅里叶给出了一个热传导的基本公式——傅里叶导热方程式。他指出,在物体内部,取两个垂直于热传导方向、彼此相距为 h、温度分别为 Θ_1、Θ_2 的平行平面(设 $\Theta_1>\Theta_2$),若平面面积均为 S,则在 δt 时间内通过面积 S 的热量 δQ 满足下述表达式:

$$\frac{\delta Q}{\delta t}=kS\,\frac{\Theta_1-\Theta_2}{h} \tag{4.5.10}$$

式中,$\delta Q/\delta t$ 为热流强度,k 称为该物质的热导率(又称导热系数)。数值上 k 等于相距单位长度的两平面的温度相差 1 个单位时,在单位时间内通过单位面积的热量,其单位为 W/(m·K)。

本实验装置如图 4.5.5 所示。在支架 D 上先后放上圆铜盘 P、待测样品 B(圆盘形不良导体)和厚底紫铜圆盘 A。在 A 的上方用红外灯 L 加热,使样品上、下表面分别维持在稳定的温度 Θ_1、Θ_2,Θ_1、Θ_2 分别用插入在 A、P 侧面深孔中的热电偶 E 来测量。E 的冷端浸入盛于杜瓦瓶 H 内的冰水混合物中。G 为双刀双掷开关,用以换接上、下热电偶的测量回路。数字式电压

表 F 用来测量温差电动势。由式(4.5.10)可知，单位时间内通过待测样品 B 任一圆截面的热流量为

$$\frac{\delta Q}{\delta t}=\frac{k\pi d_B^2}{4}\frac{\Theta_1-\Theta_2}{h_B} \tag{4.5.11}$$

式中，d_B 为圆盘样品的直径，h_B 为样品厚度。当传热达到稳定状态时，Θ_1 和 Θ_2 的值不变，这时通过 B 盘上表面的热流量与由黄铜盘 P 向周围环境散热的速率相等。因此，可通过黄铜盘 P 在稳定温度 Θ_2 时的散热速率来求出热流量 $\delta Q/\delta t$。实验中，在读得稳定时的 Θ_1、Θ_2 后，即可将样品 B 盘移去，而使筒 A 的底面与盘 P 直接接触。当盘 P 的温度上升到高于稳定时的数值 Θ_2 若干摄氏度后，再将筒 A 移开，让盘 P 自然冷却。观测其温度 Θ 随时间 t 的变化情况，然后由此求出黄铜盘在 Θ_2 的冷却速率 $\left.\frac{\delta\Theta}{\delta t}\right|_{\Theta=\Theta_2}$，而 $m_P c\left.\frac{\delta\Theta}{\delta t}\right|_{\Theta=\Theta_2}$（$m_P$ 为黄铜盘 P 的质量、c 为其比热容）就是黄铜盘在温度为 Θ_2 时的散热速率。但须注意，这样求出的 $\frac{\delta\Theta}{\delta t}$ 是黄铜盘的全部表面暴露于空气中的冷却速率，其散热表面积为 $\pi d_p^2/2+\pi d_P h_P$（d_P 与 h_P 分别为黄铜盘 P 的直径与厚度）。然而，在观测样品稳态传热时，P 盘的上表面(面积为 $\pi d_p^2/4$)是被样品覆盖着的。考虑到物体的冷却速率与它的表面积成正比，则稳态时黄铜盘散热速率的表达式应修正如下：

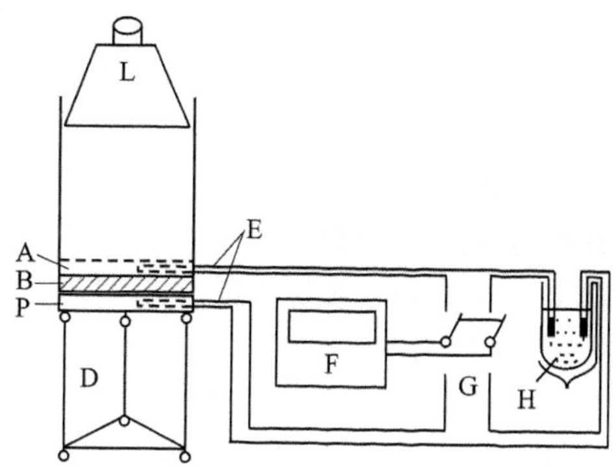

图 4.5.5　稳态法测量热导率实验装置

$$\frac{\delta Q}{\delta t}=m_P c\frac{\delta\Theta}{\delta t}\frac{\pi d_P^2/4+\pi d_P h_P}{\pi d_P^2/2+\pi d_P h_P} \tag{4.5.12}$$

将式(4.5.12)代入式(4.5.11)，得

$$k=m_P c\frac{\delta\Theta}{\delta t}\frac{d_P+4h_P}{d_P+2h_P}\frac{h_B}{\Theta_1-\Theta_2}\frac{2}{\pi d_B^2} \tag{4.5.13}$$

4.5.3　实验仪器

量热器、电子天平、温度计、数字三用表、加温器皿、冰、水桶、停表、干拭布等；稳态法实验装置。

4.5.4　实验内容

实验 1　测定冰的熔解热实验

(1) 合理选择实验参量

一个成功的实验应能测量出投冰前的降温曲线和冰块全部融化后的升温曲线，且系统终

温 T_3 低于环境温度 θ(温差不超过 15 ℃)。影响实验结果的参量有水的质量 m_0、水的初温 T_2 以及冰的质量 M,而这些参量的大小是互相制约的,需要先定出它们的取值范围,再通过实验进行调整。

首先,冰块的大小基本是固定的,可根据量热筒的大小选择投放一块或两块冰。

其次,确定水的初温 T_2。一般选择 T_2 高于环境温度 θ 10~15 ℃,因为此时散热服从牛顿冷却定律,便于对系统散热进行粗略修正。

最后,当 M 与 T_2 确定后,要想调整实验结果,只有通过改变水的质量 m_0 来实现了。水的质量不宜太大,水多需要的冰块就多,否则测不出升温曲线;水也不能太少,太少不利于搅拌,且会使系统终温 T_3 过低。可取量热器内筒的 1/2~2/3 进行试探性实验,如果未能测出升温曲线,或终温 T_3 低于室温 15 ℃以上,则需要改变水量重做实验。

(2) 记录有关常数

称量各种质量。注意冰不能直接放在天平盘上称衡,冰的质量应由冰熔解后,冰加水的质量减去水的质量求得。

已知实验室所用内筒和搅拌器材料均为铜,比热容 $c_1=c_2=0.389\times10^3$ J/(kg·K),冰的比热容(−40~0 ℃时)为 $c_1=1.80\times10^3$ J/(kg·K),水的比热容为 $c_0=4.18\times10^3$ J/(kg·K),忽略温度计的热容 δm。

(3) 测定实验过程中系统温度随时间的变化

① 每隔一定时间测系统温度,作 $T-t$ 图。

提示:测冰的熔解曲线时,可约隔 15 s 测一个点;测降温曲线和升温曲线时,时间间隔可适当加长。

注意:

i 三部分曲线是连续的,时间不可间断。特别要记录好投冰的时间。

ii 正确使用和保护温度计。

iii 整个实验过程中要不断地轻轻进行搅拌,以确保温度计读数代表所测系统的温度。

② 实测系统的散热常数 K——量热器盛适量水,水温比环境温度低 5~10 ℃,测量系统温度随时间的变化。

思考:是否需要另做实验?

(4) 数据处理

① 用第二种散热修正方法,作图求出初、末温度的修正值,并算出冰的熔解热 L。

② 由测量数据估算系统的散热常数 K。

实验 2　电热法测量焦耳热功当量实验

(1) 称量各种质量

提示:水的质量不宜过大或过小,一般控制在 200~240 g 为好。加热器由功率电阻组成,搅拌器主要由铝质叶片组成,两者的总热容可按 64.38 J/K 计算。

(2) 测量时间-温度关系

在连续升温的 30 min 内，应等间隔地读取 31 个温度值(每分钟 1 次)。

注意：

① 升温过程中必须不断搅拌(转动搅拌器叶片)以保证温度均匀。同时搅拌过程中要随时监视电源电压(面板电压表指针位置)是否改变，防止因搅拌动作过大引起电源接触不良。

② 数字三用表有自动关机功能。因此在测量过程中，可在三用表工作接近 15 min 时，进行一次关机—开机操作，以免读数时刚好自动关机。

③ 用铂电阻温度计记录温度，可直接把输出的香蕉插头接入数字三用表并读取电阻值。

(3) 测量加热器的电功率

分别在读数始末，用数字三用表测出加热器两端的电压(注意三用表的插孔位置和量程选择)。

加热器电阻值如表 4.5.1 所列。

表 4.5.1　加热器的电阻值

编　号	1	2	3	4	5	6	7	8
电阻值/Ω	202.4	201.5	203.8	200.5	201.1	199.6	201.4	203.4
编　号	9	10	11	12	13	14	15	16
电阻值/Ω	201.3	201.7	200.4	201.9	200.8	201.7	201.6	200.8

(4) 数据处理

用一元线性回归方法计算热功当量 J 并与理论值对比，计算它们的相对误差。

要求自行编写计算机程序来处理一元线性回归问题，并讨论相关系数。

注意：计算机的结果只能作为中间过程，最后结果要按规定格式表示。

实验 3　稳态法测量不良导体热导率实验

① 根据稳态法，必须得到稳定的温度分布，这就要等待较长的时间。为了提高效率，可先将红外灯的电源电压升高到 220 V，加热约 5 min 后再降至 110 V。然后，每隔 2～5 min 读一下温度示值，如在 10 min 内，样品上、下表面温度 Θ_1、Θ_2 示值都不变，即可认为已达到稳定状态。记录稳定时的 Θ_1、Θ_2 值后，移去样品，再加热。当铜盘温度比 Θ_2 高出 10 ℃左右时，移去圆筒 A，让黄铜盘 P 自然冷却。每隔 30 s 读一次 P 盘的温度示值，最后选取邻近 Θ_2 的测量数据来求出冷却速率 $\left.\dfrac{\delta\Theta}{\delta t}\right|_{\Theta=\Theta_2}$。

② 安置圆筒、圆盘时，注意使放置热电偶的插孔与杜瓦瓶、数字毫伏表位于同一侧。热电偶插入小孔时，要插到插孔底部，使热电偶测温端与铜盘接触良好。热电偶冷端插在滴有硅油的细玻管内，再将玻管浸入冰水混合物中。

③ 样品圆盘 B 和黄铜盘 P 的几何尺寸，均可用游标卡尺多次测量取平均。铜盘的质量 m

(约 1 kg)可用电子天平称衡。

④ 本实验选用铜-康铜热电偶测温度。热电偶测温的原理是:由两种不同导体或半导体组成的闭合回路(见图 4.5.6),如果它们的节点分别处于不同的温度 θ_0 和 θ,则回路就会有热电动势 $\varepsilon(\theta,\theta_0)$。通常取 $\theta_0=0$ ℃,称为冷端;θ 置于被测介质,就可以用 ε 来确定介质的温度。在实际使用时,还需要在热电偶回路中引入不同材料的连接导线和显示仪表。可以证明:只要在热电偶回路中接入的中间导体两端温度相同,热电偶总回路的 ε 就不会发生改变。基于此,本实验对热电偶温度计作了改装,以增加使用寿命。温差电动势用数字电压表测量。对铜-康铜热电偶而言,温差 100 ℃时,其温差电动势约 4.2 mV,故应配用能读到 0.01 mV,且量程不小于 10 mV 的数字电压表。

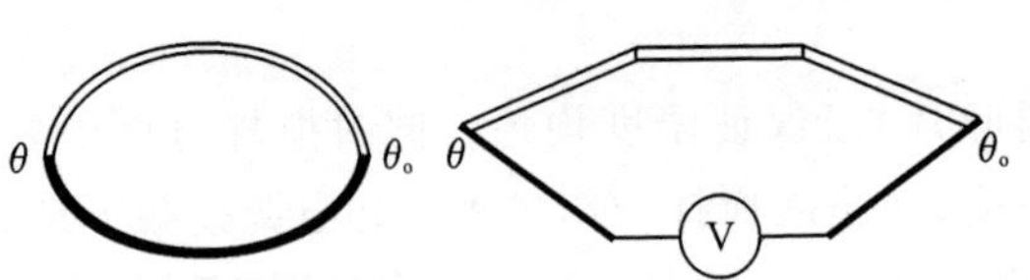

图 4.5.6 热电偶温度计

由于热电偶冷端温度为 0 ℃,故对一定材料的热电偶而言,当温度变化范围不太大时,其温差电动势 ε(mV)与待测温度 θ(℃)的比值是一个常数。由此,在用式(4.5.13)计算时,可直接以电动势值代表温度值。

4.5.5 思考题

实验 1 测量冰的熔解热实验

① 已知系统是质量为 m、初温为 T_0 的水,从温度为 θ 的环境吸热,经时间 t 后温度升至 T_f,如何由此算得系统的散热常数 K?

② 定性说明下列各种情况将使测出的冰的熔解热偏大还是偏小。

i 测 T_2 前没有搅拌;

ii 测 T_2 后到投入冰相隔了一定时间;

iii 搅拌过程中把水溅到量热器的盖子上;

iv 冰中含水或冰没有擦干就投入;

v 水蒸发,在量热器绝缘盖上结成露滴。

实验 2 电热法测量焦耳热功当量实验

① 如果不作散热修正,$J=$? 如何计算?

② 以下几种因素将对 J 的测量带来什么影响?

i 实验中功率电阻因热效应带来阻值变化;

ii 功率电阻所加电压因电源不稳定而下降;

iii 工作媒质水因搅拌而溢出;

iv 搅拌器作功。

实验 3　稳态法测量不良导体热导率实验

① 由式(4.5.13)导出的不确定度表达式出发，讨论被测胶木板热导率计算中误差主要来自哪项，为什么？

② 如胶木板与加热板的接触不平、造成中间存在空气夹层，将给测量带来正误差还是负误差？如何减小？

③ 稳态法也可用于金属的热导率测量。这时试样要比不良导体长得多，而且上下温度测试孔放在了被测棒上，这是为什么？一维传热的条件如何解决？

4.5.6　附　录

关于以差分 $\dfrac{\theta_{i+1}-\theta_i}{t_{i+1}-t_i}$ 代替 $t=\dfrac{t_i+t_{i+1}}{2}$ 时刻的微分 $\dfrac{\mathrm{d}\theta}{\mathrm{d}t}$，以 $\dfrac{\theta_i+\theta_{i+1}}{2}$ 代替 $t=\dfrac{t_i+t_{i+1}}{2}$ 时刻的温度 θ 的合理性的讨论：

数学上可以证明这种近似是合理的。由级数的泰勒展开，可知

$$f(x_i)=f\Big|_{x_i+\frac{\Delta x}{2}}+\frac{\mathrm{d}f}{\mathrm{d}x}\Big|_{x_i+\frac{\Delta x}{2}}\left(-\frac{\Delta x}{2}\right)+\frac{1}{2!}\frac{\mathrm{d}^2f}{\mathrm{d}x^2}\Big|_{x_i+\frac{\Delta x}{2}}\left(-\frac{\Delta x}{2}\right)^2+\frac{1}{3!}\frac{\mathrm{d}^3f}{\mathrm{d}x^3}\Big|_{x_i+\frac{\Delta x}{2}}\left(-\frac{\Delta x}{2}\right)^3+\cdots$$

$$f(x_{i+1})=f\Big|_{x_i+\frac{\Delta x}{2}}+\frac{\mathrm{d}f}{\mathrm{d}x}\Big|_{x_i+\frac{\Delta x}{2}}\left(\frac{\Delta x}{2}\right)+\frac{1}{2!}\frac{\mathrm{d}^2f}{\mathrm{d}x^2}\Big|_{x_i+\frac{\Delta x}{2}}\left(\frac{\Delta x}{2}\right)^2+\frac{1}{3!}\frac{\mathrm{d}^3f}{\mathrm{d}x^3}\Big|_{x_i+\frac{\Delta x}{2}}\left(\frac{\Delta x}{2}\right)^3+\cdots$$

所以

$$f(x_i)+f(x_{i+1})=2f\Big|_{x_i+\frac{\Delta x}{2}}+0+\frac{\mathrm{d}^2f}{\mathrm{d}x^2}\Big|_{x_i+\frac{\Delta x}{2}}\left(\frac{\Delta x}{2}\right)^2+\cdots$$

$$f(x_{i+1})-f(x_i)=0+\frac{\mathrm{d}f}{\mathrm{d}x}\Big|_{x_i+\frac{\Delta x}{2}}(\Delta x)+0+\frac{1}{3}\frac{\mathrm{d}^3f}{\mathrm{d}x^3}\Big|_{x_i+\frac{\Delta x}{2}}\left(\frac{\Delta x}{2}\right)^3+\cdots$$

由此可得 $\dfrac{\theta_i+\theta_{i+1}}{2}\approx\theta\big|_{i+\frac{1}{2}}$（略去二级以上修正量）；$\dfrac{\theta_{i+1}-\theta_i}{\Delta t}\approx\dfrac{\mathrm{d}\theta}{\mathrm{d}t}\Big|_{i+\frac{1}{2}}$（$\Delta t=t_{i+1}-t_i$，且略去三级以上修正量）。

实验方法专题讨论之四 ——线性拟合和一元线性回归

（本节实例主要取自“电热法测量焦耳热功当量实验”）

一元线性回归的计算公式是①：

① 这些运算既可通过诸如 MATLAB 在计算机上实现，也可以在类似 fx-82TL 型号的计算器上直接完成。

$$b=\frac{\overline{x}\,\overline{y}-\overline{xy}}{\overline{x}^2-\overline{x^2}},\qquad a=\overline{y}-b\overline{x},\qquad r=\frac{\overline{xy}-\overline{x}\,\overline{y}}{\sqrt{(\overline{x^2}-\overline{x}^2)(\overline{y^2}-\overline{y}^2)}}$$

其成立条件是:物理量 X 和 Y 之间存在线性关系:$Y=a+bX$;自变量 X 无测量误差;Y 为等精度测量,即 $u(Y_1)=u(Y_2)=\cdots=u(Y_n)(i=1,2,\cdots,n)$。

正确使用一元线性回归公式的步骤应当包括:

① **找出观测量之间的线性函数关系,被测量可以通过该直线的信息求出**。在基础物理实验中,有两种情况值得注意:一是有时测量结果中的自变量是"隐含"的。例如连续测得 10 个条纹的位置 $X_i(i=1,2,\cdots,10)$,要求用线性回归计算条纹的间距 ΔX。表面上看只有一个位置变量,实际上可以把条纹的数目 $i=1,2,\cdots,10$ 作为变量,写出 $X_i=i\Delta X+X_0$(X_0 是某个未知的常数)。视 $i=1,2,\cdots,10$ 为自变量(没有误差),X_i 为因变量,作线性拟合后的斜率即是条纹间距 ΔX。类似的情况在声速测量及牛顿环实验中也可以看到。另一种情况是物理量 X 和 Y 之间并不存在线性关系,但通过"曲线改直"可以把它们的关系变成线性关系来处理。这样一来,就可能用线性拟合的办法去处理更多的物理问题。

"电热法测量焦耳热功当量实验"则是把线性代数方程问题扩展到线性微分方程 $\frac{\mathrm{d}\theta}{\mathrm{d}t}=\frac{VI}{JCm}-K(\theta-\theta_{环})$ 的拟合问题,经过差分近似 $\frac{\mathrm{d}\theta}{\mathrm{d}t}\approx\frac{\theta_{i+1}-\theta_i}{t_{i+1}-t_i}$ 变成了线性代数方程,从而可以用一元线性回归公式求解。

② **正确选择自变量,即选择准确度高的作为自变量 X,$\frac{u(X)}{X}\ll\frac{u(Y)}{Y}$,并将所要求的被测量用拟合后的斜率 b 和截距 a 表出**。"电热法测量焦耳热功当量实验"中,热功当量 J 可通过回归系数 a 求出:$J=\frac{VI}{aCm}$。不仅如此,系统的散热系数 K 也可以由回归系数 b 求出。这一点不难理解:回归系数 b(斜率)和 a(截距)包含了一条直线的全部信息。

③ **计算回归系数 b(斜率)、a(截距)及其相关系数 r,并由 a 和 b 求得所需的被测量(包括单位)**。在物理量 X 和 Y 线性关系已被确认的条件下,r 反映了 X 与 Y 的线性相关程度。如果 Y 和 X 一样无测量误差,则 $|r|=1$;由于 Y 存在误差,$|r|<1$。$|r|$ 小到多少将使线性关系被湮没,教材没有给出定量的判据。在基础物理实验中,只要误差不大,多数拟合后的 $|r|$ 在 0.999 以上。本实验由于测量和近似带来的误差,$|r|$ 要小一些。如果 X 和 Y 的线性规律事先不能确定(例如讨论树的高度是否与树干的直径成正比这样一类命题),则还要进行相应的其他检验(包括所谓的 F 检验或 χ^2 检验等)以提供用线性模型作统计分析的可信程度。由于这已超出教学要求,这里不再涉及。

④ **关于回归系数 a 和 b 的不确定度由式(2.3.8)给出**。式中 $u(Y)$ 是 Y 的不确定度(X 的不确定度不计),一般是已知的。如果 $u(Y)$ 未知,则可按式(2.3.7)计算 $u(Y)$,相当于重复测量时用贝塞尔公式计算 A 类不确定度。如果被测量是 a 和 b 的函数,则不确定度的计算公式

要另行推导[①]。其基本做法是利用 a 和 b 作中间变量，把被测量最终用 X_i 和 Y_i($i=1,2,\cdots$)表出；然后在 X_i 无误差、Y_i 互相独立且有相同的标准差 $u(Y)$ 的条件下，导出被测量的标准不确定度。对此，除非特别指出，一般也不作要求。

⑤ **对实验数据(X_i,Y_i)($i=1,2,\cdots$)来说，可以拟合出无数条直线**。但在 X 无误差、Y 为等精度测量的条件下，按最小二乘式(2.3.5)给出的直线具有方差最小的最佳性能。正是这个原因，我们强调，数据处理应选择测量精度较高的物理量作自变量 X，且要保证 Y 的测量有近似相等的不确定度。这一条件如果不满足，拟合的结果就可能偏离“最佳”。当 Y 为不等精度测量时，原则上应作加权拟合。考虑到教学要求的难度，在基本实验中将不涉及。有些地方(特别是在曲线改直时)，近似等精度条件可能被破坏，却仍采用了式(2.3.5)的结果，这对简化问题而言有其可取之处，但其拟合的效果已不再具备方差最小的优势了。

4.6　示波器的应用

示波器是一种用途十分广泛的电子测量仪器，它能直观、动态地显示电压信号随时间变化的波形，便于人们研究各种电现象的变化过程，并可直接测量信号的幅度、频率以及信号之间相位关系等各种参数。示波器是观察电路实验现象、分析实验中的问题、测量实验结果的重要仪器，也是调试、检验、修理和制作各种电子仪表、设备时不可缺少的工具。

示波器的基本量测量是电压。随着各种换能技术的应用与发展，温度、压力、振动、速度、声、光、磁等非电学物理量都可以转换为便于观察、记录和测量的电学量，因此，示波器已成为测量电学量以及研究可转化为电压变化的其他非电学量的重要工具之一。

4.6.1　实验要求

1. 实验重点

① 了解示波器的主要结构和波形显示及参数测量的基本原理，掌握示波器、信号发生器的使用方法；

② 学习用示波器观察波形以及测量电压、周期和频率的方法；

③ 学会用连续波方法测量空气声速，加深对共振、相位等概念的理解；

④ 用示波器研究电信号谐振频率、二极管的伏安特性曲线、同轴电缆中电信号传播速度等的测量方法。

2. 预习要点

① 为什么示波器必须在测量挡的校准位置读数？

② 怎样用示波器测量波形的幅值和周期？“伏特/格”和“秒/格”开关分别起什么作用？

---

① 如果考虑到 a 和 b 的相关性，计及所谓协方差的贡献，则仍可按方差合成公式计算。

其上数字分别代表什么含义？怎样利用它们测量信号的电压以及两个信号的相位差？

③ 欲在示波器上观察到稳定的李萨如图形，对 X 轴和 Y 轴所加的频率有何要求？

④ 如何利用李萨如图形测量信号的频率？示波器的“$X-Y$ 方式”开关应怎样设置？

⑤ 声速测量实验中存在两个共振，它们分别是什么共振？这两个共振是一回事吗？

⑥ 振幅法测声速主要利用哪个共振？各共振位置之间有什么关系？

⑦ 相位法是利用什么原理进行测量的？应在出现什么现象时进行读数？这些位置之间又有什么关系？

⑧ 已知声速测量实验的工作频率范围为 35～45 kHz，试问如何使用声速仪中信号发生器产生所需的正弦共振信号？

4.6.2 实验原理

1. 示波器简介

(1) 模拟示波器

模拟示波器是利用电子示波管的特性，将人眼无法直接观测的交变电信号转换成图像并显示在荧光屏上以便测量和分析的电子仪器。它主要由 4 部分组成：阴极射线示波管，扫描、触发系统，放大系统，电源系统。其基本组成如图 4.6.1 所示。当电子枪被加热发出电子束后，经电场加速、聚焦和偏转系统，打在涂有荧光物质的荧光屏上就形成一个亮点。若电子束在到达荧光屏之前受到两相互垂直的偏转板间电场的作用，则亮点位置会发生改变，从而显示出各种波形。

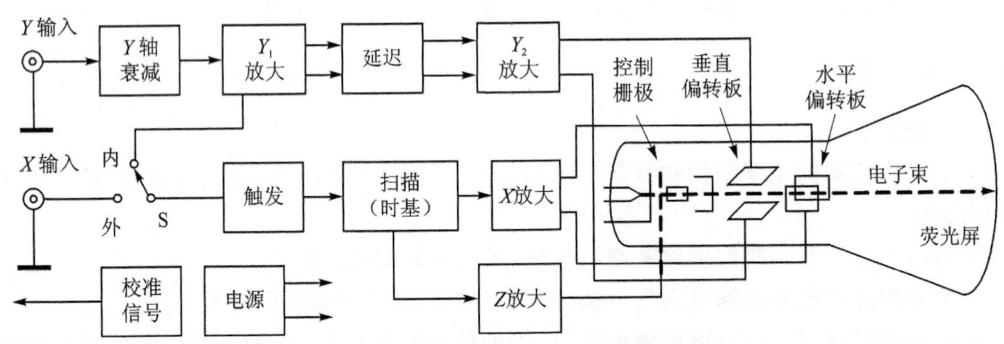

图 4.6.1 示波器工作原理示意图

1) **工作原理**

模拟示波器的基本工作原理是：被测信号经 Y 轴衰减后送至 Y_1 放大器，经延迟级后到 Y_2 放大器，信号放大后加到示波管的 Y 轴偏转板上，如图 4.6.1 所示。

若 Y 轴所加信号为图 4.6.2(a)所示的正弦信号，X 输入开关 S 切换到“外”输入，且 X 轴没有输入信号，则光点在荧光屏竖直方向上按正弦规律上下运动，随着 Y 轴方向信号频率的提高，由于视觉暂留或荧光屏余辉等原因，在荧光屏上显示出一条竖直扫描线；同理，如在 X 轴所加信号为图 4.6.2(b)所示的锯齿波信号，且 Y 轴没有输入信号，则光点在荧光屏水平方向上先由左向右匀速运动，到达右端后立即返回左端，再从左向右重复上述过程，每完成一个循环称为一次扫描。随着 X 轴方向信号频率的提高，在荧光屏上显示出一条水平扫描线。Z 轴的作用是使扫描波形有一定辉度(亮度)，对于某些具有 Z 轴外输入的示波器，则可以通过 Z 轴的输入信号，动态调节不同扫描时刻波形的亮度，实现类似于电视图像的显示效果。

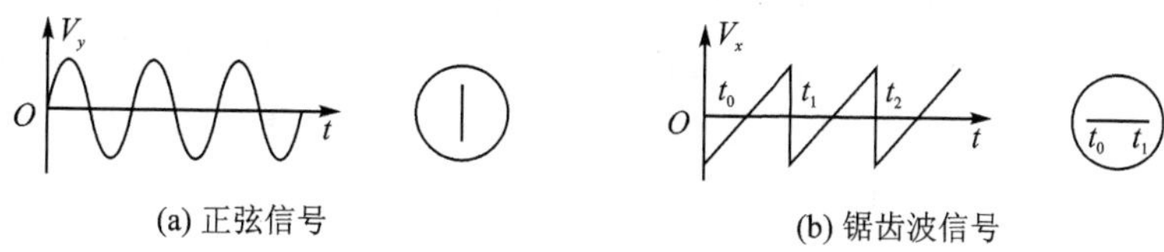

(a) 正弦信号　　(b) 锯齿波信号

图 4.6.2　扫描信号与运动轨迹的关系

◇ 李萨如图形

在图 4.6.1 中，X 输入开关 S 切换到“外”输入，且 X 轴和 Y 轴同时有频率相同或成整数比的两个正弦电压输入，此时电子束同时受到两个方向偏转电压的作用，在荧光屏上的光点将显示两个正交谐振动的合成振动图形，即李萨如图形，其形状随两个信号的频率和相位差的不同而不同。如果 Y 轴信号和 X 轴的频率有简单的整数比，则合成运动有稳定的闭合轨道(见图 4.6.3)。

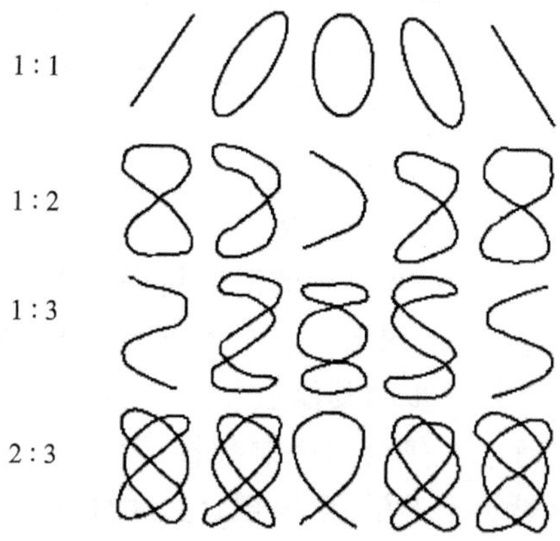

图 4.6.3　李萨如图形

不难理解，沿着这种闭合轨道环绕一周后在水平和竖直方向往返的次数与两个方向的频率成正比。因此封闭的李萨如图形与水平线相交的点数 n_x 及与垂直线相交的点数 n_y 之间的比值与两信号频率之比有如下关系：

$$\frac{f_y}{f_x}=\frac{n_x}{n_y} \tag{4.6.1}$$

若已知其中一个信号的频率,以及从李萨如图形上数得的点数 n_x 和 n_y,就可以求出另一待测信号的频率。

利用李萨如图形除可测频率外,还可比较两个振动的相位差。如果 X 轴和 Y 轴输入信号频率相同,则产生如图 4.6.4 所示的合成振动图像,两个信号的相位差 $\Delta\varphi$ 可用下式表示,即

$$\Delta\varphi = \arcsin \frac{x}{x_0} \tag{4.6.2}$$

式中,x 为椭圆与 X 轴的交点坐标,x_0 为最大水平偏转距离。当 $\Delta\varphi=0$ 时,李萨如图形为向左下倾斜的直线。若不断改变 Y 与 X 的相位差 $\Delta\varphi$,则直线变成向左下倾斜的椭圆、正椭圆($\Delta\varphi=\pi/2$)、向右下倾斜的椭圆,直至成为向右下倾斜的直线。此时 $\Delta\varphi=\pi$,即两振动的相位差为 π。此过程如图 4.6.4 所示。

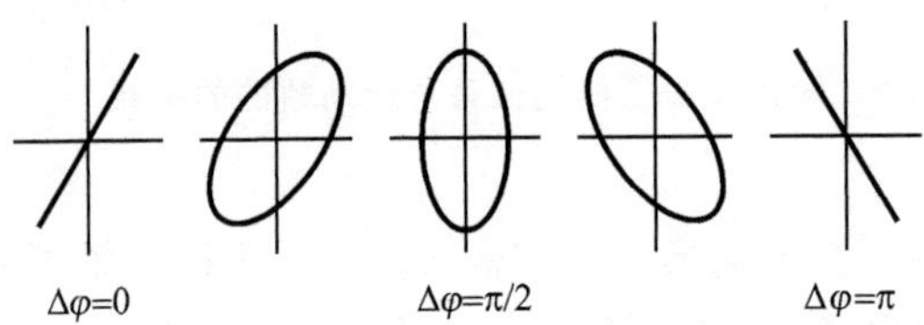

图 4.6.4　相位差与李萨如图形

◇ Y 轴输入时变波形的显示

这是示波器最常用的显示模式,此时水平方向的扫描信号为锯齿波,由示波器内部产生,即图 4.6.1 中 X 输入开关 S 切换到“内”输入。由示波器波形显示原理可知,如果 Y 轴信号的频率与 X 轴的相同或是其整数倍,当 Y 轴完成了一个(或数个)周期的运动时,X 轴的扫描信号也正好回到左端起始扫描位置。由于每一次扫描得到的图形起始位置相同,屏上显示的是多个图形在同一位置的叠加,这样就在屏上形成稳定的显示曲线,如图 4.6.5 所示。显然,如果两者不能实现严格的同步,每一次扫描得到的图形起始位置不同,屏幕上显示的是多个图形在不同位置的叠加,无法观察到稳定的图形。这个矛盾可以通过同步触发的办法来解决:只有当 Y 轴信号(或者与 Y 轴信号严格同步的其他信号)达到某一确定的状态(极性和幅度),才触发 X 轴开始扫描,这样就可以通过 Y 轴信号强制扫描信号与其严格同步。如图 4.6.6 所示,设扫描触发电平为 V_T,触发极性为上升沿,触发耦合为交流耦合(AC)。当 Y 轴输入信号的极性和电平满足触发条件时,将产生触发脉冲,启动扫描电路输出锯齿波信号,光点将自左到右移动。当扫描电压由最大值迅速恢复到启动电压时,光点也迅速返回到起始点,等待下一次触发脉冲到来时再次进行扫描。需要注意的是,在锯齿波扫描期间,扫描电路不再受此期间到来的触发脉冲影响,直到本次扫描结束。因每一个触发脉冲产生于同触发条件所对应的相位点,故每次扫描的起始点都相同,这样就可以在屏上显示稳定的波形。由图 4.6.6 可知,在屏上显示的波形数与扫描速度有关,通过调节 X 方向扫描速度,可以观测和分析不同时域范围内 Y 轴输入信号随时间的变化情况。

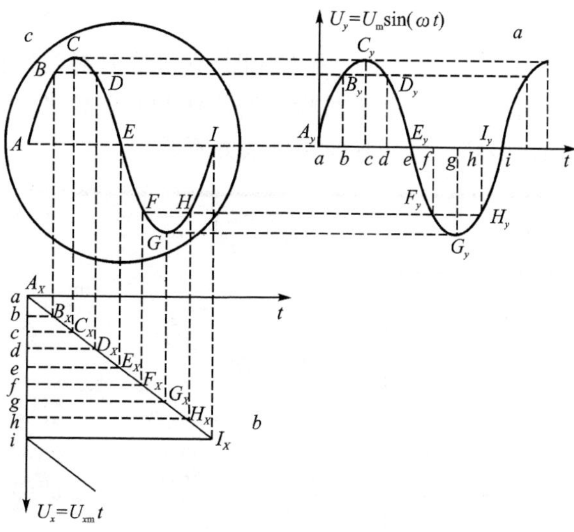

图 4.6.5　示波器显示波形原理图($T_x=T_y$)

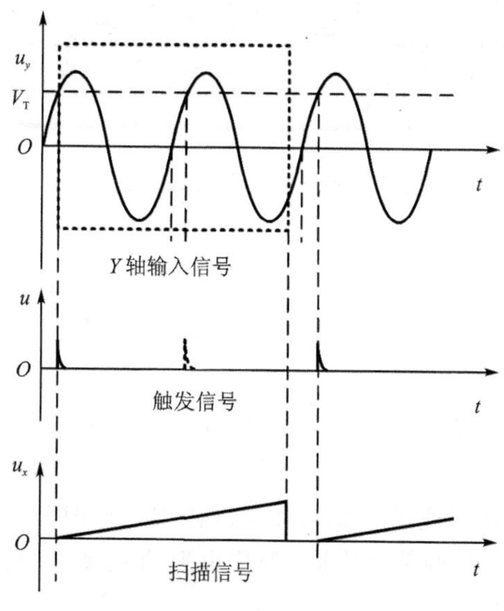

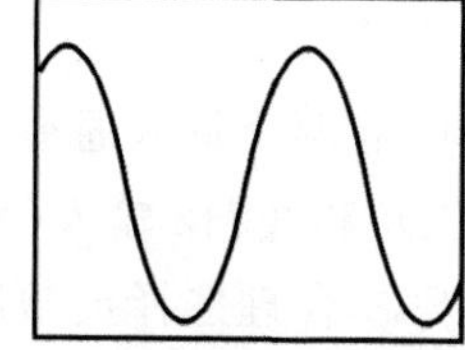

荧光屏上波形

图 4.6.6　示波器显示波形原理

2) **结构与使用方法**

图 4.6.7 所示为 YB－4320G 双踪示波器面板图,它可同时对两路信号进行观测,带宽从直流(DC)至 20 MHz。尽管示波器面板上可操纵的旋钮和开关较多,但只要把工作原理和相应的功能开关、旋钮结合起来,熟练掌握其使用方法并不难。

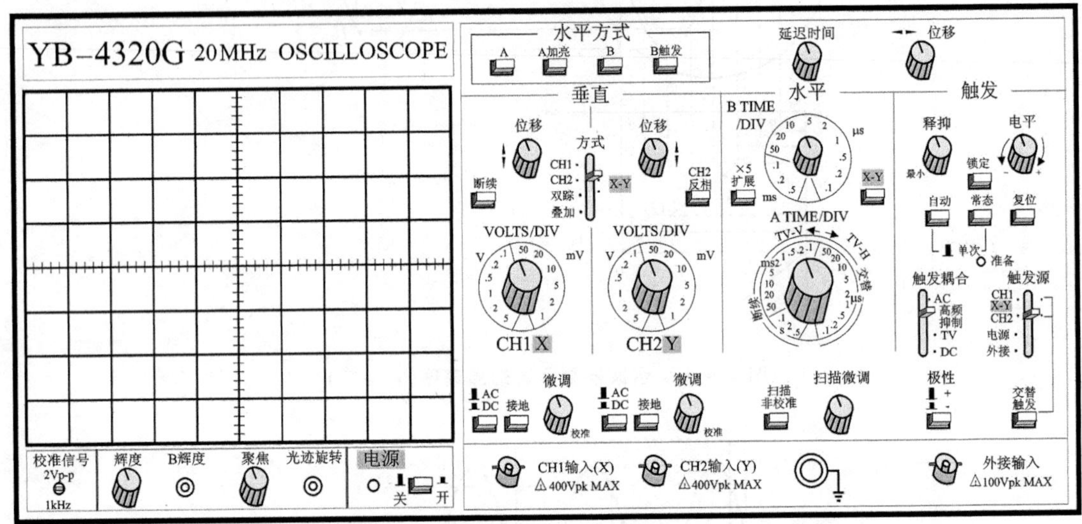

图 4.6.7　YB－4320G 双踪示波器面板

◇ 开　机

显示屏右下方为“电源”(Power)开关,按下为开,弹出为关;接通时指示灯亮。预热约20 s后,示波管屏幕会显示光迹。如 60 s 后仍未出现光迹,应检查开关和控制按钮的位置是否正常。

调节“辉度”(inten)和“聚焦”(focus)旋钮,使光迹亮度适中且最清晰。荧光屏辉度调节:顺时针转动,辉度加亮,反之减弱。注意:不可将光点和扫描线调得过亮,否则不仅会使眼睛疲劳,而且长时间停留会使荧光屏变黑。如果实验过程中较长时间不作观察,应将辉度减弱,以延长示波管的寿命。本装置在调节亮度时,聚焦电路有自动调节功能,但有时也会有轻微变化,这时需重新调节聚焦旋钮。

◇ Y 轴信号

① 输入——作为双踪示波器,YB－4320G 有两个输入通道 CH1 和 CH2。被观察的信号由面板中部下方的两个 Q9 插座“CH1 输入(X)”和“CH2 输入(Y)”接入。

② 灵敏度调整——利用 VOLTS/DIV 开关,合理选择灵敏度,使显示在屏上的被观测信号大小适中。

VOLTS/DIV 分 12 挡,最高灵敏度为 1 mV/DIV 挡(每格代表 1 mV);最低灵敏度为

5 V/ DIV 挡，这时示波器能显示的最大动态范围是 40 V(8DIV)；使用 10∶1 探头，还可达 400 V。思考：观察一个峰-峰值约 1 V 的信号，应当如何选择 VOLTS/DIV？如果选择的 VOLTS/DIV 过大或过小，将会看到什么现象？

③ 灵敏度微调——使用垂直“微调”旋钮，可连续改变灵敏度(垂直偏转系数)。若将旋钮逆时针旋到底，则灵敏度下降在 2.5 倍以上。因此如需用示波器作电压测量，此旋钮应位于校准位置(顺时针旋到底)。

④ 输入信号的耦合——输入信号与示波器有 3 种连接方式：AC(交流)为交流耦合，按钮处于弹出位置，信号经电容输入，其直流成分被阻断；DC(直流)为直流耦合，按钮处于按入位置，信号与示波器直接耦合；另有一 GND(接地)按钮，按入时输入信号与示波器断开，示波器内部输入端接地。该按钮常用于确定测量基准或寻迹。

⑤ 工作方式选择——“方式”开关置于 CH1，屏幕仅显示 1 通道的信号；置于 CH2 仅显示 2 通道的信号；“双踪”是指屏幕显示双踪，以交替或断续方式同时显示 1 通道和 2 通道的信号；“叠加”是指显示 1 通道和 2 通道信号之和，如要获得两信号的差，可按下“CH2 反相”按钮，此时 CH2 显示反相信号。

⑥ 垂直移位——利用“♦位移”旋钮，可以调节光迹在屏幕中的垂直位置，使信号在垂直方向位置适中，便于观测。

◇ *X* 轴的扫描

① 扫描快慢的选择——利用 TIME/DIV(时间/格)时基扫描开关，可以控制示波器内部产生的 *X* 轴锯齿波扫描的速率，共 20 挡，0.1 μs/DIV～0.5 s/DIV，因此扫过显示屏的最快时间是 0.1 μs×10=1 μs(“扫描微调”旋钮置于校准位置)，利用扫描扩展还可以加快至 0.2 μs。TIME/DIV 的挡位应当根据被观测信号的频率来选择。思考：要在屏幕上观察到 3～5 个周期的约 35 kHz 的正弦波信号，应当如何选择 TIME/DIV？

另有一扩展控制键“×5 扩展”，按下时扫描时间是 TIME/DIV 指示值的 1/5，这时扫描加快为原来的 5 倍，但辉度可能下降。

② *X*-*Y* 操作与 *X* 外接控制——示波器的 *X* 轴也可以不使用内部产生的锯齿波扫描信号，它包括两种方式。一种是将 [X-Y] 键按入，这时垂直偏转信号接入 CH2 输入端，水平偏转信号接入 CH1 输入端(此时“触发源”应置于“CH1”挡)，示波器按 *X*-*Y* 方式工作。此方式常用于李萨如图形的观察。另一种是将 [X-Y] 键按入，“触发源”置于“外接”挡，示波器按 *X* 外接方式扫描工作。

思考：振幅法测波长，应如何设置示波器？相位法测波长，又应如何设置示波器？

③ 扫描微调——“扫描微调”旋钮用于示波器内部产生的 *X* 轴扫描的连续微调，此旋钮顺时针方向旋转到底时为校准位置，扫描由 TIME/DIV 开关指示；逆时针方向旋转，扫描减慢，旋转到底，扫描减慢 2.5 倍以上。注意：“扫描微调”必须在“扫描非校准”按入的前提下进

行,否则调节无效,即时基扫描仍处于校准状态。

④ 水平移位——“水平位移”旋钮用于调节光迹在水平方向移动,顺时针旋转光迹右移;逆时针旋转光迹左移。

◇ 触　发

① 触发源的选择——“触发源”开关用于选择启动扫描的触发信号:CH1 以 1 通道的信号为触发信号;CH2 以 2 通道的信号为触发信号;“电源”以电源信号为触发信号;“外接”用外接的信号为触发信号,外触发信号由“外接输入”插座输入。

注意:按入 X-Y 键,“触发源”开关置于 CH1 位置时,示波器按 $X-Y$ 方式工作。

② 触发电平——“电平”旋钮用于调节产生触发所需的电平,它会影响显示波形的起始位置。向“+”旋转,启动扫描的触发电平上升,向“—”旋转,触发电平下降。思考:当“电平”选择太大或过小时,将出现什么现象?

③ 触发极性——“极性”按钮用于选择触发极性,按入为负极性,即下降沿触发,弹出为正极性,即上升沿触发。

④ 触发方式——“自动”为扫描电路自动进行扫描,在没有信号输入或信号没有被触发同步时,屏幕上仍然可以显示扫描线;“常态”则只有触发信号才能扫描,否则屏幕无扫描线显示。

⑤ 触发耦合——AC 为交流耦合;DC 为触发信号直接耦合到触发电路;“高频抑制”是指触发信号通过交流耦合电路和低通滤波器作用到触发电路,高频成分被抑制;TV 用于电视信号的观测。

3) 模拟示波器的特点

模拟示波器的主要特点是:① 波形显示快速,实时显示;② 波形连续真实,垂直分辨率高;③ 捕获率高;④ 有对聚焦和亮度的控制,可调节出锐利和清晰的显示结果。

模拟示波器的不足之处是:① 无存储功能;② 仅有边沿触发;③ 无自动参数测量功能,只能进行手动测量,所以准确度不够高;④ 由于 CRT 的余辉时间很短,所以难以显示频率很低的信号;⑤ 难以观察非重复性信号和瞬变信号。

(2) 数字示波器

数字示波器是通过对被测模拟信号进行模/数(A/D)转换,再以数字或模拟信号方式进行显示的一种数据测量和分析装置,它不但可以观测和分析各种重复信号,还可以捕获各种非重复信号,包括单次触发信号等。数字示波器一般还具有数据存储和计算功能,可以对测量到的数据进行分析计算,并将计算结果显示在屏幕上,或将数据和波形导出到计算机或外接存储器中。

1) 结构和工作原理

数字示波器以微处理器为主控单元,核心部件包括前置放大电路和 A/D 转换单元、数据存储器以及显示单元和人机接口单元等。对于采用液晶显示方式的数字示波器,在微处理器的控制下,从数据存储器读取数据并经判别和处理后,按一定方式直接在液晶屏上显示波形;而对于采用 CRT 显示的数字示波器,则输出数据还需经数/模(D/A)转换后才能在荧光屏上

显示。

数字示波器的工作原理是：在时基电路控制下，对输入信号按一定时间间隔采样，通过 A/D 转换器量化后，对这些瞬时值或采样值进行变换，以二进制码的形式，将波形数据在快速存储器中存储，经触发功能电路进行条件判定、触发，结束采集过程，再以数字或模拟方式进行显示，重现波形。在数字示波器中，A/D 转换器是关键部件，它的位数和采样速率不仅决定了数字示波器的最大采样速率以及分辨率，同时也能对其幅值的测量精度带来影响。

与模拟示波器不同的是，数字示波器采用了晶体振荡器来控制时基电路，使其能够具备更高的时间测量准确度。

2）数字示波器的特点

由于采用了 A/D 转换和数据存储技术，故数字存储示波器可以克服传统模拟示波器无法完成对单次信号和低重复频率信号进行测试的缺点，配合其灵活而强大的触发功能，不仅可以观测触发点后信号变化的情况，还可以获得触发点之前的信息，非常适合用于单次信号的观测分析。与模拟示波器相比，其突出优点还包括测量精度高，可以对采集到的数据进行各种数学分析和处理，如有效值计算，频谱分析等；另外，量程自动调整，测量结果直接数字方式显示，波形和数据可直接导出到计算机、打印机或外接存储器等功能，也是普通模拟示波器所不具备的。

尽管数字示波器具有许多突出的优点，但其工作原理决定了其也有不足之处，如信号输入与实际波形显示之间有时间延迟，难以做到对输入信号的实时显示；若采样频率设置不合理或采集数据不足，易导致显示波形失真；显示复杂动态变频信号时会出现波形混叠现象等。

（3）读出示波器

读出示波器一般是指采用阴极射线示波管显示波形，同时具有数字显示功能的示波器。它采用与模拟示波器相似的电子线路，控制电子束的偏转、扫描及同步，不但具有模拟示波器的各种示波测量功能，而且还增加了数字测量与显示等功能，把测量时工作状态、工作参数、测量标尺乃至被测量的数值，通过字符和线条方式与波形叠加显示在荧光屏上，使操作者能够实时了解工作状态及测量结果，提高了模拟示波器的测量精度。

2. 示波器应用

（1）波形测量

示波器除了能直观地显示波形之外，其测量内容可归结为两类——电压和时间的测量；而电压和时间的测量最终又归结为屏上波形长度的测量。

1）电压的测量

由于电子束在显示屏上偏转的距离与输入电压成正比，所以只要量出被测波形任意两点的垂直间距（格数）Δy 就可知该两点间的电压 Δu_y，即

$$\Delta u_y = K\Delta y \tag{4.6.3}$$

式中，K 为灵敏度（屏上 Y 轴每一大格所代表的输入电压值），也称垂直偏转系数。

若被测电压为简谐波,则只要量出电压波形峰-峰的间距 Δy,就可知其电压的有效值 u_e,即

$$u_e = \frac{u_{p\text{-}p}}{2\sqrt{2}} = \frac{K\Delta y}{2\sqrt{2}} \tag{4.6.4}$$

式中,u_{p-p} 为被测电压的峰-峰值。

注意:只有“VOLTS/DIV(伏特/格)”灵敏度微调旋钮位于校准位置(顺时针旋到底),测量电压才有意义。

2) 时间的测量

用示波器可直观地测量时间。当扫描电压用锯齿波时,荧光屏上 X 轴坐标与时间直接相关,信号从波形上某点传至另一点所用的时间 Δt,等于该两点间距(格数)l 乘以观测时的每格扫描时间 t_0,即

$$\Delta t = l t_0 \tag{4.6.5}$$

若观测的两点正好是周期性信号相邻的两个同相位点,且间距为 L 格,则其周期

$$T = L t_0 \tag{4.6.6}$$

为减少测周期读数的误差,可观测 n 个周期总长度进行计算。同频率的两个简谐信号之间相位差为

$$\varphi = \Delta t \frac{360°}{T} \tag{4.6.7}$$

式中,Δt 为两信号的对应同相位点的时间间隔。

注意:用示波器测时间时,“扫描微调”旋钮须位于校准位置(顺时针旋到底)。

(2) 二极管伏安特性曲线的观测及动态电阻测量

1) 观察二极管伏安特性曲线

利用示波器可以直观地研究两个相关的物理量变化过程中的依赖关系。本实验即通过示波器研究非线性元件(硅稳压二极管)电流和电压的数值关系。

普通二极管的伏安特性曲线从正向特性来看,当正向电压较小时,正向电流几乎为零;当正向电压超过死区电压(一般硅管约为 0.5 V,锗管约为 0.1 V)后,正向电流明显增大;只有当正向管压达到导通电压时,管子才处在正向导通状态。从反向特性可以看出,当反向电压较小时,反向电流很小;当反向电压超过反向击穿电压后,反向电流突然增大,二极管处于击穿状态,普通二极管只能工作在单向导通状态。

稳压管是一种特殊的 PN 结面接触型二极管。其伏安特性与普通二极管相似。稳压管与普通二极管的主要区别是,稳压管工作于反向击穿区。当反向电压增至击穿电压时,反向电流突然剧增,此后,虽然流过管子的电流变化很大,而管子两端电压变化却很小,达到了稳压效果。稳压管的反向击穿是可逆的,当去掉反向电压后,稳压管又恢复正常;但如果反向电流超过允许范围,则会因热击穿而损坏。

二极管伏安特性测量原理如图 4.6.8 所示，图中 E 为信号发生器输出的正弦信号电压，D 为稳压二极管，R 为固定电阻。由图 4.6.8 可知，在示波器 X 方向输入的电压为二极管 D 两端的电压 u_D，在示波器 Y 方向输入的电压为电阻 R 上的电压 u_R。因为 $u_R = iR$，且 i 与 u_R 同相位，所以 u_R 实际上反映了通过二极管 D 的电流的变化情况。将示波器设为 $X-Y$ 工作方式，这时示波器上可显示出二极管的伏安特性曲线，如图 4.6.9 所示。

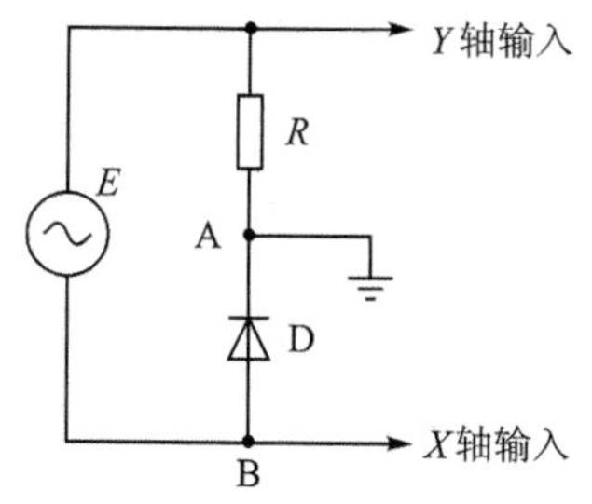

图 4.6.8　测量二极管伏安特性电路图

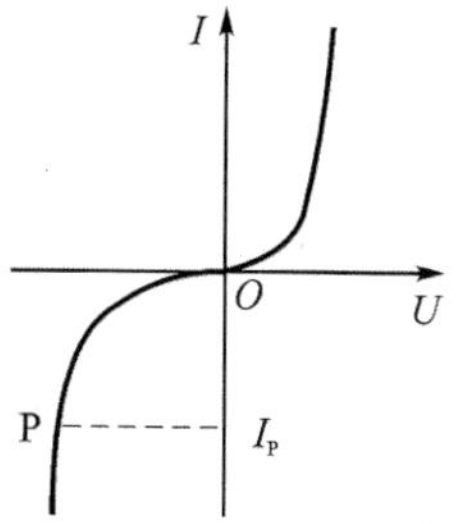

图 4.6.9　二极管伏安特性曲线

在伏安特性曲线上可近似测量该稳压二极管的正向导通电压和反向击穿电压。

2）测动态电阻

动态电阻是反映稳压二极管稳压特性的一个参数。若在直流电压的基础上，给稳压二极管加上一个增量电压，它就会有一个增量电流，增量电压与增量电流的比值，就是稳压二极管的动态电阻。显然动态电阻的值越小，稳压二极管的稳压性能越好。

参看图 4.6.9，欲求稳压二极管工作电流为 I_P 状态下的动态电阻，可先设置稳压二极管的工作电流 I_P，输入选择 CH2 通道，使荧光屏出现扫描线，CH2 通道耦合开关改置 DC 挡，将信号发生器的交流电压调为零，调节其直流电压使荧光屏上的扫描线向下移动 h(div)，并使 h(div)所表示的电压数与 R 之比恰等于 I_P，于是 I_P 设置完毕（注意衰减开关电压偏转系数挡位的选择要合适）。将 CH1、CH2 通道的耦合开关均置于 AC 挡，并适当调节它们的电压偏转因数。信号发生器的直流电压旋钮保持不动，自零逐渐调大其交流电压，当荧光屏上稳压二极管的正弦电压波形将要畸变时，测出稳压二极管两端电压 $\widetilde{U}$（峰-峰值）和电阻 R 上的电压 $\widetilde{U}_R$（峰-峰值），由下式即可算出该状态下的动态电阻，即

$$\tilde{r} = \frac{\widetilde{U}}{\widetilde{U}_R}R \tag{4.6.8}$$

（3）声速的测量

声学测量是人们认识声学问题本质的一种实验手段，声速是声学研究中的一个重要的基本参量。它的测定特别是精确测定不仅有重要的基础研究价值，而且在物质的物理、化学性能（例如分子结构、运动状态以及多种物理效应）的研究中也是一种重要的测量手段，在工程技术和医学领域（诸如测量厚度、料位、流量、温度、硬度以及血流等）也有广泛和重要的应用。

声速是指声波在媒质中的传播速度。声波能够在除真空以外的所有物质中传播,其传播速度由相应媒质的材料特性特别是力学参数所决定,也与传播模式(纵波、横波、表面波等)有关。由于声波的传播模式会受到边界的影响,因此通常给出的声速都是指无限大媒质中的传播速度。在空气中声波只能以纵波的形式存在。本实验的主要内容是利用连续波方法来测定空气中的声速。

在波动过程中,波的传播速度 v、f 和波长 λ 之间存在下列关系:

$$v = f\lambda \tag{4.6.9}$$

因此只要测出声波的频率和波长就可以算出声速。

实验装置原理如图 4.6.10 所示。其中 S_1 和 S_2 分别用来发送和接收声波。它们是以压电陶瓷为敏感元件做成的电声换能器。当把电信号加在 S_1 的电端时,换能器端面产生机械振动(反向压电效应)并在空气中激发出声波。当声波传递到 S_2 表面时,激发起 S_2 端面的振动,又会在其电端产生相应的电信号输出(正向压电效应)。

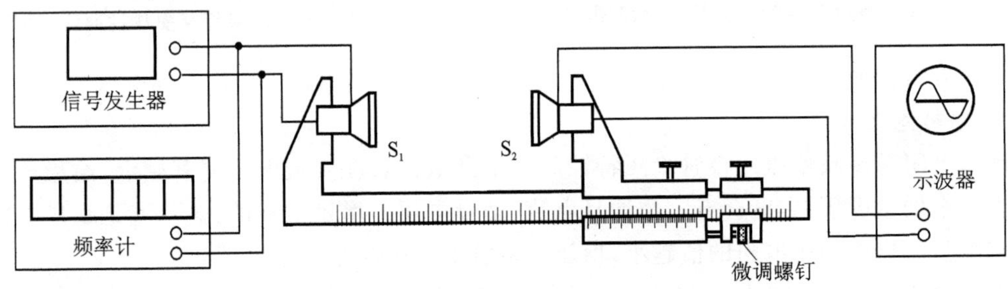

图 4.6.10　声速测量仪

信号发生器产生频率为几十 kHz 的交变电信号,其频率可由频率计精确测定。换能器端面发出相同频率的声波(属于超声频段,人耳听不见)。为了确定声速,还要测定声波的波长,可以用以下两种方法进行。

1) 振幅法

S_1 发出的声波传播到接收器后,在激发起 S_2 振动的同时又被 S_2 的端面所反射。保持接收器端面和发送器端面相互平行,声波将在两平行平面之间往返反射。因为声波在换能器中的传播速度和换能器的密度都比空气要大得多,可以认为这是一个以两端刚性平面为界的空气柱的振动问题。当发送换能器所激发的强迫振动满足空气柱的共振条件

$$l_0 = n\frac{\lambda}{2} \tag{4.6.10}$$

时,接收换能器在一系列特定的位置上将有最大的电压输出。式中 l_0 是空气柱的有效长度,λ 是空气中的声波长,n 取正整数。考虑到激励源的末端效应,式(4.6.10)还应附加一个校正因子 Δ:

$$l = n\frac{\lambda}{2} + \Delta \tag{4.6.11}$$

式中，l 是空气柱的实际长度，即发送换能器端面到接收换能器端面之间的距离。

在 S_2 处于不同的共振位置时，因 Δ 是常数，所以各电信号极大值之间的距离均为 $\frac{\lambda}{2}$。由于波阵面的发散及其他损耗，故随着距离的增大，各极大值的振幅逐渐减小。当接收器沿声波传播方向由近而远移动时，接收器输出电信号的变化情况如图 4.6.11 所示。只要测出各极大值所对应的接收器的位置，就可以测出波长 λ。

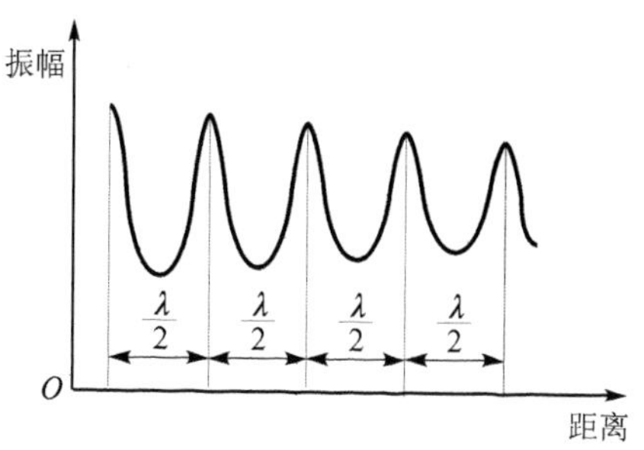

图 4.6.11　接收信号的振幅变化

2）相位法

波是振动状态的传播，也可以说是相位的传播。对行波而言，沿传播方向上的任意两点，它们和波源的相位差 2π（或 2π 的整倍数）时，该两点间的距离就等于一个波长（或波长的整数倍）。而就本实验而言，S_1 和 S_2 之间空气柱受换能器激励作受迫振动，其振动状态（相位）是距离 l 的周期函数，因此 S_2 每移过一个 λ 的距离，激励源和接收器的电信号的相位差也将出现重复。这表明可以用测量相位差（例如李萨如图形）的办法来测定波长。把激励信号接示波器的 X 端，把输出波形接 Y 端，可以在屏幕上看到稳定的椭圆。当相位差为 0 或 π 时，椭圆变成向左或向右的直线。移动 S_2，当示波器重现同一走向的直线时，S_2 所移过的距离就等于声波的波长。

（4）RC 电路与同轴电缆电信号传播速度的测量

RC 电路可用做微分、积分电路，在实际工作中应用很广。

RC 积分电路如图 4.6.12 所示，输入电压 u_1 为矩形波，输出电压 u_2 由电容上取出，即 $u_2=u_C$，u_2 的波形与 RC 电路的时间常数 $\tau(\tau=RC)$ 和输入电压 u_1 的脉冲宽度 t_p 有关。如果满足 $\tau \gg t_p$，则输出电压 u_2 为

$$u_2 = u_C = \frac{1}{C}\int i\mathrm{d}t \approx \frac{1}{RC}\int u_1\mathrm{d}t \tag{4.6.12}$$

输出电压与输入电压近似满足积分关系，因此称为积分电路，典型波形图如图 4.6.13 所示。在脉冲电路中，常使用积分电路将矩形脉冲变换为锯齿波电压，用做扫描电压。

RC 微分电路如图 4.6.14 所示，与积分电路不同之处在于用 u_R 作为电路的输出电压。如果满足 $\tau \ll t_p$，则

$$u_2 = iR = RC\frac{\mathrm{d}u_C}{\mathrm{d}t} \approx RC\frac{\mathrm{d}u_1}{\mathrm{d}t} \tag{4.6.13}$$

即输出电压 u_2 与输入电压 u_1 近似为微分关系，输出尖脉冲反映了输入矩形脉冲的跃变部分，是对其进行微分的结果，因此称为微分电路，其波形图如图 4.6.15 所示。用行波法测量同轴

电缆电信号的传播速度就是RC电路作为微分电路的应用,以下分别介绍行波法和驻波法测量同轴电缆电信号的传播速度。

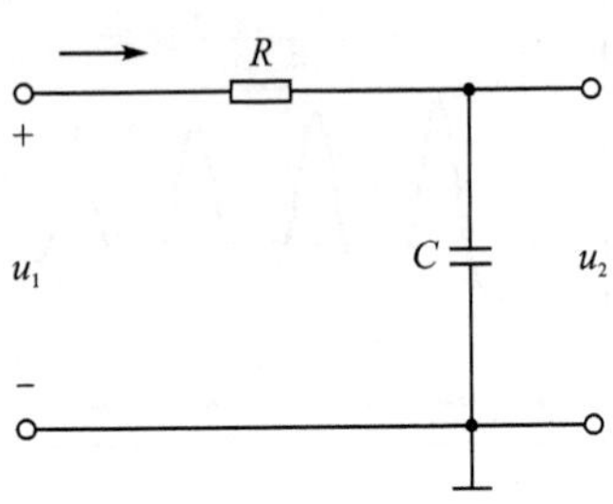

图4.6.12　RC积分电路

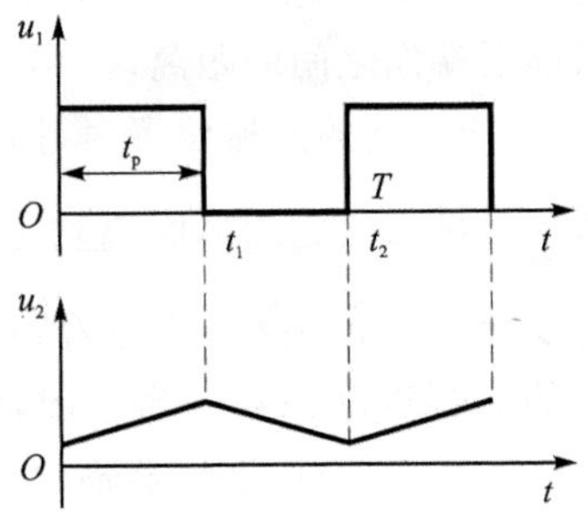

图4.6.13　积分波形

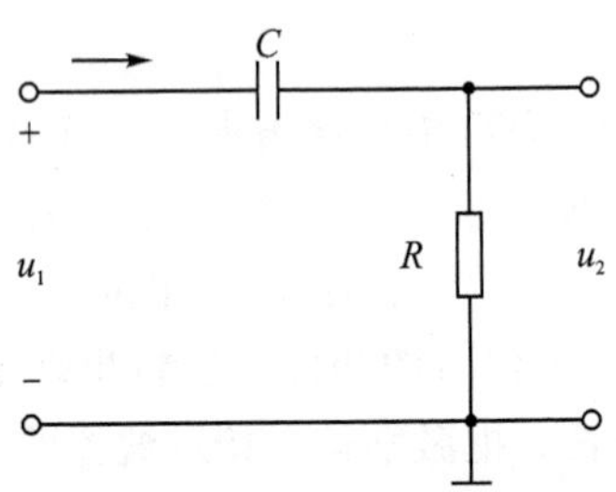

图4.6.14　RC微分电路

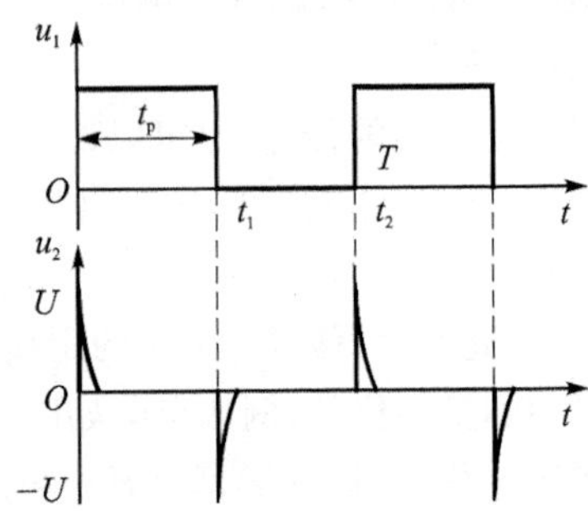

图4.6.15　微分波形

1) 行波法

本实验中将同轴电缆近似为无损耗均匀传输线。当传输线是有限长且终端不匹配时,终端将发生电压波和电流波的反射。终端处的反射系数为

$$n=\frac{Z-Z_c}{Z+Z_c} \tag{4.6.14}$$

式中,Z为终端所接负载,Z_c为传输线的特性阻抗。

当传输线终端匹配($Z=Z_c$)时,$n=0$,即线上不存在反射波(见图4.6.16);如果终端接有非匹配的电阻,则视其阻值大小将出现不同的反射,但最终沿线电压及电流将趋于恒定。图4.6.17所示为终端短路时的波形图。

本实验采用如图4.6.18所示的电路来观察同轴电缆中的反射波。如果将同轴电缆视为集总参数电路中的导线,则这一电路是由电容和电阻组成的微分电路,输入方波时可在示波器的CH2中看到与方波的上升沿和下降沿对应的正、负尖脉冲。但若考虑到同轴电缆终端的反射波,则在上述每个尖脉冲后还会出现若干个较小的脉冲,这便是反射波。相邻两个尖脉冲之间的时间间隔,便是信号在同轴电缆中反射一次所需的时间。

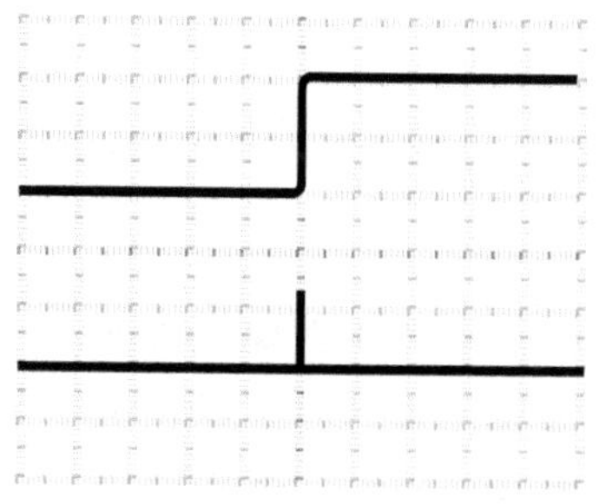

图 4.6.16　终端匹配

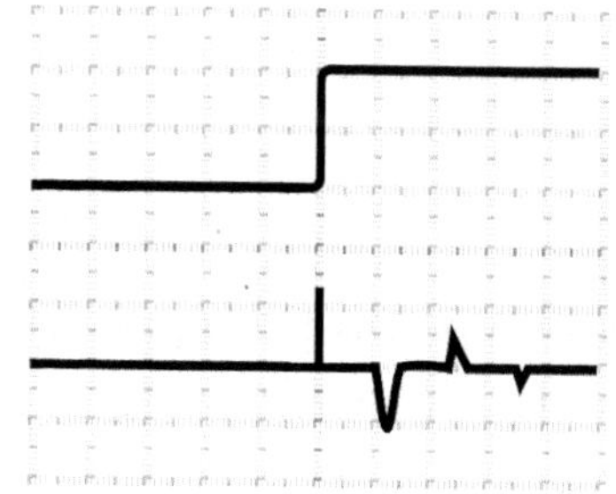

图 4.6.17　终端短路

2）驻波法

终端开路或短路的无损耗线，在角频率 ω 的正弦信号作用下，沿线将形成电压和电流的驻波。在正弦信号作用下，若无损耗线长为 l，驻波波长为 λ，则

终端开路：
$$Z_i = -jZ_c\cot\frac{2\pi l}{\lambda}$$

终端短路：
$$Z_i = jZ_c\tan\frac{2\pi l}{\lambda}$$

本实验通过观察同轴电缆上的驻波来测定其中的信号传播时间。实验电路如图 4.6.19 所示。

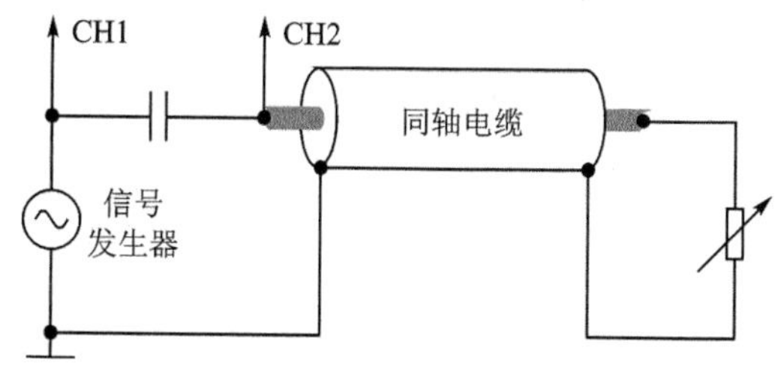

图 4.6.18　行波法电路图

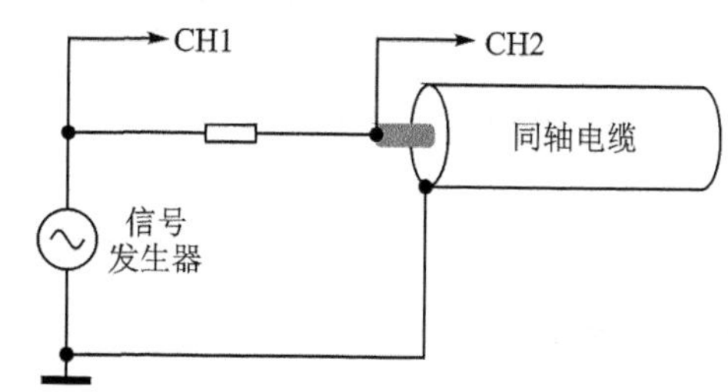

图 4.6.19　驻波法电路图

终端开路的同轴电缆当做一个集总元件与电阻串联，由于其阻抗是一个纯电抗，图中 CH1、CH2 两路信号将有相位差，仅当始端为电压或电流的波节时二者同相位，这可由示波器显示李萨如图形来观察。在频率增大的过程中，电缆始端交替出现电压波节和电流波节，故李萨如图形相邻两次退化为直线时，必有一次斜率较大（电压波腹），此时有

$$\frac{2\pi l}{\lambda} = \frac{2\pi lf}{v} = k\pi \tag{4.6.15}$$

即

$$\frac{2lf}{v} = f\Delta t = k \tag{4.6.16}$$

则

$$\Delta t = \frac{2l}{v} \tag{4.6.17}$$

此便是信号在电缆反射一次所需的时间。也可测量始端为电压波节时的频率,其满足

$$f\Delta t = k + \frac{1}{2} \tag{4.6.18}$$

图4.6.20所示的李萨如图形与上文的结论是一致的。但是不难发现,当始端为电流波节时,虽然CH1与CH2的信号同相位,但二者幅度不等(若按实验方案所述,此时电缆输入阻抗无穷大,电阻上几乎无压降,CH1与CH2不仅同相,而且幅度也应相等);始端为电压波节时,李萨如图形也不完全水平,即CH2信号幅值不为零。究其原因,一方面是同轴电缆并非真正的无损耗线,另一方面是整个测试电路中分布参数的影响。

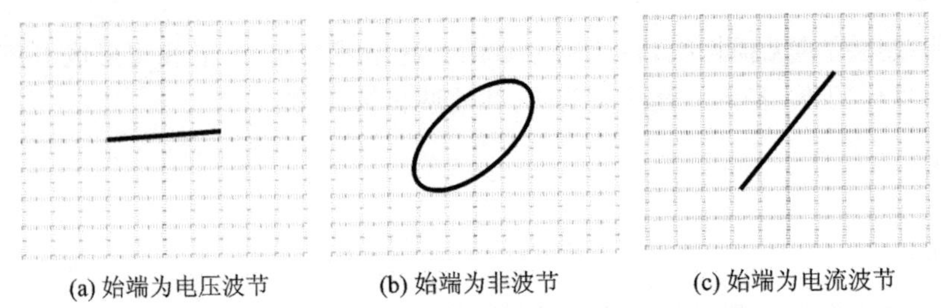

图4.6.20　驻波法的李萨如图形

4.6.3　实验仪器

同轴电缆信号传播速度测试仪、声速测量仪、信号发生器、示波器、屏蔽电缆若干、温度计。

4.6.4　实验内容

实验1　模拟示波器的使用

(1) 示波器预置并观察与测量"校准信号"

① 示波器的预置。调节示波器的"辉度"、"聚焦"、"水平位移"、"垂直位移"等旋钮,按下触发方式的"自动"按钮,使屏上出现细而清晰的扫描线。

② 利用示波器观察其左下角的"校准信号",校正偏转系数(灵敏度)。示波器自带校准信号的电压及周期可认为是标准的,一般用来检查示波器是否正常工作;当示波器不能正常工作时,用其校准各个挡位。("校准信号"幅值为2 V,频率1 kHz)。

i 将示波器"校准信号"(方波)输入到示波器通道(CH1)。

ii 适当选择垂直偏转系数、时基扫描系数TIME/DIV、"方式"和"触发源"等,调节触发"电平"旋钮,使波形稳定。

iii 垂直偏转系数"微调"钮旋至"校准"位置,测出VOLTS/DIV挡取不同数值时信号的幅

值,用下式算出各挡位的偏转系数并与指示值进行比较,即

$$K = \frac{u}{y} \tag{4.6.19}$$

式中,u 为"校准信号"电压幅值,y 为校准信号的纵向偏转格数。

再将"微调"钮分别旋至中间位置、逆时针旋转到底的位置,观察校准信号幅值的变化,从而加深理解:只有把垂直偏转"微调"旋至"校准"位置,才能对信号进行准确测量。

(2) 观察各种波形并测量正弦波的电压与周期

① 将 8112 型函数发生器的信号接入示波器通道,分别输出方波、三角波、正弦波,在示波器上观察各种波形。

② 将正弦波发生器的 f_2 和 f_4 信号分别接入 CH1 通道,在示波器上调节出大小适中、稳定的正弦波形,通过测量电压峰-峰值 u_{p-p} 和周期 T,分别算出电压有效值 u_e 和频率 f。

(3) 观察李萨如图形,用李萨如图形测量正弦信号频率

将正弦波发生器的 f_2 信号接入 CH1 通道,将 8112 型函数发生器的正弦信号接入 CH2 通道,按下 X - Y 键,将"方式"开关置于 CH2 挡,此时"触发源"应置于 CH1 挡,示波器按 $X-Y$ 方式工作。

调节 8112 型函数发生器正弦信号的频率,在屏上分别得到 $f_y: f_x$ 为1∶1、1∶2、1∶3、2∶3的稳定图形。通过观察李萨如图形,加深对垂直方向振动合成概念的理解。列表记下相应 f_y 及图形与水平线相交的点数 n_x 和与垂直线相交的点数 n_y 的值,由已知 f_y 算出待测 f_x。

再任选一个频率比,重点上述实验,并在坐标纸上绘出图形。

实验 2 观察二极管伏安特性曲线并测动态电阻

(1) 观察二极管伏安特性曲线

打开信号源和示波器,调节信号发生器输出信号,选择合适的频率,一般取 100 Hz~1 kHz,示波器打到 $X-Y$ 挡,触发耦合放在 DC 位置,即可得到特征曲线。

① 在示波器上观测硅稳压管伏安特性的全貌。

② 在坐标纸上定量地描绘出 $V-I$ 特性曲线,确定坐标原点(把 CH1 和 CH2 都接地,看亮点是否在示波器的中心点),正确标出 X 轴和 Y 轴的单位和坐标。

③ 从伏安曲线中测量二极管的正向导通电压和反向击穿电压。

(2) 测稳压二极管的动态电阻

① 参考"观察二极管伏安特性曲线"实验电路图接线,打开示波器,调节好适当的扫描频率和幅值,观察波形。

② 测量二极管工作电流 $I_P=-5$ mA 状态下二极管两端电压 $\widetilde{U}$(峰-峰值)和电阻 R 上的电压 $\widetilde{U}_R$(峰-峰值),并计算动态电阻。

实验3　声速测量

(1) 测量正弦波谐振频率并用振幅法测量声波波长

通过调节正弦波谐振频率,加深对同方向振动合成概念的理解。

① 按实验装置图4.6.10接线,使S_1与S_2靠拢且留有一定间隙,两端面尽量保持平行且与S_2的移动方向垂直。用示波器观察加在发射头S_1上的电信号和由接收头S_2输出的电信号,微调信号发生器的频率,使其在压电换能谐振频率附近。缓慢移动S_2可在示波器上看到正弦波振幅的变化;移到第一次振幅较大处,固定S_2,再仔细调节频率,使示波器上的图形振幅最大,此时即达到谐振状态,此时的频率等于压电换能器的谐振频率。

② 振幅法测波长是利用接收换能器电压输出的极值位置的间隔来确定的。为提高精度,要求测定连续10个间隔为$30\times\frac{\lambda}{2}$的距离,即连续测量第1~10个极大值的位置$x_1$,$x_2$,$x_3$,…,$x_{10}$,接着,继续移动接收器,默数极大值到第31个时再连续测出10个极大值位置x_{31},x_{32},…,x_{40}。由上面20个数据用逐差法计算$\bar{\lambda}$和$u(\bar{\lambda})$。

③ 计算声速测量中各直接测量值的不确定度。其中波长测量的不确定度包括3个分量:逐差法计算中的A类分量$u_a(\lambda)$、仪器误差限$\Delta_{仪}$带入的B类分量$u_{b1}(\lambda)$以及位置判断不准确而产生的B类分量$u_{b2}(\lambda)$。频率测量的不确定度只计测量过程信号频率不稳定而造成的B类分量$u_b(f)$。

④ 计算测定的空气声速c及其不确定度$u(c)$,给出相应的结果表述。计算相应室温下空气声速的理论值,与测量值比较,计算百分差。

(2) 用相位法测量声波波长

相位比较法测波长是利用李萨如图形来比较发射器交变电压和接收器电信号之间的相位差。移动接收器,依次记下椭圆蜕化为斜直线时换能器的位置,测量要求同上。

实验4　数字示波器及其应用

(1) 周期性矩形脉冲下,RC微分、积分电路

① 微分电路如图4.6.14所示,取$C=0.22\ \mu F$,$f=250\ Hz$,$u_{p-p}=2.0\ V$,要满足$\tau\ll t_p$,选$R=40\ \Omega$,观察和记录微分波形。

② 积分电路如图4.6.12所示,C、f、u_{p-p}的选取同微分电路,要满足$\tau\gg t_p$,选$R=10\ M\Omega$,观察和记录积分波形,并在周期性矩形脉冲输入的起始阶段,其充电过程未达到稳定时,观察和记录过渡波形。

(2) 同轴电缆电信号传播速度的测量

1) 行波法

按图4.6.18连接实验线路,打开信号源和示波器,调节信号发生器输出信号,取合适频率和幅值的方波,电容取100 pF,在示波器上观察当终端短路和终端匹配时,CH2处同轴电缆入射波与反射波叠加的波形,测量出信号在同轴电缆中反射一次所需的时间t及终端匹配电阻

R，并求出电信号在同轴电缆中的传播速度 v。

2）驻波法

按图 4.6.19 接线，即把同轴电缆传播信号测试仪转换为模式 2（按下 B 钮），观察李萨如图形如图 4.6.20 所示，选取合适的电阻 R，信号发生器输出合适的正弦波，测出电压波节和电流波节对应的频率值，求出信号反射时间 t，并求出电信号在同轴电缆中的传播速度 v 及电阻 R 的值。

4.6.5　思考题

① 用示波器观测周期为 0.2 ms 的正弦电压，若在荧光屏上呈现了 3 个完整而稳定的正弦波形，扫描电压的周期等于多少毫秒？

② 在双踪示波器上同时显示出两个相同频率的正弦信号（见图 4.6.21），请你确定两者的相位差。

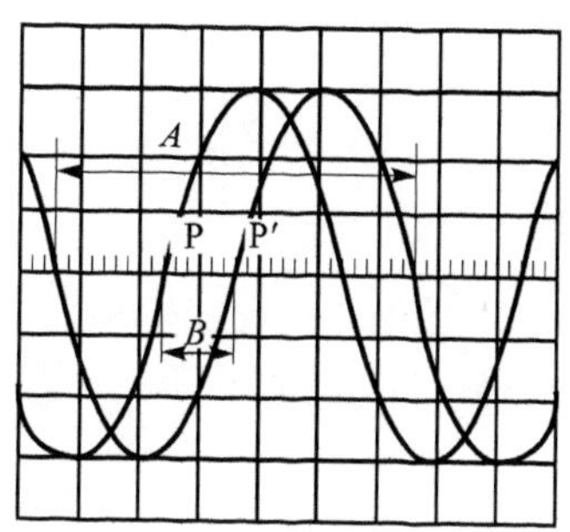

图 4.6.21　思考题②图

③ 在示波器的 Y 轴输入频率为 f_y 的正弦信号，X 轴输入频率为 f_x 的锯齿波扫描信号，荧光屏上分别观测到（a）、（b）、（c）三种图形（见图 4.6.22），试给出它们的频率比 $f_y : f_x$。

④ 定量讨论以下几种因素给声速测量带来的误差或不确定度。

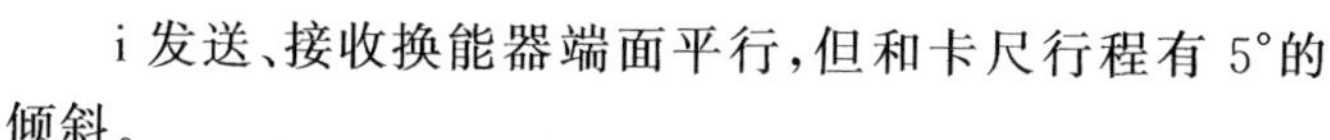

i 发送、接收换能器端面平行，但和卡尺行程有 5°的倾斜。

ii 实验中温度变化约为 1 ℃。

iii 振幅极大值位置的判断有约 0.1 mm 的不确定性。

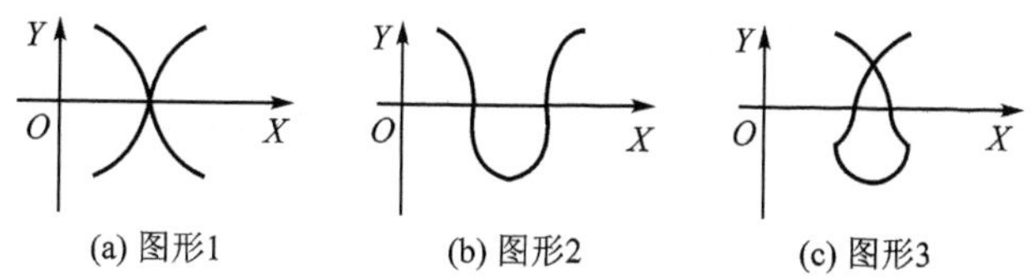

图 4.6.22　思考题③图

4.6.6　附录　关于大气中声速的理论推导

连续媒质中弹性纵波的传播速度为

$$c = \sqrt{\frac{K}{\rho}} \tag{4.6.20}$$

式中，K 是传播媒质的体积弹性模量，定义为压力改变与体积的相对改变之比的负值，即

$$K = \frac{-\Delta P}{\Delta V/V} \tag{4.6.21}$$

体积弹性模量与过程有关。在通常情况下,声波传播过程可以认为是绝热过程,对理想气体的绝热过程有:

$$PV^{\gamma} = \text{常数} \tag{4.6.22}$$

式中,γ为比热比,对理想的双原子气体(如空气)$\gamma=1.4$。由式(4.6.21)得

$$K = P\gamma \tag{4.6.23}$$

所以

$$c = \sqrt{\frac{P\gamma}{\rho}} \tag{4.6.24}$$

由理想气体状态方程

$$PV = \frac{M}{\mu}RT \tag{4.6.25}$$

得

$$P = \frac{M}{V}\frac{RT}{\mu} = \rho\frac{RT}{\mu} \tag{4.6.26}$$

代入式(4.6.24)得

$$c = \sqrt{\frac{\gamma RT}{\mu}} \tag{4.6.27}$$

式中,μ是相对分子质量;$R=8.314\ 41\ \mathrm{J/(mol \cdot K)}$,是气体普适常数。

在正常情况下,地面干燥空气的表观相对分子质量$\mu_a=28.964$,其成分主要是4/5的N_2和1/5的O_2,密度为$1.292\ 2\ \mathrm{kg/m^3}$。由式(4.6.27)可以得到在标准状况下,干燥空气中的声速是

$$c_0 = 331.45\ \mathrm{m/s} \tag{4.6.28}$$

最后,获得温度为t时干燥空气中声速的理论值为

$$c_t = 331.45\sqrt{1+\frac{t}{273.15\ ℃}}\ \mathrm{m/s} \tag{4.6.29}$$

实验方法专题讨论之五 ——几种减小误差的测量方法

(本节实例主要取自"声速测量和示波器的使用"和"扭摆法测转动惯量")

在基础物理实验中有许多减小误差特别是系统误差的测量方法,应当注意把它们上升到实验的思想高度来加以归纳。长期积累,必有所得。

1. 差值测量方法

在实验"示波器的应用"声速测量中,换能器的端面位置很难严格对准读出,但换能器移过

的距离却比较容易准确测定。实验正是由此测得波长的。这就避开了因各种原因不能准确测定换能器位置所造成的困难。

这种方法，可以有效地用来消除大小未知的定值系统误差。本实验发送-接收换能器端面的距离中包含了近场末端效应的影响，采用差值测量，其影响就被消除了。由于扣除了0点或本底的系统误差，常可使测量的准确度得到大幅度的提高。这在物理实验和研究中十分常见。

然而差值测量方法如果使用不当，也可能出问题。重新考察扭摆法测转动惯量中关于平行轴定理的验证实验，滑块对过质心转轴的转动惯量公式为

$$I_5 = I_{5O} - m_5 x^2$$

式中，I_{5O}为滑块对公共转轴O的转动惯量。在本实验的参数条件下，I_5是一固定不变的小量，而I_{5O}和$m_5 x^2$均$\gg I_5$，因而出现了两个大数相减得一小数的情况。在这种情形下，即便I_{5O}和$m_5 x^2$的测量误差都很小，但由于它们的差值也很小，因此算出的转动惯量仍可能有很大的误差，甚至出现完全不合理的结果。正因为如此，该实验只讨论平行轴定理的验证，而不涉及滑块转动惯量的测量。在实验设计中，应注意避免两个大数相减得小数的情况出现。

思考：如果要用此法比较准确地测量I_5，实验应当怎么设计？

2. 累计测量方法

对一个等间隔或重复过程，其间隔的测量，可以取多个间隔(或过程)数来进行。这样做常常可以大大减小测量误差。基于这种思想，声速测量中采用测量$30\times\frac{\lambda}{2}$间距然后再求得$\frac{\lambda}{2}$的办法，而不是直接测量$\frac{\lambda}{2}$。显然，前者的精度要高得多。

类似的例子在扭摆周期测量、双棱镜条纹间距测量和迈克尔逊实验中也可以看到。

思考：只测一个半波长与测$30\times\frac{\lambda}{2}$相比，两者的测量精度有多大差异？提示：分别计算两者的相对不确定度。计算中因极大位置判断及仪器误差等因素带入的不确定度可按$u\approx 0.15$ mm处理。

3. 比率测量方法

在“扭摆法测转动惯量”实验中，用扭摆的周期T来计算I，需要知道弹簧的扭转系数K，它是通过转动惯量已知的圆柱体算出的。这实际是一种比率测量。

被测量I_X的准确度与周期测量的比值有关，而与周期本身的绝对准确度无关。这种利用比值的测量方法可以显著地提高被测量的准确度。

$$\left.\begin{aligned} T_0 &= 2\pi\sqrt{\frac{I_0}{K}} \\ T_1 &= 2\pi\sqrt{\frac{I_0+I_1}{K}} \\ T_X &= 2\pi\sqrt{\frac{I_0+I_X}{K}} \end{aligned}\right\} \Rightarrow I_X = \frac{T_X^2 - T_0^2}{T_1^2 - T_0^2} I_1$$

比率测量还体现在实用电位差计的仪器设计上。$E_X = \frac{R_X}{R_N}E_N$,E_X 的测量准确度与比率 $\frac{R_X}{R_N}$ 有关,而与电阻元件本身阻值的绝对准确度无关。这种测量方法,在精密仪器的设计中非常有用。

思考:如果测扭摆周期的石英振荡器周期比标称值偏长,将给被测量 I_X 带来误差吗?

4. 交换测量方法

在自组电桥实验中,除了标准电阻 R_N 采用精度较高的电阻箱外,另两个桥臂电阻 R_1、R_2 使用的是普通的金属膜电阻。由于采用交换测量,并不要求知道它们的准确值,只要求 R_1 和 R_2 在测量时间内阻值不改变,就可以获得准确度较高的被测电阻值 $R_X = \sqrt{R_N R_N'}$(R_X 的准确度主要取决于标准电阻 R_N 和示零电路的灵敏度)。

应用交换测量方法可以消除天平不等臂带来的系统误差。

思考:实验应当怎样进行?质量称衡的计算公式是什么?

5. 对称测量方法

分光仪测角采用对径窗的读数方法,这样可以消除主刻度盘和游标盘因转动中心不重合而带来的系统误差。在双电桥测低阻实验中,要对正反向电流分别进行电桥平衡读数;在拉伸法测弹性模量实验中,要记录加减载荷时的伸长取平均,也都体现了类似的思想。

思考:在双电桥测低阻和拉伸法测弹性模量实验中,采用对称测量的具体目的是什么?

总结一下,在你做过的实验中,还有哪些减小误差、提高测量精度的方法和手段?

4.7 电阻的测量

电阻是电路的基本元件之一,电阻值的测量是基本的电学测量。电阻的分类方法很多,通常按材料划分为碳膜电阻、金属膜电阻、线绕电阻等;按特性划分为固定电阻、可变电阻、特种电阻(光敏电阻、压敏电阻、热敏电阻)等;按伏安特性(电压-电流曲线)划分为线性电阻和非线性电阻(典型非线性电阻有白炽灯泡中的钨丝、热敏电阻、光敏电阻、半导体二极管和三极管等);按阻值大小可划分为低电阻、中电阻和高电阻。

不同大小的电阻阻值测量方法也有所不同。中电阻($10 \sim 10^6\ \Omega$)的测量方法很多,多数也为大家所熟知。而随着科学技术的发展,常常需要测量介于 $10^7 \sim 10^{18}\ \Omega$ 的高电阻与超高阻(如一些高阻半导体、新型绝缘材料等),同时也需要测量低于 $1\ \Omega$ 乃至 $10^{-7}\ \Omega$ 的低电阻与超低阻(如金属材料的电阻、接触电阻、超导材料等)。对这些特殊电阻的测量,需要选择合适的电路,消除电路中导线电阻、漏电电阻、温度等的影响,才能把误差降到最小,保证测量精度。

电桥由于测量准确、方法简单巧妙，在电测技术中被普遍使用。电桥电路不仅用于直流测量，还可以用于交流测量，故有直流电桥和交流电桥之分。直流电桥主要用于电阻测量，有测量电阻值居中（$10 \sim 10^6\ \Omega$）的单电桥和测量低电阻（$<10\ \Omega$）的双电桥。交流电桥是测量交流阻抗的常用方法，除测量电阻外，还可测量电容、电感等电学量。结合传感器的使用，电桥电路还可测量一些非电学量，例如温度、湿度、应变等，在非电量电测方法中应用广泛。

4.7.1　实验要求

1. 实验重点

① 掌握平衡电桥的原理——零示法与电压比较法；

② 学习用交换测量法消除系统误差；

③ 学习灵敏度的概念，了解影响电桥灵敏度的因素；

④ 掌握电学实验操作规程，严格规范操作；

⑤ 学习测量电阻常用电学仪器仪表的正确使用（如惠斯通电桥、双臂电桥、电压表、电流表、检流计、滑线变阻器、电阻箱等）和箱式电桥仪器误差公式；

⑥ 掌握测量电阻的基本方法，了解不同测量方法各自的适用条件并学习自己设计实验电路；测定高阻、中阻、低阻的阻值及线性、非线性电阻的伏安特性曲线。

2. 预习要点

① 电桥平衡过程中何处体现了零示法和电压比较法？本实验中为什么要采用交换测量法？

② 什么是回路接线法？什么是安全位置？什么叫瞬态试验和“宏观”粗测？（参阅电学实验预备知识。）

③ 电桥灵敏度是怎样定义的？实验中是怎样测量灵敏度的？影响电桥灵敏度的因素有哪些？设计电路并进行参数估计。

④ 指针式检流计中的“短路”和“电计”按钮分别起什么作用？怎样使用？检流计的制动拨钮又应怎样使用？实验结束后，应将制动拨钮拨至何处？镜面上的小镜子起什么作用？怎样正确读数？

⑤ 箱式电桥 QJ45 选取比率 C 的原则是什么？检流计（电计）G 的 3 个按钮 0.01、0.1、1 各代表什么意义？测量结果应以哪个键为准？设被测电阻分别约为 15 Ω、200 Ω、150 kΩ，问应如何选取 QJ45 型电桥比率 C？

⑥ 伏安法测电阻的方法中，存在什么系统误差？如何进行修正？画出伏安法测中电阻的完整电路图并进行参数估计。

⑦ 测量电表内阻一般有哪些方法？各有什么使用条件？

⑧ 伏阻法和安阻法何处存在系统误差？各自有什么使用条件？补偿法是否存在方法误差？

⑨ 为什么不能用惠斯通电桥测低电阻？开尔文电桥较之惠斯通电桥作了何改进？在开尔文电桥中，通过哪两个条件基本消除了附加电阻的影响？

⑩ 双电桥测低阻实验中有一根短粗导线，应将其接在何处？在开尔文电桥电路中，如果R_N、R_X与仪器"3"、"4"、"7"、"8"连接的4根导线中，有一根是断线，电桥能否调节平衡？若能调节平衡，R_X的测量值是否正确？为什么？

4.7.2 实验原理

方法1 伏安法测电阻

所谓伏安法是同时测量电阻两端电压和流过电阻的电流，由欧姆定律

$$R=\frac{V}{I} \tag{4.7.1}$$

来求得阻值R。也可用作图法，画出电阻的伏安特性曲线，从曲线上求出电阻的阻值。

用伏安法测电阻，原理简单，方法简便，并且能绘制待测元件的伏安特性曲线，直观形象，所以在电学测量中应用普遍。伏安法测电阻的缺点是，测试电表在工作时改变了待测电路的工作状态，给测量带来了误差。若用电位差计取代电压表(由于电压补偿的作用，电位差计可视做内阻无穷大的电压表，电位差计原理参见4.8节)，则测量精度将大大提高。

(1) 电路原理

图4.7.1为伏安法测电阻的两种原理电路，显然由于电表内阻(R_V、R_A)的影响，无论采用电流表内接或电流表外接，都不能严格满足欧姆定律：如采用内接法，则电压表所测电压为R_L+R_A两端的电压；如采用外接法，则电流表所测电流为流过R_X与流过R_V的电流之和。这样就给测量带来了系统误差，称之为"接入误差"或"方法误差"。但此系统误差有规律可循，一旦将误差修正后，即可得到正确结果。

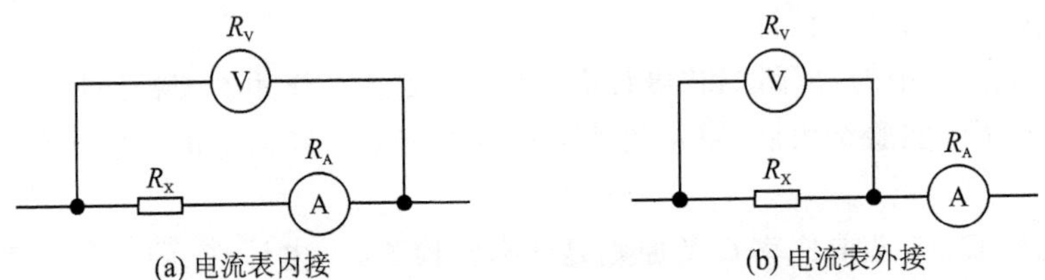

图4.7.1 伏安法测电阻原理图

1) 电流表内接时系统误差的修正

按图4.7.1(a)所示电路测出电压V及电流I，则$\frac{V}{I}=R_X+R_A$，即

$$R_X=\frac{V}{I}-R_A \tag{4.7.2}$$

由式(4.7.2)可以看出，当 $R_A \ll R_X$ 时，其影响可以忽略；换言之，如果 $R_X \gg R_A$，应采用内接法。

2）电流表外接时系统误差的修正

按图4.7.1(b)所示电路测出电压 V 和电流 I，则 $\frac{V}{I}=\frac{R_X R_V}{R_X+R_V}$，即

$$R_X=\frac{V}{I}\cdot\frac{R_V}{R_V-\frac{V}{I}}=R'_X\frac{R_V}{R_V-R'_X} \tag{4.7.3}$$

由式(4.7.3)可以看出，当 $R_V \gg R_X$ 时，R_V 的影响将很小，即当 $R_X \ll R_V$ 时应采用外接法。

(2) 扩展电路

除上述伏安法测电阻外，通常还可采用以下方法测量电阻。

1）伏阻法

伏阻法是利用电压表和已知阻值的定值电阻 R_0 来测量待测电阻的阻值。电路如图4.7.2所示，先把电压表并联在 R_0 两端，测出电压 V_0；然后再把电压表并联在 R_X 两端，测出 R_X 两端的电压 V_X，则

$$R_X=\frac{V_X}{V_0}R_0 \tag{4.7.4}$$

用该电路测量时也有理论误差存在，实际上是忽略了电压表对电路的影响，因此用此法时应满足 R_V 远远大于待测电阻 R_X 和定值电阻 R_0 的阻值。

2）安阻法

安阻法是利用电流表和已知阻值的电阻 R_0 来测量待测电阻的阻值。电路如图4.7.3所示，先将电流表与 R_0 串联，测出通过 R_0 的电流 I_0；然后再将电流表串联到 R_X 回路，测出通过 R_X 的电流 I_X，则

$$R_X=\frac{I_0}{I_X}R_0 \tag{4.7.5}$$

此测量方法同样有理论误差存在，它忽略了电流表对电路的影响，故用此法时应满足 R_A 远远小于待测电阻 R_X 和固定电阻 R_0 的阻值。

3）补偿法

所谓补偿法是利用电压补偿原理消除伏安法测电阻的系统误差，从而可以准确测量待测电阻的阻值。补偿法测电阻的原理及电路如图4.7.4所示。调节两滑片P和P′使检流计G指示为零，此时两回路实现电压补偿，流过电阻 R_X 中的电流不再向V表分流，因此A表测出的恰是通过电阻 R_X 的电流，而V表显示的也是电阻 R_X 上的电压，这样就可以准确地计算出 R_X 的阻值。

(3) 电表内阻测量

在实际问题中，常常需要测量电表的内阻。测电表内阻的方法很多，其中常用的是半偏法和替代法，这两种方法实际也是伏安法。

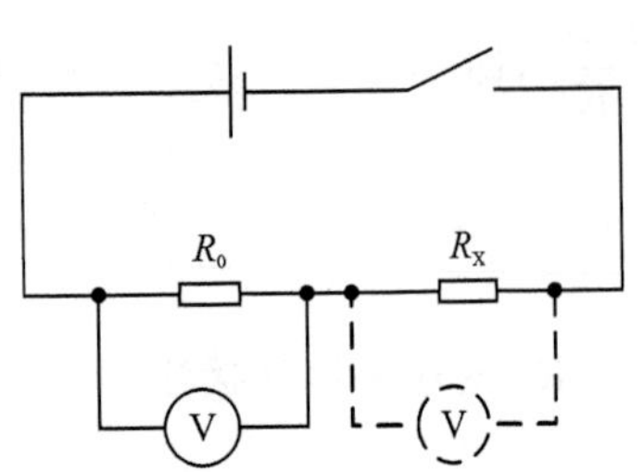

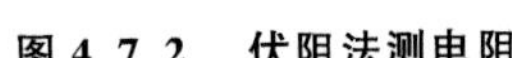
图 4.7.2　伏阻法测电阻

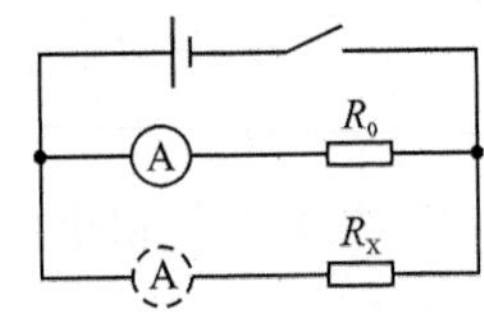

图 4.7.3　安阻法测电阻

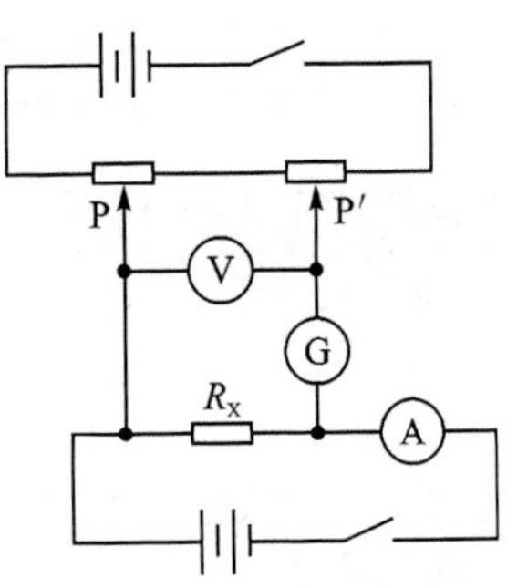

图 4.7.4　补偿法测电阻

1) 半偏法

半偏法的基本电路有两种形式,其一如图 4.7.5(a) 所示,R 为可变电阻,选择适当的电源 E,调节 $R=R_1$,使待测表指针满偏 $I_g=I_m$;再调节 $R=R_2$,使待测表半偏 $I_g=I_m/2$。若电源 E 的内阻可忽略($r \ll R+R_g$),由欧姆定律不难证明:

$$R_g = R_2 - 2R_1 \tag{4.7.6}$$

若选择合适的电源电压,当 $R_1=0$ 时,待测表示值为 I_m,则

$$R_g = R_2 \tag{4.7.7}$$

此法要求电源端电压不变(r 可忽略),故称为"恒压"半偏法,常用于测内阻较大的电表,例如电压表、微安表等,也可用于测灵敏电流计内阻。

半偏法的另一种电路如图 4.7.5(b) 所示。断开 S_2,选 R_1 为某值,使得待测表满偏,此时电源供给的电流(R_1 可视为电源的等效内阻)为

$$I_1 = \frac{E}{R_1 + R_g} = I_g \tag{4.7.8}$$

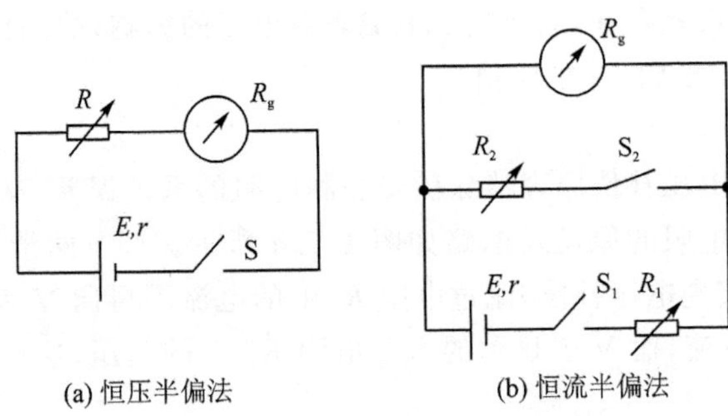

(a) 恒压半偏法　　(b) 恒流半偏法

图 4.7.5　半偏法测电表内阻

然后合上 S_2,调节 R_2 为某值,使待测表半偏,此时电源供给的电流为

$$I_2=\frac{E}{R_1+\dfrac{R_2R_g}{R_2+R_g}}=\frac{1}{2}I_g+\frac{\dfrac{1}{2}I_gR_g}{R_2}\tag{4.7.9}$$

两式相除，可得

$$R_g=\frac{R_1R_2}{R_1-R_2}\tag{4.7.10}$$

若有 $R_1 \gg R_2$，则

$$R_g=R_2\tag{4.7.11}$$

可直接从电阻箱上读出电表内阻的值。式(4.7.11)也可以从主电路中电流保持不变直接得出，所以该方法也可称为“恒流”半偏法，它常用来测内阻小的电表，例如毫安表、安培表等。

2）替代法

替代法的原理如图 4.7.6 所示，用标准的电阻替代被测表并保持回路中的端电压或电流不变，则标准电阻的值就是待测表的内阻。它也有两种基本电路。图 4.7.6(a)为用电流表作指示；图 4.7.6(b)为用电压表作指示。替代法无方法误差，但应根据仪表具体条件选择合适的电路，以保证足够的测量灵敏度，否则可能产生较大的测量误差。一般来说，当 $R_g \gg R_{内}$（$R_{内}$ 为指示表内阻）时，宜用图 4.7.6(a) 的电路；$R_g \ll R_{内}$ 时，宜选图 4.7.6(b) 的电路图。其目的在于：作替代测量时，如 R_0 的值稍偏离 R_g，则电表指示能有较大的变化，以提高系统的反应灵敏度。

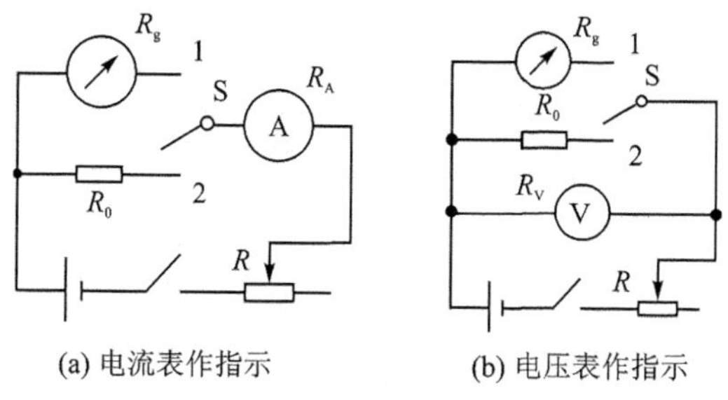

图 4.7.6　替代法测电表内阻

上述电路均针对中值电阻而设计，若用伏安法测量低电阻和高电阻，则需借助检流计实现电流或电压的测量。其中首先要测量检流计的内阻和电流常数。伏安法测量低电阻和高电阻的电路也需作适当修改。

(4) 伏安法测高电阻与低电阻

用伏安法测高电阻和低电阻的原理相似，其特殊性表现在前者的工作电流小，而后者的工作电压小。用伏安法测高电阻($>10^4$ Ω)时，由于通过电阻的电流太小，一般的电流表测不出来，故采用灵敏电流计(见图 4.7.7(a))；用伏安法测低电阻(<1 Ω)时，一般的电压表也难以

准确测量,也可采用灵敏电流计测出小电压(见图 4.7.7(b))。为此须先确定灵敏电流计的电流常数 K_i 和内阻 R_g。

测量电路如图 4.7.8 所示。因检流计不能通过较大的电流,故采用两次分压电路:第一次分压取自滑线变阻器,由电压表读出数据;第二次分压取自 R_1 的端电压。如果条件选择得当,也可以省去第一次分压电路。图 4.7.8 给出的 E、R_1 与 R_0 的数值只是参考数据,具体数值应根据检流计参数和灵敏度调节旋钮的位置,进行估算和调整,以保证电流适合检流计量程,又便于读数和获得正确的有效数字。

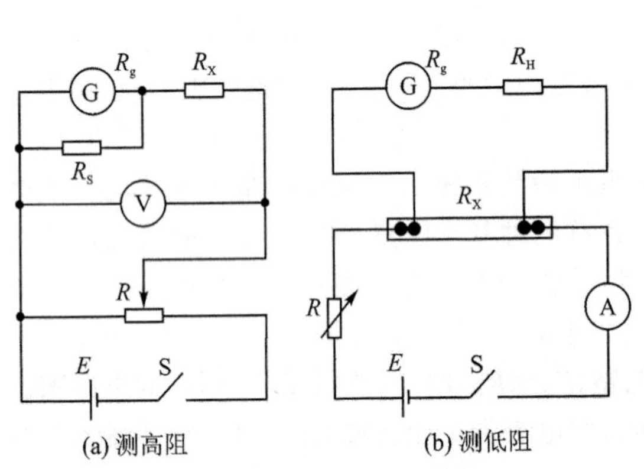

图 4.7.7　伏安法测高电阻和低电阻电路图

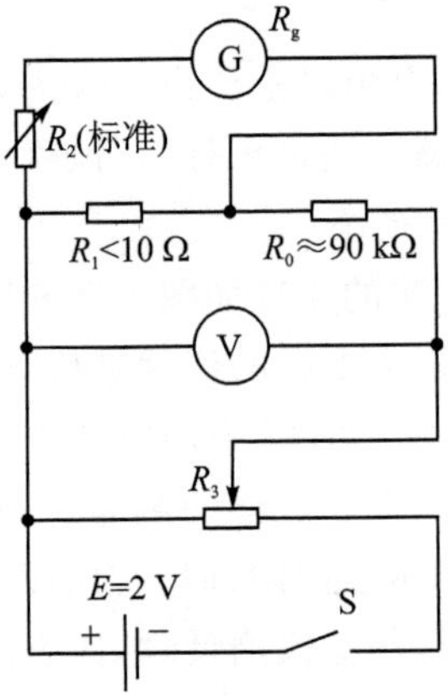

图 4.7.8　半偏法测 R_g 和 K_i

检流计内阻测量方法为:设定 R_2 为 0,调节某个元件参数(例如 R_0),使检流计为满刻度(20div);再调节 R_2,并保持 R_1 上的电压不变,使检流计指示值正好为满度之半(10div),则不难证明:$R_g=R_2$。

检流计的电流常数 K_i 即为检流计每小格所代表的电流值,其大小可结合测内阻时,检流计满偏的电压表读数 V 算出。考虑到 $R_g \gg R_1$,作用在 R_1 上的电压 V_1 可以充分准确地表示为 $V_1=R_1V/(R_0+R_1)$,于是电流常数 K_i 可由下式求出,即

$$K_i=\frac{I_g}{d}=\frac{R_1V}{(R_0+R_1)R_gd}$$

式中,d 是检流计满偏格数。

方法 2　电桥法测电阻

前面介绍的伏安法测量电阻,往往达不到很高的测量精度。一方面是由于线路本身存在缺点,另一方面是由于电压表和电流表本身的精度有限。为了精确测量电阻,必须对测量线路加以改进,电桥法就是常用的电阻测量方法。通常使用的电桥有惠斯通单电桥和开尔文双电桥,惠斯通电桥主要用于测量中等数值的电阻($10\sim10^6\ \Omega$);开尔文双电桥用于测量低值电阻($10^{-6}\sim10\ \Omega$)。

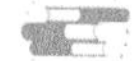

电桥法是一种用比较法进行测量的方法，它是在平衡条件下将待测电阻与标准电阻进行比较以确定其待测电阻的大小。电桥法具有灵敏度高、测量准确、方法巧妙、使用方便和对电源稳定性要求不高等特点，已被广泛地应用于电工技术和非电量电测中。

(1) 惠斯通电桥测中电阻

图 4.7.9 所示为惠斯通于 1843 年提出的电桥电路。它由 4 个电阻和检流计组成，R_N 为精密电阻，R_X 为待测电阻。接通电路后，调节 R_1、R_2 和 R_N，使检流计中电流为零，电桥达到平衡。易推得电桥平衡条件(请读者自己推导)：

$$R_X = \frac{R_1}{R_2} R_N \tag{4.7.12}$$

通常称 4 个电阻为电桥的“臂”，接有检流计的对角线称为“桥”；R_1/R_2 称为比率或比率臂；R_N 为标准电阻，称为比较臂；待测电阻 R_X 称为测量臂。

由于电桥平衡须由检流计示零表示，故电桥测量方法为零示法，零示法的测量精度较高。又由于电桥测电阻的过程是 D 点电位与 C 点电位进行比较(由示零器指示其比较结果)，经过调节直到两点电压为零——电桥达到平衡的过程。电桥一旦平衡便可由三个已知电阻定出一个未知电阻。测量过程即电压比较过程，故电桥测量又是电压比较测量。

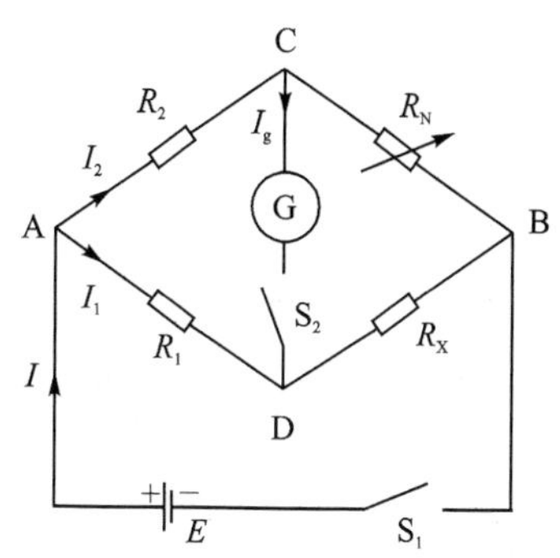

图 4.7.9　惠斯通电桥

惠斯通电桥测量电阻的主要优点有：

① 平衡电桥采用了零示法——根据示零器的“零”或“非零”的指标，即可判断电桥是否平衡而不涉及数值的大小。因此，只需示零器足够灵敏，就可以使电桥达到很高的灵敏度，从而为提高它的测量精度提供了条件。

② 用平衡电桥测量电阻的实质是拿已知的电阻和未知的电阻进行比较，这种比较测量法简单而精确，如果采用精确电阻作为桥臂，则可以使测量的结果达到很高的精确度。

③ 由于平衡条件与电源电压无关，故可避免因电压不稳定而造成的误差。

在式(4.7.12)中，若 R_1 与 R_2 的值不易测准，测量结果就会有系统误差，采用交换测量法可消除它。交换 R_N 与 R_X 的位置，不改变 R_1、R_2，再次调节电桥平衡，记下此时电阻箱的值，设为 R'_N，则有

$$R_X = \frac{R_2}{R_1} R'_N \tag{4.7.13}$$

由式(4.7.12)、式(4.7.13)得出

$$R_X = \sqrt{R_N R'_N} \tag{4.7.14}$$

上式说明，采用交换测量法，R_X 的测量式中不出现 R_1 和 R_2，因此若自组电桥，只要有一个标准电阻和两个数值稳定但不要求准确测定的电阻，即可得出 R_X 的准确值。

在电桥平衡后,将 R_X 稍改变 ΔR_X,电桥将失衡,检流计指针将有 Δn 的偏转,称

$$S=\frac{\Delta n}{\Delta R_X} \tag{4.7.15}$$

为电桥(绝对)灵敏度。电桥灵敏度的大小与工作电压有关,为使电桥灵敏度足够,电源电压不能过低;当然也不能过高,否则可能损坏电桥。显然,若 R_X 改变,很大范围内尚不足引起检流计指针的反应,则此电桥系统的灵敏度很低,它将对测量的精确度产生很大影响。电桥灵敏度与检流计的灵敏度、电源电压及桥臂电阻配置等因素有关,选用较高灵敏度的检流计,适当提高电源电压都可提高电桥灵敏度。如果电阻 R_X 不可改变,这时可使标准电阻改变 ΔR_N,其效果相当于 R_X 改变 ΔR_X。由式(4.7.13)可得到

$$\Delta R_X=\frac{R_1}{R_2}\Delta R_N \tag{4.7.16}$$

将上式代入式(4.7.15)中,则

$$S=\frac{\Delta n}{\Delta R_X}=\frac{R_2\Delta n}{R_1\Delta R_N} \tag{4.7.17}$$

当 $R_1=R_2$ 时,则

$$S=\frac{\Delta n}{\Delta R_N} \tag{4.7.18}$$

电桥接近平衡时,在检流计的零点位置附近,ΔR_N 与 Δn 成正比。为减少测量误差,Δn 不能取值太小,但又不能超出正比区域,本实验可取 $\Delta n=5\text{div}$。

一般检流计指针有 0.2div 的偏转时,人眼便可察觉,由此可定出灵敏度引起的误差限为

$$\Delta_{灵}=\frac{0.2}{S} \tag{4.7.19}$$

(2) 双电桥测低电阻

惠斯通电桥(单电桥)测量的电阻,其数值一般在 $10\sim10^6\ \Omega$ 之间,为中电阻。对于 $10\ \Omega$ 以下的电阻,例如变压器绕组的电阻、金属材料的电阻等,测量线路的附加电阻(导线电阻和端钮处的接触电阻的总和为 $10^{-4}\sim10^{-2}\ \Omega$)不能忽略,普通惠斯通电桥难以胜任。双电桥是在单电桥的基础上发展起来的,可以消除(或减少)附加电阻对测量结果的影响,一般用来测量 $10^{-5}\sim10\ \Omega$ 之间的低电阻。

如图 4.7.10 所示,用单电桥测低电阻时,附加电阻 R' 与 R'' 和 R_X 是直接串联的,当 R' 和 R'' 的大小与被测电阻 R_X 大小相比不能被忽略时,用单电桥测电阻的公式 $R_X=\frac{R_3}{R_1}R_N$ 就不能准确地得出 R_X 的值;再则,由于 R_X 很小,如 $R_1\approx R_3$,电阻 R_N 也应是小电阻,其附加电阻(图中未画出)的影响也不能忽略,这也是得不出 R_X 准确值的原因。

开尔文电桥是惠斯通电桥的变形,在测量小阻值电阻时能给出相当高的准确度。它的电路原理见图 4.7.11。其中 R_1、R_2、R_3、R_4 均为可调电阻,R_X 为被测低电阻,R_N 为低值标准电

阻。与图 4.7.10 对比，开尔文电桥作了两点重要改进：

① 增加了一个由 R_2、R_4 组成的桥臂。

② R_N 和 R_X 由两端接法改为四端接法。其中 P_1P_2 构成被测低电阻 R_X，P_3P_4 是标准低电阻 R_N，P_1、P_2、P_3、P_4 常被称为电压接点，C_1、C_2、C_3、C_4 称为电流接点。

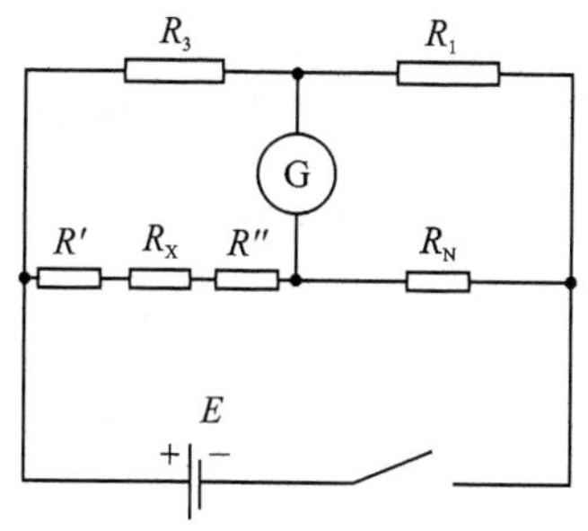

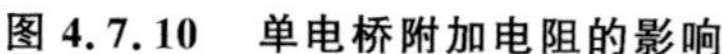

图 4.7.10　单电桥附加电阻的影响

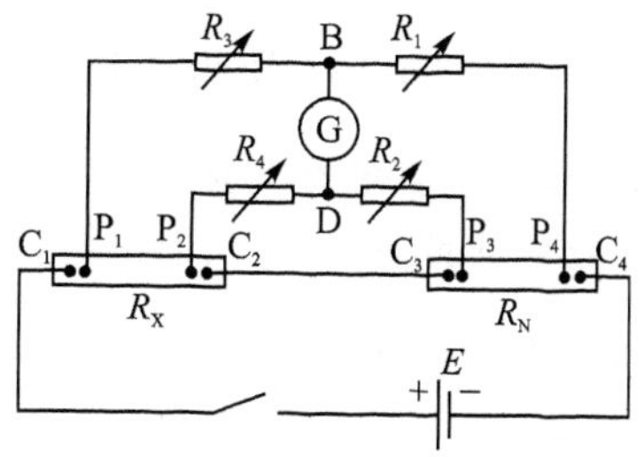

图 4.7.11　开尔文电桥原理图

在测量低电阻时，R_N 和 R_X 都很小，所以与 P_1～P_4、C_1～C_4 相连的 8 个接点的附加电阻(引线电阻和端钮接触电阻之和)R'_{P_1}～R'_{P_4}、R'_{C_1}～R'_{C_4}，R_N 和 R_X 间的连线电阻 R'_L，P_1C_1 间的电阻 R'_{PC_1}，P_2C_2 间的电阻 R'_{PC_2}，P_3C_3 间的电阻 R'_{PC_3}，P_4C_4 间的电阻 R'_{PC_4}，均应给予考虑。于是，开尔文电桥的等效电路如图 4.7.12(a)所示。其中 R'_{P_1} 远小于 R_3，R'_{P_2} 远小于 R_4，R'_{P_3} 远小于 R_2，R'_{P_4} 远小于 R_1，均可忽略。R'_{C_1}、R'_{PC_1}、R'_{C_4}、R'_{PC_4} 可以并入电源内阻，不影响测量结果，也不予考虑。需要考虑的只有跨线电阻 $R'=R'_{C_2}+R'_{PC_2}+R'_{PC_3}+R'_{C_3}+R'_L$。简化后的电路如图 4.7.12(b)所示。

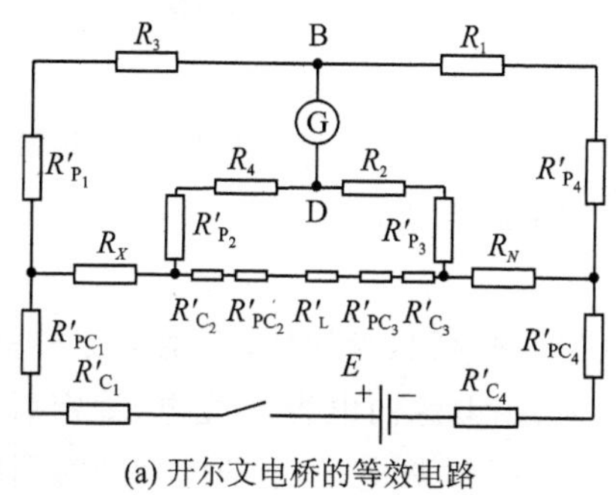

(a) 开尔文电桥的等效电路

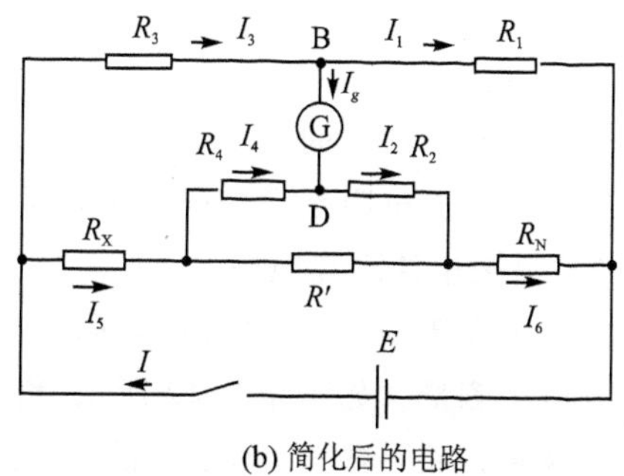

(b) 简化后的电路

图 4.7.12　开尔文电桥等效电路图

调节 R_1、R_2、R_3、R_4 使电桥平衡。此时，$I_g=0$，$I_1=I_3$，$I_2=I_4$，$I_5=I_6$，$V_B=V_D$，且有

$$\begin{cases} I_3R_3=I_4R_4+I_5R_X \\ I_1R_1=I_2R_2+I_6R_N \\ I_2R_2+I_4R_4=(I_5-I_4)R' \end{cases}$$

三式联立求解得

$$R_X = \frac{R_3}{R_1}R_N + \frac{R'R_2}{R_2 + R_4 + R'}\left(\frac{R_3}{R_1} - \frac{R_4}{R_2}\right) \tag{4.7.20}$$

表面看来只要保证 $\frac{R_3}{R_1} = \frac{R_4}{R_2}$,即可有 $R_X = \frac{R_3}{R_1}R_N$,附加电阻的影响就可以略去。然而绝对意义上的 $\frac{R_3}{R_1} - \frac{R_4}{R_2} = 0$ 实际上做不到,这时 R_X 可以看成 $\frac{R_3}{R_1}R_N$ 与一个修正值 Δ 的叠加。不难想见,再加上跨线电阻足够小 $R' \approx 0$,就可以在测量精度允许的范围内忽略 Δ 的影响。

通过这样两点改进,开尔文电桥将 R_N 和 R_X 的接线电阻和接触电阻巧妙地转移到电源内阻和阻值很大的桥臂电阻中,又通过 $\frac{R_3}{R_1} = \frac{R_4}{R_2}$ 和 $R' \approx 0$ 的设定,消除了附加电阻的影响,从而保证了测量低电阻时的准确度。

为保证双电桥的平衡条件,可以有两种设计方式:

① 选定两组桥臂之比为 $M = \frac{R_3}{R_1} = \frac{R_4}{R_2}$,将 R_N 做成可变的标准电阻,调节 R_N 使电桥平衡,则计算 R_X 的公式为 $R_X = MR_N$。式中,R_N 称为比较臂电阻,M 为电桥倍率系数。

② 选定 R_N 为某固定阻值的标准电阻并选定 $R_1 = R_2$ 为某一值,联调 R_3 与 R_4 使电桥平衡,则计算 R_X 的公式变换为

$$R_X = \frac{R_N}{R_1}R_3 \qquad 或 \qquad R_X = \frac{R_N}{R_2}R_4 \tag{4.7.21}$$

此时 R_3 或 R_4 为比较臂电阻,$\frac{R_N}{R_1}$ 或 $\frac{R_N}{R_2}$ 为电桥倍率系数。实验室提供的 QJ19 型单双电桥采用的是第②种方式。

电阻率是半导体材料的重要电学参数之一,它的测量是半导体材料常规参数测量项目,四探针测量金属薄膜面电阻是当今微电子技术领域中常用的方法。

方法 3　充放电法测高电阻

若需要测量介于 $10^7 \sim 10^{18}$ Ω 的高阻或超高阻(如一些高阻半导体、新型绝缘材料等),可以采用充放电法测量。如图 4.7.13 所示,将 S 合向下,则电源向电容 C 充电,稳定后,C 上的电荷量 $Q = CV$ 。将 S 拉开,则 C 上的电荷通过待测电阻 R 放电,C 上的电荷随时间减少,其规律为

$$Q_t = Q_0 e^{-\frac{t}{RC}} \tag{4.7.22}$$

式中,Q_t 为放电 t 后电容剩余的电荷量,Q_0 为未放电时的电荷量,RC 为放电时间常数。电容 C 上剩余的电荷量可以通过将开关 S 合向上利用冲击检流计或电荷放大器(原理见 4.4 节)进行测量。

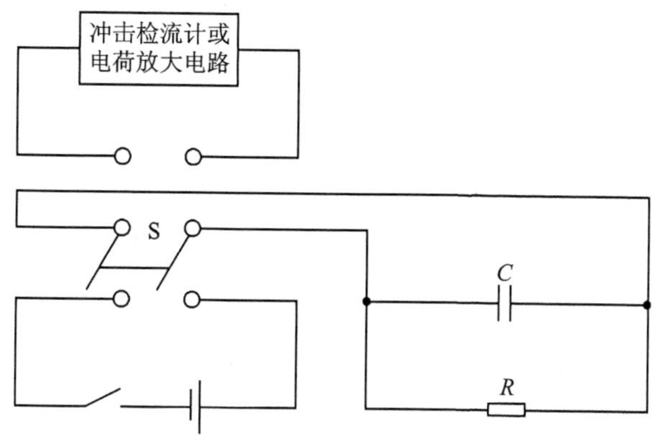

图 4.7.13　充放电法测量高电阻原理

4.7.3　实验仪器

电阻箱、指针式检流计、固定电阻两个(标称值相同、但不知准确值)、直流稳压电源、滑线变阻器(200 Ω)、待测电阻、开关等、QJ45 型箱式电桥;QJ19 型单双电桥、FMA 型电子检流计、滑线变阻器(48 Ω、2.5 A)、换向开关、直流稳压电源、电压表两个(0~7.5 V、0~75 V)、四端钮标准电阻(0.001 Ω)、待测低电阻(铜杆)、电流表两个(0~3 A、0~150 mA)、数显卡尺、待测二极管等。

4.7.4　实验内容

(1) 测线性电阻

自行选择用伏安法或电桥法测量高电阻、中电阻、低电阻或电表内阻,设计相应的实验电路,确定实验方案,完成电阻的测量。

(2) 测非线性电阻

自行设计电路测量二极管的伏安特性。

提示 1:测二极管伏安特性曲线时,需根据其正、反向电阻的大小分别采用电流表内接或外接方法。思考:如何利用单刀双掷开关实现内、外接的转换操作?

提示 2:测量非线性曲线时,需注意不宜均匀取点,而应遵循曲线变化慢处取点疏、曲线变化快处取点密的原则,以便准确绘制曲线。

提示 3:使用二极管时要注意加在其上的反向电压不得超过最大反向工作电压。

(3) 数据处理

① 列表记录原始数据;

② 计算线性电阻的阻值及其不确定度;

③ 用坐标纸绘制二极管伏安特性曲线;

④ 用一元线性回归法处理充放电法测高阻。

4.7.5 思考题

① 试借助一个电阻箱,采用伏安法测出电压表的内阻 R_V 和电流表的内阻 R_A,请说明测量方法。

② 假设连接惠斯通电桥电路时混入了一根断线,如果这根断线接在桥臂上,操作中检流计有什么现象?若断线在电源 E 回路,又会怎样?如果已经分析出电路中有一根断线,但无三用表或多余的好导线,用什么简便方法查出这根断线的位置?(提示:将可能是断的导线与肯定是好的导线在电路中的位置交换,视检流计的状态变化判定。)

③ 用一个滑线变阻器、一个电阻箱、一个待测毫安表、一个约 1.5 V 的甲电池、两个开关,自组电桥测一毫安表的内阻(约 30 Ω、量程 3 mA),要求画出电路图并说明测量原理与步骤。

④ 将一量程 $I_g=50\ \mu A$、内阻 $R_g=4.00\times10^3\ \Omega$ 的表头改装为一个量程为 5 A 的安培表,并联的分流电阻是多少?应如何正确连接?

实验方法专题讨论之六 ——故障排除

(本节实例取自"惠斯通电桥测中电阻")

故障是指因实验仪器或元件处于损坏状态而造成实验无法进行的情况。对初学者来说,遇到复杂的仪器故障(例如示波器、信号发生器等电子仪器的内部电路故障)应当立即断电关机并报告教师,同时认真记录故障发生的现象和初步判断,以供维修人员参考。对比较简单的故障应当学会自己排除,把它作为提高自己动手能力的实践机会。识别排除故障的基本方法有以下几种。

1. 观察分析法

认真观察、分析现象是识别和排除故障的第一步。故障发生时不仅要认真观察仪器的失常表现,而且要结合原理判断产生故障现象的原因和大概位置。例如做电桥实验时,检流计剧烈单向偏转,一般可判断为桥臂存在断路故障;若检流计始终不动,则是电源或 G 所在桥路存在断路故障。这里要注意两点。一是作出故障认定前必须保证仪器连接和调试操作正确。有些"故障"是操作不当引起的。例如有的学生做电桥实验时,无意中把电阻箱 R_N 的×10 kΩ 挡设在非 0 位置,尽管反复调节×100、×10 和×1 Ω 挡的旋钮,检流计始终"一边偏";又如检流计的制动拨钮处于锁定位置,实验时 G 始终"示零"……这些其实并非是故障引起的。二是故障发生时,要注意对仪器的保护。例如检流计剧烈偏转,应立即切断电源。为了确认故障发生的原因,有时需要让仪器带故障运行,这时更要强调安全。以本实验为例,可以采取的措施包括在降低电源电压的条件下操作,暂时断开检流计支路,必须接通时应串加大电阻保护,至少

要严格采用短时的跃接法等。

2. 元件替换法

用相同规格的部件来替换有疑问的部位，如故障现象消失，则表明被替换环节存在问题。例如在电桥实验中，连接导线内部断路是一种比较常见的故障。这时可以用一根无故障导线来进行替换，从而迅速把故障线找出。

3. 电压测量法①

根据通电时电源及各主要工作部位的电压值是否合理来进行故障的判断，它是仪器检查的一种基本方法。

故障识别的基本原则是逐步缩小故障范围，最后找到故障源。应当指出的是，在缩小故障范围的过程中，必须把所有环节考虑周全，否则可能漏掉真正的故障源而前功尽弃。下面是一个电桥实验故障判别的具体实例。按图 4.7.14 进行的自组电桥（辅助电阻 R_1 和 R_2 标称值为 1 kΩ，待测电阻 R_X 约 200 Ω)，实验时 G 始终剧烈地“一边偏”，而电路及操作都正确无误。于是首先怀疑桥臂电阻有断线。取一根好线逐个替换桥臂上的连接导线，故障依然存在。

后在教师指导下采用电压测量法。为保护检流计，先把 G 所在的桥路断开，保持余下元件的连接，并将电阻箱 R_N 置于 200 Ω(约为 R_X)。先用适当量程的电压表（略大于或等于电源的输出电压）测得电桥的端电压 V_{AB}($V_{AB}\approx 3$ V)，负表笔接 B，正表笔接 D 时读数约为 0.6 V，接 C 时读数约为 0 V。由此判断 AC 桥臂存在断路故障。再将正表笔由 C 向 A 移动，逐个测量每一个连接位置的电压，结果发现辅助电阻盒 R_1 接线柱的电压读数约为 0 V，而邻近的电阻引线的电压读数却是约为 3 V。于是进一步判断是 R_1 存在断路。最后发现是电阻引线与接线柱脱焊（见图 4.7.14 中标“×”处）。

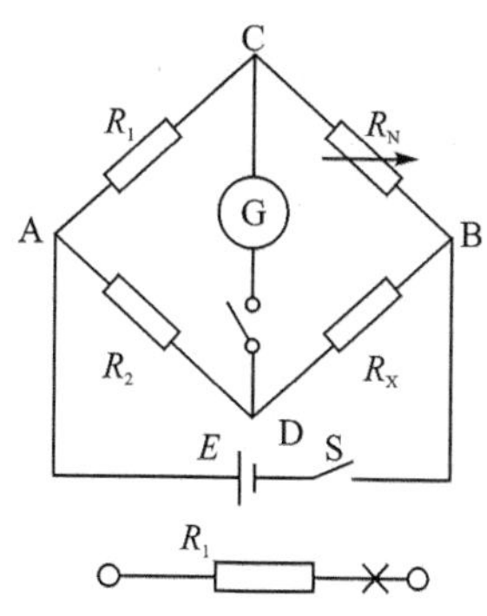

图 4.7.14　故障排除讨论

思考：在正常条件下 V_C 和 V_D 的读数应是多少？检查中判定 AC 桥臂存在断路的理由是什么？如果其他桥臂存在断路，相应的电压读数将怎样分布？

顺便指出：先前采用替换法没有找到故障的原因是没有把桥臂所有可能的断线环节都替换到（只检查了接线柱外部的连线）。

除上述方法以外，常见的还有信号注入和软件测试等方法。大家可以在深入学习和经验积累的基础上逐步熟悉掌握。

① 与此类似的还有电阻测量法和电流测量法。但电阻测量要在不通电的情况下进行，电流测量要断开被测电路再接入适当量程的电流表，故最方便和常用的还是电压测量法，而把电阻和电流测量作为补充检测或验证手段。

4.8 电位差计及其应用

补偿法在电磁测量技术中有广泛的应用,一些自动测量和控制系统中经常用到电压补偿电路。电位差计是电压补偿原理应用的典型范例,它是利用电压补偿原理使电位差计变成一内阻无穷大的电压表,用于精密测量电势差或电压。同理,利用电流补偿原理也可制作一内阻为零的电流表,用于电流的精密测量。

电位差计的测量准确度高,且避免了测量的接入误差,但它操作比较复杂,也不易实现测量的自动化。在数字仪表迅速发展的今天,电压测量已逐步被数字电压表所代替,后者因为内阻高(一般可达 $10^6\sim10^7\ \Omega$)、自动化测量容易,得到了广泛的应用。尽管如此,电位差计作为补偿法的典型应用,在电学实验中仍有重要的训练价值。此外,直流比较式电位差计仍是目前准确度最高的电压测量仪表,在数字电压表及其他精密电压测量仪表的检定中,常作为标准仪器使用。

4.8.1 实验要求

1. 实验重点

① 学习补偿原理和比较测量法;

② 牢固掌握基本电学仪器的使用方法,进一步规范实验操作;

③ 培养电学实验的初步设计能力;

④ 熟悉仪器误差限和不确定度的估算。

2. 预习要点

① 本实验是如何实现补偿的? 由电路中哪部分对待测电源进行补偿?

② 为什么要采用比较测量法? 本实验是怎样进行比较测量的? 式(4.8.1)成立的条件是什么?

③ 通常要对工作电流进行标准化,这样做有什么好处? 具体做法如何?

④ 怎样调节 UJ25 型箱式电位差计的工作电流?

⑤ 怎样正确使用指针式检流计? 如何理解电学实验操作规程?

⑥ 如何用电位差计测量电流或电阻,没有标准电池行不行?

4.8.2 实验原理

1. 补偿原理

测量干电池电动势 E_X 的最简单办法是把伏特表接到电池的正负极上直接读数(见图 4.8.1),但由于电池和伏特表的内阻(电池内阻 $r\neq0$,伏特表内阻 R 不能看做∞),测得的电压 $V=E_XR/(R+r)$ 并不等于电池的电动势 E_X。它表明:因伏特表的接入,总要从被测电路

上分出一部分电流，从而改变了被测电路的状态。我们把由此造成的误差称为接入误差。

为了避免接入误差，可以采用如图 4.8.2 所示的"补偿"电路。如果 cd 可调，$E>E_X$，则总可以找到一个 cd 位置，使 E_X 所在回路中无电流通过，这时 $V_{cd}=E_X$。上述原理称为补偿原理；回路 $E_X\to G\to d\to c\to E_X$ 称为补偿回路；$E\to S\to A\to B\to E$ 构成的回路称为辅助回路。为了确认补偿回路中没有电流通过(完全补偿)，应当在补偿回路中接入一个具有足够灵敏度的检流计 G，这种用检流计来判断电流是否为零的方法，称为零示法。

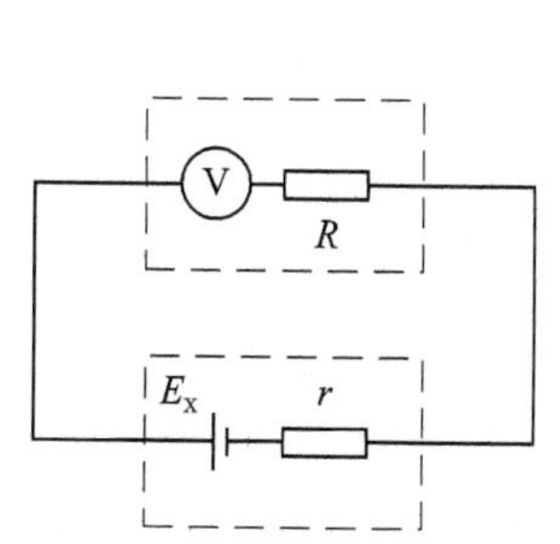

图 4.8.1　用电压表测电池电动势

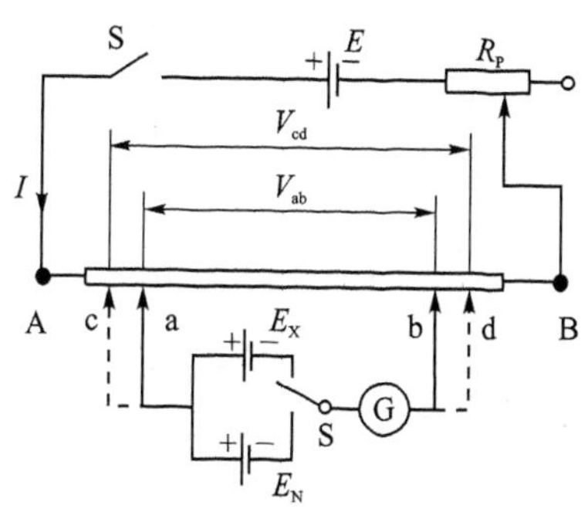

图 4.8.2　补偿法测电动势

由补偿原理可知，可以通过测定 V_{cd} 来确定 E_X，接下来的问题便是如何精确测定 V_{cd}，在此采用比较测量法。如图 4.8.2 所示，把 E_X 接入 R_{AB} 的抽头，当抽头滑至位置 cd 时，G 中无电流通过，则 $E_X=IR_{cd}$，其中 I 是流过 R_{AB} 的电流；再把一电动势已知的标准电池 E_N 接入 R_{AB} 的抽头，当抽头滑至位置 ab 时，G 再次为 0，则 $E_N=IR_{ab}$，于是

$$E_X=\frac{R_{cd}}{R_{ab}}E_N \tag{4.8.1}$$

这种方法是通过电阻的比较来获得待测电压与标准电池电动势的比值关系的。由于 R_{AB} 是精密电阻，R_{cd}/R_{ab} 可以精确读出，E_N 是标准电池，其电动势也有很高的准确度，因此只要在测量过程中保持辅助电源 E 的稳定并且检流计 G 有足够的灵敏度，E_X 就可以有很高的测量准确度。按照上述原理做成的电压测量仪器叫做电位差计。

应该指出，式(4.8.1)的成立条件是**辅助回路在两次补偿中的工作电流 I 必须相等**。事实上，为了便于读数，**$I=E_N/R_{ab}$ 应当标准化**(例如取 $I=I_0\equiv 1$ mA)，这样就可**由相应的电阻值直接读出 V_{cd} 即 $E_X=I_0R_{cd}$**。在 UJ25(见图 4.8.3)中的做法是在辅助回路中串接一个可调电阻 R_P，按公式 $R_{ab}=E_N/I_0$ 预先设置好 R_{ab}，调节 R_P 但不改变 R_{ab}，直至 $V_{ab}=E_N$；再接入 E_X，调节 R_{cd}，并保持工作电流不变。

2. UJ25 型电位差计

UJ25 型电位差计是一种高电势电位差计，测量上限为 1.911 110 V，准确度为 0.01 级，工作电流 $I_0=0.1$ mA。它的原理如图 4.8.3 所示，图 4.8.4 是它的面板，上方 12 个接线柱的功能在面板上已标明。图中的 R_{AB}为两个步进的电阻旋钮,标有不同温度的标准电池电动势的值,当调节工作电流时做标准电池电动势修正之用。R_P(标有粗、中、细、微的四个旋钮)做调节工作电流 I_0 之用。R_{CD}是标有电压值(即 I_0R_X 之值)的六个大旋钮,用以测出未知电压的值。左下角的功能转换开关,当其处于“断”时,电位差计不工作;处于“N”时,接入 E_N 可进行工作电流的检查和调整;处于 X_1 或 X_2 时,测第一路或第二路未知电压。标有“粗”、“细”、“短路”的三个按钮是检流计(电计)的控制开关,通常处于断开状态,按下“粗”,检流计接入电路,但串联一大电阻 R',用以在远离补偿的情况下,保护检流计;按下“细”,检流计直接接入电路,使电位差计处于高灵敏度的工作状态;“短路”是阻尼开关,按下后检流计线圈被短路,摆动不止的线圈因受很大的电磁阻尼而迅速停止。

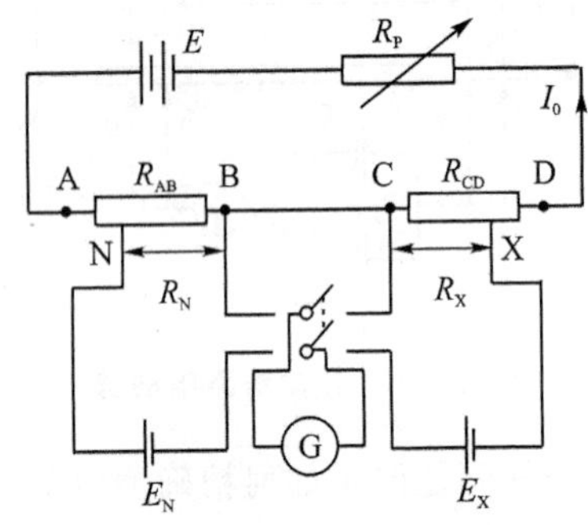

图 4.8.3　UJ25 型电位差计原理图

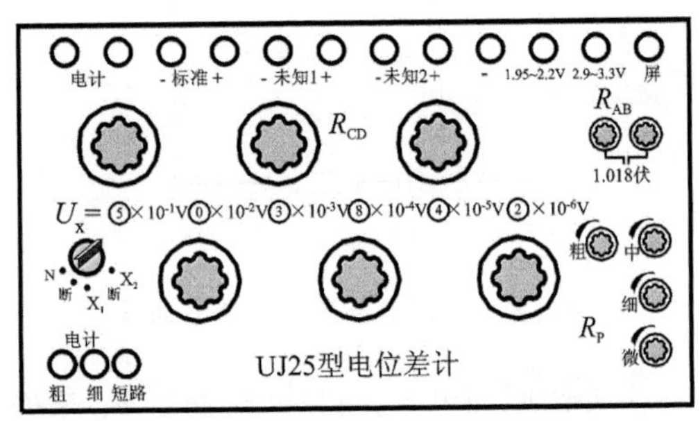

图 4.8.4　UJ25 型电位差计面板

UJ25 型电位差计使用方法如下。

① 调节工作电流:将功能转换开关置 N、温度补偿电阻 R_{AB}旋至修正后的标准电池电动势“1.018 伏”后两位,分别按下“粗”、“细”按钮,调节 R_P 至检流计指零。

② 测量待测电压:功能转换开关置 X_1 或 X_2,分别按“粗”、“细”按钮,调节 R_{CD}至检流计指零,则 R_{CD}的显示值即为待测电压。

4.8.3　实验仪器

ZX-21 电阻箱(两个)、指针式检流计、标准电池、稳压电源、待测干电池、双刀双掷开关;UJ25 型电位差计、电子检流计、待校电压表、待测电流表。

4.8.4　实验内容

1. 自组电位差计

(1) 设计并连接自组电位差计的线路

提示:

① 画出电路图,注意正确使用开关,安排好工作电流标准化及 E_X 测量的补偿回路。电路

图未经教师审核不能通电。

② 按设计要求($E \approx 3$ V,$E_X \approx 1.5 \sim 1.6$ V,$I = I_0 \equiv 1$ mA,E_N 按温度修正公式算出),设置各仪器或元件的初值或规定值。

标准电池温度修正公式为

$$E_N \approx E_{20} - 3.99 \times 10^{-5}(t - 20\ ℃) - 0.94 \times 10^{-6}(t - 20\ ℃)^2 + 9 \times 10^{-9}(t - 20\ ℃)^3$$

式中,E_{20} 为 20 ℃时的电动势,可取 $E_{20} = 1.018\ 60$ V。

思考:标准电池只允许通过 μA 量级的电流,检流计也不能经受大电流的冲击,怎样保证仪器的使用安全?

(2) 工作电流标准化,测量干电池电动势

思考:如何用两个电阻箱串联获得所需 R_{AB}、R_{CD},并保证在测量过程中 I_0 不发生改变?

注意:

① 为保证测量的准确度,每次测量后应校验工作电流有无改变;

② 在补偿调节中要采用跃接法。

(3) 测量自组电位差计的灵敏度

思考:两次补偿的灵敏度是否相同?

2. UJ25 型箱式电位差计

(1) 使用 UJ25 型电位差计测量干电池的电动势

设计并连接 UJ25 型电位差计的线路,测量待测电池电动势。

注意:

① 工作电源和待测电池的极性;

② 根据工作电源的电压值,接入电位差计的对应端子(1.9~2.2 V 或 2.9~3.3 V);

③ 先根据室温计算标准电池的电势,再调节对应旋钮使工作电流标准化;

④ 先按"粗"按钮,调节 R_{CD} 使检流计示零,然后按"细"按钮,再次使检流计示零。

思考:

① 如果在按下"粗"按钮时,无论 R_{CD} 如何调节,检流计均向一边偏,该怎么处理?

② 如果在按下"粗"按钮时,无论 R_{CD} 如何调节,检流计指针均不动,该怎么处理?

(2) 使用 UJ25 型电位差计测量固定电阻或量程为 10 mA 的电流表的内阻

自行设计线路图及实验方案。

提示:电位差计不能直接测电阻,这个矛盾可通过转换测量和比较测量的方法来解决。

3. 数据处理

① 计算自组电位差计测量结果及其不确定度,并以 UJ25 型电位差计的测量结果为标准值,计算相对误差。

提示:分别讨论下列误差来源对不确定度的贡献,即灵敏度误差、电阻箱的仪器误差、环境温度的变化。

② 计算表头内阻或固定电阻阻值,并估算不确定度。

4.8.5 思考题

① 怎样用UJ25型电位差计去测约为4.5 V的电源的电动势?画出线路图,说明测量方法。

② 根据给出的仪器,采用补偿法测出干电池的电动势,使测量结果至少有3位有效数字,画出原理图并作必要的说明。

仪器:直流电压表(0.5级,量程1.5～3.0～7.5～15 V),AC5指针式检流计,电阻箱(0.1级、0～99 999.9 Ω)两个,电源(1 A、3 V),开关两个,导线若干。

实验方法专题讨论之七 ——不确定度计算

(本节实例主要取自"补偿法和自组电位差计")

不确定度计算是实验数据处理的重要组成部分。在科学实验中,一个没有给出不确定度的测量结果几乎会成为没有用处的数据。下面针对在撰写实验报告中出现过的一些问题,以自组电位差计为例,就不确定度的分析和计算作一个专题讨论。

1. 正确给出被测量与直接观测量的函数关系

这里强调的"正确"是指反映被测量与直接观测量之间的误差传递关系。例如在自组电位差计(见图4.8.5)中计算被测量E_X不确定度时所用的表达式应写成$E_X=\dfrac{E_N}{R_1}\dfrac{R_1+R_2}{R_1'+R_2'}R_1'$。有的学生从$E_X=\dfrac{E_N}{R_1}R_1'$或$E_X=\dfrac{E}{R_1'+R_2'}R_1'$出发计算$u(E_X)$,最后未能获得正确的结果。其原因是:前者没有考虑到测量E_X时的工作电流不仅与$\dfrac{E_N}{R_1}$有关,而且也受R_1+R_2和$R_1'+R_2'$测量误差的影响;而后者则没有计及用E_N对工作电流进行定标的过程所带来的误差。

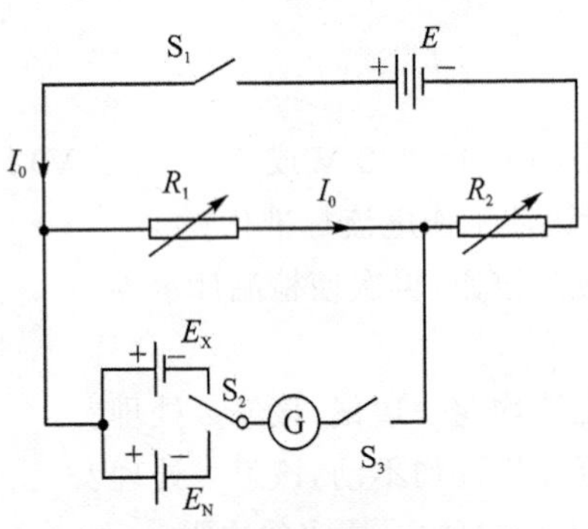

图4.8.5 自组电位差计电路

2. 分析测量过程的误差来源,确定不确定度分量的计算方法

自组电位差计的主要误差来源如下:

① R_1、R_2和R_1'、R_2'的误差,其分布范围可由电阻箱的仪器误差(限)来估计;

② E_N的示值误差和因E、E_N不稳定所带入的误差;

③ 两次示零过程中示零电路的灵敏度误差。

需要指出的是:① 有些误差来源并没有直接反映在被测量的计算公式中,例如本例中辅

助电源 E 的不稳定和示零电路的灵敏度误差，这一点在计算不确定度时要特别予以注意。② 灵敏度误差不只取决于检流计的灵敏度，还与示零电路的特性有关。本例两次示零过程中的灵敏度误差是不一样的，通常 E_N 内阻要比 E_X 大，所以在 E_N 一侧时示零电路的灵敏度会下降。

3. 写出各直接观测量不确定度的 A 类和 B 类分量，获得各自的标准不确定度

下面给出一组典型的测量数据，见表 4.8.1。

表 4.8.1　自组电位差计测量数据表

$t=22.5$ ℃　　$E_N=1.018\ 50$ V

类　别	R_1/Ω	R_2/Ω	R'_1/Ω	R'_2/Ω
示值 $R_i(R'_i)$	1 018.5	1 977.6	1 535.4	1 460.7
仪器误差限 $\Delta R_i(\Delta R'_i)$	1.105	2.125	1.625	1.575
灵敏度测量($n=14$div)	—	—	1 555.4	1 440.7

$$E_X=(0.001\times 1\ 535.4)\ \text{V}=1.535\ 4\ \text{V}$$

仪器误差

$$\Delta R_1=(1\ 000\times 10^{-3}+0+10\times 2\times 10^{-3}+8\times 5\times 10^{-3}+0.5\times 5\times 10^{-2}+0.020)\ \Omega=1.105\ \Omega;$$

$$u(R_1)=\Delta R_1/\sqrt{3}=0.638\ \Omega$$

类似地，有　　$u(R_2)=1.227\ \Omega$，　$u(R'_1)=0.938\ \Omega$，　$u(R'_2)=0.909\ \Omega$

灵敏度　　$$S=\frac{14\ \text{div}}{(1.555\ 4-1.535\ 4)\text{V}}=700\ \text{div/V}$$

灵敏度误差(只对 E_X 位置进行)：

$$\Delta_{灵}E_X=0.2/S=0.000\ 286\ \text{V},\qquad u_{灵}(E_X)=\Delta_{灵}(E_X)/\sqrt{3}=0.000\ 165\ \text{V}$$

顺便指出：自组电位差计实验只记录了一次测量结果，其原因是试测发现多次测量的读数几乎不变①。

4. 按方差合成公式计算出被测量的合成不确定度，并给出测量结果的最终表达

略去 E_N 的示值误差；略去因辅助电源 E 和标准电池 E_N 在两次示零过程中的变化所带入的误差；略去两次示零过程中示零电路的灵敏度误差；并假定 R_1 和 R'_1，R_2 和 R'_2 互相独立，可得

$$\frac{u(E_X)}{E_X}=\sqrt{\left[\frac{1}{R_1}-\frac{1}{R_1+R_2}\right]^2u^2(R_1)+\left[\frac{u(R_2)}{R_1+R_2}\right]^2+\left[\frac{1}{R'_1}-\frac{1}{R'_1+R'_2}\right]^2u^2(R'_1)+\left[\frac{u(R'_2)}{R'_1+R'_2}\right]^2}=$$

$$\frac{1}{R_1+R_2}\sqrt{\left[\frac{R_2}{R_1}u(R_1)\right]^2+[u(R_2)]^2+\left[\frac{R'_2}{R'_1}u(R'_1)\right]^2+[u(R'_2)]^2}=7.21\times 10^{-4}$$

$$u(E_X)=E_X\frac{u(E_X)}{E_X}=(1.535\ 4\times 7.21\times 10^{-4})\ \text{V}=0.001\ 1\ \text{V}$$

① 只做单次测量大体有两种情况：一是来自重复性误差的不确定度和其他不确定度分量相比，属于可忽略的微小误差；二是实验难以重复或因费用等原因不能重复观测。对后者要通过其他途径来获得相应的不确定度信息并参与合成。

测量结果最终表达为

$$E_X \pm u(E_X) = (1.535 \pm 0.001)\ \text{V}$$

请思考:为什么来自 $u(R_1)$ 的相对不确定度的传递因子是 $\left(\frac{1}{R_1} - \frac{1}{R_1 + R_2}\right)^2$,而不是 $\left(\frac{1}{R_1} + \frac{1}{R_1 + R_2}\right)^2$ 或 $\frac{1}{R_1^2} + \frac{1}{(R_1 + R_2)^2}$?

最后再作几点讨论:

① 不确定度计算可以从相对不确定度着手,也可以从绝对不确定度出发。如按绝对不确定度进行计算,结果是

$$u(E_X) = \frac{E_N}{R_1(R'_1 + R'_2)}\sqrt{R'^2_1\left[\left(\frac{R_2}{R_1}\right)^2 u^2(R_1) + u^2(R_2)\right]^2 + R'^2_2 u^2(R'_1)^2 + R'^2_1 u^2(R'_2)} = 0.001\ 1\ \text{V}$$

一般来说,类似以乘除和方幂为主的表达式按相对不确定度计算比较好,这样不仅运算量小,而且推导过程也简洁,不易出错。

② 灵敏度误差带入的不确定度分量与合成不确定度相比为 0.000 165/0.001 0≈0.16,故按微小误差舍去。

请思考:如果灵敏度误差不能舍去,应当怎样进行方差合成?特别是来自 E_N 的电流定标过程的灵敏度误差如何处理?

③ R_1 和 R'_1,R_2 和 R'_2 互相独立的假定,有较大的局限性,因为它们使用的是同一个电阻箱,一般会存在相关性。

4.9　薄透镜和单球面镜焦距的测量

透镜是光学仪器中最重要、最基本的元件,它由透明材料(如玻璃、塑料、水晶等)做成。光线通过透镜折射或反射后可以成像。掌握透镜的成像规律,是了解光学仪器的原理和正确使用光学仪器的重要基础。常用的薄透镜按其对光的会聚或发散,可分为凸透镜和凹透镜两大类。焦距是反映透镜特性的一个重要参数。无论是单个透镜,还是透镜组;无论是简单的应用,还是复杂的应用,常常会涉及焦距的测量问题。常用的测量方法有:自准直法、物距像距法、共轭法和平行光管法。

单球面是仅次于平面的简单光学系统,也是组成现在大多数光学系统的基本组元。通常按反射面是内表面还是外表面或者对光起会聚还是发散作用,将球面镜分为凹面镜和凸面镜两类。研究光通过它的折射和反射,并了解其焦距测量的简单方法,是研究一般光学系统成像的基础。

4.9.1　实验要求

1. 实验重点

① 掌握简单光路的调整方法——等高共轴调整；

② 学习几种常用的测量薄透镜焦距的方法(自准直法、共轭法、物距像距法和平行光管法等)；

③ 学习不同测量方法中消除系统误差或减小随机误差的方法；

④ 学习测量单球面镜焦距的简单方法。

2. 预习要点

① 什么是薄透镜？什么是近轴光线？透镜成像公式的使用条件是什么？

② 什么是自准直法？利用自准直法测透镜焦距时，如何消除透镜中心与支架刻线位置不重合造成的系统误差？

③ 什么是共轭法？用共轭法测透镜焦距有何优点？

④ 什么叫等高共轴调节？为什么要进行等高共轴调节？如何进行调节？

⑤ 什么是测读法？何处使用测读法？其目的是消除什么误差？

⑥ 什么是平行光管法？利用平行光管法测量透镜焦距最突出的优点是什么？

⑦ 利用平行光管法测量凸透镜焦距时，透镜与平行光管间的距离对结果有无影响？

⑧ 什么是球面镜？球面镜的曲率半径与其焦距的关系是什么？

4.9.2　实验原理

这里只讨论涉及薄透镜、单球面镜、近轴光线的实验。

薄透镜是指透镜的中心厚度 d 远小于其焦距 $f(d\ll f)$ 的透镜。近轴光线是指通过透镜中心部分并与主光轴夹角很小的那一部分光线。为了满足近轴光线条件，常在透镜前(或后)加一带孔的屏障，即光阑，以挡住边缘光线；同时选用小物体，并作等高共轴调节，把它的中点调到透镜的主光轴上，使入射到透镜的光线与主光轴的夹角很小。在近轴光线条件下，薄透镜的成像规律可用下式表示，即

$$\frac{1}{u}+\frac{1}{\nu}=\frac{1}{f} \tag{4.9.1}$$

式中，u 为物距，实物为正，虚物为负；ν 为像距，实像为正，虚像为负；f 为焦距，凸透镜为正，凹透镜为负。对于薄透镜，公式中 u、ν 和 f 均从透镜的光心算起。

对于单球面镜，同样只研究其近轴区域的成像。由近轴区域内物像关系的光学(即近轴光学或高斯光学)可得知近轴单球面折射公式如下：

$$\frac{n'}{s'}-\frac{n}{s}=\frac{n'-n}{r} \tag{4.9.2}$$

式中,n、n' 分别为物方和像方介质的折射率;s、s' 分别为物距和像距;r 为球面镜的曲率半径。上述公式的推导对线段的正负作了如下规定:由指定的点(如折射点)沿光线进行的方向运动所构成的线段为正;反之,为负。

从式(4.9.2)可以看出,对于给定的 s,不同的球面(不同的 n、n' 和 r)将有不同的 s' 与之相应,所以可以认为式(4.9.2)右端的项 $(n'-n)/r$ 是一个表征球面的光学特性的常数,称为该面的光焦度,记为 Φ,则有

$$\Phi = \frac{n'-n}{r} \tag{4.9.3}$$

当物点在物空间主轴上的无限远处($s=-\infty$)时,即当投射到球面上的光线平行于光轴时,则有

$$s' = \frac{n'}{n'-n}r \tag{4.9.4}$$

由此 s' 所确定的点称为折射面的像空间主焦点。由折射面顶点到该焦点的距离称为该折射面的像空间焦距,即

$$f' = \frac{n'}{n'-n}r = \frac{n'}{\Phi} \tag{4.9.5}$$

与像空间主光轴上的无限远点对应的折射面物空间的点称为折射面的物空间主焦点。由折射面到该焦点的距离称为该折射面的物空间焦距,即

$$f = -\frac{n}{n'-n}r = -\frac{n}{\Phi} \tag{4.9.6}$$

至于光线在一个球面反射镜上的反射情况,则可由令 $n'=-n$ 的单球面折射公式获得。由式(4.9.2),当令 $n'=-n$ 时,可得曲率半径为 r 的球面反射镜在近轴区域的反射公式如下:

$$\frac{1}{s'} + \frac{1}{s} = \frac{2}{r} \tag{4.9.7}$$

从而可得知,当 $n'=-n$ 时,半径为 r 的单球面反射镜的焦距与曲率半径的关系如下:

$$f = f' = \frac{r}{2} \tag{4.9.8}$$

实验 1　物距像距法测量透镜焦距

(1) 物距像距法测量凸透镜的焦距

物体发出的光经过凸透镜折射后将成像在凸透镜的另一侧,将测出的物距和像距代入透镜成像公式(4.9.1)即可算出凸透镜的焦距,图略。

(2) 物距像距法测量凹透镜的焦距

如图 4.9.1 所示,先用凸透镜 L_1 使物 AB 成倒立的实像 $A'B'$,然后将待测凹透镜 L_2 置于凸透镜 L_1 与像 $A'B'$ 之间,如果 $O_2A'<|f_2|$,则通过 L_1 的光束经过 L_2 的折射后,仍能成一实像 $A''B''$。但应注意,对凹透镜来说,$A'B'$ 为虚物,物距 $u_2=-O_2A'$,像距 $\nu_2=O_2A''$,代入

成像公式即可得出

$$f_2 = u_2\nu_2/(u_2 + \nu_2) \tag{4.9.9}$$

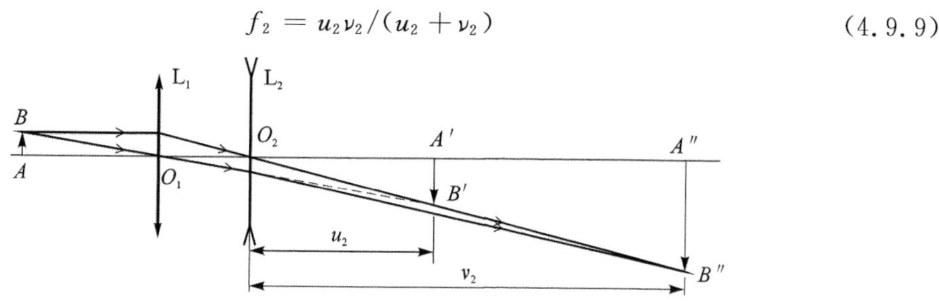

图 4.9.1　物距像距法测量凹透镜的焦距

实验 2　自准直法测量透镜焦距

(1) 自准直法测量凸透镜的焦距

如图 4.9.2 所示，当小孔 A 处于透镜 L 的前焦面时，光经过透镜成为平行光，若在此平行光经过的光路上放一个与透镜光轴垂直的平面反射镜 M，其反射光将沿原光路返回至小孔。小孔的像与小孔反向等大，小孔与透镜的距离即为透镜焦距 f。这种利用调节装置本身使之产生平行光来实现调焦的方法称为“自准直”法。显然，在小孔上方的某点，在自准直时，其像应处于小孔下方的对称位置；反之亦然。

(2) 自准直法测量凹透镜的焦距

因为凹透镜是发散透镜，所以要由它获得一束平行光，必须借助于一个凸透镜才能实现，如图 4.9.3 所示。先由凸透镜 L_1 将小孔 A 成像于 S'处，然后将待测凹透镜 L_2 和平面反射镜 M 置于凸透镜 L_1 和小孔像 S'之间。如果 L_1 光心 O_1 到 S'之间的距离 $O_1S' > |f_2|$，则当移动 L_2，使 L_2 的光心 O_2 到 S'之间的距离 $O_2S' = |f_2|$时，由小孔 A 发出的光束经过 L_1、L_2 后变成平行光，通过平面反射镜 M 的反射，又在小孔处成一清晰的实像，于是确定了像点和凹透镜光心的位置就能测量出凹透镜的焦距 f_2。

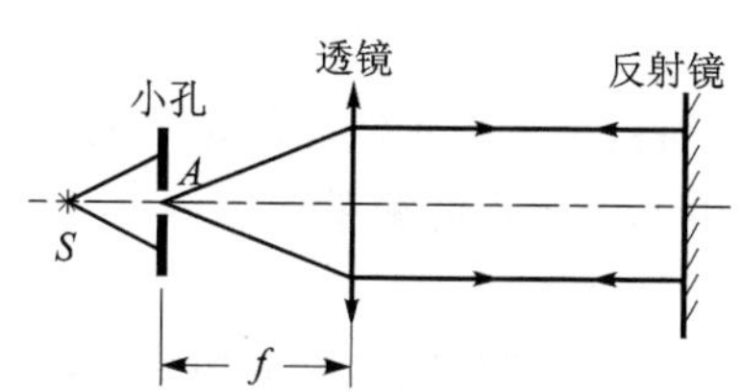

图 4.9.2　自准直法测量凸透镜的焦距

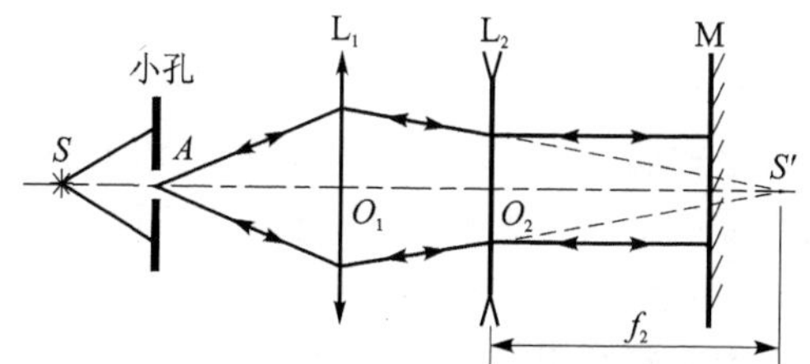

图 4.9.3　自准直法测量凹透镜的焦距

实验 3　共轭法测量凸透镜焦距

设凸透镜的焦距为 f，使物与屏的距离 $L > 4f$ 并保持不变，如图 4.9.4 所示。移动透镜至 x_1 处，在屏上成放大实像，再移至 x_2 处，成缩小实像。令 x_1 和 x_2 间的距离为 a，物到像屏的距

离为 b,根据共轭关系有 $u_2=\nu_1, \nu_2=u_1$。由式(4.9.1)和图 4.9.4 所给出的几何关系,可导出

$$f=\frac{b^2-a^2}{4b} \tag{4.9.10}$$

实验测出 a 和 b,就可求出焦距 f。此方法的优点是不必测物距 u 和像距 ν,从而避开了 u、ν 因透镜中心不易确定而难以测准的问题。

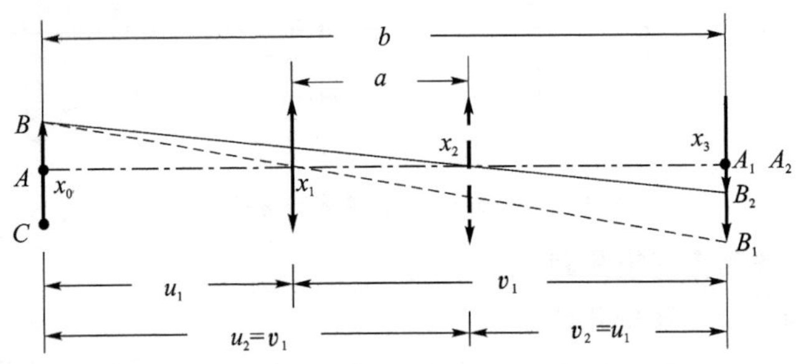

图 4.9.4　共轭法测凸透镜的焦距

实验 4　平行光管法测量透镜焦距

平行光管是一种能发射平行光束的精密光学仪器,也是装校和调整光学仪器的重要工具之一。它有一个质量优良的准直物镜,其焦距的数值是经过精确测定的。本实验所用 f550 平行光管,其物镜焦距约 550 mm(准确数值由厂家提供)。其光学系统主要结构如图 4.9.5 所示。

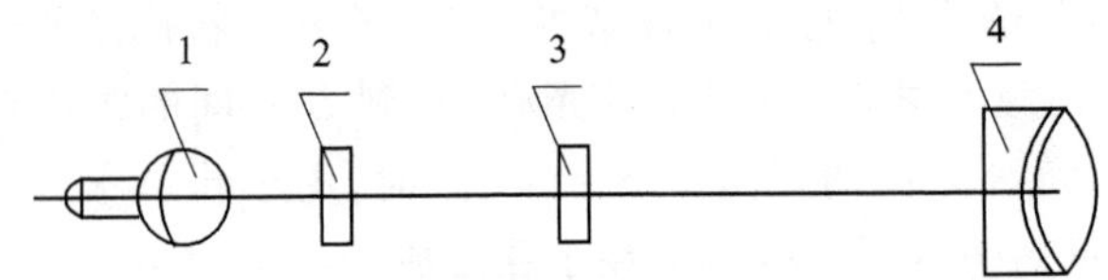

1—光源;2—毛玻璃;3—分划板;4—物镜

图 4.9.5　平行光管光学结构图

在平行光管中,利用白炽灯作为光源 1。由于灯丝发出的光不是均匀的面光源,因此需要通过毛玻璃 2 将其转换成均匀的面光源照射分划板。分划板 3 置于物镜 4 的焦平面上,因此,从物镜射出的光为平行光。更换不同的分划板,可以提供不同用途的测量。

(1) 测量凸透镜的焦距

本实验利用物像之间的比例关系测量透镜的焦距。实验光路如图 4.9.6 所示。将待测透镜 L_1 置于平行光管物镜前,再将平行光管内的分划板 3 换成刻有五组刻线对的玻罗分划板(见图 4.9.7),玻罗分划板每对刻线的间距分别为 20、10、4、2、1(单位: mm)。从图中几何关系可以看出待测透镜的焦距 f_1 为

$$f_1=\frac{y_1'}{y}f_0 \tag{4.9.11}$$

式中，y 是在玻罗分划板上所选刻线对的实际间距；y_1' 是该刻线对在透镜 L_1 后焦面上所成像的间距；f_0 是平行光管物镜的焦距；f_1 是待测凸透镜 L_1 的焦距。

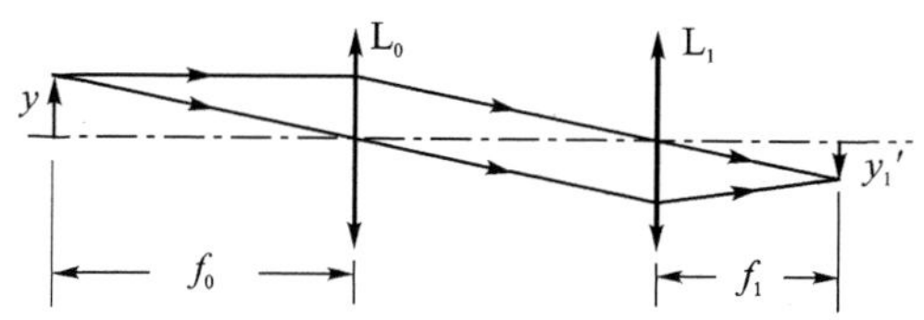

图 4.9.6　平行光管法测量凸透镜焦距光路图

图 4.9.7　玻罗分划板

（2）测量凹透镜的焦距

测量原理是将一焦距已知的凸透镜 L_1 与待测凹透镜 L_3 组成一伽利略望远系统，实验光路如图 4.9.8 所示。将待测凹透镜 L_3 放在两凸透镜 L_1 和 L_2 之间，当调节凹透镜的位置使其后焦点与凸透镜 L_1 的后焦点重合时，凸透镜 L_1 与凹透镜 L_3 便准确地组成伽利略望远镜，它们的出射光再次成为平行光，由几何关系有

$$\frac{y''}{f_2}=\frac{y_1'}{f_3}$$

又根据前述凸透镜焦距的测量原理，可知凸透镜 L_2 的焦距 f_2 满足：

$$f_2=\frac{y_2'}{y}f_0 \tag{4.9.12}$$

于是由式(4.9.11)、式(4.9.12)得

$$f_3=\frac{y_1'y_2'}{yy''}f_0 \qquad 或 \qquad f_3=\frac{y_2'}{y''}f_1 \tag{4.9.13}$$

式中，y_2'是玻罗分划板上某刻线对经凸透镜 L_2 成像后的间距；y''是该刻线对经 L_1、L_2、L_3 透镜组成像后得到的间距；f_1 是凸透镜 L_1 的焦距。

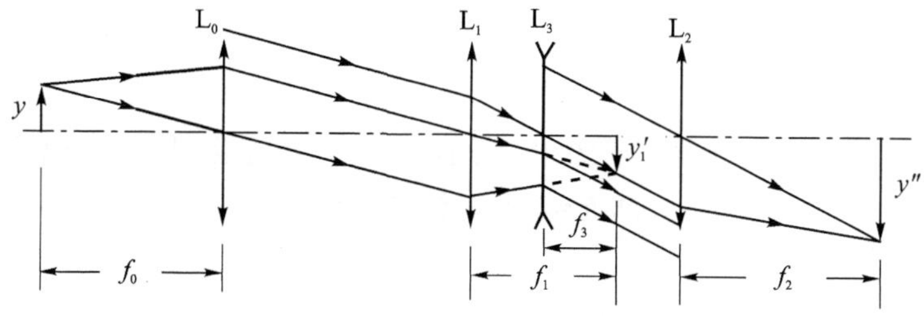

图 4.9.8　平行光管法测量凹透镜焦距光路图

实验 5　单球面镜焦距的测量

（1）“双像定位法”测凸面镜的焦距

如图 4.9.9 所示，先置物于待测凸面镜前一定距离处，这时从凸面镜中能看到一正立缩小

的虚像。然后放置一个平面反射镜于物与待测凸面镜之间,这时从平面反射镜中能看到一与物等大正立的虚像。随后,一边移动平面反射镜,一边用一只眼睛观察平面镜中的像,用另一只眼睛观察凸面镜的像,直到感觉到这两个虚像在同一平面时即停止。这时,可利用下式求出待测凸面镜的曲率半径,从而求出其焦距。

$$\frac{1}{a+b}-\frac{1}{a-b}=-\frac{2}{r} \tag{4.9.14}$$

(2) 自准直法测凸面镜的焦距

如图 4.9.10 所示,先置物于一辅助凸透镜前,使之成一清晰、倒立的实像,记录像点的位置;然后在实像点和凸透镜之间放置待测凸面镜,并移动它,直到在原物处看到与物等大、倒立且清晰的实像。这时,记录待测凸面镜的位置,根据像点和凸面镜的位置即可算出待测凸面镜的曲率半径(想一想,为什么?),进而算出其焦距。

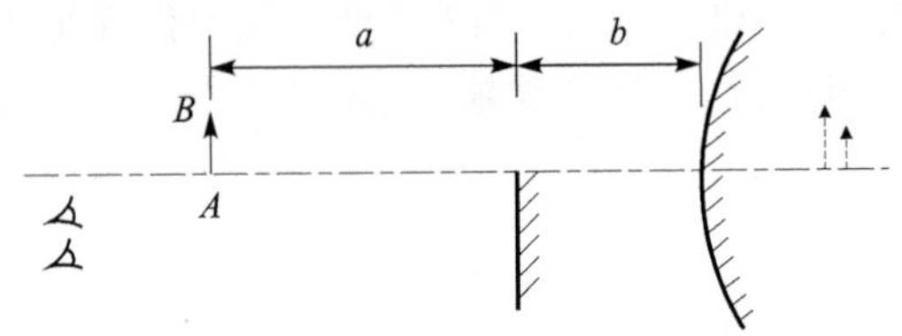

图 4.9.9 “双像定位法”测凸面镜的焦距

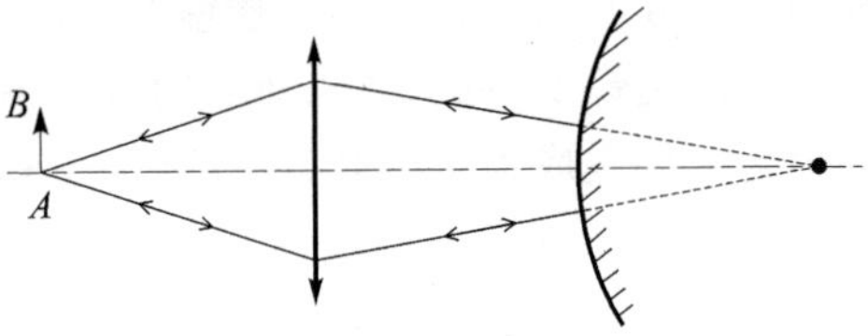

图 4.9.10 自准直法测凸面镜的焦距

(3) 自准直法测凹面镜的焦距

如图 4.9.11 所示,置待测凹面镜于与物一定距离处,然后移动凹面镜直到在原物处出现一与物等大、倒立且清晰的实像为止。这时记下物及凹面镜的位置,其差值即为待测凹面镜的曲率半径,进而算出其焦距。

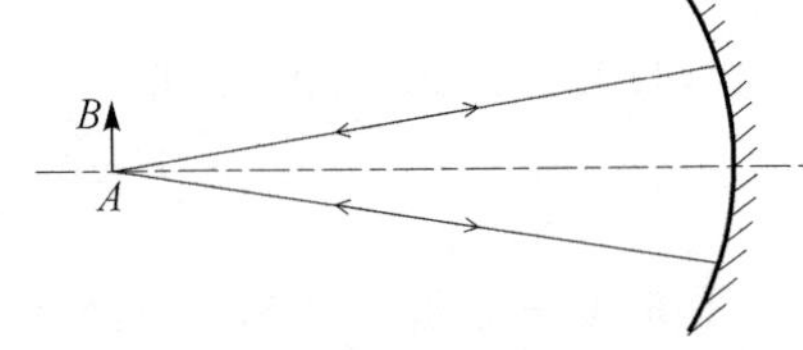

图 4.9.11 自准直法测凹面镜的焦距

4.9.3 实验仪器

光具座、凸透镜、凹透镜、光源、屏、箭状孔、小孔、叉丝分划板、平行光管(含十字叉丝、玻罗分划板)、测微目镜、半导体激光器、凸面镜、凹面镜、平面反射镜。

4.9.4 实验内容

实验 1 物距像距法测量透镜焦距

(1) 物距像距法测量凸透镜的焦距

请自行设计操作步骤。

注意:当物距分别为 $f<u<2f$、$u=2f$、$u>2f$ 的情况下,利用测读法分别测出相应的像

距，按照成像公式(4.9.1)计算出焦距 f，测量的同时应观察成像的特点。

(2) 物距像距法测量凹透镜的焦距

① 将物屏、辅助凸透镜 L_1 和像屏放在光具座上，使物屏与像屏的间距略大于 $4f_1$。

② 移动凸透镜的位置，使像屏上成一个清晰的像，固定凸透镜 L_1，并测读像屏位置。

③ 在 L_1 和像屏之间插入待测凹透镜 L_2，移动像屏，直至屏上出现较清晰的像。调节凹透镜 L_2 的上下、左右位置，使像的中心与原凸透镜第一次成像的中心重合。固定像屏，然后仔细缓慢地前后移动凹透镜 L_2 的位置，直至像屏上出现最清晰的像。记录此时凹透镜 L_2 和像屏的位置。

④ 保持物屏、凸透镜 L_1 的位置不变，再按照上述方法进行重复测量并记录原始数据，求出平均值，代入式(4.9.9)即可计算出凹透镜的焦距 f_2。

提示：由于透镜中心与支架刻线位置不重合，上述方法测出的焦距将存在系统误差 Δ(见图 4.9.12)。为减小该误差，采用对称测量法：将透镜反转 180°，重复以上测量，然后取两者的平均值。

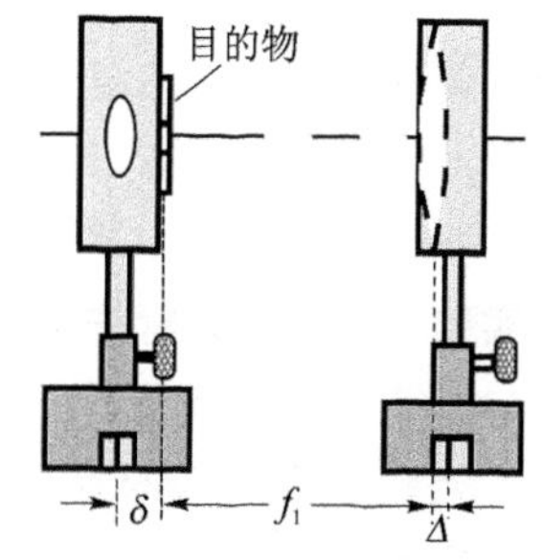

图 4.9.12　元件中心与支架刻线位置不重合的系统误差

实验 2　自准直法测量透镜焦距

(1) 自准直法测量短、凸透镜焦距

① 目测粗调物(小孔)、透镜、平面反射镜等高共轴，各元件平面与光具座垂直。

提示：利用白屏观察透镜后的光斑，调节各元件使光斑落在反射镜上，同时反射光斑落在透镜正中。

② 前后移动透镜，当在小孔旁看到清晰、等大、反向的小孔像时，说明像与物共面，根据自准直原理(见图 4.9.2)，此时物与透镜间距离即为焦距 f_1。记下各元件位置。

注意：

① 要记录原始刻度，不要直接记录距离。

② 物支架刻线位置与小孔位置不重合，两者之间修正值为 δ(见图 4.9.12)。

③ 要采用对称测量法消除透镜中心与支架刻线位置不重合的系统误差(参见 4.9.4 小节 **"物距像距法测量透镜焦距"**后面的提示)。

(2) 自准直法测量凹透镜的焦距

请按照图 4.9.3 自行设计操作步骤。

注意：

① 物通过凸透镜和凹透镜后成的像稍暗。

② 应保持物屏和凸透镜的位置不变，重复多测几次。

实验 3　共轭法测量凸透镜的焦距

① 用箭状孔作为物，并将物调至与透镜等高共轴。

② 将像屏放至与物屏间距略大于 4 倍凸透镜焦距的位置。

③ 参照图 4.9.4,分别测出成放大像和成缩小像时透镜的位置,从而求得放大像与缩小像之间的距离 a。

提示:由于透镜成像的清晰程度有一个范围,不易精确定位,故可将透镜自左向右移动找到清晰像,记下位置 x,再将透镜自右向左移动找到清晰像,记位置 x',取两位置的中心

$$x = \frac{x + x'}{2}$$

作为透镜成像位置。此方法又称测读法。

④ 记录物、屏位置,求出物屏间距 b。

⑤ 重复测量,求出平均值,代入式(4.9.10)即可求出待测透镜的焦距。

实验 4　平行光管法测量透镜焦距

(1) 等高共轴调节

本实验中各元件的等高共轴调节极为重要,特别是测凹透镜焦距时,若共轴调节不准,就可能观察不到成像。该实验中等高共轴的调节思路如下:

① 目测粗调各光学元件等高共轴。这一步很重要,做得不好会给后面的细调带来困难。

② 利用细激光束的高准直特性进行细调。在平行光管的焦平面上放置十字叉丝分划板,让激光束照射叉丝中心,并从平行光管的物镜中心出射,此时可以在物镜后的白屏上观察到十字叉丝的衍射图案。沿导轨移动白屏,观察屏上激光光点的位置是否改变,相应调节激光和平行光管的方向,直至移动白屏时光点的位置不再变化,至此激光光束与导轨平行;然后逐个放入其他光学元件并调节这些元件的方位,按照光轴上的物点仍应成像在光轴上的原理,使之沿导轨移动过程中,出射的激光光点位置不变。

③ 利用透镜成像原理进一步微调。在通过目视观察成像的场合,可利用成像的位置将各元件调至等高共轴。先记录下某透镜成像的位置,再依次放入其他透镜,仅调节该透镜的高低、左右,使成像位置保持不变即可。

(2) 测量凸透镜焦距 f_1

将平行光管分划板换成玻罗分划板,按图 4.9.7 所示原理放置并调节透镜 L_1,使从测微目镜中观察到清晰、无视差的玻罗分划板像。通过测微目镜测出某刻线对(或某些刻线对)像距 y_1',由式(4.9.11)求得凸透镜焦距 f_1。为了提高测量精度,在实际测量时应尽可能读取较多的刻线位置或使用间距较大的刻线对。

(3) 测量凹透镜焦距 f_3

用前述测量凸透镜焦距的方法调整好另一凸透镜 L_2,测出某对刻线像距 y_2',保持 L_2 与测微目镜之间的距离不变。再按图 4.9.8 加上凸透镜 L_1 和待测凹透镜 L_3,调整它们之间的距离,当两者焦距重合构成无焦系统时,凹透镜将出射平行光,即测微目镜中将再次出现清晰的玻罗分划板成像,测出此时同一对刻线像距 y''。由式(4.9.13)算得凹透镜焦距 f_3。

以上测量中须注意消除螺纹间隙误差，还应合理设计测量方案，以保证足够多的测量数据。值得注意的是，此时观察到的玻罗分划板图像已经被放大，在测微目镜中只能看到玻罗分划板中心的线对，如果等高共轴调整不准确，将无法观察到完整的线对。

实验 5　单球面镜焦距的测量

由于实验原理及方法均较简单，请根据测量原理自行设计操作步骤。

提示：在用“双像定位法”测量凸面镜焦距的实验中，判断经平面镜成像和凸面镜成像是否在同一平面时，关键是要两眼分别看其中的一个像。

数据处理

① 自行设计表格，记录各测量数据。

② 计算各透镜及单球面镜的焦距及其不确定度，并写出各焦距最后结果的规范表述。

4.9.5　思考题

① 如图 4.9.13 所示，一物 AB，其中心已调在透镜的光轴上，并且已完成“自准直”的调节。试用作图法求出此时像的位置与大小。

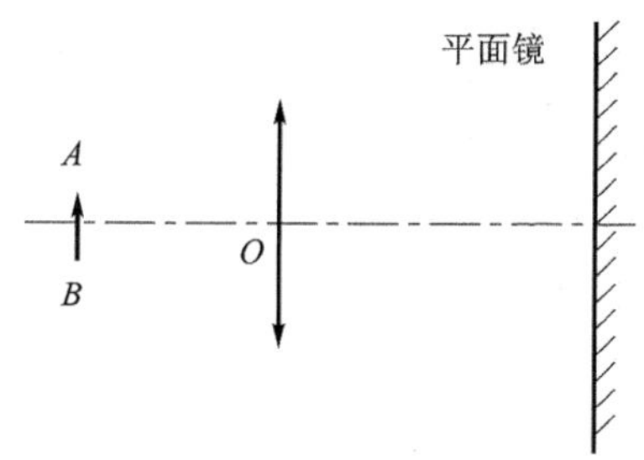

图 4.9.13　思考题①图

② 用自准直法测量凸透镜焦距时，平面镜与凸透镜之间的距离对成像位置和清晰度有什么影响？平面镜法线与光轴的夹角对成像位置有什么影响？（通过实验观察后，画出光路图进行分析说明。）

③ 在自准直法测量凸透镜焦距过程中，可能会发现有两个像，但只有其中一个才是我们需要的，如何判别？并分析另一个像的成因。

④ 用共轭法测量凸透镜焦距时，未作透镜反转 180°的测量，那么透镜中心与支架刻线位置不重合是否会给实验结果带来误差？为什么？

⑤ 用实验中观察到的现象说明在用共轭法测量凸透镜焦距时，为什么取物屏距离要稍大于 $4f$，而不是甚大于 $4f$，更不能小于 $4f$？

⑥ 凹面镜和凸透镜都对光起会聚作用，那么奥运圣火的采集用的是前者还是后者？试举几个单球面镜在日常生活中的典型应用，并解释其原理。

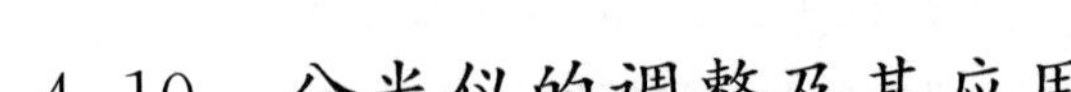

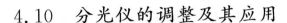

4.10 分光仪的调整及其应用

分光仪是分光测角仪的简称,它能较精确地测量平行光线的偏转角度。借助它并利用反射、折射、衍射等物理现象,可完成全偏振角、晶体折射率、光波波长等物理量的测量,其用途十分广泛。近代摄谱仪、单色仪等精密光学仪器也都是在分光仪的基础上发展而成的。

4.10.1 实验要求

1. 实验重点

① 了解分光仪的构造及其主要部件的作用;

② 学习并掌握分光仪的调节原理与调节方法;

③ 掌握自准直法和逐次逼近调节法,巩固消视差调节技术;

④ 学会用反射法测量三棱镜的顶角。

2. 预习要点

实验 1 分光仪的调整

① 分光仪调好后应满足的条件是什么?

② 望远镜聚焦于无穷远依据的是什么原理?其判别标志是什么?若未达到要求,应调整什么部位?

③ 望远镜光轴与主轴垂直的标志是什么?为什么正反两面的绿十字要与上叉丝重合,而不是与中心叉丝重合?未达要求时采用什么方法进行调节?

④ 平行光管出射平行光的标志是什么?平行光管光轴与主轴垂直的标志是什么?

实验 2 三棱镜顶角的测量

① 三棱镜的放置原则是什么?调好的标志是什么?此时是否还可用半调法?

② 分光仪为什么设两个读数窗?怎样正确读数并计算转角 θ?如何判断哪个数据有可能是经过 360°后的读数?

③ 为什么每次测量前都要改变初始读数?有人惯于每次将初始读数调至某一整刻度上,即游标读数为零处,试分析这样做有什么弊端?

实验 3 棱镜折射率的测量

① 什么是偏向角?怎样寻找最小偏向角并进行测量?

② 什么是掠入射角?它与最小偏向角的测量有哪些不同之处?

③ 掠入射法要求采用扩展光源,应怎样获得?

实验 4 平板玻璃折射率的测量

① 本实验观察到的干涉条纹是怎样产生的?

② 试由图 4.10.13 推导出相邻两束光线的光程差公式:$\Delta L=2n_3 d\cos i$。

③ 如何准确测量入射角？实验中看到怎样的现象即保证了望远镜、平行光管均与平面镜垂直？

④ 计算平板玻璃折射率时如何应用逐差法？列出相关数据记录表格。

4.10.2　实验原理

实验 1　分光仪的调整

(1) 分光仪的结构

分光仪的结构因型号不同各有差别，但基本结构是相同的，一般都由底座、刻度读数盘、自准直望远镜、平行光管、载物平台 5 部分组成。下面介绍 JJY 型分光仪(见图 4.10.1)。

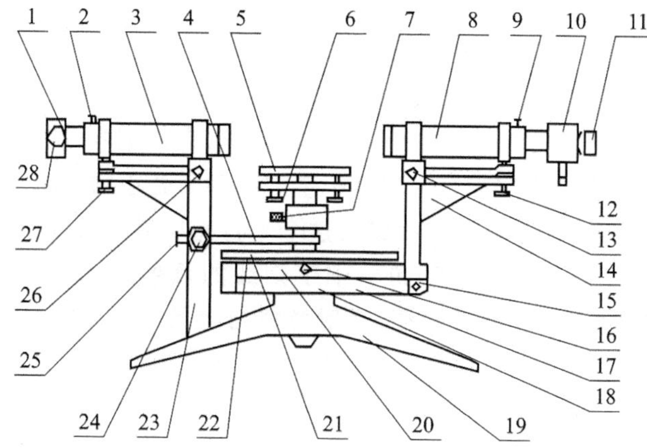

1—狭缝套筒；2—狭缝套筒锁紧螺钉；3—平行光管；4—制动架；5—载物台；6—载物台调平螺钉；7—载物台与游标盘联结螺钉；8—望远镜；9—望远镜锁紧螺钉；10—阿贝式自准直目镜；11—目镜视度调节手轮；12—望远镜光轴俯仰调节螺钉；13—望远镜光轴水平调节螺钉；14—支臂；15—望远镜微调螺钉；16—望远镜与度盘联结螺钉；17—望远镜固紧螺钉(位于图后与螺钉 16 对称位置)；18—制动架(一)；19—底座；20—转座；21—度盘；22—游标盘；23—立柱；24—游标盘微调螺钉；25—游标盘固紧螺钉；26—平行光管光轴水平调节螺钉；27—平行光管光轴俯仰调节螺钉；28—狭缝宽度调节螺钉

图 4.10.1　JJY 型分光仪

1) 三角底座

在三角底座中心，装有一垂直的固定轴，望远镜、主刻度圆盘、游标刻度圆盘都可绕它旋转，这一固定轴称分光仪主轴。

2) 刻度圆盘

圆盘上刻有角度数值的称主刻度盘，在其内侧有一游标盘，在游标盘上相对 180°处刻有两个游标。主刻度盘和游标刻度盘都垂直于仪器主轴，并可绕主轴转动。

读数系统由主刻度盘和游标盘(角游标)组成，沿度盘一周刻有 360 个大格，每格 1°，每大格又分成两小格，所以每小格为 30′。主刻度盘内侧有一游标盘。主刻度盘可以和望远镜一

起转动,游标盘可以和载物台一起转动。游标盘在它的对径方向有两个游标刻度,游标刻度的30个小格对应主刻度盘刻度的29个小格,所以这一读数系统的准确度为1′。它的读数原理与游标卡尺完全相同。

3) 载物平台

载物平台用来放置光学元件,如棱镜、光栅等,在其下方有载物台调平螺钉3只,以调节平台倾斜度(见图4.10.1中的6)。用螺钉7可调节载物平台的高度,当固紧时平台与游标刻度盘固联。固紧螺钉25,可使游标盘与主轴固联;拧动螺钉24,可使载物台与游标盘一起微动。

4) 自准直望远镜

自准直望远镜的结构如图4.10.2所示。它由目镜、全反射棱镜、叉丝分划板及物镜组成。目镜装在A筒中,全反射棱镜和叉丝分划板装在B筒内,物镜装在C筒顶部,A筒通过手轮可在B筒内前后移动,B筒(连A筒)可在C筒内移动。叉丝分划板上刻有双十字形叉丝和透光小十字刻线,并且上叉丝与小十字刻线对称于中心叉丝,全反射棱镜紧贴其上。开启光源S时,光线经全反射棱镜照亮小十字刻线。**当小十字刻线平面处在物镜的焦平面上时**,从刻线发出的光线经物镜成平行光。如果有一平面镜将这个平行光反射回来,再经物镜,必成像于焦平面上,于是从目镜中可以同时看到**叉丝和小十字刻线的反射像**,并且**无视差**(见图4.10.3(a))。**如果望远镜光轴垂直于平面反射镜,反射像将与上叉丝重合**(见图4.10.3(b))。这种调望远镜使之适于观察平行光的方法称为自准直法,这种望远镜称为自准直望远镜。

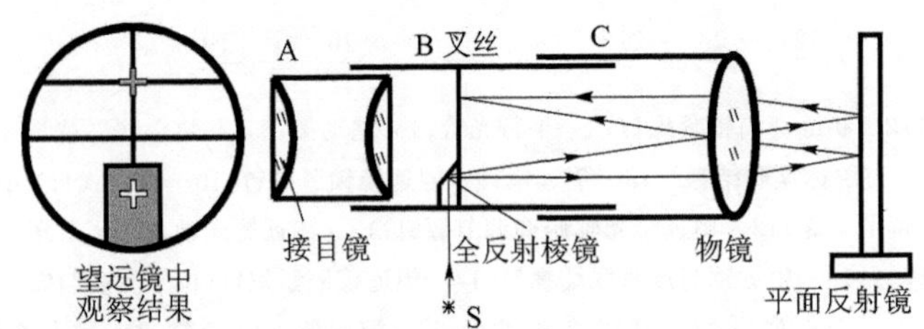

图4.10.2 自准直望远镜

望远镜可通过螺钉16的固紧与主刻度盘固联,又可通过螺钉17的固紧与主轴固联,此时拧动望远镜微调螺钉15,望远镜将连同主刻度盘绕主轴微动。

5) 平行光管

平行光管与底座固联,靠近仪器主轴的一端装有平行光管的物镜,另一端装有可调狭缝套管,前后移动套管,使狭缝处在物镜的焦平面上,于是由狭缝产生的光通过物镜后成平行光。

(2) 分光仪的调节原理及方法

分光仪常用于测量入射光与出射光之间的角度,为了能够准确测得此角度,必须满足两个条件:① **入射光与出射光**(如反射光、折射光等)**均为平行光**;② **入射光与出射光都与刻度盘**

平面平行。为此须对分光仪进行调整：使平行光管发出平行光，其光轴垂直于仪器主轴（即平行于刻度盘平面）；使望远镜接收平行光，其光轴垂直于仪器主轴；须调整载物平台，使其上旋转的分光元件的光学平面平行于仪器主轴。下面介绍调整方法。

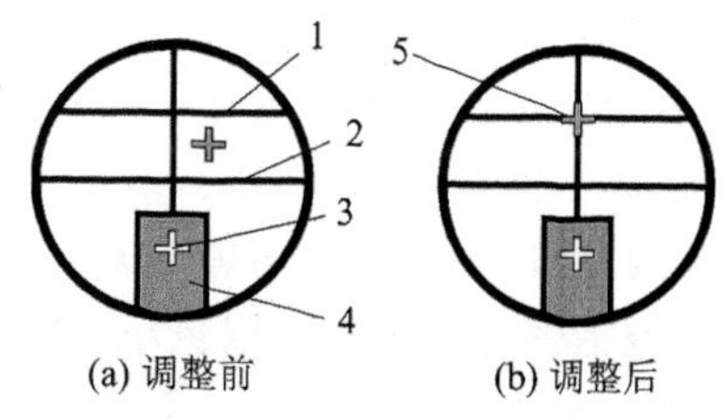

1—上叉丝；2—中心叉丝；3—透光十字刻线；
4—绿色背景；5—十字刻线的反射像（绿色）

图 4.10.3　叉丝分划板和反射十字像

1）粗　调

调节水平调节螺钉（见图 4.10.1 之 13），使望远镜居支架中央，并目测调节望远镜俯仰螺钉（见图 4.10.1之 12），使光轴大致与主轴垂直，调节载物平台下方 3 只螺钉外伸部分等长，使平台平面大致与主轴垂直。这些粗调对于望远镜光轴的顺利调整至关重要。

2）调整望远镜

◇ 望远镜调焦于无穷远

调节要求：根据前述自准直原理，当叉丝位于物镜焦平面时，叉丝与小十字刻线的反射像共面，即**绿十字与叉丝无视差**，此时望远镜只接收平行光，或称望远镜调焦于无穷远。

调节方法：在载物平台上（见图 4.10.4）放置平面反射镜，构成如图 4.10.2 所示自准直光路。

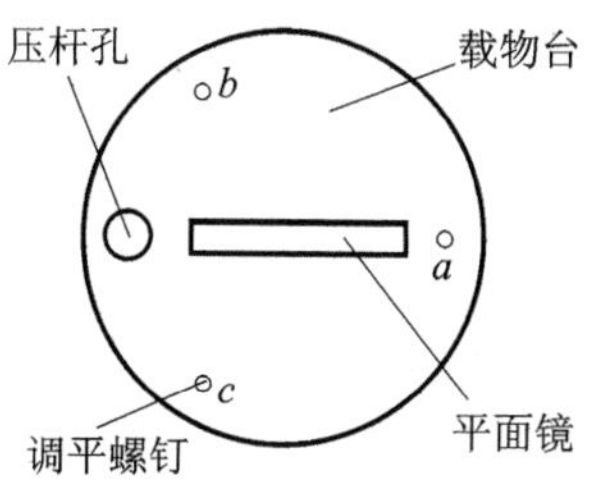

图 4.10.4　平面镜的放置

开启内藏照明灯泡，照明透光小十字形刻线。调节目镜 A（转动目镜筒手轮 A，筒壁螺纹结构使 A 筒在 B 筒内前后移动），改变目镜与叉丝分划板之间的距离，直至看清分划板上的双十字形叉丝。旋转载物台，改变平面反射镜沿水平方向的方位，若平面反射镜的镜面在俯仰方向上已大致垂直于望远镜光轴，则在旋转载物台的过程中，总可以在某一位置，通过目镜看到一个绿色十字（可能不太清晰），如看不到则应视情况调节望远镜下方的俯仰螺钉或载物台下方的 b（或 c）螺钉，再一次粗调望远镜光轴大致与平面反射镜的镜面垂直。前后伸缩叉丝分划板套筒 B，改变叉丝与物镜之间的距离，直到在目镜中清晰无视差地看到一个明亮的绿色小十字（透光小十字刻线的像）为止（见图 4.10.3(a)）。

◇ 调整望远镜光轴与仪器主轴垂直

调整原理：若望远镜光轴垂直于平面反射镜镜面，且平面镜镜面平行于仪器主轴，则望远镜光轴必垂直于仪器主轴。此时若将载物台绕仪器主轴转 180°，使平面镜另一面对准望远镜，望远镜光轴仍将垂直于平面镜。若望远镜光轴开始时垂直于平面镜，但不垂直于主轴，亦即平面镜镜面不平行于主轴，则将平面镜反转 180°后，望远镜光轴不再垂直于平面镜镜面。

由光路成像的原理可知，当望远镜光轴垂直于平面镜镜面时，反射像绿十字与上叉丝重合。若同时有平面镜镜面平行于仪器主轴,则平面镜反转 180°后,仍有望远镜光轴与平面镜垂直,绿十字仍与上叉丝重合。此时必有望远镜光轴垂直于主轴。若平面镜镜面不平行于仪器主轴,则平面镜反转 180°后,绿十字与上叉丝将不再重合。

调整方法:在望远镜调焦于无穷远的基础上,观察绿色小十字,一般它会偏离上叉丝,调节载物台调平螺钉 b 或 c,使绿色小十字向上叉丝移近 1/2 的偏离距离,再调节望远镜俯仰调节螺钉,使绿色小十字与上叉丝重合(见图 4.10.5),这时,望远镜光轴与平面镜镜面垂直。将平面镜反转 180°,重复调节载物台调平螺钉 b 或 c,并调节望远镜俯仰调节螺钉,使绿色小十字各自消除 1/2 与上叉丝的偏离量,再次使望远镜光轴与平面镜镜面垂直。如此重复几次,直至**平面镜绕主轴旋转 180°,绿色小十字始终都落在上叉丝中心**为止。每进行一次调节,望远镜光轴与主轴垂直状态及平面镜与主轴的平行状态就改善一次。多次调节,逐渐达到完全改善为止,故称为逐次逼近调节。又由于每次各调 1/2 的偏离量,故又称半调法。

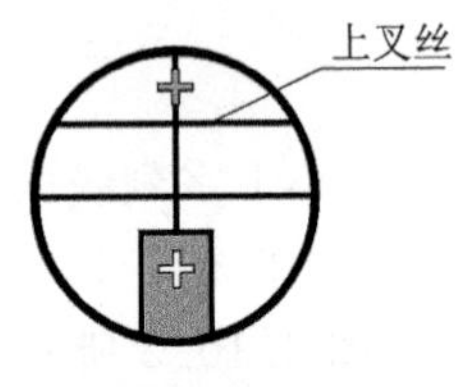

(a) 绿十字偏离上叉丝中央

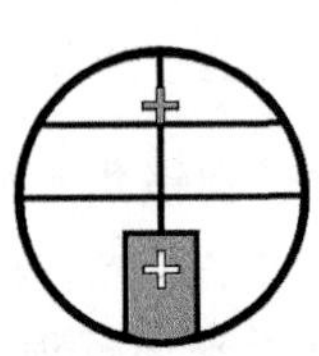
(b) 调平台螺钉,减少1/2偏离

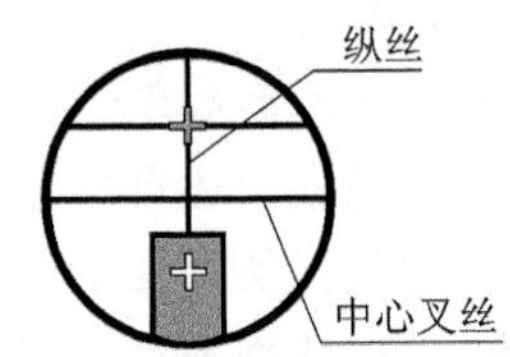

(c) 调望远镜俯仰,再减少1/2偏离量,绿十字回到上叉丝中央

图 4.10.5 半调法

◇ 调整叉丝分划板的纵丝与主轴平行

分划板的上叉丝与纵丝是互相垂直的。当纵丝与主轴不平行时,绕主轴转动望远镜,在望远镜视场中,会看到绿色小十字的运动轨迹与上叉丝相交。只要微微转动(不能有前后滑动)镜筒 B,达到绿色小十字的运动轨迹与上叉丝重合,叉丝方向就调好了。

3) 平行光管的调整

◇ 使平行光管产生平行光

当被光所照明的狭缝刚好位于透镜的焦平面上时,平行光管出射平行光。

调整方法:将已调节好的望远镜对准平行光管,拧动狭缝宽度调节手轮(见图 4.10.1 之 28),打开狭缝,松开狭缝套筒锁紧螺钉(见图 4.10.1 之 2),前后移动狭缝套筒,**当在已调焦无穷远的望远镜目镜中无视差地看到边缘清晰的狭缝像时,平行光管即发出平行光。**

◇ 调平行光管光轴与仪器主轴垂直

望远镜光轴已垂直主轴,若平行光管与其共轴,则平行光管光轴同样垂直主轴。

调整方法:旋转望远镜至观察到狭缝像,调整平行光管俯仰调节螺钉(见图 4.10.1 之 27),使**狭缝像的中点与中心叉丝重合**(中心叉丝与狭缝中点都可视为望远镜与平行光管光轴所垂直通过的地方);或将狭缝横放,调平行光管俯仰调节螺钉至狭缝的固定边与中心叉丝重合。

至此，分光仪的调整已基本完成，现已满足两个条件：① 入射光与出射光均为平行光；② 入射光与刻度盘平面平行，但出射光还未调至与刻度盘平面平行，这一步与具体的测量内容有关，需结合分光仪的应用来进行。

实验2 三棱镜顶角的测量

(1) 三棱镜的调整

1) 调整要求

欲测三棱镜顶角，必须使望远镜的光轴旋转平面垂直于待测顶角 A 的两光学平面 AB 面和 AC 面(见图4.10.6)，即**望远镜分别对准 AB 面和 AC 面时均应有绿十字与上叉丝重合。**

2) 三棱镜的放置

如图4.10.6所示，按逆时针方向称三棱镜的三个顶角为 A、B、C，AB、AC 构成待测顶角 A 的光学面，BC 为磨沙面。放置时，令三棱镜的 AB(BC、AC)边平行于载物平台上的径线 Oa(Ob、Oc)。这样一来，在调节 Oa(Oc)线下的调平螺钉 a(c)时，整个棱镜将以 bc(ba)为轴转动，由于 AB(AC)面与 bc(ba)垂直，故不会影响 AB(AC)面与仪器主轴的相对关系。

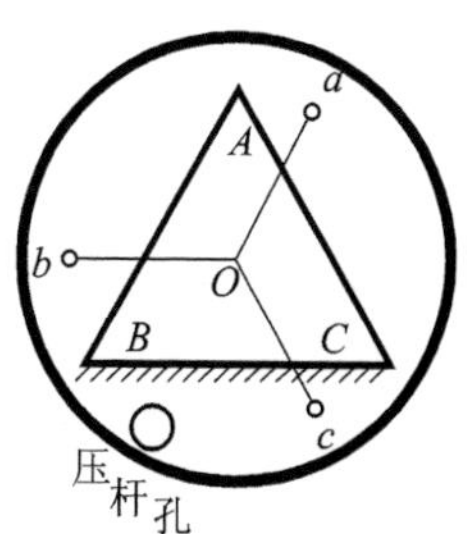

图4.10.6 三棱镜放置方法

3) 调三棱镜的 AB 面和 AC 面与望远镜光轴垂直

此调整在已调好望远镜的基础上进行。先用自准直法调 AB 面与望远镜光轴垂直(即 AB 面与仪器主轴平行)，如不垂直，可调节调平螺钉 b 或 c；再转动载物平台将 AC 面转向望远镜，此时可且只可调节调平螺钉 a，使 AC 面与望远镜光轴垂直，因为调 a 不会破坏已调好的 AB 面与望远镜光轴的垂直关系。

从以上叙述中可体会到，**三棱镜的放置与调平螺钉的调节，要遵循调整第二面的方位时不致改变第一面的方位的原则**。按照此原则，并掌握**当某调平螺钉到平台中心的连线与三棱镜的一棱面平行时，调节此螺钉不会改变该棱面的方位**的规律，调整就会得心应手，否则会给调整带来麻烦。

在调整三棱镜的过程中，可以看到应保证望远镜光轴的旋转平面与主轴的垂直关系不变，否则将造成测量角度的误差，损失分光仪测角的准确度。

(2) 三棱镜顶角的测量原理

1) 反射法

反射法测顶角须使入射平行光经 AB、AC 面反射后能通过望远镜，而望远镜是绕主轴旋转的，所以 AB 和 AC 面的反射平行光必须通过主轴才能进入望远镜。在图4.10.7(a)中，主轴中心 O 远离顶角 A，AB、AC 面的反射光不能通过主轴，从而也就不通过望远镜；只有如图4.10.7(b)所示，顶角 A 处于主轴中心 O 附近时，AB、AC 面的反射光才能进入望远镜。所以测量顶角时，应尽量将顶角 A 平移靠近主轴中心处。

测量原理：旋转载物台至三棱镜顶角 A 对准平行光管，使部分平行光由 AB 面反射；另一

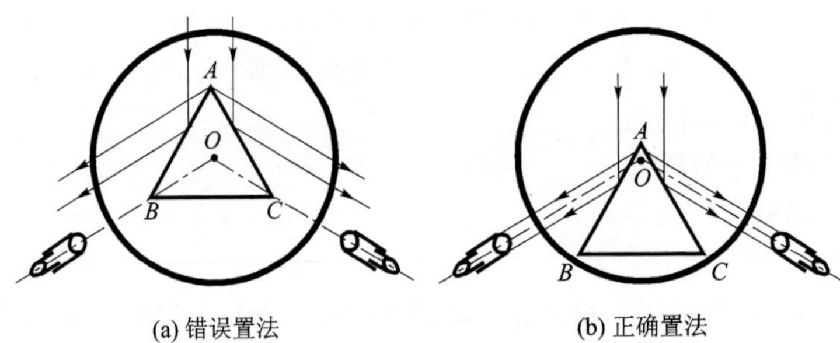

图 4.10.7 三棱镜顶角应靠近主轴中心

部分平行光由 AC 面反射。当望远镜在Ⅰ位置观察到 AB 面反射的狭缝像,在Ⅱ位置观察到 AC 面反射的狭缝像时,望远镜转过了角度 θ,由图 4.10.8 可知

$$\theta = A + i_1 + i_2 \tag{4.10.1}$$

又因为

$$A = i_1 + i_2 \tag{4.10.2}$$

故有

$$A = \frac{\theta}{2} \tag{4.10.3}$$

2) 自准直法

测量原理:在前面调三棱镜的 AB 面和 AC 面与望远镜光轴垂直的过程中,当分别看到绿十字与上叉丝重合时,望远镜所转过的角度为 θ ,则由图 4.10.9 易得

$$A = 180° - \theta \tag{4.10.4}$$

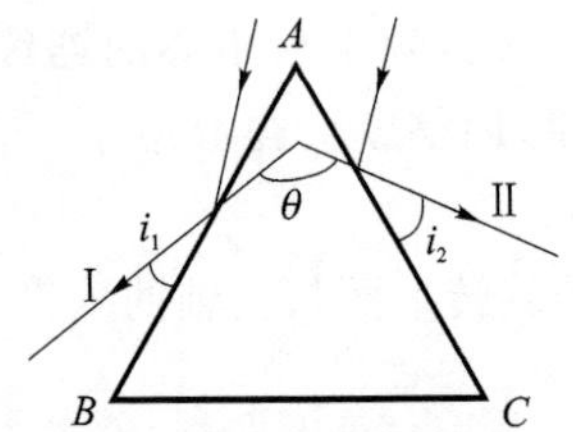

图 4.10.8 反射法测棱镜顶角

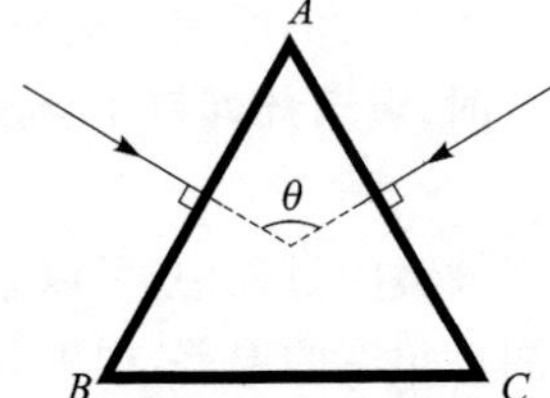

图 4.10.9 自准直法测棱镜顶角

实验 3 棱镜折射率的测量

(1) 最小偏向角法

如图 4.10.10 所示,单色平行光束入射到三棱镜 AB 面,经折射后由 AC 面出射,出射光线与入射光线的夹角称为偏向角 δ 。

沿主截面入射的光线 DE 在界面 AB 上发生第一次折射,由折射定律有

$$\sin i_1 = n_1 \sin i_2$$

折射光线 EF 入射到界面 AC 上发生第二次折射，同理有

$$n_1 \sin i_2' = \sin i_1' \tag{4.10.5}$$

设三棱镜顶角为 A，由 $\triangle EOF$ 和 $\triangle EPF$ 可知

$$A = i_2 + i_2' \tag{4.10.6}$$

$$\begin{aligned}\delta &= (i_1 - i_2) + (i_1' - i_2') = \\ &(i_1 + i_1') - (i_2 + i_2') = \\ &(i_1 + i_1') - A\end{aligned} \tag{4.10.7}$$

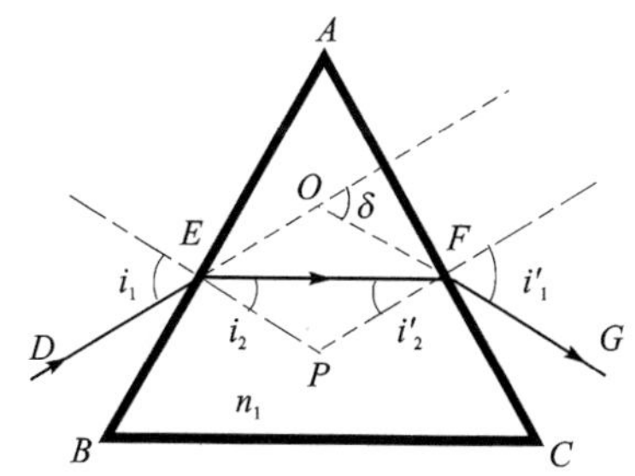

图 4.10.10　最小偏向角法测棱镜折射率

可见对顶角一定的棱镜而言，偏向角 δ 随入射角 i_1 而变；对某一个 i_1 值，偏向角有最小值 $\delta_{\min}$，称为最小偏向角。由最小偏向角条件 $\frac{d\delta}{di_1} = 0$ 可以证得

$$i_1 = i_1' \qquad 或 \qquad i_2 = i_2' \tag{4.10.8}$$

将式(4.10.8)代入式(4.10.6)和式(4.10.7)，得

$$i_2' = \frac{A}{2}, \qquad i_1' = \frac{1}{2}(\delta_{\min} + A) \tag{4.10.9}$$

将上式代入式(4.10.5)，得

$$n_1 = \frac{\sin \frac{\delta_{\min} + A}{2}}{\sin \frac{A}{2}} \tag{4.10.10}$$

(2) 掠入射法

用单色扩展光源照射到三棱镜 AB 面上，使扩展光源以约 90°角掠入射棱镜。全反射定律告诉我们，满足

$$n_2 \sin i_2 = 1 \tag{4.10.11}$$

即光线以 90°入射时，棱镜内折射角 i_2 最大，为 $i_{2\max}$。当扩展光源从各个方向射向 AB 面时，凡入射角小于 90°的，折射角必小于 $i_{2\max}$，出射角必大于 $i'_{1\min}$；而大于 90°的入射光不能进入棱镜，这样在 AC 侧面观察时，将出现半明半暗的视场(见图 4.10.11)。明暗视场的交线就是入射角 $i_1 =$ 90°的光线的出射方向。

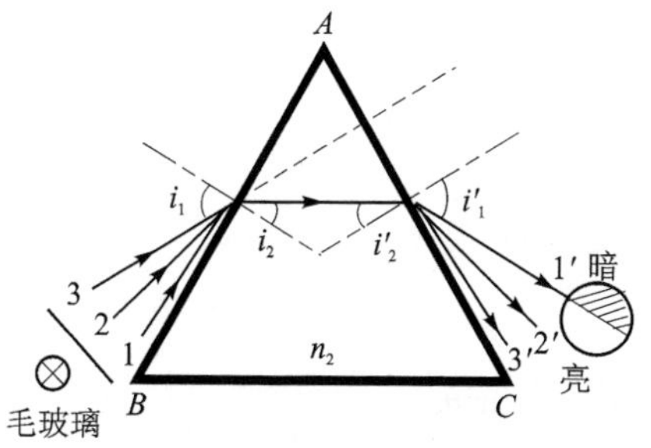

图 4.10.11　掠入射法测棱镜折射率

由图 4.10.11 可知

$$\sin i_1' = n_2 \sin i_2' \tag{4.10.12}$$

又

$$A = i_2 + i'_2 \tag{4.10.13}$$

所以

$$i'_2 = A - i_2 \tag{4.10.14}$$

将式(4.10.11)、式(4.10.12)和式(4.10.14)联立,可解得

$$n_2 = \sqrt{\left(\frac{\cos A + \sin i'_{1\min}}{\sin A}\right)^2 + 1} \tag{4.10.15}$$

实验 4　平板玻璃折射率的测量

如图 4.10.12 所示,在前面调好望远镜及平行光管光轴与主轴垂直的基础上,将平行光管对准钠光源,同时把狭缝调宽,然后放上平面镜(实际为反射率较大的平行平板玻璃)并旋转载物平台,当平面镜与平行光管光轴接近垂直时,可从望远镜中看到平行光管狭缝区域出现环状干涉条纹,并且在转动平面镜的同时,条纹的粗细疏密随之发生变化。

产生这一干涉现象的原因是,经平行光管出射的平行光,在平板玻璃的上、下表面多次反射(见图 4.10.13),最终在平面镜下表面形成多光束干涉,相邻两束光线的光程差 $\Delta L = 2n_3 d\cos i$,故产生圆环形等倾干涉条纹。

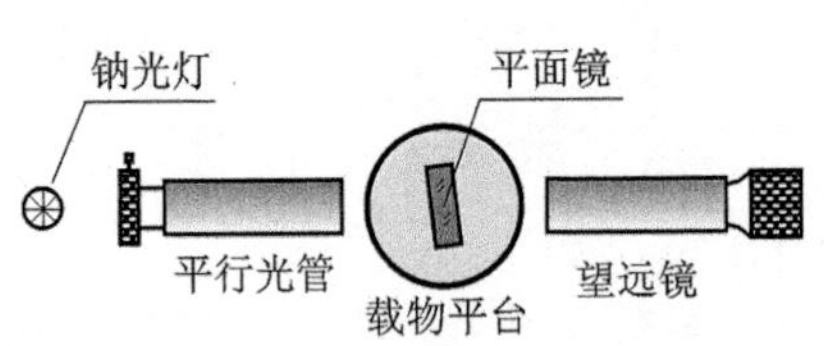

图 4.10.12　实验现象的观察

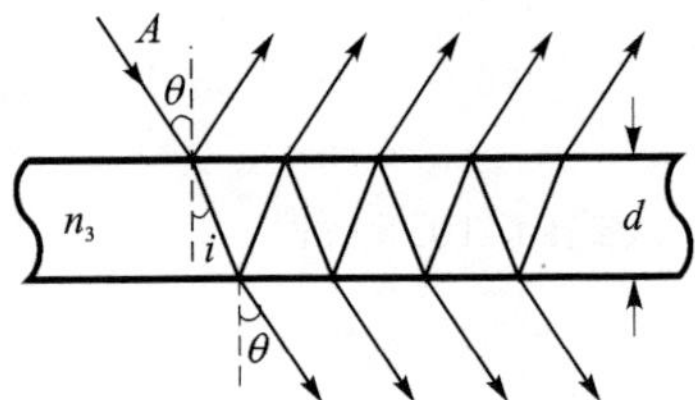

图 4.10.13　多光束干涉

以某条条纹为准,转动平行平板玻璃,使视野中的条纹向外转过 N 条,可得如下结论:

第 k 级明纹条件为 $\Delta L_k = 2n_3 d\cos i_k = k\lambda$,又 $\dfrac{\sin\theta}{\sin i} = n_3$,所以有

$$2d\sqrt{n_3^2 - \sin^2\theta_k} = k\lambda \tag{4.10.16}$$

同理,对第 $k+N$ 级明纹有

$$2d\sqrt{n_3^2 - \sin^2\theta_{k+N}} = (k+N)\lambda \tag{4.10.17}$$

由式(4.10.16)、式(4.10.17)可得

$$\frac{N\lambda}{2d} = \sqrt{n_3^2 - \sin^2\theta_{k+N}} - \sqrt{n_3^2 - \sin^2\theta_k} \tag{4.10.18}$$

$$\left(\frac{N\lambda}{2d}\right)^2 = n_3^2 - \sin^2\theta_{k+N} + n_3^2 - \sin^2\theta_k - 2\sqrt{(n_3^2 - \sin^2\theta_{k+N})\cdot(n_3^2 - \sin^2\theta_k)} \tag{4.10.19}$$

$$2\sqrt{(n_3^2-\sin^2\theta_{k+N})\cdot(n_3^2-\sin^2\theta_k)}=2n_3^2-\sin^2\theta_{k+N}-\sin^2\theta_k-\left(\frac{N\lambda}{2d}\right)^2 \quad (4.10.20)$$

$$4(n_3^2-\sin^2\theta_{k+N})\cdot(n_3^2-\sin^2\theta_k)=4n_3^4-4n_3^2\left[\sin^2\theta_{k+N}+\sin^2\theta_k+\left(\frac{N\lambda}{2d}\right)^2\right]+\left[\sin^2\theta_{k+N}+\sin^2\theta_k+\left(\frac{N\lambda}{2d}\right)^2\right]^2 \quad (4.10.21)$$

$$4\sin^2\theta_{k+N}\sin^2\theta_k=-4n_3^2\left(\frac{N\lambda}{2d}\right)^2+\left[\sin^2\theta_{k+N}+\sin^2\theta_k+\left(\frac{N\lambda}{2d}\right)^2\right]^2 \quad (4.10.22)$$

$$4n_3^2=\left(\frac{2d}{N\lambda}\right)^2(\sin^2\theta_{k+N}-\sin^2\theta_k)^2+\left(\frac{N\lambda}{2d}\right)^2+2(\sin^2\theta_{k+N}+\sin^2\theta_k) \quad (4.10.23)$$

$$n_3=\frac{1}{2}\sqrt{\left(\frac{2d}{N\lambda}\right)^2(\sin^2\theta_{k+N}-\sin^2\theta_k)^2+\left(\frac{N\lambda}{2d}\right)^2+2(\sin^2\theta_{k+N}+\sin^2\theta_k)} \quad (4.10.24)$$

由于钠光波长 λ 很小，易知 $\left(\frac{N\lambda}{2d}\right)^2$ 为小量，而从前面的叙述又知，只有在入射角很小的情况下才能观察到干涉条纹，因此 $2(\sin^2\theta_{k+N}+\sin^2\theta_k)$ 也为小量，故式(4.10.24)中后两项可以忽略，可得折射率 n_3 的近似表达式

$$n_3\approx\frac{d}{N\lambda}(\sin^2\theta_{k+N}-\sin^2\theta_k)=\frac{d}{2N\lambda}(\cos 2\theta_{k+N}-\cos 2\theta_k) \quad (4.10.25)$$

也可以写做

$$n_3\approx\frac{d}{N\lambda}\sin(\theta_k+\theta_{k+N})\cdot\sin(\theta_k-\theta_{k+N}) \quad (4.10.26)$$

4.10.3　实验仪器

分光仪、平面反射镜、三棱镜、钠灯及电源。

4.10.4　实验内容

实验 1　分光仪的调整

要求：

① 平面镜反射回来的绿色十字与叉丝无视差。

② 平面镜正、反两面反射回来的绿色十字均与上叉丝重合，且转动平台过程中绿色十字沿上叉丝移动。

③ 狭缝像与叉丝无视差，且其中点与中心叉丝等高。

实验 2　三棱镜顶角的测量

(1) 调整三棱镜

将三棱镜放置于载物台上，使待测顶角 A 靠近中心，并使其一个光学面与载物台上的某根径线平行，用压杆固定好棱镜。将望远镜对准三棱镜某光学平面，调节与另一光学平面平行的载物台径线下螺钉,使绿色十字与上叉丝重合。同理再调整另一光学平面。

思考:调整三棱镜的过程中,能否使用半调法?

(2) 用反射法或自准直法测棱镜顶角

为了准确测定三棱镜顶角,除了严格调整分光仪和三棱镜以外,尚须准确读取数据和掌握正确的测量方法。

1) 偏心差的消除

在分光仪的生产过程中,分光仪的主刻度盘和游标盘不可能完全同心,读数时不可避免地将产生偏差,称为偏心差,这是仪器本身的系统误差。消除系统误差的办法是采用对径读数法。设开始时,左边游标的读数为 α_1,右边游标的读数为 β_1,当望远镜或载物台转过某一角度后,左边游标的读数为 α_2,右边游标的读数为 β_2,可以由左边的读数得其转角 $\theta_1=\alpha_2-\alpha_1$,由右边读数得其转角 $\theta_2=\beta_2-\beta_1$,然后取其平均

$$\theta=\frac{1}{2}(\theta_1+\theta_2)=\frac{1}{2}[(\alpha_2-\alpha_1)+(\beta_2-\beta_1)] \tag{4.10.27}$$

这就可以消除偏心差,得到准确的结果。(证明见本节附录。)

2) 减小主刻度盘刻度不均匀所造成的系统误差

如果主刻度盘刻度不均匀,测量时将产生一定的系统误差。为了减少此系统误差,需在刻度盘不同部位进行多次测量,然后取其平均值。

测量方法:每次测量时应改变初始值,即松开主刻度盘与望远镜的固紧螺钉(见图 4.10.1 之 16),单独旋转主刻度盘 50°~60°,测量次数不少于 5 次。

注意:在推动望远镜时,应推动望远镜支臂(见图 4.10.1 之 14),切勿直接推镜筒,以免破坏望远镜与仪器主轴的垂直关系,造成角度测量的超差。

(3) 数据处理

① 原始数据列表表示;

② 计算顶角 A 及其不确定度 $u(A)$。

实验 3 棱镜折射率的测量

(1) 用最小偏向角法测棱镜折射率

旋转载物平台,使平行光沿图 4.10.10 所示方向入射三棱镜的 AB 面,用望远镜在 AC 面观察折射光线,之后沿某方向缓慢转动平台(改变入射角),可看到谱线随平台转动向一个方向移动,当移到某个位置时突然向反方向折回,这一转折位置即该谱线的最小偏向位置。测量此位置处谱线与入射光线的夹角,此即最小偏向角 $\delta_{\min}$。

(2) 用掠入射法测棱镜折射率

移开平行光管,在光源方向放置一毛玻璃,旋转载物平台使三棱镜 AB 面近似与光源平行,如图 4.10.11 所示;然后用望远镜在 AC 面寻找半明半暗交界线,测量该交界线与 AC 面法线之间的夹角 i_1'。

(3) 数据处理

在消除偏心差和减小主刻度盘刻度不均匀系统误差的基础上进行多次测量，计算棱镜玻璃折射率 $n_1(n_2)$ 及其不确定度 $u(n_1)$ $[u(n_2)]$。

实验 4　平板玻璃折射率的测量

(1) 测量平面镜法线位置

在载物台上放置平面镜，转动平台使平面镜反射回来的绿十字与望远镜纵丝及平行光管狭缝固定边三者重合。

(2) 观察并测量干涉条纹

参考图 4.10.12 所示方向，转动载物台直至从平行光管狭缝像中观察到干涉条纹，以某一条为基准，每转过若干条记录一次条纹位置读数，测量数据不少于 10 组。

注意：应使测量范围尽可能充满可观察条纹的范围，即转过的条纹数应尽可能多些。

(3) 数据处理

用逐差法计算平板玻璃的折射率 n_3 及其不确定度 $u(n_3)$。

4.10.5 思考题

① 为什么当绿十字对准上叉丝中心时，望远镜光轴必和平面镜镜面垂直？(作光路图说明。)

② 在调好望远镜的基础上，欲测定直角三棱镜的直角顶角，应如何放置和调整此三棱镜？(作图表示并说明方法。)

③ 用半调法调整望远镜光轴与仪器主轴垂直时，若每次调整量严格为 1/2 偏离量(实际上做不到)，问反转平面镜正反各几次，就可以使望远镜光轴垂直仪器主轴？

4.10.6 附录　分光仪偏心差消除的证明

由于制造分光仪时，游标盘(与平台固联)的圆心和主标盘的圆心不可能完全重合，如图 4.10.14所示，外圆表示主标盘，圆心为 O，内圆表示游标盘，圆心为 O'，两个游标固接在其直径两端并与主标盘圆弧相接触，通过 O' 的虚线表示两个游标零线的连线。当游标盘实际转过 θ 角时，游标的零线在主标盘圆弧刻度上移过的刻度(对应主标盘刻度)为 φ_1、φ_2，所读出的角度是主标盘的圆心角 θ_1 和 θ_2，而不是 θ，由此产生的误差叫做偏心差。由几何关系可知：

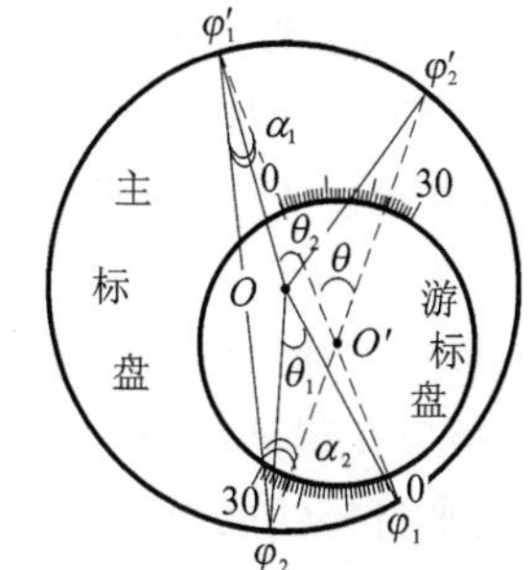

图 4.10.14　偏心差及其消除

$$\alpha_1 = \frac{1}{2}\theta_1, \qquad \alpha_2 = \frac{1}{2}\theta_2$$

且
$$\theta = \alpha_1 + \alpha_2$$

即
$$\theta = \frac{1}{2}(\theta_1 + \theta_2)$$

因此,为了消除偏心差,实验时应取两个游标读出的转角平均值 $\frac{1}{2}(\theta_1 + \theta_2)$ 作为真正的转角 θ,此称对径读数法。

实验方法专题讨论之八——光学仪器的调整

(本节实例主要取自"分光仪的调整及其应用"和"迈克尔逊干涉仪的调整")

仪器的调整和正确使用是物理实验的基本训练,光学仪器的调节尤其如此。下面对光学仪器的调节规律作一个小结,希望它有助于提高学生的实验操作能力。

1. 必须做好仪器的粗调

粗调看似粗糙,却是基础,光学仪器比较精密,调节范围小。仪器粗调做不好,常常会使实验无法进行下去。

① 粗调前要让仪器处于正确的初态,例如调节分光仪前使望远镜和载物台大体水平,且螺钉有上下调整的足够余量;调节迈克尔逊干涉仪,应使激光束入射到反射镜面 M_1、M_2 的中央,M_1 和 M_2 的方位螺钉及微调拉簧处于半紧半松状态;调节光具座上光学元件的共轴前,应让支在滑块上的各个元件在自由度调节范围内均有适度的余量,支架的基准高度要适中等。

② 粗调必须达到规定的基本要求,例如对分光仪的望远镜进行细调前,必须能在望远镜的视野中**看到平面镜两面的反射像**;细调迈克尔逊干涉仪反射镜面的方位螺钉前,应当**先调激光器,使反射回来的中心光点与小孔呈对称分布**(否则可能造成全反镜方位螺钉调节余量不够)。

③ 注意使用白屏等工具帮助进行目测粗调,利用它们来找光点(斑)进行调节,常可提高效率;当眼睛观察不便(例如光强过大或光束偏离过远找不到光路)时,更是如此。

2. 调节要按科学规律办事

我们把它概括为 4 句话:**弄清原理,选对部件(旋钮),观察现象,明确标志**。

以分光仪实验中调节三棱镜光学面为例。"弄清原理"是指利用已调好的望远镜自准直系统的成像,调棱镜光学面与主轴平行;"选对部件(旋钮)"是指按要求放好棱镜与载物台的相对位置,只对载物台的底角螺钉进行调节(不允许调整其他部件,特别是望远镜的俯仰);"观察现象"是指应在望远镜内看到反射回来的绿十字,否则应再作载物台的调整;"明确标志"是指当且仅当来自棱镜两个光学面的绿十字均与望远镜分划板的上叉丝重合时,调节完成。

下面再以分光仪实验为例,把调节过程分部列表(见表 4.10.1)予以说明。

表 4.10.1 调节过程分部列表

调节要求	弄清原理	选对部件(旋钮)	观察现象	明确标志
叉丝成像	叉丝对目镜成像	转动目镜旋轮	叉丝像(黑)	(黑)叉丝清晰成像
望远镜对平行光聚焦	十字经物镜—平面镜—物镜成像	移动望远镜套筒	反射十字像(绿)	(绿)十字与叉丝无视差清晰成像
望远镜光轴垂直主轴		半调望远镜俯仰和平台螺钉	平面镜翻转两面的绿十字位置	(绿)十字与上叉丝重合
纵叉丝平行主轴		转动望远镜套筒	反射十字像的移动轨迹	(绿)十字沿上叉丝移动
平行光管出射平行光	狭缝经平行光管透镜—望远镜物镜成像	移动狭缝套筒	狭缝像	狭缝与叉丝无视差清晰成像
平行光管光轴垂直主轴		调平行光管俯仰	狭缝像位置	狭缝像中点与中心叉丝重合
三棱镜光学面平行主轴	十字经物镜—棱面镜—物镜成像	调平台螺钉	反射十字像	(淡绿)十字与上叉丝重合

3. 光学元件的同轴等高或共轴调节

在光具座上进行光学实验要达到两方面的调节要求:一是所有光学元件的光轴重合;二是光轴与导轨平行。调节的原理是利用光的传播或成像规律。要点是:采用激光束做光源时,以调激光束与导轨平行为基础(将白屏置于光具座的前后位置,细调激光束,使白屏上的光点前后重合)。采用普通光源,则以透镜的两次成像为基础("大像追小像"调好透镜与光源的共轴)。在此基础上,逐个加入其他光学元件进行调节。这时一般只需调节后加的元件,使其中心落在光路的中央并且成像(或光斑)的中心位置不变即可。

4.11 光的干涉实验1(分波面法)

两束光波产生干涉的必要条件是:

① 频率相同;

② 振动方向相同;

③ 位相差恒定。

尽管干涉现象是多种多样的,但为满足上述相干条件,总是把由同一光源发出的光分成两束或两束以上的相干光,使它们各经不同的路径后再次相遇而产生干涉。产生相干光的方式有两种:分波阵面法和分振幅法。本节所涉及的菲涅耳双棱镜干涉和劳埃镜干涉均属于分波阵面法;而后面的迈克尔逊干涉、牛顿环干涉则属于分振幅法。

4.11.1 实验要求

1. 实验重点

① 熟练掌握采用不同光源进行光路等高共轴调节的方法和技术；

② 用实验研究菲涅耳双棱镜干涉和劳埃镜干涉并测定单色光波长；

③ 学习用激光和其他光源进行实验时不同的调节方法。

2. 预习要点

① 双棱镜干涉和劳埃镜干涉的原理有哪些异同？分别加以说明。

② 在波长的测量公式(4.11.4)中，a、D、Δx 分别具有什么物理意义？实际的“屏”在什么位置？a 由什么决定？实际测量时，a 和 D 用什么方法测得？

③ 用激光做光源与用钠光做光源，进行等高共轴调节时有哪些不同？各有哪些主要步骤？

④ 在激光干涉实验中，需使用扩束镜把狭窄的平行激光束变为点光源发出的球面波，这时虚光源的位置在哪里？S 和 S' 应当怎样计算？

⑤ 怎样消除测微目镜的空程误差？

⑥ 如何用一元线性回归方法计算条纹间距 Δx？自变量如何选取？

4.11.2 实验原理

1. 菲涅耳双棱镜干涉

(1) 基本原理

菲涅耳双棱镜可以看做是由两块底面相接、棱角很小(约为 1°)的直角棱镜合成。若置单色光源 S_0 于双棱镜的正前方，则从 S_0 射来的光束通过双棱镜的折射后，变为两束相重叠的光，这两束光仿佛是从光源 S_0 的两个虚像 S_1 及 S_2 射出的一样(见图 4.11.1)。由于 S_1 和 S_2 是两个相干光源，所以若在两束光相重叠的区域内放一屏，即可观察到明暗相间的干涉条纹。

现在根据波动理论中的干涉条件来讨论虚光源 S_1 和 S_2 所发出的光在屏上产生的干涉条纹的分布情况。如图 4.11.2 所示，设虚光源 S_1 与 S_2 的距离为 a，D 是虚光源到屏的距离。令 P 为屏上的任意一点，r_1 和 r_2 分别为从 S_1 和 S_2 到 P 点的距离，则由 S_1 和 S_2 发出的光线到达 P 点的光程差是：

$$\Delta L = r_2 - r_1$$

令 N_1 和 N_2 分别为 S_1 和 S_2 在屏上的投影，O 为 N_1N_2 的中点，并设 $OP=x$，则从 $\triangle S_1N_1P$ 及 $\triangle S_2N_2P$ 得

$$r_1^2 = D^2 + \left(x - \frac{a}{2}\right)^2, \qquad r_2^2 = D^2 + \left(x + \frac{a}{2}\right)^2$$

两式相减，得

$$r_2^2 - r_1^2 = 2ax$$

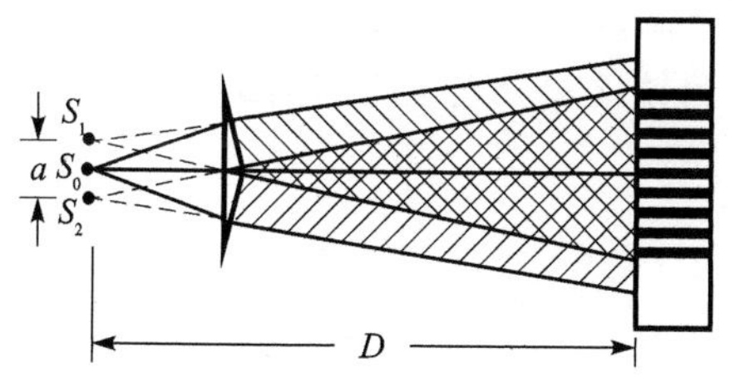

图 4.11.1　双棱镜干涉光路

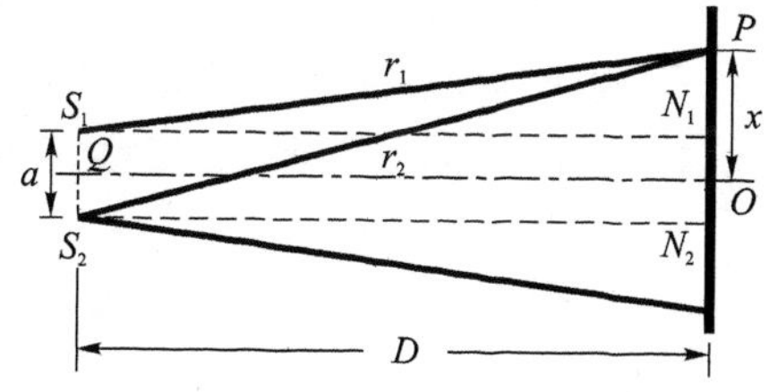

图 4.11.2　双棱镜干涉光程差计算图

另外又有 $r_2^2 - r_1^2 = (r_2 - r_1)(r_2 + r_1) = \Delta L(r_2 + r_1)$ 。通常 D 较 a 大得很多，所以 $r_2 + r_1$ 近似等于 $2D$，因此得光程差为

$$\Delta L = \frac{ax}{D} \tag{4.11.1}$$

如果 λ 为光源发出的光波的波长，干涉极大和干涉极小处的光程差为

$$\Delta L = \frac{ax}{D} = \begin{cases} k\lambda & (k = 0, \pm 1, \pm 2, \cdots) \quad \text{明纹} \\ \dfrac{2k+1}{2}\lambda & (k = 0, \pm 1, \pm 2, \cdots) \quad \text{暗纹} \end{cases}$$

即明、暗条纹的位置为

$$x = \begin{cases} \dfrac{D}{a}k\lambda & (k = 0, \pm 1, \pm 2, \cdots) \quad \text{明纹} \\ (2k+1)\dfrac{D}{a}\dfrac{\lambda}{2} & (k = 0, \pm 1, \pm 2, \cdots) \quad \text{暗纹} \end{cases} \tag{4.11.2}$$

由上式可知，两干涉亮纹(或暗纹)之间的距离为

$$\Delta x = \frac{D}{a}\lambda \tag{4.11.3}$$

所以当用实验方法测得 Δx、D 和 a 后，即可算出该单色光源的波长

$$\lambda = \frac{a}{D}\Delta x \tag{4.11.4}$$

(2) 实验方案

1) 光源的选择

由式(4.11.4)可见，当光源、双棱镜及屏的位置确定以后，干涉条纹的间距 Δx 与光源的波长 λ 成正比。也就是说，当用不同波长的光入射双棱镜后，各波长产生的干涉条纹将相互错位叠加。因此，为了获得清晰的干涉条纹，本实验必须使用单色光源，如激光、钠光等。

2) 测量方法

条纹间距 Δx 可直接用测微目镜测出。虚光源间距 a 用二次成像法测得：当保持物、屏位置不变且间距 D 大于 $4f$ 时，移动透镜可在其间两个位置成清晰的实像，一个是放大像，一个是缩小像。设 b 为虚光源缩小像间距，b'为放大像间距，则两虚光源的实际距离为 $a = \sqrt{bb'}$，

其中 b 和 b' 由测微目镜读出。同时根据两次成像的规律,若分别测出成缩小像和放大像时的物距 S、S',则物到像屏之间的距离(即虚光源到测微目镜叉丝分划板之间的距离)$D=S+S'$。根据式(4.11.4),得波长与各测量值之间的关系为

$$\lambda = \frac{\Delta x\ \sqrt{bb'}}{S+S'} \tag{4.11.5}$$

3) 光路组成

本实验的具体光路布置如图 4.11.3 所示,S 为半导体激光器,K 为扩束镜,B 为双棱镜,P 为偏振片,E 为测微目镜。L 是为测虚光源间距 a 所用的凸透镜,透镜位于 L_1 位置将使虚光源 S_1、S_2 在目镜处成放大像,透镜位于 L_2 位置将使虚光源在目镜处成缩小像。所有这些光学元件都放置在光具座上,光具座上附有米尺刻度,可读出各元件的位置。

2. 劳埃镜干涉

劳埃镜干涉原理如图 4.11.4 所示。单色光源 S 发出的光(波长 λ)以几乎掠入射的方式在平面镜 MN 上发生反射,反射光可以看做是在镜中的虚像 S'发出的。S 和 S'发出的光波在其交叠区域发生干涉,与双棱镜干涉同理,可得条纹间距为

$$\Delta x = \frac{D}{a}\lambda \tag{4.11.6}$$

式中,a 为双光源 S 和 S'的间距,D 是观察屏到光源的距离。同样,当测得 Δx、D 和 a 后,可得该单色光源的波长

$$\lambda = \frac{a}{D}\Delta x \tag{4.11.7}$$

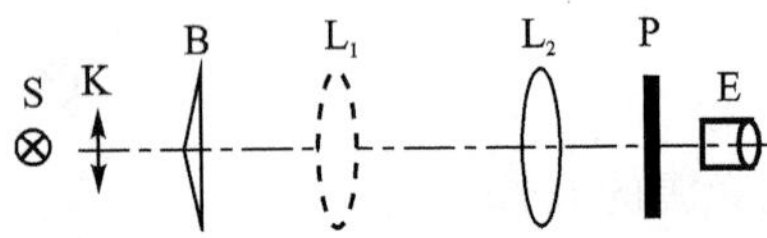

图 4.11.3 双棱镜实验光路图

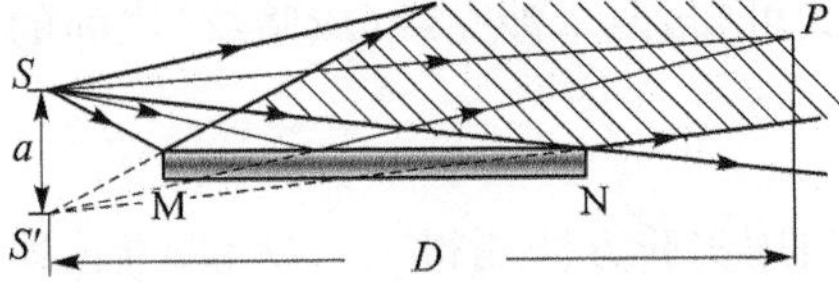

图 4.11.4 劳埃镜干涉原理图

4.11.3 实验仪器

光具座、双棱镜、测微目镜、凸透镜、扩束镜、偏振片、白屏、可调狭缝、半导体激光器、钠光灯。

4.11.4 实验内容

实验 1 激光的双棱镜干涉与劳埃镜干涉

(1) 各光学元件的共轴调节

1) 调节激光束平行于光具座

沿导轨移动白屏,观察屏上激光光点的位置是否改变,相应调节激光方向,直至在整根导

轨上移动白屏时光点的位置均不再变化，至此激光光束与导轨平行。

2) 调双棱镜或劳埃镜与光源共轴

① 双棱镜干涉：将双棱镜插于横向可调支座上进行调节，使激光点打在棱脊正中位置，此时双棱镜后面的白屏上应观察到两个等亮并列的光点（这两个光点的质量对虚光源像距 b 及 b' 的测量至关重要）。此后将双棱镜置于距激光器约 30 cm 的位置。

② 劳埃镜干涉：将劳埃镜放到导轨上，使劳埃镜面尽量与导轨平行，然后在白屏上观察双光源像，再微调劳埃镜，使双光源等亮且相距较近。

3) 粗调测微目镜与其他元件等高共轴

将测微目镜放在距双棱镜（或劳埃镜）约 70 cm 处，调节测微目镜，使光点穿过其通光中心。（**切记：此时激光尚未扩束，绝不允许直视测微目镜内的视场**，以防激光灼伤眼睛。）

4) 粗调凸透镜与其他元件等高共轴

将凸透镜插于横向可调支座上，放在双棱镜（或劳埃镜）后面，调节透镜，使双光点穿过透镜的正中心。

5) 用扩束镜使激光束变成点光源

在激光器与双棱镜（或劳埃镜）之间距双棱镜 20 cm 处放入扩束镜并进行调节，使激光穿过扩束镜。在测微目镜前放置偏振片，旋转偏振片使测微目镜内视场亮度适中（注意：在此之前应先用白屏在偏振片后观察，使光点最暗）。

6) 用二次成像法细调凸透镜与测微目镜等高共轴

参照本书 3.2 节光学实验预备知识，通过“大像追小像”，不断调节透镜与测微目镜位置，直至虚光源大、小像的中心均与测微目镜叉丝重合。

7) 干涉条纹调整

去掉透镜，适当微调双棱镜或劳埃镜，使通过测微目镜观察到清晰的干涉条纹。

(2) 波长的测量

① 测条纹间距 Δx。连续测量 20 个条纹的位置 x_i。如果视场内干涉条纹没有布满，则可对测微目镜的水平位置略作调整；视场太暗可旋转偏振片调亮。

② 测量虚光源缩小像间距 b 及透镜物距 S。

提示：测 b 时应在鼓轮正反向前进时，各作一次测量。

注意：

i 不能改变扩束镜、双棱镜（或劳埃镜）及测微目镜的位置（想一想为什么）；

ii 用测微目镜读数时要消空程。

③ 用上述同样方法测量虚光源放大像间距 b' 及透镜物距 S'。

(3) 数据处理

① 用一元线性回归法或逐差法计算条纹间距 Δx。

② 由公式 $\lambda=\dfrac{\Delta x\ \sqrt{bb'}}{S+S'}$ 计算入射光源的波长并与光源波长标称值对比求相对误差(半导体激光器波长标称值 $\lambda_0=650\ \text{nm}$,钠光波长标称值 $\lambda_{钠}=589.3\ \text{nm}$)。

③ 计算 λ 的不确定度 $u(\lambda)$ 并给出最后结果表述。

提示:

i $u(\Delta x)$ 要考虑回归或逐差的 A 类不确定度以及仪器误差;

ii $u(b)$、$u(b')$、$u(S)$ 和 $u(S')$ 均应该考虑来自成像位置判断不准而带来的误差,可取 $\Delta(S)=\Delta(S')=0.5\ \text{cm}$, $\dfrac{\Delta b}{b}=\dfrac{\Delta b'}{b'}=0.025$;

iii 为简单起见,略去 S 与 b、S' 与 b' 的相关系数,把它们均当做独立测量量处理。

实验 2 钠光的双棱镜干涉与劳埃镜干涉

(1) 调节各元件等高共轴

钠光与激光的干涉原理和测量方法是完全相同的,但由于光源性质的不同,使得共轴调节的方法有很大差别。

1) 调整狭缝与凸透镜等高共轴

将狭缝紧贴钠灯放在光具座上,接着依次放上透镜($f\approx 20\ \text{cm}$)和白屏,用二次成像法使狭缝与透镜等高共轴。

2) 调整测微目镜、狭缝和透镜等高共轴

用测微目镜取代白屏,并置于距狭缝 80 cm 位置上,进一步用二次成像法调至测微目镜叉丝与狭缝、透镜等高共轴。

3) 调整双棱镜或劳埃镜与其他元件共轴

① 双棱镜干涉:在狭缝与透镜之间放上双棱镜,使双棱镜到狭缝的距离约 20 cm,上下左右移动双棱镜并转动狭缝,直至在测微目镜中观察到等长并列(表示棱脊平行于狭缝)、等亮度(表示棱脊通过透镜光轴)的两条狭缝缩小像。

② 劳埃镜干涉:移去透镜,在狭缝后面放上劳埃镜,通过劳埃镜目测观察双光源像,调整狭缝取向至两狭缝像相互平行,再调整劳埃镜使双光源等亮且相距较近。

(2) 干涉条纹的调整

要通过测微目镜看到清晰的干涉条纹,实验中必须满足两个条件:① 狭缝宽度足够窄,以使缝宽上相应各点为相干光,具有良好的条纹视见度。但狭缝不能过窄,过窄光强太弱,同样无法观察到干涉条纹。② 棱镜的脊背或劳埃镜反射形成的虚狭缝必须与狭缝的取向相互平行,否则缝的上下相应各点光源的干涉条纹互相错位叠加,降低条纹视见度,也无法观察到干涉条纹。

调整方法如下。

① 双棱镜干涉:在上述各光学元件调整的基础上,移去透镜,进一步交替微调狭缝宽度和狭缝取向,反复若干次,直至通过测微目镜看到最清晰的干涉条纹为止。

② 劳埃镜干涉：通过测微目镜进行观察，同时微微调节劳埃镜和狭缝取向，直至出现清晰的干涉条纹。

(3) 波长的测量及数据处理

测量方法及数据处理与激光干涉相同。

4.11.5　思考题

① 已知透镜焦距 $f\approx 20$ cm，设测 S 时位置判断不准的最大偏差 $\Delta S=0.5$ cm，试计算由此引起 b 测量的最大相对偏差 $\dfrac{\Delta b}{b}$ 是多少？（提示：在整个测量过程中始终满足 $D=S+S'>$ 且 $\approx 4f$。）

② 扩束镜的焦距为 f，如何计算 S 和 S'？实验中使用的是 100 倍的扩束镜（透镜放大率定义为 $M=\dfrac{S_0}{f}$，$S_0=25$ cm。想一想，为什么这样定义），又如何计算 S 和 S'？

③ 按照你的测量数据，定量讨论哪个（些）量的测量对结果准确度的影响最大？原因何在？

实验方法专题讨论之九——原始数据的记录

（本节实例主要取自“菲涅耳双棱镜干涉测波长”）

原始数据是记录实验和测量过程最重要的基础材料，必须做到完整、严格、准确。下面针对以往出现过的问题再作几点讨论。

一份完整的原始数据记录应当包括实验的日期、名称和方法，所用的测量仪器、规格。**被测数据不仅涉及计算公式中要用到的观测量，还应当包括有关的影响量的数值。例如双棱镜测波长中应当同时列出光源、扩束镜、双棱镜、透镜（观察放大和缩小的虚光源像时用）以及测微目镜（支架）的位置**。表面上，计算 λ 时，不需要知道双棱镜和测微目镜的位置，但实际上它们对虚光源到观察屏的距离 D 和条纹间距 Δx 的大小都有影响。认真记录这些数据不仅可供误差分析和数据检验使用，而且一旦怀疑测量结果有误，可以迅速按记录恢复实验条件进行复测、分析。

实验中 D 是通过虚光源成放大和缩小像时的透镜位置 X_1、X_2 来计算的：$D=|X_1-X_0|+|X_2-X_0|$（X_0 是虚光源在光具座上的位置）。如果测微目镜的支架位置是 X_3，则应有 D 接近但稍大于 $|X_3-X_0|$。因此 X_3 有助于检查放大像和缩小像位置判别是否正确，以及测量数据是否合理。

请思考：D 与 $|X_3-X_0|$ 的差值应当等于什么？该差值大约为多大？

一份合格的实验原始数据记录是严肃科学态度的体现。**数据必须记录在正规的数据记录**

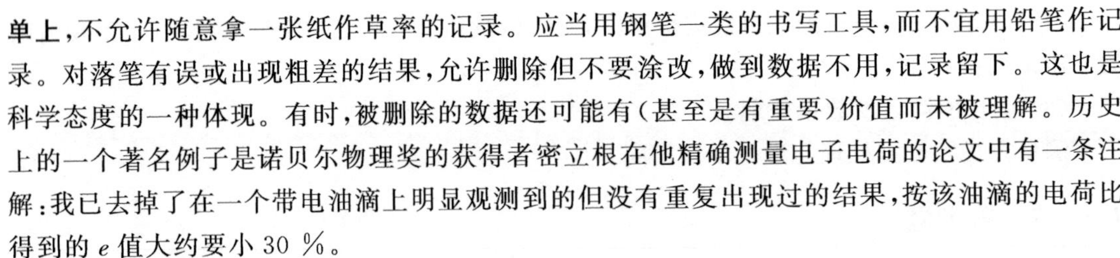

单上,不允许随意拿一张纸作草率的记录。应当用钢笔一类的书写工具,而不宜用铅笔作记录。对落笔有误或出现粗差的结果,允许删除但不要涂改,做到数据不用,记录留下。这也是科学态度的一种体现。有时,被删除的数据还可能有(甚至是有重要)价值而未被理解。历史上的一个著名例子是诺贝尔物理奖的获得者密立根在他精确测量电子电荷的论文中有一条注解:我已去掉了在一个带电油滴上明显观测到的但没有重复出现过的结果,按该油滴的电荷比得到的 e 值大约要小 30 %。

记录原始数据时,应当做到:**按照数据规律列出表格;物理量必须有单位;记录的有效数字正确;记录的是未经加工的原始读数**。

以双棱镜实验为例,原始数据可分列成 3 个表格,它们是光具座上各元件的位置、干涉条纹的位置和虚光源大小像位置的测量记录。测微目镜的读数单位为 mm,光具座上元件位置的读数可用 cm 做单位。测微目镜的读数应估读到 0.001 mm;元件在光具座上的位置按最小分度的 1/10 可以估读到 0.1 mm,但由于读数窗刻线与刻度尺的视差及窗线本身宽度的影响,测量结果写至 0.5 mm 比较合理。

这里特别要对**原始读数**作一点说明。它是指从测量装置上直接记录的读数,未作任何计算。这样做的重要性在于免除人为因素可能带入的潜在干扰,保持数据的记录正确与规范。例如电表读数只记录指针的偏转格数而把乘以分度值放到数据处理中去进行。

同样地,本实验中应直接记录元件或条纹的位置而不是元件或条纹之间的距离。记录原始数据时,还有一个标尺过零(整米)的记录问题。按图 4.11.5 中箭头所在位置应分别记为 84.45 cm和 13.45(+100) cm,不要写成−15.55 cm 和 13.45 cm。在分光仪实验中也有类似的情况,转角过零时应当加 360°。

图 4.11.5　标尺过零和原始数据的记录

表 4.11.1 是一个测量干涉条纹的错误记录。请思考:作为原始数据它有哪些毛病?

表 4.11.1　测量干涉条纹的错误记录

1	2	3	4	5	6	7	8	9	10
0.271	0.239	0.278	0.261	0.262	0.262	0.238	0.249	0.261	0.260
11	12	13	14	15	16	17	18	19	20
0.260	0.275	0.257	0.257	0.252	0.256	0.274	0.267	0.257	0.258

4.12　光的干涉实验 2(分振幅法)

利用透明媒质的第一表面和第二表面对入射光的依次反射,将入射光的振幅分解为若干

部分，由这些部分光波相遇所产生的干涉，称为分振幅法的干涉。

本系列实验包括迈克尔逊干涉、牛顿环干涉和劈尖干涉 3 个实验内容。

4.12.1　实验要求

1. 实验重点

实验 1　迈克尔逊干涉

① 熟悉迈克尔逊干涉仪的结构，掌握其调整方法；

② 通过实验观察，认识点光源非定域干涉条纹的形成与特点；

③ 利用干涉条纹变化的特点测定光源的波长。

实验 2　牛顿环干涉

① 加深对等厚干涉的基本规律和用分振幅法实现干涉的实验方法的认识；

② 掌握利用牛顿环干涉测定透镜曲率半径的一种方法；

③ 正确使用读数显微镜，注意空程误差的消除。

实验 3　劈尖干涉

① 进一步加深对等厚干涉现象及原理的理解；

② 学会利用劈尖干涉现象测量细丝直径（或薄片厚度）的方法；

③ 巩固用逐差法处理数据的方法。

2. 预习要点

实验 1　迈克尔逊干涉

① 在迈克尔逊干涉仪光路中，有一块补偿板 G_2，试说明它是如何起补偿作用的？

② 本实验为什么称为非定域干涉？它有什么特点？与牛顿环实验的干涉条纹有什么不同？

③ 当改变 d 时，条纹有什么变化？如何根据这一现象来计算被测光波的波长？

④ 迈克尔逊干涉仪的调整主要依据光的反射原理，试根据此原理说明调整的主要步骤和方法。

⑤ 迈克尔逊干涉仪的读数装置应如何调零？其最小分度值是多少？

实验 2　牛顿环干涉

① 牛顿环干涉条纹形成在哪一个面上（即定域在何处）？产生的条件是什么？为什么把它称为分振幅的等厚干涉？

② 调节读数显微镜焦距应注意什么？测量牛顿环直径时应如何安排测量顺序？干涉环的环数是否可从第一级取起？

③ 本实验如何才能使用一元线性回归来进行数据的拟合？不知道条纹确切的级数时怎么办？自变量怎么选？线性拟合中的常数项 a 有没有具体的物理意义？

实验 3　劈尖干涉

① 如何制作劈尖样品？产生劈尖干涉的原理是什么？

② 理想的劈尖干涉条纹的形状应该是什么样子？它与劈尖棱边(即平板交线)的关系如何？

③ 劈尖干涉条纹与牛顿环干涉条纹有何异同？分别说明之。

4.12.2　实验原理

实验 1　迈克尔逊干涉

(1) 迈克尔逊干涉仪的光路

迈克尔逊干涉仪的光路如图 4.12.1 所示，从光源 S 发出的一束光射在分束板 G_1 上，将光束分为两部分：一部分从 G_1 的半反射膜处反射，射向平面镜 M_2；另一部分从 G_1 透射，射向平面镜 M_1。因 G_1 和全反射平面镜 M_1、M_2 均成 45°角，所以两束光均垂直射到 M_1、M_2 上。从 M_2 反射回来的光，透过半反射膜；从 M_1 反射回来的光，为半反射膜反射。二者汇集成一束光，在 E 处即可观察到干涉条纹。光路中另一平行平板 G_2 与 G_1 平行，其材料及厚度与 G_1 完全相同，以补偿两束光的光程差，称为补偿板。

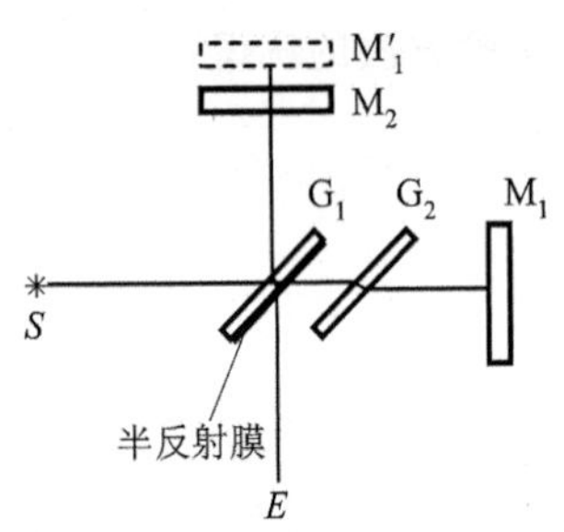

图 4.12.1　迈克尔逊干涉光路

反射镜 M_1 是固定的，M_2 可以在精密导轨上前后移动，以改变两束光之间的光程差。M_1、M_2 的背面各有 3 个螺钉用来调节平面镜的方位。M_1 的下方还附有 2 个方向相互垂直的拉簧，松紧它们，能使 M_1 支架产生微小变形，以便精确地调节 M_1。

在图 4.12.1 所示的光路中，M_1'是 M_1 被 G_1 半反射膜反射所形成的虚像。对观察者而言，两相干光束等价于从 M_1'和 M_2 反射而来，迈克尔逊干涉仪所产生的干涉花纹就如同 M_2 与 M_1'之间的空气膜所产生的干涉花纹一样。若 M_1'与 M_2 平行，则可视做折射率相同、厚度相同的薄膜；若 M_1'与 M_2 相交，则可视做折射率相同、夹角恒定的楔形薄膜。

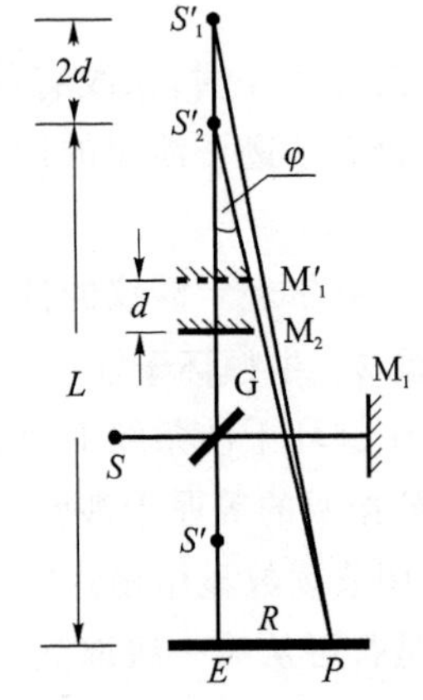

图 4.12.2　点光源非定域干涉

(2) 单色点光源的非定域干涉条纹

如图 4.12.2 所示，M_2 平行 M_1'且相距为 d。点光源 S 发出的一束光，对 M_2 来说，正如 S' 处发出的光一样，即 $SG=S'G$；而对于在 E 处观察的观察者来说，由于 M_2 的镜面反射，S' 点光源如处于位置 S_2'处一样，即 $S'M_2=$

$M_2S'_2$。又由于半反射膜 G 的作用，M_1 的位置如处于 M'_1 的位置一样。同样对 E 处的观察者，点光源 S 如处于 S'_1 位置处。所以 E 处的观察者所观察到的干涉条纹，犹如虚光源 S'_1、S'_2 发出的球面波，它们在空间处处相干，把观察屏放在 E 空间不同位置处，都可以见到干涉花样，所以这一干涉是非定域干涉。

如果把观察屏放在垂直于 S'_1、S'_2 连线的位置上，则可以看到一组同心圆，而圆心就是 S'_1、S'_2 的连线与屏的交点 E。设在 E 处（$ES'_2=L$）的观察屏上，离中心 E 点远处有某一点 P，EP 的距离为 R，则两束光的光程差为

$$\Delta L = \sqrt{(L+2d)^2+R^2} - \sqrt{L^2+R^2}$$

$L \gg d$ 时，展开上式并略去 d^2/L^2，则有

$$\Delta L = 2Ld/\sqrt{L^2+R^2} = 2d\cos\varphi$$

式中，φ 是圆形干涉条纹的倾角。所以亮纹条件为

$$2d\cos\varphi = k\lambda \qquad (k=0,1,2,\cdots) \tag{4.12.1}$$

由上式可见，点光源非定域圆形干涉条纹有如下几个特点：

① 当 d、λ 一定时，φ 角相同的所有光线的光程差相同，所以干涉情况也完全相同；对应于同一级次，形成以光轴为圆心的同心圆环。

② 当 d、λ 一定时，如 $\varphi=0$，干涉圆环就在同心圆环中心处，其光程差 $\Delta L=2d$ 为最大值，根据明纹条件，其 k 也为最高级数。如 $\varphi\neq0$，φ 角越大，则 $\cos\varphi$ 越小，k 值也越小，即对应的干涉圆环越往外，其级次 k 也越低。

③ 当 k、λ 一定时，如果 d 逐渐减小，则 $\cos\varphi$ 将增大，即 φ 角逐渐减小。也就是说，同一 k 级条纹，当 d 减小时，该级圆环半径减小，看到的现象是干涉圆环内缩（吞）；如果 d 逐渐增大，同理，看到的现象是干涉圆环外扩（吐）。对于中央条纹，若内缩或外扩 N 次，则光程差变化为 $2\Delta d=N\lambda$。式中，Δd 为 d 的变化量，所以有

$$\lambda = 2\Delta d/N \tag{4.12.2}$$

④ 设 $\varphi=0$ 时最高级次为 k_0，则

$$k_0 = 2d/\lambda$$

同时在能观察到干涉条纹的视场内，最外层的干涉圆环所对应的相干光的入射角为 φ'，则最低的级次为 k'，且

$$k' = \frac{2d}{\lambda}\cos\varphi'$$

所以在视场内看到的干涉条纹总数为

$$\Delta k = k_0 - k' = \frac{2d}{\lambda}(1-\cos\varphi') \tag{4.12.3}$$

当 d 增加时，由于 φ' 一定，所以条纹总数增多，条纹变密。

⑤ 当 $d=0$ 时，则 $\Delta k=0$，即整个干涉场内无干涉条纹，见到的是一片明暗程度相同的视场。

⑥ 当 d、λ 一定时,相邻两级条纹有下列关系

$$2d\cos\varphi_k = k\lambda$$
$$2d\cos\varphi_{k+1} = (k+1)\lambda \tag{4.12.4}$$

设 $\bar{\varphi}_k \approx \frac{1}{2}(\varphi_k + \varphi_{k+1})$,$\Delta\varphi_k = \varphi_{k+1} - \varphi_k$,且考虑到 $\bar{\varphi}_k$、$\Delta\varphi_k$ 均很小,则可证得

$$\Delta\varphi_k = -\frac{\lambda}{2d\bar{\varphi}_k} \tag{4.12.5}$$

式中,$\Delta\varphi_k$ 称为角距离,表示相邻两圆环对应的入射光的倾角差,反映圆环条纹之间的疏密程度。上式表明 $\Delta\varphi_k$ 与 $\bar{\varphi}_k$ 成反比关系,即环条纹越往外,条纹间角距离就越小,条纹越密。

(3) 迈克尔逊干涉仪的机械结构

仪器的外形如图 4.12.3 所示,其机械结构如图 4.12.4 所示。导轨 7 固定在一个稳定的底座上,由 3 只调平螺丝 9 支承,调平后可以拧紧固定圈 10 以保持座架稳定。丝杠 6 螺距为1 mm。转动粗动手轮 2,经过一对传动比为 10∶1 的齿轮副带动丝杠旋转,与丝杠啮合的开合螺母 4 通过转挡块及顶块带动镜 11 在导轨面上滑动,实现粗动。移动距离的毫米数可在机体侧面的毫米刻尺 5 上读得,通过读数窗口,在刻度盘 3 上读到 0.01 mm。转动微动手轮 1,经 1∶100 蜗轮副传动,可实现微动,微动手轮的最小刻度值为 0.000 1 mm。注意:转动粗动轮时,微动齿轮与之脱离,微动手轮读数不变;而转动微动手轮时,则可带动粗动齿轮旋转。滚花螺钉 8 用于调节丝杠顶紧力,此力不宜过大,已由实验技术人员调整好,学生不要随意调节该螺钉。

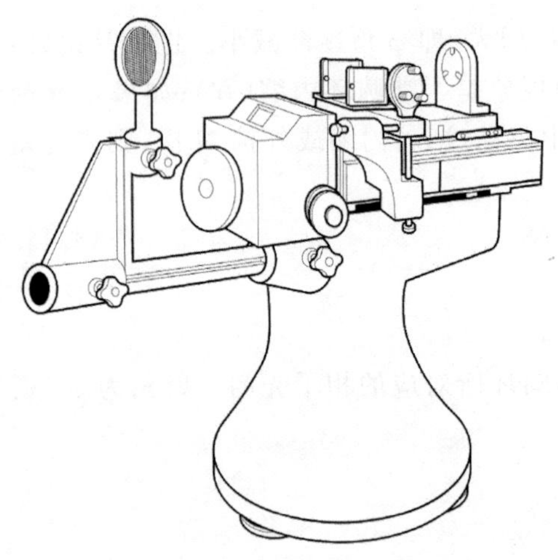

图 4.12.3 迈克尔逊干涉仪

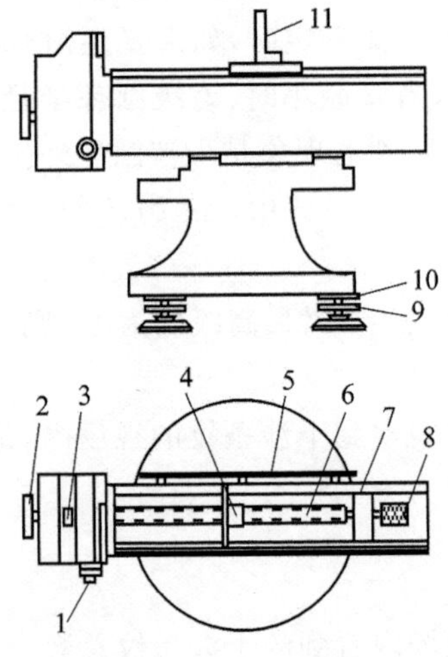

图 4.12.4 干涉仪机械结构

使用时要注意以下几点:

① 调整各部件时用力要适当,不可强旋硬扳。

② 经过精密调整的仪器部件上的螺丝都涂有红漆，不要擅自转动。

③ 反射镜、分光镜表面只能用吹耳球吹气去尘，不允许用手摸、哈气及擦拭。

④ 读出装置调零方法：先将微动手轮调至"0"，然后再将粗动轮转至对齐任一刻线，此后微动轮可带动粗动轮一起旋转。

实验 2　牛顿环干涉

将一曲率半径相当大的平凸玻璃透镜 A 放在一平面玻璃 B 的上面即构成一个牛顿环仪，如图 4.12.5 下面部分所示。自光源 S 发出的光经过透镜 L 后成为平行光束，再经过倾斜为 45°的平板玻璃 M 反射后，垂直地照射到平凸透镜上。入射光分别在空气层的两表面（凸透镜的下表面和平面玻璃的上表面）反射后，穿过 M 进入读数显微镜 T，在读数显微镜中可以观察到以接触点为中心的圆环形干涉条纹——牛顿环。如果光源发出的光是单色光，则牛顿环是明暗相间的条纹；如果光源发出的光是白光，则牛顿环是彩色条纹。

根据光的干涉条件，在空气厚度为 e 的地方，有

$$\left.\begin{aligned} &2e+\frac{\lambda}{2}=k\lambda && (k=1,2,3,\cdots) && \text{明条纹}\\ &2e+\frac{\lambda}{2}=(2k+1)\frac{\lambda}{2} && (k=0,1,2,\cdots) && \text{暗条纹}\end{aligned}\right\} \tag{4.12.6}$$

式中，左端的 $\lambda/2$ 为"半波损失"。令 r 为条纹半径，从图 4.12.6 中给出的几何关系得

$$R^2=r^2+(R-e)^2$$

化简后得

$$r^2=2Re-e^2$$

当 $R\gg e$ 时，上式中的 e^2 可以略去，因此

$$e=\frac{r^2}{2R}$$

将此值代入上述干涉条件，并化简，得

$$\left.\begin{aligned} &r^2=(2k-1)R\frac{\lambda}{2} && (k=1,2,3,\cdots) && \text{明环}\\ &r^2=k\lambda R && (k=0,1,2,\cdots) && \text{暗环}\end{aligned}\right\} \tag{4.12.7}$$

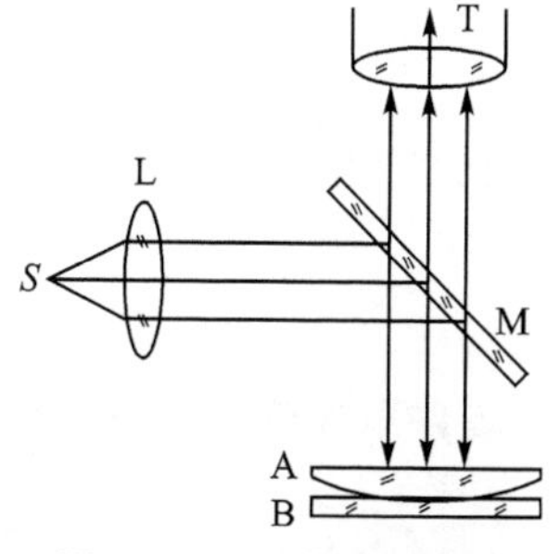

图 4.12.5　牛顿环干涉

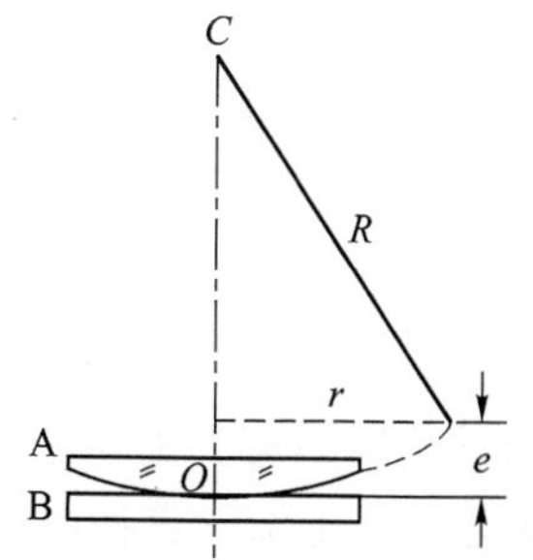

图 4.12.6　光程差计算用图

由式(4.12.7)可以看出,如果测出了明环或暗环的半径 r,就可定出平凸透镜的曲率半径 R。在实际测量中,暗环比较容易对准,故以测量暗环为宜,另外通常测量直径 D 比较方便,于是可将公式变形为

$$D^2 = 4k\lambda R \qquad (k = 0,1,2,\cdots) \tag{4.12.8}$$

需要注意的是,由于接触点处不干净以及玻璃的弹性形变,因此牛顿环的中心级数 k 不易确定,用式(4.12.8)测定 R 时尚需作适当处理。

实验 3 劈尖干涉

劈尖样品的制作过程如下:

如图 4.12.7 所示,将待测细丝(或薄片)放入两块光学平板玻璃之间,则在两玻璃之间形成劈尖形的空气薄膜。用单色平行光垂直入射到玻璃板上时,由劈尖间的空气薄膜上下两表面所反射的光相互干涉,如图 4.12.8 所示,结果在空气薄膜的上表面(即上玻璃板的下表面)产生一系列明暗相间、相互平行且间隔相等的等厚干涉条纹。

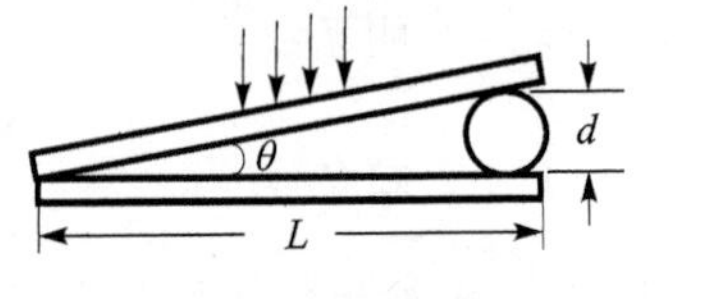

图 4.12.7 劈 尖

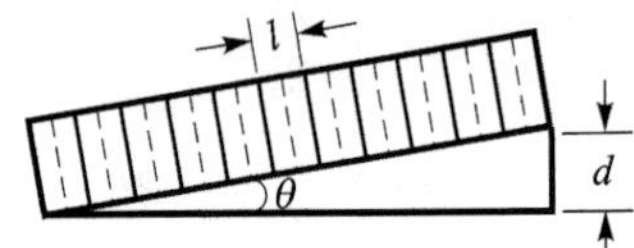

图 4.12.8 劈尖干涉条纹

设空气劈尖某一位置的厚度为 e,则该点处上下两表面反射的两束光线之间的光程差为

$$\delta = 2e + \frac{\lambda}{2} \tag{4.12.9}$$

式中,$\frac{\lambda}{2}$ 为附加半波长,又称为半波损失。由于有半波损失,在两块玻璃板之间相接处即棱边($e=0$)应见到暗纹。由式(4.12.6)可知,任何两个相邻的明纹或暗纹之间的距离 l 由式(4.12.10)决定,即

$$l\sin\theta = e_{k+1} - e_k = (k+1-k)\frac{\lambda}{2} = \frac{\lambda}{2} \tag{4.12.10}$$

由于劈尖的夹角一般很小,所以有 $\sin\theta \approx \frac{d}{L}$,代入式(4.12.10)可得

$$d = \frac{L}{l} \cdot \frac{\lambda}{2} \tag{4.12.11}$$

式中,L 为细丝位置到劈尖尖端之间的距离。当 λ 已知时,通过读数显微镜观察干涉条纹并测量出 L、l,就可以确定细丝直径(或薄片厚度)的大小。

4.12.3　实验仪器

迈克尔逊干涉仪、氦氖激光器、小孔、扩束镜、毛玻璃；牛顿环仪、读数显微镜(附 45°玻璃片)、钠光灯；两块平行光学玻璃、待测细丝(或薄片)。

4.12.4　实验内容

实验 1　迈克尔逊干涉

(1) 迈克尔逊干涉仪的调整

① 调节激光器，使激光束水平地入射到 M_1、M_2 反射镜中部并基本垂直于仪器导轨。

方法：首先**将 M_1、M_2 背面的 3 个螺钉及 M_1 的 2 个微调拉簧均拧成半紧半松**，然后上下移动、左右旋转激光器并调节激光管俯仰，使激光束入射到 M_1、M_2 反射镜的中心，并使由 M_1、M_2 反射回来的光点回到激光器光束输出镜面的中点附近。

② 调节 M_1、M_2 互相垂直。

方法：在光源前放置一小孔，让激光束通过小孔入射到 M_1、M_2 上，根据反射光点的位置对激光束方位作进一步细调。在此基础上调整 M_1、M_2 背面的 3 个方位螺钉，使两镜的反射光斑均与小孔重合，这时 M_1 与 M_2 基本垂直。

(2) 点光源非定域干涉条纹的观察和测量

① 将激光束用扩束镜扩束，以获得点光源。这时毛玻璃观察屏上应出现条纹。

② 调节 M_1 镜下方微调拉簧，使产生圆环非定域干涉条纹。这时 M_1 与 M_2 的垂直程度进一步提高。

③ 将另一小块毛玻璃放到扩束镜与干涉仪之间，以便获得面光源。放下毛玻璃观察屏，用眼睛直接观察干涉环，同时仔细调节 M_1 的两个微调拉簧，直至眼睛上下、左右晃动时，各干涉环大小不变，即干涉环中心没有吞吐，只是圆环整体随眼睛一起平动。此时得到面光源定域等倾干涉条纹，说明 M_1 与 M_2 严格垂直。

④ 移走小块毛玻璃，将毛玻璃观察屏放回原处，仍观察点光源等倾干涉条纹。改变 d 值，使条纹外扩或内缩，利用式(4.12.2)，测出激光的波长。要求圆环中心每吞(或吐)100 个条纹，即明暗交替变化 100 次记下一个 d，连续测 10 个值。

提示：

① 测量应沿手轮顺时针旋转方向进行；

② 测量前必须严格消除空程误差。通常应使手轮顺时针前进至条纹出现吞吐后，再继续右旋微动轮 20 圈以上。

(3) 数据处理

① 原始数据列表表示。

② 用逐差法处理数据。

③ 计算波长及其不确定度,并给出测量的结果表述。

提示:只要不发生计数错误,条纹连续读数的最大判断误差不会超过 $\Delta N=1$。

实验2　牛顿环干涉

(1) 干涉条纹的调整

按图 4.12.5 所示放置仪器,光源 S 发出的光经平板玻璃 M 的反射进入牛顿环仪。调节目镜清晰地看到十字叉丝,然后由下向上移动显微镜镜筒(**为防止压坏被测物体和物镜,不得由上向下移动**),看清牛顿环干涉条纹。

提示:若牛顿环干涉条纹不清晰,可能的原因之一是显微镜 45°反光镜方位不合适,应根据实际情况进行适当的调整。

(2) 牛顿环直径的测量

连续测出 10 个以上干涉条纹的直径。

提示:

① 测量前先定性观察条纹是否都在显微镜的读数范围之内;

② 由于接触点附近玻璃存在形变,故中心附近的圆环不宜用来测量;

③ 读数前应使叉丝中心和牛顿环的中心重合;

④ 为了有效地消除空程带来的误差,不仅要保证单方向转动鼓轮(若稍有倒转,则全部数据作废),而且要在叉丝推进一定的距离以后(例如 5 个条纹以上)才开始读数。

(3) 数据处理

① 自行设计原始数据列表;

② 由式(4.12.8)用一元线性回归方法计算平凸透镜的曲率半径;

③ 学习用计算机编程来处理数据。

实验3　劈尖干涉

(1) 劈尖样品的制作

把两块光学平板玻璃叠在一起,一端插入待测的细丝(或薄片),则两玻璃片之间形成一个劈尖形的空气薄膜,称为“劈尖”。把做好的劈尖放在读数显微镜的平台上,打开钠光灯,使光垂直入射到劈尖的尖端位置。调节显微镜观察干涉条纹判断劈尖是否做好,好的劈尖条纹应与劈尖棱边平行。不合要求的应重新制作。

(2) 观察劈尖干涉条纹并测量条纹间距

① 用与调节牛顿环同样的方法,调出清晰的明暗相间的直条纹。

② 测量细丝位置到劈尖尖端的距离 L,要求进行多次重复测量。提示,注意消除空程误差。

③ 用物理量放大测量法测出 10 条以上暗纹位置。具体方法如下:从干涉区左端某一暗纹开始测量,记下初始读数 X_0;然后右移叉丝,每移过 n 条暗纹,分别记录一个读数 X_{0+n},X_{0+2n},…,X_{0+9n}。通过测量多个条纹间距来最终确定 l,可以提高测量精度。

(3) 数据处理

① 自行设计细丝到劈尖尖端之间的距离 L 及干涉条纹间距 l 的原始数据列表；

② 用逐差法处理数据，计算出细丝直径的测量结果及其不确定度，并写出最后的结果表述。

4.12.5　思考题

实验 1　迈克尔逊干涉

① 如果用一束平面光波代替点光源所产生的球面光波照射到干涉仪上，在观察屏处将得到怎样的干涉条纹？

② 当 M_1 不严格垂直 M_2 时会观察到什么现象？为什么？

③ 前后两次看到的干涉条纹，一个间距小(密)，另一个间距大(疏)，问哪种情况下的 d 小？如果视野中只出现了一两条粗大的干涉条纹，又说明了什么？

④ 迈克尔逊干涉仪常被用来测量空气的折射率。方法是在其中一臂的光路上，插入厚度为 t 的透明密封气室，开始将气室抽成真空，然后对气室缓慢充气到标准大气压，同时观察条纹的变化。请说明测量原理并导出计算公式。

实验 2　牛顿环干涉

① 在实验中若遇到下列情况，对实验结果是否有影响？为什么？

i 牛顿环中心是亮斑而非暗斑。

ii 测 D_m 和 D_n 时，叉丝交点未通过圆环的中心，因而测量的是弦长，而非真正的直径(见图 4.12.9)。

② 牛顿环法常被工厂用于产品表面曲率的检验，方法是把一块标准曲率的透镜放在被检透镜上(见图 4.12.10)，观察干涉条纹数目及轻轻加压时条纹的移动。试问如果被检凸透镜曲率半径偏小，将观察到什么现象？为什么？

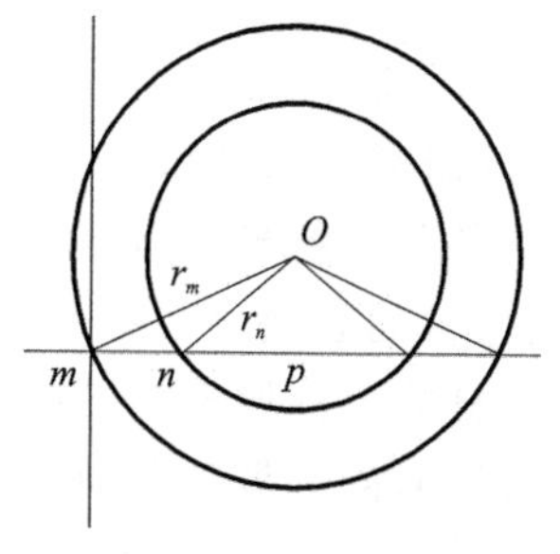

图 4.12.9　牛顿环思考题①图

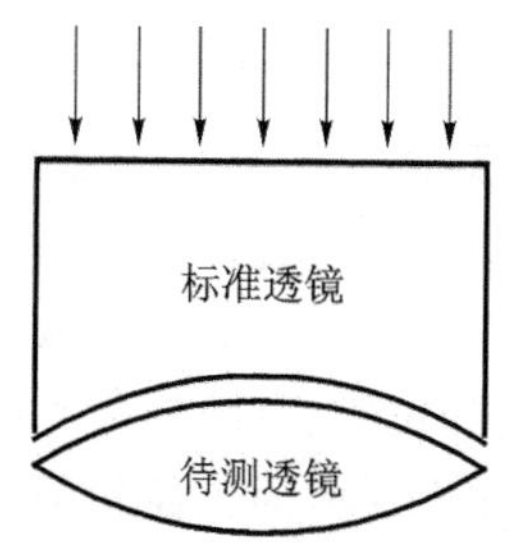

图 4.12.10　牛顿环思考题②图

实验 3　劈尖干涉

① 从理论上看,劈尖棱边和牛顿环中央应为暗纹,但实验中有时呈现出亮点,为什么？如何消除？

② 如果将劈尖中的空气改为水或汽油,干涉条纹将如何变化？

实验方法专题讨论之十 ——实验仪器的创新构思

(本节论述源自“光杠杆法测弹性模量”、“扭摆法测转动惯量”、“双电桥测低电阻”、“菲涅耳双棱镜干涉测波长”和“迈克尔逊干涉仪的调整和波长测量”等实验)

基本实验中有许多实验来自实验大师的巧妙构思。对它们作进一步的分析,有利于我们把握实验设计所蕴涵的丰富的物理内容,体会到物理大师们深邃的实验思想方法、巧妙的仪器设计创新和精湛的实验测量技能。几位著名的物理学家如图 4.12.11 所示。

葛庭燧

开尔文(W·汤姆孙)

菲涅耳

迈克尔逊

图 4.12.11　著名物理学家

扭摆和光杠杆是最普通的物理实验仪器,然而我国的物理学家葛庭燧教授却把两者巧妙地结合起来,研制成了世界所公认的葛氏扭摆并在金属内耗的研究方面开拓了一个新的方法和领域。扭摆在摆动过程中,振幅不断衰减,其原因可能来自外部的粘滞阻力等(外耗),也可能来自系统内部微观的能量耗散机制(内耗),因此观察扭摆振幅的衰减过程有可能获得微观内耗机制(例如位错、点缺陷和界面等)的许多信息;利用光杠杆放大的原理,可以对扭摆摆角的衰减过程作出详尽的描述和记录。特别是当某种过程的特征时间和振动周期相同时,将会出现内耗的极大值(内耗峰)。葛先生正是利用他独创的葛氏摆,揭示了一系列前人未曾获得的结果,发现了晶粒间界的弛豫峰,并被称为葛氏峰。

大家知道,由于引(接)线和接触电阻所造成的附加电阻的影响,普通电桥不能用来进行低电阻的测量。英国物理学家开尔文(W·汤姆孙)提出了双电桥的设计，使矛盾迎刃而解。解决低阻测量矛盾的核心是采用四端连线的办法，把附加电阻分别归入其他支路而使被测低电阻不受影响。以最简单的伏安法测电阻为例。如图 4.12.12 所示，采用了四端连线后，一部分附加电阻被引入电压表支路，另一部分归入电流表支路。和电压表电阻相比，附加电阻可以略去，因此电压表上的电压也就可以看成施加在被测电阻两端的实际电压，而电流表的读数可以看成就是流过被测电阻的实际电流(一般可以略去电压表的分流影响，必要时也可按电压表内阻作出修正)。这时被测电阻的测量准确度将不会受到附加电阻的干扰。按照四端连线的办法构成的双电桥就称为开尔文或汤姆孙电桥。

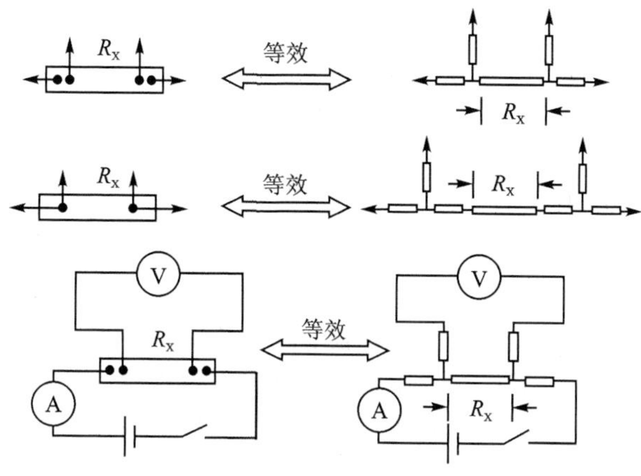

图 4.12.12　低电阻的四端连线

光是一种波动。波动的基本特征是存在干涉和衍射现象，波的强度在空间重新分布。但是观察光的干涉比观察无线电波、声波等来自宏观波源的干涉现象要困难得多。这是因为普通光源来自原子、分子等微观客体的自发辐射，而不同原子、分子发出的光波在振动方向和位相上都是随机的，因此两个独立光源不会产生干涉现象。获得稳定的光波干涉图样的办法是采用同一列波形成两个相干光源。双棱镜实验的巧妙构思就是用一个底边做在一起的双棱镜(见图 4.12.13)，由于棱镜的折射，由 S 发出的波阵面被分成了不同方向传播的两部分，它们好像是由虚光源 S_1 和 S_2 发出的，因此在两列波的重叠区域产生干涉。只要夹角 α 比较小，就可以有较大的干涉区和条纹间距。

请思考：虚光源 S_1 和 S_2 的距离，以及干涉区和条纹间距的大小与夹角有什么关系。

迈克尔逊干涉仪是一个设计非常巧妙的分振幅双光束干涉装置(见图 4.12.1)。由光源发出的光，经分束镜分成相互垂直的两束光；它们反射回来又经分束镜相遇发生干涉。其光路实际上是在 M_1、M'_2 之间形成了一个空气薄膜，并且这个薄膜的厚度和形状可以根据需要而变化。光源、物光、参考光和观察屏四者在布局上彼此完全分开，每一路都有充分的空间，可以安插其他器件进行调整处理，测量上有很大的灵活性。加上精密的机械传动和读数测量系统，

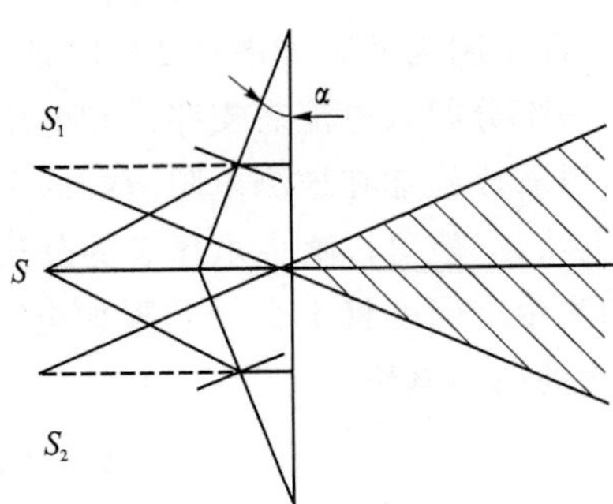

图 4.12.13　菲涅尔双棱镜

迈克尔逊干涉仪构成了现代各种干涉仪的基础。它不仅在物理学的发展史上占有十分显著的地位,在现代的实验和计量测试中也有重要的应用价值。

迈克尔逊干涉仪既可使用点光源,也可使用扩展光源;既可观察非定域条纹,也可研究定域条纹;既可实现等倾干涉,也可获得等厚条纹。因此在迈克尔逊干涉仪上可以进行各种干涉实验,观察到形状不同的干涉图样,有很高的教学训练价值。

做实验,仪器固然重要,但最根本的还是人。葛庭燧教授有一句名言:"简单的仪器设备也能够得到重要的成果"①。关键是看你的基本功和灵活应用基础知识解决重要问题特别是前沿课题的创新能力。

① 葛庭燧.扭摆的故事——简单的仪器与重要的结果.物理,1992,1:9-16.

第 5 章　综合性实验

5.1　高温超导材料特性测试和低温温度计

"超导"包括两个彼此独立的基本事实：零电阻现象和完全抗磁性（在低于超导转变温度下，超导体内的磁感强度为 0）。超导现象是卡麦林·翁纳斯（H. Kamerlingh Onnes）和他的同事们发现的。1911 年，他们在研究气体液化和低温下的材料物性时，发现在约 4.2 K 的液氦环境中的水银，其电阻突然跌落到零。

为了提高超导材料的临界转变温度，科学家们付出了艰苦的努力。1973 年超导转变温度提高到 23.2 K（Nb_3Ge）；1986 年 4 月，缪勒（K. A. Müller）和贝德罗兹（J. G. Bednorz）宣布，一种钡镧铜氧化物的超导转变温度可能高于 30 K，从此掀起了波及全世界的关于高温超导电性的研究热潮，在短短的两年时间里就把超导临界温度提高了 110 K，到 1993 年 3 月已达到了 134 K，也就是−139 ℃。尽管该转变温度仍然很低，但它已从液氦温区提高到了液氮温区，这是一个很大的进展。

超导材料和技术诸如超导输电、超导电动机、超导发电机、超导磁体、超导磁悬浮、超导计算机、超导电子学器件以及利用超导效应研制高灵敏度的电磁仪器，在探矿和预测地震、临床医学和军事研究等领域都有着诱人的应用前景，有的已经开始进入实用或正在显露出实用化的希望。一旦取得材料优化和开发应用的突破，必将带来人类文明的一场革命。

通过本实验不仅可以学习超导转变温度的测量，还可以获得液氮和低温温度计的许多基本知识，学到一些减少和消除系统误差的方法。

5.1.1　实验要求

1. 实验重点

① 了解高临界温度超导材料的基本特性及其测试方法；

② 学习三种低温温度计的工作原理、使用以及进行比对的方法；

③ 了解液氮使用和低温温度控制的一些简单方法。

2. 预习要点

① 什么是超导体？超导体最显著的特性是什么？

② 常用哪三个临界参量来表征超导材料的超导性能？

③ 什么叫迈斯纳效应？

④ 常用哪两种方法来确定超导体的临界转变温度?本实验采用何种方法?

⑤ 本实验中用到的三个低温温度计各有什么特性?

5.1.2 实验原理

1. 超导体和超导电性

某些物质在低温条件下具有电阻为零和排斥磁力线的性质,它们被称做超导体。超导体由正常态转变为超导态的温度称为临界温度。超导体只有在外加磁场小于某个量值(称为临界磁场)时才能保持超导电性;否则,超导态将被破坏。类似地,超导体还存在临界电流的现象,当通过超导体的电流超过该值时,超导电性也会被破坏。因此常用临界温度 T_c、临界磁场 B_c 和临界电流密度 j_c 作为临界参量来表征超导材料的超导性能。温度的升高,磁场或电流的增大,都可使超导体从超导态转变为正常态。B_c 和 j_c 都是温度的函数。

电阻为零是超导体最显著的特性,那么为什么还要把排斥磁力线作为超导体的一个独立的特征呢?我们来设想一个处于正常态的超导体实验:先对它施加磁场,当磁通穿过它时,它将产生感生电流以对抗外磁通的增加。由于正常态电阻的存在,感生电流最终将衰减掉,磁通将穿过该导体。这时再将它冷却到临界温度以下,磁通不应发生变化,结论应该是磁通可以穿过超导体。但事实却并非如此。1933 年,迈斯纳(W. F. Meissner,1882—1974 年)和奥克森菲尔德(R. Ochsenfeld)把锡和铅样品放在外磁场中冷却到其转变温度以下,测量了样品外部的磁场分布。他们发现,不论有或没有外加磁场,使样品从正常态转变为超导态,只要 $T<T_c$,超导体内部的磁感应强度 B_i 总是等于零,这个效应称为迈斯纳效应,表明超导体具有完全抗磁性。这是超导体所具有的独立于零电阻现象的另一个最基本的性质。

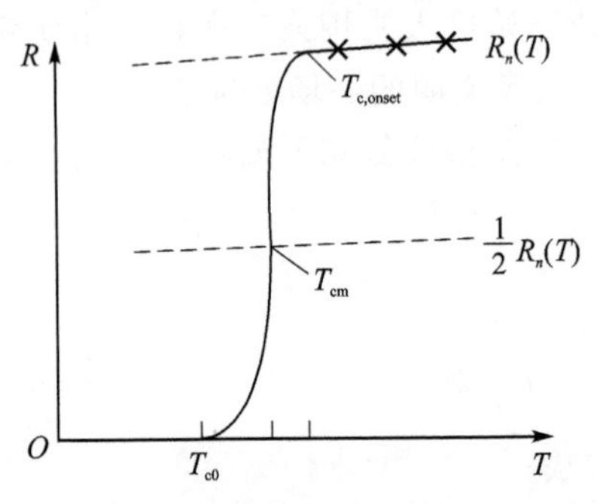

图 5.1.1 超导体的电阻-温度转变曲线

根据电阻率的变化或迈斯纳效应,都可以确定超导体的临界温度。本实验只采用电阻法。在一般的实际测量中,地磁场并没有被屏蔽,样品中通过的电流也并不太小,而且超导转变往往发生在并不很窄的温度范围内(见图 5.1.1)。为了更好地描述高温超导体的特性,常引进起始转变温度 $T_{c,onset}$、零电阻温度 T_{c0} 和超导转变(中点)温度 T_{cm} 三个物理量,通常所说的超导转变温度 T_c 是指 T_{cm}。

实验使用的超导体为钇钡铜氧化物高温超导样品。其转变温度落在液氮区。

2. 低温温度计

(1) 金属电阻随温度的变化

不同材料的电阻随温度变化的性质,是很不相同的,它反映了物质的一种内在的基本属性。而作为低温物理实验基本工具的各种电阻温度计,正是建立在有关材料的电阻-温度关

系的研究基础上的。

在绝对零度下的纯金属中，理想的完全规则排列的原子（晶格）周期场中的电子处于确定的状态，因此电阻为零。温度升高时，晶格原子的热振动会引起电子运动状态的变化，即电子的运动受到晶格的散射而出现电阻 R_i。理论计算表明，当 $T>\Theta_D/2$ 时，$R_i\propto T$，其中 Θ_D 为德拜温度。实际上，金属中总是含有杂质的，杂质原子对电子的散射会造成附加的电阻。在温度很低时，晶格散射的贡献趋于零，这时的电阻几乎完全由杂质散射所造成，称为剩余电阻 R_r，它近似与温度无关。当金属纯度很高时，总电阻可以近似表达成

$$R = R_i(T)+R_r$$

在液氮温度以上，$R_i(T)\gg R_r$，$R\approx R_i(T)$。在较宽的温度范围内，铂的电阻 - 温度关系如图 5.1.2 所示，这时的电阻 $R\approx R_i(T)$ 近似地正比于温度 T。

在液氮正常沸点到室温这一温度范围内，铂电阻温度计具有良好的线性电阻温度关系，可表示为

$$R(T)= AT+B \qquad \text{或} \qquad T(R)= aR+b$$

式中，A、B 和 a、b 是不随温度变化的常量。因此，根据给出的铂电阻温度计在液氮正常沸点和冰点的电阻值，可以确定所用的铂电阻温度计的 A、B 或 a、b 的值，并可由此对铂电阻温度计定标，得到不同电阻值时所对应的温度值。

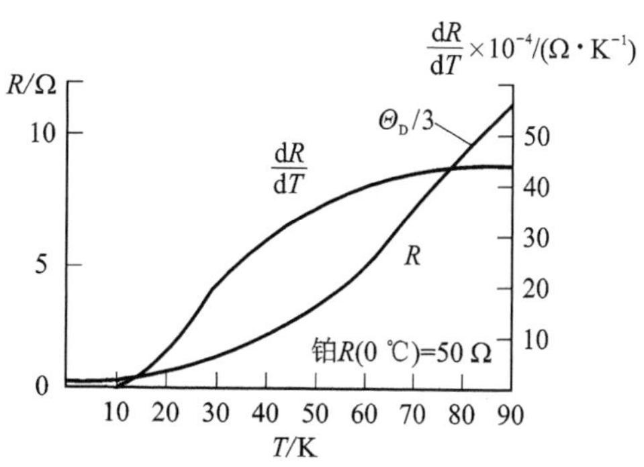

图 5.1.2　铂的电阻-温度关系

(2) 半导体电阻以及 PN 结的正向电压随温度的变化

与金属完全不同，半导体材料在大部分温区具有负的电阻温度系数。这是由半导体的导电机制决定的。在纯净的半导体中，由所谓的本征激发产生电子(e^-)和空穴(e^+)对，统称为载流子来参与导电；而在掺杂的半导体中，则除了本征激发外，还有所谓的杂质激发也能产生载流子，因此具有比较复杂的电阻-温度关系。如图 5.1.3 所示，锗电阻温度计的电阻-温度关系可以分为 4 个区。在Ⅳ区中温度已经降低到本征激发和杂质激发几乎都不能进行，这时靠载流子在杂质原子之间的跳动而在电场下形成微弱的电流，温度越高，电阻越低。当温度升高到Ⅲ区时，半导体杂质激发占优势，它所激发的载流子的数目随着温度的升高而增多，使其电阻随温度的升高而呈指数下降；当温度升高到进入Ⅱ区中时，杂质激发已全部完成，当温度继续升高时，由于晶格对载流子散射作用的增强以及载流子热运动的加剧，电阻随温度的升高而增大。在Ⅰ区中，半导体本征激发占优势，它所激发的载流子的数目也是随着温度的升高而增多的，从而使其电阻随温度的升高而呈指数下降。

适当地调整掺杂元素和掺杂量，可以改变Ⅲ和Ⅳ这两个区所覆盖的温度范围以及交接处曲线的光滑程度，从而做成所需的低温锗电阻温度计。此外，硅电阻温度计、碳电阻温度计、玻

璃渗碳电阻温度计和热敏电阻温度计等也都是常用的低温半导体温度计。在恒定电流下,硅和砷化镓二极管 PN 结的正向电压随着温度的降低而升高,如图 5.1.4 所示。由图 5.1.4可见,用一支二极管温度计就能测量很宽范围的温度,且灵敏度很高。由于二极管温度计的发热量较大,常把它用做控温敏感元件。

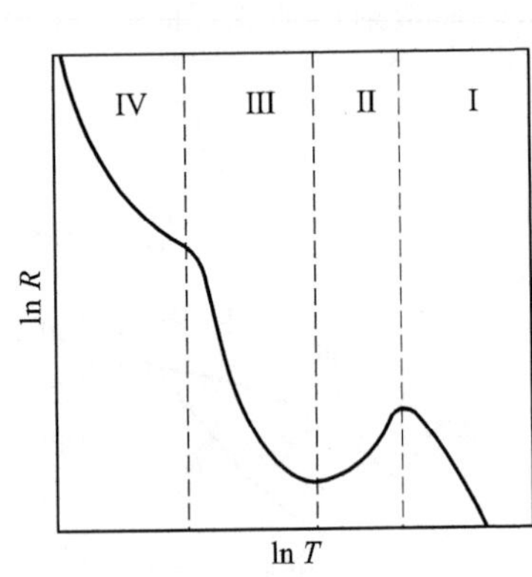

图 5.1.3　半导体的电阻-温度关系

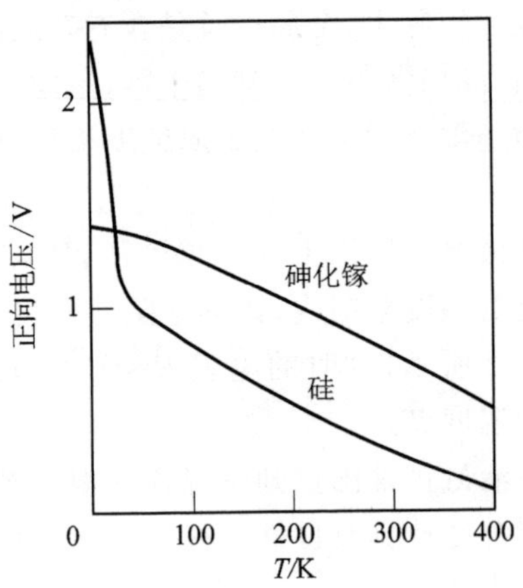

图 5.1.4　二极管的正向电压-温度关系

(3) 温差电偶温度计

当两种金属所做成的导线连成回路,并使其两个接触点维持在不同的温度时,该闭合回路中就会有温差电动势存在。如果将回路的一个接触点固定在一个已知的温度,例如液氮的正常沸点 77.4 K,则可以由所测得的温差电动势确定回路的另一接触点的温度。

5.1.3　仪器介绍

1. 仪器用具

① 低温恒温器(俗称探头,其核心部件是安装有高临界温度超导体、铂电阻温度计、硅二极管温度计、铜 - 康铜温差电偶及 25 Ω 锰铜加热器线圈的紫铜恒温块);

② 不锈钢杜瓦容器和支架;

③ PZ158 型直流数字电压表(五位半,1 μV);

④ BW2 型高温超导材料特性测试装置(俗称电源盒),以及一根两头带有 19 芯插头的装置连接电缆和若干根两头带有香蕉插头的面板连接导线。

2. 实验装置和电测量线路

(1) 低温恒温器和不锈钢杜瓦容器

低温恒温器和杜瓦容器的结构如图 5.1.5 所示,其目的是得到从液氮的正常沸点到室温范围内的任意温度。正常沸点为 77.4 K 的液氮盛在不锈钢真空夹层杜瓦容器中,借助于手电筒,可以通过有机玻璃盖看到杜瓦容器的内部;拉杆固定螺母(以及与之配套的固定在有机玻璃盖上的螺栓)可用来调节和固定引线拉杆及其下端的低温恒温器的位置。低温恒温器的核心部件是安装有超导样品和温度计的紫铜恒温块,此外还包括紫铜圆筒及其上盖、上下挡板、引线拉杆和 19 芯引线插座等部件。包围着紫铜恒温块的紫铜圆筒起均温的作用,上挡板起阻挡来自室温的辐射热的作用。

当下挡板浸没在液氮中时,低温恒温器将逐渐冷却下来。适当地控制浸入液氮的深度,可使紫铜恒温块以我们所需要的速率降温。通常使液氮面维持在铜圆筒底和下挡板之间距离的 1/2 处。这一距离的实验调节对整个实验的顺利完成十分重要。为了方便而灵敏地调整好这一距离并节省完成时间,在该处安装了可调式定点液面指示计。这里所采用的液面计,实际就是一个温差电偶。它的一端(参考端)始终浸于液氮中,另一端(液面计)安装在紫铜圆筒与下挡板之间。当缓慢下降拉杆,使液面计刚与液氮面接触时,温差电动势即变为零。

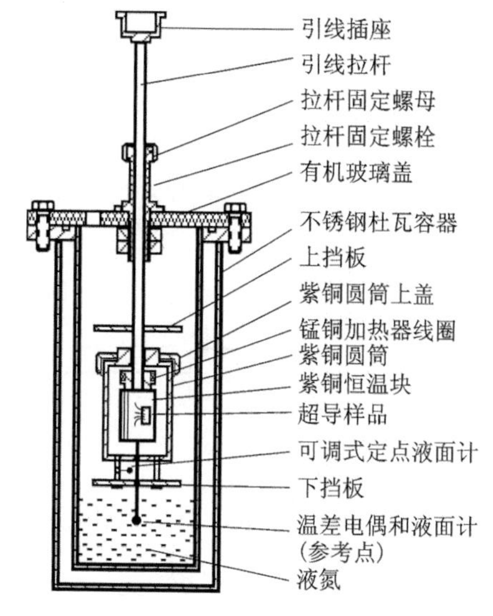

图 5.1.5 低温恒温器和杜瓦容器的结构

为使温度计和超导样品具有较好的温度一致性,铂电阻温度计、硅二极管和温差电偶的测温端与待测超导样品一起固定在紫铜恒温块上。温差电偶的参考端从低温恒温器底部的小孔中伸出(见图 5.1.5),使其在整个实验过程中都浸没在液氮内。

(2) 电测量原理及测量设备

本实验的测量电路如图 5.1.6 所示。在每次实验开始时,首先把面板上用虚线连接起来的两两插座用带香蕉插头的导线全部连接好,使各部分构成完整的电流回路。

电测量设备的核心是一台称为"BW2 型高温超导材料特性测试装置"的电源盒和一台灵敏度为 1 μV 的 PZ158 型直流数字电压表。

BW2 型高温超导材料特性测试装置主要由铂电阻、硅二极管和超导样品等 3 个电阻测量电路构成,每一电路均包含恒流源、标准电阻、待测电阻、数字电压表和转换开关等 5 个主要部件。

1) 四引线测量法

电阻测量的原理性电路如图 5.1.7 所示。测量电流由恒流源提供,其大小可由标准电阻 R_n 上的电压 U_n 的测量值得出,即

$$I=\frac{U_n}{R_n}$$

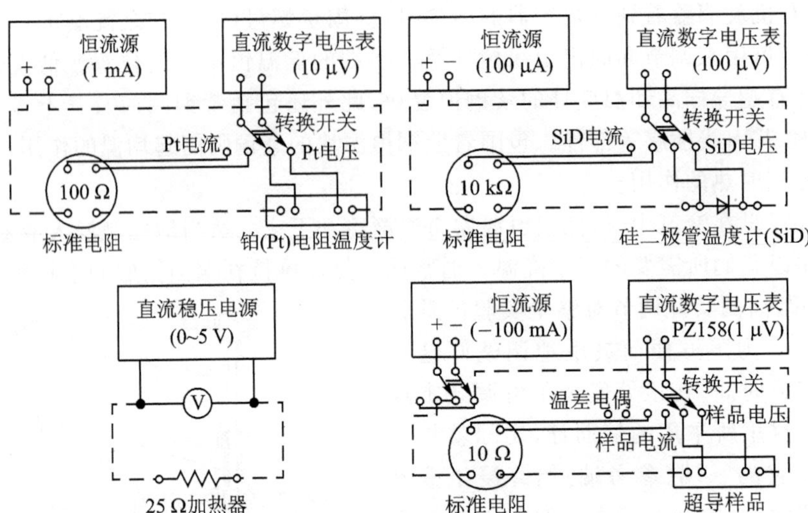

图 5.1.6　实验电路图

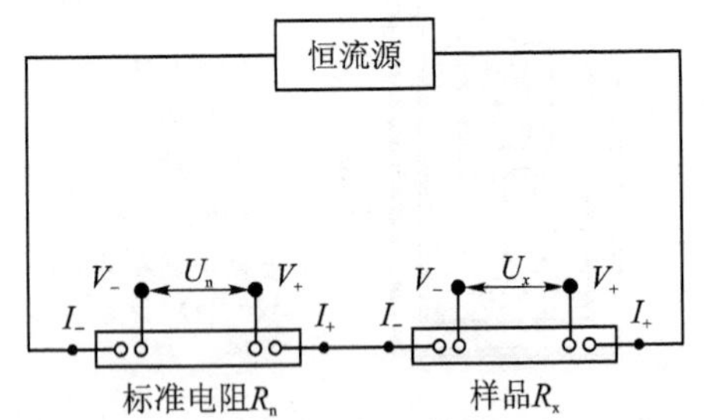

图 5.1.7　四引线法测量电阻

如果测得待测样品上的电压 U_x，则待测样品的电阻 R_x 为

$$R_x = \frac{U_x}{I} = \frac{U_x}{U_n} R_n$$

由于低温物理实验装置的原则之一是必须尽可能减小室温漏热，因此测量引线通常是又细又长，其阻值有可能远远超过待测样品(如超导样品)的阻值。为了排除引线和接触电阻对测量的影响，每个电阻元件都采用了四引线来进行测量，其中两根为电流引线，两根为电压引线。

四引线测量法的基本原理是：恒流源通过两根电流引线将测量电流 I 提供给待测样品，而数字电压表则是通过两根电压引线来测量电流 I 在样品上所形成的电势差 U。由于两根电压引线与样品的接点处在两根电流引线的接点之间，因此排除了电流引线与样品之间的接触电阻对测量的影响；又由于数字电压表的输入阻抗很高，电压引线的引线电阻以及它们与样品之间的接触电阻对测量的影响可以忽略不计，因此，四引线测量法减小甚至排除了引线和接触电阻对测量的影响，是国际上通用的标准测量方法。

2) 铂电阻和硅二极管测量电路

在铂电阻和硅二极管测量电路中，提供电流的都是只有单一输出的恒流源，它们输出电流的标称值分别为 1 mA 和 100 μA。在实际测量中，通过微调可以分别在 100 Ω 和 10 kΩ 的标准电阻上得到 100.00 mV 和 1.000 0 V。

在铂电阻和硅二极管测量电路中，使用两个内置的灵敏度分别为 10 μV 和 100 μV 的四位半数字电压表，通过转换开关分别测量铂电阻、硅二极管以及相应的标准电阻上的电压，由此可确定紫铜恒温块的温度。

3）超导样品测量电路

由于超导样品的正常电阻受到多种因素的影响，因此每次测量所使用的超导样品的正常电阻可能有较大的差别。为此，在超导样品测量电路中，采用多挡输出式的恒流源来提供电流。在本装置中，该内置恒流源共设标称值为 100 μA、1 mA、5 mA、10 mA、50 mA、100 mA 的 6 挡电流输出，其实际值由串接在电路中的 10 Ω 标准电阻上的电压值确定。

为了提高测量精度，使用一台外接的灵敏度为 1 μV 的五位半 PZ158 型直流数字电压表，来测量标准电阻和超导样品上的电压，由此可确定超导样品的电阻。

在直流低电势的测量中，由于构成电路的各部件和导线的材料存在不均匀性和温差，即使电路中没有来自外电源的电动势，仍然会有温差电动势存在，通常称为乱真电动势或寄生电动势。由于电路中的乱真电动势并不随电流的反向而改变，为此增设了电流反向开关，当样品电阻接近于零时，可利用电流反向后电压不变来进一步判定超导体的电阻确已为零。当然，这种确定受到了测量仪器灵敏度的限制。然而，利用超导环所做的持久电流实验表明，超导态即使有电阻，也小于 10^{-25} Ω · cm。

4）温差电偶及定点液面计的测量电路

利用转换开关和 PZ158 型直流数字电压表，可以监测铜 - 康铜温差电偶的电动势以及可调式定点液面计的指示。

5）电加热器电路

BW2 型高温超导材料特性测试装置中，一个内置的直流稳压电源和一个指针式电压表构成了为安装在探头中的 25 Ω 锰铜加热器线圈供电的电路。利用电压调节旋钮可提供 0～5 V 的输出电压，从而使低温恒温器获得所需要的加热功率。

在测量超导样品的超导转变曲线时，如果需要保持稳定的温度，则可以通过调节 25 Ω 加热器线圈上所加的电压来进行温度的细调。加热器线圈由温度稳定性较好的锰铜线无感地双线并绕而成。由于金属在液氮温度下具有较大的热容，因此当在降温过程中使用电加热器时，一定要注意紫铜恒温块温度变化的滞后效应。

6）其　他

在 BW2 型高温超导材料特性测试装置的面板上，后边标有“（探头）”字样的铂电阻、硅二极管、超导样品和 25 Ω 加热器 4 个部件，温差电偶和液面计，均安装在低温恒温器中。利用一根两头带有 19 芯插头的装置连接电缆，可将 BW2 型高温超导材料特性测试装置与低温恒温器连为一体。

5.1.4 实验内容

1. 高温超导材料特性(电阻)的测量及低温温度计的比对

(1) 电路的连接

按“BW2 型高温超导材料特性测试装置”(以下简称“电源盒”)面板上虚线所示连接导线，并将 PZ158 型直流数字电压表与“电源盒”面板上的“外接 PZ158”相连接。

(2) 室温检测

打开 PZ158 型直流数字电压表的电源开关(将其电压量程置于 200 mV 挡)以及“电源盒”的总电源开关,并依次打开铂电阻、硅二极管和超导样品 3 个分电源开关,调节 2 支温度计的工作电流,测量并记录其室温的电流和电压数据。

原则上,为了能够测出反映超导样品本身性质的超导转变曲线,通过超导样品的电流应该越小越好。然而,为了保证用 PZ158 型直流数字电压表能够较明显地观测到样品的超导转变过程,通过超导样品的电流又不能太小。对于一般的样品,可按照超导样品上的室温电压为 50～200 μV 来选定所通过的电流的大小,但最好不要大于 50 mA。

在打开 25 Ω 锰铜加热器线圈的分电源开关之前,应将电压调节旋钮左旋到底,使其处于指零位置。此时,打开开关,稍许右旋电压调节旋钮,如观察到电压表指针偏转正常,即将电压调节旋钮左旋到底,恢复指零位置,并关掉加热器线圈的分电源,待必要时使用。

最后,将转换开关先后旋至“温差电偶”和“液面指示”处,此时 PZ158 型直流数字电压表的示值应当很低。

(3) 低温恒温器降温速率的控制及低温温度计的比对

① 低温恒温器降温速率的控制。低温测量是否能够在规定的时间内顺利完成,关键在于是否能够调节好低温恒温器的下挡板浸入液氮的深度,使紫铜恒温块以适当速率降温。为了确保整个实验工作可在 3 小时以内顺利完成,在低温恒温器的紫铜圆筒底部与下挡板间距离的 1/2 处安装了可调式定点液面计。在实验过程中只要随时调节低温恒温器的位置以保证液面计指示电压刚好为零,即可保证液氮表面刚好在液面计位置附近。

具体步骤如下:将转换开关旋至“液面指示”处。稍许旋松拉杆固定螺母,控制拉杆缓缓下降,并密切监视与液面指示计相连接的 PZ158 型直流数字电压表的示值(以下简称“液面计示值”),使之逐渐减小到零[①],立即拧紧固定螺母。这时液氮面恰好位于紫铜圆筒底部与下挡板间距离的 1/2 处(该处安装有液面计)。

伴随着低温恒温器温度的不断下降,液氮面也会缓慢下降,引起液面计示值的增加。一旦

① 由于液面的不稳定性以及导线的不均匀性,一般液面计的指示不一定为零,可以有正或负几个微伏的示值。因此,在实验过程中不要强求液面计的示值为零。

发现液面计示值不再是零[①]，应将拉杆向下移动少许(约 2 mm，切不可下移过多)，使液面计示值恢复零值。因此，在低温恒温器的整个降温过程中，要不断地控制拉杆下降来恢复液面计示值为零，维持低温恒温器下挡板的浸入深度不变。

② 低温温度计的比对。当紫铜恒温块的温度开始降低时，观察和测量各种温度计及超导样品电阻随温度的变化，大约每隔 5 min 测量一次各温度计的测温参量(如：铂电阻温度计的电阻、硅二极管温度计的正向电压、温差电偶的电动势)，即进行温度计的比对。

具体而言，由于铂电阻温度计已经标定，性能稳定，且有较好的线性电阻温度关系，因此可以利用所给出的本装置铂电阻温度计的电阻温度关系简化公式，由相应温度下铂电阻温度计的电阻值确定紫铜恒温块的温度，再以此温度为横坐标，分别以所测得的硅二极管的正向电压值和温差电偶的温差电动势值为纵坐标，画出它们随温度变化的曲线。

(4) 超导转变曲线的测量

当紫铜恒温块的温度降低到 130 K 附近时，开始测量超导体的电阻及其温度(由铂电阻温度计给出)，测量点的选取可视电阻变化的快慢而定，例如在超导转变发生之前可以每 5 min 测量一次，同时测量各温度计的测温参量，进行低温温度计的比对。而在超导转变过程中，则应在样品电压发生变化时进行测量，此时只记录铂电阻的电压和样品电压。

当样品电阻接近于零时，要利用电流反向开关排除乱真电动势的干扰。具体做法是：先在正向电流下测量超导体的电压，然后按下电流反向开关按钮，重复上述测量。若这两次测量所得到的数据(包括符号)相同，则表明超导样品达到了零电阻状态。最后，画出超导体电阻随温度变化的曲线，并确定其起始转变温度 $T_{c,onset}$ 和零电阻温度 T_{c0}。

在上述测量过程中，低温恒温器降温速率的控制依然是十分重要的。在发生超导转变之前，即在 $T>T_{c,onset}$ 温区，每测完一点都要把转换开关旋至“液面计”挡，用 PZ158 型直流数字电压表监测液面的变化。在发生超导转变的过程中，即在 $T_{c0}<T<T_{c,onset}$ 温区，由于在液面变化不大的情况下，超导样品的电阻随着温度的降低而迅速减小，因此不必每次再把转换开关旋至“液面计”挡，而是应该密切监测超导样品电阻的变化。当超导样品的电阻接近零值时，如果低温恒温器的降温已经非常缓慢甚至停止，这时可以稍微下移拉杆。

2. 注意事项

① 所有测量必须在同一次降温过程中完成，应避免紫铜恒温块的温度上下波动。如果实验失败或需要补充不足的数据，必须将低温恒温器从杜瓦容器中取出并用电吹风机加热使其温度接近室温，待低温器温度计示值重新恢复到室温数据附近时，重做本实验，否则所得到的数据点将有可能偏离规则曲线较远。当然，这样势必会大大延误实验时间，因此应从一开始就认真按照本说明要求进行实验，避免实验失败，并一次性取齐数据。

② 恒流源不可开路，稳压电源不可短路。PZ158 直流数字电压表也不宜长时间处在开路

① 在拉杆下移过程中，在液面计浸入液氮与液面计示值恢复“零”值之间稍有滞后，切不可一味将拉杆下移。

状态,必要时可利用校零电压引线将输入端短路。

③ 为了达到标称的稳定度,PZ158 直流数字电压表和电源盒至少应预热 10 min。

④ 在电源盒接通交流 220 V 电源之前,一定要检查好所有电路的连接是否正确。特别是在开启总电源之前,各恒流源和直流稳压电源的分电源开关均应处在断开的状态,电加热器的电压旋钮应处在指零的位置上。

⑤ 低温下,塑料套管又硬又脆,极易折断。在实验结束取出低温恒温器时,一定要避免温差电偶和液面计的参考端与杜瓦容器(特别是出口处)相碰。由于液氮杜瓦容器内筒的深度远小于低温恒温器引线拉杆的长度,因此在超导特性测量的实验过程中,杜瓦容器内的液氮不应少于 15 cm,而且一定不要将拉杆往下移动太多,以免温差电偶和液面计的参考端与杜瓦容器内筒底部相碰。

⑥ 在旋松固定螺母并下移拉杆时,一定要握紧拉杆,以免拉杆下滑。

⑦ 低温恒温器的引线拉杆是厚度仅 0.5 mm 的薄壁德银管,注意一定不要使其受力,以免变形或损坏。

⑧ 不锈钢金属杜瓦容器的内筒壁厚仅为 0.5 mm,应避免硬物的撞击。杜瓦容器底部的真空封嘴已用一段附加的不锈钢圆管加以保护,切忌磕伤。

3. 选做内容

打开电加热器,使低温恒温器缓慢升温,在升温过程中测量超导转变曲线,并与降温过程中测得的曲线进行对比、分析。

5.1.5 数据处理

自行设计表格,利用实验测得的数据经正确处理后分别画出超导体的电阻-温度曲线、铂电阻温度计的电阻-温度曲线、硅二极管温度计的正向电压-温度曲线及温差电偶温度计的温差电动势-温度曲线,并根据超导体的电阻-温度曲线确定超导体的临界转变温度以及进行低温温度计的比对分析。

5.1.6 思考题

① 零电阻常规导体遵从欧姆定律,它的磁性有什么特点?超导体的磁性又有什么特点?它是否是独立于零电阻性质的超导体的基本特性?

② 在“四引线测量法”中,电流引线和电压引线能否互换?为什么?

③ 确定超导样品的零电阻时,测量电流为何必须反向?这种方法所判定的零电阻与实验仪器的灵敏度和精度有何关系?

④ 如何利用本实验装置获得较接近室温(如 250 K)的稳定的中间温度?

5.1.7　参考文献

[1] 陆果，等. 高温超导材料特性测试装置. 物理实验，2001，21(5).

[2] 何元金，等. 近代物理实验. 北京：清华大学出版社，2002.

[3] 章立源. 超导体. 修订本. 北京：科学出版社，1992.

5.2　非线性电路中的混沌现象

20 多年来混沌一直是举世瞩目的前沿课题和研究热点，它揭示了自然界及人类社会中普遍存在的复杂性、有序与无序的统一、确定性与随机性的统一，大大拓宽了人们的视野，加深了人们对客观世界的认识。许多人认为混沌的发现是继 20 世纪相对论与量子力学以来的第三次物理学革命。目前混沌控制与同步的研究成果已被用来解决秘密通信、改善和提高激光器性能以及控制人类心律不齐等问题。

混沌(chaos)作为一个科学概念，是指一个确定性系统中出现的类似随机的过程。理论和实验都证实，即使是最简单的非线性系统也能产生十分复杂的行为特性，可以概括一大类非线性系统的演化特性。混沌现象出现在非线性电路中是极为普遍的现象，本实验设计一种简单的非线性电路，通过改变电路中的参数可以观察到倍周期分岔、阵发混沌和奇异吸引子等现象。实验要求对非线性电路的电阻进行伏安特性的测量，以此研究混沌现象产生的原因，并通过对出现倍周期分岔时实验电路中参数的测定，实现对费根鲍姆常数的测量，认识倍周期分岔及该现象的普适常数——费根鲍姆(Feigenbaum)常数、奇异吸引子、阵发混沌等非线性系统的共同形态和特征。此外，通过电感的测量和混沌现象的观察，还可以巩固对串联谐振电路的认识和示波器的使用。

5.2.1　实验要求

1. 实验重点

① 了解和认识混沌现象及其产生的机理；初步了解倍周期分岔、阵发混沌和奇异吸引子等现象。

② 掌握用串联谐振电路测量电感的方法。

③ 了解非线性电阻的特性，并掌握一种测量非线性电阻伏安特性的方法。熟悉基本热学仪器的使用，认识热波，加强对波动理论的理解。

④ 通过粗测费根鲍姆常数，加深对非线性系统步入混沌的通有特性的认识。了解用计算机实现实验系统控制和数据记录处理的特点。

2. 预习要点

(1) 用振幅法和相位法测电感

① 按已知的数据信息($L\approx 20$ mH,$r\approx 10\ \Omega$,C_0 见现场测试盒提供的数据)估算电路的共振频率 f。

② 串联电路的电感测试盒如图 5.2.1 所示。J_1 和 J_2 是两个 Q9 插座,请考虑测共振频率时应如何连线?你期望会看到什么现象?

③ 考虑如何用振幅法和相位法测量共振频率并由此算得电感量?当激励频率小于、等于和大于电路的共振频率时,电流和激励源信号之间的相位有什么关系?

(2) 混沌现象的研究和描述

① 本实验中的混沌现象是怎样发生的?LC 电路有选频作用,为什么还会出现如此复杂的图形呢?

② 什么叫相图?为什么要用相图来研究混沌现象?本实验中的相图是怎样获得的?复习示波器的使用,考虑如何用示波器观察混沌系统的相图和动力学系统各变量如 $V_{C_1}(t)$、$V_{C_2}(t)$的波形。

③ 什么叫倍周期分岔,表现在相图上有什么特点?

④ 什么叫混沌?表现在相图上有什么特点?

⑤ 什么叫吸引子?什么是非奇异吸引子?什么是奇异吸引子?表现在相图上有什么特点?

⑥ 什么是费根鲍姆常数?在本实验中如何测量它的近似值?

(3)负阻元件

① 负阻元件在本实验中起什么作用?为什么把它叫做负阻元件?对结构比较复杂的负阻元件,我们采用了什么方法来进行研究?这种方法有什么优缺点?

② 非线性电阻 R 的伏安特性如何测量?如何对实验数据进行分段和拟合?实验中使用的是哪一段曲线(见图 5.2.2)?

③ 给出测量负阻元件特性的电路图,实验时应当怎样安排测量点?

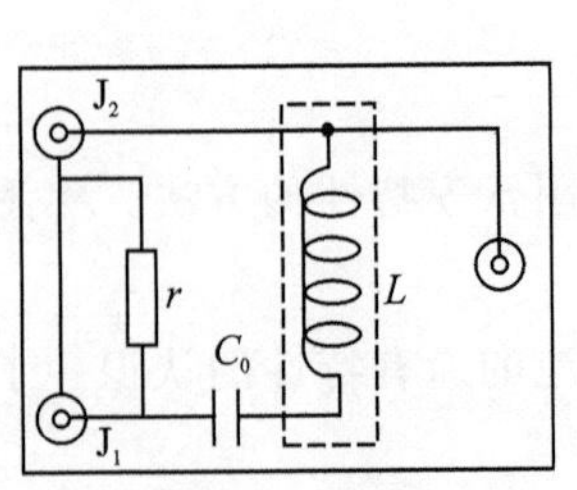

图 5.2.1 测试盒

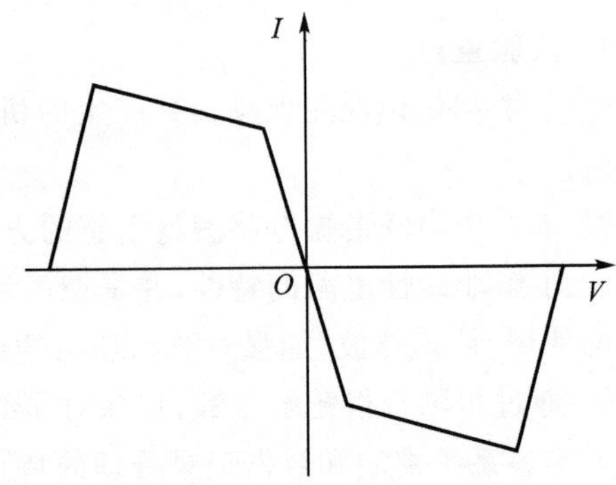

图 5.2.2 负阻曲线的拟合

5.2.2　实验原理

1. 非线性电路与混沌

非线性电路如图 5.2.3 所示。电路中只有一个非线性电阻 $R=1/g$，它是一个有源非线性负阻元件，电感 L 与电容 C_2 组成一个损耗很小的振荡回路。可变电阻 $1/G$ 和电容 C_1 构成移相电路。最简单的非线性元件 R 可以看做由三个分段线性的元件组成。由于加在此元件上的电压增加时，其上面的电流减少，故称为非线性负阻元件（见图 5.2.2）。

图 5.2.3 电路的动力学方程为

$$\left.\begin{aligned} C_1\frac{\mathrm{d}V_{C_1}}{\mathrm{d}t} &= G(V_{C_2}-V_{C_1})-gV_{C_1} \\ C_2\frac{\mathrm{d}V_{C_2}}{\mathrm{d}t} &= G(V_{C_1}-V_{C_2})+i_L \\ L\frac{\mathrm{d}i_L}{\mathrm{d}t} &= -V_{C_2} \end{aligned}\right\} \tag{5.2.1}$$

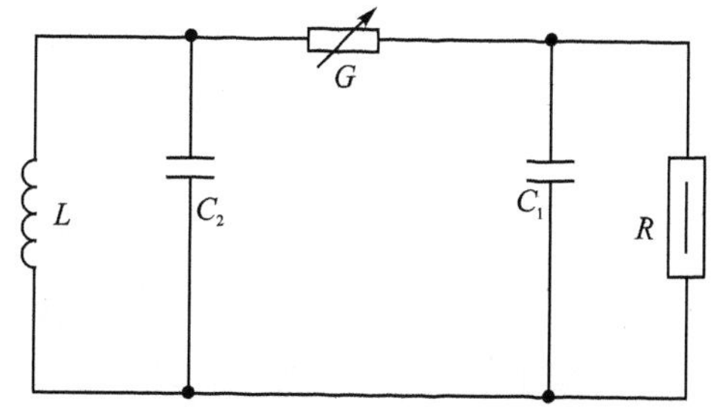

图 5.2.3　实验电路原理图

式中，G 代表可变电阻的导纳，V_{C_1}、V_{C_2} 分别表示加在电容 C_1、C_2 上的电压，i_L 表示流过 L 的电流，$g=1/R$ 表示非线性电阻 R 的导纳。

将电导值 G 取最小（电阻最大），同时用示波器观察 $V_{C_1}\sim V_{C_2}$ 的李萨如图形。它相当于由方程 $x=V_{C_1}(t)$ 和 $y=V_{C_2}(t)$ 消去时间变量 t 而得到的空间曲线，在非线性理论中这种曲线称为相图（phase portrait）①。"相"的意思是运动状态，相图反映了运动状态的联系。一开始系统存在短暂的稳态，示波器上的李萨如图形表现为一个光点。随着 G 值的增加（电阻减小），李萨如图形表现为一个接近斜椭圆的图形（见图 5.2.4(a)）。它表明系统开始自激振荡，其振荡频率取决于电感与非线性电阻组成的回路特性。由于 V_{C_1} 和 V_{C_2} 同频率但存在一定的相移，所以此时图形为一斜椭圆；由于非线性的存在，示波器显示的并不是严格的椭圆，但系统进行着简单的周期运动。这一点也不难用示波器双踪观察予以证实。

应当指出的是，无论是代表稳态的"光点"，还是开始自激振荡的"椭圆"，都是系统经过一段暂态过程后的终态。示波器显示的是系统进入稳定状态后的"相"图。实验和理论都证明：只要在各自对应的系统参数（G、C_1、C_2、L 和 R）下，无论给它什么样的激励（初值条件），最终都将落入到各自的终态集上，故它们被称为"吸引子（attractor）"。在非线性动力学理论中，前者又叫"不动点"，后者则属于"极限环"。

---

① 在传统的讨论中，人们总是习惯在时间域来研究运动规律，例如讨论电压或电流的时间过程 $V_{C_2}(t)$，$V_{C_1}(t)$ 等。在非线性理论中，我们会看到使用运动状态之间的关系，更有利于揭示事物的本质。在本实验中就是研究 $V_{C_2}(t)-V_{C_1}(t)$ 的关系。这样做虽然表面上看不到 V_{C_2} 和 V_{C_1} 的时间信息，但却突出了电路系统运动的全局概念。

继续增加电导(减小可变电阻值 $1/G$),此时示波器屏幕上出现两相交的椭圆(见图 5.2.4(b)),运动轨线从其中一个椭圆跑到另一个椭圆,再在重叠处又跑到原来的椭圆上。它说明:原先的 1 倍周期变为 2 倍周期,即系统需两个周期才恢复原状。这在非线性理论中称为倍周期分岔(period - doubling bifurcation)。它揭开了动力学系统步入混沌的“序幕”。

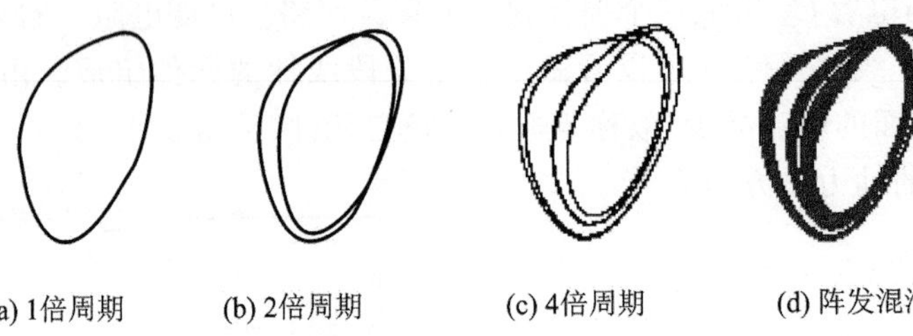

(a) 1倍周期　(b) 2倍周期　(c) 4倍周期　(d) 阵发混沌

图 5.2.4　倍周期相图

继续减小 $1/G$ 值,依次出现 4 倍周期、8 倍周期、16 倍周期……与阵发混沌(见图 5.2.4(d))。再减小 $1/G$ 值,出现 3 倍周期(见图 5.2.5(a)),随着 $1/G$ 值的进一步减小,系统完全进入了混沌区。由图 5.2.5(b)到图 5.2.5(c),可以看出运动轨线不再是周期性的,从屏幕上观察轨道(见 5.2.5(c)双吸引子)的演化时,可以看到轨道在左侧绕一会儿,然后又跑到右侧范围走来走去,绕几圈、绕多大似乎是随机的,完全无法预料它什么时候该从一边过渡到另一边。但这种随机性与真正随机系统中不可预测的无规性又不相同。因为相点貌似无规游荡,不会重复已走过的路,但并不以连续概率分布在相平面上随机行走。类似“线圈”的轨道本身是有界的,其极限集合呈现出奇特而美丽的形状,带有许多空洞,显然有某种规律。我们仍把这时的解集和前面看到的周期解一样称为一种吸引子。此类吸引子与其他周期解的吸引子不同,通常称之为奇异吸引子(strange attractor)或混沌吸引子(chaotic attractor)。图 5.2.5(b)称为单吸引子,图 5.2.5(c)被称为双吸引子。

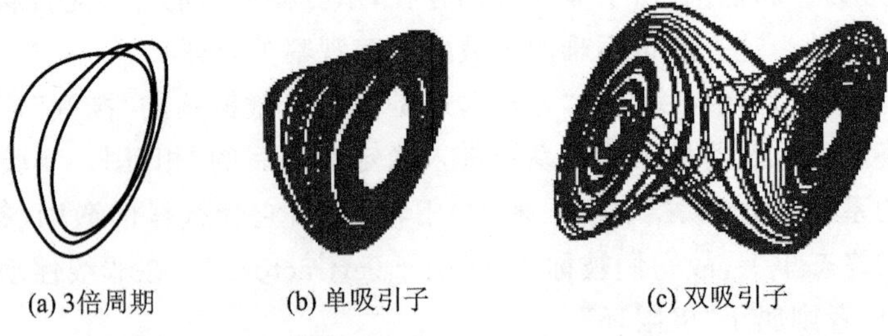

(a) 3倍周期　(b) 单吸引子　(c) 双吸引子

图 5.2.5　混沌吸引子

那么究竟什么是混沌呢?混沌的本意是指宇宙形成以前模糊一团的景象,作为一个科学的术语,它大体包含以下一些主要内容:① 系统进行着貌似无规的运动,但决定其运动的基础动力学却是决定论的;② 具体结果敏感地依赖初始条件,从而其长期行为具有不可预测性;

③ 这种不可预测性并非由外界噪声引起；④ 系统长期行为具有某些全局和普适性的特征，这些特征与初始条件无关。

混沌吸引子具有许多新的特征，例如具有无穷嵌套的自相似结构，几何上的分形既具有分数维数等，还可以用李雅普诺夫(Lyapunov)指数、功率谱分析等手段来描述。这里仅就倍周期分岔通向混沌道路中的某种普适性作一简单分析。

尽管混沌行为是一种类随机运动，但其步入混沌的演化过程在非线性系统中具有普适性。对于任一非线性电路，其动力学方程可表示为

$$\frac{\mathrm{d}X}{\mathrm{d}t} = F(X,r), \qquad X \in \mathbf{R}^N \tag{5.2.2}$$

式中，N 为系统变量数，r 为系统参量。借助于相图(也称运动轨迹观察法，如任意两变量之间的关系图)可以观察系统的运动状态。改变参量 r，当 $r = r_1$ 时可以看到系统由稳定的周期 1 变为周期 2；继续改变 r，当 $r = r_2$ 时周期 2 失稳，同时出现周期 4；如此继续下去，当 $r = r_n$ 时出现周期为 2^n 的轨道。上述描述的过程为倍周期分岔。这一过程不断继续下去，即存在一个集合$\{ r_n \}$，使得如果 $r_{n+1} > r \geqslant r_n$ ，存在稳定的周期 2^n 解，且存在一极限 r_∞ ，这样系统经过不断周期倍化而进入混沌，这种演化过程在非线性系统中带有通有(genetic)性质。

上述分岔值序列按几何收敛方式 $r_n = r_\infty - \mathrm{Const} \cdot \delta^{-n}$ 迅速收敛。式中，Const 为常数，δ 是大于 1 的常数，且

$$\delta = \lim_{n \to \infty} \frac{r_n - r_{n-1}}{r_{n+1} - r_n} = 4.669\ 201\ 609\ 1\cdots \tag{5.2.3}$$

常数 δ 被命名为费根鲍姆常数，它反映了沿周期倍化分岔序列通向混沌的道路中具有的普适性，其普适性地位如同圆周率 π、自然对数 e 和普朗克常数 h 一样。实际上费根鲍姆常数之谜还有待更深入的科学论证。

最后再对阵发混沌作一点说明。当 $r > r_\infty$ 时，系统的结果大都完全不收敛于任何周期有限的轨道上，因而可以说系统在倍周期分岔的终点步入混沌。但是在混沌区，当系统参量变化时会出现周期窗口和间歇现象(intermittency)。其中最宽的窗口是对应周期 3 的运动轨道。在这些窗口内，周期轨道也要发生倍周期分岔，最后又进入混沌状态。另外在出现周期 3 窗口的位置，发生的分岔在分岔理论中被称为切分岔。这类分岔点的一侧有三个稳定的周期解，而另一侧根本没有任何稳定的周期解存在，这样当 r 稍小于切分岔时的参量 r_c 时，系统动力学行为呈现间歇现象。$X(t)$ 在一段时间内好像在往一周期轨道上收敛，但由于并没有稳定的周期存在，“徘徊”几次后又远离而去，经过一些无规可循的运动后，又可能来到某个不稳定周期轨道附近，再次重复上述过程。但是每次都不是准确地去重蹈覆辙。整个过程看起来就像在周期运动中随机地夹杂了一些混沌运动，这种运动状态称为阵发混沌。

2. 有源非线性负阻元件

有源非线性负阻元件实现的方法有多种，这里使用一种较为简单的电路，采用 2 个运算放

大器(1 个双运放 TL082)和 6 个配置电阻来实现,其电路如图 5.2.6 所示,它主要是一个正反馈电路,能输出电流以维持振荡器不断振荡,而非线性负阻元件的作用是能使振动周期产生分岔和混沌等一系列非线性现象。

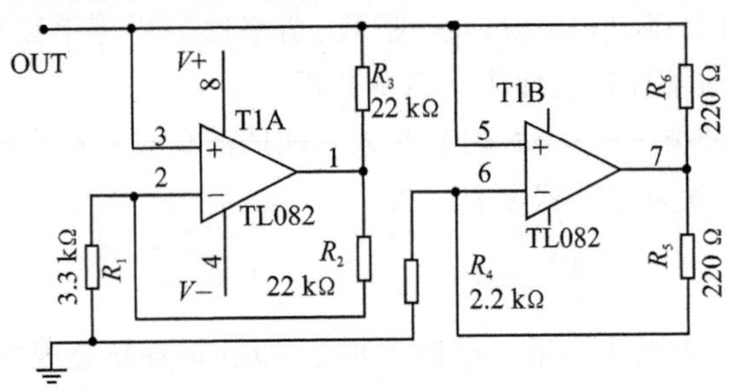

图 5.2.6　有源非线性负阻元件

5.2.3　仪器介绍

本实验装置的核心是 NCE-1 非线性电路混沌实验仪,它由非线性电路混沌实验电路板、−15～0～+15 V 稳压电源和四位半数字电压表(0～20 V,分辨率 1 mV)组成,装在一个仪器箱内。非线性电路除电感外,全部焊接在一块电路板上。电感是用漆包线在铁氧体磁芯上绕制成的,通过香蕉插孔与外部连接,可分别插入非线性电路板或电感测量盒进行实验。

实验还另配电感测量盒(其内部元件和外部连线见图 5.2.7)、双踪示波器、信号发生器和电阻箱各 1 个,电缆(导线)6 根(其中 Q9—Q9 2 根,Q9—鳄鱼夹 2 根,鳄鱼夹—焊片 2 根),三通 1 个。

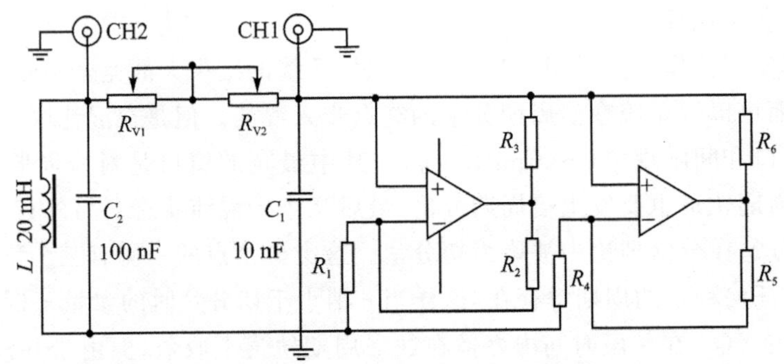

图 5.2.7　非线性电路混沌实验线路

非线性电路混沌实验电路板的原理如图 5.2.7 所示。右边部分为非线性负阻元件,由双运放 TL082CN 集成块和 6 个配置电阻构成。运放的 8 脚与 4 脚接±15 V 直流电源,R_1 = 3.3 kΩ,R_2 = 22 kΩ,R_3 = 22 kΩ,R_4 = 2.2 kΩ,R_5 = 220 kΩ,R_6 = 220 kΩ。由戴维南定理,双运放加有关电阻可看做是一个等效直流电源和非线性电阻的串联。其非线性负阻特性可用

伏安法直接测定。移相电路的可变电阻 $1/G$ 由两个阻值为 2.2 kΩ 和 100 Ω 的可调多圈电位器串联组成，$C_1=10$ nF。谐振电路的电感 L 约 20 mH，采用铁氧体做磁芯，$C_2=100$ nF。

实验仪右上角为±15 V 电源的 9 芯输入插座，电源放在实验箱右上方的分隔框内，使用时注意插头和插座的方向，不要插错。插上电源，面板右侧的钮子开关扳向 on 一侧，电源接通，±15 V 电源的指示灯亮。面板左侧的钮子开关为数字电压表的控制开关，扳向 on 一侧，电压表接通，可通过面板上的红—黑接线测量相应位置的电压。面板上的 CH1—⊥和 CH2—⊥接线柱分别代表 V_{C_1} 和 V_{C_2} 的电压输出位置，可直接连接示波器的 X—Y 输入观察李萨如图形或对 CH1 与 CH2 作双踪显示。图 5.2.3 中的电导 G 由粗调电位器 R_{V1} 和细调电位器 R_{V2} 充当。改变 $R_{V1}+R_{V2}$ 即改变移相器的阻值，用于观察相图的变化。

5.2.4　实验内容

1. 串联谐振电路和电感的测量

串联谐振电路如图 5.2.8 所示。略去初始条件产生的暂态过程，只考虑电路的稳态振荡。这时可以采用复阻抗进行计算。

$$I\left(\frac{1}{\mathrm{j}\omega C}+\mathrm{j}\omega L+R\right)=E,\qquad I=\frac{E}{\dfrac{1}{\mathrm{j}\omega C}+\mathrm{j}\omega L+R}=\frac{E}{\mathrm{j}\left(\omega L-\dfrac{1}{\omega C}\right)+R}\tag{5.2.4}$$

当 $\omega L-\dfrac{1}{\omega C}=0$ 时，I 有极大值。它所对应的频率就是电路的串联谐振频率 $f=\dfrac{1}{2\pi\sqrt{LC}}$。如果测得串联谐振频率 f，则可以求出电感 L：

$$L=\frac{1}{4\pi^2 f^2 C}$$

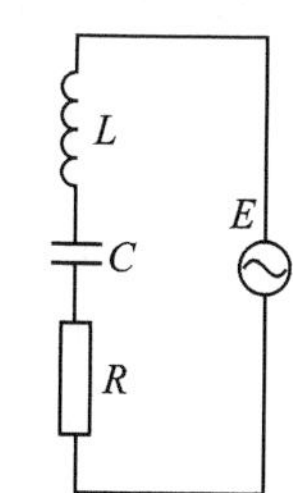

图 5.2.8　串联谐振电路

由式(5.2.4)还可以讨论 E 与 I 的相位关系。由已知的数据信息($L\approx 20$ mH，$r\approx 10$ Ω，C_0 见现场测试盒提供的数据)估算电路的共振频率 f；串联电路的电感测试盒如图 5.2.1 所示。J_1 和 J_2 是两个 Q9 插座，连线用振幅法和相位法测量共振频率并由此算得电感量，测量时电流不要超过 20 mA。

2. 倍周期分岔和混沌现象的观察

打开机箱、接好实验装置后，将电导 G 由最小值逐步增大，即调节(减小)粗调电位器 R_{V1} 和细调电位器 R_{V2}，用示波器观察相图的变化。要求观察并记录 2 倍周期分岔、4 倍周期分岔、阵发混沌、3 倍周期、单吸引子、双吸引子现象及相应的 $V_{C_1}(t)$ 和 $V_{C_2}(t)$ 的波形。

3. 非线性电阻伏安特性的测量

可把有源非线性负阻元件看做一个黑盒子，用伏安法测量其伏安特性。测量时把有源非线性负阻元件与移相器隔开(想一想，如何实现?)，将电阻箱 R_0 和有源非线性负阻元件并联，改变电阻箱的电阻值 R_O,用数字电压表测 U_{R_O} ,获得有源非线性负阻元件在 $U<0$ 时的伏安特性,作 $V-I$ 关系图。测量时注意实验点分布的合理选择。

5.2.5 数据处理

① 由测量数据计算电感 L。根据具体的测量条件,估算电感测量结果的有效数字和不确定度。

② 用一元线性回归方法对有源非线性负阻元件的测量数据作分段拟合,并作图。

③ 由非线性方程组(5.2.1)结合本实验的相关参数,用四阶龙格-库塔(Runge-Kutta)数值积分法编程,画出奇异吸引子、双吸引子的相图和对应的 $R_{V1}-t$ 及 $R_{V2}-t$ 图并与实验记录进行对照。

说明:有源非线性负阻元件的参数用实测数据的分段拟合结果,实验中一般不能获得正向电压部分的曲线,可按反向电压曲线关于原点对称得出。

5.2.6 思考题

① 比较用计算机模拟获得的吸引子相图与在实验中观察到的相图,从非线性系统的特点分析它们为何不同?

② 根据实验室给定的现有仪器,设计实验方案,测量费根鲍姆常数。

5.2.7 参考文献

[1] 陆同兴.非线性物理概论.北京:中国科学技术出版社.

[2] 郝伯林.分岔、混沌、奇怪吸引子、湍流及其他.物理学进展,1993,3(1).

[3] Kaplan D,Glass L. Understanding Nonlinear Dynamics. Springer-Verlag,1995.

[4] Chua L O,Wu C W,Huang A,et al. IEEE Trans. Circuits Syst. (I). 1993(40):732.

[5] 赵凯华.从单摆到混沌.现代物理知识,1993(4-6),1994(1-2).

5.2.8 附 录

1. 费根鲍姆常数的测量

以 G 作为系统参数,将 $R_{V1}+R_{V2}$ 由一较大值逐渐减小,记录出现倍周期分岔时的参数值 G_n ,得到倍周期分岔之间相继参量间隔比

$$\delta=\lim_{n\to\infty}\frac{G_n-G_{n-1}}{G_{n+1}-G_n}$$

测量时 n 越大,δ 值越趋近于费根鲍姆常数,但由于实验条件的限制,很难观察到更高倍数的周期分岔,因此本实验的测量只能是粗略的。旋转电位器,将可变电阻值调至最大,在其两端并联一电阻箱 R_b ,改变电阻箱 R_b 阻值,当 $R_b=R_1$ 时可以看到系统由周期 1 变为周期 2;

继续改变 R_b，当 $R_b = R_2$ 时，周期 2 失稳，同时出现周期 4；如此当 $R_b = R_3$ 出现周期 8 时，则费根鲍姆常数的近似值为 $\delta \approx \dfrac{(R_1 - R_2)R_3}{(R_2 - R_3)R_1}$。

2. 四阶龙格-库塔方法介绍

对初值问题 $\dfrac{\mathrm{d}y}{\mathrm{d}x} = f(x,y)$，$y(a) = s$，用离散化方法求它的数值解，龙格-库塔方法是最常用的方法之一。标准四阶龙格-库塔方法的推算公式是：已知 $y_n \equiv y(x_n)$，则 $y_{n+1} \equiv y(x_n + h)$ 可由下式推出，即

$$K_1 = hf(x_n, y_n), \qquad K_2 = hf\left(x_n + \frac{h}{2}, y_n + \frac{K_1}{2}\right)$$

$$K_3 = hf\left(x_n + \frac{h}{2}, y_n + \frac{K_2}{2}\right), \qquad K_4 = hf(x_n + h, y_n + K_3)$$

$$y_{n+1} = y_n + \frac{1}{6}(K_1 + 2K_2 + 2K_3 + K_4)$$

有关龙格-库塔方法的证明和更详细的讨论，请参阅计算方法等专业书籍。

5.3　声源定位和 GPS 模拟

波的传播在物理研究和工程应用中都占有重要的地位。利用波动传播过程中时间坐标和空间坐标的关联，可以获得许多重要的信息，例如地震学的研究、全球定位系统 GPS(Global Positioning System)和无损检测中的声发射技术等。

在地震研究中确定震源的最简单的模型就是：由同一观察点记录两种直达波(例如纵波和横波)波前到达的时间差，如果相应的传播速度已知，那么震源离开该观察点的距离就可以推算出来；利用 3 个观察点的数据就可以确定震源的三维坐标。全球定位系统则是通过导航卫星发出的电磁波信号来确定用户位置的测量装置。GPS 是以三角测量定位原理来进行定位的。它采用多星高轨测距体制，以接收机至 GPS 卫星之间的距离作为基本观测量。当地面用户的 GPS 接收机同时接收到 3 颗以上卫星的信号后，测算出卫星信号到接收机所需要的时间、距离，再根据导航电文提供的卫星位置和钟差改正信息，即可确定用户的三维(经度、纬度、高度) 坐标位置以及速度、时间等相关参数。

声源定位实验还带有物理学中反演问题的一些特征。反演问题中两个最著名的范例就是地震研究和 CT(计算机断层成像)技术。以地震研究为例。它的正问题是已知震源的信息(发生时间、位置和强度等)和周围媒质的性质，推算出地震发生后周围媒质的响应；而它的一个反问题则是在媒质性质给定的条件下，根据在有限时间内几个位置的响应来反推出源的性质。一般来说，后者的求解要比前者困难得多。或者由于规律本身的复杂难解，或者由于信息获取不完备，或者由于误差影响的复杂途径，常常使得求出的解偏离真值很远、出现多重解甚

至根本解不出来。这些情况在声源定位中也会存在。

本实验采用声发射技术中的平面定位原理,可进行二维的声源定位和GPS模拟实验。通过本实验不仅可以学习到相关实验的基本原理,进一步理解物理学在高科技领域的基础地位和作用,而且可以了解由传感器、信号调理电路和计算机组成的现代测量系统的许多基本知识以及用计算机处理实验数据的一些基本方法。

5.3.1 实验要求

1. 实验重点

① 了解压电效应以及压电换能器在电声转换中的应用。

② 通过利用声波传播进行定位的实验,体会物理知识在现代科技领域应用的重要性。

③ 学习现代测量技术和计算机在物理实验中的应用。

2. 预习要点

① 本实验中时差是如何得到的?怎样才能获得相对时差和绝对时差的信息?

② 各种电缆如何连接?在声源定位和GPS仿真实验中的接线有什么不同?

③ 为什么要强调传感器阵列和时差测定仪连接的顺序?怎样保证两者有正确的对应关系?

④ 在GPS仿真实验中只有一个"卫星"通道,为什么也能定位?为什么要获得多组数据来定位?

5.3.2 实验原理

1. 声源定位(二维)

如图5.3.1所示,3个接收传感器 S_0、S_1 和 S_2 的坐标分别为 (X_0,Y_0)、(X_1,Y_1) 和 (X_2,Y_2),当平面上某处 (X,Y) 发出(超)声波时,该信号将先后被3个传感器所接收,设时间分别为 t_0、t_1 和 t_2。限于实验条件,实验中并不能真正测到事件到达的绝对时间,而只能测出它们到达各个传感器的时间差 $\Delta t_1=t_1-t_0$,$\Delta t_2=t_2-t_0$。设声波沿媒质表面的传播速度为 c,对换能器 S_0 和 S_1 而言,声源发生的位置应当在到该两点的距离差为 $c\Delta t_1$ 的曲线上,这是一条双曲线。显然,利用 Δt_1 和 Δt_2 可以得到两条双曲线,它们的交点就是声源所在的位置。

为了便于导出具体的计算公式,把 S_0 设为坐标原点(不失一般性),即 $(X_0,Y_0)=(0,0)$。声源发生的位置为 (X,Y),它也可以用极坐标 (r,θ) 表示(见图5.3.2)并满足:

$$X^2+Y^2=r^2 \tag{5.3.1}$$

$$(X-X_1)^2+(Y-Y_1)^2=(r+c\Delta t_1)^2 \tag{5.3.2}$$

$$(X-X_2)^2+(Y-Y_2)^2=(r+c\Delta t_2)^2 \tag{5.3.3}$$

把式(5.3.1)分别代入式(5.3.2)和式(5.3.3),可得

$$2XX_1+2YY_1+2rc\Delta t_1=X_1{}^2+Y_1{}^2-c^2\Delta t_1{}^2 \tag{5.3.4}$$

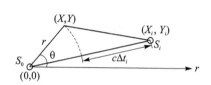

$$2XX_2 + 2YY_2 + 2rc\Delta t_2 = X_2{}^2 + Y_2{}^2 - c^2\Delta t_2{}^2 \tag{5.3.5}$$

把(X, Y)换成极坐标,并令 $\Delta_1 = c\Delta t_1$,$\Delta_2 = c\Delta t_2$,式(5.3.4)和式(5.3.5)可写成

$$2r(X_1\cos\theta + Y_1\sin\theta) + 2r\Delta_1 = X_1{}^2 + Y_1{}^2 - \Delta_1^2 \tag{5.3.6}$$

$$2r(X_2\cos\theta + Y_2\sin\theta) + 2r\Delta_2 = X_2{}^2 + Y_2{}^2 - \Delta_2^2 \tag{5.3.7}$$

由式(5.3.6)和式(5.3.7)可得

$$(X_1{}^2 + Y_1{}^2 - \Delta_1^2)(X_2\cos\theta + Y_2\sin\theta + \Delta_2) = (X_2{}^2 + Y_2{}^2 - \Delta_2^2)(X_1\cos\theta + Y_1\sin\theta + \Delta_1)$$

令

$$\left.\begin{aligned} A &= X_2(X_1^2 + Y_1^2 - \Delta_1^2) - X_1(X_2^2 + Y_2^2 - \Delta_2^2) \\ B &= Y_2(X_1^2 + Y_1^2 - \Delta_1^2) - Y_1(X_2^2 + Y_2^2 - \Delta_2^2) \\ D &= \Delta_1(X_2^2 + Y_2^2 - \Delta_2^2) - \Delta_2(X_1^2 + Y_1^2 - \Delta_1^2) \end{aligned}\right\} \tag{5.3.8}$$

则有

$$A\cos\theta + B\sin\theta = D \tag{5.3.9}$$

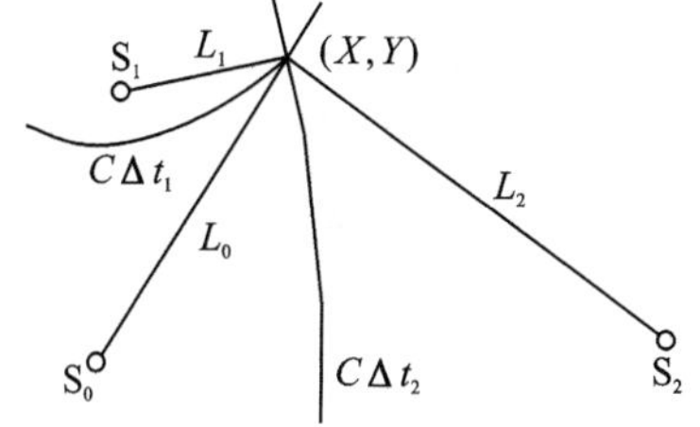

图 5.3.1　声源定位原理

图 5.3.2　声源位置的坐标

引入 $\dfrac{A}{\sqrt{A^2+B^2}} = \cos\Phi$,$\dfrac{B}{\sqrt{A^2+B^2}} = \sin\Phi$,于是式(5.3.9)可写成

$$\cos\Phi\cos\theta + \sin\Phi\sin\theta = \frac{D}{\sqrt{A^2+B^2}} \quad 即 \quad \cos(\theta - \Phi) = \frac{D}{\sqrt{A^2+B^2}}$$

式中,A、B、D 可由式(5.3.8)用实验数据算出,$\Phi = \arctan B/A$,于是 θ 可由下式得到,即

$$|\theta - \Phi| = \arccos\frac{D}{\sqrt{A^2+B^2}} \tag{5.3.10}$$

而 r 可由式(5.3.6)解出,即

$$r = \frac{X_1^2 + Y_1^2 - \Delta_1^2}{2(X_1\cos\theta + Y_1\sin\theta + \Delta_1)} \tag{5.3.11}$$

至此,声源位置已通过极坐标给出。

2. GPS 模拟

本实验对 GPS 过程的声学模拟是在一个二维的平面上进行的,如图 5.3.3 所示。位置$(X_i, Y_i)(i=1,2,\cdots)$已知的发送换能器(传感器做发送用,模拟"导航卫星")发出声波(模拟

卫星发出的电磁波),被位置(X, Y)的待求接收传感器(模拟“用户”)接收,它们之间有关系:

$$(X_i - X)^2 + (Y_i - Y)^2 = c^2 t_i^2 \qquad (i = 1,2,\cdots) \tag{5.3.12}$$

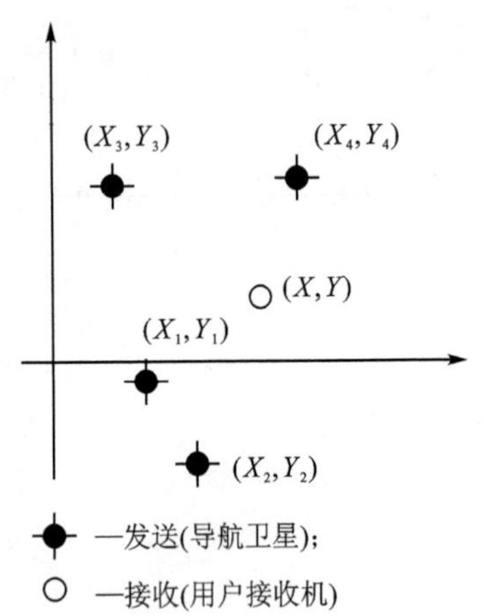

图 5.3.3　GPS 仿真

式中,c 是波的传播速度。显然,对一个二维的定位问题(确定 X 和 Y),如果传播速度已知,要算出 X 和 Y 可以归结为一个求解两个变量的代数方程的问题,也就是说原则上只要有两颗不同位置的模拟“卫星”就可以了。实际的 GPS 定位,则至少要对四颗卫星同时进行测量,才能确定地球坐标系中的三维坐标和因卫星时钟与接收机时钟不同步所造成的钟差修正。在 GPS 的声学模拟中,为了减小时差不准对定位精度的影响,应当获取来自多个“卫星”(发送换能器)的位置和时差信息,并通过最小二乘法求得“用户”(接收传感器)的位置和声波的传播速度。为此可以把式(5.3.12)写成

$$(X_i - X)^2 + (Y_i - Y)^2 - c^2 t_i^2 = 0 \qquad (i = 1,2,\cdots, n) \tag{5.3.13}$$

当 n 大于 3 时,可由最小二乘法导出(X, Y)的最佳值,它们应满足使$[(X_i - X)^2 + (Y_i - Y)^2 - c^2 t_i^2]^2$ 的和取极小值:

$$F(X,Y,c) = \sum[(X_i - X)^2 + (Y_i - Y)^2 - c^2 t_i^2]^2 = \min \tag{5.3.14}$$

由此可获得 X、Y 、c 应满足的一组代数方程:

$$\left.\begin{aligned}
\frac{\partial F}{\partial X} &= 0 \Rightarrow \sum_i [(X_i - X)^2 + (Y_i - Y)^2 - c^2 t_i^2](X_i - X) = 0 \\
\frac{\partial F}{\partial Y} &= 0 \Rightarrow \sum_i [(X_i - X)^2 + (Y_i - Y)^2 - c^2 t_i^2](Y_i - Y) = 0 \\
\frac{\partial F}{\partial c} &= 0 \Rightarrow \sum_i [(X_i - X)^2 + (Y_i - Y)^2 - c^2 t_i^2] t_i^2 = 0
\end{aligned}\right\} \tag{5.3.15}$$

这是一个三元的非线性代数方程组,可通过计算方法求得数值解。如果声速 c 已知,获得的将是一组二元代数方程;若 c 未知,而且需要考虑钟差修正(发送换能器发出声脉冲的时间不能严格确定),则获得的是一组四元代数方程($n>4$)。可由牛顿迭代法等方法求出数值解。

5.3.3　仪器介绍

图 5.3.4 和图 5.3.5 分别给出了声源定位和 GPS 模拟实验的装置示意图。图中 1 是传播媒质,2 是模拟源(铅笔芯折断),3(接收换能器)和 7(发送换能器)是压电传感器,4 是接收放大器,5 是时差测定装置,6 是计算机,8 是隔离放大器,9 是单脉冲发生器。在声源定位实验中,压电换能器构成接收传感器阵列,模拟源采用铅笔芯折断装置;在 GPS 模拟实验中,只有

压电换能器 7 用做发送(由单次电脉冲激励,7 和 9 构成模拟声源,模拟导航卫星);其余 3 个换能器用做接收,模拟“用户接收机”。

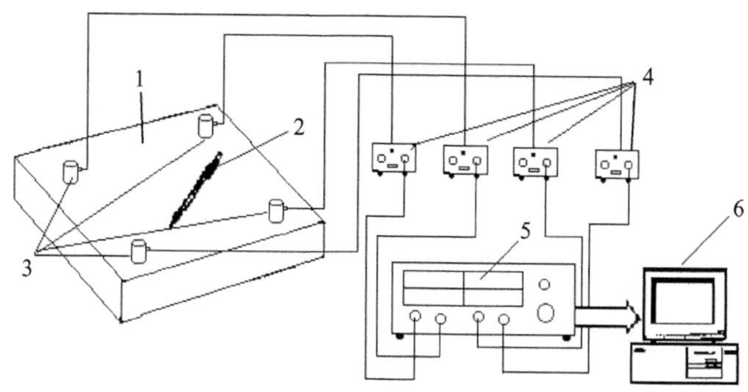

图 5.3.4　声源定位实验

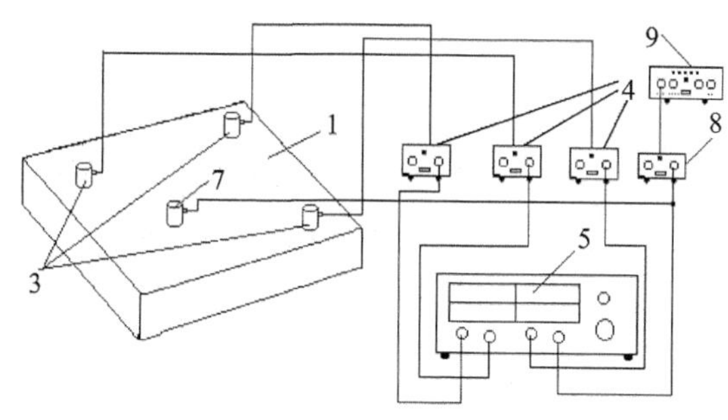

图 5.3.5　GPS 仿真实验

1. 传播媒质

声波只能在媒质中传播。理论和实验表明:在固体薄平板中传播的主要是一种被称为 Lamb 波(也称板波)的声波。它包括多种模式,并且属于频散波(传播速度是频率的函数)。具体激发出哪一类或几类模式,与声源的性质和媒质的边界条件有关。这将给声源定位带来巨大的困难。理论计算表明:当板的厚度 d 和声波频率的乘积趋于∞时,各种模式的 Lamb 波均趋于无频散的表面波(Rayleigh 波)。在工程上一般只要厚度达到 2～3 个波长时,模拟源在媒质表面(同侧)激发出的声波,其主要成分就可以认为是表面波了。对钢而言,瑞利波的传播速度的典型值为 c_R=2 982 m/s(取泊松比 ν=0.29,c_R 为切变波速度的 0.926 倍)。本实验中采用 45# 厚钢板作为传播媒质,长度×宽度×厚度≈600 mm×480 mm×70 mm。

2. 模拟源

模拟源是能在传播媒质中激发出声波、用来模拟实际声源的信号源。本实验提供了两种类型的模拟源,分别是:铅笔芯折断或用单次(连续)电脉冲激励压电传感器(利用反向压电效

应,把传感器做发送用)产生的单次(连续)声脉冲。连续声脉冲的重复频率约为 25 Hz,用做声波在传播过程的定性观察和系统检测;铅笔芯折断(Φ0.5,HB)用做声源定位实验;单次声脉冲用做 GPS 仿真。

3. 传感器

本实验共有 4 个传感器,声源定位中可构成一组平面定位的接收传感器阵列。在 GPS 仿真时,一个用做模拟导航卫星(发送),其余 3 个模拟用户接收机(接收)。

4. 接收放大器

用于放大接收传感器输出的电信号。它由两级组成,第一级做前置放大(增益 40 dB);第二级做后置放大(20 dB);两级之间加有包络检波电路,用于取得信号的事件包络。

5. 时差测定仪

时差测定仪是以单片机为核心的测量装置,用于测定传感器接收到的信号的时差。前面板(见图 5.3.6)上有 4 个信号输入通道(Q9 插座)和相应的时差数码显示。4 个通道的输入信号,经过门槛电路产生触发信号去控制各自的计数器。门槛值由面板上的波段开关设定(0.2～5 V 可调)。当来自某一通道的信号超过设定的门槛值时,该通道计数为零,其余通道的计数器同时开始计数。当其余通道的信号先后超过门槛值时,相应通道的计数器也先后停止计数。因此最先收到的信号时间显示为 000.0 μs,此后收到的信号按其达到触发门槛的先后,显示相应的时间(差)。前面板上还有清零按钮,清零后,系统复位,可以重新进行时差测量。后面板上(未画出)有串行接口,通过它可把时差信息输入计算机进行数据采集和处理。

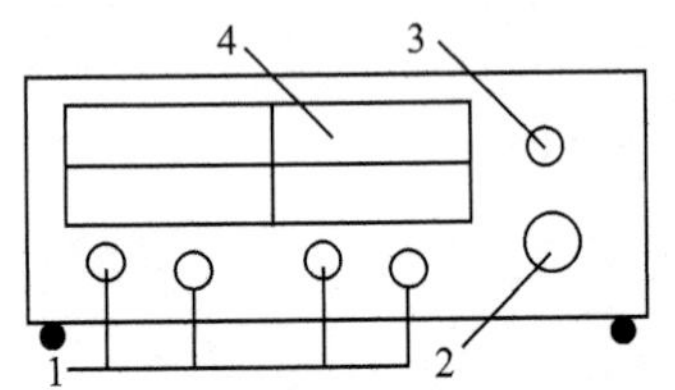

1—模拟信号输入(4 路);
2—门槛电平调节旋钮;
3—复位按钮;4—数码显示

图 5.3.6 时差测定仪(前面板)

6. 计算机和数据处理软件

利用专门软件可进行实验原理和声源定位的演示。计算机的串口与时差测定仪相连,利用软件可进行数据通信、处理、存盘和显示。

系统硬件的主要技术指标如下。

① 声发射传感器:工作频率约 150 kHz,灵敏度约 65 dB(0 dB=1 Vs/m)。

② 接收放大器:前置级(增益 40 dB,频带 20 kHz～2 MHz,噪声≤5 μV),后置级(增益 20 dB,动态范围≥10 $V_{p\text{-}p}$),两级放大中间带包络检波电路,电源 15 V。

③ 时差测定装置:4 路输入,计数频率 10 MHz(最高分辨率可达 0.05 μs),门槛值 0.2～5.0 V 可调,时差数字显示 4 位,串行口,电源 5 V。

④ 模拟源:铅笔芯断裂模拟源(Φ0.5,HB,带护套)。

⑤ 脉冲源:单次及连续,连续脉冲的重复频率约 25 Hz,幅度≥8 V。

⑥ 隔离放大器：隔离放大（约 10 倍）来自脉冲源的信号，电源 15 V。

⑦ 计算机：包括主机、显示器、鼠标和键盘等基本配置的微机系统。

⑧ 数据处理和演示软件。

5.3.4　实验内容

1. 声源定位

(1) 电路连接

4 个传感器全部用做接收。传感器与放大器的输入端相连（连接电缆的两端分别为 L6 插头和 Q9 插头）；放大器的电源端与电源分配器的输出（4 个 Q9 插座）相连（连接电缆的两端均为 Q9 插头）；放大器输出分别与时差测定装置的 4 个输入通道连接（连接电缆的两端均为 Q9 插头），时差测定装置的通信口（后面板）通过专用电缆与计算机的串行口连接。

由于时差测定仪的输入通道、时差显示与传感器布阵之间存在确定的对应关系，因此一定要保证电缆连接的正确对应。通常可按图 5.3.7 的对应位置连线。

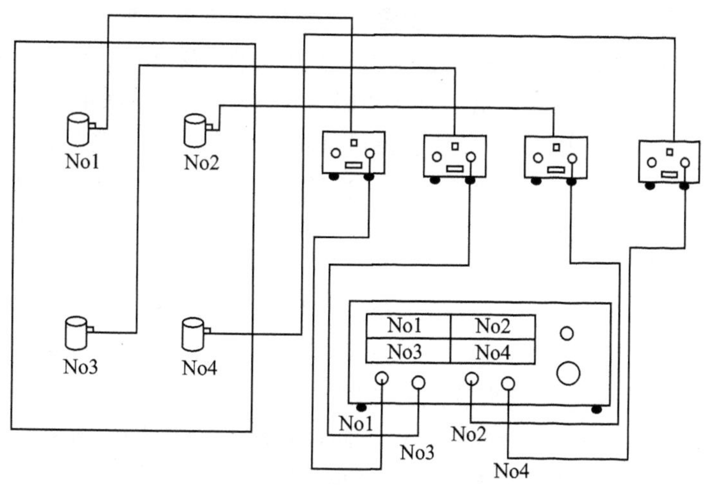

图 5.3.7　传感器布阵及其对应的输入通道连接

(2) 系统调试

传感器按要求耦合到传播媒质上（No1～No3 传感器已用耦合剂固定，未经教师允许请不要强行拆移），检查连线后开启电源。用模拟源（铅笔芯伸出 1～2 mm，通过护套与媒质接触，倾斜约 45°加压，使铅笔芯折断）在几个典型位置检查系统工作状态，选择最佳的测量条件（一般门槛值尽量选低一些，铅笔芯伸出长度也以短一些为好）。

系统检查和调整（包括故障的分析、判别和确认）是实验特别是大型实验的重要环节。在某种意义上它比测量本身更加重要，也更有训练价值。在本实验中最常见的问题有耦合不好（耦合剂或保护膜问题），电缆短路或断路。

(3) 数据测量

按“时差测定仪”的红色按钮清零,用铅笔芯折断做模拟源产生声源信号,“时差测定仪”显示对应的时差数据。该数据可通过串行口输入计算机并以文件形式保存。源定位的时差记录一般不要少于8组,还应记录传感器阵列和声源位置的坐标值,以便进行数据处理并与实际结果作对比。若需进行传播速度的测量,可按下述方法进行:模拟源放在两个传感器连线的延长线上,读取时差信息,若两者的距离为 L,对应的时差为 t,则传播速度 $c=L/t$。为提高测量精度,可在不同方位利用不同的传感器(对)进行多次测量。

(4) 数据记录

在计算机桌面上双击“**AL—1 声源定位及 GPS 仿真**”图标,系统启动。屏幕出现“**用户进入**”界面,在“**实验选项**”对话框选择“**实验数据采集**”(另两项**声源定位演示**和**数据回放**系为教师讲解实验原理和检查作业设置,学生不用),同时输入本人姓名(**用户名**)和学号(**口令**)后,系统进入“**声发射源定位**”界面。其左半部为传感器阵列的分布图形,右半部为时差信息窗(上方)和功能选择按钮(下方)。第一次做该实验,建议先打开“**实验原理**”,了解实验的基本原理后返回“**声发射源定位**”界面。单击“**参数设置**”,系统进入“**参数设置**”界面。可以看到“**定位算法**”、“**通讯口**”、(坐标)“**原点**”、“**声速**”、“**坐标**”(传感器布阵)及“**样板大小**”等基本参数。初做时可按系统默认值(点击“**恢复默认值**”)排布传感器,选择三角形算法定位(实验中若发现数据通讯口因选错而不能接收数据时,可更改选择后重新接收数据)。熟悉后再按需要变更。参数设置完成后应返回“**声发射源定位**”界面。当声信号被传感器接收并由时差测定仪显示相应的时差后,可按“**接收数据**”,把时差数据输入计算机;确认其合理性后,按“**存盘**” 保存数据。

2. GPS 仿真

参见图 5.3.5 和图 5.3.7,把 No4 传感器作为发送器使用(模拟导航卫星),其余 3 个均作为接收机。发送器的激励信号来自隔离放大器的**输出端**,隔离放大器的**输入**则来自**脉冲发生器**的**单次**输出端(单次电脉冲),隔离放大器的输出信号同时输入时差记录仪的 No4 插座(通过 Q9 插座的三通实现)。其余传感器(模拟不同位置的用户接收机)连接方式不变。发送换能器的位置由钢卷尺直接量出。信号的传播时间,则由时差记录仪读出。方法如下:每按一次(手动)单脉冲按钮(**脉冲发生器**的红色按钮),发送换能器获得一个幅度大于 10 V 的电脉冲信号,从而激发出声波(模拟发出的电磁波信号),电脉冲信号同时启动时差记录仪各通道开始计时(No 4 通道计数为零);当声波传播到不同位置的接收传感器(用户接收机)时,相应通道的时钟计数器停止计数,时差记录仪面板显示声信号由发送换能器到相应接收器的传播时间(No 4 通道的读数为 000.0 μs)。记录实验数据(时差和发送器的坐标)。改变发送器位置(相当于不同的导航卫星),接收传感器不动,时差记录仪清零,用手动方式(按下单脉冲源的按钮)产生单次电脉冲,再次激励发送器发出声脉冲,记录相应的实验数据并完成一次测量。为了用最小二乘法处理数据,测量次数不应小于 10。

3. 选做实验和有待深入研究的课题

① 增加一个双踪示波器，观察声波在媒质传播过程的时间延迟、振幅衰减和前沿变缓等现象，利用不同位置传感器的输出信号估算声波在媒质中的传播速度。

② 从理论和实验两个方面研究不同定位算法和不同区域的声源定位的测量精度。

5.3.5　数据处理

1. 声源定位

自编三角形算法或其他算法的计算机程序，获得声源的计算值，与实际的声源位置进行比较，讨论与实际值的偏离，分析主要误差来源。

2. GPS 仿真

自选算法(用最小二乘法求解非线性代数方程组)并编写计算机程序，获得 GPS 用户(接收传感器)的位置计算值，讨论与实际值的偏离，分析主要误差来源。

5.3.6　思考题

1. 声源定位和 GPS 的区别

① 从测量原理、仪器组成和信息特点来讨论声源定位和 GPS 仿真实验的相同点和不同点。

② 考虑到钢媒质的表面波传播速度约为 3 000 m/s，传播距离(最长)约为 54 cm，那么时差测定仪最大的读数应该不会大于多少 μs?

2. 数据处理

① 声源定位的发射源位置如何计算？是否用两个时差就可以了？

② GPS 仿真实验用最小二乘法求数值解时，一般会涉及 4 个待测参数，除用户接收机的 X、Y 坐标和传播速度 c 以外，另一个参数是什么？有无具体的物理意义？如何用牛顿迭代法求非线性代数方程组的数值解？

5.3.7　参考文献

[1] 梁家惠，等. 声源定位实验. 物理实验，2000，20(1)：5-7.

[2] 袁振明，等. 声发射技术及其应用. 北京：机械工业出版社，1985.

[3] Jhang K Y, et al. Journal of Acoustic. Emission，1998，(4)：261-267.

[4] 李天文. GPS 原理及应用. 北京：科学出版社，2004.

[5] 陈红雨. 基于声源定位的 GPS 模拟实验设计. 实验技术与管理，2009，26(2)：30-33.

5.3.8　附录　关于非线性代数方程的迭代求解

设变量(x_1，x_2，…，x_n)满足的非线性代数方程为

$$\left.\begin{aligned} f_1(x_1,x_2,\cdots,x_n) &= 0 \\ f_2(x_1,x_2,\cdots,x_n) &= 0 \\ &\vdots \\ f_n(x_1,x_2,\cdots,x_n) &= 0 \end{aligned}\right\} \tag{5.3.16}$$

先设定一组数(x_{10}, x_{20},…, x_{n0})作为迭代的初值,将方程(5.3.16)在初值点展开:

$$\left.\begin{aligned} f_1(x_{10},x_{20},\cdots,x_{n0}) + \frac{\partial f_1}{\partial x_1}(x_1 - x_{10}) + \frac{\partial f_1}{\partial x_2}(x_2 - x_{20}) + \cdots + \frac{\partial f_1}{\partial x_n}(x_n - x_{n0}) &= 0 \\ f_2(x_{10},x_{20},\cdots,x_{n0}) + \frac{\partial f_2}{\partial x_1}(x_1 - x_{10}) + \frac{\partial f_2}{\partial x_2}(x_2 - x_{20}) + \cdots + \frac{\partial f_2}{\partial x_n}(x_n - x_{n0}) &= 0 \\ &\vdots \\ f_n(x_{10},x_{20},\cdots,x_{n0}) + \frac{\partial f_n}{\partial x_1}(x_1 - x_{10}) + \frac{\partial f_n}{\partial x_2}(x_2 - x_{20}) + \cdots + \frac{\partial f_n}{\partial x_n}(x_n - x_{n0}) &= 0 \end{aligned}\right\} \tag{5.3.17}$$

式(5.3.17)是一组 n 个变量的线性代数方程组,可用线性代数的标准方法求解。设求得的数值解为(x_{11}, x_{21},…, x_{n1}),再把它作为新的初值,将方程(5.3.16)在新初值点展开:

$$\left.\begin{aligned} f_1(x_{11},x_{21},\cdots,x_{n1}) + \frac{\partial f_1}{\partial x_1}(x_1 - x_{11}) + \frac{\partial f_1}{\partial x_2}(x_2 - x_{21}) + \cdots + \frac{\partial f_1}{\partial x_n}(x_n - x_{n1}) &= 0 \\ f_2(x_{11},x_{21},\cdots,x_{n1}) + \frac{\partial f_2}{\partial x_1}(x_1 - x_{11}) + \frac{\partial f_2}{\partial x_2}(x_2 - x_{21}) + \cdots + \frac{\partial f_2}{\partial x_n}(x_n - x_{n1}) &= 0 \\ &\vdots \\ f_n(x_{11},x_{21},\cdots,x_{n1}) + \frac{\partial f_n}{\partial x_1}(x_1 - x_{11}) + \frac{\partial f_n}{\partial x_2}(x_2 - x_{21}) + \cdots + \frac{\partial f_n}{\partial x_n}(x_n - x_{n1}) &= 0 \end{aligned}\right\} \tag{5.3.18}$$

并解出方程(5.3.18)作为初值进行新的迭代……一直到临近两次迭代结果的差值小于指定的误差范围为止。

5.4 多普勒效应测量超声声速

在无色散情况下,波在介质中的传播速度是恒定的,不会因波源运动而改变,也不会因观察者运动而改变。但当波源(或观察者)相对介质运动时,观察者接收到的波的频率和波源发出的频率将不再相同。当波源和观察者相对静止时,单位时间通过观察者的波峰的数目是一定的,观察者所观察到的频率等于波源振动的频率;当波源和观察者相向运动时,单位时间通过观察者的波峰的数目增加,观察到的频率增加;反之,当波源和观察者互相远离时,观察到的频率变小。这种由于波源或观察者(或两者)相对介质运动而使观察者接收到的频率与波源发

出的频率不同的现象，称为多普勒效应。它是奥地利物理学家多普勒(J. C. doppler，1803—1853 年)于 1842 年首先发现的。

声波是波动的一种，因此具有多普勒效应。例如，火车进站，站台上的观察者听到火车汽笛声的声调变高；火车出站，站台上的观察者听到火车汽笛声的声调变低。具有波动性的光波(更一般地说是电磁波)也会出现这种效应，但机械波的多普勒效应与光波的多普勒效应产生的机制完全不同。机械波的传播一定要通过介质，而光波的传播不需要介质，可以在真空中传播；机械波的多普勒效应是由于波源或观察者或两者都相对介质运动产生的，而光波的多普勒效应只取决于波源和观察者间的相对运动，是由相对论效应产生的。多普勒效应在军事、医疗诊断、工程技术以及科学研究等各方面具有十分广泛的应用。

(1) 雷达测速

检测机动车速度的雷达测速仪其工作原理就是基于多普勒效应。雷达测速仪向行进中的目标车辆发射频率已知的电磁波，同时测量反射波的频率，雷达测速仪根据反射波的频率变化计算出车辆的行驶速度。多普勒效应测速系统可广泛应用于导弹、卫星等运动目标速度的测量与监测。

(2) 医疗诊断

利用声波的多普勒效应，可以测量心脏血流速度。超声波发生器产生的超声波辐射到体内，被流动的血液反射，回波产生多普勒频移，根据频移量可得出血液流速信息，进一步给血流加上彩色，显示在屏幕上，即可实时观察心脏血流状态，这就是所谓“彩超”。近年来迅速发展的超声脉冲 Doppler 检查仪，当声源或反射界面移动时，比如当红细胞流经心脏大血管时，从其表面散射的声音频率发生改变，由这种频率偏移可以知道血流的方向和速度。

(3) 科学研究

光波与声波的不同之处在于，光波频率的变化使人感觉到是颜色的变化。如果恒星远离我们而去，则光的谱线就向红光方向移动，称为红移；如果恒星朝向我们运动，光的谱线就向紫光方向移动，称为蓝移。通过测量遥远星系发出的光波是被压缩还是拉伸，就能确定它们是在移向我们还是远离我们。

20 世纪 20 年代，美国天文学家维斯托・斯莱弗(Vesto Slipher)，在研究远处的旋涡星云发出的光谱时，首先发现了光谱的红移，认识到了旋涡星云正快速远离地球而去。美国天文学家埃德温・哈勃(Edwin Hubble)根据光普红移总结出著名的哈勃定律，星系的红移量与距离成正比。以后哈勃定律被更多的观测资料所证实，这意味着越远的星系退行速度越大，整个宇宙一直在膨胀。20 世纪 40 年代末，物理学家伽莫夫(G. Gamow)等人提出大爆炸宇宙模型。20 世纪 60 年代以来，大爆炸宇宙模型逐渐被广泛接受，以致被天文学家称为宇宙的“标准模型”。正是因为多普勒效应，使人们对距地球遥远的天体运动研究成为可能。

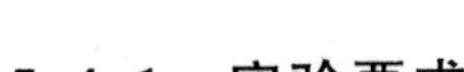

5.4.1 实验要求

1. 实验重点

① 通过该实验进一步了解多普勒效应原理及其应用;

② 熟悉 BHWL-Ⅱ多普勒超声测速仪的使用;

③ 熟练掌握数字示波器的使用。

2. 预习要点

① 预习多普勒效应原理与多普勒频移的相关知识;

② 推导本实验中需要用到的相关公式;

③ 掌握多普勒超声测速仪的原理与操作方法。

5.4.2 实验原理

1. 多普勒效应测速原理

根据声波的多普勒效应公式,当声源与接收器之间有相对运动时,接收器接收到的频率 f 为

$$f=\frac{u+v_1\cos\alpha_1}{u-v_2\cos\alpha_2}f_0 \tag{5.4.1}$$

式中,f_0 为声源发射频率,u 为声速,v_1 为接收器运动速率,α_1 为声源和接收器连线与接收器运动方向之间的夹角,v_2 为声源运动速率,α_2 为声源和接收器连线与声源运动方向之间的夹角。为简单起见,设波源或观察者的运动都沿两者的连线,此时式(5.4.1)简化为

$$f=\frac{u+v_1}{u-v_2}f_0 \tag{5.4.2}$$

式中,v_1、v_2 的符号规则为:声源和观察者相向运动时为正,背离运动时为负。

本实验装置如图 5.4.1 所示,电机与超声头固定于导轨上面,小车可以由电机牵引沿导轨左右运动,超声发射头与接收头固定于导轨右端,超声波通过小车上的铝板反射回来被接收器接收,小车运动速度为 v(向右为正),因此声源速度也为 v。

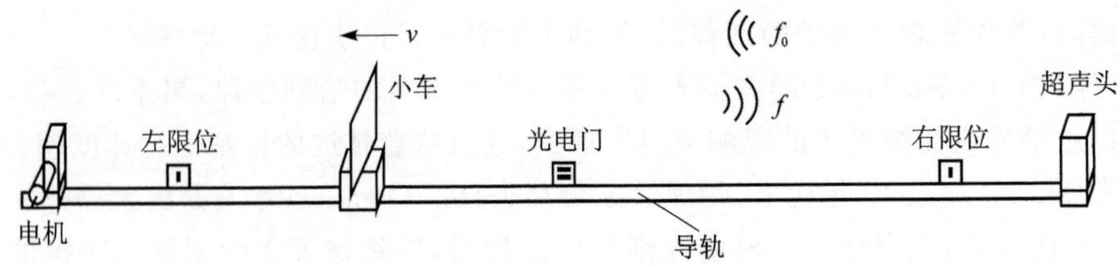

图 5.4.1 实验装置图

依据多普勒频移公式(5.4.2),不难推导出回波频率、多普勒频移和小车运动的速度分别为

$$f=\frac{u+v}{u-v}f_0,\qquad \Delta f=\frac{f+f_0}{u}v,\qquad v=\frac{f-f_0}{f+f_0}u$$

由于电路中不能表征负频移(即不论靠近还是远离超声头,Δf 恒为正),所以在该系统中采用了标量表示(Δf 不区分正负,v 以靠近或远离超声头进行标识)。

小车靠近超声头时速度公式:

$$v=\frac{\Delta f}{2f_0+\Delta f}u \tag{5.4.3}$$

小车远离超声头时速度公式:

$$v=\frac{\Delta f}{2f_0-\Delta f}u \tag{5.4.4}$$

上面两个公式是进行测量的依据。在实验中,可从示波器上相应的波形读出 f_0 与 Δf,并由这两个公式计算得到小车的运行速度,再与仪器自动测量值进行比较。

2. 光电门测速原理

作为多普勒效应测速的参考,在本实验中还采用了光电门测速方式以利于比较。光电门测速是一种比较通用的测速方法,图 5.4.2 是光电门的典型应用电路。发光二极管经过 R_1 与 V_{CC} 相连,导通并发出红外光。光电三极管在光照条件下可以导通。如果在发光二极管与光电三极管之间没有障碍物,则发光二极管所发出的光能够使光电三极管导通,output 输出端被拉至 0 电平,输出为低;如果中间有障碍物,则光电三极管截止,output 端被拉至 1 电平,输出为高。因此可以通过电平的高低变化,来判断是否被挡光。在本仪器中挡光片如图 5.4.3 所示。

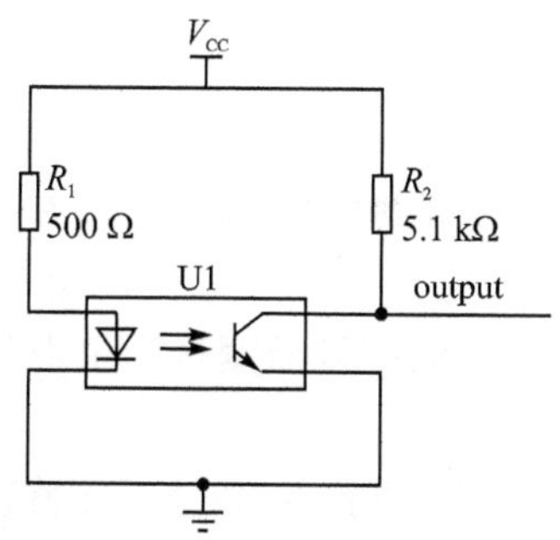

图 5.4.2　光电门的典型应用电路

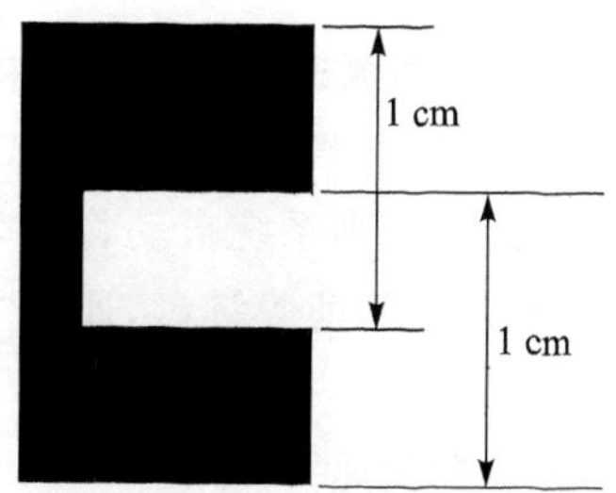

图 5.4.3　挡光片外形

本实验中将挡光片安置在小车上,当作为运动物体的小车通过光电门时,将产生二次挡光。根据光电门输出端产生的两个脉冲上升沿之间的时差和挡光片的相应长度(1 cm),可以计算出小车的运动速度。

5.4.3 仪器介绍

实验系统原理框图如图 5.4.4 所示。单片机(MCU)通过计时器(T/C)产生 40 kHz 方波,该方波通过低通滤波器后获得 40 kHz 正弦信号并耦合至发送换能器;发送换能器发出的超声波经小车反射后由接收换能器接收,此接收信号频率与发送换能器发出的超声波频率符合多普勒频移关系。将发射波信号与接收波信号经模拟乘法器相乘,其输出产生差频和倍频相关频谱,经过低通滤波器滤除高频信号以后,取出所期望得到的差频信号。该差频信号经过整形送至 MCU 处理,MCU 根据多普勒频率公式计算出运动物体的运动速度。

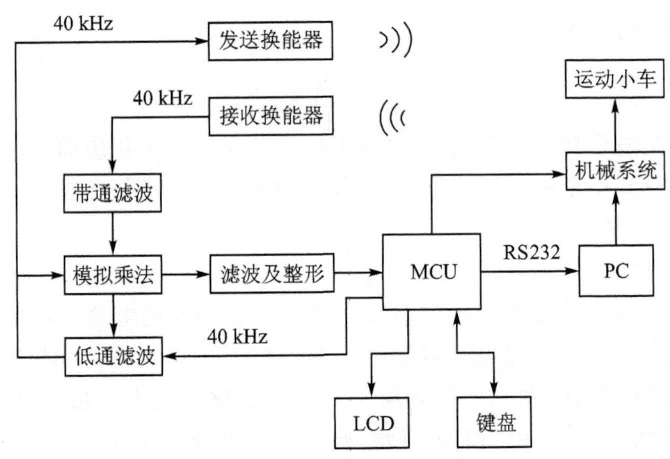

图 5.4.4 电路原理框图

5.4.4 实验内容

1. 利用多普勒测速仪测量运动物体通过光电门处的速度

打开多普勒超声测速仪以及示波器的电源,此时系统启动并初始化,如小车不在指定位置(导轨左侧限位处),则系统自动将小车复位。

操作测速仪表面薄膜键盘,通过“上翻”、“下翻”或数字键选择“开始测量”,单击“确定”按钮进入测试页面。

选择“多普勒测速”并单击“确认”按钮进入,选择“参数查看/设置”可以查看或修改测速仪相关参数(电机运行转速等)。在设置电机速度时,电机速度需设置在 20 %~70 %之间,如果超出该范围,则容易导致电机无法启动或发生异常。设置好相关参数后,返回至“多普勒测速”页面选择“启动测量”。此时,电机运转,小车运行到光电门处开始测速。测速过程中键盘被屏蔽,当测速完成时测速数据在液晶面板上显示,其中:“测得速度”指多普勒方式测得的小车运动速度;“标准速度”指采用光电门方式测得的速度,在本实验中作为参照;“误差”指多普勒方

式与光电方式测速之间的相对误差。

2. 加入温度校正后运动物体速度的测量

在测试页面中，选择“测量环境温度”，按“确定”按钮进入，系统根据温度传感器传回的温度数据自动计算并显示理论声速（理论声速 $u=331.45\sqrt{1+\frac{t}{273.15\ ℃}}$ m/s，其中 t 为温度，单位：℃），系统会自动提示是否需要校正声速，按“确定”按钮校正，然后返回，重复按照实验内容 1 操作，此时得到的是经过温度校正后实际声速的数据，有着更好的精度。

3. 手动测量运动物体通过光电门处的速度

该实验内容主要是在温度校正后的情况下，利用示波器上显示的相关波形，通过手动测量并计算得到小车运动速度。

分别连接多普勒超声测速仪上的“发射”、“接收”端子至示波器第一、二通道，按一下示波器上“自动设置”，此时可由示波器观察到发射信号和接收信号的波形，其频率可由数字示波器读出，学生需要记录超声发射波的准确频率，以备计算使用。

分别连接多普勒超声测速仪上的“参考”、“频移”端子至示波器第一、二通道，按一下示波器上“自动设置”，然后手动调整示波器电压量程分度至“20 V/div”，时间分度调整至“50 ms”，触发方式设为“正常”，触发电平可以调整得稍高些，从而抑制部分噪声。

在“多普勒测速”页面中设置电机速度并启动测量（可参考实验内容 1 进行操作），当小车通过光电门时，数字示波器自动采集由电路中传送过来的光电门挡光信号和包含差频信息的方波信号，并在示波器上显示相应波形，移动示波器光标可以测得光电门挡光时间和方波频率（该方波频率其数值等于发射波信号与接收波信号的频率之差），从而手动计算得出多普勒方式与光电方式测得的物体运动速度，再与测速仪自动测出的速度进行分析比较。

注意：靠近与远离超声头的公式是不一样的，详见式（5.4.3）和式（5.4.4），超声波传播速度为经过温度校正后的声速（可以在“参数查看/设置” 中找到该项），光电门长度为 1 cm。

4. 环境声速的测量

在测试页面中，选择“测量环境声速”，按“确定”按钮进入，系统自动将小车复位至左端限位处，通过发射并接收回波的方式测得时间差，系统根据该时间差和超声波从发射到反射接收的路径长度（1.58 m）自动计算得出实际声速，可以按“确定”按钮校正声速，按“返回”按钮开始操作。

5. 速度曲线绘制

返回至测试页面，选择“绘制速度曲线”，按“确定”按钮进入绘图，可以选择匀速运动或者匀加速运动进行绘制曲线（在该部分，初速度设置要求在 20 %～70 %之间，加速度最好不要超过±10 %，因为如果超出该范围，容易导致电机无法启动或发生意外）。该部分要求学生通过测速仪液晶显示界面观察小车的匀速/加速运动过程，不需要记录处理数据。

5.4.5 数据处理

按照各实验内容自行设计相应数据表格,通过多次测量,记录、处理实验数据,并对结果进行简要误差分析。

5.4.6 思考题

① 该实验中发射与接收换能器位于导轨一端,小车运动反射的回波与发出的 40 kHz 信号产生差频(即频移),在实验原理部分已给出相应 Δf、v 公式,请推导发送换能器在导轨上固定,接收换能器在小车上运动的 Δf、v 的表达式。

② 分析该实验中误差的主要来源。

③ 简要说明对多普勒超声测速仪和该实验的意见与建议。

5.4.7 参考文献

[1] 沈熊.激光多普勒测速技术及应用.北京:清华大学出版社,2004.

[2] 吴百诗主编.大学物理学.北京:高等教育出版社,2004.

[3] 陈熙谋.光学·近代物理.北京:北京大学出版社,2002.

5.5 光电效应法测定普朗克常数

光电效应是指一定频率的光照射在金属表面时会有电子从金属表面逸出的现象。1887 年物理学家赫兹用实验验证电磁波的存在时发现了这一现象,但是这一实验现象无法用当时人们所熟知的电磁波理论加以解释。

1905 年,爱因斯坦大胆地把普朗克在进行黑体辐射研究过程中提出的辐射能量不连续的观点应用于光辐射,提出"光量子"概念,从而成功地解释了光电效应现象。1916 年密立根通过光电效应对普朗克常数的精确测量,证实了爱因斯坦方程的正确性,并精确地测出了普朗克常数。爱因斯坦与密立根都因光电效应等方面的杰出贡献,分别于 1921 年和 1923 年获得了诺贝尔奖。

光电效应实验对于认识光的本质及早期量子理论的发展,具有里程碑式的意义。随着科学技术的发展,光电效应已广泛用于工农业生产、国防和许多科技领域。利用光电效应制成的光电器件,如光电管、光电池、光电倍增管等,已成为生产和科研中不可缺少的器件。

5.5.1 实验要求

1. 实验重点

① 定性分析光电效应规律,通过光电效应实验进一步理解光的量子性;

② 学习验证爱因斯坦光电方程的实验方法，并测定普朗克常数 h；

③ 利用线性回归和作图法处理实验数据。

2. 预习要点

① 经典的光波动理论在哪些方面不能解释光电效应的实验结果？

② 光电效应有哪些规律，爱因斯坦方程的物理意义是什么？

③ 光电流与光通量有直线关系的前提是什么？掌握光电特性有什么意义？

④ 光电管的阴极上均匀涂有逸出功小的光敏材料，而阳极选用逸出功大的金属制造，为什么？

5.5.2　实验原理

光电效应的实验原理如图 5.5.1 所示。入射光照射到光电管阴极 K 上，产生的光电子在电场的作用下向阳极 A 迁移构成光电流；改变外加电压 U_{AK}，测量出光电流 I 的大小，即可得到光电管的伏安特性曲线。

光电效应的基本实验事实如下：

① 对应于某一频率，光电效应的 $I-U_{AK}$ 关系如图 5.5.2 所示。从图中可见，对一定的频率，有一电压 U_0，当 $U_{AK} \leqslant U_0$ 时，电流为零。这个 U_0 被称为截止电压，它相对于阴极是负电压。

② 当 $U_{AK} \geqslant U_0$ 后，I 迅速增加，然后趋于饱和，饱和光电流 I_M 的大小与入射光的强度 P 成正比。

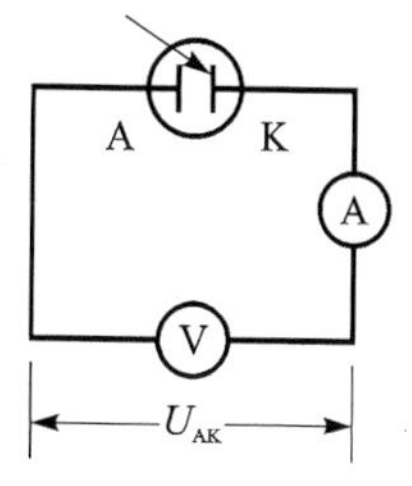

图 5.5.1　实验原理图

③ 对于不同频率的光，其截止电压的值不同，如图 5.5.3 所示。

④ 截止电压 U_0 与频率 ν 的关系如图 5.5.4 所示，U_0 与 ν 成正比。当入射光频率低于某极限值 ν_0（ν_0 随不同金属而异）时，不论光的强度如何，照射时间多长，都没有光电流产生，该 ν_0 通常被称为频率红限。

⑤ 光电效应是瞬时效应。即使入射光的强度非常微弱，只要频率大于 ν_0，在开始照射后立即有光电子产生，所经过的时间至多为 10^{-9} s 的数量级。

按照爱因斯坦的光量子理论，光能并不像电磁波理论所想象的那样，分布在波阵面上，而是集中在被称之为光子的微粒上，但这种微粒仍然保持着频率（或波长）的概念，频率为 ν 的光子具有的能量 $E=h\nu$，h 为普朗克常数。当光子照射到金属表面上时，一次被金属中的电子全部吸收，而无需积累能量的时间。电子把这能量的一部分用来克服金属表面对它的吸引力，余下的就变为电子离开金属表面后的动能，按照能量守恒原理，爱因斯坦提出了著名的光电效应方程：

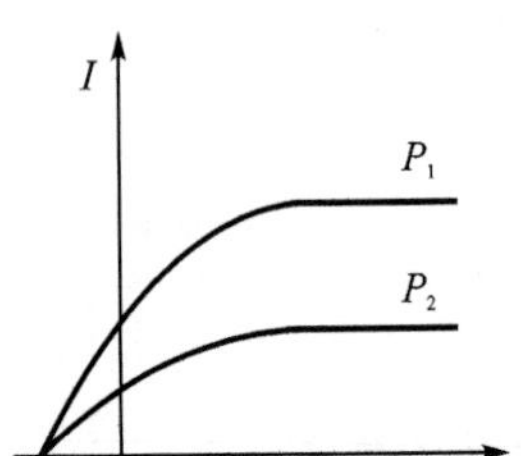

图 5.5.2　同一频率、不同光强时光电管的伏安特性曲线

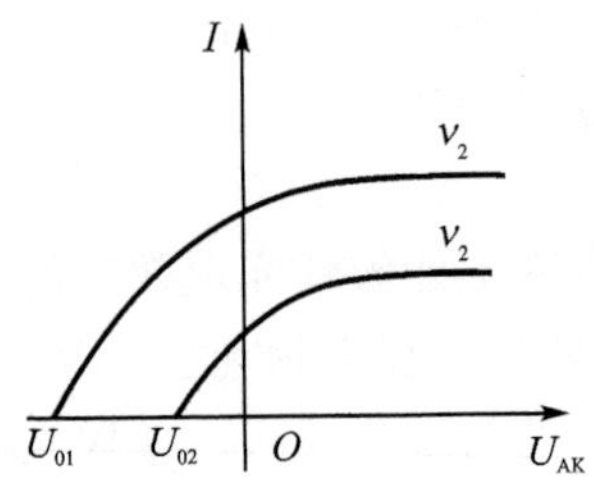

图 5.5.3　不同频率时光电管的伏安特性曲线

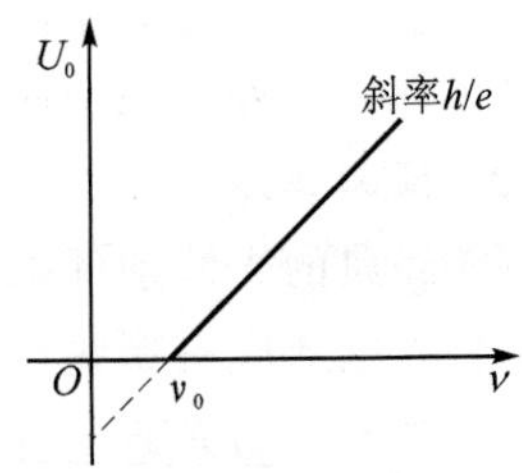

图 5.5.4　截止电压 U_0 与入射光频率 ν 的关系图

$$h\nu = \frac{1}{2}mv_0^2 + A \tag{5.5.1}$$

式中,A 为金属的逸出功,$\frac{1}{2}mv_0^2$为光电子获得的初始动能。

由该式可见,入射到金属表面的光频率越高,逸出的电子动能越大,所以即使阳极电位比阴极电位低,也会有电子落入阳极形成光电流,直至阳极电位低于截止电压,光电流才为零,此时有关系:

$$eU_0 = \frac{1}{2}mv_0^2 \tag{5.5.2}$$

阳极电位高于截止电压后,随着阳极电位的升高,阳极对阴极发射的电子的收集作用越强,光电流随之上升;当阳极电压高到一定程度,已把阴极发射的光电子几乎全收集到阳极,再增加 U_{AK}时,I 不再变化,光电流出现饱和,饱和光电流 I_M 的大小与入射光的强度 P 成正比。

光子的能量 $h\nu_0 < A$ 时,电子不能脱离金属,因而没有光电流产生。产生光电效应的最低频率(截止频率)是 $\nu_0 = A/h$。

将式(5.5.1)代入式(5.5.2)可得

$$eU_0 = h\nu - A \tag{5.5.3}$$

此式表明截止电压 U_0 是频率 ν 的线性函数,直线斜率 $k = h/e$,只要用实验方法得出不同的频率对应的截止电压,求出直线斜率,就可算出普朗克常数 h。

5.5.3　仪器介绍

光电效应实验仪 ZKY－GD－4 由光电检测装置和实验仪主机两部分组成(见图 5.5.5)。光电检测装置包括:光电管暗盒、高压汞灯灯箱、高压汞灯电源和实验基准平台。实验主机为 GD－4 型光电效应(普朗克常数)实验仪,该实验仪有手动和自动两种工作模式,具有数据自动采集、存储、实时显示采集数据、动态显示采集曲线(连接普通示波器,可同时显示 5 个存储区中存储的曲线)及采集完成后查询数据的功能。

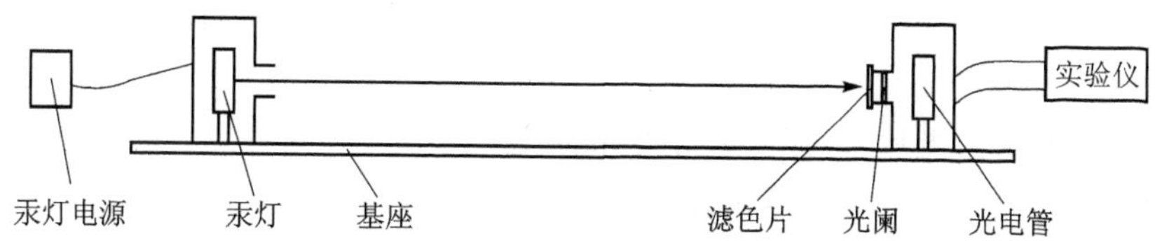

图 5.5.5　仪器结构图

5.5.4　实验内容

1. 测试前准备

将实验仪及汞灯电源接通(汞灯及光电管暗盒遮光盖盖上),预热 20 min。调整光电管与汞灯距离为约 40 cm 并保持不变。用专用连接线将光电管暗箱电压输入端与实验仪电压输出端(后面板上)连接起来(红—红,蓝—蓝)。**务必反复检查,切勿连错!(本实验已连接好,请不要更改。)**

将"电流量程"选择开关置于所选挡位,进行测试前调零。调零时应将光电管暗盒电流输出端 K 与实验仪微电流输入端(后面板上)断开,且必须断开连接实验仪的一端。旋转"调零"旋钮使电流指示为 000.0。调节好后,用高频匹配电缆将电流输入端连接起来,按"调零确认/系统清零"键,系统进入测试状态。

若要动态显示采集曲线,需将实验仪的"信号输出"端口接至示波器的"Y"输入端,"同步输出"端口接至示波器的"外触发"输入端。示波器"触发源"开关拨至"外","Y 衰减"旋钮拨至约"1 V/div","扫描时间"旋钮拨至约"20 μs/div"。此时示波器将以轮流扫描的方式显示 5 个存储区中存储的曲线,横轴代表电压 U_{AK},纵轴代表电流 I。

注意:实验过程中,仪器暂不使用时,均须将汞灯和光电暗箱用遮光盖盖上,使光电暗箱处于完全闭光状态。切忌汞灯直接照射光电管。

2. 测普朗克常数 h

测量截止电压时,"伏安特性测试/截止电压测试"状态键应为截止电压测试状态,"电流量程"开关应处于 10^{-13} A 挡。

(1) 手动测量

使"手动/自动"模式键处于手动模式。将直径 4 mm 的光阑及 365.0 nm 的滤色片装在光电管暗盒光输入口上,打开汞灯遮光盖。此时电压表显示 U_{AK} 的值,单位为 V;电流表显示与 U_{AK} 对应的电流值 I,单位为所选择的"电流量程"。用电压调节键"→"、"←"、"↑"、"↓",可调节 U_{AK} 的值,"→"、"←"键用于选择调节位,"↑"、"↓"键用于调节值的大小。

从低到高调节电压(绝对值减小),观察电流值的变化,寻找电流为零时对应的 U_{AK},以其绝对值作为该波长对应的 U_0 的值。为尽快找到 U_0 的值,调节时应从高位到低位,先确定高位的值,再顺次往低位调节。

依次换上 404.7 nm、435.8 nm、546.1 nm、577.0 nm 的滤色片,重复以上测量步骤。

注意:

① 先安装光阑及滤光片,再打开汞灯遮光盖;

② 更换滤光片时须盖上汞灯遮光盖。

(2) 自动测量

按"手动/自动"模式键切换到自动模式。此时电流表左边的指示灯闪烁,表示系统处于自动测量扫描范围设置状态,用电压调节键可设置扫描起始和终止电压。(**注:显示区左边设置起始电压,右边设置终止电压。**)

对各条谱线,建议扫描范围大致如表 5.5.1 所列。

表 5.5.1 扫描范围

波长/nm	365	405	436	546	577
电压范围/V	−1.90～−1.50	−1.60～−1.20	−1.35～−0.95	−0.80～−0.40	−0.65～−0.25

实验仪设有 5 个数据存储区,每个存储区可存储 500 组数据,由指示灯表示其状态。灯亮表示该存储区已存有数据,灯不亮为空存储区,灯闪烁表示系统预选的或正在存储数据的存储区。

设置好扫描起始和终止电压后,按动相应的存储区按键,仪器将先清除存储区原有数据,等待约 30 s,然后实验仪按 4 mV 的步长自动扫描,并显示、存储相应的电压、电流值。扫描完成后,仪器自动进入数据查询状态,此时查询指示灯亮,显示区显示扫描起始电压和相应的电流值。用电压调节键改变电压值,就可查阅到在测试过程中,扫描电压为当前显示值时相应的电流值。读取电流为零时对应的 U_{AK},以其绝对值作为该波长对应的 U_0 的值。

按"查询"键,查询指示灯灭,系统回复到扫描范围设置状态,可进行下一次测量。将仪器与示波器连接,可观察到 U_{AK} 为负值时各谱线在选定的扫描范围内的伏安特性曲线。

注意:在自动测量过程中或测量完成后,按"手动/自动"模式键,系统回复到手动测量模式,模式转换前存入存储区内的数据将被清除。

3. 测量光电管的伏安特性曲线

将"伏安特性测试/截止电压测试"状态键切换至伏安特性测试状态。"电流量程"开关应拨至 10^{-10} A 挡,并重新调零。将直径 4 mm 的光阑及所选谱线的滤色片装在光电管暗盒光输入口上。测伏安特性曲线可选用"手动/自动"两种模式之一,测量的最大范围为 −1～+50 V。手动测量时每隔 5 V 记录一组数据,自动测量时步长为 1 V。

将仪器与示波器连接,此时

① 可同时观察 5 条谱线在同一光阑、同一距离下伏安饱和特性曲线。

② 可同时观察某条谱线在不同距离(即不同光强)、同一光阑下的伏安饱和特性曲线。

③ 可同时观察某条谱线在不同光阑(即不同光通量)、同一距离下的伏安饱和特性曲线。

由此可验证光电管饱和光电流与入射光成正比。

在 U_{AK} 为 50 V 时，将仪器设置为手动模式，测量并记录对同一谱线、同一入射距离，光阑分别为 2 mm、4 mm、8 mm 时对应的电流值，验证光电管的饱和光电流与入射光强成正比。

接着，测量并记录对同一谱线、同一光阑时，光电管与入射光在不同距离时的电流值，同样验证光电管的饱和光电流与入射光强成正比。

5.5.5　数据处理

① 将不同频率下的截止电压 U_0 描绘在坐标纸上，即作出 $U_0-\nu$ 曲线，从而验证爱因斯坦方程。

② 用图示法求出 $U_0-\nu$ 直线的斜率 k，利用 $h=ek$ 求出普朗克常数，并算出所测值与公认值之间的相对误差。($e=1.602\times10^{-19}$ C。)

③ 利用线性回归法计算普朗克常数 h，将结果与图示法求出的结果进行比较。

④ 利用 $I-U_{AK}$ 数据，绘出对应于不同频率及光强的伏安特性曲线。

5.5.6　思考题

① 定性解释 $I-U_{AK}$ 特性曲线和 $U_0-\nu$ 特性曲线的意义。

② 光电流是否随光源的强度变化而变化？截止电压是否因光强不同而变化？

③ 测量普朗克常量实验中有哪些误差来源？如何减小这些误差？

5.5.7　参考文献

[1] 吴百诗主编. 大学物理学. 北京：高等教育出版社，2004.

[2] 陈熙谋. 光学・近代物理. 北京：北京大学出版社，2002.

5.6　光纤陀螺寻北实验

力学定律告诉我们，关在一个“黑箱”内的观察者，在匀速直线运动中无法知道自己的运动。但如果这个“黑箱”具有加速度，那么检测其线性加速度或旋转则是可能的，这就是惯性制导和导航的基本原理。知道了运动体的初始方向和位置，对测量的加速度和旋转速率进行(数学)积分就得到运动体的姿态和轨迹。这种惯性技术完全是自主式的，无需外部基准，不受任何盲区效应或干扰的影响。20 世纪 50 年代以来，这种自主式惯性技术已经成为民用或军用航空、航海和航天系统中的一项关键技术。

惯性技术的发展与陀螺仪的发展密切相关。陀螺仪作为一种对惯性空间角运动的惯性敏感器，可用于测量运载体姿态角和角速度，是构成惯性系统的基础核心器件。1913 年，萨格奈克(Sagnac)论证了运用无运动部件的光学系统同样能够检测相对惯性空间的旋转。他采用一个环形干涉仪,并证实在两个反向传播的光路中,旋转产生一个相位差。当然,由于灵敏度非常有限,最初的装置全然不是一个实用的旋转速率传感器。1962 年,Rosenthal 提出采用一个环形激光腔增强灵敏度,其中反向传播的两束光波沿着封闭的谐振腔传播多次,以增强萨格奈克效应,此即谐振式光纤陀螺 R-FOG 的理论基础。20 世纪 70 年代对电信应用的低损耗光纤、固态半导体光源和探测器的研发取得了重大进展,从而用多匝光纤线圈代替环形激光器、通过多次循环来增加萨格奈克效应已成为可能,在此背景下出现了干涉式光纤陀螺。光纤陀螺仪自问世以来,已经发展为惯性技术领域具有划时代特征的新型主流仪表,具有高可靠性、长寿命、快速启动、大动态范围等一系列优点。它适合于结构设计要求小型化的中等精度应用领域,如飞机的姿态/航向基准系统、导弹的战术制导;也可应用于钻井测量、机器人和汽车的制导系统。

5.6.1 实验要求

1. 实验重点

① 了解光纤陀螺的主要物理原理——萨格奈克效应;

② 理解光纤陀螺寻北的原理和消除误差的基本方法;

③ 了解调制解调以及闭环工作的基本原理;

④ 学习使用数字示波器,通过实际操作寻找地理北极并获得实验室所在纬度和地球自转的角速度。

2. 预习要点

(1) 光纤陀螺工作原理

① 什么是萨格奈克效应? 在干涉式光纤陀螺中旋转角速度与萨格奈克相位差的关系是怎样的?

② 调制方波与数字阶梯波的作用是什么?

③ 调制方波的振幅与半周期各是多少?

④ 数字阶梯波每个“台阶”的宽度和高度各是多少?

⑤ 陀螺输出零偏的正负与阶梯波有怎样的关系?

⑥ 度越时间是怎样得到的?

(2) 寻北原理

① 地理北极、地轴北极的关系是怎样的?

② 角速度是矢量还是标量? 陀螺寻北仪的基本原理是什么?

(3) 实验装置和操作

① 在开机和关机时,陀螺开关与电源开关的操作顺序是怎样的? 为什么要这样操作?

② 陀螺正常工作时,+5 V 与-5 V 所对应的电流分别应是多少?

③ 在旋转转台的过程中,为什么要尽量保证向着一个方向旋转?

5.6.2　实验原理

1. 光纤陀螺的工作原理

(1) 萨格奈克效应

光纤陀螺基于萨格奈克效应，即当环形干涉仪旋转时，产生一个正比于旋转速率 Ω 的相位差 $\Delta\phi_R$。萨格奈克的最初装置是由一个准直光源和一个分束器组成的，将输入光分成两束波，在一个由反射镜确定的闭合光路内沿相反方向传播(见图 5.6.1)。

使一个反射镜产生轻微的不对准，获得一个直观的干涉条纹图样；当整个系统旋转时，可观察到条纹图样的横向移动。条纹的移动对应着两束反相传播光波之间产生的附加相位差 $\Delta\phi_R$，与闭合光路围成的面积 S 有关。

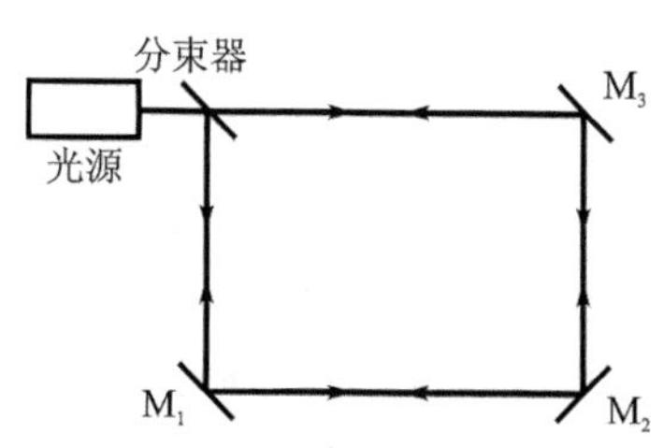

图 5.6.1　萨格奈克干涉仪

这可以通过考虑一个规则的多边形光路 $M_0M_1\cdots M_{n-1}M_0$ (见图 5.6.2(a))来解释。静止时，两个反向的光路是相等的；但当围绕中心旋转时，与旋转同向的光路增加为 $M_0M'_1\cdots M'_{n-1}M'_0$ (见图 5.6.2(b))，与旋转反向的光路减少为 $M_0M'_{n-1}\cdots M'_1M'_0$ (见图 5.6.2(c))。以旋转同向的多边形光路为例进行分析，如图 5.6.3 所示，对惯性静止参照系中的观察者而言，其第一个边的光程变为 $M_0M'_1$，于是得两光路的光程差为

$$\Delta L_M = M_1M'_1\cos\theta = R\Delta\theta\cdot\cos\theta \tag{5.6.1}$$

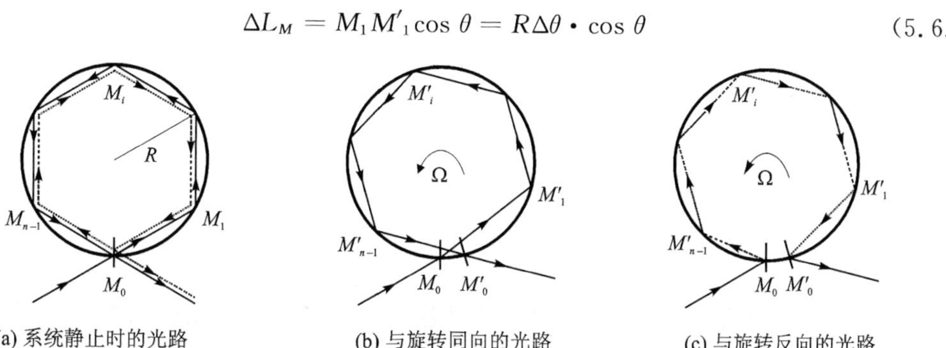

图 5.6.2　由规则多边形光路构成的环形干涉仪中的光路变化

在光从 M_0 传播到 M'_1 的过程中，由于系统旋转，M_1 也转至 M'_1，故此间系统旋转的角度即为 $\Delta\theta$，于是

$$\Delta\theta = \frac{M_0M'_1}{c}\Omega$$

对上式取一级近似得

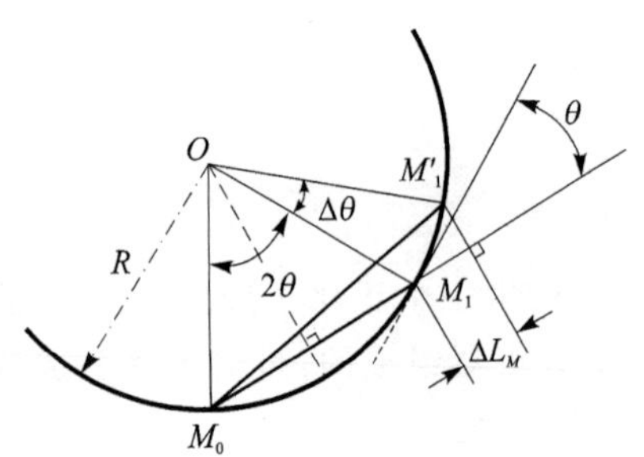

图 5.6.3　沿多边形光路的一个边上的 Sagnac 效应的几何分析

$$\Delta\theta \approx \frac{M_0M_1}{c}\Omega = \frac{2R\sin\theta}{c}\Omega \qquad (5.6.2)$$

将式(5.6.2)代入式(5.6.1),并利用三角形 M_0OM_1 的面积 $A_t = (R\cdot\sin\theta)(R\cdot\cos\theta)$,于是得

$$\Delta L_M = \frac{2A_t\Omega}{c} \qquad (5.6.3)$$

这一现象是在静止系中观察到的,其中光总是以速度 c 传播,因而光路的增加 ΔL_M 对应着传播时间的增加:

$$\Delta t^+ = \frac{\Delta L_M}{c} = \frac{2A_t\Omega}{c^2} \qquad (5.6.4)$$

对应多边形的每个边,都存在一个同样的光路增加;此外,在与旋转方向相反的方向,得到一个相反的变化 $\Delta t^- = -\Delta t^+$。两个反向闭合光路在真空中的传播时间差 Δt_v 为

$$\Delta t_v = \frac{4\sum A_t\Omega}{c^2} = \frac{4A\Omega}{c^2} \qquad (5.6.5)$$

式中,$\sum A_t$ 为三角形的面积之和(即整个闭合面积 A)。在用干涉仪测量时,这个时间差产生一个相位差:

$$\Delta\phi_R = \omega\cdot\Delta t_v = \frac{4\omega A}{c^2}\Omega \qquad (5.6.6)$$

式中,ω 为光波的角频率。这个结果很普遍,可以推广到任意的旋转轴和任意闭合光路。即使它们不在同一平面上,也可以采用标量积的形式:

$$\Delta\phi_R = \frac{4\omega}{c^2}\boldsymbol{A}\cdot\boldsymbol{\Omega} \qquad (5.6.7)$$

式中,$\boldsymbol{\Omega}$ 为旋转的速率矢量,$\boldsymbol{A}$ 为由下列线积分定义的闭合光路的等效面积矢量,即

$$\boldsymbol{A} = \frac{1}{2}\oint \boldsymbol{r}\times \boldsymbol{d} \qquad (5.6.8)$$

式中,$\boldsymbol{r}$ 是径向坐标矢量。在这里,萨格奈克效应是以旋转矢量在闭合面积上的通量形式出现的。

为了更好地理解萨格奈克效应,可以考虑一个简单的“理想”圆形光路的情形(见图 5.6.4),它是无穷多边形的极限情况。进入该系统的光被分成两束反向传播光波,在同一光路中沿相反方向传播返回。当干涉仪旋转时,一个在惯性参考系中静止的观察者,看到光从一点进入干涉仪,并以相同的光速沿两个相反的方向传播;但是,经过了光纤环的传输时间后,分束器的位置发生了移动,观察者看到,与旋转同向的光波比反向的光波所经历的路程要长。这个路程差可以通过干涉法测量。

(2) 干涉式光纤陀螺(I-FOG)的原理

本实验采用的是干涉式光纤陀螺,它是利用无源光纤环代替萨格奈克干涉仪中的光路部分,使光在光纤中传播,如图 5.6.5 所示。光源发出的光通过分束器进入光纤,在光纤中产生两束反向的光束。此时萨格奈克效应相位差为

$$\Delta\phi_R = \frac{2\pi LD}{\lambda c} \cdot \Omega \tag{5.6.9}$$

式中,λ 为真空中的波长,D 为线圈的直径,$L=N\pi D$ 为光纤的长度,N 为匝数。恒定的速率产生一个常值的相位差,通过对相位差的测量,由式(5.6.9)即可求出旋转速率 Ω。在陀螺静止时,光探测器输出零偏为地球自转角速度与电路共同引起的偏移,其响应为正弦(或余弦)型光功率:

$$P = P_0[1+\cos(\Delta\phi_R)] \tag{5.6.10}$$

显然,光功率响应是相位差 $\Delta\phi_R$ 的函数。

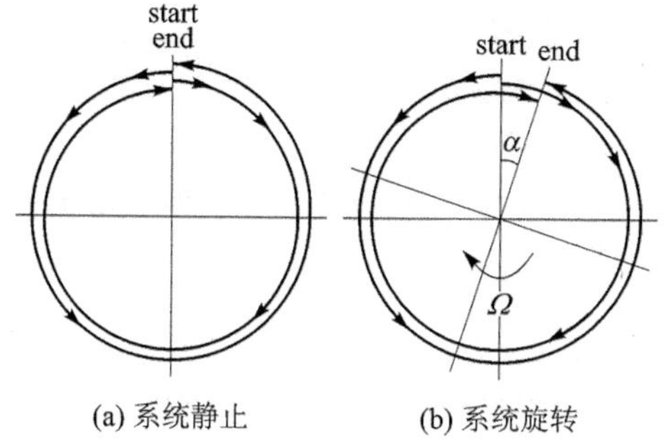

图 5.6.4　光波在圆形光路中传播

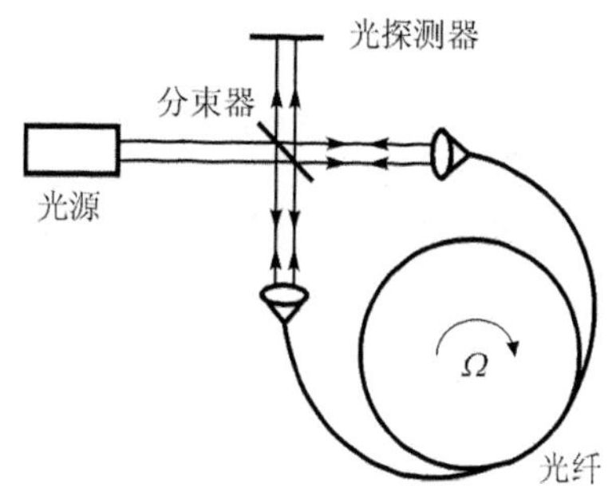

图 5.6.5　干涉式陀螺仪的光路部分

(3) 互易性的偏置调制

由于两束反向传播光波的相位和振幅在静止时完全相等,故互易性结构为萨格奈克效应的干涉信号提供了理想的对比度。由式(5.6.10)可见,当 $\Delta\phi_R=0$ 时光功率响应取最大值,但此处曲线斜率为 0,响应灵敏度最低。为了获得高的灵敏度,应给该信号施加一个偏置,使之工作在一个响应斜率不为零的点附近:

$$P(\Delta\phi_R) = P_0[1+\cos(\Delta\phi_R+\Delta\phi_m)] \tag{5.6.11}$$

式中,$\Delta\phi_m$ 为相位偏置。

在光纤线圈的一端放置一个互易性相位调制器作为时延线(见图 5.6.6),由于互易性,两束干涉波受到完全相同的相位调制 $\phi_m(t)$,但不同时,其时延等于度越时间,即调制器和分束器之间长、短光路的群传输时间之差 $\Delta\tau_g$(可近似认为是光波在光纤环内的传播时间)。

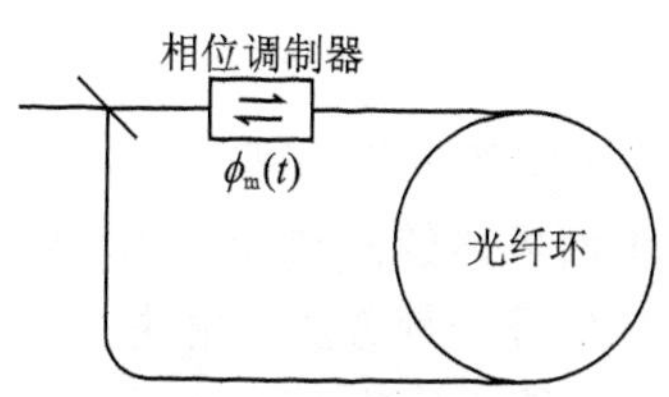

图 5.6.6　利用光纤环时延产生相位偏置

这提供了一个相位差的偏置调制：

$$\Delta\phi_m(t) = \phi_m(t) - \phi_m(t - \Delta\tau_g) \tag{5.6.12}$$

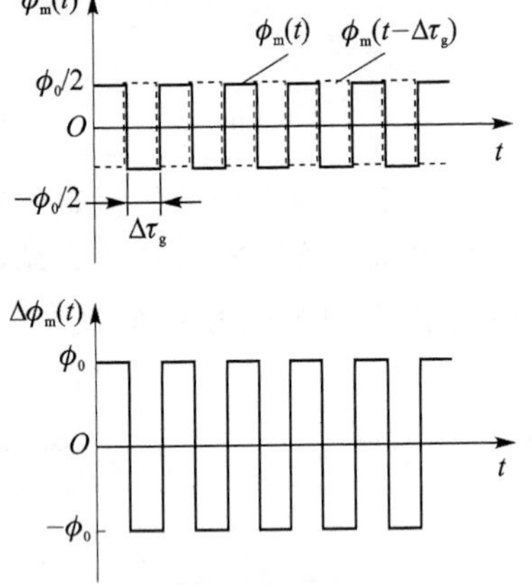

图 5.6.7 调制方波的获得

这种方法可以用一个方波调制 $\phi_m = \pm(\phi_b/2)$ 来实现，其中方波的半周期等于 $\Delta\tau_g$，从而产生一个 $\Delta\phi_m = \pm\phi_b$ 的偏置调制，如图 5.6.7 所示。

静止时，方波的两种调制态给出相同的信号(见图 5.6.8)。此时

$$P(0, -\phi_b) = P(0, \phi_b) = P_0(1 + \cos\phi_b) \tag{5.6.13}$$

当旋转时，则有

$$P(\Delta\phi_R, \phi_b) = P_0[1 + \cos(\Delta\phi_R + \phi_b)]$$

$$P(\Delta\phi_R, -\phi_b) = P_0[1 + \cos(\Delta\phi_R - \phi_b)]$$

两种调制态之差变为

$$\Delta P = P_0[\cos(\Delta\phi_R + \phi_b) - \cos(\Delta\phi_R - \phi_b)] = 2P_0 \sin\phi_b \sin(\Delta\phi_R) \tag{5.6.14}$$

用锁相放大器对探测信号进行解调，可以测量这个“偏置”信号 ΔP；当 $\phi_b = \pi/2$ 时，$\sin\phi_b = 1$，此时有最大灵敏度。

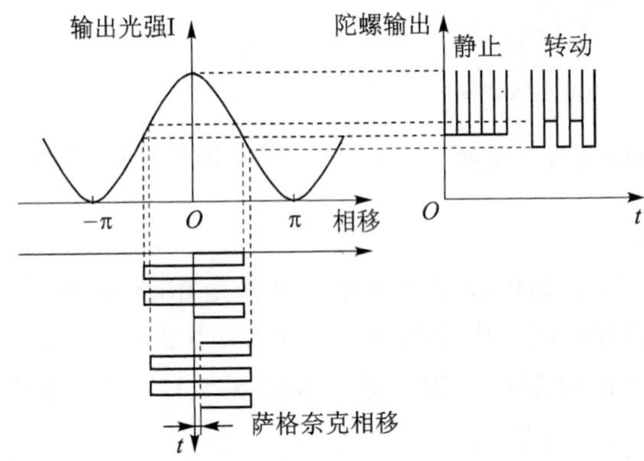

图 5.6.8 方波偏置调制

(4) 闭环工作原理

上面描述的调制-解调检测方案能够保持环形干涉仪的互易性，其中信号偏置问题可以采用闭环信号处理方法来解决。解调出的偏置信号作为一个误差信号反馈到系统中，产生一个附加的反馈相位差 $\Delta\phi_{FB}$。$\Delta\phi_{FB}$ 与旋转引起的相位差 $\Delta\phi_R$ 大小相等、符号相反，总的相位差 $\Delta\phi_T = \Delta\phi_{FB} + \Delta\phi_R$ 被伺服控制在零位上。由于系统总是工作在一个斜率很大的工作点上，从而提供了很高的灵敏度。在这种闭环方案中，新的测量信号是反馈信号 $\Delta\phi_{FB}$，如图 5.6.9 所示。

$\Delta\phi_{FB}$与返回的光功率和检测通道的增益无关，这样就得到了一个稳定性好的线性响应。旋转速率的测量值变为

$$\Omega = -\frac{\lambda c}{2\pi LD}\Delta\phi_{FB} \qquad (5.6.15)$$

方案的关键在于如何引入补偿用非互易相移。以相位调制器为例，若给相位调制器加上时变信号，则光在不同时间通过相位调制器时产生的相移不同。将相位调制器放在光纤环的一端，由于互易光经过相位调制器的时间是不同的，故其时间间隔为度越时间 $\Delta\tau_g$：

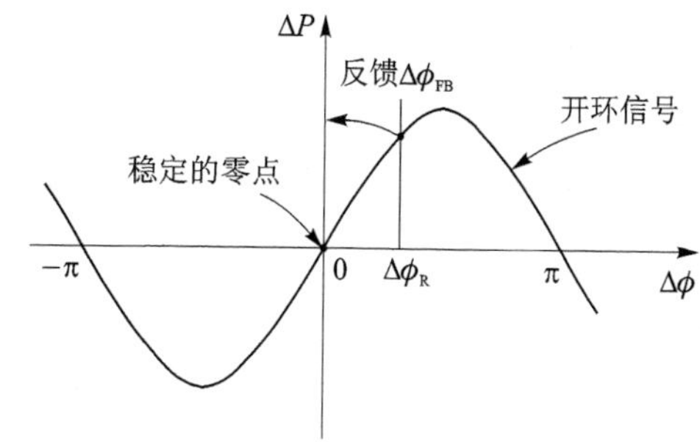

图 5.6.9　闭环干涉式光纤陀螺工作原理

$$\Delta\tau_g = \frac{nL}{c} \qquad (5.6.16)$$

式中，n 为光纤折射率，L 为光纤环总长，c 为光速。理想情况下，若在相位调制器上加上无限斜坡信号

$$\phi = kt \qquad (5.6.17)$$

则此相位调制器引入的非互易相移为

$$\Delta\phi = kt - k(t - \Delta\tau_g) = k\Delta\tau_g = \dot{\phi}\Delta\tau_g \qquad (5.6.18)$$

由上式可以看出，只要改变 k 值，就可以获得不同的非互易效应，以抵消不同角速度对应的萨格奈克相移。实际运用中一般采用周期性复位的锯齿波信号来代替无限斜坡信号（见图 5.6.10），但是这种调制方法要求模拟锯齿波信号有很快的回扫时间，而这用模拟技术实现比较困难。

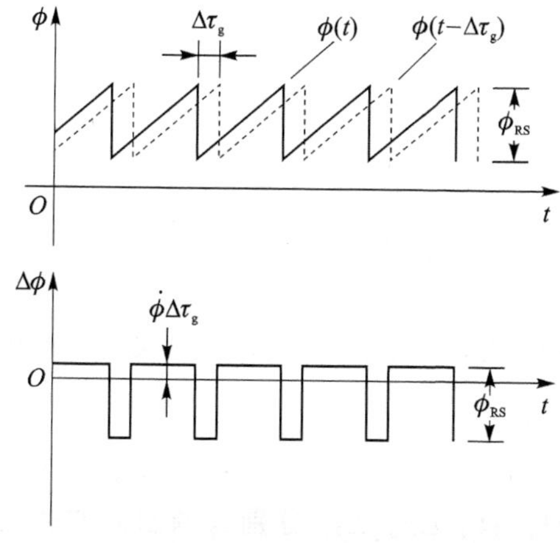

图 5.6.10　模拟锯齿波相位调制 ϕ 及反馈相差 $\Delta\phi$

随着数字技术的发展,利用数字方法很容易解决模拟反馈信号的回扫时间问题。数字相位斜波产生一个持续时间为 $\Delta\tau_g$ 的相位台阶 $\Delta\phi_S$,取代连续斜波。

这些相位台阶和复位可以与工作在本征频率上的方波调制偏置同步(见图 5.6.11):方波半周期等于度越时间 $\Delta\tau_g$。相位台阶的幅值 $\Delta\phi_S$ 通过相位置零反馈回路来设置,与旋转引起的萨格奈克相位差 $\Delta\phi_R$ 大小相等,方向相反:

$$\Delta\phi_S = -\Delta\phi_R \tag{5.6.19}$$

从而总的相位差伺服控制在零位上。此时若 $\Delta\phi_R$ 为正,$\Delta\phi_S$ 为负,则有下降的阶梯波;反之,得到的是上升的阶梯波。

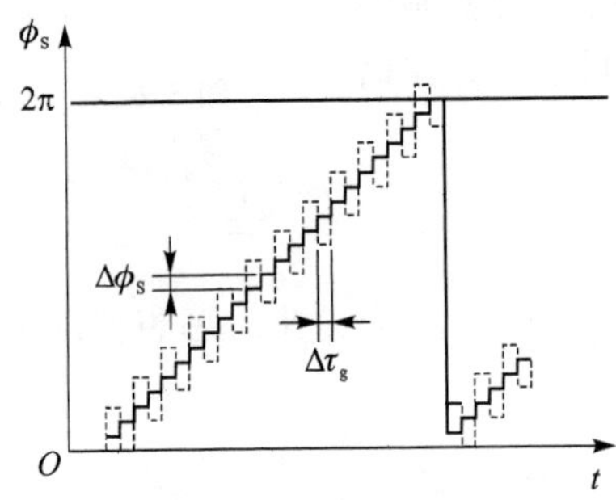

图 5.6.11 数字阶梯波

由上所述,一方面,陀螺需要一个偏置调制以使陀螺获得最佳灵敏度;另一方面,又需要施加数字阶梯波使陀螺稳定工作在零位。在实际中,闭环工作的陀螺采用的是将数字阶梯波与调制方波进行数字叠加的方案(见图 5.6.12)。

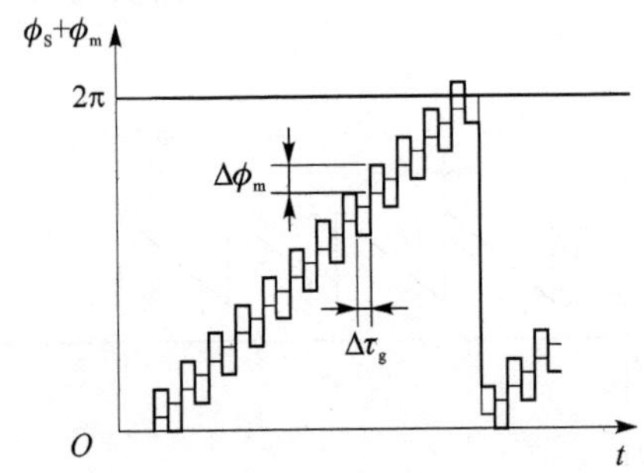

图 5.6.12 数字阶梯波和相位调制方波叠加

这样归一化的信号输出为

$$P(\Delta\phi_R) = P_0[1 + \cos(\Delta\phi_R + \Delta\phi_m + \Delta\phi_S)] \tag{5.6.20}$$

式中,$\Delta\phi_R$ 为转速信号产生的相移,$\Delta\phi_m$、$\Delta\phi_S$ 分别为调制方波和数字阶梯波产生的相移。当台阶高度为 $-\Delta\phi_R$ 时:

在递增阶段 $$\Delta\phi_S = -\Delta\phi_R$$

在复位阶段 $$\Delta\phi_S = -\Delta\phi_R - 2\pi$$

调制方波信号为偏置信号，取 $\Delta\phi_m = \pm\dfrac{\pi}{2}$，叠加在阶梯波上。在方波的正半周期，对应的采样信号为

$$P(\Delta\phi_R)_+ = P_0[1 + \sin(\Delta\phi_R + \Delta\phi_S)]$$

在方波的负半周期，对应的采样信号为

$$P(\Delta\phi_R)_- = P_0[1 - \sin(\Delta\phi_R + \Delta\phi_S)]$$

则光功率响应为

$$\Delta P = \frac{P(\Delta\phi_R)_+ - P(\Delta\phi_R)_-}{2} = P_0\sin(\Delta\phi_R + \Delta\phi_S) \tag{5.6.21}$$

此时系统的灵敏度最大。

2. 光纤陀螺寻北仪原理

光纤陀螺寻北仪原理如图 5.6.13 所示。地球以恒定的自转角速度 ω_e(15(°)/h)绕地轴旋转。对于地球上纬度为 φ 的某点，在该点地球自转的角速率可以分解为两个分量：水平分量 $\omega_{e1} = \omega_e\cos\varphi$ 沿地球经线指向地理北极①；垂直分量 $\omega_{e2} = \omega_e\sin\varphi$ 沿地球垂线垂直向上。可见，利用惯性技术测量角速度在各方向的分量，即可以获得地球上被测点的北向信息，这就是陀螺寻北仪的基本原理。

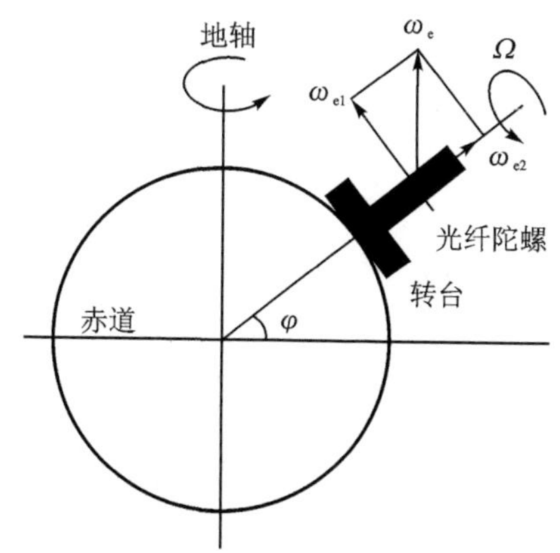

图 5.6.13　光纤陀螺寻北仪原理

光纤陀螺测量的是其法向的角速度，在我们的实验中，光纤陀螺没有转动却有读数，这包含两个方面：一方面是地球自转角速度在其轴向的投影分量，另一方面是由于硬件引起的常

① 地理北极为我们日常生活中所说的“北”，其方向由测量地沿经线指向北极点。地轴北极由北极点出发，沿地轴方向。

值偏移。对于陀螺没有转动而具有的读数称为零偏值。

由实验软件给出零偏读数:

$$\omega' = \omega_e \cos\varphi \cos\theta + E_0 + \varepsilon(t) + \varepsilon(T) \tag{5.6.22}$$

式中,ω_e 是地球自转角速度;φ 是当地纬度;θ 是陀螺轴与地理北极所成的夹角(图中未标出,可参考图 5.6.14);E_0 是陀螺常值漂移误差;$\varepsilon(t)$是采样时刻的陀螺时漂;$\varepsilon(T)$是采样时刻的陀螺温漂。由于整个寻北过程时间较短,同时光纤陀螺温度变化不大,所以 $\varepsilon(t)+\varepsilon(T)$可视为常数,于是 $\omega'=\omega_e\cos\varphi\cos\theta+E_0'$。其中,$E_0'=E_0+\varepsilon(t)+\varepsilon(T)$。为了保证实验的精度,我们采用了多位置法来消除 E_0'的影响。

3. 四位置法

如图 5.6.14 所示,利用光纤陀螺分别在相隔 90°的位置上测量其轴向的角速度分量,分别记为 ω_1、ω_2、ω_3、ω_4,于是有

$$\left.\begin{aligned}
\omega_1 &= \omega\cos\theta + \varepsilon + \varepsilon_0 \\
\omega_2 &= \omega\cos(\theta + 90^\circ) + \varepsilon + \varepsilon_0 = -\omega\sin\theta + \varepsilon + \varepsilon_0 \\
\omega_3 &= \omega\cos(\theta + 180^\circ) + \varepsilon + \varepsilon_0 = -\omega\cos\theta + \varepsilon + \varepsilon_0 \\
\omega_4 &= \omega\cos(\theta + 270^\circ) + \varepsilon + \varepsilon_0 = \omega\sin\theta + \varepsilon + \varepsilon_0
\end{aligned}\right\} \tag{5.6.23}$$

式中,ω 为光纤陀螺所在平面内角速度的最大值,θ 为初始位置与角速度最大值位置的夹角,ε 为随机误差,ε_0 为系统误差。

由以上各式可得

$$\omega_4 - \omega_2 = 2\omega\sin\theta \tag{5.6.24}$$

$$\omega_1 - \omega_3 = 2\omega\cos\theta \tag{5.6.25}$$

再由式(5.6.24)、式(5.6.25)得

$$\tan\theta = \frac{\omega_4 - \omega_2}{\omega_1 - \omega_3} \Rightarrow \theta = \arctan\frac{\omega_4 - \omega_2}{\omega_1 - \omega_3} \tag{5.6.26}$$

将 θ 带入式(5.6.24)或式(5.6.25)中,有

$$\omega = \frac{\omega_4 - \omega_2}{2\sin\theta} = \frac{\omega_1 - \omega_3}{2\cos\theta} \tag{5.6.27}$$

从式(5.6.26)、式(5.6.27)可以求得 θ 和 ω,于是便可确定地理北极、地轴北极,并由此得到陀螺所在位置的纬度和地球自转角速度。

4. 多位置法

多位置法在本质上与四位置法是相同的,所不同的是,多位置法测量点更多,因此测量结果也更加准确,但是同时带来的是采样时间过长、效率不高的缺点,因此和四位置法相比各有千秋。现以寻找地轴北极时每隔 20°测量一次为例进行说明,如图 5.6.15 所示。

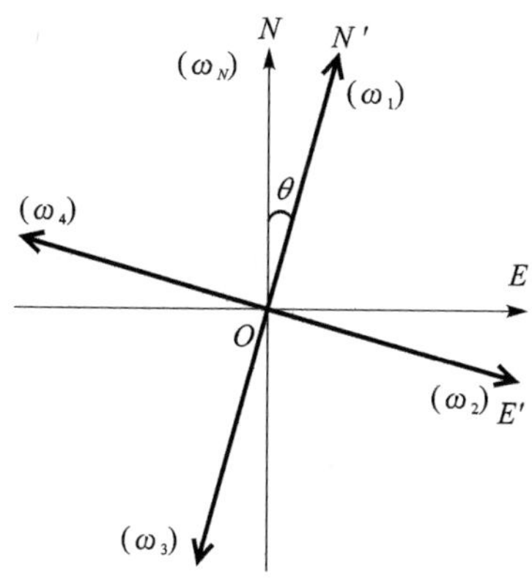

图 5.6.14　四位置法示意图

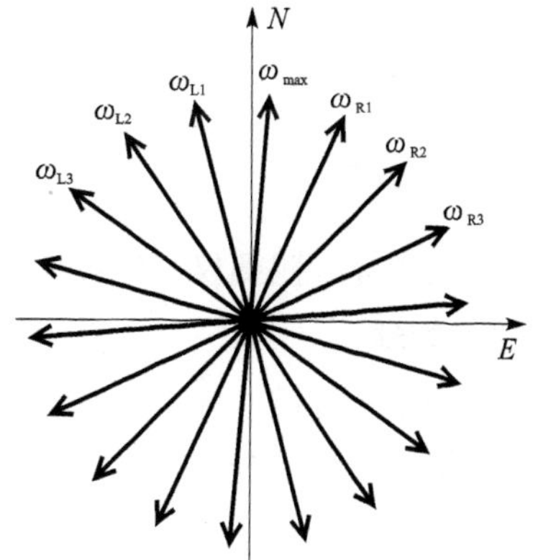

图 5.6.15　多位置法寻北原理图

令一组数据中的最大值为 ω_{max}，则此位置与地理北极夹角为 θ。按照测量顺序，其两边的测量值分别为 ω_{R1}，ω_{R2}，…，ω_{R8}；ω_{L1}，ω_{L2}，…，ω_{L8}，则有

$$\begin{aligned}
\omega_{max} &= \omega\cos\theta + \varepsilon + \varepsilon_0 \\
\omega_{R1} &= \omega\cos(\theta + 20^\circ) + \varepsilon + \varepsilon_0 \\
\omega_{L1} &= \omega\cos(\theta - 20^\circ) + \varepsilon + \varepsilon_0 \\
\omega_{R2} &= \omega\cos(\theta + 40^\circ) + \varepsilon + \varepsilon_0 \\
\omega_{L2} &= \omega\cos(\theta - 40^\circ) + \varepsilon + \varepsilon_0 \\
&\vdots \\
\omega_{R8} &= \omega\cos(\theta + 160^\circ) + \varepsilon + \varepsilon_0 \\
\omega_{L8} &= \omega\cos(\theta - 160^\circ) + \varepsilon + \varepsilon_0
\end{aligned}$$

于是得到

$$\left.\begin{aligned}
\omega_{R1} + \omega_{L1} &= 2\omega\cos\theta\cos 20^\circ + 2\varepsilon + 2\varepsilon_0 \\
\omega_{R2} + \omega_{L2} &= 2\omega\cos\theta\cos 40^\circ + 2\varepsilon + 2\varepsilon_0 \\
&\vdots \\
\omega_{R8} + \omega_{L8} &= 2\omega\cos\theta\cos 160^\circ + 2\varepsilon + 2\varepsilon_0
\end{aligned}\right\} \tag{5.6.28}$$

以及

$$\left.\begin{aligned}
\omega_{L1} - \omega_{R1} &= 2\omega\sin\theta\sin 20^\circ \\
\omega_{L2} - \omega_{R2} &= 2\omega\sin\theta\sin 40^\circ \\
&\vdots \\
\omega_{L8} - \omega_{R8} &= 2\omega\sin\theta\sin 160^\circ
\end{aligned}\right\} \tag{5.6.29}$$

分别对上面两组式子进行一元线性回归,可求出 $\omega\sin\theta$ 与 $\omega\cos\theta$,进而得到 $\tan\theta$;再通过反余切计算即可求得 θ 与 ω。

5.6.3 仪器介绍

实验仪器由光纤陀螺仪、二自由度转台、水平尺、直流稳压电源、示波器几部分组成。

1. 光纤陀螺

光纤陀螺结构如图 5.6.16 和图 5.6.17 所示,主要包括光纤环、多功能集成光学芯片、光源及其控制电路三大部分。

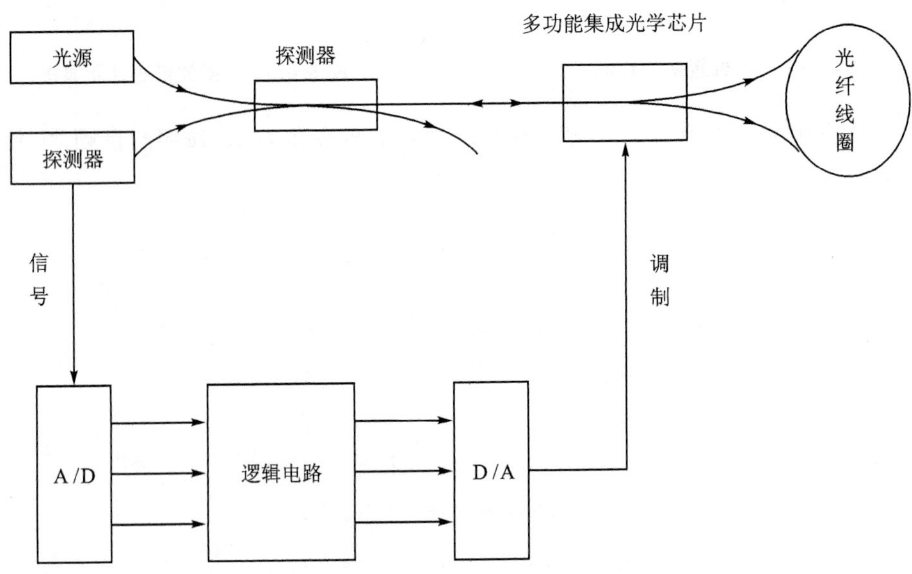

图 5.6.16 全数字闭环光纤陀螺结构框图

① 光纤环:光纤陀螺的敏感器件。

② 多功能集成光学芯片(MIOC):将偏振器、分束器、相位调制器集成为一体。

③ 光源及其控制电路:提供稳定的干涉光;信号处理电路处理陀螺信号,包含 FPGA、DSP、A/D、D/A 几大部分,相位的调制以及闭环工作主要在这里得到实现。

2. 二自由度转台

有水平和竖直两个转轴,可以自由调整陀螺的俯仰角和方位角并分别通过竖直刻度盘和水平刻度盘进行测量(见图 5.6.18)。

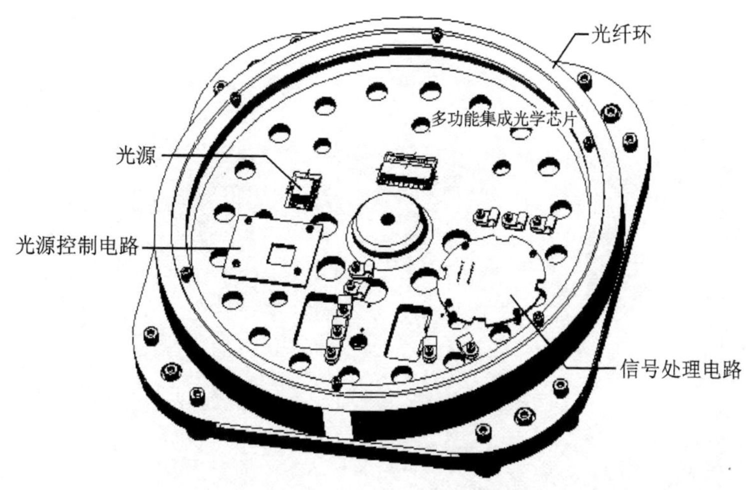

图 5.6.17　光纤陀螺实际布局

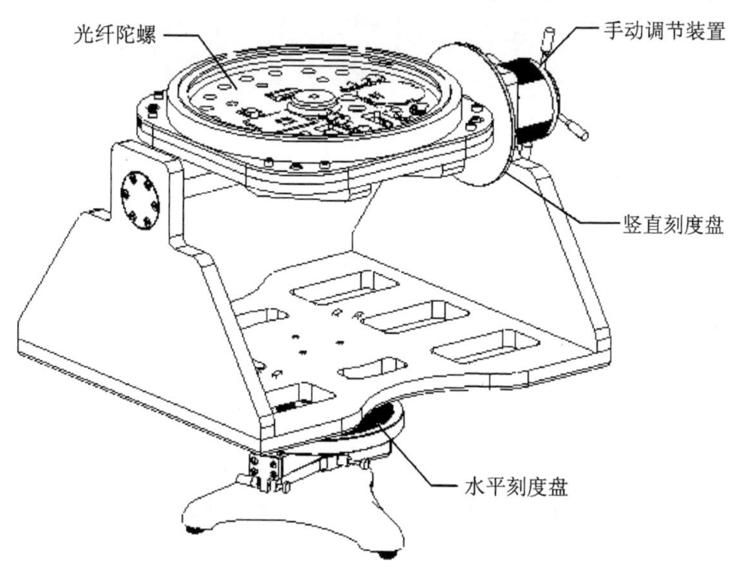

图 5.6.18　光纤陀螺及二自由度转台

3. 计算机测量软件

双击"光纤陀螺仪寻北仪 IFOG 1.0"进入实验界面(见图 5.6.19)。下方左边两列为陀螺参数设置区,右边两列为陀螺输出显示区。本实验中仅需记录陀螺输出的"零偏"值。

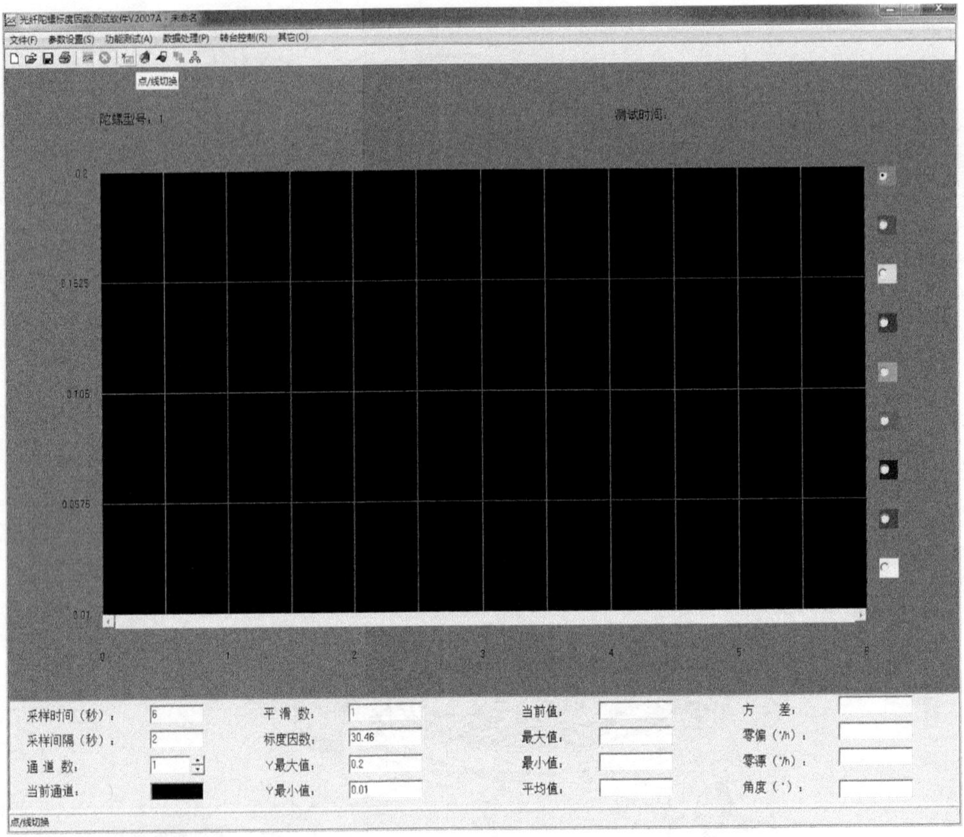

图 5.6.19　实验界面

5.6.4　实验内容

1. 校正陀螺标定因数

利用水平仪对陀螺进行水平调节,确保陀螺的法线竖直向上,记录陀螺的零偏输出 A_0;然后将陀螺旋转 180°,调至法线铅垂向下,记录陀螺的零偏输出 A_{180}。计算 $B_1=2\omega\sin\varphi$,$B_2=|A_0|+|A_{180}|$,其中地球自转角速度 $\omega=15(°)/\mathrm{h}$,北京地区纬度 $\varphi=39.97°$。然后根据公式 $K_x=\dfrac{B_2}{B_1}K_\mathrm{d}$ 不断调整“标度因数”的当前值 K_d,直至满足 $|A_0|=|A_{180}|=B_1/2$。

2. 四位置法寻找地理北极

先绕水平轴转动光纤陀螺,使陀螺法线平行于水平面,固定竖直方向。再绕竖直轴转动转台,使光纤陀螺法线对准任一方向,记录此位置水平刻度盘的读数和陀螺输出值。然后沿刚才方向继续转动二自由度转台(为了避免空程误差,转动只能沿一个方向),每旋转 90° 重复测量 5 次,共取 4 个位置记录 20 个数据。将它们代入式(5.6.26)和式(5.6.27),求得光纤陀螺法

向初始位置与地理北极的夹角 θ。

3. 多位置法寻找地轴北极

将光纤陀螺转至法线对准地理北极，固定二自由度转台水平方向，使陀螺仪绕水平轴转动。每旋转 10°测一组数据，由式(5.6.28)和式(5.6.29)求出光纤陀螺初始位置与北极的夹角 θ，在此平面内测得的北极方向即为地轴北极。

4. 根据度越时间 $\Delta\tau_g$ 求光纤环长度

如图 5.6.20 所示，利用示波器可以测得脉冲周期，此周期即为 $\Delta\tau_g$。由式(5.6.16)有

$$\Delta\tau_g = \frac{nL}{c}$$

光纤由石英玻璃经掺杂形成，不同光纤、不同的掺杂浓度，折射率会有细微的差距，但这里统一用 1.5(此数值为经验数据)代替。

注：陀螺采用了 3 倍频技术，因此实际周期需要在示波器显示读数上×3。

5. 根据数字相位斜波求干涉光相位差

数字相位斜波的每个台阶高度等于 $\Delta\phi_R$，由式(5.6.9)有

$$\Delta\phi_R = \frac{2\pi LD\Omega}{3\lambda c} \quad \text{（因子 3 的引入是因为陀螺的 3 倍频技术导致的）}$$

式中，L 为光纤长度，$D=0.3$ m，陀螺所用光源波长 $\lambda=1\ 310$ nm。

具体方法：如图 5.6.21 所示，先利用示波器求得每个阶梯波的周期 $n\Delta\tau_g$，然后除以度越时间 $\Delta\tau_g$ 得到台阶数 n，最后用 $V_{2\pi}=nV_{\phi_s}$ 除以 n 得到每个台阶的高度 V_{ϕ_s}(这里得到的是台阶高度的驱动电压值，请思考怎样求得角度值)。

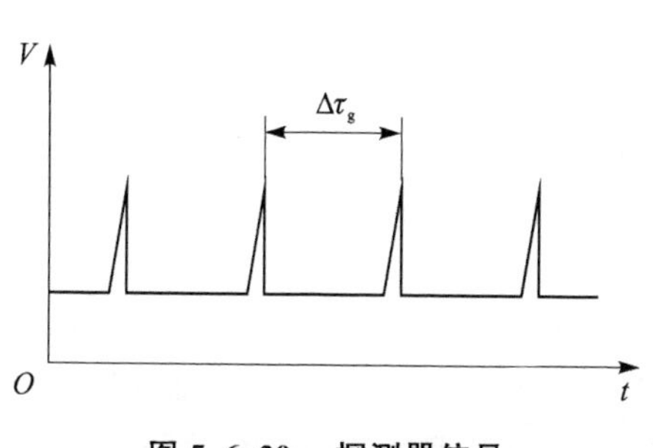

图 5.6.20　探测器信号

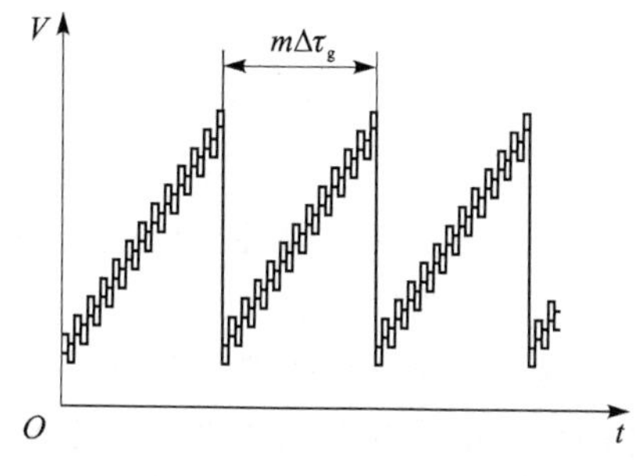

图 5.6.21　调制波形

5.6.5　数据处理

① 利用四位置法寻找地理北极，并求 θ 与 ω。

② 利用多位置法寻找地轴北极，并用一元线性回归处理数据计算地球自转角速度及实验室所在纬度，与理论值进行比较求相对误差。(地球自转角速度：15 (°)/h；北京地区纬度文献值：39.97°。)

③ 根据度越时间 $\Delta\tau_g$ 求光纤环长度。

④ 根据数字相位斜波求当前陀螺输出,并与计算机采样值比较求相对误差。

5.6.6 思考题

① 光纤陀螺测量的是其轴向的角速度,在我们的实验中,测量时陀螺并没有转动,陀螺为什么会有读数?

② 在处理数据过程中,为什么要采用四位置法或多位置法?

5.6.7 参考文献

[1] [法] Lefevre Herve C. 光纤陀螺仪. 张桂才,王巍,译. 北京:国防工业出版社,2002.

[2] 张得宁,万健如,韩延明,等. 光纤陀螺寻北仪原理及其应用. 航海技术,2006,(1).

[3] 范磊. 全数字闭环光纤陀螺信号处理系统. 长沙:国防科学技术大学,2004,12.

[4] 戴旭涵,周柯江,等. 光纤陀螺的信号处理方案评述. 光子学报,1999,28(11).

5.7 晶体的电光效应

某些晶体在外电场作用下折射率会发生变化,这种现象称为电光效应。电光效应分为一次电光效应(Δn 与电场 E 呈线性关系)和二次电光效应(Δn 与电场 E 呈平方关系);它们又分别被称为泡克耳斯(Pokells)效应和克尔(Kerr)效应。

电光效应在工程技术和科学研究中有许多重要应用,它有很短的响应时间(足以跟上频率为 10^{10} Hz 的电场变化),可以制成快速控制光强的光开关;利用电场引起折射率的改变可以控制光波的位相、偏振态等特性,从而实现对光束的调制,做成快速传递信息的电光调制器。在激光出现以后,电光效应的研究和应用得到迅速发展,电光器件被广泛应用在激光通信、激光测距、激光显示和光学数据处理等方面。此外,克尔效应在物质的物性研究、微观参量的测量等方面也有许多应用价值。

本实验主要研究铌酸锂($LiNbO_3$)晶体的一次电光效应,用铌酸锂晶体的横向调制装置测量晶体的半波电压及电光系数。通过本实验不仅可以获得晶体电光效应的基础知识,还可以对偏振光的干涉、信号的调制和传递有具体生动的了解,对示波器的使用及有关的光路调节技术也能更加熟练地掌握。

5.7.1 实验要求

1. 实验重点

① 掌握晶体电光调制的原理和实验方法;

② 了解电光效应引起的晶体光学性质的变化,观察会聚偏振光的干涉现象;

③ 学习测量晶体半波电压和电光常数的实验方法。

2. 预习要点

① 什么叫调制和解调？为什么要进行信号的调制？试举出一个实例。

② 什么叫电光调制？对什么物理量进行调制？什么叫横向调制，它有什么优点？

③ 本实验的光路调整要达到什么要求？具体说明对偏振片和铌酸锂晶体的位置要求。

④ 光路调整时为什么要紧靠晶体前放一扩束镜？锥光干涉图的同心干涉圆环和暗十字图形是怎样形成的？

⑤ 光路调整如何进行？如何根据晶体的锥光干涉图调整光路？

⑥ 铌酸锂晶体在施加电场前后有什么不同？是否都存在双折射现象？

⑦ 什么叫半波电压？何谓电光系数？实验中的线性调制和倍频失真是怎样产生的？半波电压如何测量，本实验有几种测量的方法？操作有什么特点？

⑧ 什么是 1/4 波片？什么是 1/4 波片的快慢轴？

5.7.2　实验原理

1. 电光晶体和泡克耳斯效应

晶体在外电场作用下折射率会发生变化，这种现象称为电光效应。通常将电场引起的折射率的变化用下式表示，即

$$n - n^0 = aE_0 + bE_0{}^2 + \cdots \tag{5.7.1}$$

式中，a 和 b 为与 E_0 无关的常数，n^0 为 $E_0=0$ 时的折射率。由一次项 aE_0 引起的折射率变化效应称为一次电光效应，也称线性电光效应或泡克耳斯效应；由二次项 $bE_0{}^2$ 引起的折射率变化效应称为二次电光效应，也称平方电光效应或克尔效应。一次电光效应只存在于不具有对称中心的晶体中，二次电光效应则可能存在于任何物质中。通常，一次效应要比二次效应显著。

晶体的一次电光效应分为纵向电光效应和横向电光效应。纵向电光效应是加在晶体上的电场方向与光在晶体中的传播方向平行时产生的电光效应；横向电光效应是加在晶体上的电场方向与光在晶体中的传播方向垂直时产生的电光效应。观察纵向电光效应最常用的晶体是磷酸二氢钾（KDP），而观察横向电光效应则常用铌酸锂类型的晶体。晶体的坐标轴如图 5.7.1 所示。

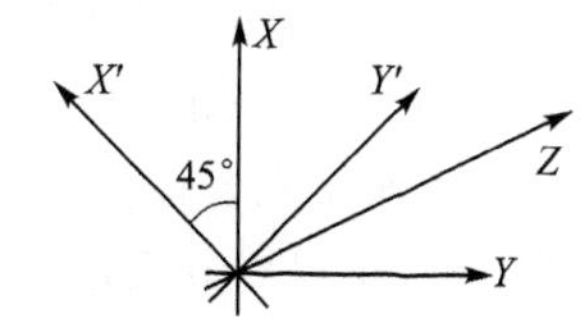

图 5.7.1　晶体的坐标轴

本实验主要研究铌酸锂晶体的一次电光效应，用铌酸锂的横向调制装置测量晶体的半波电压及电光系数，并用两种方法改变调制器的工作点，观察相应的输出特性。

在未加电场前，铌酸锂是单轴晶体。当线偏振光沿光轴（Z 轴）方向通过晶体时，不会产生双折射。但如在铌酸锂晶体的 X 轴施加电场，晶体将由单轴晶体变为双轴晶体。这时沿 Z 轴传播的偏振光应按特定的晶体感应轴 X' 和 Y' 进行分解，因为光沿这两个方向偏振的折射率

不同(传播速度不同)。类似于双折射中关于o光和e光的偏振态的讨论,由于沿X'和Y'的偏振分量存在相位差,出射光一般将成为椭圆偏振光。由晶体光学可以证明,这两个方向的折射率(参见本节附录1):

$$n_{X'} = n_o - n_o^3 r_{22} E_X / 2, \qquad n_{Y'} = n_o + n_o^3 r_{22} E_X / 2 \tag{5.7.2}$$

式中,n_o和r_{22}是晶体的o光折射率和电光系数,$E_X = V/d$是X方向所加的外电场。

2. 电光调制原理

在无线电通信中,为了把语言、音乐或图像等信息发送出去,总是通过表征电磁波特性的振幅、频率或相位受被传递信号的控制来实现的。这种控制过程称为调制;而接收时,则需把所要的信息从调制信号中还原出来,这个过程称为解调。在现代社会,激光也常被用做传递信息的工具,它的调制与无线电波调制相类似,可以采用连续的调幅、调频、调相以及脉冲调制等形式。本实验采用强度调制,即输出的激光辐射强度按照调制信号的规律变化。激光调制之所以常采用强度调制形式,主要是因为光接收器(探测器)一般都是直接地响应其所接收的光强度变化的缘故。

激光调制的方法很多,如机械调制、电光调制、声光调制、磁光调制和电源调制等。而电光调制开关速度快,结构简单,因此在激光调Q技术、混合型光学双稳器件等方面有广泛的应用。

电光调制根据所施加的电场方向的不同,可分为纵向电光调制和横向电光调制。利用纵向电光效应的调制叫纵向电光调制,利用横向电光效应的调制叫横向电光调制。本实验用铌酸锂晶体做横向调制实验。

(1) 横向电光调制

铌酸锂晶体的横向电光调制过程如图5.7.2所示。图中1是入射激光束;2是起偏器,偏振方向平行于电光晶体的X轴;3是1/4波片,其“快轴”平行电光晶体的X'方向,“慢轴”平行晶体的Y'方向;4是铌酸锂电光晶体,晶体在X方向加电场,激光束沿晶体的Z方向(长度l)传播;5是检偏器,偏振方向平行于Y轴;6代表出射光束。入射光经起偏器后变为振动方向平行于X轴的线性偏振光,晶体的电光效应可按光矢量的分解与合成来处理。进入晶体时,X偏振的线偏振光按感应轴X'和Y'分解,若X轴与X'轴间夹角为45°,则它们的振幅和相位都相等,电矢量可以分别记为

$$E_{X'} = A\cos \omega t, \qquad E_{Y'} = A\cos \omega t \tag{5.7.3}$$

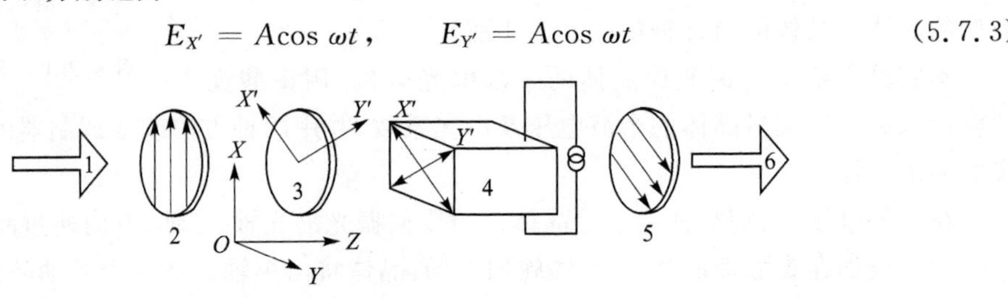

图5.7.2 横向电光调制原理

为方便计算,用复振幅的表示方法,省去时间的简谐因子 $e^{j\omega t}$,这时位于晶体表面($Z=0$)的光波表示为

$$E_{X'}(0)=A,\qquad E_{Y'}(0)=A \tag{5.7.4}$$

所以入射光的强度

$$I_i \propto |E_{X'}(0)|^2+|E_{Y'}(0)|^2=2A^2 \tag{5.7.5}$$

当光通过长为 l 的电光晶体后,因折射率不同,X'和 Y'两分量之间将产生相位差 δ,于是

$$E_{X'}(l)=Ae^{i\delta_o},\qquad E_{Y'}(l)=Ae^{i(\delta_o-\delta)} \tag{5.7.6}$$

通过检偏器出射的光,是该两分量在 Y 轴上的投影之和

$$(E_Y)_o=\frac{A}{\sqrt{2}}(e^{-i\delta}-1)e^{i\delta_o} \tag{5.7.7}$$

输出光强(先不讨论 1/4 波片的影响,其作用后述)

$$I_t \propto [(E_Y)_o\cdot(E_Y)_o^*]=\frac{A^2}{2}[(e^{-i\delta}-1)(e^{i\delta}-1)]=2A^2\sin^2\frac{\delta}{2} \tag{5.7.8}$$

式中,上标“ * ”代表复数共轭。由式(5.7.5)和式(5.7.8),可求出光强的透过率 T 为

$$T=\frac{I_t}{I_i}=\sin^2\frac{\delta}{2} \tag{5.7.9}$$

由式(5.7.2),并注意到 $E_X=V/d$(d 是晶体的厚度),有

$$\delta=\frac{2\pi}{\lambda}(n_{Y'}-n_{X'})l=\frac{2\pi}{\lambda}n_o^3\gamma_{22}V\frac{l}{d} \tag{5.7.10}$$

由此可见,δ 与 V 有关。当电压增加到某一值时,X'、Y'方向的偏振光经过晶体后产生 $\lambda/2$ 的光程差,相位差 $\delta=\pi$,$T=100\ \%$,这一电压叫半波电压,通常用 V_π 或 $V_{\lambda/2}$ 表示。

V_π 是描述晶体电光效应的重要参数。在实验中,这个电压越小越好。因为 V_π 小,表示较小的调制信号就会有较大的响应;用做快速电光开关时,V_π 小意味着用比较小的电压就可以实现光开关的动作。根据半波电压值,可以估计出控制电光效应所需的电压。由式(5.7.10)得

$$V_\pi=\frac{\lambda}{2n_o^3\gamma_{22}}\left(\frac{d}{l}\right) \tag{5.7.11}$$

式中,d 和 l 分别为晶体的厚度和长度。由此可见,横向电光效应的半波电压与晶体的几何尺寸有关。如果减少电极之间的距离 d,而增加通光方向的长度 l,则同样的晶体横向电光效应的半波电压 V_π 将会下降,而纵向电光效应的半波电压为$\frac{\lambda}{2n_o^3r_{22}}$,不能靠尺寸调整,这是横向调制器的优点之一。因此,横向效应的电光晶体都加工成细长的扁长方体。

结合式(5.7.10)、式(5.7.11),$\delta=\pi\frac{V}{V_\pi}$,取 $V=V_0+V_m\sin\omega t$(V_0 是直流偏压,$V_m\sin\omega t$ 是交流调制信号,V_m 是调制信号的振幅,ω 是调制的角频率),由式(5.7.9)可得

$$T=\sin^2\frac{\pi}{2V_\pi}V=\sin^2\frac{\pi}{2V_\pi}(V_0+V_m\sin\omega t) \tag{5.7.12}$$

由此可以看出,改变 V_0 或 V_m,输出特性将相应发生变化。

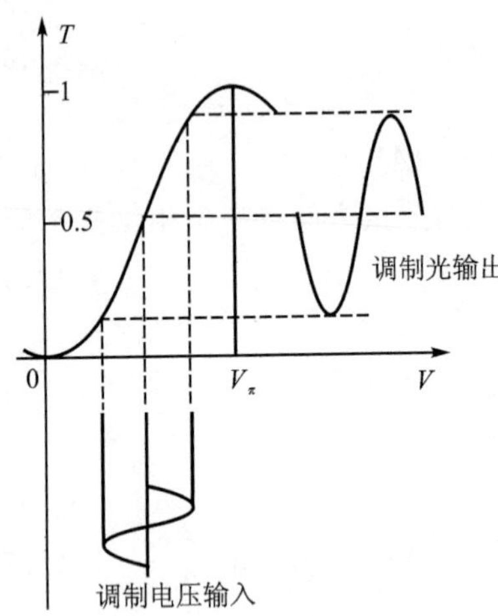

图 5.7.3 $V_0=V_\pi/2$ 时的电光调制工作曲线

对单色光,$\pi n_o^3\gamma_{22}/\lambda$ 为常数,因而 T 将随晶体上所加的电压变化,如图 5.7.3 所示,T 与 V 的关系是非线性的。如果工作点 V_0 选择不当,则会使输出信号发生畸变;但在 $V_\pi/2$ 附近有一近似直线的部分,这一直线部分称为线性工作区。不难看出,当 $V=V_\pi/2$ 时,$\delta=\pi/2$,$T=50\ \%$。

(2) 直流偏压对输出特性的影响

① 当 $V_0=V_\pi/2$ 时,工作点落在线性工作区的中部,此时,可获得较高效率的线性调制,把 $V_0=V_\pi/2$ 代入式(5.7.12)得

$$T=\sin^2\left[\frac{\pi}{4}+\left(\frac{\pi}{2V_\pi}\right)V_m\sin\omega t\right]=$$

$$\frac{1}{2}\left[1-\cos\left(\frac{\pi}{2}+\frac{\pi}{V_\pi}V_m\sin\omega t\right)\right]=$$

$$\frac{1}{2}\left[1+\sin\left(\frac{\pi}{V_\pi}V_m\sin\omega t\right)\right] \tag{5.7.13}$$

当 $V_m\ll V_\pi$ 时

$$T\approx\frac{1}{2}\left(1+\frac{\pi V_m}{V_\pi}\sin\omega t\right) \tag{5.7.14}$$

它表明 $T\propto V_m\sin\omega t$。这时,调制器输出的波形和调制信号的频率相同,即线性调制。

② 当 $V_0=0$ 或 V_π,$V_m\ll V_\pi$ 时,把 $V_0=0$ 代入式(5.7.12),则

$$T=\sin^2\left(\frac{\pi}{2V_\pi}V_m\sin\omega t\right)=\frac{1}{2}\left[1-\cos\left(\frac{\pi V_m}{V_\pi}\sin\omega t\right)\right]\approx$$

$$\frac{1}{4}\left(\frac{\pi V_m}{V_\pi}\right)^2\sin^2\omega t\approx\frac{1}{8}\left(\frac{\pi V_m}{V_\pi}\right)^2(1-\cos 2\omega t) \tag{5.7.15}$$

即 $T\propto\cos 2\omega t$。这时,输出光的频率是调制信号的 2 倍,即产生“倍频”失真。类似地,对 $V_0=V_\pi$,可得

$$T\approx 1-\frac{1}{8}\left(\frac{\pi V_m}{V_\pi}\right)^2(1-\cos 2\omega t) \tag{5.7.16}$$

这时仍将看到“倍频”失真的波形。

③ 直流偏压 V_0 在 0 V 附近或变化时,由于工作点不在线性工作区,故输出波形将失真。

④ 当 $V_0=V_\pi/2$ 且 $V_m>V_\pi/2$ 时,调制器的工作点虽然选定在线性工作区的中心,但不满足小信号调制的要求,式(5.7.13)不能写成式(5.7.14)的形式,此时的透射率函数式(5.7.13)

应展开成贝塞尔函数[1]，即

$$T=\frac{1}{2}\left[1+\sin\left(\frac{\pi V_{\mathrm{m}}}{V_{\pi}}\sin\omega t\right)\right]=2\left[J_1\left(\frac{\pi V_{\mathrm{m}}}{V_{\pi}}\right)\sin\omega t+J_3\left(\frac{\pi V_{\mathrm{m}}}{V_{\pi}}\right)\sin 3\omega t+J_5\left(\frac{\pi V_{\mathrm{m}}}{V_{\pi}}\right)\sin 5\omega t\right] \tag{5.7.17}$$

由式(5.7.17)可以看出，输出的光束包括交流的基波，还有奇次谐波。由于调制信号的幅度较大，奇次谐波不能忽略，因此，这时虽然工作点选定在线性区，输出波形仍然失真。

5.7.3　仪器介绍

实验仪器：偏振片、扩束镜、铌酸锂电光晶体、光电二极管、光电池、晶体驱动电源、光功率计、1/4 波片、双踪示波器。

5.7.4　实验内容

1. 调节光路

① 将半导体激光器、起偏器、扩束镜、LN 晶体、检偏器、白屏依次摆放。

② 打开激光功率指示计电源，激光器亮。调整激光器的方向和各附件的高低，使各光学元件尽量同轴且与光束垂直。取下扩束镜，旋转起偏器，使透过起偏器的光最强；旋转检偏器，使白屏上的光点最弱。这时起偏器与检偏器互相垂直，系统进入消光状态。

③ 用白屏记下激光点的位置。紧靠晶体放上扩束镜，观察白屏上的图案，可观察到如图 5.7.4 所示的图案，这种图案是典型的会聚偏振光穿过单轴晶体后形成的干涉图案[2]。中心是一个暗十字图形，四周为明暗相间的同心干涉圆环，十字中心同时也是圆环的中心，它对应着晶体的光轴方向，十字方向对应于两个偏振片的偏振轴方向。仔细调整晶体的两个方位螺钉，使图案中心与原激光点的位置重合（此时激光束与晶体光轴平行），并根据暗十字细调起偏器和检偏器正交。

图 5.7.4　晶体的锥光干涉

④ 打开晶体驱动电源，将状态开关打在直流状态，顺时针旋转电压调整旋钮，调高驱动电压，观察白屏上图案的变化。这时将会观察到图案由一个中心分裂为两个中心，这是典型的会聚偏振光经过双轴晶体时的干涉图案。

⑤ 将扩束镜取下，用光电池换下白屏，取驱动电压为某一固定值（如 $V=300$ V），仔细旋转晶体，使出射光强最大（此时晶体感应轴 X'、Y' 和起偏器、检偏器的偏振化方向 X、Y 成 45°

---

① 王竹溪，郭敦仁．特殊函数概论．北京：科学出版社，1979．

② 赵凯华，钟锡华．光学．下册．北京：北京大学出版社，1984．

夹角,请证明)。

2. 电光调制器 $T-V$ 工作曲线的测量

① 缓慢调高直流驱动电压,并记录下电压值和输出激光功率值,可每 50 V 记录一次,在最大功率和最小功率附近可把驱动电压间隔减小。(思考:如果输出光强随直流电压变化不明显,应如何调整?可参见思考题①的结果。)

② 画出驱动电压与输出光功率的对应曲线(可在全部实验结束后进行),读出输出光功率出现极大和极小对应的驱动电压,相邻极小和极大光功率所对应的驱动电压之差是半波电压。由半波电压 V_π 计算晶体的电光系数 γ_{22} 。

3. 动态法观察调制器性能

① 将驱动信号波形插座和接收信号插座分别与双踪示波器 CH1 和 CH2 通道连接,光电二极管换下光电池,光电二极管探头与信号输入插座连接。

② 将状态开关置于正弦波位置,幅度调节旋钮调至最大。示波器置于双踪同时显示,以驱动信号波形为触发信号,正弦波频率约为 1 kHz。

③ 旋转驱动电压调节旋钮,改变静态工作点,观察示波器上的波形变化。特别注意,记录接收信号波形失真最小、接收信号幅度最大以及出现倍频失真时的静态工作点电压,对照 $T-V$ 曲线,理解静态工作点对调制性能的影响。

④ 用 1/4 波片改变工作点,观察输出特性。分别将静态工作电压固定于倍频失真点、接收信号波形失真最小、接收信号波形幅度最大点(参照步骤③的参数),在起偏器与 LN 晶体间放入 1/4 波片。旋转 1/4 波片,观察接收信号波形的变化情况,分别记录出现倍频失真时对应 1/4 波片上的转角,并总结规律。

⑤ 在步骤④基础上,改变工作电压,记录相邻两次出现倍频失真时对应的工作电压之差即为半波电压。(考虑如何才能保证观察到两次倍频失真现象?)

⑥ 光通信演示音频信号的调制与传输:将音频信号插入音频插座,状态开关置于音频状态,打开仪器后面的扬声器开关。改变工作电压,观察示波器上的波形,监听音频调制与传输效果。

4. 用相位补偿测量晶体快慢轴相位差

利用本实验装置测量云母片(1/4 波片)快慢轴间的相位差。

5.7.5 数据处理

① 利用实验数据列表并绘制电光调制器的 $T-V$ 曲线,讨论它与理论曲线(见图 5.7.3)的差异并分析原因。

② 用两种方法计算铌酸锂晶体横向调制的半波电压和电光系数,并与标准值进行比较。(晶体厚度 $d=5$ mm,长度 $l=30$ mm,$\lambda=632.8$ nm,$n_o=2.286$。)

③ 结合电光调制器的 $T-V$ 曲线,讨论实验中观察到的输出波形和畸变产生的原因。

5.7.6　思考题

① 在正交的偏振片之间插入厚度为 d 的双折射晶体，其表面与晶体的光轴平行，则 $n_o-n_e=\Delta n$。当平行光正入射时，起偏器的偏振化方向与 o 光的夹角为 α(见图 5.7.5)，试讨论出射光强与入射光强之比。

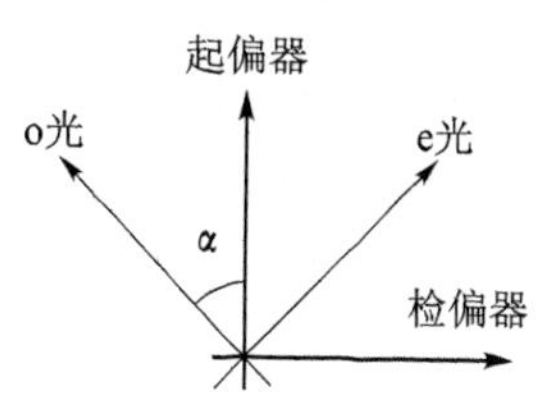

图 5.7.5　思考题①用图

② 1/4 波片快慢轴有固定的相位差，为什么旋转 1/4 波片也可以改变电光晶体的工作点？说明 1/4 波片和直流电压改变晶体工作点有什么区别？

③ 如何利用本实验系统测量光通过双折射晶体(例如云母片)时快慢轴的相位差？请设计实验，并简述主要实验步骤。

5.7.7　参考文献

[1] 金光旭，等. 电光振幅调制实验. 物理实验，1990，10(5)：193-195.

[2] 汪太辅，等. 晶体的电光效应及其应用——用位相补偿测量双折射样品的微小位相差//吴思诚，王祖铨. 近代物理实验②. 北京：北京大学出版社，1986.

[3] 波恩 M，沃耳夫 E. 光学原理. 下册. 北京：科学出版社，1981.

[4] 金光旭，王桂枝. E0M－Ⅱ型电光调制器//高等学校物理教学仪器汇编. 北京：高等教育出版社，1992.

5.7.8　附　录

1. 折射率椭球

光在各向异性晶体中传播时，因光的传播方向不同或者是电矢量的振动方向不同，光的折射率也不同。在晶体光学中，通常用折射率椭球来描述折射率与光的传播方向、振动方向的关系。适当选择坐标系即所谓的主轴坐标系，折射率可以用以下的椭球方程表出，即

$$\frac{X^2}{n_1^2}+\frac{Y^2}{n_2^2}+\frac{Z^2}{n_3^2}=1 \qquad (5.7.18)$$

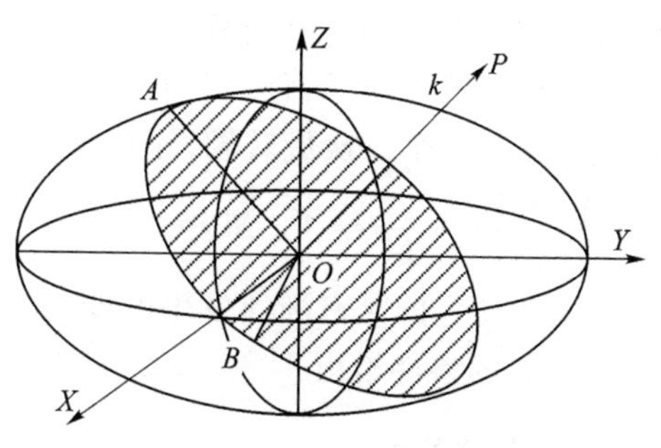

图 5.7.6　折射率椭球

式中，n_1、n_2、n_3 为椭球三个主轴方向上的折射率，称为主折射率。如图 5.7.6 所示，如果光波沿任意 k 方向传播，则偏振方向和折射率应当这样确定：从折射率椭球的坐标原点 O 出发，通过 O 作一垂直于 k 方向(OP)的平面，它在椭球上截出一个椭圆，该椭圆的两主轴方向就是沿 k 方向传播的平面波所允许的两个线偏振光的偏振方向，两主轴的半轴长度 OA 和

OB 即是相应偏振光的折射率 n'和 n''。显然 k、OA、OB 三者互相垂直。

当晶体加上电场后,折射率椭球的形状、大小、方位都发生变化,椭球方程的一般形式变成

$$\frac{X^2}{n_{11}^2}+\frac{Y^2}{n_{22}^2}+\frac{Z^2}{n_{33}^2}+\frac{2YZ}{n_{23}^2}+\frac{2XZ}{n_{13}^2}+\frac{2XY}{n_{12}^2}=1 \tag{5.7.19}$$

对一次电光效应,式(5.7.18)与式(5.7.19)相应项的系数之差与电场强度的一次方成正比,由于晶体的各向异性,一次电光效应的普遍形式可由下式表示,即

$$\left.\begin{aligned}
\frac{1}{n_{11}^2}-\frac{1}{n_1^2}&=r_{11}E_X+r_{12}E_Y+r_{13}E_Z\\
\frac{1}{n_{22}^2}-\frac{1}{n_2^2}&=r_{21}E_X+r_{22}E_Y+r_{23}E_Z\\
\frac{1}{n_{33}^2}-\frac{1}{n_3^2}&=r_{31}E_X+r_{32}E_Y+r_{33}E_Z\\
\frac{1}{n_{23}^2}&=r_{41}E_X+r_{42}E_Y+r_{43}E_Z\\
\frac{1}{n_{13}^2}&=r_{51}E_X+r_{52}E_Y+r_{53}E_Z\\
\frac{1}{n_{12}^2}&=r_{61}E_X+r_{62}E_Y+r_{63}E_Z
\end{aligned}\right\} \tag{5.7.20}$$

式中,r_{ij}($i=1,2,\cdots,6$;$j=1,2,3$)叫做电光系数,它可用由 18 个分量组成的矩阵(见下式左半部)

$$\begin{bmatrix} r_{11} & r_{12} & r_{13}\\ r_{21} & r_{22} & r_{23}\\ r_{31} & r_{32} & r_{33}\\ r_{41} & r_{42} & r_{43}\\ r_{51} & r_{52} & r_{53}\\ r_{61} & r_{62} & r_{63}\end{bmatrix}=\begin{bmatrix} 0 & -r_{22} & r_{13}\\ 0 & r_{22} & r_{13}\\ 0 & 0 & r_{33}\\ 0 & r_{51} & 0\\ r_{51} & 0 & 0\\ -r_{22} & 0 & 0\end{bmatrix} \tag{5.7.21}$$

来表示;E_X、E_Y 和 E_Z 是电场 E 在 X、Y、Z 方向上的分量。由于晶体存在对称性,$\{r_{ij}\}$一般并不完全独立,有一些元素还是 0。对铌酸锂晶体而言,它属于三角晶系,$\{r_{ij}\}$只有 4 个独立分量(见式(5.7.21)右半部)。在不加外电场时,主轴 Z 方向有一个三次旋转轴,光轴与 Z 轴重合,是单轴晶体;折射率椭球是旋转椭球,其表达式为 $\frac{X^2+Y^2}{n_o^2}+\frac{Z^2}{n_e^2}=1$。式中,$n_o$ 和 n_e 分别为晶体的寻常光和非常光的折射率。在 X 轴方向加上电场后,折射率椭球发生畸变,折射率椭球应由式(5.7.19)并结合具体的电光系数和 $E_Y=E_Z=0$ 的条件给出:

$$\frac{X^2}{n_1^2}+\frac{Y^2}{n_2^2}+\frac{Z^2}{n_3^2}+2r_{51}E_XZY-2r_{22}E_XXY=1 \tag{5.7.22}$$

光沿 Z 轴方向传播时，晶体由单轴晶体变为双轴晶体，折射率椭球与 Z 轴的垂直平面的截面由圆变成椭圆。此椭圆方程为

$$\frac{X^2}{n_o^2}+\frac{Y^2}{n_o^2}-2r_{22}E_XXY=1 \tag{5.7.23}$$

只要将原坐标系绕 Z 轴逆时针旋转 45°，就可将式(5.7.23)用主轴坐标给出：

$$\left(\frac{1}{n_o^2}+r_{22}E_X\right)X'^2+\left(\frac{1}{n_o^2}-r_{22}E_X\right)Y'^2=1 \quad \text{或} \quad \frac{X'^2}{n_{X'}^2}+\frac{Y'^2}{n_{Y'}^2}=1 \tag{5.7.24}$$

式中

$$n_{X'}=n_o-n_o^3r_{22}E_X/2,\qquad n_{Y'}=n_o+n_o^3r_{22}E_X/2$$

这一结果是在考虑到 $n_o^2r_{22}E_X\ll 1$，经化简后得到的。此即式(5.7.2)。

2. 关于单轴晶体的锥光干涉图样的讨论

锥光干涉是一种会聚偏振光的干涉，其严格的实验装置如图 5.7.7 所示。P_1 和 P_2 是正交的偏振片；L_1 是透镜，用来产生会聚光；N 是厚度均匀的晶体。对本实验中的铌酸锂而言，不加电场时为单轴晶体，光轴沿图中所示的水平方向。由于对晶体而言，不是平行光入射，不同倾角的光线将发生双折射(见图 5.7.8)，而且 o 光和 e 光的振动方向在不同的入射点也不相同。离开晶体时，两条光线以平行光出射，它们沿 P_2 方向的振动分量将在无穷远处会聚而发生干涉。其光程差 δ 由晶体的厚度 h、o 光和 e 光的折射率之差(n_o-n_e)及入射的倾角 θ 决定。不难想见，相同 θ 的光线将形成类似等倾干涉的同心圆环。θ 越大，δ 也越大，明暗相间的圆环的间隔就越小。必须指出，会聚偏振光干涉的明暗分布不仅与光程差有关，还与参与叠加的o 光和 e 光的振幅比有关。重新考察一下图 5.7.4，形成中央十字线的是来自沿 X 和 Y 平面进入晶体的光线。这些光线在进入晶体后或者只有 o 光(其振动方向垂直于 o 光和晶面法线所在的平面)，或者只有 e 光(其振动方向在 e 光和晶面法线所在的平面内)，而且它们由晶体出射后都不能通过偏振片 P_2，形成了正交的黑十字，而且黑十字的两侧也由中心向外逐渐扩展。它们有时被形象地称为正交黑刷(brushes)。

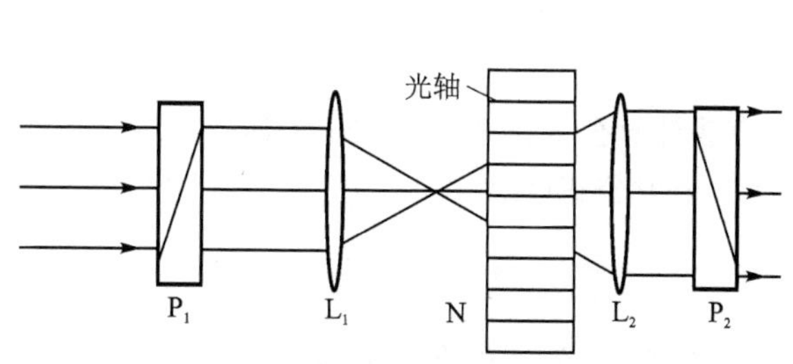

图 5.7.7　会聚偏振光的干涉

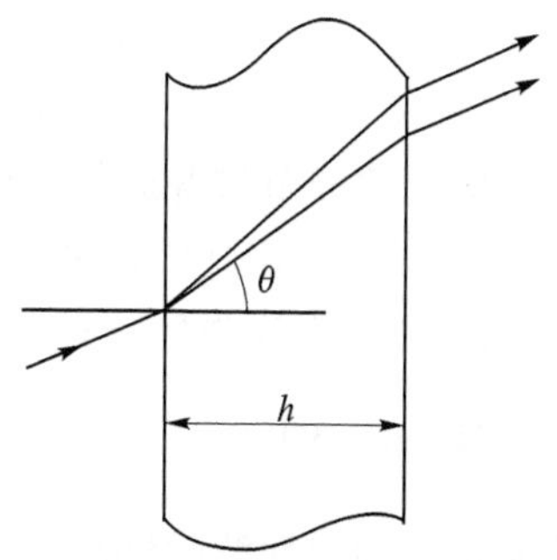

图 5.7.8　通过晶体的双折射

按锥光干涉图样的讨论,在十字刷的中心应是暗点。请考虑它与我们观察到的实际现象是否一致,为什么?

5.8 超声驻波中的光衍射与声光调制

20 世纪初,布里渊曾预言:有压缩波存在的液体,当光束沿垂直于压缩波传播方向以一定角度通过时,将产生类似于光栅产生的衍射现象。布里渊的预言,不久被实验所证实。后来,人们不仅在液体中,而且在透明固体中也发现了这种现象。利用压电换能器在透明固体中激发超声波,让光通过,观察到了超声波中的光衍射现象。激光器出现之后,这种实验变得异常简单。自那时起到现在,人们对声光衍射现象作了大量的实验和理论研究。归结起来,声光衍射的实验测量主要包括两方面的内容:① 光学测量(测量衍射光强、衍射角、衍射光的偏振方向、衍射光的频率与入射光强、入射角、入射光的波长、驱动源频率、驱动功率、声光互作用介质的关系);② 电输入特性测量(行波器件和驻波器件的电输入特性分别与声光互作用介质、压电换能器、匹配网络的关系)。

本实验主要研究驻波声光调制器的工作原理,观察不同声光介质下(液体和晶体)的衍射现象,测量声波在不同介质中的传播速度,以及利用声光效应和声光调制实现光通信。

5.8.1 实验要求

1. 实验重点

① 了解超声驻波在晶体、液体等介质中传播时产生的声光效应;

② 了解声光效应引起的衍射现象,掌握测量超声波在晶体或液体中传播速度的方法;

③ 测量衍射光强的波形,了解声光调制的工作原理和实现光通信。

2. 预习要点

① 什么是超声驻波? 什么是超声行波?

② 观察超声驻波场中光的衍射现象时为何光的入射角增大,衍射斑数目减少?

③ 如何区分布拉格衍射和拉曼-赖斯衍射? 超声行波的拉曼-赖斯衍射有什么特点? 衍射时其衍射光的分布与普通的光栅衍射一样吗?

④ 如何根据超声驻波像测量声速? 推导声速计算公式。考虑公式中为何要有“2”?

⑤ 测量出衍射光强度分布,如何计算声速? 衍射公式(5.8.6)中为何没有“2”?

5.8.2 实验原理

声波是一种弹性波(纵向应力波),在介质中传播时,它使介质产生相应的弹性形变,从而激起介质中各质点沿声波的传播方向振动,引起介质的密度呈疏密相间的交替变化,因此,介质的折射率也随着发生相应的周期性变化。超声场作用的这部分如同一个光学的“相位光栅”，该光栅间距(光栅常数)等于声波波长 λ_s。当光波通过此介质时，就会产生光的衍射，其衍射光的强度、频率、方向等都随着超声场的变化而变化。

声光器件是以声光学的理论为基础制成的，其中最重要的就是声光偏转器和声光调制器。它们都是由伴随有超声波传播的透明的声光媒质组成的。超声波由压电换能器产生，既可以是平面波，也可以是球面波，这取决于换能器的形状和形式。声波在媒质中传播分为行波和驻波两种形式，这取决于与换能器相对的另一端是否有吸声材料。图 5.8.1 所示的情形，声光媒质的另一端面粘有吸声材料，由换能器产生的超声波以行波的形式在声光媒质中传播。图示为某一瞬间超声行波的情况，其中深色部分表示介质受到压缩，密度增大，相应的折射率也增大；而浅色部分表示介质密度减小，对应的折射率也减小。在行波声场作用下，介质折射率的增大或减小交替变化，并以声速 v_s(一般为 10^3 m/s 量级)向前推进。由于声速仅为光速的数十万分之一，所以对光波来说，运动的“声光栅”可以看做是静止的。

本实验的声光效应实验仪利用石英晶体/ZF6 驻波声光调制器制成，它由声光晶体和驱动电源两部分构成。声光晶体由压电换能器(石英晶体)和声光媒质(ZF6)组成。为了在声光介质中形成驻波，除不用安装吸声材料外，沿声传播方向上声光介质的两个面要严格平行，平行度要优于 $\lambda/5$。压电换能器与声光介质焊接成一体。驱动源是一个正弦波高频功率信号发生器。驱动源提供的正弦高频功率信号(见图 5.8.2)，通过匹配网络加到压电换能器上，换能器发出的超声波沿 x 正方向传播，到达对面后，被全反射；反射波沿 x 负方向传播，声光介质中如同存在两列频率相同、振幅相等且沿相反方向传播的超声波，如图 5.8.3所示。

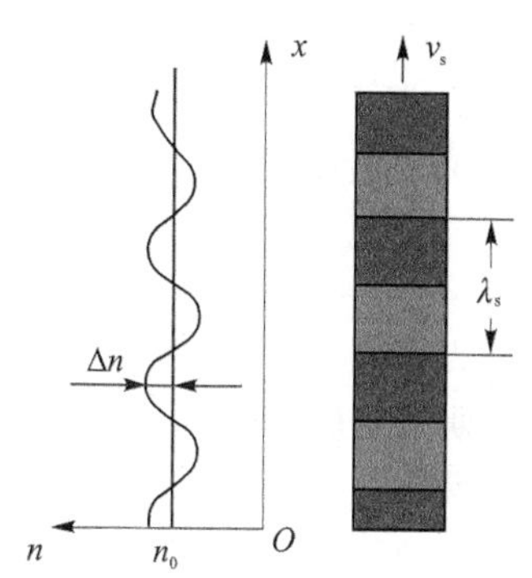

图 5.8.1　超声行波在介质中的传播

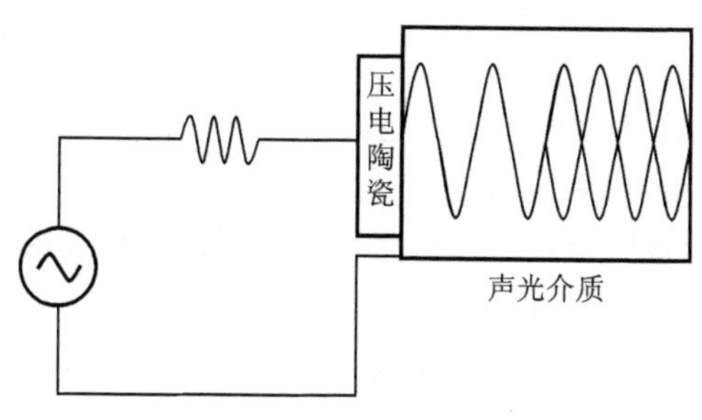

图 5.8.2　驻波声光调制器

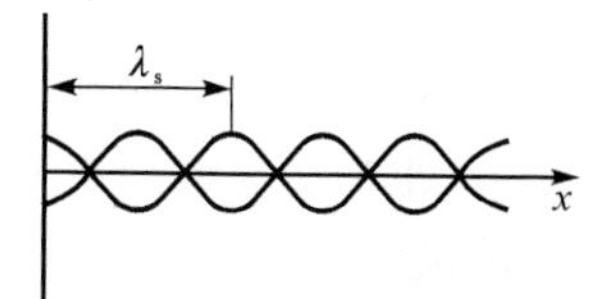

图 5.8.3　超声驻波

图 5.8.4 所示的是这种波在 10 个等间隔瞬时的情况。沿正 x 方向传播的发射波用虚线表示；沿负 x 方向传播的反射波用实线表示；它们的叠加用点画线表示。不难看出，叠加波具

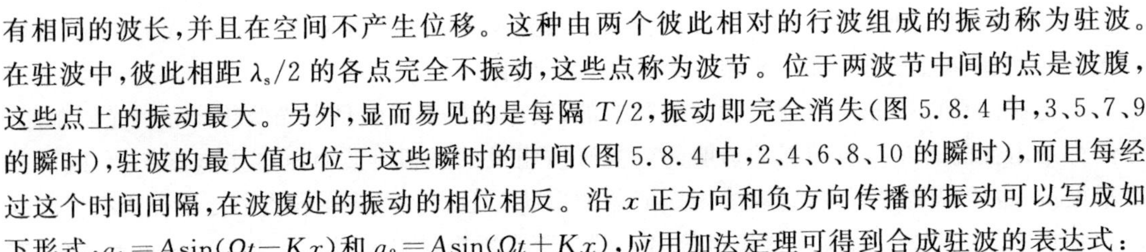

有相同的波长,并且在空间不产生位移。这种由两个彼此相对的行波组成的振动称为驻波。在驻波中,彼此相距 $\lambda_s/2$ 的各点完全不振动,这些点称为波节。位于两波节中间的点是波腹,这些点上的振动最大。另外,显而易见的是每隔 $T/2$,振动即完全消失(图 5.8.4 中,3、5、7、9 的瞬时),驻波的最大值也位于这些瞬时的中间(图 5.8.4 中,2、4、6、8、10 的瞬时),而且每经过这个时间间隔,在波腹处的振动的相位相反。沿 x 正方向和负方向传播的振动可以写成如下形式:$a_1 = A\sin(\Omega t - Kx)$ 和 $a_2 = A\sin(\Omega t + Kx)$,应用加法定理可得到合成驻波的表达式:

$$a = 2A\sin\Omega t \cdot \cos Kx \tag{5.8.1}$$

由此可直接得出,在 $\cos Kx = 0$ 的各点,位移 a 恒等于零;这是在 $x = \pi/2$ 的奇数倍时产生的。$\cos Kx$ 的绝对值最大的点位于这些点的中间。将式(5.8.1)对时间微分,即可得到驻波情况质点振动速度的表达式:

$$u = 2\Omega A\cos Kx \cdot \cos\Omega t \tag{5.8.2}$$

式(5.8.2)说明,质点振动速度的波节和波腹与位移的波节和波腹在相同的点上。

现在来研究驻波中声压分布的问题。在沿 x 方向传播的波中,声压 p 与沿 x 方向位移的变化 $\mathrm{d}a/\mathrm{d}x$ 成正比。将式(5.8.1)对 x 微分,得

$$p \propto \frac{\mathrm{d}a}{\mathrm{d}x} = -2KA\sin\Omega t\sin Kx \tag{5.8.3}$$

声压波节的位置与位移波腹的位置相合或者相反。图 5.8.5 所示是在驻波中两个时间间隔相差半个周期的速度和声压的分布情况。箭头表示质点运动的方向。不难看出,速度与位移的波节和波腹相距 $\lambda_s/4$,且每经过半个周期,全部稠密变成稀疏或者与此相反。在这两个时期之间,有个时间所有质点的位移都为零。如果振动的频率为 f,则驻波的这种“出现”和“消失”在每秒钟内产生 $2f$ 次。当声波垂直入射到两种介质的分界面上时就会产生驻波。假如分界面两边介质的声阻抗相差很大,则根据边界条件,在界面上有 $a=0$ 和 $u=0$。因而,反射点处位移和速度的相位产生 180°的突变。在界面处总是发生位移波节和声压波腹。如由分界面两边介质的声阻抗相差不大的表面上反射时,声波的一部分能量转移到第二种介质中,反射的振幅小于发射的振幅。这时,在第一种介质中发生驻波和行波的组合。

下面来讨论在超声驻波的作用下,声光介质折射率的变化以及光通过时的衍射情况。当光波与声波相互作用时,一个光子或者吸收一个声子,或者释放一个声子,同时产生另一个光子(衍射光)。在这个过程中必须遵守动量守恒和能量守恒定律。那么衍射光子能否再吸收或释放一个声子,产生次一级的衍射光子呢?如果声波是无限广延的平面波,这样的声波可以看成由具有确定动量 $\hbar\boldsymbol{k}_a$ 和能量 $\hbar\omega_a$ 的声子组成的,那么产生次一级衍射光子是不可能的,这样就产生布拉格衍射,只能沿着 θ_B 方向观察到一级衍射光。如果声波不是无限广延的,其波面有一定的宽度 L,则声波的波矢量 $\boldsymbol{k}_a$ 有一个角分布。根据衍射原理,$\boldsymbol{k}_a$ 的角范围为

$$\Phi = \frac{\lambda_a}{L} \tag{5.8.4}$$

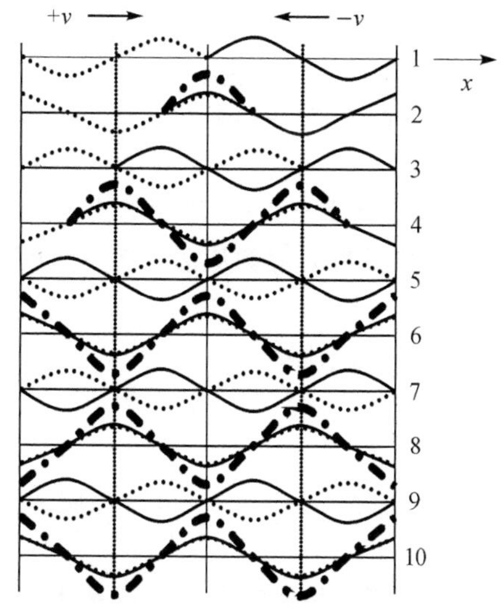

图 5.8.4　超声驻波的形成过程

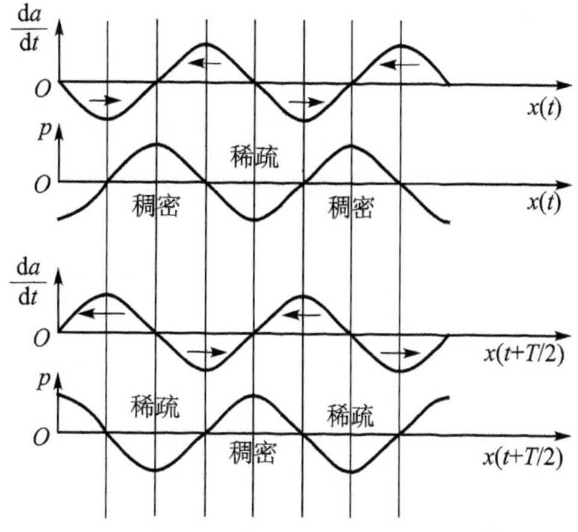

图 5.8.5　驻波中质点振动速度和声压的分布

如果 Φ 比布拉格角 θ_B 大得多，则衍射光子就可以吸收（或释放）另一个声子而产生衍射角更大的次级衍射光子。如图 5.8.6 所示，$\boldsymbol{k}_d$ 可以与另一个具有不同方向的 $\boldsymbol{k}_a$ 组成等腰三角形，也就是说这时动量守恒定律是可以满足的。这样就产生拉曼-赖斯衍射，可以观察到多级衍射光如 $\boldsymbol{k}_d'$ 和 $\boldsymbol{k}_d''$。

在超声驻波的作用下，声光介质的折射率 $n(x,t)$ 由下式表示，即

$$n(x,t) = n_0 + \Delta n \sin \Omega t \cos Kx \tag{5.8.5}$$

式中，n_0 为未加超声波时声光介质的折射率；Δn 为声致折射率改变幅值；Ω 是超声波的圆频率；K 是超声波的波数。当一束波长为 λ 的激光通过时，就会有类似于光栅产生的衍射现象。在垂直入射情况下，各衍射极大的方位角仍为

$$\sin \theta = m\lambda / \lambda_s \tag{5.8.6}$$

各级衍射光的强度为

$$I_m = E_m E_m^* = C^2 q^2 J_m^2 (\Delta\varphi_0 \sin \Omega t) \tag{5.8.7}$$

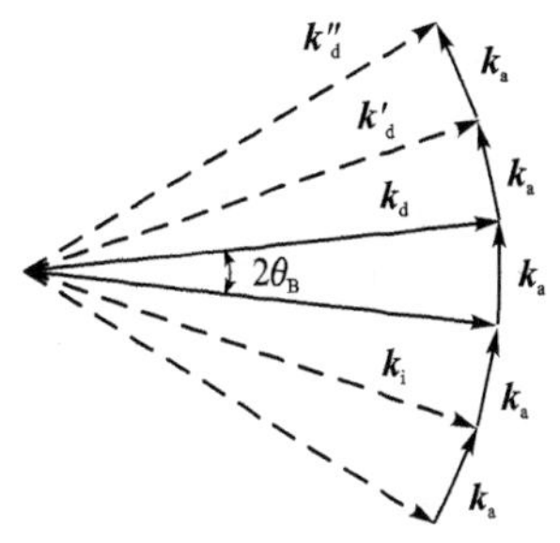

图 5.8.6　k 在一定范围产生拉曼-赖斯衍射

这个结果说明，超声驻波发生的衍射，各序衍射的方位一如既往，但每一级衍射光束均各受到因子 $J_m(\Delta\varphi_0 \sin \Omega t)$ 的调制，通过 Bessel 函数的变量 $\Delta\varphi_0 \sin \Omega t$ 附加了一个随时间的起伏，因此各级衍射光束不像行波①的情况那样，每级衍射光只是简单地发生了一个频移的单色光，而

① 胡鸿章，凌世德. 应用光学原理. 北京：机械工业出版社，1993.

是含有多个傅里叶分量的复合光束,即

$$I_{m,r}=C^2q^2\sum_{p=-\infty}^{\infty}J_p\left(\frac{\Delta\varphi_0}{2}\right)J_{p-m}\left(\frac{\Delta\varphi_0}{2}\right)J_{p+m}\left(\frac{\Delta\varphi_0}{2}\right)J_{p+r-m}\left(\frac{\Delta\varphi_0}{2}\right)$$

$$r=0,\pm1,\pm2,\cdots \tag{5.8.8}$$

式中超声驻波产生的各级衍射光强均以 $2r\Omega$ 的频率被调制。如果把一待传播的声音信号叠加在超声波上,则各级衍射光强被声音信号调制,通过滤波和适当的解调从衍射光波形中提取出所需要的声音信号,加载到扬声器就可还原声音。

驻波声光调制器被广泛用于光速测量、锁模激光器、移频等应用中。

5.8.3 仪器介绍

实验仪器:声光效应实验电源、导轨、半导体激光器、透镜 1($f=10$ cm)、透镜 2($f=20$ cm)、声光晶体、光功率计。

主机箱面板(见图 5.8.7)功能:主机箱“声光效应实验电源”主要功能为声光晶体驱动电压的输出与输出电压的指示、频率调节、被调制信号的接收与放大和还原。各面板元器件作用与功能如下。

① 表头:3 位半数字表头,用于指示声光晶体驱动电压的大小,该显示数值可通过“电压”旋钮进行调节。

② 电压旋钮:调整范围 0～12 V,实验一般调到最大。

③ 频率旋钮:调整范围 9～11 MHz,调整至适当频率使衍射效果最佳,频率值可在示波器或频率上读出(均需另备)。

④ 驱动输出:Q9 插座,与声光晶体相连接。

⑤ 波形插座:Q9 插座,为输出驱动波形,一般与示波器 1 通道连接。

⑥ 音频输入插座:3.5 mm 耳机插座,用于输入音频信号。

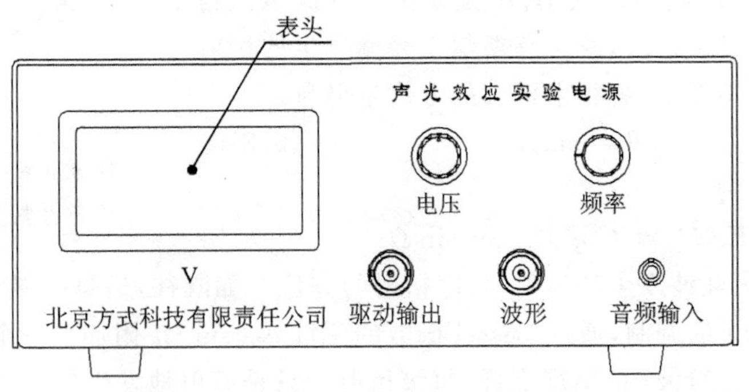

图 5.8.7 声光效应实验电源面板图

5.8.4　实验内容：

1. 超声驻波场中光衍射的实验观察

超声驻波场中光衍射的实验观察如图 5.8.8 所示。

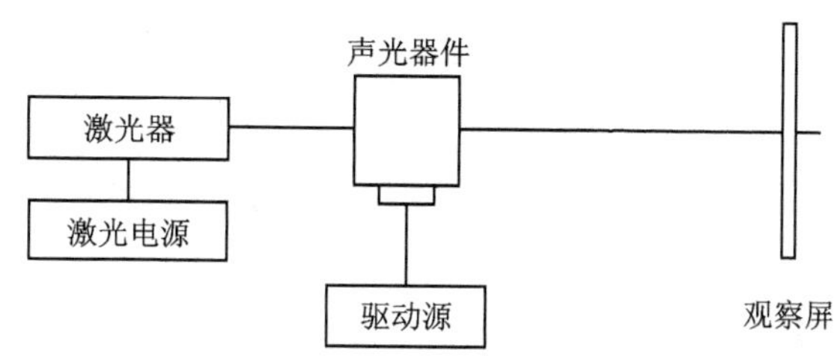

图 5.8.8　超声驻波场中光衍射的实验观察

① 开启激光电源，点亮激光器。

② 令激光束以垂直于声光介质的通光面入射，观察屏上的光点，可观察到 3 个光点(见图 5.8.9)，它们分别由透射光以及声光介质两个通光面反射并进一步经激光器输出镜反射的光线形成，当此 3 个光点在观察屏上处于与声传播方向相同的一条直线上即可，这时可认为入射光已垂直于声传播方向。但如果反射回来的光又进入激光器，则会引起激光器工作不稳定。

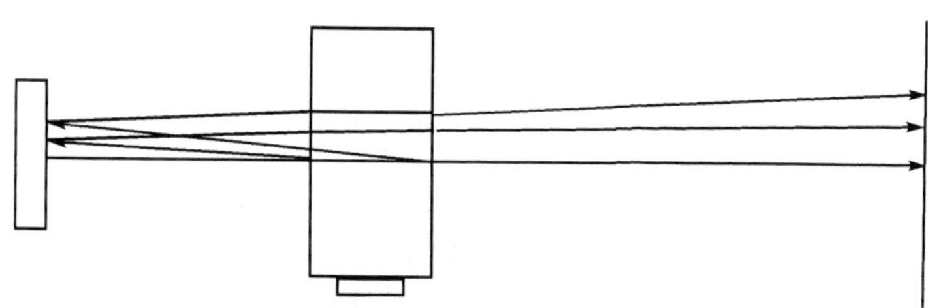

图 5.8.9　反射光示意图

③ 打开电源，开启声光调制器驱动电源，改变频率，观察衍射光斑，同时调节阻抗匹配磁芯(实验室老师调)，使衍射最强，观察衍射光斑形状。

④ 改变声光调制器的方位，观察不同入射角情况下的衍射光斑数目。

2. 观察超声驻波场的像，测量声波的传播速度

观察入射光斑尺寸对衍射光的影响，如图 5.8.10 所示。

① 去掉图中透镜，重复实验 1 的步骤，令观察屏上的衍射光点最多。

② 安上透镜，改变透镜与调制器之间的位置，用小孔光阑限定声光调制器前表面入射光斑的尺寸。

③ 当入射光充满通光面时，数出超声驻波像的条纹数目 N，利用下式计算声光介质中的声速 v，即

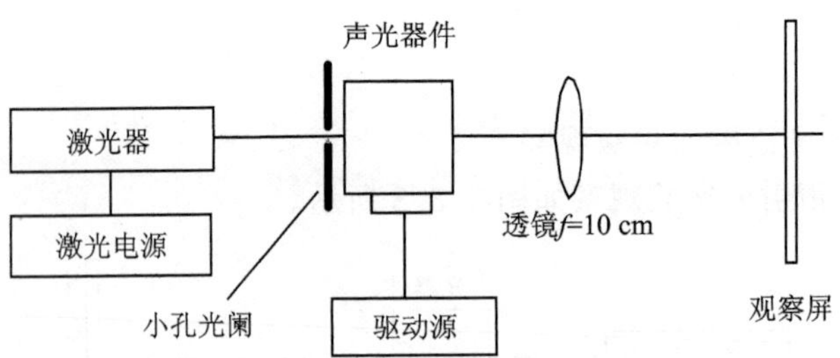

图 5.8.10　观察入射光斑尺寸对衍射光的影响

$$v = 2df/N$$

式中,d 是光斑直径,f 是超声波的频率。d=2.5 mm,f =10 MHz。(请推导该公式。)

3. 测量衍射光强分布,并由此计算声速

超声驻波衍射光强的测量如图 5.8.11 所示。

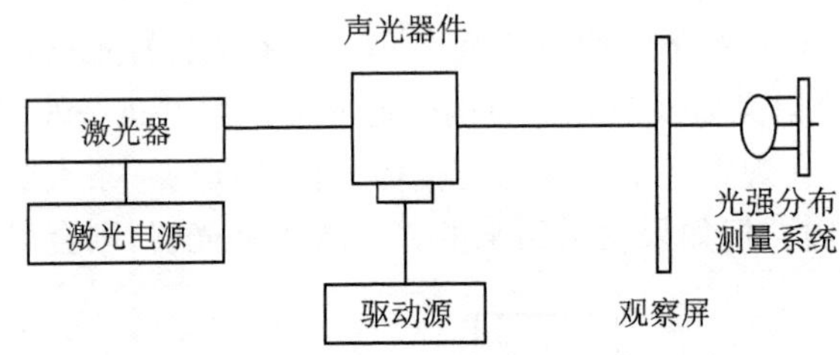

图 5.8.11　超声驻波衍射光强的测量

① 重复实验 1 的步骤,让观察屏上的衍射光点最多。

② 移开观察屏,用激光功率计测出入射光强 I_i。

③ 利用光阑分别让 0,±1,±2,±3,…级衍射光打到激光功率计的光敏面上,测出各级衍射光的强度 I_m,衍射效率为 $\eta_m = \dfrac{I_m}{I_i}$

④ 改变驱动电压,测量对应的衍射效率,作出衍射效率与驱动电压的关系曲线,并进行分析。

⑤ 用适当的光阑测量各衍射点的光强,绘出衍射光强分布曲线。

⑥ 读出声光调制器和光强分布测量系统在导轨上的位置。

利用光栅公式(5.8.6)求出光栅常数,并算出声波传播速度(超声在石英晶体内的传播速度为 3 846 m/s),与实验 2 比较。激光波长为 650 nm。

4. 声光调制

输入声音信号,和超声波一起加载在声光晶体两侧,利用声光调制,实现声音信号的传输和再现。观察音质与光电接收器接收的不同衍射光之间的关系。

5.8.5 数据处理

① 观察超声驻波像计算声速,并分析声速的准确度受哪些因素的影响。

② 画出衍射光强分布图,并计算声速及不确定度。

5.8.6 思考题

① 试分析在什么条件下,衍射光强可获得最好的2倍声频调制。

② 分析声光效应和电光效应的共同点与区别。

5.8.7 参考文献

[1] 波恩 M. 沃耳夫 E. 光学原理. 下册. 北京:科学出版社,1981.

[2] 胡鸿章,凌世德. 应用光学原理. 北京:机械工业出版社,1993.

5.9 液晶光阀的特性研究

在现代信息处理技术中,光电混合处理系统具有重要的地位。信息的传递和处理常常需要对信号进行调制,空间光调制器是光电混合处理系统的关键器件之一。液晶光阀 LCLV (Liquid Crystal Light Valve)就是利用液晶对光的调制特性而制作的一种实时空间光调制器,它可以广泛地应用于光计算、模式识别、信息处理、显示等现代高新技术领域。由于液晶光阀写入光和读出光互相独立,可以方便地把非相干光转换为相干光,因此在相干光实时处理系统中,液晶光阀可以发挥重要作用。同时液晶光阀还可以增大读出光的能量,实现弱图像的能量放大,因此它也被广泛地应用于大屏幕、高亮度的投影显示中。

通过本实验可以了解实时空间光调制器的一些基本知识、液晶光阀的工作原理和主要特性、偏振分光棱镜的作用和偏振光的转换等,还会涉及光学傅里叶变换的一些知识。

5.9.1 实验要求

1. 实验重点

① 学习液晶光阀的工作原理,测量其工作曲线,了解液晶光阀使图像反转的原理。

② 了解液晶光阀实现非相干光到相干光图像转换的工作原理,以及它在光学傅里叶变换等领域中的应用。

2. 预习要点

① 液晶是一种什么物质状态?它有什么特点和优点?

② 何谓非相干光图像和相干光图像?为什么要把非相干光图像转变为相干光图像?

③ 偏光棱镜(PBS)的作用是什么?当一束线偏振光入射到PBS上时,出射光有什么

特点?

④ 光学傅里叶变换系统中,各级衍射的角分布与傅里叶分解的谐波理论有什么关系?

5.9.2 实验原理

1. 液晶显示器的工作原理

液晶是介于液体与晶体之间的一种物理状态,它既有液体的流动性,又有晶体的取向特性。常见的液晶材料都是长型分子或盘型分子的有机化合物,是一种非线性的光学材料。当液晶分子有序排列时表现出光学各向异性,具有双折射性质,即沿分子长轴方向振动的光矢量表现为折射率为 n_e 的非常光;而垂直分子长轴方向的则为寻常光(折射率为 n_o)。

先来讨论液晶作为一种显示器件的工作原理。以最简单的向列相液晶数字显示器为例:由两块导电的平板玻璃构成电极基板,中间的间隔层充满液晶,形成一液晶盒。导电玻璃表面经特殊处理,形成定向结构,可以使贴近基片表面的棒状液晶分子平行于玻璃表面,并且其长轴沿定向处理的方向排列。通常两基板表面的定向互相垂直。如图 5.9.1 所示,左侧液晶分子的长轴方向沿 X 方向排列,右侧表面液晶分子的长轴沿 Y 方向排列,中间分子长轴取向因受到分子间相互作用力的影响,将逐渐从一个基片表面的取向"均匀"地扭曲到另一个基片表面的取向,旋转了 90°。长轴方向代表了该层分子的光轴方向,长轴发生旋转意味着光轴的旋转。当光垂直入射时,在液晶盒外侧加偏振片,其偏振化方向与 X 方向相同,这时入射到液晶盒的光矢量是沿 X 方向偏振的。可以证明:对光轴方向线性扭曲的液晶,当液晶层厚度远大于波长①即满足所谓弱扭曲条件时,光的振动方向将锁定在光轴方向上。跟随光轴的旋转,出射光仍是线偏振光,偏振方向与液晶出射表面的光轴一致。这种偏振光的扭曲效应也称旋光效应。如在出射处放一偏振化方向为 X 的偏振片,则出射光呈全暗(关态)。如对导电玻璃加电压,液晶的长型分子作为电偶极子,将趋于电场方向重新排列,中间层影响最大,其作用相当

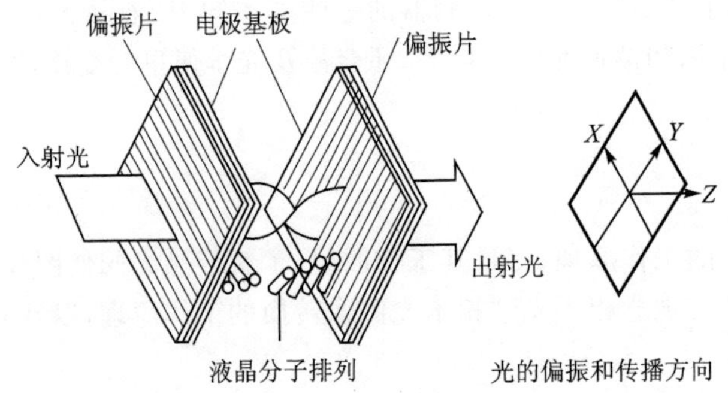

图 5.9.1 液晶的扭曲效应

① 通常液晶层厚度为 10 μm 量级,可见光平均波长为 0.55 μm,可以认为满足弱扭曲条件。

于冲淡了光轴的“扭曲”效应，使器件获得一定的透过率。电压越高，透过率越大，电压达到一定值时，具有最大透过率（开态）。液晶长轴方向沿着电场方向的偏转表现为电场控制的双折射效应的变化。

如果在玻璃板上用大规模集成电路技术制作薄膜晶体管，构成像素，不同像素受来自不同晶体管的电场控制（电写入），则出射光将构成按电场的空间分布的光学图像。将微彩色膜（红绿蓝）直接制作在液晶盒内构成并列的三个像素，就可以进行彩色显示。这就是液晶显示器的基本原理。

液晶显示的最大优点是驱动电压低（<5 V），功耗小（(W/cm^2)，寿命长，平板型结构，便于集成化和大屏幕显示。这些优势使液晶在数字图像显示特别是大屏幕、高亮度的投影显示方面获得了广泛的应用。

2. 液晶光阀的工作原理

（1）液晶光阀的结构

本实验使用的液晶光阀，是在液晶盒一侧增加一个光导层，从而实现光电信号转换的。利用光导层的光电效应，把照射在各像素位置上的写入光强度转变成电场强度的变化，再通过液晶的电光效应实现对读出光的调制。

液晶光阀的具体结构如图 5.9.2 所示。其中，1 为玻璃基板；2 为镀在玻璃基板上的透明导电膜，其上加有一定的电压；3 为液晶层；4 为反射镜，用来反射读出光；5 为中间阻隔层，用来分离读出光和写入光，使它们之间互不影响；6 为光敏材料构成的光电导层，当外界光写入时，它的电阻率就急剧下降。在无写入光的情况下，光导层的电阻率很高，光阀上所加的电压几乎全部落在光导层上，液晶层上的电场很小。当有外界光写入时，由于光导层电阻率急剧下降，外加电压将穿过光导层而直接加在液晶上，使液晶的光轴在电压作用下发生偏转，从而引起双折射效应的变化。

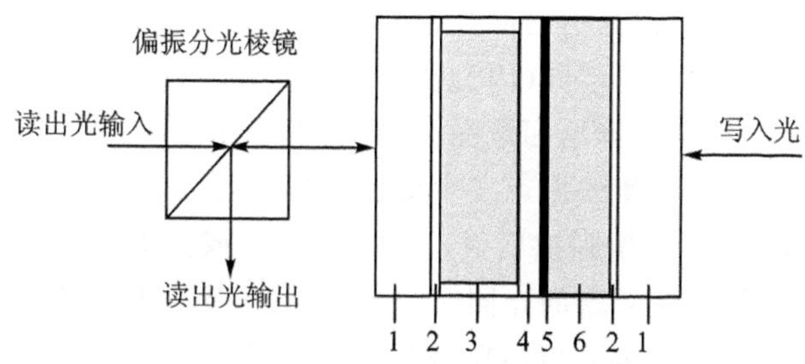

图 5.9.2　液晶光阀结构图

（2）工作原理

与图 5.9.1 不同，液晶光阀实验装置去掉了偏振片，而代之以偏光棱镜 PBS（Polarizing Beam Splitter），如图 5.9.3 所示。此外，两侧导电玻璃表面的定向结构为 45°而不是 90°（正交)。入射光经偏光棱镜从左侧进入液晶盒;偏光棱镜有按偏振方向分束的功能,即只有 P 分量(平行于纸面)的光才能透射, S 分量(垂直于纸面)的光则被反射。

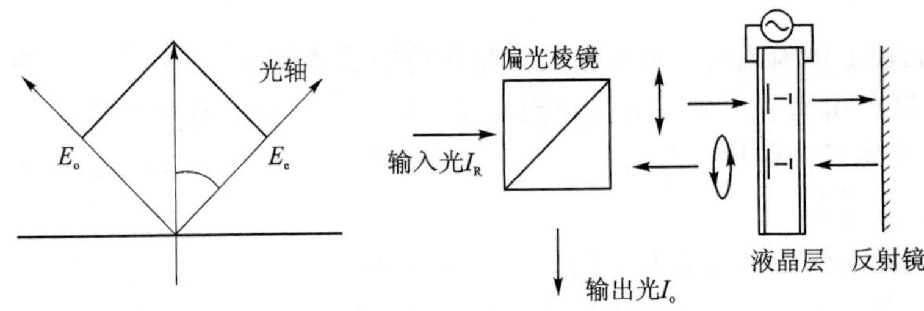

图 5.9.3　外电场使液晶扭曲结构破坏后的液晶光阀(左图为右区的双折射)

首先讨论液晶盒两端不加电压时的情况:由于偏光棱镜的作用,进入液晶盒的偏振光为平行于纸面的 P 分量,它与液晶的光轴方向相同(沿 X 方向)。由于旋光效应,出射光的偏振方向绕 Z 轴旋转了 45°,被全反射后重新进入液晶盒;又由于旋光效应,从液晶盒左侧表面出射时,光矢量仍沿 X 方向,并重新进入偏光棱镜。由于进入偏光棱镜的入射光只有 P 分量,故全部透射而无反射光输出。

再来讨论加电压时的情况:由于外电场的作用,液晶分子的长轴将趋于垂面排列(Z 轴向)。当外电场比较小时,没有任何一层的液晶分子能达到真正的垂面排列,液晶层间仍保持连续的扭曲结构,但扭曲不再均匀。当外电场达到一定强度时,液晶盒中间层的分子首先沿垂面排列,从而完全切断了液晶盒左右两部分的扭曲关联,连续的扭曲结构被彻底破坏。作为初级近似的物理模型可以把液晶盒分成 3 个区:左表面附近光轴沿 X 方向;中间部位因电场作用,光轴沿 Z 方向;右表面附近光轴仍沿 45°方向。电压越高,中间层的宽度越大,左右表面的厚度越薄。当 P 光(X 方向)进入左侧表面附近时,光矢量不偏转;进入中间层时,光矢量也不偏转;进入右半区时,光矢量分解为沿液晶光轴的 e 光和垂直主平面(晶面法线和光轴组成的平面)的 o 光。两个方向传播速度不同(因为折射率不同,$n_e \neq n_o$),产生相位差,从而以椭圆偏振光的形式离开液晶盒。经全反镜返回液晶盒后,右半区使相应的位相差增加 1 倍,而中间层对偏振态没有影响,左半区也会使偏振态发生变化。最后进入偏光棱镜的光束一般为椭偏光,其 P 分量透过偏光棱镜,而 S 分量则被反射,进入观察屏(或光电池)。另外,转动偏光棱镜或液晶盒的光轴方向,使入射到液晶盒的光同时包含平行于 X 轴和垂直于 X 轴分量,也会导致读出光中含有 S 光分量,从而被偏光棱镜反射后进入观察屏。

当写入光把光学图像写入(成像)在液晶的工作面上时,工作面上的电压分布是与图像的光强分布一一对应的。由于经光阀反射出来的读出光(相干光)被工作面上的电压分布所调制,因此得到的读出光图像与写入图像具有确定的对应关系。由于液晶层和光导层的电阻率相对较高,横向相邻点间亮暗变化引起的电位变化不会相互影响,因此当写入光为一幅图像时,液晶层也会让读出光输出一幅图像。利用这种方法,可以把非相干光的图像转换成相干光

的图像。

通过外电场来控制液晶层的光学性质，实现对读出光的实时图像调制；利用光导层的光电效应，又把照射到不同"像面"位置上的写入光强转化为相应的电场强度，从而得到了光学图像的"编址"，这就是液晶光阀的工作原理。由于存在阻隔层，液晶光阀的写入光和读出光互相独立，可以方便地实现非相干光到相干光的转换，还可以实现图像的波长转换（以某个波长的光写入，另一个波长的光读出）或使图像增强（把图像的亮度放大）。

3. 光学傅里叶变换

现代光学的一个重大进展是引入"傅里叶变换"的概念，由此逐渐发展形成光学领域中的一个重要分支，即傅里叶变换光学，简称傅里叶光学。它在现代科学技术中有许多重要应用，而透镜的傅里叶变换效应则构成了光学信息处理的框架。

由傅里叶级数的理论可知，一个随自变量作周期为 T_0 变化（频率为 $1/T_0$）的函数可以展开成一系列离散的频率不同的简谐函数的叠加：

$$U(t)=\sum_{n=-\infty}^{+\infty}A_n e^{j2\pi f_n t} \tag{5.9.1}$$

式中，n 是正整数，频率 $f_0=1/T_0$ 称为基频，$f_n=nf_0$ 称为 n 次谐频，A_n 称为傅里叶系数，展开式称为函数的傅里叶级数。

推广到一般的非周期函数，则是把离散的傅里叶级数变为频率连续分布的简谐函数的叠加。用复指数形式表示则为

$$g(t)=\int_{-\infty}^{+\infty}G(f)e^{j2\pi nft}\,df \tag{5.9.2}$$

式中

$$G(f)=\int_{-\infty}^{+\infty}g(t)e^{-j2\pi nft}\,dt \tag{5.9.3}$$

称为 $g(t)$ 的傅里叶变换，或傅里叶频谱。而 $g(t)$ 称为 $G(f)$ 的傅里叶逆变换。作为数学运算，变换式和逆变换式在形式上完全相似，只是被积函数的指数项符号不同。

数学上的傅里叶变换和逆变换在物理上如何实现，这是一个有意义的问题。光学理论已经证明，夫琅和费衍射装置其实就是一个傅里叶频谱分析器。以矩形光栅为例：平行单色光垂直入射到缝宽为 a、间距为 d（光栅常数）的光栅上时，夫琅和费衍射的极大位置由光栅方程决定，即

$$d\sin\theta=k\lambda \qquad (k=0,\pm1,\pm2,\cdots) \tag{5.9.4}$$

式中，θ 为衍射角。极大位置的光强：

$$I\propto\left[\frac{\sin(\pi a\sin\theta/\lambda)}{\pi a\sin\theta/\lambda}\right]^2 \tag{5.9.5}$$

它与周期性的矩形函数的傅里叶展开完全对应：宽度为 a、周期为 T_0 的矩形函数，高电平幅度

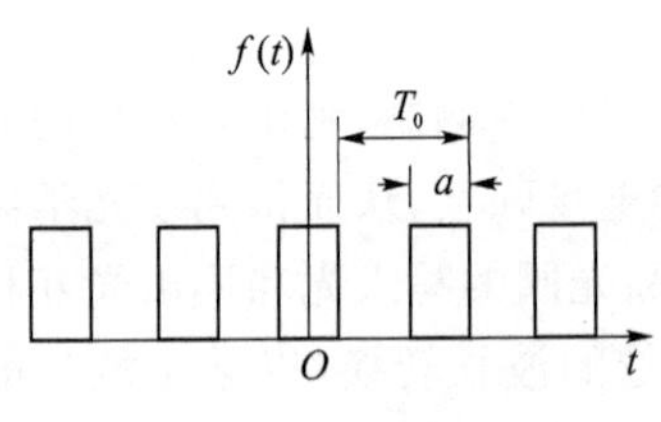

图 5.9.4 矩形函数

为 1,低电平幅度为 0(见图 5.9.4);按照傅里叶级数展开的理论,它可以看成是基频 $f_0=\dfrac{1}{T_0}$ 及其高次谐波 nf_0 的叠加:

$$f(t)=\sum_{n=-\infty}^{\infty}F_n\mathrm{e}^{\mathrm{j}2\pi n\frac{t}{T_0}} \tag{5.9.6}$$

式中

$$F_n=\frac{a}{To}\,\frac{\sin n\pi a/T_0}{n\pi a/T_0} \tag{5.9.7}$$

两者的对应关系是 $\dfrac{n\pi a}{T_0}\Leftrightarrow\dfrac{\pi a\sin\theta}{\lambda}$ 或 $\dfrac{n}{T_0}\Leftrightarrow\dfrac{\sin\theta}{\lambda}=\dfrac{k}{d}$ 。由此可见,周期函数的 T_0 与光栅常数 d 的地位相同。因此 d 被称做空间"周期",$f_0=\dfrac{1}{d}$ 则被称做空间"频率"[①]。

时域信号的傅里叶变换原来只是一种抽象的数学概念,光学的傅里叶变换把这种分析问题的方法变成了物理现实。当单色平面波照射到一幅图像(它可以看成无数不同方位和空间频率的光栅组合)时,不同方位和不同衍射角的衍射波就代表了它的频率分布。如果用一块凸透镜来接收衍射光,将在透镜的后焦面上生成相应图像的频谱(见图 5.9.5)。

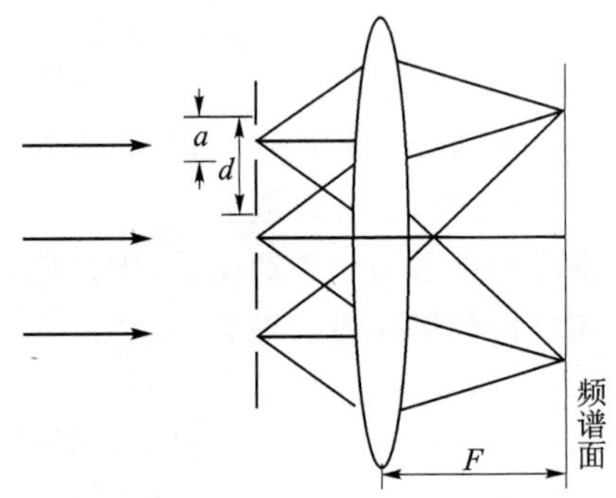

图 5.9.5 矩形光栅的夫琅和费衍射

光学的频谱分布有自己的特点。光栅方程 $\dfrac{k}{d}=\dfrac{\sin\theta}{\lambda}$ 表明:不同的频率分量 $\dfrac{k}{d}=kf_0$ 是按倾角 θ 分布的,频率越高(d 越小或 k 越大),倾角越大,所以光学傅里叶变换的频谱也被称为角谱。

光学傅里叶变换是一个二维的傅里叶变换。一幅平面图像的每个细节既包含空间周期 d(或空间频率 $1/d$)的信息,还要考虑其走向或方位。图 5.9.5 讨论的是一维的光栅衍射问题,当光栅刻线平行于 X 轴时,透镜后焦面上的频谱是沿 Y 方向间隔为 $F\lambda/d$(F 是透镜焦距,λ 是波长)[②]的一排光点,其强度被 $\left[\dfrac{\sin(\pi a\sin\theta/\lambda)}{\pi a\sin\theta/\lambda}\right]^2$ 所调制。请考虑如果光栅刻线是相互平行的直线但与 X 轴成 β 角时,频谱面上的光点将怎样分布?本节附录对几种最简单的函数从光学傅里叶变换的角度作了讨论和分析。

① 顺便指出,由于实际的光栅存在一定的宽度,缝长也不可能是无穷长,它的频谱不可能是严格的等间距的几何点,而是表现为频谱点有一定的展宽,并且还存在次极大。

② 由光栅方程可知,透镜后焦面上的频谱间隔为 $F\Delta\theta=F\lambda/d$,推导时考虑了傍轴条件:$\sin\theta\approx\tan\theta\approx\theta$。

光学傅里叶变换使用的是单色平面波。由于一般的光学系统生成的大多是非相干的图像，如需进行频域处理，就要作非相干光到相干光的转换。因此液晶光阀在相干光实时处理系统中是必不可少的器件。

5.9.3　仪器介绍

本实验使用的仪器或元件包括 T 形光学导轨，照明光源（12 V、30 W），成像物镜（$F=50$ mm），激光器（>3 mW，650 nm 半导体激光器或 632.8 nm 氦氖激光器），扩束镜（$F=15$ mm），准直透镜（$\Phi=50$ mm，$F=300$ mm），偏振分光棱镜（$T_P : T_s=400:1$），傅里叶透镜（$\Phi=50$ mm，$F=300$ mm），光电探测器（光电池），系统控制器，白屏以及液晶光阀等。

1. 液晶光阀

液晶光阀是本实验的关键部件，其工作面直径约 30 mm，主要性能如表 5.9.1 所列。

表 5.9.1　液晶光阀的主要性能

参数名称	性能指标	参数名称	性能指标
工作面积	Φ30	反差	>200∶1 (633 nm)
分辨本领	>50 l_p/mm	阈值灵敏度	<20 μW/cm^2
响应时间	<30 ms(开通)	写入光波长	550～700 nm
	<40 ms(关断)		

液晶光阀要正常工作，必须通过控制器对其进行一定的设定和控制。液晶光阀控制器的作用是：

① 为照明光源提供电源(0～12 V)；

② 为液晶光阀提供驱动方波信号(频率为 500～2.5 kHz，幅度为 0～10 V)；

③ 测量光强时，可指示光电流的大小[①]（相对值）。通过开关切换（位于控制器前面板下方），相关参数均可显示在三位半数字面板上。

2. 实验系统的组成

本实验系统由液晶光阀和读出光路、非相干光成像光路和应用光路等部分组成。

① 写入光路。由光源、成像透镜（组）组成的非相干光成像光路。

② 读出光路。为了使读出图像为相干光图像，读出光源应采用相干光。本实验系统中使用半导体激光器(650 nm)或氦氖激光器作为光源。由激光器产生的激光是一种偏振光，能量集中，方向性好，相干长度长。为了使光束很细的读出光能均匀照明在液晶光阀上，必须对其进行扩束处理。扩束器件使用的是一种焦距极短的凸透镜。为滤除空间频率较高（即与光轴夹角较大）的杂散光，有时在扩束器件中除了扩束镜外还有一个小孔作为空间滤波器。

① 测工作曲线时，为减少切换开关带来的不便，本实验中光电流直接用数字三用表测量。

激光经过扩束器件后是一种发散光,需要使用一个凸透镜将其转换为平行光,经偏振分光棱镜后,均匀照明在液晶光阀面上。激光经过偏振分光棱镜后,只有某特定偏振方向的光(P光)照射到液晶光阀。而由液晶光阀折回的光已经是被光阀上图像调制后的包含不同偏振分量的光。再次经过偏振分光棱镜后只有某特定偏振方向的光(S光)被反射到出射光路。

③ 应用光路。可根据实验内容进行调整。如测量液晶光阀工作曲线时使用光电探测器测量光强;研究图像放大和反转时使用白屏;而在傅里叶变换实验中使用的是傅里叶透镜和白屏。

5.9.4 实验内容

1. 光路和仪器调节

液晶光阀实验主要仪器如图5.9.6所示。

① 将系统控制器的输出、灯源、液晶光阀以及光电二极管的接线连好。接上系统控制器的电源插头、激光器的电源插头。打开激光器电源与系统控制器电源。

② 做好各元件的目测粗调,特别要注意让各元件高度与激光束一致并有一定的调节余量。借助白屏,调整激光器,使光束与导轨平行且沿导轨中线通过。在此基础上做好光束与所有器件同轴等高。

③ 调整准直镜,使激光的输出为一个大而圆的光斑,光束经偏振棱镜照射到液晶光阀上。

④ 放置输入图像,调节系统控制器上的电源电压旋钮,使光均匀照明图片,调整成像物镜的位置,使图片成像于液晶光阀的光敏面上。

⑤ 调节系统控制器的驱动电压与频率,有时还要适当改变光阀的偏转角度,使光阀反射激光图像,并由PBS反射检偏后成像。

(a) T形导轨和主要光学器件　　(b) 系统控制器

图5.9.6　液晶光阀实验主要仪器

2. 测量液晶光阀的工作曲线

液晶光阀工作时,需在对应的电极施加驱动电压。为防止直流电流流过液晶层造成对液晶光阀的损害，驱动电压是直流分量为零的方波信号。液晶光阀的工作曲线就是指所加驱动电压与光阀输出光强的函数关系。液晶光阀的输出光强不仅与驱动电压的大小有关，还受到写入光的强弱、光阀的偏转角度以及驱动电压的频率等因素的影响。实验中要求测出全暗（输入图像全黑）和全明（输入图像全明）的两条工作曲线（见图 5.9.7）（驱动频率与光阀偏转角保持不变）：驱动电压从 0～10 V 变化，用光电池测量读出光输出面的相应光强（见图 5.9.8 调整光路）。

根据实验条件，改变液晶光阀的偏转角（0～90°）及驱动频率 f（1～3 kHz），再次测量全暗和全明的工作曲线，并进行比较。

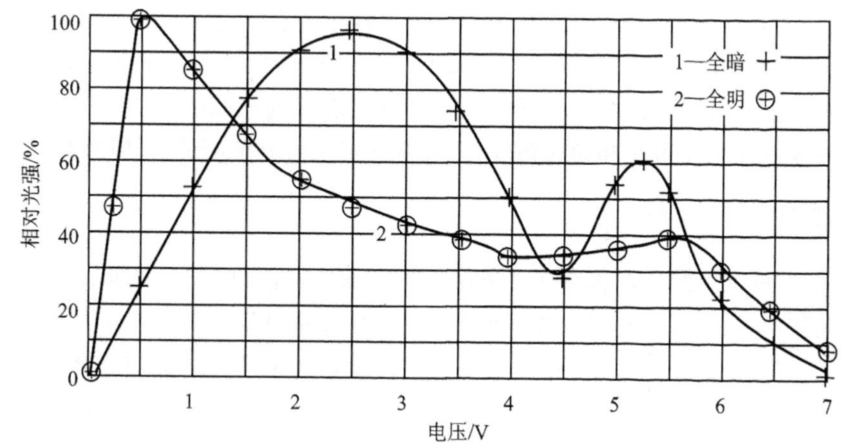

图 5.9.7　液晶光阀典型工作曲线

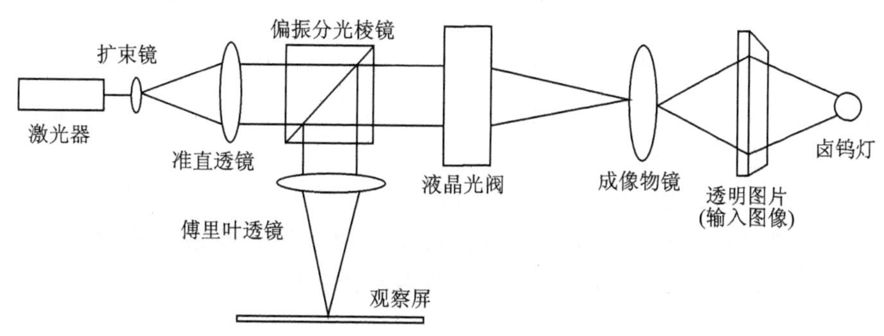

图 5.9.8　光学傅里叶变换光路图

3. 相干光图像的获得和反转

① 写入图片（非相干图像），结合测得的工作曲线，按照设定的驱动电压频率和液晶光阀偏转角，选择并调节驱动电压的大小，在观察屏处获得清晰的相干光图像。进一步调节驱动电压，使图像反转。所谓反转是指原写入图像的最暗处在读出图像时变为极亮；而原图像的最亮

处,读出图像相应的部分变为最暗,类似于黑白照片的负片。

② 仔细观察相干光图像随驱动电压的变化而发生的变化,例如图像的反差和清晰度、反转时的电压大小、出现反转的次数等,并记录相应的结果和数据,与测得的工作曲线进行比较分析。

③ 改变液晶光阀偏转角度和驱动电压的频率,重复②的观察和记录。

4. 光学傅里叶变换实验

按图 5.9.8 所示光路,放上傅里叶透镜,观察矩形光栅和二维正交光栅的频谱,并记录实验结果。注意:为获得相应的频谱图,必须仔细调节写入-读出光路,找到正确的频谱面位置。

如条件允许,还可以改变原图像的空间方位,观察频谱的变化。

由液晶光阀的工作曲线可知,当液晶光阀工作在写入光全暗、读出光较强,而写入光全明、读出光反而较弱的区域时,若输入一幅图像,则必然会观察到与原图像明暗颠倒的反转图像。仔细调节液晶光阀的工作电压和偏转角度,可在观察屏上看到清晰的反转图像。

5.9.5 数据处理

① 在同一坐标纸上绘制两种写入光条件的工作曲线,进行比较。要求 X 轴为驱动电压,Y 轴为相对光强(指被测光强与最大光强的比值)。对实验中观察到的相干光图像的特征(图像对应的曲线位置、成像的清晰度与反差、出现反转像的位置和次数等)作出解释。

② 结合现场的记录数据和实验参数(光栅的空间周期 d、成像物镜焦距 $f_{物}$、傅里叶透镜焦距 $f_{傅}$)估算光栅频谱的间隔,与实验观察结果进行比较。

5.9.6 思考题

① 简述利用液晶光阀组成的空间光调制器的工作原理。

② 如何用液晶光阀来观察矩形光栅的“频谱”? 在本实验条件下,光栅的频谱面在什么位置? 频谱的间距大概有多大?

③ 液晶光阀的转臂主要功能是什么? 如何获得相干光图像的反转图像?

④ 图 5.9.7 是某液晶光阀在确定的转角和驱动频率下的工作曲线,请说明在何种驱动电压下会出现正像或反像? 正反像可互变几次? 反差有什么变化?

5.9.7 参考文献

[1] 宋菲君,Jutamulia S. 近代光学信息处理. 北京:北京大学出版社,1998.

[2] 赵达尊,张怀玉. 空间光调制器. 北京:北京理工大学出版社,1992.

[3] 甘巧强,等. 液晶光阀图像输出特性的深入研究. 物理实验,2002,22(10).

[4] 徐平,等. 液晶光阀用于光学傅里叶变换. 物理实验,2002,22(12).

5.9.8 附　录

主要介绍几个简单函数图像的光学傅里叶变换。

1. 点光源和平面波

对于理想的光学系统，位于凸透镜前焦面上的点光源，在经过透镜后形成平行光出射。这个现象可以从傅里叶变换的角度来分析：凸透镜相当于一个傅里叶变换器，一个点光源的傅里叶变换是一个平面波，在透镜的后焦平面上是一个各频率分量连续分布、振幅相同的常数频谱。当点光源位于光轴上，即$(x_0, y_0)=(0,0)$时，该平面波沿光轴传播；如果点光源不在光轴上，则平面波与光轴有一定的夹角。

类似地，几何光学中入射在凸透镜上的平行光，将会聚在透镜的后焦面上形成光点。用傅里叶变换的语言来说，就是一个沿光轴方向传播的平面波在 $z=0$ 平面上振幅为常数，它的傅里叶变换是一个二维的点源函数(数学上称为 δ 函数)。

2. 狭　缝

单色平行光照射在宽度为 a 的狭缝上时，将产生光的衍射，衍射条纹的光强分布为

$$I = I_0\left(\frac{\sin u}{u}\right)^2, \qquad u = \frac{\pi a}{\lambda}\sin\theta \tag{5.9.8}$$

这个结果也可以通过傅里叶变换来理解：X 方向宽度为 a，Y 方向为无限长的一个矩形函数，它的傅里叶变换在 f_y 方向没有延伸，但在 f_x 方向上强度被 sinc 函数的平方所调制。当狭缝变成 X 方向无限窄、Y 方向无限长时，它的傅里叶变换是相对于狭缝旋转 90°的一条线。

如果狭缝在 Y 方向被限制，则它的傅里叶谱在 f_y 方向出现调制。

3. 双孔干涉和余弦光栅

对位于 X 轴上、相对于原点对称、间距为 $2x_0$ 的两个点光源，其傅里叶变换的结果是在 f_x 方向上以 $1/x_0$ 的空间周期对振幅谱进行余弦调制，在 f_y 方向上振幅为常数。这实际上就是大家所熟知的杨氏双孔干涉。

在光学实验中经常使用一种用全息干涉法制作的余弦光栅，它的透过率不是像黑白光栅那样明暗交替，而是以余弦函数形式作周期性变化。余弦光栅的夫琅和费衍射可以看做是前者的傅里叶逆变换，它会产生 0 级和±1 级的衍射波。用傅里叶变换的语言来说，就是它包括直流和±1 级的频率分量。

两个点光源的傅里叶变换功率谱得到了一个余弦光栅，可为什么余弦光栅的功率谱却是 3 个光点呢？原因是在强度形成的过程中破坏了相位信息。因为通过光栅不可能形成负的透射率，因此余弦光栅的透射率一定有一个非衍射的直接透射成分(即一个非零的平均值)，它就是沿光轴方向传播的平面波，即在傅里叶空间频谱面上位于原点处的光点。

5.10 微波实验和布拉格衍射

微波是一种特定波段的电磁波,其波长范围为1 mm～1 m(对应的频率范围为300 GHz～300 MHz)。与普通的电磁波一样,微波也存在反射、折射、干涉、衍射和偏振等现象。但因为其波长、频率和能量具有特殊的量值,微波表现出一系列既不同于普通无线电波,又不同于光波的特点。

微波的波长比普通的电磁波要短得多,因此其发生辐射、传播与接收的器件都有自己的特殊性。它的波长又比X射线和光波长得多,因此如果用微波来仿真“晶格”衍射,发生明显衍射效应的“晶格”可以放大到宏观的尺度(例如厘米量级)。

本实验用一束波长约3 cm的微波代替X射线,观察微波照射到人工制作的晶体模型时的衍射现象,用来模拟发生在真实晶体上的布拉格衍射,并验证著名的布拉格公式。由于“晶格”变成了看得见、摸得着的结构,因此实验中人们可以对晶格衍射有直观的物理图像,了解三维衍射的特点和研究方法。与此同时,通过本实验还可以学习有关微波技术和元件的初步知识,加深对“场”的观念和波动的认识。

5.10.1 实验要求

1. 实验重点

① 了解微波的特点,学习微波器件的使用;

② 了解布拉格衍射原理,利用微波在模拟晶体上的衍射验证布拉格公式并测定微波的波长;

③ 通过微波的单缝衍射和迈克尔逊干涉实验,加深对波动理论的理解。

2. 预习要点

① 微波处于电磁波的什么频段?与可见光波和普通的无线电波相比,它有什么特点?

② 研究间距为10^{-4}～10^{-5} cm的光栅衍射,要用什么波长的光?研究间距为10^{-8} cm的晶格衍射,要用什么波长的光?研究间距为1 cm的晶格衍射,要用什么波长的光?

③ 什么叫点间干涉,什么叫面间干涉?布拉格衍射的衍射极大位置与它们有什么关系?

④ 晶体的晶面是怎样定义的?由此对立方晶体的(110)和(111)晶面作出解释,导出在(110)晶面和(111)晶面的布拉格条件中d=?

⑤ 布拉格衍射为什么要让衍射角=入射角,在实验中是怎样来保证的?为什么说当入射波的方向及波长固定、晶体的取向也固定时,不同取向的晶面不能同时满足布拉格条件,甚至没有一族晶面能够满足布拉格条件?

⑥ 如何用本实验装置来进行单缝衍射实验?缝的宽度大体应当落在什么范围?

⑦ 如何用本实验装置来进行迈克尔逊干涉实验?

5.10.2　实验原理

通常电磁波按照波长的长短分成各个波段：超长波、长波、中波、短波、超短波、微波、红外线、可见光、紫外线、X 射线、γ 射线等。微波波段介于超短波和红外线之间，波长范围为 1 mm～1 m(即频率为 300 GHz～300 MHz)，它还可以进一步细分为“分米波”(波长 1～10 dm)、“厘米波”(波长 1～10 cm)和“毫米波”(波长 1～10 mm)。波长在 1 mm 以下至红外线之间的电磁波称为“亚毫米波”或“超微波”。

从本质上来说，微波与普通的电磁波没有什么不同，但其波长、频率和能量具有特殊的量值，这使得微波具有一系列既不同于普通无线电波，又不同于光波的特点：

① 一般的低频电路，其电路尺寸比波长小得多，可以认为稳定状态的电压和电流效应在整个电路系统各处是同时建立起来的，故可用电压、电流来对系统进行描述；而微波的波长与电路尺寸可相比拟，甚至更小，此时微波表现出更多“场”的特点，电压、电流已失去原有物理含义，可以直接测量的量是波长、功率和驻波系数等。

② 微波的频率很高，其电磁振荡周期短到能与电子管中电子在电极间度越所经历的时间相比拟，因此普通电子管已经不能用做微波振荡器、放大器和检波器，必须用微波电子管代替。同样，其他低频电路的元器件、传输线及测量设备等也都不适用于微波段，而须改用微波器件。

③ 许多原子、分子能级间跃迁辐射或吸收的电磁波的波长正好处在微波波段，利用这一点可以去研究原子、原子核和分子的结构。

微波的波长比普通电磁波短得多，因此微波具有似光性——直线传播、反射和折射等，利用这一特点可制成方向性极强的天线、雷达等；微波能畅通无阻地穿过高空电离层，为宇宙通信、导航、定位以及射电天文学的研究与发展提供了广阔的前景。总之，微波技术在电视、通信、雷达，乃至医学、能源等领域都有广泛的应用。

X 射线是波长处于紫外线与 γ 射线之间的电磁波，其波长范围为 10^{-15}～10^{-7} m。而晶体的晶格常数约为 10^{-10} m，它正好落在 X 射线的波长范围内，因此常用晶体对 X 光的衍射来研究晶体的结构。1913 年，英国物理学家布拉格父子在研究 X 射线在晶面上的反射时，得到了著名的布拉格公式，从而奠定了 X 射线结构分析的基础。但是 X 光衍射仪价格昂贵，晶格结构的尺度如此微小，眼睛看不见，考虑到微波的波长比 X 光长得多，本实验用一束波长约3 cm 的微波代替 X 射线，观察它照射到人工制作的晶体模型时的衍射现象，用来模拟 X 光在真实晶体上的布拉格衍射，并验证布拉格公式。

1. 晶体结构

晶体中的原子按一定规律形成高度规则的空间排列，称为晶格。最简单的晶格是所谓的简单立方晶格，它由沿 3 个垂直方向 x、y、z 等距排列的格点所组成。间距 a 称为晶格常数(见图 5.10.1)。晶格在几何上的这种对称性也可以用晶面来描述。把格点看成是排列在一层层平行的平面上，这些平面称为晶面，用晶面(密勒)指数来标志。确定晶面指数的具体办法如下:先找出晶面在3个晶格坐标轴上的截距,并除以晶格常数,再找出它们的倒数的最小整数比,就构成了该晶面的晶面指数。一个格点可以沿不同方向组成晶面,图5.10.2给出了3种最常用的晶面:(100)面、(110)面和(111)面。晶面取法不同,则晶面间距不同。相邻两个(100)面的间距等于晶格常数a,相邻两个(110)面的间距为$a/\sqrt{2}$,相邻两个(111)面的间距为$a/\sqrt{3}$。对立方晶系而言,晶面指数为$(n_1n_2n_3)$的晶面族,其相邻两个晶面的间距为$d=a/\sqrt{n_1^2+n_2^2+n_3^2}$。

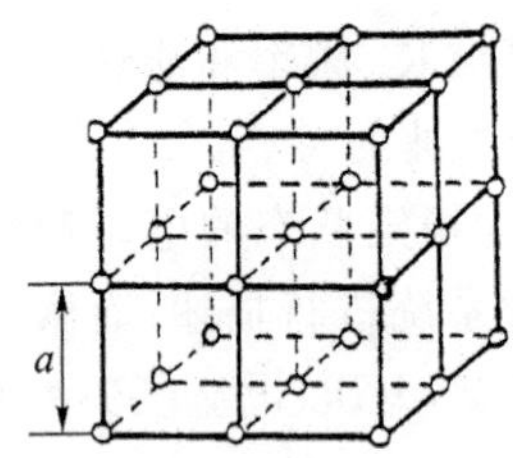

图5.10.1　晶体的晶格结构

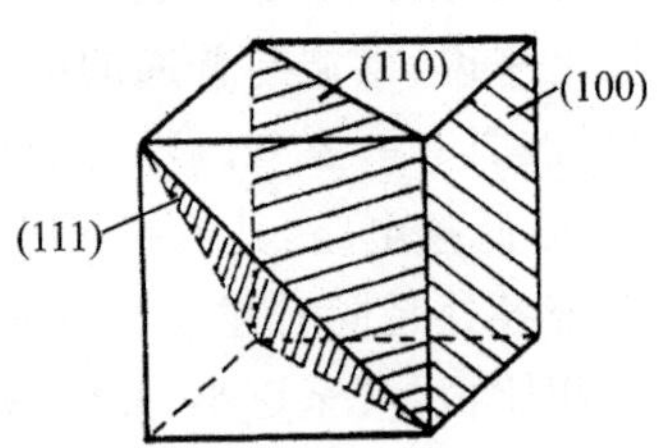

图5.10.2　晶　面

2. 布拉格衍射

在电磁波的照射下,晶体中每个格点上的原子或离子,其内部的电子在外来电场的作用下作受迫振动,成为一个新的波源,向各个方向发射电磁波,这些由新波源发射的电磁波是彼此相干的,将在空间发生干涉。这同多缝光栅的衍射很相似,晶格的格点与狭缝相当,都是衍射单元,而与光栅常数d相当的则是晶体的晶格常数a。它们都反映了衍射层的空间周期,两者的区别主要在于多缝光栅是一维的,而晶体点阵是三维的,所以晶体对电磁波的衍射是三维的衍射。处理三维衍射的办法是将其分解成两步走:第一步是处理一个晶面中多个格点之间的干涉(称为点间干涉);第二步是处理不同晶面之间的干涉(称为面间干涉)。

研究衍射问题最关心的是衍射强度分布的极值位置。对一维光栅的衍射,极大位置由光栅方程给出:$d\sin\theta=k\lambda$。在三维的晶格衍射中,这个任务是这样分解的:先找到晶面上点间干涉的0级主极大位置,再讨论各不同晶面的0级衍射线发生干涉极大的条件。

(1) 点间干涉

电磁波入射到图5.10.3中所示的晶面上,考虑由多个格点$A_1A_2\cdots B_1B_2\cdots C_1C_2\cdots$发出的子波间的相干叠加。这个二维点阵衍射的0级主极强方向,应该符合沿此方向所有的衍射线之间无程差。不难想见,无程差的条件应该是:入射线与衍射线所在的平面与晶面$A_1A_2\cdots B_1B_2\cdots C_1C_2\cdots$垂直,且衍射角等于入射角;换言之,二维点阵的0级主极强方向是以晶面为镜面的反射线方向。

(2) 面间干涉

如图5.10.4所示,从间距为d的相邻两个晶面反射的两束波的程差为$2d\sin\theta$,θ为入射

波与晶面的掠射角。显然，只有满足下列条件的 θ，即

$$2d\sin\theta = k\lambda \qquad (k = 1,2,3,\cdots) \tag{5.10.1}$$

才能形成干涉极大。式(5.10.1)称为晶体衍射的布拉格条件。如果按习惯使用的入射角 β 表示，则布拉格条件可写为

$$2d\cos\beta = k\lambda \qquad (k = 1,2,3,\cdots) \tag{5.10.2}$$

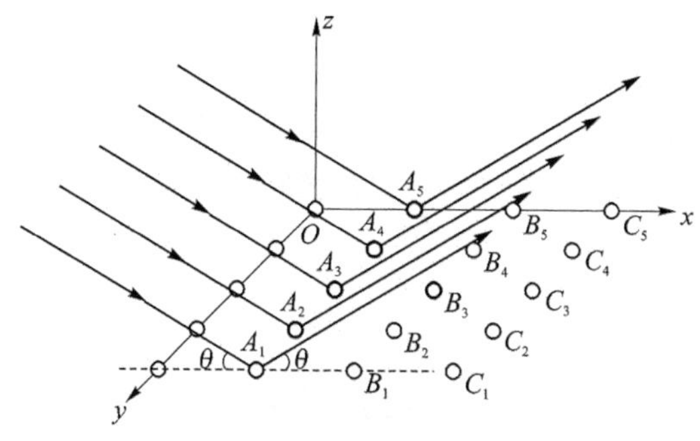

图 5.10.3　晶格的点间干涉

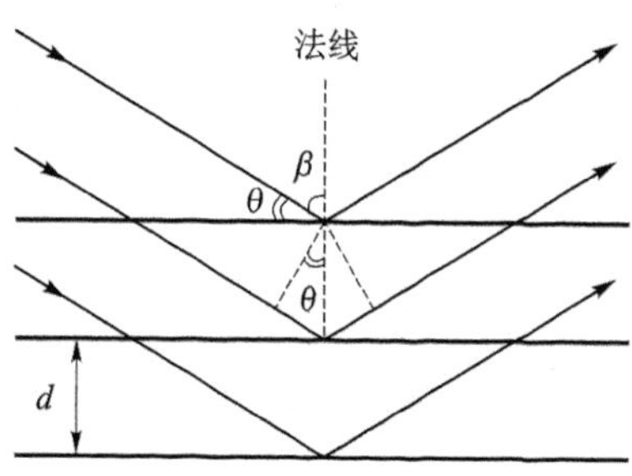

图 5.10.4　面间干涉

布拉格定律的完整表述是：波长为 λ 的平面波入射到间距为 d 的晶面族上，掠射角为 θ，当满足条件 $2d\sin\theta=k\lambda$ 时形成衍射极大，衍射线在所考虑的晶面的反射线方向。对一定的晶面而言，如果布拉格条件得到满足，就会在该晶面族的特定方向产生一个衍射极大。只要从实验上测得衍射极大的方向角 θ(或 β)，并且知道波长 λ，就可以从布拉格条件求出晶面间距 d，进而确定晶格常数 a；反之，若已知晶格常数 a，则可求出波长 λ。

需要指出的是，在晶体中可以画出许多可能的晶面，例如前面提到的(100)、(110)、(111)等。不同的晶面组有不同的取向和间隔，因此对确定方向的入射波而言，应有一系列的布拉格条件。可以证明，用这种方法(同时满足晶面上二维点阵的 0 级衍射主极大和面间干涉的主极大条件)可以找到所有的三维布拉格衍射的主极大位置。还应当指出，当入射波方向、晶体取向以及波长三者都固定时，不同取向的晶面一般不能都满足布拉格条件，甚至所有的晶面族都不能满足布拉格条件，从而没有主极大。

为了观测到尽可能多的衍射极大以获得尽可能多的关于晶体结构的信息，在实际研究工作中，可以采用不同的办法：转动晶体，采用多晶或粉末样品，以大量取向不同的微小晶体代替单晶，或者采用波长连续变化的 X 光代替单一波长的 X 光。在本实验中使用入射方向固定、波长单一的微波和“单晶”模型，采用转动晶体模型和接收喇叭的方法来研究布拉格衍射。

3. 单缝衍射

和声波、光波一样，微波的夫琅和费单缝衍射的强度分布(见图 5.10.5)，可由下式计算，即

$$I_\theta = (I_0\sin^2 u)/u^2 \tag{5.10.3}$$

式中，$u=(\pi a\sin\theta)/\lambda$，$a$ 是狭缝的宽度，λ 是微波的波长。如果求出例如±1级的强度为零处所对应的角度 θ，则 λ 可按下式求出，即

$$\lambda = a \cdot \sin\theta \tag{5.10.4}$$

4. 微波迈克尔逊干涉实验

微波的迈克尔逊干涉实验原理如图5.10.6所示，在微波前进方向上放置一个与传播方向成45°角的半透射、半反射的分束板和A、B两块反射板。分束板将入射波分成两列，分别沿A、B方向传播。由于A、B板的反射作用，两列波又经分束板会合并发生干涉。接收喇叭可给出干涉信号的强度指示。如果A板固定，B板可前后移动，当B移动过程中喇叭接收信号从一次极小变到另一次极小时，B移动过的距离为 $\lambda/2$，因此测量B移动过的距离也可求出微波的波长。

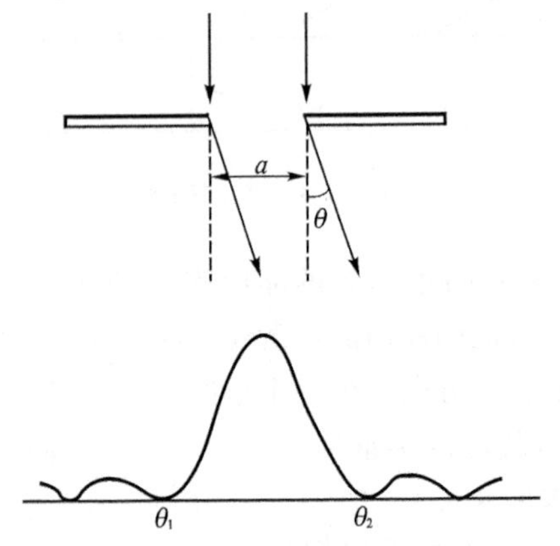

图 5.10.5　微波单缝衍射

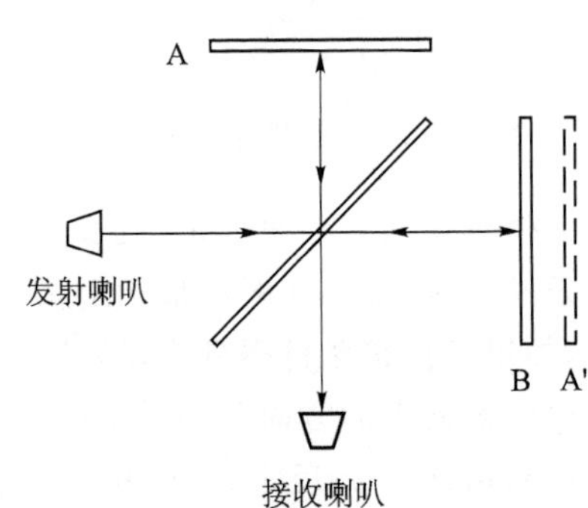

图 5.10.6　微波迈克尔逊干涉仪

5.10.3　仪器介绍

本实验的实验装置由微波分光仪、模拟晶体、单缝、反射板(两块)、分束板等组成。

1. 微波分光仪

本实验是在微波分光仪上进行的。它是一台类似于光学分光仪的装置，由发射臂、接收臂和刻有角度(刻度值0°～180°～0°)的载物台组成(见图5.10.7)。其中载物台和接收臂可分别绕分光仪中心轴线转动，发射臂和接收臂分别带有指针，指示它们的取向。

微波的发生、辐射、传播与接收器件具有自己的特殊性。和光学实验使用的分光仪相比，微波分光仪的特殊性不仅反映在几何尺寸上，更体现在发射臂和接收臂的构成上。发射臂由一个三厘米固态振荡器、可变衰减器和发射喇叭组成。其中振荡器放置在微波腔内，波长的标称值为32.02 mm，实际数值应由仪器标出的振荡频率 f 求出：$\lambda=c/f$(c 为光速$=2.997\,9\times10^{8}$ m/s)。振荡器可以工作在等幅状态，也可以工作在方波调制状态，本实验采用等幅工作状

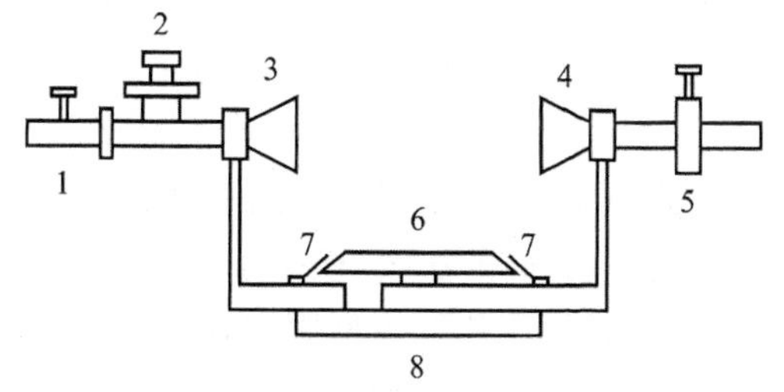

1—固态微波振荡器；2—可变衰减器；3—发射喇叭天线；
4—接收喇叭天线；5—检波器；6—载物台；7—指针；8—底座

图 5.10.7　微波分光仪装置图

态；可变衰减器用来改变输出的微波信号的幅度大小，衰减器上刻度盘的指示越大，对微波的衰减越多，输出的信号越小；当发射喇叭的宽边与水平面平行时，发射信号电矢量的偏振方向在竖直方向。

接收臂由接收喇叭和检波器组成，接收喇叭和短波导管连在一起，旋转短波导管的轴承可使接收喇叭在 90°范围内转动，并可读出转角。检波二极管放置在微波腔中并通过短波导管与接收喇叭连接。检波二极管输出的直流信号由电表直接指示。做布拉格衍射实验时，模拟晶体安放在载物台上，并可利用载物台的 4 个弹簧压片固定。

2. 三厘米固态振荡器

三厘米固态振荡器发出的信号具有单一的波长，这种微波信号就相当于光学实验中要求的单色光束。

固态微波振荡器连接在微波分光仪上，打开电源后振荡器即开始振荡，微波能量从波导口输出。

5.10.4　实验内容

1. 验证布拉格衍射公式

(1) 估算理论值

由已知的晶格常数 a 和微波波长 λ，根据式(5.10.2)估算出(100)面和(110)面衍射极大的入射角 β。

(2) 调整仪器

调整活动臂和固定臂在一条直线上，慢慢转动接收喇叭的方向使微安表的示数最大，则发射喇叭和接收喇叭天线正对。固定此位置，然后调节衰减器(见图 5.10.7)使电流输出接近但不超过电表的满度。

简单立方体的模型由穿在尼龙绳上的铝球做成，晶格常数 $a = 4.0$ cm。实验前，应该用间距均匀的梳形叉从上到下逐层检查晶格位置上的模拟铝球，使球进入叉槽中，形成方形点阵。模拟晶体架的中心孔插在支架上,支架插入与度盘中心一致的销子上,同时使模拟晶体架下面小圆盘的某一条刻线(与所选晶面的法线一致)与度盘上的0°刻线重合。

(3) 测量峰值入射角

把晶体模型安放在载物台的中央,晶体模型中心的5个铝球的连线应尽量靠近载物台的中心转轴,转动模型使(100)面或(110)面的法线(模型下方的圆盘上刻有"晶面"的法向标记)与载物台刻度盘的0°重合,然后用弹簧压片把模型固定在载物台上。此时发射臂方向指针的读数即为入射角,当把接收臂转至方向指针指向0°线另一侧的相同刻度时,即有衍射角等于入射角。转动载物台改变入射角,在理论峰值附近仔细测量,找出满足衍射角等于入射角且电流最大处的入射角β。

已知晶格常数测定波长:分别将每个(110)面的法线对准0°线,测出各级衍射极大的入射角β,并对入射角β取平均值,计算出微波波长(晶格常数认为已知,$a = 4.00$ cm)。

已知波长测定晶格常数:与上同理测出每个(100)面各级衍射极大的入射角β,计算模拟立方晶体的晶格常数a(微波的波长认为已知,$\lambda=3.202$ cm)。

2. 单缝衍射实验

仪器连接时,按需要先调整单缝衍射板的缝宽(本实验中选用70 mm),转动载物台,使其上的180°刻线与发射臂的指针一致,然后把单缝衍射板放到载物台上,并使狭缝所在平面与入射方向垂直(想一想,如何实现?),利用弹簧压片把单缝的底座固定在载物台上。为了防止在微波接收器与单缝装置的金属表面之间因衍射波的多次反射而造成衍射强度的波形畸变,单缝衍射装置的一侧贴有微波吸收材料。

转动接收臂使其指针指向载物台的0°刻线,打开振荡器的电源并调节衰减器使接收电表的指示接近满度而略小于满度,记下衰减器和电表的读数。然后转动接收臂,每隔2°记下一次接收信号的大小。为了准确测量波长,要仔细寻找衍射极小的位置。当接收臂已转到衍射极小附近时,可把衰减器转到零的位置,以增大发射信号,提高测量的灵敏度。

3. 迈克尔逊干涉实验

迈克尔逊干涉实验需对微波分光仪作一点改动,其中反射板A和B(见图5.10.6)安装在分光仪的底座上。A通过一个M15的螺孔与底板固定;B板通过带读数机构的移动架固定在两个M5的螺孔内,其前后位置可通过转动丝杠进行调节并由丝杠上的刻度尺及游标尺读出。半反射、半透射板固定在载物台上,它属于易碎物品,使用时应细心。

利用已调节好的迈克尔逊干涉装置,转动B板下方的丝杠,使B板的位置从一端移动到另一端,同时观察电表接收信号的变化并依次记下出现干涉极大和极小时B板的位置x_k。

5.10.5 数据处理

① 用(100)和(110)晶面的各级衍射角与理论计算值进行比较,从而验证布拉格衍射公式。

② 已知晶格常数 $a=4.00$ cm,利用(110)晶面测定波长;已知波长,利用(100)晶面测定晶格常数。要求计算不确定度,并给出最终结果表述。

③ 对微波单缝实验,要求用坐标纸画出衍射分布曲线,利用左、右两侧的第一个衍射极小位置 θ_1 和 θ_2 的平均值和式(5.10.3),求出微波的波长,并与标称值进行比较。

④ 对微波迈克尔逊干涉实验,要求列表表示各级干涉极大和极小的位置 x_k,并用一元线性回归方法求出微波波长,估算不确定度,给出最终结果表述。

5.10.6　思考题

① 电磁波是横波,你能确定喇叭天线辐射的电场的极化(偏振)方向吗?

② 结合学过的物理知识,利用本实验提供的设备,自行设计一个微波的干涉或衍射实验并对元件尺寸的选择进行讨论。

5.10.7　参考文献

[1] 赵凯华,钟锡华. 光学. 下册. 北京:北京大学出版社,1984.

[2] 吕斯骅,段家忯. 基础物理实验. 北京:北京大学出版社,2002.

[3] 朱生传. 微波实验//吴思诚,王祖铨. 近代物理实验. 北京:北京大学出版社,1986.

5.11　阿贝成像原理和空间滤波

研究一个随时间变化的信号,既可以在时间域进行,也可以在频率域进行。实现这种信号从时域到频域或从频域到时域变换的方法称为傅里叶分析(变换)。类似地,光学系统的成像过程既可以从信号空间分布的特点来理解,也可以从所谓的"空间频率"的角度来分析和处理,这就是所谓的光学傅里叶变换。由此产生了一个新的光学研究领域——以傅里叶变换光学为基础的信息光学。由于会聚透镜对相干光信号具有傅里叶变换的特性,光信号的频域表示就从抽象的数学概念变成了物理现实。

与其他的信息技术相比,光学信息处理实时性强,具有大容量、高度平行的特点。它在特征识别、信息存储、光计算和光通信等领域有重要的应用前景。目前光学信息处理技术已经在许多领域进入实用阶段,有的已形成规模化的光电产业。

通过本实验不仅能了解到诸如空间频谱、空间滤波等傅里叶光学中的许多基本概念,还能观察到一些有趣的光学现象,体会到傅里叶变换理论在分析和处理光学系统方面的优越性。

5.11.1　实验要求

1. 实验重点

① 通过实验来重新认识夫琅和费衍射的傅里叶变换特性;

② 结合阿贝成像原理和 θ 调制实验,了解傅里叶光学中有关空间频率、空间频谱和空间滤波等概念和特点;

③ 巩固光学实验中有关光路调整和仪器使用的基本技能。

2. 预习要点

(1) 阿贝成像原理

为什么本实验被称为阿贝成像?按照这个原理应当如何理解相干光的成像过程?它与光学的傅里叶变换有什么关系?

(2) 傅里叶光学的基本概念

① 夫琅和费衍射的各级衍射角分布与傅里叶分解的谐波理论有什么关系?

② 正确理解下述物理名词的含义:空间频率、角谱、频谱面。

③ 空间频率是频率吗?为什么说物的细节部分空间频率高,衍射光与光轴之间的夹角大?

(3) 仪器调整

① 本实验中的等高共轴和成像调整如何进行?特别是如何做好激光束的调整、平行光的扩束、频谱面和像面位置的确定?

② 激光扩束用焦距为 12 mm 和 70 mm 的透镜来完成,它们应当如何放置?扩束后光束的直径与原来相比,扩大了多少倍?

(4) 空间滤波

① 光学中的空间滤波如何进行?本实验中的频谱面和像面各在什么地方?

② 以一维的黑白光栅为例,如果分别只保留 0 级、0 级和 ± 1 级、0 级和 ± 2 级的频率分量,像面上将观察到什么图像?实验如何进行?

(5) θ 调制

什么叫做 θ 调制?实验为什么要用白光照明?频谱面和像面各在什么地方?“彩色”图像是如何得到的?

5.11.2 实验原理

1. 光学傅里叶变换

在通信和声学等领域,人们常常习惯用频率特性来描述电信号或声信号,并把频率(横坐标)-电压或电流(纵坐标)图形称为频域曲线。联系时(间)域和频(率)域关系的数学工具就是所谓的傅里叶分析,其实质就是把一个复杂的周期过程分解为各种频率成分的叠加。类似的情形在光学中也存在。下面用大家熟知的方波展开来予以说明。

占空比为 a/b、周期为 $T_0=a+b$ 的方波,时域图如图 5.11.1 所示。按照傅里叶分析,它可以看成许多分立的正弦波的叠加;高次谐波的频率 $f=n\,f_0=n/T_0$ 是基频 $f_0=1/T_0$ 的整数倍,其振幅为 $F_n=\dfrac{\sin n\pi a/T_0}{n\pi a/T_0}$。相应的频域曲线如图 5.11.2 所示(进一步的数学推演请

参见本节附录)。

在光学中与此完全类似的例子是光栅常数 $d=a+b$ 的一维光栅(见图 5.11.3),当单色平行光垂直入射时,其出射光是许多衍射光的叠加;衍射角由光栅方程决定,衍射光(主极大)的振幅 $\propto \dfrac{\sin(\pi a\sin\theta/\lambda)}{\pi a\sin\theta/\lambda}=\dfrac{\sin(\pi ak/d)}{\pi ak/d}$。

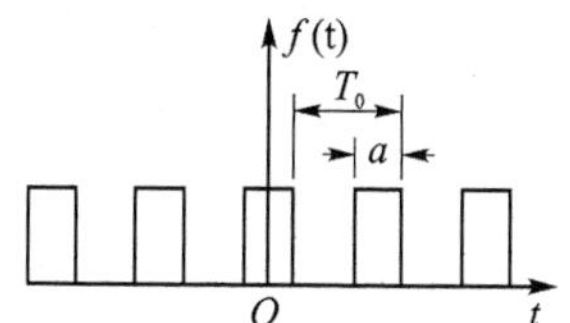

图 5.11.1　周期性方波

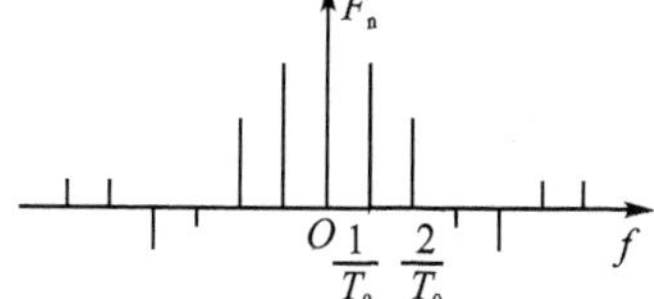

图 5.11.2　方波的傅里叶分解

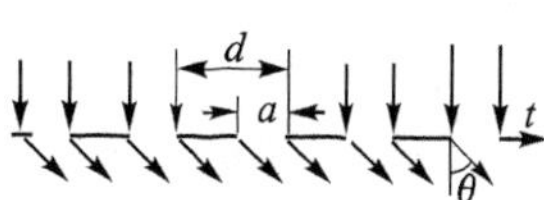

图 5.11.3　光栅的夫琅和费衍射

严格的实验和理论研究都证明,两者在定性和定量上存在着一一对应的关系:电信号分析中的时间变量 t⇔波动光学中的空间变量 x;时域信号中的周期 T_0⇔夫琅和费衍射中光栅的周期即光栅常数 d;频域分析中的基频 $f_0=1/T_0$⇔夫琅和费衍射中 $\nu=1/d$,倍频 nf_0⇔$k\nu=k/d$,因此把 $1/d$ 称做空间频率。这样一来,复杂振动或其他周期信号按正弦函数分解的方法,即傅里叶分析或频谱分析的方法就可以对应地搬到波动光学中来,传统的通信和信号处理的许多概念和技术,例如滤波、相关、调制、卷积和反馈等也可以移植到光学的衍射和成像中来,从而形成了一门新的学科——傅里叶光学或信息光学。

光学的傅里叶分析也有它的特点。首先它的"频率"分量是与夫琅和费衍射的角分布相关联的。由光栅方程 $d\sin\theta=k\lambda$,可知 $\dfrac{k}{d}=\dfrac{\sin\theta}{\lambda}$,$k$ 越大,衍射级数越高,频率也越高,θ 越大。这说明空间频谱是按角谱分布的:"0 频"或"直流分量"不发生衍射,$\theta=0$;靠近光轴的(θ 较小)是它的低频分量,偏离远的(θ 较大)是它的高频分量。同时 d 越小,同一级的衍射角也越大,它说明:光栅越密,频率越高,夹角 θ 越大。

例子中用到的衍射屏是一维光栅,但实际的衍射屏是二维的,一幅复杂的图形可以看成是不同方位、不同空间频率的组合,因此光学的傅里叶变换是二维的。数学中的傅里叶变换通过光计算来实现时,可以将二维($X-Y$)变换同时进行。

夫琅和费衍射把衍射屏上各种不同的空间频率分量,分解成了不同方位、不同偏角的衍射波,从这个意义来讲,夫琅和费衍射类似于一台频谱分析仪。但实际上要在衍射屏后面的自由空间观察夫琅和费衍射,其条件是相当苛刻的。要想在近距离观察夫琅和费衍射,一般是借助会聚透镜来实现。如果在衍射场后面加一块焦距为 F 的透镜,则同一级的衍射光会在透镜的焦面上聚焦成一个像点,不同级次的像点在焦面上的位置各不相同;焦面上形成的图像就是它们的频谱。其亮度反映了频谱的强度,其位置代表了频率的高低和方位。这样一来,夫琅和费衍射的角谱,就在透镜的后焦面上变成了空间谱,或者说透镜的后焦面变成了衍射屏图像各种频率成分的频谱面。一般来说,用透镜聚焦比直接观察夫琅和费衍射的角分布更为方便,把起这样作用的透镜称为傅里叶透镜。

最后再对进行光学傅里叶变换的光源作一点说明。实现夫琅和费衍射应当使用“单色平面波”,因此在傅里叶光学实验中通常总是采用激光照明。这也表明信息光学属于相干光学的范畴。

自从透镜的傅里叶变换作用被发现以后,光学图像的频谱就从抽象的数学概念变成了物理现实,因为在透镜后焦面上生成的就是二维图像的傅里叶频谱。把传统的光学放到信息光学角度来考察,用频谱语言来描述光的信息,通过频谱的改造来改造信息,给光学的研究和应用开辟了新的途径。数学中的傅里叶变换可以通过光计算来实现。光学傅里叶变换具有高度并行、容量大、速度快和设备简单等一系列优点。

2. 阿贝成像原理

阿贝(Abbe)早在1873年就提出了相干光照明下显微镜的成像原理。他按照波动光学的观点,把相干成像过程分成两步:第一步是通过物的衍射光在物镜的后焦面上形成衍射斑;第二步是这个衍射图上各光点向前发出球面次波,干涉叠加形成目镜焦面附近的像,这个像可以通过目镜观察到。这个后来被人们称为阿贝成像理论的实质,就是用傅里叶变换揭示了显微镜成像的机理,首次引入了频谱的概念。阿贝的两次成像理论为空间滤波和光学信息处理奠定了理论基础。

再回到相干光照明的一维光栅成像问题。如图5.11.4所示,单色平行光垂直照射在光栅上,经衍射分解成为不同方向的很多束平行光(每一束平行光对应一定的空间频率),这些代表不同空间频率的平行光经物镜聚焦在其后焦面上,成为各级主极大形成的点阵即频谱图,然后这些光束又重新在像面上复合成像。这就是所谓的两步成像。阿贝成像原理图如图5.11.5所示。

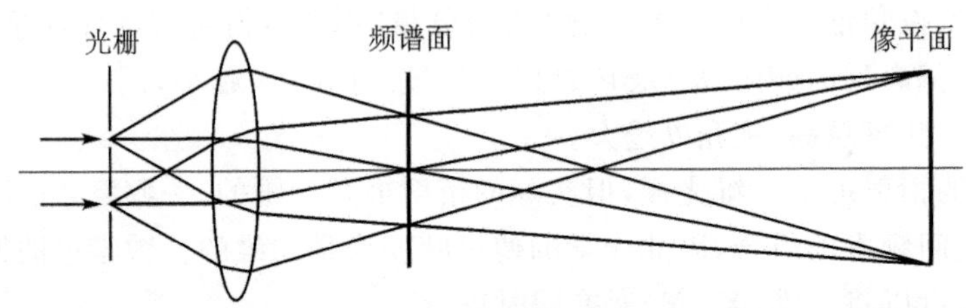

图5.11.4　一维光栅的两步成像

实际上,成像的这两个步骤本质上就是两次傅里叶变换。第一步把物面光场的空间分布$g(x,y)$变为频谱面上空间频率分布$G(\xi,\eta)$。第二步则是再作一次变换,又将$G(\xi,\eta)$还原成空间分布$g'(x,y)$。如果这两次傅里叶变换完全是理想的,即信息没有任何损失,则像和物应完全相似(可能有放大或缩小)。但实际上,由于透镜的孔径是有限的,总有一部分衍射角度较大的高频成分不能通过透镜而丢失,这样像的信息总是比物的信息要少一些,所以像和物不可

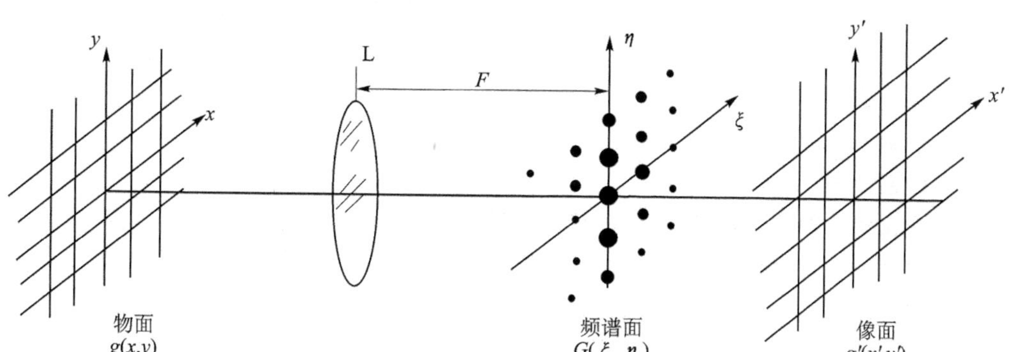

图 5.11.5　阿贝成像原理图

能完全相似。因为高频信息主要反映物的细节，所以当高频信息因受透镜孔径的限制而不能到达像平面时，则无论显微镜有多大的放大倍数，也不可能在像面上反映物的细节，这就是显微镜分辨率受到限制的根本原因。特别当物的结构非常精细(如很密的光栅)或物镜孔径非常小时，有可能只有 0 级衍射(空间频率为 0)能通过，则在像平面上就完全不能形成像。

理论上可以证明(详见本节附录)，在透镜成像频谱面 $G(\xi,\eta)$ 上，空间频率 f_x，f_y 与其分布坐标 ξ，η 有如下关系：

$$f_x = \xi/(\lambda F), \qquad f_y = \eta/(\lambda F) \tag{5.11.1}$$

式中，F 为透镜的焦距。

3. 空间滤波

根据上面的讨论，成像过程本质上就是两次傅里叶变换，即从空间函数 $g(x,y)$ 变为频谱函数 $G(\xi,\eta)$，再变回到空间函数 $g(x,y)$(忽略放大率)。显然如果在频谱面(即透镜的后焦面)上放一些模板(吸收板或相移板)，以减弱某些空间频率成分或改变某些频率成分的位相，则必然使像面上的图像发生相应的变化，这样的图像处理称为空间滤波，频谱面上这种模板称为滤波器。最简单的滤波器就是一些特殊形状的光阑。它使频谱面上一个或一部分频率分量通过，而挡住了其他频率分量，从而改变了像面上图像的频率成分。例如圆孔光阑可以作为一个低通滤波器，去掉频谱面上离轴较远的高频成分，保留离轴较近的低频成分，因而图像的细节消失。圆屏光阑则可以作为一个高通滤波器，滤去频谱面上离轴较近的低频成分，而让高频成分通过，所以轮廓明显。如果把圆屏部分变小，滤去零频成分，则可以除去图像中的背景而提高像质。

5.11.3　仪器介绍

导轨及光具座，He－Ne 激光器，白光光源(带透镜 F_0 约为 50 mm)，会聚透镜 5 块 $L_1 \sim L_5$ ($\phi_1 \approx 10$ mm，$F_1 \approx 12$ mm，$\phi_2 \approx 18$ mm、$F_2 \approx 70$ mm，$\phi_3 \approx 32$ mm、$F_3 \approx 250$ mm，ϕ_4、$\phi_5 \approx 32$ mm，

F_4、F_5≈70 mm),可调狭缝(兼作模板架)两套,样品模板,滤波模板,θ调制板以及白屏等各一个。具体介绍如下。

1. 可调狭缝

① 狭缝调节范围 0～12 mm;

② 插杆直径 10 mm;

③ 松开支架上的两个螺钉,狭缝可绕光轴转动 360°;

④ 狭缝反面有沟槽,可以插放模板,所以它也兼做样品模板和滤波模板的支架,如图 5.11.6所示。

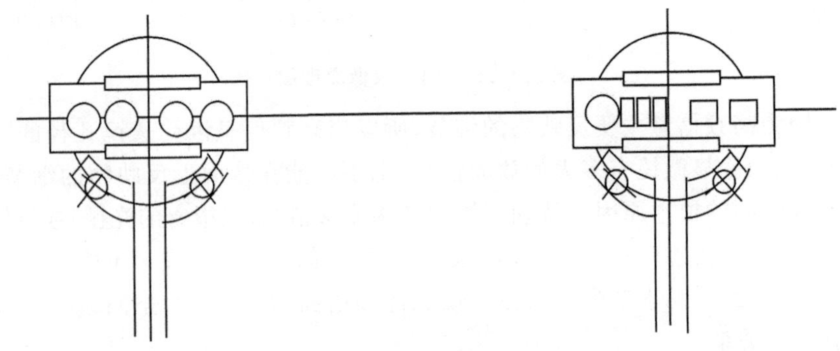

图 5.11.6 可调狭缝

2. 样品模板

样品模板为 24 mm×78 mm 的铜板,上面有 4 个直径为 6 mm 的样品,如图 5.11.7 所示。

3. 滤波模板

滤波模板上有 5 个不同的滤波器,如图 5.11.8 所示。

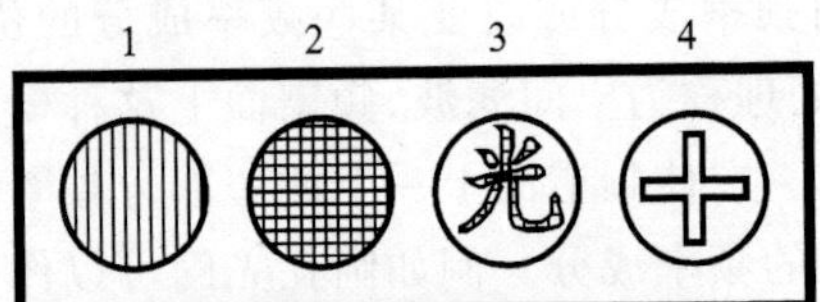

1— 一维光栅,条纹间距为0.083 mm;

2— 二维光栅,条纹间距为0.083 mm;

3— 高频滤波样品,带有小方格透明"光"字;

4— 低频滤波样品,透明的"十"字

图 5.11.7 样品模板

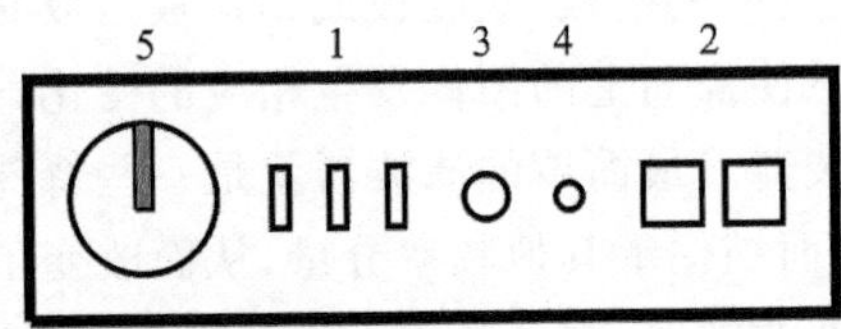

1—通过0级及±2级;

2—通过±1级及±2级;

3—低通滤波器ϕ=1 mm;

4—低通滤波器ϕ=0.4 mm;

5—高通滤波器ϕ=6 mm

图 5.11.8 滤波模板

5.11.4　实验内容

1. 光路调节

本实验在光具座上进行，其基本光路图如图 5.11.9 所示，其中透镜 L_1、L_2 组成倒装望远系统，将激光扩展成具有较大截面的平行光束。L_3 为成像透镜。具体调节步骤如下：

① 在导轨上目测粗调各元件与激光管等高共轴，然后拿下各元件。

② 打开激光器，调节激光管的左右及俯仰，使激光束平行于导轨出射。具体调节时可以利用白屏作为观察工具。沿导轨前后移动白屏，保证光点在屏上的位置不变并记下激光束在白屏上的具体位置。

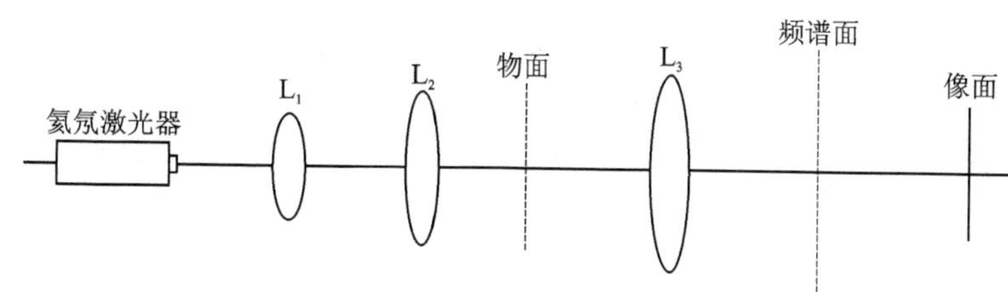

图 5.11.9　阿贝成像原理光路图

③ 放上凸透镜 L_1，调节 L_1 与激光管等高共轴。调节的要点是激光束通过透镜 L_1 的中心，并且沿导轨移动透镜 L_1，激光束在 L_1 和白屏上光斑的中心位置均不变。此后不再调节 L_1。

④ 放上凸透镜 L_2，要求 L_2 与 L_1 相距为 $F_1 + F_2$，以获得扩展了的平行光，此时前后移动白屏，光斑的大小应不变化。调节 L_2 与 L_1 及激光管等高共轴，要点仍然是激光束通过透镜 L_2 后到白屏上的位置不变。放上成像透镜 L_3，调节 L_3 的方位，使聚焦点回到白屏上原记录位置，则已完成对 L_3 等高共轴的调节。

⑤ 放上带有样品模板的滤波器支架并调节支架以便让平行光均匀地照在样品上。

⑥ 沿导轨前后移动 L_3 直到 4 m 以外的屏幕上得到清晰的图像。固定物及透镜的位置。

⑦ 用白屏(或毛玻璃)在 L_3 后焦面附近移动，将会看到某处白屏上清晰地出现一排水平排列的光点，这一平面就是频谱面。将滤波器支架放在此平面上。

2. 阿贝成像原理实验

① 在物平面放上一维光栅，像平面上看到沿铅垂方向的光栅条纹。频谱面上出现 0，±1，±2，±3，…一排清晰的衍射光点，如图 5.11.10(a)所示。用卡尺测量 1、2、3 级衍射点与 0 级衍射点(光轴)间的距离 ξ'，由式(5.11.1)求出相应空间频率 f_x，并求光栅的基频。

② 在频谱面上放上可调狭缝及各种滤波器，依次记录像面上成像的特点及条纹间距，特别注意观察图 5.11.10(d)、(e)两条件下图像的差异，并对图像变化作出适当的解释。

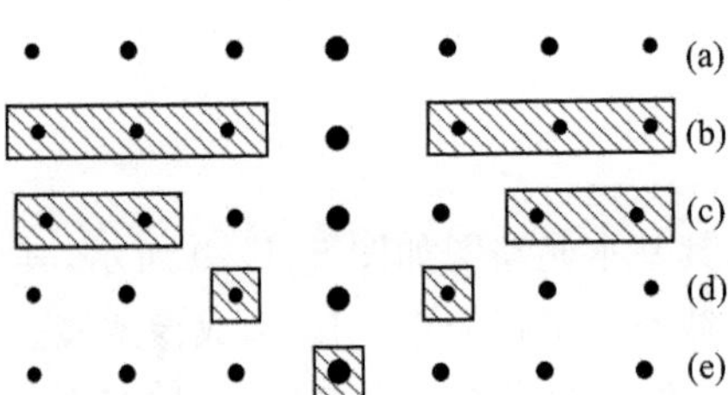

图 5.11.10　衍射光点

③ 将物面上的一维光栅换成二维正交光栅,在频谱面上可看到如图 5.11.11(a)所示的二维分立的光点阵,像面上可以看到放大了的正交光栅的像。测出像面上 x'、y'方向的光栅条纹间距。

④ 依次在频谱面上放上如图 5.11.11(b)～(e)所示的小孔及不同取向的狭缝光阑,使频谱面上一个光点或一排光点通过,观察并记录像面上图像的变化,测量像面上的条纹间距,并作出相应的解释。

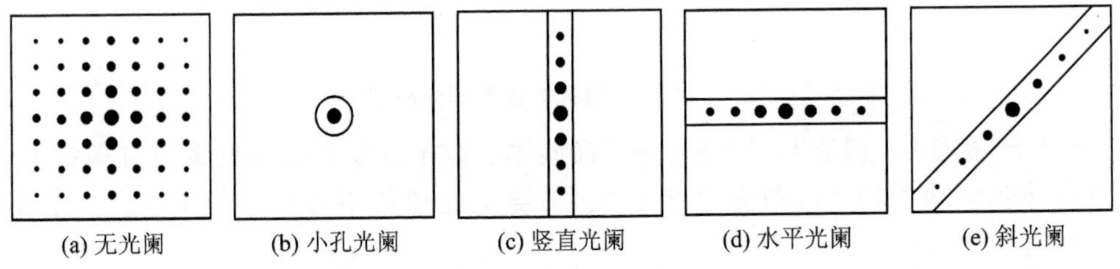

图 5.11.11　二维频谱面上的各种滤波器

3. 高低通滤波

① 将物面换上 3 号样品,则在像面上出现带网格的"光"字,如图 5.11.12 所示。

② 用白屏观察 L_3 后焦面上物的空间频谱。光栅为一周期性函数,其频谱是有规律排列的分立点阵。而字迹不是周期性函数,它的频谱是连续的,一般不容易看清楚。由于"光"字笔画较粗,空间低频成分较多,因此频谱面的光轴附近只有"光"字信息而没有网格信息。

③ 将 3 号滤波器(ϕ=1 mm 的圆孔光阑)放在 L_3 后焦面的光轴上,则像面上图像发生变化,记录变化的特征。换上 4 号滤波器(ϕ= 0.4 mm 的圆孔光阑),再次观察图像的变化并记录变化的特征。

④ 将频谱面上光阑作一平移,使不在光轴上的一个衍射点通过光阑(见图 5.11.13),此时在像面上有何现象?

⑤ 换上 4 号样品,使之成像。然后在后焦面上放上 5 号滤波器,观察并记录像面上的变化。

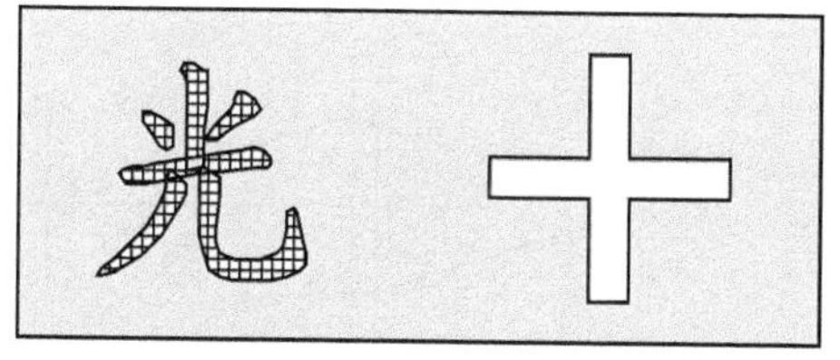

图 5.11.12　带网格的“光”字

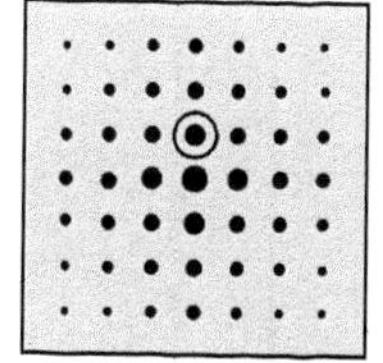

图 5.11.13　衍射点通过光阑

4. θ 调制实验

θ 调制是一个利用白光照明而获得彩色图像的有趣实验。作为衍射屏的透明图片是一幅黑白画，它的花、叶和背景分别刻有方向不同的光栅(见图 5.11.14(a))。当用白光照射到这幅图片上时，频谱将具有以下的特征：由于光栅的方位不同，花、叶和背景的频谱将沿不同方向铺展；由于是白光照明，各自的频谱将是沿波长展开的彩色斑(见图 5.11.14(b))。如果在频谱面插上不透光的纸板并在上面开一些小孔构成滤波器，只让所需颜色的±1 级衍射斑通过(见图 5.11.14(c))，就可以构成一幅我们所希望看到的彩色图像，像面上各相应部位呈现出不同的颜色(见图 5.11.14(d))。

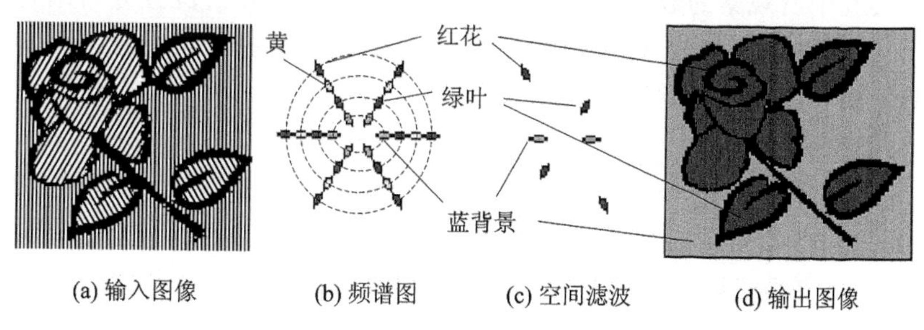

图 5.11.14　θ 调制实验

① 本实验光路如图 5.11.15(a)所示。以白炽灯为光源 S，透镜 L_4 将 S 成像于透镜 L_5 前面的 P_2 面上。透明物(衍射屏)P_1 放在靠近 L_4 的平面上，经 L_5 成像于屏幕 P_3 上。此光路中 P_1 的频谱面就是光源 S 的成像面，即 P_2 平面。需要指出的是，光学傅里叶变换是以夫琅和费衍射为基础的。我们所涉及的夫琅和费衍射都是平行光入射、透镜焦面为频谱面的实验装置(见图 5.11.4)。严格的波动理论可以证明：在傍轴条件下，由产生球面波的点光源和透镜所组成的成像系统也属于夫琅和费衍射装置(见图 5.11.15(b))。不论衍射屏的位置如何，其频谱面就在该点光源的像面处。

② 作为物的透明图片由薄膜光栅制成。样品上的花、叶、背景等各部位光栅具有不同取向，相间为 60°，如图 5.11.14(a)所示。

③ 将透明图片放在 P_1 平面上，在 P_2 面(光源 S 的像面)上可看到光栅的频谱图(见图 5.11.15(a))，三行不同取向的衍射光斑相应于不同取向的光栅(见图 5.11.14(b))。这些

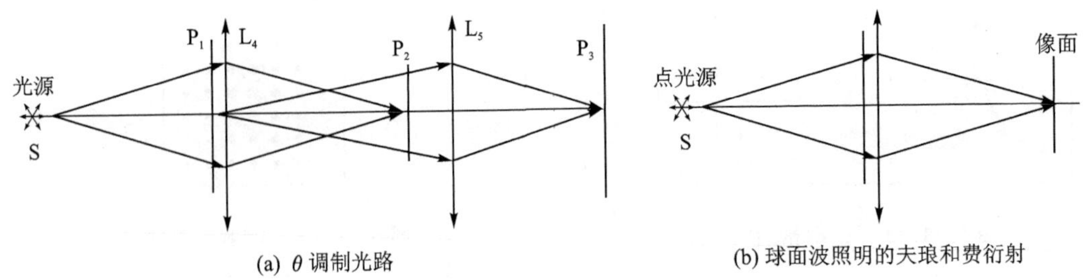

(a) θ 调制光路　　(b) 球面波照明的夫琅和费衍射

图 5.11.15　调制光路和球面波照明的夫琅和费衍射

衍射极大值除 0 级以外均有色散。

④ 在 P_2 面上插入纸板,在适当的地方扎孔,自制一个"空间滤波器"(见图 5.11.14(c)),使透明图片的像面 P_3(见图 5.11.15(a))上呈现一幅红花、绿叶和蓝色背景的彩色图像(见图 5.11.14(d))。

⑤ 认真观察并记录实验现象(例如频谱的方向、间距)及相关光学元件的位置。画出衍射屏上花、叶和背景的光栅走向,并说明理由。

利用你在实验中所观察的数据(灯丝、衍射屏、透镜 L_4 和 L_5 的位置等),结合其他的实验参数(F_0=50 mm,透镜 L_4 和 L_5 的焦距均为 70 mm)计算出频谱面的位置并与实测结果进行对比。你能测算出光栅的空间周期吗?

5. 卷积现象的观察(选做)

用激光细束分别照在 20/mm 和 200/mm 的两个正交光栅上,观察各自的空间功率谱(即夫琅和费衍射图)。将两光栅重叠起来,观察并记录其频谱特点。先后转动两光栅之一,频谱面上有何变化?(根据傅里叶变换的卷积定理可解释观察到的现象。)

5.11.5　数据处理

分别讨论阿贝成像、空间滤波及 θ 调制的实验结果。具体要求参见 5.11.4 小节。

5.11.6　思考题

① 实验中如果正交光栅为 12 条/mm,透明"光"字的笔画粗为 0.5 mm,从理论上计算,要使像面上得到没有网格的模糊字迹,低通滤波器的孔径应多大?

② 实验中用低通滤波器滤去了 3 号样品中的网格而保留了"光"字,试设计一个滤波器能滤去字迹而保留网格。

③ 根据本实验结果,如何理解显微镜、望远镜的分辨本领?为什么说一定孔径的物镜只能具有有限的分辨本领?如增大放大倍数能否提高仪器的分辨本领?

5.11.7　参考文献

[1] 赵凯华,钟锡华.光学.下册.北京:北京大学出版社,1984.

[2] 陈怀琳.阿贝成像原理与空间滤波.普通物理实验指导(光学).北京:北京大学出版社,1990.

[3] 严燕来,叶庆好.大学物理拓展与应用.北京:高等教育出版社,2002.

5.11.8　附　录

1. 关于方波的傅里叶展开和黑白光栅的夫琅和费衍射的进一步讨论

在光学中我们讨论过平行单色光垂直入射到缝宽为 a、间距(光栅常数)为 d 的黑白光栅上的夫琅和费衍射,衍射极大位置由光栅方程决定,即

$$d\sin\theta = k\lambda \qquad (k = 0, \pm 1, \pm 2, \cdots) \tag{5.11.2}$$

极大位置的光强

$$I \propto \left[\frac{\sin(\pi a\sin\theta/\lambda)}{\pi a\sin\theta/\lambda}\right]^2 \tag{5.11.3}$$

这个问题也可以从衍射系统的屏函数来理解。当单色平面波沿 z 垂直入射到光栅常数为 d、透光长度为 a 的衍射屏上时,光矢量由下式求出,即

$$Ae^{j(kz-\omega t)} \Rightarrow Ah(x)e^{j(kz-\omega t)}$$

式中,$h(x)$就代表了衍射屏的屏函数:

$$h(x) = \begin{cases} 1, & |x| < \dfrac{a}{2} \\ 0, & \dfrac{a}{2} < |x| < \dfrac{d}{2} \end{cases} \tag{5.11.4}$$

其余按周期函数外推。

为了对光矢量表达式作进一步的展开处理,先来讨论与此类似的时域周期信号的级数展开问题。$f(t)$是一个周期为 T_0 的方波信号,一个周期中高电平幅度为 1,时间为 a;低电平幅度为 0,即

$$f(t) = \begin{cases} 1, & |t| < \dfrac{a}{2} \\ 0, & \dfrac{a}{2} < |t| < \dfrac{T_0}{2} \end{cases} \tag{5.11.5}$$

其余按周期函数外推。

按照傅里叶级数展开的理论,它可以看成基频 $f_0 = \dfrac{1}{T_0}$ 及其高次谐波 nf_0 的叠加:$f(t) = \sum\limits_{n=-\infty}^{\infty} F_n e^{j2\pi n\frac{t}{T_0}}$,而 F_n 代表了不同频率分量的振幅(见图 5.11.2):

$$F_n = \frac{1}{T_0}\int_{-T_0/2}^{T_0/2} f(t)\mathrm{e}^{-\mathrm{j}2\pi n\frac{t}{T_0}}\mathrm{d}t = \frac{1}{T_0}\int_{-a/2}^{a/2}\mathrm{e}^{-\mathrm{j}2\pi n\frac{t}{T_0}}\mathrm{d}t = \frac{a}{T_0}\ \frac{\sin n\pi a/T_0}{n\pi a/T_0} \tag{5.11.6}$$

它表明:周期性的矩形波可以看成许多分立的正弦波的叠加;高次谐波的频率 $f=nf_0=n/T_0$ 是基频 $f_0=1/T_0$ 的整数倍,其振幅为 F_n。

若用黑度来表示图中的振幅,则频域曲线是 f 轴上等间隔的点。点间隔即是 $f_0=1/T_0$。

我们再回到夫琅和费衍射上来。对式(5.11.4)的 x 坐标作类似时域的傅里叶展开,结果与式(5.11.6)相同,只要作下面的代换即可:

时间 $t\rightarrow x$,周期 $T_0\rightarrow d$,频率 $f=n/T_0\rightarrow \nu=n/d$,基本函数 $\mathrm{e}^{\mathrm{j}\,2\pi nt/T0}\rightarrow \mathrm{e}^{\mathrm{j}2\pi nx/d}$。

$$h(x) = \sum_{n=-\infty}^{\infty} H_n \mathrm{e}^{\mathrm{j}2\pi n\frac{x}{d}} = \sum_{n=-\infty}^{\infty}\frac{a}{d}\ \frac{\sin n\pi a/d}{n\pi a/d}\mathrm{e}^{\mathrm{j}2\pi n\frac{x}{d}}$$

$$Ah(x)\mathrm{e}^{\mathrm{j}(kz-\omega t)} = A\sum_{n=-\infty}^{\infty}\frac{a}{d}\ \frac{\sin n\pi a/d}{n\pi a/d}\mathrm{e}^{\mathrm{j}2\pi n\frac{x}{d}}\mathrm{e}^{\mathrm{j}(kz-\omega t)} \tag{5.11.7}$$

为了对式(5.11.7)有更全面的理解,我们来讨论光波的相因子 $\mathrm{e}^{\mathrm{j}\left(kz+2\pi n\frac{x}{d}-\omega t\right)}$。为书写方便,略去时间因子 $\mathrm{j}\omega t$。指数因子 $\mathrm{j}kz$ 代表了沿 z 方向的平面波,显然对沿 $\boldsymbol{k}$ 方向传播的平面波,指数因子 $\mathrm{j}kz\rightarrow \mathrm{j}\boldsymbol{k}\cdot\boldsymbol{r}$。

当传播方向在 xz 平面内,与 z 轴的夹角为 θ 时(见图 5.11.16),$\boldsymbol{k}\cdot\boldsymbol{r}=k_x x+k_y y+k_z z=kx\sin\theta+0+kz\cos\theta$,考虑到 θ 很小,$\cos\theta\approx 1$,$\sin\theta\approx\theta$,有 $\boldsymbol{k}\cdot\boldsymbol{r}\approx kz+kx\sin\theta$。

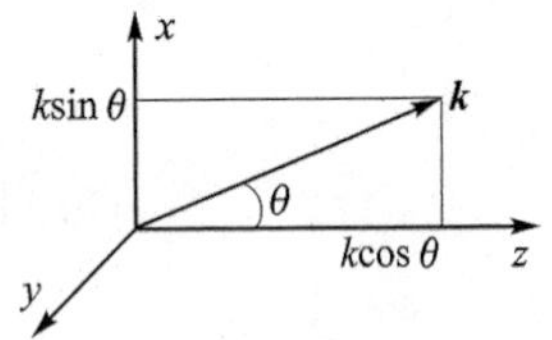

图 5.11.16 相因子与衍射角

将 $kz+2\pi n\dfrac{x}{d}$ 与 $kz+kx\sin\theta$ 进行对比,并注意到 $k=\dfrac{2\pi}{\lambda}$,$2\pi n\dfrac{x}{d}=\dfrac{2\pi}{\lambda}x\sin\theta\rightarrow\sin\theta=n\lambda/d$。这样一来就在夫琅和费衍射和傅里叶频谱之间建立了联系。为此可以引入一个空间频率的物理量 $\nu=n\nu_0=\dfrac{n}{d}$,则 $\mathrm{e}^{\mathrm{j}2\pi nx/d}$ 从傅里叶分析来看,它代表 n 次谐波高频分量 $\nu=n\dfrac{1}{d}=n\nu_0$;从光波的夫琅和费衍射来看,它代表倾角 $\theta=n\lambda/d$ 的衍射波。光的传播和成像问题,也可以从频谱的角度来描述。式(5.11.7)对黑白光栅的理解是:衍射场是一系列不同倾角的平面波的叠加,倾角由 $\sin\theta=n\lambda/d\,(n=0,\pm1,\pm2,\cdots)$ 决定,其振幅 $=A\dfrac{a}{d}\ \dfrac{\sin n\pi a/d}{n\pi a/d}\propto\dfrac{\sin n\pi a/d}{n\pi a/d}$。这正是式(5.11.2)和式(5.11.3)的主要结论①。从傅里叶分析来看,它代表了频谱;不同倾角的衍射波代表着不同的空间频率分量,倾角越大,频

① 由于实际的光栅并不是无限延伸的严格周期函数,故获得的也不是像式(5.11.7)给出的严格的分立谱。这时傅里叶级数将过渡到傅里叶积分,分立谱也将过渡到连续谱。但可以证明:对有限尺寸的矩形(黑白)光栅(准周期函数)产生的是准分立谱。

率越高。这正是现代光学对夫琅和费衍射的新认识。

2. 关于光学傅里叶变换的一般表述

设在 $x-y$ 平面上有一光场的振幅分布为 $g(x\ y)$，像时域信号的傅里叶变换一样，可以将这个空间分布展开成为一系列二维基元函数 $\exp[j2\pi(f_x x+f_y y)]$ 的线性叠加，即

$$g(x,y)=\iint_{-\infty}^{\infty} G(f_x,f_y)\exp[j2\pi(f_x x+f_y y)]\mathrm{d}f_x\mathrm{d}f_y \tag{5.11.8}$$

式中，f_x、f_y 分别称为 x、y 方向上的空间频率，即单位长度内振幅起伏的次数，其量纲为 L^{-1}。$G(f_x,f_y)$ 是相应于空间频率为 f_x、f_y 的基元函数的权重，也称为光场 $g(x,y)$ 的空间频谱。$G(f_x, f_y)$ 可由 $g(x,y)$ 的傅里叶变换求得，其关系式为

$$G(f_x,f_y)=\iint_{-\infty}^{\infty} g(x,y)\exp[-j2\pi(f_x x+f_y y)]\mathrm{d}x\mathrm{d}y \tag{5.11.9}$$

由式(5.11.8)、式(5.11.9)可以看出，$g(x,y)$ 和 $G(f_x, f_y)$ 实质上是对同一光场的两种等效描述，$G(f_x, f_y)$ 是 $g(x,y)$ 的傅里叶变换，而 $g(x,y)$ 又是 $G(f_x, f_y)$ 的逆傅里叶变换，即有

$$G(f_x,f_y)=F[g(x,y)]\Leftrightarrow g(x,y)=F^{-1}[G(f_x,f_y)]$$

当 $g(x,y)$ 是一个空间周期性函数时，其空间频率是不连续的分立函数，就像一个时间的周期函数可以展开成基频及其高次倍频信号叠加一样。例如空间周期为 x_0 的一维函数 $g(x)$，即 $g(x)=g(x+x_0)$，实际上它描述的就是光栅常数为 x_0 的一维光栅。光栅面上光振幅分布可展开成傅里叶级数

$$g(x)=\sum G_n\exp(j2\pi n f_0 x) \tag{5.11.10}$$

式中，$f_0=1/x_0$，$n=0,\pm1,\pm2,\cdots$。n 不同的各项分别对应于空间频率为零(零频)、f_0(基频)、$2f_0$(2 倍频)等分量。G_n 是 $g(x)$ 的空间频谱，可由 $g(x)$ 的傅里叶变换求得，即

$$G_n=\frac{1}{x_0}\int_{-x_0/2}^{x_0/2} g(x)\exp(-j2\pi n f_0 x)\mathrm{d}x \tag{5.11.11}$$

下面讨论透镜二维傅里叶变换的性质。理论上可以证明，如果在焦距为 F 的会聚透镜的前焦面上放一振幅透过率为 $g(x,y)$ 的图像作为物，并以波长为 λ 的单色平面波垂直照明图像，则在透镜后焦面 $\xi-\eta$ 面上的复振幅分布就是 $g(x,y)$ 的傅里叶变换 $G(f_x,f_y)$，即频谱

$$G(\xi,\eta)=\iint_{-\infty}^{\infty} g(x,y)\exp[-j2\pi(x\xi+y\eta)/\lambda F]\mathrm{d}x\mathrm{d}y \tag{5.11.12}$$

与式(5.11.9)相比，空间频率 f_x、f_y 与透镜像方焦面坐标 ξ、η 有如下关系：

$$f_x=\xi/(\lambda F),\qquad f_y=\eta/(\lambda F)$$

所以，$\xi-\eta$ 面称为频谱面(或傅氏面)，如图 5.11.4 所示。由此可见，复杂的二维傅里叶变换可以用一透镜来实现，这就是透镜的二维傅里叶变换，亦称为光学傅里叶变换。

显然，$G(\xi,\eta)$ 就是空间频率为 $\xi/(\lambda F)$、$\eta/(\lambda F)$ 的频谱项的复振幅，频谱面上的光强分布是 $|G(f_x,f_y)|^2$，称为功率谱，也就是物的夫琅和费衍射图。由于空间频率 f_x 和 f_y 分别正比于 ξ 和 η，所以频谱面上 ξ、η 值较大的点对应于物频谱中的高频部分；中心点 $\xi=\eta=0$，则对应着零频。

5.12 全息照相和全息干涉法的应用

全息照相的基本原理是D·伽柏在1948年提出的,但在20世纪50年代该方面的研究工作进展缓慢,直到1960年以后激光的出现,它的高度相干性和大强度为全息照相提供了理想的光源,使全息技术有了迅速的发展,相继出现了多种全息方法,从而在全息干涉计量、全息无损检测、全息存储以及全息器件等方面获得了重要的应用。D·伽柏也因此在1971年获得了诺贝尔物理学奖。

全息照相是一种利用相干光干涉得到物体全部信息的二步成像技术,它可以再现物体的立体形象。无论从原理上和实验技术上,全息照相都和普通照相有本质的区别。全息干涉是全息照相方法的一个重要应用,和普通干涉相比,它们的干涉理论和测量精度基本相同,只是获得干涉的方法不同。以本实验采用的两次曝光法为例,它采用同一束光,在不同的时间对同一张全息干板进行重复曝光,如果两次曝光之间物体稍有移动,那么再现时两物体的波前将发生干涉,这些干涉条纹携带有物体表面移动的信息,根据条纹的分布便可以计算出物体表面各点位移的大小和方向。

全息干涉计量术能够对具有任意形状和表面状况的三维表面进行测量;由于全息图具有三维性质,故可通过全息干涉计量方法从许多视图去考察一个复杂的物体;它还可以对一个物体在不同时刻用全息干涉方法进行观察,从而探测物体在一段时间内发生的各种改变。此外,它有光路简单、对光学元件的精度要求较低等特点,因而在干涉计量领域内得到了广泛应用。

本实验的内容为反射式和透射式全息照相,并在反射式全息照相基础上用二次曝光法测定铝板的杨氏模量。通过实验不仅可以学到全息照相和全息干涉技术的基本知识和技能,还可以获得在二维光学平台上进行光路调整的训练以及有关照相的基本知识。

5.12.1 实验要求

1. 实验重点

① 了解全息照相的基本原理,熟悉反射式全息照相和透射式全息照相的基本技术和方法;

② 掌握在光学平台上进行光路调整的基本方法和技能;

③ 学习用二次曝光法进行全息干涉计量,并以此测定铝板的弹性模量;

④ 通过全息照片的拍摄和冲洗,了解有关照相的一些基础知识。

2. 预习要点

(1) 全息照相的特点

① 全息照相的记录和再现分别运用了什么原理?

② 什么叫相干光,什么叫非相干光?用两个激光光源分别做物光和参考光,能否制作一

张全息图并再现原物的像？

(2) 全息照相的实践

① 反射全息和透射全息有什么区别？表现在光路上有什么不同？

② 布置反射全息光路时，应满足哪些基本条件？布置透射全息光路时，应满足哪些基本条件？如何量取物光程和参考光程？

(3) 全息干涉法

① 什么叫两次曝光法？

② 两次曝光拍摄的全息照片再现时，在物平面上观察到的明暗条纹是怎样形成的？条纹的 0 级在什么位置，条纹间距为什么不是均匀的？

5.12.2　实验原理

1. 全息照相

全息照相所记录和再现的是包括物光波前的振幅和位相在内的全部信息，这是全息照相名称的由来。但是，感光乳胶和一切光敏元件都是只对光强敏感，不能直接记录位相，必须借助一束相干参考光，通过拍摄物光和参考光的干涉条纹，间接记录下物光的振幅和位相信息。同样，对全息图的观察，也必须使照明光按一定方向照在全息图上，通过全息图的衍射，才能再现物光波前，看到物的立体像。因此，全息照相和普通摄影完全不同，它包括波前的全息记录和再现两部分内容。根据记录光路的不同，全息照相又分为透射式全息和反射式全息，若物光和参考光位于记录介质(干板)的同侧，则称透射全息；若物光和参考光在记录介质的异侧，则称反射全息。因为两束相干光所形成的干涉条纹平行于两束光夹角的分角线，可见透射全息的干涉面(条纹)几乎垂直于乳胶面，而反射全息中，从干板正反两面进入的两束光在介质中形成驻波，在干板乳胶面中形成平行于乳胶面的一层一层的干涉面。

下面分别讨论透射式和反射式全息照相的工作原理。

(1) 透射式全息照相

所谓透射式全息照相是指再现时所观察和研究的是全息图透射光的成像。下面讨论物光和参考光夹角较小时平面全息图的记录与再现。

1) 透射全息的记录

◇ 两束平行光的干涉(见图 5.12.1)

将感光板垂直于纸面放置，两束相干平行光 o、r 按图示方向入射到感光板上，它们与感光板法向夹角分别为 φ_o 和 φ_r，并且 o 光中两条光线 1、2 与 r 光中两条光线 $1'$、$2'$ 在 A、O 两点相遇并相干，于是在垂直纸面方向产生平行的明暗相间的干涉条纹，亦即在感光板上形成一个光栅。

设 A、O 两点为相邻的明条纹，则条纹间距 $d=OA$，其光程差为波长 λ。如果再设 O 点处

光线为 2 和 2′,则由 O 点向光线 1′作垂线,得光线 1′与 2′之间光程差为 $d\sin\varphi_r$;由 A 点向光线 2 作垂线,得光线 1 与 2 之间光程差为 $d\sin\varphi_o$,又由于光线 2 和 2′为等光程,所以光线 1 和 1′之间光程差为 $d(\sin|\varphi_r|+\sin|\varphi_o|)$。若以感光板法线为基准,逆时针转至入射光线(不大于 90°)的入射角为正,反之为负,则由图可知 φ_o 为正,φ_r 为负,所以条纹间距为

$$d=\frac{\lambda}{\sin\varphi_o-\sin\varphi_r} \tag{5.12.1}$$

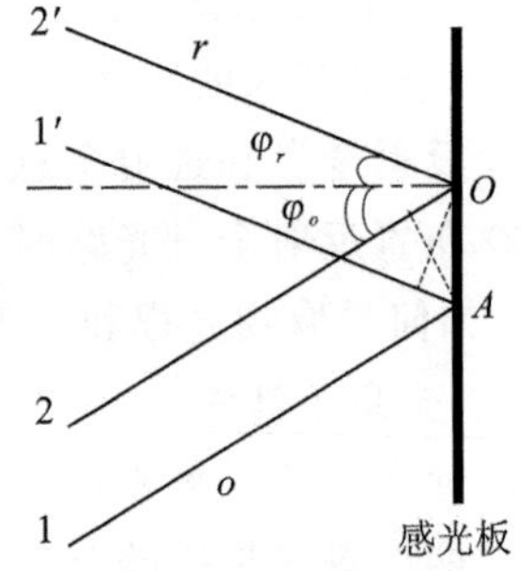

图 5.12.1　两束平行光的干涉

◇ 单色发散球面波的干涉(见图 5.12.2)

在通常的全息照相中,物光与参考光都是发散球面波。将感光板置于直角坐标系的 OXY 平面上,设物光球面波的源点 o 和参考光球面波的源点 r 均处于 OXZ 平面内,物光光线 1、2 相应和参考光线 1′、2′在 A、O 两点处相遇并相干。在 A、O 两点附近的微小区域,可将这些光线视为一束细小的平行光,把 O 点附近的微小区域加以放大。如图 5.12.3 所示,光线 2′相当于平行光束,它与感光板法线夹角为 φ_{rO},两束平行光在感光板上相遇而干涉,形成与 Y 轴方向平行的间距为 d_O 的明暗条纹。由前面的讨论及式(5.12.1)可得

$$d_O=\frac{\lambda}{\sin\varphi_{oO}-\sin\varphi_{rO}}$$

同理,在 A 点附近的微小区域内,条纹间距为

$$d_A=\frac{\lambda}{\sin\varphi_{oA}-\sin\varphi_{rA}}$$

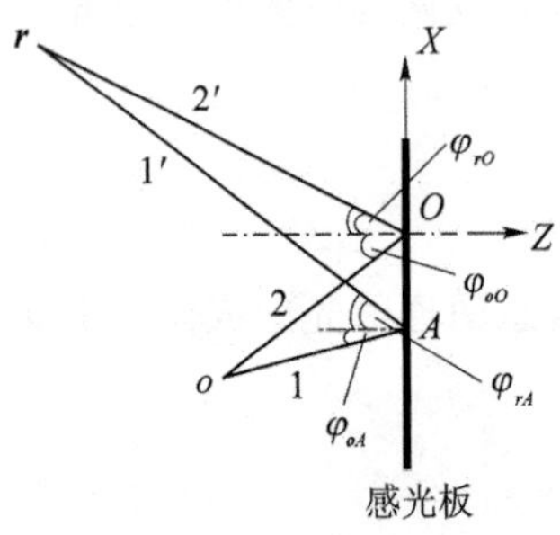

图 5.12.2　单色球面波的干涉记录

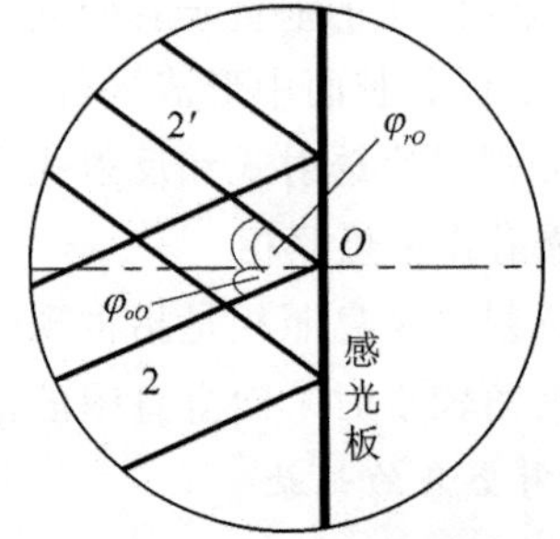

图 5.12.3　O 点区域的放大图

物体由空间无数物点组成,它的漫反射光可以视为无数不同光源发出的发散球面波,它们与参考光在感光板平面相遇干涉,在干板上留下了复杂的干涉图样,其亮暗对比和反衬度反映了物光波振幅的大小,而条纹的形状、间距则反映了物光波的相位分布。

2）透射全息的再现

全息图是以干涉条纹的形式记录的物光波，相当于一块有复杂光栅结构的衍射屏。必须用参考光照射才能在光栅的衍射光波中得到原来的物光，从而使物体得到再现。

◇ 光栅方程

全息图的再现依赖于单色光经光栅后的衍射，若同样规定以光栅的法线为基准，逆时针转至入（衍）射光线的入（衍）射角为正，则光栅方程为

$$d(\sin\theta - \sin\varphi) = k\lambda, \qquad k = 0, \pm 1, \pm 2, \cdots \tag{5.12.2}$$

式中，φ 为入射角，θ 为衍射角。

光栅方程中 k 可取至高级次，但由于本实验是物光与参考光干涉形成的条纹，故其黑白灰度呈正弦分布（见图 5.12.4）。理论上可以证明，灰度呈正弦分布的光栅结构，其衍射级只能取至 $k=\pm 1$。参见图 5.12.5，用再现光 c 照明全息图时，可以看见原物点 o 的像 o'。

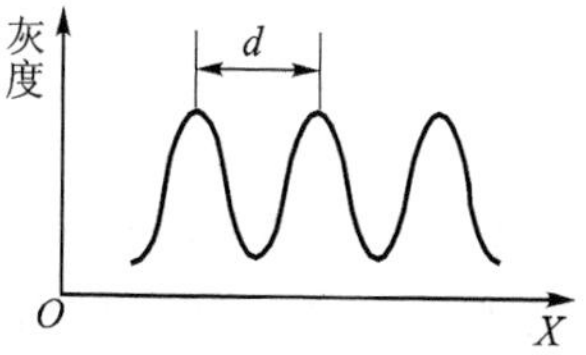

灰度 / d / O / X

图 5.12.4　正弦光栅图

◇ 作图法确定再现像的位置

取走原物，让与参考光 r 完全相同的再现光 c 照射到全息图上，就会在原物处看到与其等大、足以乱真的三维像。如果 c 与 r 有所偏离，其成像位置如何确定呢？我们可以通过类似几何光学的作图方法来讨论。设再现光 c 光波与参考光 r 光波波长相同。作图步骤（见图 5.12.5）如下：

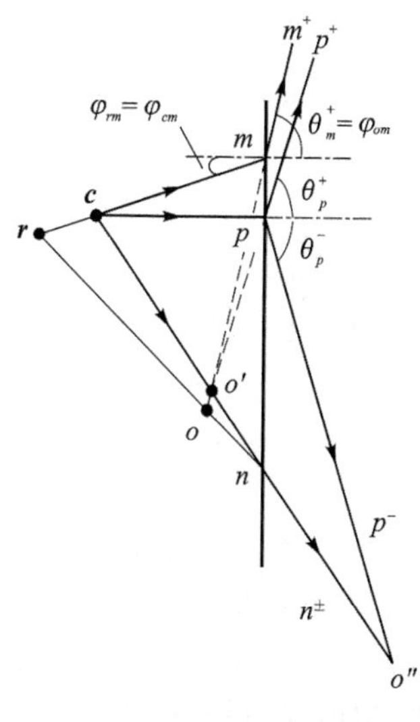

图 5.12.5　作图法确定再现像

① 连接 ro 并延长交全息图于 n 点，连接 rc 并延长交全息图于 m 点，由 c 点向全息图作垂线交于 p 点。

② 作入射线 cn 的衍射线。在 n 点的光栅常数 d_n 由式（5.12.1）决定，即

$$d_n = \frac{\lambda}{\sin\varphi_{on} - \sin\varphi_{rn}} \to \infty$$

这说明此处无光栅结构，再现光 c 将在 n 点透射。

③ 作入射线 cm 的 $+1$ 级衍射线并确定原始像 o' 位置。由式（5.12.1）和式（5.12.2）可得 cm 线衍射角。因为

$$d_m(\sin\theta_m^+ - \sin\varphi_{cm}) = \frac{\lambda}{\sin\varphi_{om} - \sin\varphi_{rm}}(\sin\theta_m^+ - \sin\varphi_{cm}) = k\lambda$$

又知 $\varphi_{rm} = \varphi_{cm}$，所以当 $k=+1$ 时，$\theta_m^+ = \varphi_{om}$，即 cm 线的 $+1$ 级衍射线 mm^+ 沿 om 方向，mm^+ 线与 cn 线的交点即为原始像 o' 的位置。当再现光 c 光源处于原参考光 r 光源处时，o' 恰为物点 o。

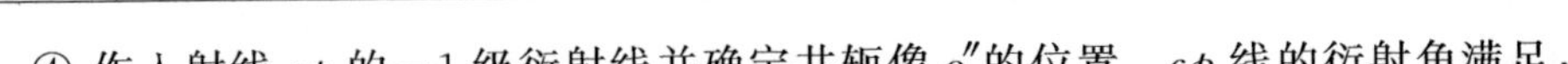

④ 作入射线 cp 的-1级衍射线并确定共轭像 o''的位置。cp 线的衍射角满足：

$$\frac{\lambda}{\sin\varphi_{op}-\varphi_{rp}}(\sin\theta_m^{\pm}-\sin\varphi_{cp})=\pm\lambda$$

对垂直入射的再现光，$\varphi_{cp}=0$，所以

$$\sin\theta_p^{\pm}=\pm(\sin\varphi_{op}-\sin\varphi_{rp})=\pm\text{ 定值}$$

显然 $\theta_p^{-}=-\theta_p^{+}$，即 cp 线的±1级衍射线对称于全息图法线。由于 o'位置已定，故有 $\theta_p^{+}=\varphi_{o'p}$，$\theta_p^{-}=-\varphi_{o'p}$。$cp$ 线的-1级衍射线 pp^{-} 与 cn 线交点即为共轭像 o''的位置。

(2) 反射式全息照相

反射式全息照相用相干光记录全息图，可用“白光”照明得到再现像。由于再现时眼睛接收的是白光在底片上的反射光，故称为反射式全息照相。这种方法的关键在于利用了布拉格条件来选择波长。此外，由于它光路非常简单，容易制作，又能用白光再现，所以应用很广泛。

反射式全息照相在记录全息图时，物光和参考光从底片的正反两面分别引入而在底片介质中形成驻波，在平版乳胶面中形成平行于乳胶面的多层干涉面，由于物光和参考光之间夹角接近于180°，故相邻两干涉面之间的距离近似为

$$d\approx\frac{\lambda}{2\sin(180^\circ/2)}=\frac{\lambda}{2}\tag{5.12.3}$$

当用波长为632.8 nm的激光做光源时，这一距离约为0.32 μm，而光致聚合物底板厚度为25 μm，这样在干板中就能形成60～80层干涉面(布拉格面)，因而体全息图是一个具有三维结构的衍射物体。再现光在这三维物体上的衍射极大值必须满足下列条件[①]：

① 光从干涉面上衍射时，衍射角等于反射角。

② 相邻两干涉层的反射光之间的光程差必须是 λ，参考图5.12.6即有布拉格条件

$$\Delta L=2nd\cdot\cos\theta=\lambda\tag{5.12.4}$$

式中，n 是感光板的折射率。

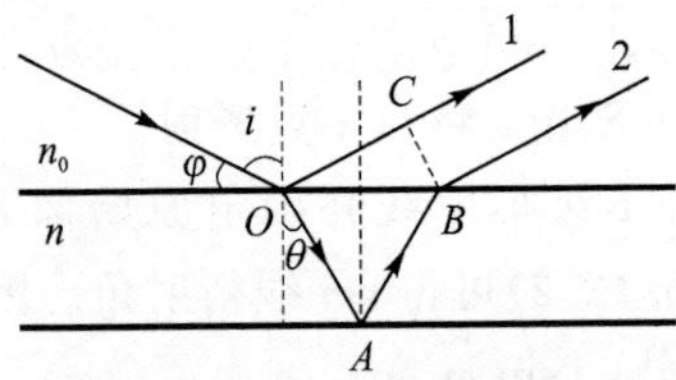

图5.12.6 反射光程差的计算

当不同波长的混合光以一确定的入射角 i 照明底片时，只有波长满足 $\lambda=2nd\cdot\cos\theta$ 的光才能有衍射极大值，所以人眼能看到的全息图反射光是单色的。显然，对同一张干板，i 愈大，满足式(5.12.4)的反射光的波长愈短。

如果参考光使用平面波，点物发出球面波，则干涉形成的布拉格面为弧状曲面，平行白光按原参考光方向照明，相当于照在凸面，反射成发散光，形成正立虚像，照明白光沿相反方向入射，则形成倒立实像。

反射全息图在记录时用波长为632.8 nm的激光，可以预期，用白光再现，像也应是红的。

① 关于布拉格衍射的讨论，可参见赵凯华等《光学》(下册)31～37页。

但实际上，看到的再现像往往是绿色的，其原因是底板在冲洗过程中，乳胶发生收缩，使干涉层间距变小。

2. 两次曝光法测定金属板的弹性模量

两次曝光法干涉图要求在同一记录介质上制作两个全息图，它将物体在两次曝光之间的形状改变作为永久记录保存下来。

如图 5.12.7 的悬臂梁，在自由端受到一个力 F_y，梁的中心线（x 轴）上各点，沿 x 方向和 z 方向的变形略去不计，而沿 y 方向的位移量按材料力学的挠度变形分布理论①为

$$dy = \frac{F_y x^2}{6EJ}(3L - x) \tag{5.12.5}$$

式中，L 为梁的长度，E 为材料的弹性模量，$J = bh^3/12$ 为梁的横截面的惯性矩，x 为待测点的坐标位置。

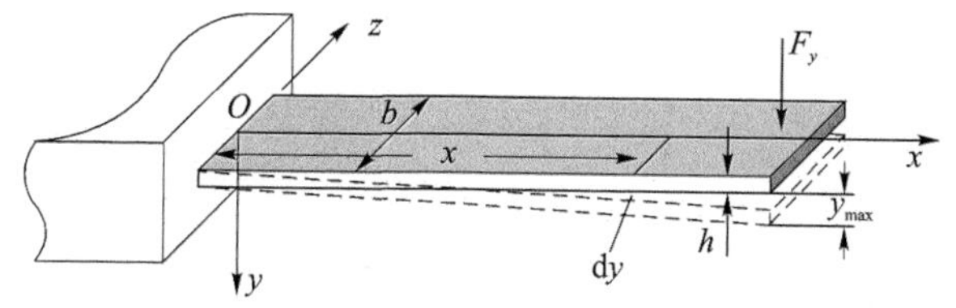

图 5.12.7　悬臂梁受力图

实验光路如图 5.12.8 所示。L 为扩束镜，M_1、M_2 为平面镜，H 为干板，P 为铝板，G 为加力装置。注意：铝板应紧贴着干板放置；干板的胶面朝向铝板。

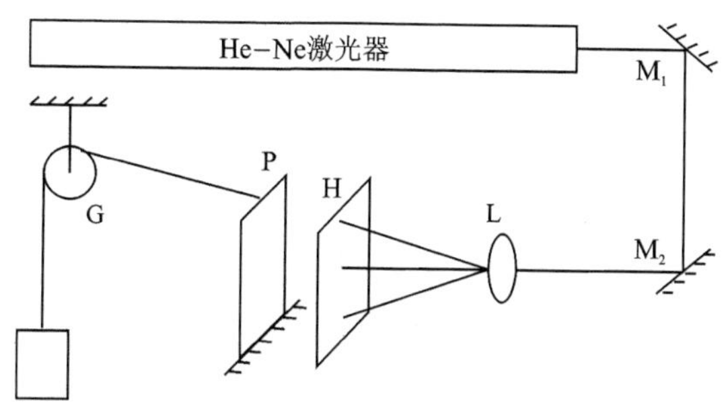

图 5.12.8　二次曝光法测弹性模量实验光路

激光束经过扩束镜 L 后，照射在干板上，即为参考光；激光透过干板以后，照射在铝板上，并由铝板反射，再次照向干板，即为物光。

---

① 有关结论可在一般的材料力学教材中找到。

首先在悬臂梁尚未受力时作第一次曝光,则记录了悬臂梁处于原始状态时的全息图。然后通过加力装置对梁的自由端加力进行第二次曝光,这样又记录了悬臂梁受力变形后的全息图。

再现时,同时复现悬臂梁两个状态下的物光波前,这两个波前发生干涉,形成一簇等光程差的干涉条纹,如图 5.12.9 所示。

可以根据干涉条纹计算出梁在不同位置处的位移量。假设在梁上有任意一点 A,当梁受力后,A 发生位移,位移方向垂直于梁表面,并由 A 点移到A'点,位移量为 $\mathrm{d}y$(见图 5.12.10)。假设照相时,入射光的方向与位移方向的夹角为 α,反射光的方向与位移方向的夹角为 β,那么从图 5.12.10 可算出变形前后,A 点与 A'点发出的光波之间的光程差为

$$\delta = \mathrm{d}y(\cos\alpha + \cos\beta)$$

图 5.12.9　干涉条纹

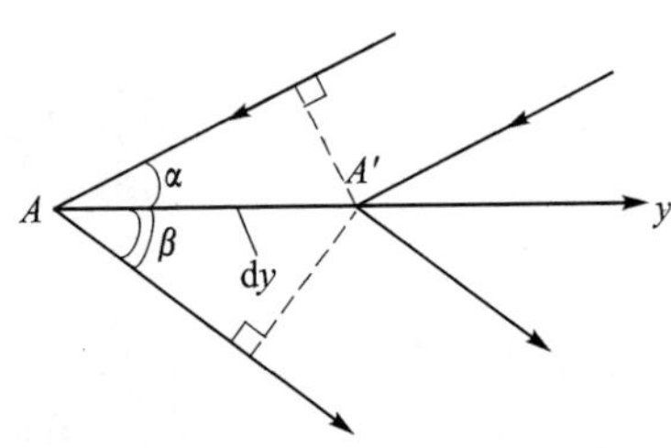

图 5.12.10　光程差计算

根据干涉原理,明纹与暗纹的条件为

$$\mathrm{d}y(\cos\alpha + \cos\beta) = \begin{cases} k\lambda & (\text{亮纹}) \\ (2k-1)\lambda/2 & (\text{暗纹}) \end{cases}$$

所以亮纹处的位移量为

$$\mathrm{d}y = \frac{k\lambda}{\cos\alpha + \cos\beta} \tag{5.12.6}$$

暗纹处的位移量为

$$\mathrm{d}y = \frac{(2k-1)\lambda}{2(\cos\alpha + \cos\beta)} \tag{5.12.7}$$

使式(5.12.5)与式(5.12.6)相等,则

$$\frac{F_y x^2}{6EJ}(3L - x) = \frac{k\lambda}{\cos\alpha + \cos\beta}$$

由此可得出弹性模量

$$E = \frac{F_y x^2 (3L - x)}{6Jk\lambda}(\cos\alpha + \cos\beta)$$

式中，$J=\frac{1}{12}bh^3$，其中 b 为梁的宽度，h 为梁的厚度。所以

$$E=\frac{2F_yx^2(3L-x)}{k\lambda bh^3}(\cos\alpha+\cos\beta) \tag{5.12.8}$$

同样可以用暗纹条件，使式(5.12.5)与式(5.12.7)相等，则

$$E=\frac{4F_yx^2(3L-x)}{(2k-1)\lambda bh^3}(\cos\alpha+\cos\beta) \tag{5.12.9}$$

本实验中，α 和 β 都近似为零，由式(5.12.8)和式(5.12.9)可以看出，只要测出铝板的长度 L、宽度 b、厚度 h 和悬臂梁自由端所加的力 F_y，并读出某一级亮纹或暗纹所在处的沿梁 x 轴方向的位置 x，即可得出其弹性模量。

5.12.3　仪器介绍

氦氖激光器及电源 1 套，分束镜 1 块，平面镜 3 块，被摄物1 个，砝码加载器及待测铝板 1 套，载物台 1 个，底板架 1 个，扩束镜 2 块，透镜 1 块，白屏 1 块，纯净水，质量分数分别为 40 %、60 %、80 %、100 %的异丙醇溶液适量，竹夹 1 个，RSP－I 型红敏光致聚合物全息干板。

1. 全息台

全息照相除了要求光路中各光学元件有良好的机械稳定性以外，还必须尽可能隔绝外界振动，曝光时全息感光板上的干涉条纹必须稳定；在曝光时间内，条纹漂移量须小于 1/2 条纹间隔，才能获得良好的效果。

2. 全反镜

它的作用是使激光束改变方向，可作高度、左右、俯仰三维调节。

3. 分束镜

它的作用可使激光束分成两束，一束透射，另一束反射，同全反镜一样可作三维调节。

4. 扩束镜

它的作用是将激光器出射的细小光束扩大，以照明整个被摄物体和感光板，可作垂直、左右调节。

5. RSP－I 型红敏光致聚合物全息干板

全息记录介质可分为两大类，一类为银盐干板，另一类为非银盐干板。银盐干板的特点是灵敏度高，适宜作短时曝光的全息图，但衍射效率低，实际应用受到一定限制。红敏光致聚合物全息干板是一种位相型记录介质，它不同于银盐干板，属于自由基聚合的非银盐感光材料。它只对红光敏感，对蓝、绿光不太敏感。日光灯发出的荧光光谱中红光成分很小，所以 RSP－I 型红敏光致聚合物干板可在日光灯下进行明室操作。

6. 实验注意事项

① 全息干板必须夹持牢固，最好不要有自由端。特别是全息干板面积比较大时，需要固定自由端以避免振动；当板面较小时，可以只夹住一端。

② 全息干板固定好后,应等几分钟(看板面大小决定时间。面积大,则等待时间长)再拍摄。在这段时间内可以让玻璃板慢慢释放夹持应力,否则易出现粗大干涉条纹,影响再现像的亮度与质量。

③ 拍摄光路上所用的各个元器件必须用磁性表座/磁铁或螺栓牢固固定,不必要的元器件不要放在全息台上。

④ 避免在室外有振动或较大噪声的情况下曝光。

⑤ 曝光时间内,不要在室内走动或敲击全息台面,以免因振动使干涉条纹模糊化;振动严重时甚至不能记录干涉条纹。

5.12.4 实验内容

1. 全息照片的拍摄

(1) 反射式全息照相

反射全息的记录光路简单,如图 5.12.11 所示。激光束 S 经扩束镜 L 后照在全息底片 H 上,形成参考光 r;透过 H 的激光照明物体 o,再由物体反射到 H 形成物光 o;o、r 在 H 的两侧,构成反射全息。由于乳胶感光材料的透过率为 30 %~50 %,因而要求物体的反射率要高,否则很难满足参考光与物光的光强比要求。oH 之间的距离通常在 1 cm 以内,而且尽量使物体面平行于 H。

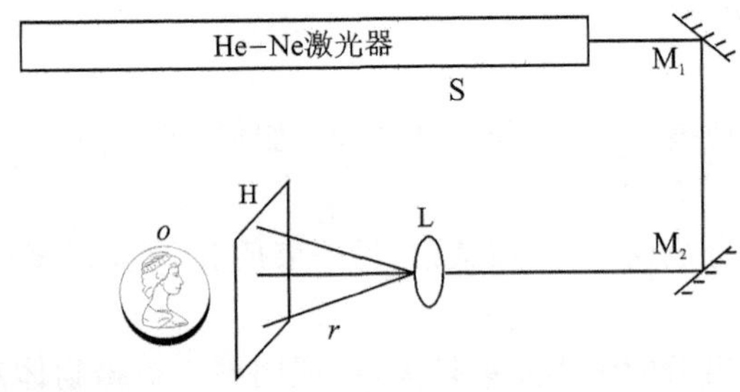

图 5.12.11 反射全息光路

光路调整好后,遮挡激光安放感光板,H 的乳胶面应正对物体。随后,开放激光曝光 10~20 s。

(2) 二次曝光法测定铝板的弹性模量

在反射全息光路基础上,按图 5.12.8 稍作修改。

物体静止时进行第一次曝光,时间大约为 15 s。随后用砝码加载器给悬臂梁自由端施加适当大小的力 F_y,稳定 1 min 后,进行第二次曝光,时间约 20 s。

也可以与上述做法相反,先加力,稳定 1 min 后第一次曝光;然后释放力,再稳定 1 min,进行第二次曝光,其结果与上述做法相同。

实验注意事项：

① 施力方向一定要与铝板垂直，否则得到的干涉条纹将出现倾斜或变形。

② 铝板与干板间的距离要尽可能小。实际操作时可在铝板与干板之间夹一小铁块，三者一起夹在底板架上。注意：干板的乳胶面要朝向铝板。

③ 加载砝码时动作要轻，均匀加力，不要有撞击。进行第二次曝光时，一定要等砝码静止后再进行，以免物体或光具座有移动或振动，造成条纹模糊或无条纹。

(3) 透射式全息照相

按图 5.12.12 布置光路。G 为分束镜，M_1、M_2 和 M_3 为平面镜，L_1 和 L_2 为扩束镜，H 为感光板。

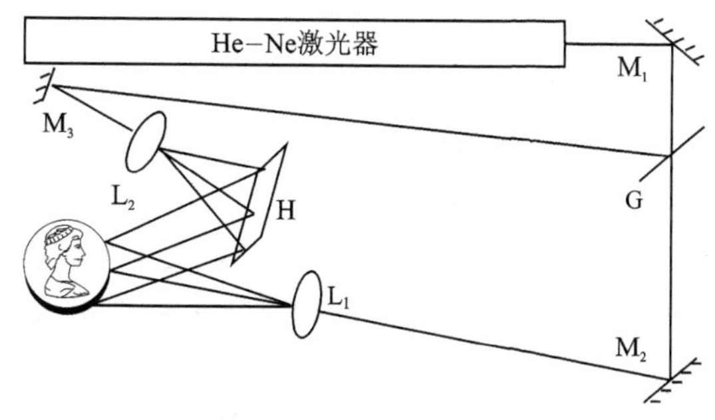

图 5.12.12　透射式全息照相光路

① 首先粗调激光器水平，判断方法是当白屏沿平台移动时，激光光点大致处于同一高度（这一步通常已由实验室事先调好）；其次改变平面镜俯仰，使激光光点回到激光器出口，此时平面镜与激光束垂直；然后转动平面镜将激光反射到其他各元件上，分别调整各元件高度，使光点落入其中心，完成等高调节。

② 布置物光光路。移动扩束镜 L_1，使被摄物全部被均匀照明。感光板距静物不超过 10 cm。

③ 量取物光光程，以此确定参考光反射镜位置，使物光光程和参考光光程基本相等，同时使物光与参考光夹角在 40°左右。

④ 前后调整扩束镜 L_2 的位置，使参考光均匀照在整张感光板上，并使物光与参考光光强比为 1∶4～1∶10。

⑤ 检查各光学元件是否用螺钉拧紧并将磁性表座锁定，避免曝光时元件间发生相对位移。

⑥ 用黑纸遮挡激光，将感光板乳胶面朝光安装在底板架上。排除一切振动因素，如走动、大声讲话、对台面的碰撞（哪怕是轻微的）等，打开挡板曝光 110～130 s。

2. 冲洗底板

① 将曝光后的感光板用竹夹夹住，放在纯净水中浸泡 10 s 取出，滤尽水。

② 将感光板依次放入质量分数为 40 %、60 %、80 %的异丙醇溶液中各脱水 10～15 s 后取出,注意,每次进入相邻溶液时,都需将干板上的溶液滤尽。

③ 将感光板放入质量分数为 100 %的异丙醇中脱水,直至感光板呈现红色或黄绿色为止。

④ 滤尽干板上的溶液,将干板迅速用吹风机吹干。

3. 再现像的观察

(1) 反射全息图的观察

经冲洗吹干的全息图在白光下即可观察到原物虚像。

(2) 弹性模量的测量

测量弹性模量的光路也是反射全息光路,因此获得的全息图可在白光下直接看到干涉条纹。取不同级数的亮纹或暗纹,测量条纹所在处的 x 坐标。然后测定铝板的长度、宽度和厚度,按式(5.12.8)或式(5.12.9)计算弹性模量。

(3) 透射全息图的再现

将已经制成的全息图放回原底板架上,不要改变全息图与原底板之间的方位(即不能上下颠倒或前后翻转),挡去物光,移去原物,便可在原物位置上显现出与原物同等大小、三维立体的原始像。

如再现光光强不足,可移去分束镜 G,移动平面镜 M_2 至 G 的位置再进行再现。

5.12.5 思考题

1. 全息照相

① 简述全息照相的特点,它与普通照相有什么不同?为什么说全息图记录了光波的全部信息?

② 全息照相用的感光板与普通照相底片有什么不同?本实验中用的感光板有什么特点?

③ 再现原始像应当注意些什么?观察到的全息图与普通照片有什么区别?

2. 全息干涉法

① 简述全息干涉法测量金属板弹性模量的原理和方法。

② 如果加载过大或过小,对干涉条纹的疏密有何影响?如何控制加载量?

③ 计算弹性模量的相关数据如何读取?如何估计测量结果的准确度?

5.12.6 参考文献

[1] 杨国光. 近代光学测试技术. 杭州:浙江大学出版社,1997.

[2] 王绿苹. 光全息和信息处理实验. 重庆:重庆大学出版社,1991.

[3] 陈守之. 全息成像原理浅解. 工科物理,1994(1):17-20.

5.13　氢原子光谱和里德伯常数的测量

衍射光栅在现代光谱分析中具有重要应用。无论是发射光谱仪器(摄谱仪、单色仪等),还是吸收光谱仪器(原子吸收分光光度计等)中的色散元件,大多使用性能优良的(闪耀)光栅。光栅的刻槽密度可达 4 800 条/mm,进入纳米科学范围,属于光、机、电结合的高科技领域。衍射光栅作为各种光谱仪器的核心元件,广泛应用于石油化工、医药卫生、食品、生物、环保等国民经济和科学研究的诸多部门。光谱分析就是利用物质发射的光谱对其元素组成作出分析和判断,它在诸如地质找矿、冶金的成分分析、材料的超纯检验或微量元素识别等国民经济和教学科研各部门被广泛采用。在高科技领域,如各种激光器特别是强激光核聚变、航空航天遥感成像光谱仪、同步辐射光束线等,都需要各种特殊光栅。现代高技术的发展,使光栅有了更广泛的重要应用,许多高技术项目应用的特种光栅还有待进一步开发。

发射光谱有 3 种类型:线状光谱、带状光谱和连续光谱。氢原子光谱是一种典型的线状光谱,它是量子理论得以建立的最重要的实验基础之一。把作为分光元件的光栅和精密测角仪器的分光仪结合起来进行氢光谱的观察与测量,不仅可以巩固和强化光学实验的基本训练,还可以了解现代光谱仪器的基本知识,增加有关量子物理的一些感性知识和基本概念。

5.13.1　实验要求

1. 实验重点

① 巩固、提高从事光学实验和使用光学仪器的能力(分光仪调整和使用);

② 掌握光栅的基本知识和使用方法;

③ 了解氢原子光谱的特点并用光栅衍射测量巴耳末系的波长和里德伯常数;

④ 巩固与扩展实验数据处理的方法,即测量结果的加权平均,不确定度和误差的计算,实验结果的讨论等。

2. 预习要点

① 如何由式(5.13.1)出发证明:在两个相邻的主极大之间有 $N-1$ 个极小、$N-2$ 个次极大;N 越大,主极大的角宽度越小。

② 氢原子里德伯常数的理论值等于什么?氢原子光谱的巴耳末系中对应 $n=3,4,5$ 的 3 条谱线,应当是什么颜色?

③ 总结分光仪调整的关键步骤,在调整望远镜接收平行光、望远镜光轴垂直仪器主轴、平行光管出射平行光、平行光管光轴垂直仪器主轴的过程中应分别调节什么?调整完成的标志又是什么?

④ 光栅位置的调整和固定要达到什么目的?通过什么螺钉来进行?

⑤ 导出本节附录 2 中加权平均及其不确定度的计算公式(5.13.11)。

⑥ 巴耳末系中不同波长的不确定度 $u(\lambda)$ 如何计算？如何由不同 λ 算得的里得伯常数通过加权平均获得 R_H 的最佳值？

5.13.2 实验原理

1. 光栅及其衍射

波绕过障碍物而传播的现象称为衍射。衍射是波动的一个基本特征，在声学、光学和微观世界都有重要的基础研究和应用价值。具有周期性的空间结构(或性能)的衍射屏称为“栅”。当波源与接收器距离衍射屏都是无限远时所产生的衍射称为夫琅和费衍射。

光栅是使用最广泛的一种衍射屏。在玻璃上刻画一组等宽度、等间隔的平行狭缝就形成了一个透射光栅；在铝膜上刻画出一组端面为锯齿形的刻槽可以形成一个反射光栅；而晶格原子的周期排列则形成了天然的三维光栅(见图 5.13.1)。

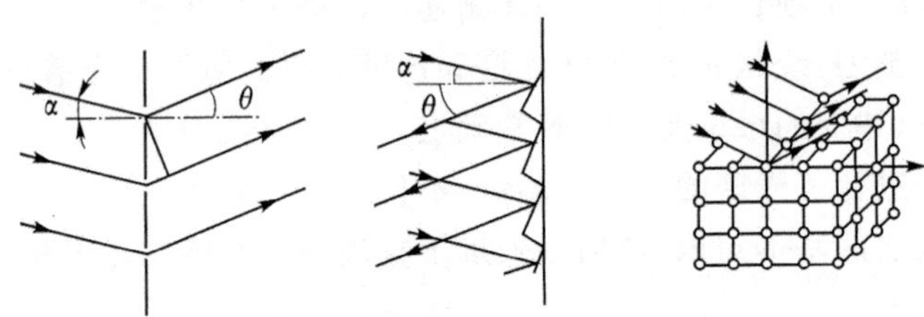

图 5.13.1 透射光栅、反射光栅和三维光栅(晶格的衍射)

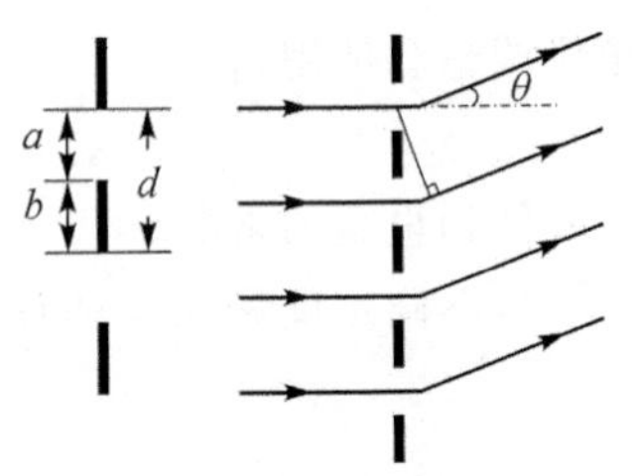

图 5.13.2 透射光栅和光程差

本实验采用的是通过明胶复制的方法做成的透射光栅。它可以看成是平面衍射屏上开有宽度为 a 的平行狭缝，缝间的不透光部分的宽度为 b，$d=a+b$ 称为光栅常数(见图 5.13.2)。有关光栅夫琅和费衍射的理论已在《大学物理》的学习中进行过讨论，其主要的结论是①：

① 光栅衍射可以看做是单缝衍射和多缝干涉的综合。当平面单色光正入射到光栅上时，其衍射光振幅的角分布$\propto$单缝衍射因子 $\frac{\sin u}{u}$ 和缝间干涉因子 $\frac{\sin N\beta}{\sin\beta}$ 的乘积，即沿 θ 方向的衍射光强

$$I(\theta)=I_0\left(\frac{\sin u}{u}\right)^2\left(\frac{\sin N\beta}{\sin\beta}\right)^2 \tag{5.13.1}$$

① 参见吴百诗主编的《大学物理》修订本下册第 227 页。

式中，$u=\dfrac{\pi a\sin\theta}{\lambda}$，$\beta=\dfrac{\pi d\sin\theta}{\lambda}$，$N$ 是光栅的总缝数。

当 $\sin\beta=0$ 时，$\sin N\beta$ 也等于 0，$\dfrac{\sin N\beta}{\sin\beta}=N$，$I(\theta)$形成干涉极大；当 $\sin N\beta=0$，但 $\sin\beta\neq 0$ 时，$I(\theta)=0$，为干涉极小。它说明：在两个相邻的主极大之间有 $N-1$ 个极小、$N-2$ 个次极大；N 数越多，主极大的角宽度越小。

② 正入射时，衍射的主极大位置由光栅方程

$$d\sin\theta=k\lambda \qquad (k=0,\pm1,\pm2,\cdots) \tag{5.13.2}$$

决定，单缝衍射因子 $\dfrac{\sin u}{u}$ 不改变主极大的位置，只影响主极大的强度分配。

③ 当平行单色光斜入射(见图 5.13.1 左图)时，对入射角 α 和衍射角 θ 作以下规定：以光栅面法线为准，由法线到光线逆时针为正，顺时针为负(图中 α 为－，θ 为＋)。这时光栅相邻狭缝对应点所产生的光程差为 $\Delta\lambda=d(\sin\theta-\sin\alpha)$，光栅方程应写成

$$d(\sin\theta-\sin\alpha)=k\lambda \qquad (k=0,\pm1,\pm2,\cdots) \tag{5.13.3}$$

类似的结果也适用于平面反射光栅(参见 6.6 节)。

不同波长的光入射到光栅上时，由光栅方程可知，其主极强位置是不同的。对同一级的衍射光来讲，波长越长，主极大的衍射角越大。如果通过透镜接收，将在其焦面上形成有序的光谱排列。如果光栅常数已知，就可以通过衍射角测出波长。

2. 光栅的色散本领与色分辨本领

和所有的分光元件一样，反映衍射光栅色散性能的主要指标有两个，一是色散率，二是色分辨本领。它们都是为了说明最终能够被系统所分辨的最小的波长差 $\delta\lambda$。

(1) 色散率

色散率讨论的是分光元件能把不同波长的光分开多大的角度。若两种光的波长差为 $\delta\lambda$，它们衍射的角间距为 $\delta\theta$，则角色散率定义为 $D_\theta\equiv\dfrac{\delta\theta}{\delta\lambda}$。$D_\theta$可由光栅方程 $d\sin\theta=k\lambda$ 导出：当波长由 $\lambda\to\lambda+\delta\lambda$ 时，衍射角由 $\theta\to\theta+\delta\theta$，于是 $d\cos\theta\delta\theta=k\delta\lambda$，则

$$D_\theta\equiv\frac{\delta\theta}{\delta\lambda}=\frac{k}{d\cos\theta} \tag{5.13.4}$$

上式表明，D_θ越大，对相同的 $\delta\lambda$ 的两条光线分开的角度 $\delta\theta$ 也越大，实用光栅的 d 值很小，所以有较大的色散能力。这一特性使光栅成为一种优良的光谱分光元件。

与角色散率类似的另一个指标是线色散率。它指的是对波长差为 $\delta\lambda$ 的两条谱线，在观察屏上分开的(线)距离 δl 有多大。这个问题并不难处理，只要考虑到光栅后面望远镜的物镜焦距 f 即可，$\delta l=f\delta\theta$，于是线色散率

$$D_l\equiv\frac{\delta l}{\delta\lambda}=fD_\theta=\frac{kf}{d\cos\theta} \tag{5.13.5}$$

(2) 色分辨本领

色散率只反映了谱线(主极强)中心分离的程度,它不能说明两条谱线是否重叠。色分辨本领是指分辨波长很接近的两条谱线的能力。由于光学系统尺寸的限制,狭缝的像因衍射而展宽。光谱线表现为光强从极大到极小逐渐变化的条纹。图 5.13.3 所示波长差为 $\delta\lambda$ 的两条谱线,因光栅的色散而分开 $\delta\theta$,即三种情况下它们的色散本领是相同的,但如果谱线宽度比较大,就可能因互相重叠而无法分辨(见图 5.11.3(a))。

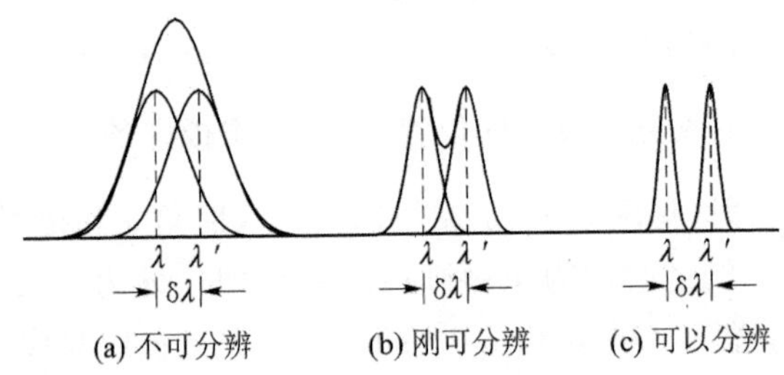

图 5.13.3　同一色散率不同谱线宽度的分辨率

根据瑞利判别准则,当一条谱线强度的极大值刚好与另一条谱线的极小值重合时,两者刚可分辨。我们来计算这个能够分辨的最小波长差 $\delta\lambda$。由 $d\cos\theta\delta\theta = k\delta\lambda$ 可知,波长差为 $\delta\lambda$ 的两条谱线,其主极大中心的角距离 $\delta\theta = \dfrac{k\delta\lambda}{d\cos\theta}$,而谱线的半角宽度(参见本节附录)$\Delta\theta = \dfrac{\lambda}{Nd\cos\theta}$;当两者相等时,$\delta\lambda$ 刚可被分辨:$\dfrac{k\delta\lambda}{d\cos\theta} = \dfrac{\lambda}{Nd\cos\theta}$,由此得

$$\delta\lambda = \frac{\lambda}{kN} \tag{5.13.6}$$

光栅的色分辨率定义为

$$R \equiv \frac{\lambda}{\delta\lambda} = kN \tag{5.13.7}$$

上式表明光栅的色分辨本领与参与衍射的单元总数 N 和光谱的级数成正比,而与光栅常数 d 无关。注意上式中的 N 是光栅衍射时的有效狭缝总数。由于平行光管尺寸的限制,本实验中的有效狭缝总数 $N=D/d$,其中 $D=2.20$ cm,是平行光管的通光口径。

角色散率、线色散率以及色分辨本领都是光谱仪器的重要性能指标,三者不能替代,应当选配得当。

3. 氢原子光谱

原子的线状光谱是微观世界量子定态的反映。氢原子光谱是一种最简单的原子光谱,它的波长经验公式首先是由巴耳末从实验结果中总结出来的。之后玻尔提出了原子结构的量子理论,它包括 3 个假设。① 定态假设:原子中存在具有确定能量的定态,在该定态中,电子绕核运动,不辐射也不吸收能量;② 跃迁假设:原子某一轨道上的电子,由于某种原因发生跃迁

时，原子就从一个定态 E_n 过渡到另一个定态 E_m，同时吸收或发射一个光子，其频率 ν 满足 $h\nu=E_n-E_m$，式中 h 为普朗克常数；③ 量子化条件：氢原子中容许的定态是电子绕核圆周运动的角动量满足 $L=nh$，式中 n 称为主量子数。从上述假设出发，玻尔求出了原子的能级公式

$$E_n=-\frac{1}{n^2}\left(\frac{me^4}{8\varepsilon_0^2 h^2}\right)$$

于是，得到原子由 E_n 跃迁到 E_m 时所发出的光谱线波长满足关系

$$\frac{1}{\lambda}=\frac{\nu}{c}=\frac{E_n-E_m}{hc}=\frac{me^4}{8\varepsilon_0^2 h^3 c}\left(\frac{1}{m^2}-\frac{1}{n^2}\right)$$

令 $R_{\mathrm{H}}=\dfrac{me^4}{8\varepsilon_0^2 h^3 c}$，则有

$$\frac{1}{\lambda}=R_{\mathrm{H}}\left(\frac{1}{m^2}-\frac{1}{n^2}\right)\qquad(n=m+1,m+2,m+3,\cdots)$$

式中，R_{H} 称为里德伯常数。

当 m 取不同值时，可得到一系列不同线系：

赖曼系　$$\frac{1}{\lambda}=R_{\mathrm{H}}\left(\frac{1}{1^2}-\frac{1}{n^2}\right)\qquad(n=2,3,4,5,\cdots)$$

巴耳末系

$$\frac{1}{\lambda}=R_{\mathrm{H}}\left(\frac{1}{2^2}-\frac{1}{n^2}\right)\qquad(n=3,4,5,6,\cdots)\tag{5.13.8}$$

帕邢系　$$\frac{1}{\lambda}=R_{\mathrm{H}}\left(\frac{1}{3^2}-\frac{1}{n^2}\right)\qquad(n=4,5,6,7,\cdots)$$

布喇开系　$$\frac{1}{\lambda}=R_{\mathrm{H}}\left(\frac{1}{4^2}-\frac{1}{n^2}\right)\qquad(n=5,6,7,8,\cdots)$$

芬德系　$$\frac{1}{\lambda}=R_{\mathrm{H}}\left(\frac{1}{5^2}-\frac{1}{n^2}\right)\qquad(n=6,7,8,9,\cdots)$$

本实验利用巴耳末系来测量里德伯常数。巴耳末系是 $n=3,4,5,6,\cdots$ 的原子能级跃迁到主量子数为 2 的定态时所发射的光谱，其波长大部分落在可见光范围。由式(5.13.8)可见，若已知 n，利用光栅衍射测得 λ，就可以算出 R_{H} 的实验值。

光栅夫琅和费衍射的角分布可通过分光仪测出。分光仪是一种精密的测角仪器，其工作原理详见 4.10 节的相关内容。夫琅和费衍射的实验条件应通过分光仪的严格调整来实现：平行光管用来产生来自“无穷远”的入射光；望远镜用来接收“无穷远”的衍射光；垂直入射则可通过对光栅的仔细调节来完成。

5.13.3　仪器介绍

主要仪器：分光仪、透射光栅、钠灯(2 组一台)、氢灯(每组一台)、会聚透镜。

1. 分光仪

本实验中用来准确测量衍射角，其仪器结构、调整和测量的原理与关键，详见4.10节的相关内容。

2. 透射光栅

本实验中使用的是空间频率约为600/mm、300/mm的黑白复制光栅。

3. 钠灯及电源

钠灯型号为ND20，用GP20Na－B型交流电源(功率20 W，工作电压20 V，工作电流1.3 A)点燃，预热约10 min后会发出平均波长为589.3 nm的强黄光。本实验中用做标准谱线来校准光栅常数。

4. 氢灯及电源

氢灯用单独的直流高压电源(150型激光电源)点燃。使用时电压极性不能接反，也不要用手去触碰电极(几kV)。直视时呈淡红色，主要包括巴耳末系中$n=3,4,5,6$的可见光。

5.13.4 实验内容

本实验要求通过巴耳末系的2～3条谱线的测定，获得里德伯常数R_H的最佳实验值，计算不确定度和相对误差，并对实验结果进行讨论。具体内容如下。

(1) 调节分光仪

按4.10节进行。调节的基本要求是使望远镜聚焦于无穷远，其光轴垂直仪器主轴；平行光管出射平行光，其光轴垂直仪器主轴。

(2) 调节光栅

调节光栅的要求是使光栅平面(光栅刻线所在平面)与仪器主轴平行，且光栅平面垂直平行光管；光栅刻线与仪器主轴平行。

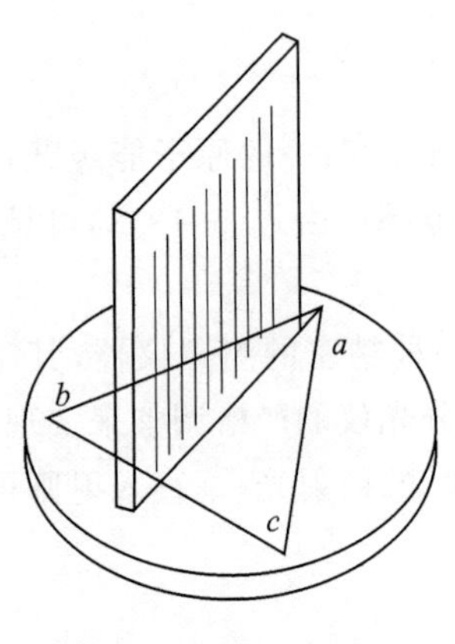

图5.13.4 光栅位置

操作提示： 光栅应如图5.13.4放置，尽可能让光栅平面垂直平分调平螺钉b、c(想一想，这样做有什么好处?)；考虑一下当光栅平面垂直于望远镜光轴时，将看到什么现象？垂直于望远镜光轴是否意味着光栅平面平行于仪器主轴？怎样调整才能使光栅平面垂直于平行光管？

转动望远镜观察位于0级两侧的±1级或±2级谱线，当光栅刻线与仪器主轴不平行时，会出现什么现象？应当调整哪一个调平螺钉？

(3) 测光栅常数

用钠黄光$\lambda=589.3$ nm作为标准谱线校准光栅常数d。

(4) 测氢原子里德伯常数

测定氢光谱中 2～3 条可见光的波长，并由此测定氢原子的里德伯常数 R_H。

应当注意读数的规范操作。先用肉眼观察到谱线后再进行测量。应同时记录±1 级的谱线位置，并检查光栅正入射条件是否得到满足，±1 级的每条谱线均应正确记录左右窗读数，凡涉及度盘过 0 时，还应加标注(但不改动原始数据)。测量衍射角转动望远镜时，应锁紧望远镜与度盘联结螺钉；读数时应锁紧望远镜固紧螺钉并用望远镜微调螺钉进行微调对准。

5.13.5　数据处理

① 用钠黄光 $\lambda=589.3$ nm 作为标准谱线校准光栅常数 d，并计算不确定度 $u(d)$。注意消除正负级不严格对称的系统误差。

② 由氢光谱中 2 或 3 条可见光的波长，分别计算氢原子的里德伯常数 $R_H \pm u(R_H)$；并通过加权平均获得 R_H 的最佳值 $\overline{R_H} \pm u(\overline{R_H})$ 。

③ 分别计算钠黄光 $k=1,2$ 级的角色散率和分辨本领，并由此说明钠黄光的双线能否被分开？

5.13.6　思考题

① 本实验能否将钠黄光的双线分开，为什么？怎样才能把它们分开？使用 2 级衍射光呢？

② 用 600 条/mm 的光栅观察 $\lambda=589.3$ nm 的钠黄光，能看到几级衍射？如果用 2 500 条/mm的光栅呢？这时应当怎么办才能看到衍射条纹？

5.13.7　参考文献

[1] 赵凯华，钟锡华. 光学. 下册. 北京：北京大学出版社，1984.

[2] Whiile R W, et al. Experimental physics for students. Chapman & Hall ltd, 1973.

[3] 吴泳华，等. 大学物理实验. 第一册. 北京：高等教育出版社，2001.

5.13.8　附　录

1. 谱线的半角宽度

光栅谱线宽度可以理解为由相应主极大邻近两侧的强度最低点所决定的角宽度。因此半角宽度就等于由主极大中心位置到邻近暗线之间的角距离 $\Delta\theta$。k 级主极大位置满足 $\sin\beta=0$，即

$$\beta=\frac{\pi d}{\lambda}\sin\theta=k\pi \tag{5.13.9}$$

相邻暗纹位置在 $\beta=k\pi$ 附近且 $\sin N\beta=0$，故 $N\beta=N\left(k\pi+\frac{\pi}{N}\right)$，即 $\frac{\pi d}{\lambda}\sin(\theta+\Delta\theta)=k\pi+\frac{\pi}{N}$，

利用 $\sin(\theta+\Delta\theta)\approx\sin\theta+\Delta\theta\cos\theta$ 以及式(5.13.9),有

$$\frac{\pi d}{\lambda}\sin(\theta+\Delta\theta)=\frac{\pi d}{\lambda}\sin\theta+\frac{\pi d}{\lambda}\cos\theta\Delta\theta=k\pi+\frac{\pi}{N}\Rightarrow\frac{\pi d}{\lambda}\cos\theta\Delta\theta=\frac{\pi}{N}$$

$$\Delta\theta=\frac{\lambda}{Nd\cos\theta}\tag{5.13.10}$$

2. 测量结果的加权平均

在等精度测量中,如果观测量 X 的 n 次测量结果为 $x_1, x_2, \cdots, x_n$,单次测量结果的不确定度 $u(x_1)=u(x_2)=\cdots=u(x_n)=u(x)$,则应取平均值 $\bar{x}=\frac{\sum x_i}{n}$ 作为测量结果,并按平均值的标准差 $u(\bar{x})=\frac{u(x)}{\sqrt{n}}$ 作为 $\bar{x}$ 的不确定度。

现在的问题是:如果进行的是不等精度测量,观测量 X 的 n 次测量结果为 $x_1\pm u(x_1)$, $x_2\pm u(x_2)$, $\cdots$, $x_n\pm u(x_n)$,X 的最佳测量值和不确定度如何计算?

这个问题可由最小二乘法进行讨论。但这时满足最小二乘条件的不再是 $\sum(x-x_i)^2=\min$,而是 $\sum\left(\frac{x-x_i}{u(x_i)}\right)^2=\min$。最佳测量值 $\bar{x}$ 由 $\frac{\partial}{\partial x}\sum\left(\frac{x-x_i}{u(x_i)}\right)^2=0$ 导出。由此可得

$$\left.\begin{aligned}\bar{x}&=\sum\frac{x_i}{u^2(x_i)}\Big/\sum\frac{1}{u^2(x_i)}\\u^2(\bar{x})&=1\Big/\sum\frac{1}{u^2(x_i)}\end{aligned}\right\}\tag{5.13.11}$$

5.14 劳埃镜的白光干涉

在通常的干涉实验中,获得的是一些单色光的干涉图样,若将光源换成白光,由于不同波长产生的干涉条纹间距不同,各组条纹相互错位叠加的结果,一般只能看到0级的白光亮纹和周围少数几条彩色条纹。然而利用光栅和劳埃镜搭成合理的光路,却可以获得相当清晰的黑白干涉条纹,在干涉区内看到近百条白光亮纹。

本实验把几何光学相关知识与物理光学中的干涉和衍射有机结合,训练内容十分广泛,仅几何光学就涉及了平行光的获得与检查、透镜的聚焦与二次成像以及平面镜的反射与成像等内容;对光路的调整要求更高,操作者必须严格按实验规范,把原理、现象与操作紧密结合,认真思考,动脑动手才能成功,这对进行严格的实验基本功训练大有好处。

5.14.1 实验要求

1. 实验重点

① 了解光栅衍射和劳埃镜干涉相结合获得白光干涉条纹的原理;

② 学习运用原理来分析实验现象，从而指导下一步调整的科学实验方法；

③ 调出白光干涉条纹并用其测量未知光源波长。

2. 预习要点

① 本实验为什么要调整单缝和平行光透镜使出射平行光？

② 在劳埃镜的白光干涉实验中，应该使用哪一级衍射条纹作为产生白光干涉的干涉源？使用 0 级会怎样？

③ 在调节劳埃镜白光干涉条纹的过程中，如果水平移动测微目镜，发现视野内有亮度不同的区域，试根据直射光、劳埃镜反射光和两束光的重叠区的分布规律，判断哪部分可能是干涉区？

④ 单缝的宽度和垂直度对干涉条纹的调整有怎样的影响？为什么？

⑤ 什么是透镜的色差？本实验为什么不用普通透镜而使用消色差透镜？

5.14.2　实验原理

劳埃镜干涉原理如图 4.11.4 所示。单色光源 S 发出的光（波长 λ）以几乎掠入射的方式在平面镜 MN 上发生反射，反射光可以看做是在镜中的虚像 S′发出的。S 和 S′发出的光波在其交叠区域发生干涉，可得条纹间距为

$$\Delta x = \frac{D}{a}\lambda \tag{5.14.1}$$

式中，a 为双光源 S 和 S′的间距，D 是观察屏到光源的距离。

由式(5.14.1)可知，在缝光源 S、劳埃镜 MN 和观察屏 P 的位置确定（这时 D 和 a 随之确定）后，干涉条纹的间距 Δx 随波长 λ 而改变。但如果对不同颜色的光 λ_1、λ_2，我们能让虚实光源的距离 S S′也随之改变，并且：

$$\frac{\lambda_1}{\lambda_2} = \frac{a_1}{a_2} \tag{5.14.2}$$

这时它们所产生的两套条纹的条纹间距 Δx 是相同的，把劳埃镜干涉和光栅衍射结合起来，就可能使式(5.14.2)条件得到满足，从而实现不同颜色条纹的重合。

具体的实验装置如图 5.14.1 所示。被白光照亮的狭缝 Q 发出的光波，经透镜 L_1 形成平行光束，再经光栅 G（光栅常数 d）发生衍射，不同波长的光按衍射角 θ 分布：

$$\sin\theta = \frac{k\lambda}{d} \tag{5.14.3}$$

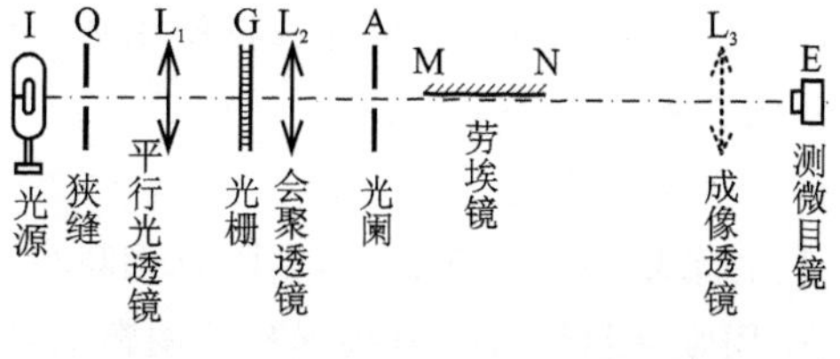

衍射后的平行光束经透镜 L_2，又在各自的焦面上会聚成新的缝光源。对可见光而言，只要选择合适的光栅，不同波长的光衍射角的变化不

I　Q　L_1　G　L_2　A　M　N　L_3　E

光源　狭缝　平行光透镜　光栅　会聚透镜　光阑　劳埃镜　成像透镜　测微目镜

图 5.14.1　白光劳埃镜干涉实验装置

大,相应缝光源的空间位置随波长的分布就可以认为是线性变化的。这些不同颜色的光入射到劳埃镜上,将形成以 MN 为对称的不同颜色的虚实双光源,每一对虚实光源彼此相干,但不同 λ 的光源对又互相独立,且 d 随 λ 呈线性变化。这时只要适当调整劳埃镜的位置,使某两种颜色的光满足式(4.11.2)给出的条件,则该式对所有颜色的光都成立。它们各自形成的条纹间距 Δx 相同,故干涉条纹将不会发生错位,这时就能看到由各色干涉条纹叠加成的白色条纹了。

5.14.3 仪器介绍

劳埃镜、可调狭缝、测微目镜、光栅、光阑、消色差透镜(三块)、白屏、自准直望远镜、卤素灯、高压汞灯、半导体激光器。

5.14.4 实验内容

(1) 光学元件的等高共轴

① 用半导体激光器和白屏调激光束平行于光导轨(确定激光束的高度时,注意要让所有元件在此高度都有调节余地);

② 以激光束为标准,依次放入并调整各个元件的光心与激光束重合,以实现全部元件的等高共轴。(精心做好这一步对后面的调整非常重要。)

(2) 平行光部分的调整

① 依次将白炽灯、单缝和平行光透镜放在光具座上,打开白炽灯,将单缝开至 0.5～1 mm;

② 利用望远镜(已调焦至无穷远),调节透镜与单缝之间的距离,使透镜后出射的是关于单缝的平行光(由于白炽灯光强刺眼,做此步时可以用纸在出光口暂时遮挡一下。)

(3) 干涉光源的调整

① 依次将衍射光栅、会聚透镜(和光阑)放在平行光透镜后面,仔细调整光阑与会聚透镜之间的距离和位置关系;

② 根据实验原理,分析并选择使用哪一级衍射条纹作为产生白光干涉的干涉源,调整光阑使该级条纹穿过滤波孔。

(4) 白光干涉条纹的调整

① 将劳埃镜放到导轨上,用眼直接观察对镜面进行粗调,应使劳埃镜面尽量与导轨平行。

② 用眼从目镜方向直接观察并调整双光源。首先左右微移白炽灯使实光源达到最亮;其次左右平移劳埃镜,使双光源等亮、等色。

③ 放上测微目镜,一边观察镜内视野,一边慢慢地左右移动测微目镜。在一片彩色条纹中寻找两束光的重叠区;然后改变双光源间距,调出干涉条纹。

(5) 汞光谱线的测量

① 白光干涉条纹调出后，将光源换成汞灯。用眼从目镜方向直接观察，左右微移汞灯使双光源达到最亮、等亮，之后再将测微目镜放到眼睛与双光源之间，应可直接看到汞灯的干涉条纹。如果换成汞灯后干涉条纹模糊了，则可以微调单缝的垂直度。注意：汞灯的光强弱于白炽灯，且开启后需预热 5 min 才能达到最大光强。

② 将成像透镜 L_3 放在测微目镜与干涉源之间，调整透镜和测微目镜，视野中将可看到清晰的黄、绿、紫三对双光源，用测微目镜分别测量三对光源各自的间距 d。

③ 取下汞灯，开启半导体激光器，同理测量激光双光源间距 d_0，利用关系式(5.14.2)计算出汞光三谱线波长。已知半导体激光器波长 $\lambda_0=650$ nm。

5.14.5　数据处理

① 计算汞光黄、绿、紫三条谱线波长及其不确定度。

② 与汞光波长标称值对比求相对误差(汞谱线波长标称值：$\lambda_{黄}=578.01$ nm；$\lambda_{绿}=546.07$ nm；$\lambda_{紫}=435.83$ nm)。

5.14.6　思考题

① 本实验使用光栅衍射使各色谱线分开，并将其作为劳埃镜的干涉光源，而三棱镜折射也可将白光分开，试分析能否利用三棱镜折射光作为劳埃镜白光干涉光源？

② 测量汞光谱线时，要在干涉源与测微目镜间放成像透镜，使从目镜中观察到清晰的黄、绿、紫三对双光源像。若成像透镜的焦距为 15 cm，问测微目镜到干涉源的距离至少应为多远？为什么？

5.14.7　参考文献

[1] 王秋薇，杨铭珍. 利用劳埃镜的白光条纹测量光波波长. 辽宁师范大学学报，1989(4).
[2] 黄江. 一个新颖的白光干涉实验的开发与研究. 大学物理，2009(8).
[3] 赵凯华，钟锡华. 光学. 上册. 北京：北京大学出版社，1984.

5.15　多光束干涉和法布里-珀罗干涉仪

法布里-珀罗干涉仪(Fabry - Perot interferometer)简称 F - P 干涉仪，是利用多光束干涉原理设计的一种干涉仪。它的特点是能够获得十分细锐的干涉条纹，因此一直是长度计量和研究光谱超精细结构的有效工具；多光束干涉原理还在激光器和光学薄膜理论中有着重要的应用，是制作光学仪器中干涉滤光片和激光共振腔的基本构型。因此本实验有广泛的应用背景。

本实验使用的 F-P 干涉仪是由迈克尔逊干涉仪改装的。通过实验,不仅可以学习、了解多光束干涉的基础知识和物理内容,熟悉诸如扩展光源的等倾干涉、自由光谱范围、分辨本领等基本概念,而且可以巩固、深化精密光学仪器调整和使用的许多基本技能。

5.15.1 实验要求

1. 实验重点

① 了解 F-P 干涉仪的特点和调节;

② 用 F-P 干涉仪观察多光束等倾干涉并测定钠双线的波长差和膜厚;

③ 巩固一元线性回归方法在数据处理中的应用。

2. 预习要点

① 有人认为相邻透射光线的光程差 $\Delta L=\dfrac{2nd}{\cos\theta}$ 而不是 $2nd\cos\theta$,这种说法对吗?错在哪里?请你给出计算 ΔL 的正确推演过程。

② F-P 干涉仪观察的是什么性质的条纹?定域在何处?什么形状?为什么使用扩展光源?如何观察?

③ 在本实验中不同的实验内容为什么要采用不同的观察手段?使用读数显微镜进行测量时为什么还要另加透镜?操作上要注意什么?

④ 测量钠双线波长差时使用什么读数系统?如何识别两套条纹完全错位嵌套?如何读数才能防止因对 0 或消空程不彻底带来的误差?

⑤ 如何用一元线性回归计算钠双线的 $\Delta\lambda$?如何验证 $D_i^2-D_{i-1}^2=$常数?如何计算 d?

5.15.2 实验原理

1. 多光束干涉原理

F-P 干涉仪由两块平行的平面玻璃板或石英板组成,在其相对的内表面上镀有平整度很好的高反射率膜层。为消除两平板相背平面上反射光的干扰,平行板的外表面有一个很小的楔角(见图 5.15.1)。

多光束干涉的原理如图 5.15.2 所示。自扩展光源上任一点发出的一束光入射到高反射率平面上后,光就在两者之间多次往返反射,最后构成多束平行的透射光 1,2,3,…和多束平行的反射光 1′,2′,3′,…。

在这两组光中,相邻光的位相差 δ 都相同,振幅则不断衰减。位相差 δ 由

$$\delta=\frac{2\pi\Delta L}{\lambda}=\frac{2\pi}{\lambda}2nd\cos\theta=\frac{4\pi nd\cos\theta}{\lambda} \tag{5.15.1}$$

给出。式中,$\Delta L=2nd\cdot\cos\theta$ 是相邻光线的光程差;n 和 d 分别为介质层的折射率和厚度,θ 为光在反射面上的入射角,λ 为光波波长。

由光的干涉可知

$$2nd\cos\theta=\begin{cases}k\lambda & \text{亮纹}\\ \left(k+\dfrac{1}{2}\right)\lambda & \text{暗纹}\end{cases}$$

即透射光将在无穷远或透镜的焦平面上产生形状为同心圆的等倾干涉条纹。

2. 多光束干涉条纹的光强分布

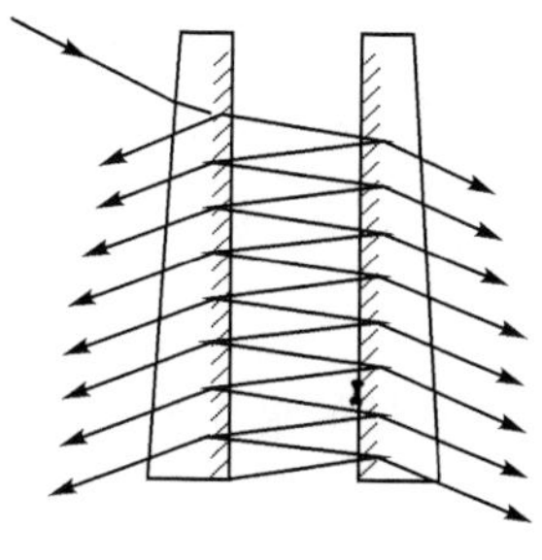

图 5.15.1　F-P 干涉仪

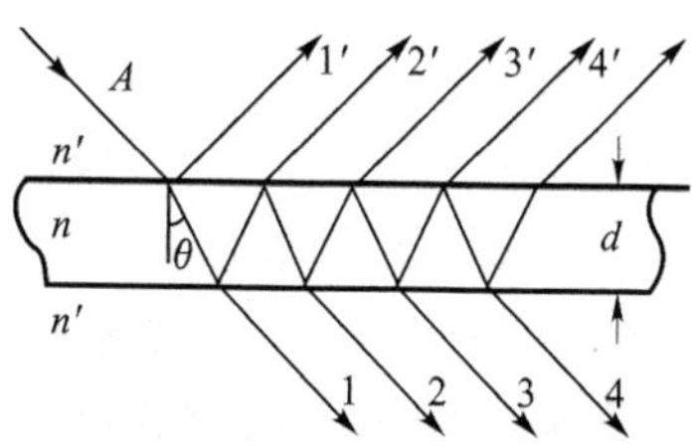

图 5.15.2　表面平行的介质层中光的反射和折射

下面来讨论反射光和透射光的振幅。设入射光振幅为 A，则反射光 A_1' 的振幅为 Ar'，反射光 A_2' 的振幅为 $At'rt$，…；透射光 A_1 的振幅为 $At't$ ，透射光 A_2 的振幅为 $At'rrt$，…。式中，r' 为光在 $n'-n$ 界面上的振幅反射系数，r 为光在 $n-n'$ 界面上的振幅反射系数，t' 为光从 n' 进入 n 界面的振幅透射系数，t 为光从 n 进入 n' 界面的振幅透射系数。

透射光在透镜焦平面上所产生的光强分布应为无穷系列光束 A_1，A_2，A_3…的相干叠加。可以证明(见本节附录 1)透射光强最后可写成

$$I_t=\frac{I_0}{1+\dfrac{4R}{(1-R)^2}\sin^2\dfrac{\delta}{2}} \tag{5.15.2}$$

式中，I_0 为入射光强，$R=r^2$ 为光强的反射率。图 5.15.3 表示对不同的 R 值 I_t/I_0 与位相差 δ 的关系。由图可见，I_t 的极值位置仅由 δ 决定，与 R 无关；但透射光强度的极大值的锐度却与 R 的关系密切，反射面的反射率 R 越高，由透射光所得的干涉亮条纹就越细锐。

条纹的细锐程度可以通过所谓的半值宽度来描述。由式(5.15.2)可知，亮纹中心的极大值满足 $\sin^2\delta_0/2=0$，即 $\delta_0=2k\pi$，$k=1$，2，…。令 $\delta=\delta_0+\mathrm{d}\delta=2k\pi+\mathrm{d}\delta$ 时，强度降为一半，这时 δ 应满足：

$$4R\sin^2\frac{\delta}{2}=(1-R)^2$$

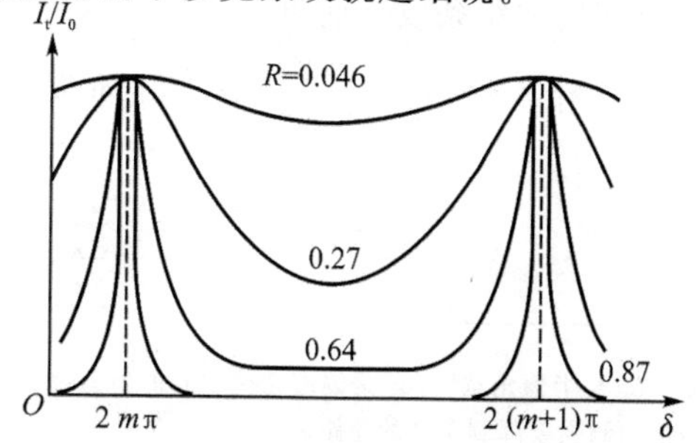

图 5.15.3　多光束干涉强度分布曲线

代入 $\delta_0=2k\pi$ 并考虑到 $\mathrm{d}\delta$ 是一个约等于 0 的

小量，$\sin^2\delta/2\approx(\mathrm{d}\delta/2)^2$，故有

$$4R\left(\frac{\mathrm{d}\delta}{2}\right)^2=(1-R)^2,\qquad \mathrm{d}\delta=\frac{(1-R)}{\sqrt{R}}$$

$\mathrm{d}\delta$ 是一个用相位差来反映半值位置的量，为了用更直观的角宽度来反映谱线的宽窄，引入半值角宽度 $\Delta\theta=2\mathrm{d}\theta$①。由于 $\mathrm{d}\delta$ 是个小量，故可用微分代替，由式(5.15.1)可知 $\mathrm{d}\delta=\dfrac{-4\pi nd\sin\theta\mathrm{d}\theta}{\lambda}$，$\mathrm{d}\theta=\dfrac{-\lambda\mathrm{d}\delta}{4\pi nd\sin\theta}$。略去负号不写(只考虑大小)，并用 $\Delta\theta$ 代替 $2\mathrm{d}\theta$，则有

$$\Delta\theta=\frac{\lambda\mathrm{d}\delta}{2\pi nd\sin\theta}=\frac{\lambda}{2\pi nd\sin\theta}\frac{1-R}{\sqrt{R}}\tag{5.15.3}$$

它表明：反射率 R 越高，条纹越细锐；间距 d 越大，条纹也越细锐。

3. F-P 干涉仪的主要参数

表征多光束干涉装置的主要参数有两个，即代表仪器可以测量的最大波长差和最小波长差，它们分别被称为自由光谱范围和分辨本领。

(1) 自由光谱范围

对一个间隔 d 确定的 F-P 干涉仪，可以测量的最大波长差是受到一定限制的。对两组条纹的同一级亮纹而言，如果它们的相对位移大于或等于其中一组的条纹间隔，就会发生不同条纹间的相互交叉(重叠或错序)，从而造成判断困难。把刚能保证不发生重序现象所对应的波长范围 $\Delta\lambda$ 称为自由光谱范围。它表示用给定标准具研究波长在 λ 附近的光谱结构时所能研究的最大光谱范围。下面将证明 $\Delta\lambda\approx\lambda^2/(2nd)$。

考虑入射光中包含两个十分接近的波长 λ_1 和 $\lambda_2=\lambda_1+\Delta\lambda(\Delta\lambda>0)$，会产生两套同心圆环条纹，如 $\Delta\lambda$ 正好大到使 λ_1 的 k 级亮纹和 λ_2 的 $k-1$ 级亮纹重叠，则有 $\Delta\lambda=\lambda_2-\lambda_1=\lambda_2/k$，由于 k 是一个很大的数②，故可以用中心的条纹级数来代替，即 $2nd=k\lambda$，于是

$$\Delta\lambda=\frac{\lambda^2}{2nd}\tag{5.15.4}$$

(2) 分辨本领

表征标准具特性的另一个重要参量是它所能分辨的最小波长差 $\delta\lambda$，就是说，当波长差小于这个值时，两组条纹不能再分辨开。常称 $\delta\lambda$ 为分辨极限，而把 $\lambda/\delta\lambda$ 称做分辨本领。可以证明(见本节附录 2)：$\delta\lambda=\dfrac{\lambda}{\pi k}\dfrac{1-R}{\sqrt{R}}$，而分辨本领可由下式表示，即

$$\frac{\lambda}{\delta\lambda}=\pi k\frac{\sqrt{R}}{1-R}\tag{5.15.5}$$

---

① $\Delta\theta$ 是半值角宽度，$\mathrm{d}\theta$ 是偏离亮纹中心的半值位置。由于图 5.15.3 中强度峰两侧没有零点，故这里的半值角宽度是指峰值两侧强度降到 1/2 的角距离。

② 例如取 $d=5$ mm，$\lambda=550$ nm(可见光的平均波长)，则 $k=2nd/\lambda\approx1.8\times10^4$。

$\lambda/\delta\lambda$ 表示在两个相邻干涉条纹之间能够被分辨的条纹的最大数目。因此分辨本领有时也称为标准具的精细常数。它只依赖于反射膜的反射率，R 越大，能够分辨的条纹数越多，分辨率越高。

5.15.3　仪器介绍

实验仪器包括：F－P 干涉仪（带望远镜）、钠灯（带电源）、He－Ne 激光器（带电源）、毛玻璃（画有十字线）、扩束镜、消色差透镜、读数显微镜、支架以及供选做实验用的滤色片（绿色）、低压汞灯等。

F－P 干涉仪有两种类型。一种把干涉仪中的一块平面板固定不动而使另一块可以平移。它的优点是间距 d 可调，但机械上保证可移平面板自身的严格平移是比较困难的，因此研究中使用的大多是把两高反射率的平面间隔用热膨胀系数很小的殷钢环固定下来。这种间隔固定的 F－P 干涉仪通常称做 F－P 标准具。

本实验中使用的干涉仪是由迈克尔逊干涉仪改装的（见图 5.15.4）。P_2 板位置固定，P_1 板可通过转动粗动轮或微动手轮使之在精密导轨上移动，以改变板的间距 d。P_1 和 P_2 的背面各有 3 个螺钉，用来调节方位。P_2 上还有 2 个微调螺钉。P_1、P_2 板的反射膜的反射率不很高，R 约为 0.8。

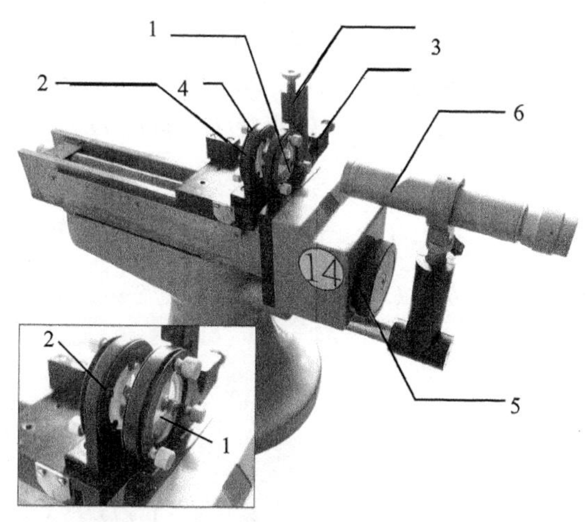

1—P_2 板；2—P_1 板；3—微调螺钉；4—方位螺钉；5—粗动轮；6—望远镜

图 5.15.4　F－P 干涉仪

5.15.4　实验内容

1. 操作内容

① 以钠光灯扩展光源照明，严格调节 F－P 两反射面 P_1、P_2 的平行度，获得并研究多光束

干涉的钠光等倾条纹;测定钠双线的波长差。

提示:利用多光束干涉可以清楚地把钠双线加以区分,因此可以通过两套条纹的相对关系来测定双线的波长差 $\Delta\lambda$。我们用条纹嵌套来作为测量的判据。设双线的波长为 λ_1 和 λ_2,且 $\lambda_1>\lambda_2$。当空气层厚度为 d 时,λ_1 的第 k_1 级亮纹落在 λ_2 的 k_2 和 k_2+1 级亮纹之间,则有(取空气的相对折射率 $n=1$)

$$2d\cos\theta = k_1\lambda_1 = (k_2+0.5)\lambda_2 \tag{5.15.6}$$

当 $d\to d+\Delta d$ 时,又出现两套条纹嵌套的情况。如这时 $k_1\to k_1+\Delta k$,由于 $\lambda_1>\lambda_2$,故 $k_2+0.5\to k_2+0.5+\Delta k+1$,于是又有

$$2(d+\Delta d)\cdot\cos\theta = (k_1+\Delta k)\lambda_1 = (k_2+0.5+\Delta k+1)\lambda_2 \tag{5.15.7}$$

式(5.15.7)减去式(5.15.6)得

$$2\Delta d\cos\theta = \Delta k\lambda_1 = (\Delta k+1)\lambda_2$$

由此可得

$$\frac{1}{\Delta k} = \frac{\lambda_1}{2\Delta d\cos\theta},\qquad \lambda_1-\lambda_2 = \frac{\lambda_2}{\Delta k}$$

故

$$\Delta\lambda = \lambda_1-\lambda_2 = \frac{\lambda_1\lambda_2}{2\Delta d\cos\theta} \approx \frac{\bar{\lambda}^2}{2\Delta d} \tag{5.15.8}$$

如果以两套条纹重合作为判据,则不难证明式(5.15.8)也是成立的。

② 用读数显微镜测量氦氖激光干涉圆环的直径 D_i,验证 $D_{i+1}^2-D_i^2=$常数,并测定 P_1、P_2 的间距。

提示:D_k 是干涉圆环的亮纹直径,$D_k^2-D_{k+1}^2=\dfrac{4\lambda f^2}{nd}$。证明如下:

第 k 级亮纹条件为 $2nd\cdot\cos\theta_k=k\lambda$,所以 $\cos\theta_k=k\lambda/2nd$。如用焦距为 f 的透镜来测量干涉圆环的直径 D_k,则有

$$\frac{D_k/2}{f} = \tan\theta_k \qquad \text{即} \qquad \cos\theta_k = \frac{f}{\sqrt{f^2+(D_k/2)^2}}$$

考虑到 $D_k/2/f\ll 1$,所以

$$\frac{f}{\sqrt{f^2+(D_k/2)^2}} = \frac{1}{\sqrt{1+\left(\frac{D_k/2}{f}\right)^2}} \approx 1-\frac{1}{2}\left(\frac{D_k/2}{f}\right)^2 = 1-\frac{1}{8}\frac{D_k^2}{f^2}$$

由此可得 $1-\dfrac{1}{8}\dfrac{D_k^2}{f^2}=\dfrac{k\lambda}{2nd}$,即

$$D_k^2 = -\frac{4k\lambda f^2}{nd}+8f^2$$

故

$$D_k^2-D_{k+1}^2 = \frac{4\lambda f^2}{nd}$$

它说明相邻圆条纹直径的平方差是与 k 无关的常数。

由于条纹的确切序数 k 一般无法知道，为此可以令 $k=i+k_0$，i 是为测量方便规定的条纹序号，于是

$$D_i^2=-\frac{4i\lambda f^2}{nd}+\Delta$$

这样就可以通过 i 与 D_i^2 之间的线性关系，求得 $4\lambda f^2/d$；如果知道 λ、f 和 d 三者中的两个，就可以求出另一个。

2. 操作提示

① 反射面 P_1、P_2 平行度的调整是观察等倾干涉条纹的关键。具体的调节可分成 3 步：

i 粗调：按图放置钠光源、毛玻璃（带十字线）；转动粗（细）动轮使 $P_1P_2\approx 1$ mm；使 P_1、P_2 背面的方位螺钉（6 个）和微调螺钉（2 个）处于半紧半松的状态（与调整迈克尔逊干涉仪类似），保证它们有合适的松紧调整余量。

ii 细调：仔细调节 P_1、P_2 背面的 6 个方位螺钉，用眼睛观察透射光，使十字像重合，这时可看到圆形的干涉条纹。

iii 微调：徐徐转动 P_2 的拉簧螺钉进行微调，直到眼睛上下左右移动时，干涉环的中心没有条纹的吞吐，这时可看到清晰的理想等倾条纹。

② 测钠双线波长差光路如图 5.15.5 所示，实验中注意观察钠谱线圆环条纹有几套；随 d 的变化，其相对移动有什么特点，为什么？与迈克尔逊干涉仪的条纹有什么不同？

③ 用什么办法来判定两套条纹的相对关系（嵌套、重合）从而测定钠光波长差最为有利？自拟实验步骤并记录数据。

④ 测亮纹直径光路如图 5.15.6 所示。测干涉圆环直径前注意做好系统的共轴调节。用读数显微镜依次测出不少于 10 个亮纹直径。

⑤ 如何用一元线性回归方法验证 $D_{i+1}^2-D_i^2=$常数？能否用这种方法来测量未知谱线的波长？

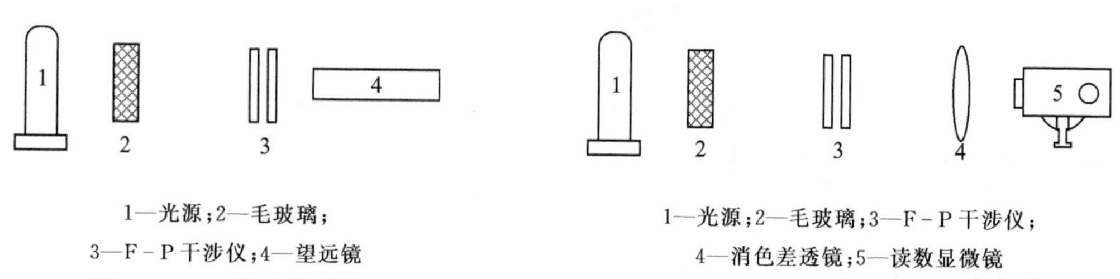

1—光源；2—毛玻璃；
3—F－P 干涉仪；4—望远镜

图 5.15.5　钠双线测量

1—光源；2—毛玻璃；3—F－P 干涉仪；
4—消色差透镜；5—读数显微镜

图 5.15.6　亮纹直径的测量

3. 操作注意事项

① F－P 干涉仪是精密的光学仪器，必须按光学实验要求进行规范操作。绝不允许用手触摸元件的光学面，也不能对着仪器哈气、说话；不用的元件要安放好，防止碰伤、跌落；调节时

动作要平稳缓慢,注意防振。

② 使用读数显微镜进行测量时,注意消空程和消视差。

③ 实验完成,数据经教师检查通过后,注意归整好仪器,特别是膜片背后的方位螺钉以及微调拉簧均应置于松弛状态。

5.15.5 数据处理

① 测定钠黄光波长差的数据一般不应少于10个,并用一元线性回归方法进行计算。

② 读数显微镜测亮纹的直径不应少于10个。

③ 用一元线性回归方法验证 $D_{i+1}^2-D_i^2=$常数。

5.15.6 思考题

① 光栅也可以看成是一种多光束的干涉。对光栅而言,条纹的细锐程度可由主极大到相邻极小的角距离来描述,它与光栅的缝数有什么关系?能否由此说明F-P干涉仪有很好的条纹细锐度的原因?

② 从物理上如何理解F-P干涉仪的细锐度与 R 有关?

5.15.7 参考文献

[1] 赵凯华,钟锡华. 光学. 上册. 北京:北京大学出版社,1984.

[2] 张毓英. 法布里-珀罗干涉仪//普通物理实验指导(光学). 北京:北京大学出版社,1990.

[3] Whiile R W,et al. Experimental physics for students. Chapman & Hall ltd,1973.

5.15.8 附　录

1. 多光束干涉的透射光强

透射光是光束1,2,…的相干叠加(见图5.15.2),它们的振幅分别为 $A_1=At't$,$A_2=At'r^2t$,…,$A_m=At'r^mt$,…;相邻光束的相位差 $\delta=4\pi nd\cos\theta/\lambda$。因此,透射光的复振幅

$$At=A_1+A_2\mathrm{e}^{\mathrm{j}\delta}+\cdots+A_m\mathrm{e}^{\mathrm{j}m\delta}+\cdots=At't(1+r^2\mathrm{e}^{\mathrm{j}\delta}+r^4\ \mathrm{e}^{\mathrm{j}2\delta}+\cdots+r^n\mathrm{e}^{\mathrm{j}m\delta}+\cdots)$$

利用无穷项等比级数的求和公式,得

$$At=\frac{At't}{1-r^2\mathrm{e}^{\mathrm{j}\delta}}$$

故透射光强

$$I_t=At\cdot At^*=\frac{At't}{1-r^2\mathrm{e}^{\mathrm{j}\delta}}\cdot\frac{At't}{1-r^2\mathrm{e}^{-\mathrm{j}\delta}}=\frac{A^2(t't)^2}{1-2r^2\cos\delta+r^4}$$

光在介质表面发生反射和折射时，振幅的反射率和折射率之间存在关系[①]：

$$r^2 + t't = 1, \qquad r' = -r$$

并考虑到 $A^2 = I_0$，$R = r^2$（R 是光强反射率），则有

$$I_t = \frac{A^2(t't)^2}{1 - 2r^2\cos\delta + r^4} = \frac{I_0(1-R)^2}{1-2R\cos\delta + R^2} = \frac{I_0(1-R)^2}{(1-R)^2 + 4R\sin^2\delta/2}$$

此即为式(5.15.2)。

推导中利用了 $1-2R\cdot\cos\delta+R^2=(1-R)^2+2R(1-\cos\delta)=(1-R)^2+4R\cdot\sin^2\delta/2$。

2. F-P 干涉仪的分辨本领

波长为 λ 的 k 级亮纹中心由 $2nd\cos\theta_k = k\lambda$ 决定，同样地，对 $\lambda+\Delta\lambda$ 而言，k 级亮纹中心位于 $2nd\cos\theta'_k = k(\lambda+\delta\lambda)$。两者的角距离

$$\delta\theta = \theta_k - \theta'_k = \frac{\mathrm{d}\theta}{\mathrm{d}\lambda}\delta\lambda = \frac{k\delta\lambda}{2nd\sin\theta_k}$$

按瑞利法则，作为可分辨的极限，要求 $\delta\theta$ 等于 k 级亮纹本身的角宽度（想一想，为什么?）。由式(5.15.3)可知，角宽度 $\Delta\theta = \dfrac{\lambda}{2\pi nd\sin\theta}\dfrac{1-R}{\sqrt{R}}$，故 $\dfrac{\lambda}{2\pi nd\sin\theta_k}\dfrac{1-R}{\sqrt{R}} = \dfrac{k\delta\lambda}{2nd\sin\theta_k}$。

由此得

$$\delta\lambda = \frac{\lambda}{\pi k}\frac{1-R}{\sqrt{R}}, \qquad \frac{\lambda}{\delta\lambda} = \frac{\pi k}{1-R}\sqrt{R}$$

① 见赵凯华，钟锡华《光学》上册第 252 页。

第 6 章　设计性实验(考试实验)

考试实验的主要内容是设计性实验,与我们已经做过的其他实验相比,无论从难度和训练环节上,都要上一个台阶。希望通过此类实验,使学生从实验的方案设计、仪器调试、数据测量以及结果处理等各个方面的素质和能力都有新的提高。

那么,怎样才能做好设计性实验呢?

6.0　怎样做好设计性实验

设计性实验包括三个相互联系的环节:方案设计、实验操作及数据测量和数据处理。

6.0.1　方案设计

方案设计应根据实验题目和具体要求,正确选择实验方法,进行参数估算,选择实验仪器,给出电路图或光路图,拟定实施方法和操作步骤,考虑数据处理方法等。例如电阻测量,可以采用伏安法、电桥法和补偿法等。若允许多种方案并存,一般的原则是在满足测量精度的要求下,选择最简单的方案。需要注意的是方案的选择常常受到实验要求和仪器条件的限制。例如要求用干涉法测细丝直径,就不宜采用细丝的衍射方法来测量;又如采用电桥法和补偿法,必须配以适当的检流计,否则就无法进行平衡的示零操作;等等。但仪器的限制有时可以通过实验方法的灵活运用而得到拓宽(参见下例中的方法三)。

方案设计中一个值得注意的问题是系统的灵敏阈必须满足测量的精度要求。所谓灵敏阈(也称鉴别力阈)是指使指针、数字(或仪器的响应)产生可觉察偏转(或响应变化)的待测量的最小改变值。

1. 系统灵敏阈

下面以电阻测量为例,讨论灵敏阈在实验方案设计中的重要性。假设实验中需要测定一个约 20 Ω 的电阻,要求有 3 位有效数字。可供的仪器为电流表(50 μA,0.5 级,内阻约4 kΩ),电阻箱(0.1 级,999 999.9 Ω)滑线变阻器(200 Ω,1 A)稳压电源(约 1.5 V)单刀开关和单刀双掷开关各一个。

(1) 方法一

采用替换法。如图 6.0.1 所示,把开关 S_2 置于被测电阻 R_x 一侧,调节滑线变阻器 R 的滑动端 B,使电流表满偏;再将 S_2 置于电阻箱 R_0 一侧,调 R_0,重新使电流表满偏,即有 $R_x=R_0$。该方法从原理上看没有问题,但实际操作却行不通,问题就出在灵敏阈。操作发现,调节

R_0,电流表很不灵敏,几乎观察不到指针偏转的变化。

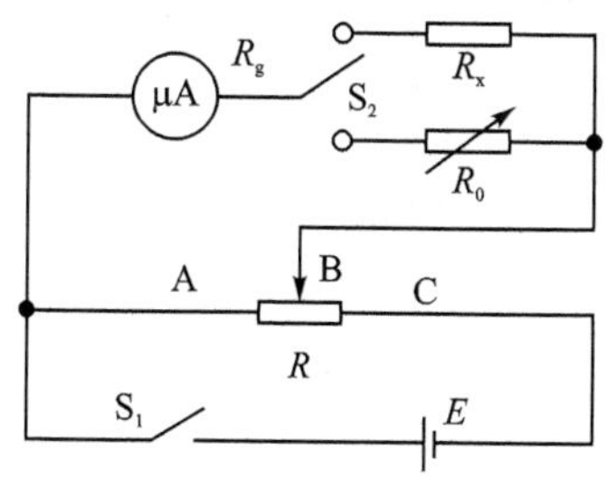

图 6.0.1　电阻测量的方案设计之一

设电流表满偏电流为 I_g,端电压 $V_{AB}=I_g(R_g+R_x)\approx 0.2$ V,滑线变阻器的分压电阻 $R_{AB}\approx I_gR_gR/E\approx 26.7\ \Omega \ll R_g+R_x\approx 4\ \text{k}\Omega$,故当 R_0 在 R_x 附近作替换时,V_{AB}几乎不变,即 $I_g(R_g+R_0)=$常数。由此得①

$$\Delta I_g=-\frac{I_g\Delta R_0}{R_g+R_0}\approx-\frac{I_g\Delta R_0}{R_g}$$

若 R_0 发生 $\Delta R_0=0.1\ \Omega$ 的变化,则电流表的改变为 $\Delta I_g=0.0012\ \mu\text{A}$。如电流表采用 100 分度,1 div 代表 0.5 μA,则 0.001 2 μA 根本无法分辨。实际上只有当 $\Delta R_0=10\ \Omega$ 时,$\Delta I_g=0.12\ \mu\text{A}$,电流表偏转 0.24 div 才是可以分辨的。这就是说系统的灵敏阈约为 10 Ω,用它去测量 20 Ω 左右的电阻显然是不行的。

(2) 方法二

此题用替换法的正确电路应如图 6.0.2 所示。当电流表满偏时,通过的电流 I_g满足:

$$I_g=\frac{E}{R_g}\frac{R_gR_x/(R_g+R_x)}{R+R_gR_x/(R_g+R_x)}=\frac{ER_x}{RR_g+RR_x+R_gR_x}$$

由此可求得满偏时的 $R=\left(\frac{E}{I_g}-R_g\right)\frac{R_x}{R_g+R_x}$。为了讨论灵敏阈,从替换后的满偏电流出发,$I_g=\frac{ER_0}{RR_g+RR_0+R_0R_g}$。当 R_0 改变 ΔR_0 时,ΔI_g 可由微分关系求出:

$$\Delta I_g=\frac{\partial I_g}{\partial R_0}\Delta R_0=\frac{ERR_g}{(RR_g+RR_0+R_0R_g)^2}\Delta R_0\approx 2.1\times 10^{-7}\ \text{A}$$

式中,取 $R_g=4\times 10^3\ \Omega$,$R_0=20\ \Omega$,$R=130\ \Omega$,$\Delta R_0=0.1\ \Omega$。它说明当 R_0 改变 0.1 Ω 时,电流表会有 0.2 μA 的变化,这是可以察觉出来的。

(3) 方法三

采用电桥法。电桥法一般需要 3 个桥臂电阻与待测电阻构成。本实验中只有 1 个电阻箱,这时可以通过互换测量巧用滑线变阻器来实现。如图 6.0.3 所示,把滑线变阻器的滑动端置于中间位置作为桥的一端,调节 R_0,使电桥平衡,有 $R_x=R_0R_{AB}/R_{BC}$;将电阻箱和 R_x互换,B 不动,调节 $R_0\Rightarrow R_0'$,电桥再次平衡:$R_x=R_0'R_{BC}/R_{AB}$。两式相乘得 $R_x=\sqrt{R_0R_0'}$,避开了两个桥臂电阻阻值不能精确给出的麻烦。

灵敏阈分析可以通过理论计算进行。当计算比较困难或麻烦时,应结合实验测量来加以判断。

---

① 若考虑当 R_0 改变时,V_{AB}也要变化,则 $\Delta I_g=-\frac{I_g\Delta R_0}{R_{AB}(1-R_{AB}/R)+R_g+R_0}$。

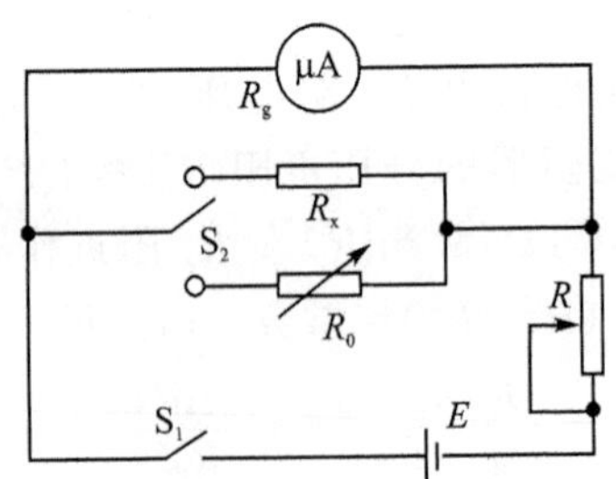

图 6.0.2 电阻测量的方案设计之二

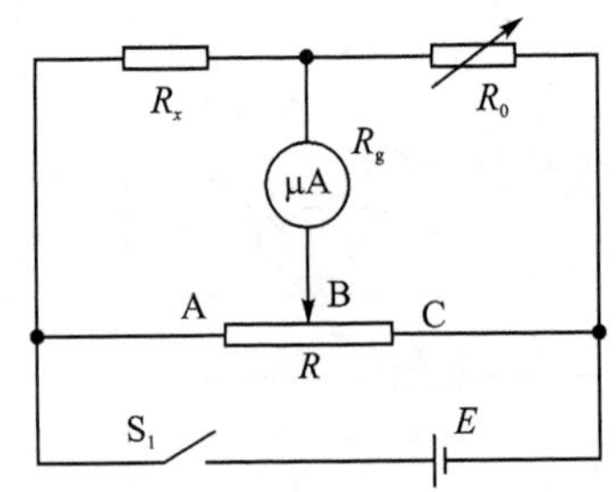

图 6.0.3 电阻测量的方案设计之三

2. 不确定度的预估

在方案设计中,为了满足测量结果的精度要求,还需要对相关的直接观测量进行不确定度的预估。具体做法是根据总不确定度的要求,对误差来源作大致的分析,并进行不确定度的"预"分配,实际是利用部分已知或确定的信息来对尚未确定或未完全确定的部分作出合理的选择。在信息不足时,可以先按不确定度均分原则处理,然后再结合具体条件作出调整。这样做可以对仪器、量程或测量范围的选择做到心中有数,分清哪些是主要的误差来源,把握好关键量的测量。下面以拉伸法测弹性模量为例进行分析。

测量公式为

$$E=\frac{16FLH}{\pi D^2 bC_i}$$

由此得

$$\left[\frac{u(E)}{E}\right]^2=\left[\frac{u(L)}{L}\right]^2+\left[\frac{u(H)}{H}\right]^2+\left[2\,\frac{u(D)}{D}\right]^2+\left[\frac{u(b)}{b}\right]^2+\left[\frac{u(C)}{C}\right]^2$$

如要求 E 的测量精度在 3 %左右,则按不确定度的均分方案,应有

$$\frac{u(L)}{L}=\frac{u(H)}{H}=2\,\frac{u(D)}{D}=\frac{u(b)}{b}=\frac{u(C)}{C}=\frac{3}{100\sqrt{5}}$$

从设备和测量条件考虑,取 $L\approx40$ cm,$H\approx100$ cm,$b\approx8.5$ cm,按均分要求,$u(L)=0.54$ cm,$u(H)=1.3$ cm,$u(b)=0.11$ cm。只要采用普通的长度测量工具,用米尺测 L、H,卡尺测 b,测量精度均将大大优于上述要求。因此可略去 L、H 和 b 测量对不确定度的影响,重新调整不确定度的分配,放宽对 D 和 C 的精度要求,即由它们均分不确定度,得

$$2\,\frac{u(D)}{D}=\frac{u(C)}{C}=\frac{3}{100\sqrt{2}}\approx0.021$$

如果用千分尺测量钢丝直径,$u(D)=\frac{0.005}{\sqrt{3}}$ mm,它要求 $D\geqslant2\times\frac{0.005}{\sqrt{3}}\times\frac{100\sqrt{2}}{3}$ mm$\approx$ 0.27 mm。用标尺在望远镜中的读数测量放大后的细丝伸长,可取 $u(C)=\frac{0.5}{\sqrt{3}}$ mm,它要求

$C \geqslant \frac{0.5}{\sqrt{3}} \times \frac{100\sqrt{2}}{3}$ mm≈13.6 mm。

上面的计算说明，当 $D \geqslant 0.27$ mm、$C \geqslant 13.6$ mm 时，测得的弹性模量 E 的精度可达 3 %以内。由 3.3.1 小节数据处理示例 1 可知，实际实验中钢丝直径 $D \approx 0.8$ mm、$C \approx 16$ mm，故能满足要求。

6.0.2　实验操作及数据测量

实验操作及数据测量是按设计方案的要求，完成仪器的调节和数据测量的过程。例如，按照设计方案的分析，拉伸法测弹性模量的精度主要取决于细丝的直径 D 和用光杠杆放大后的伸长读数 C 的测量，因此仅用米尺和卡尺对 R、H、L 作单次测量，而对 D 却用千分尺作精心的测量，不仅要测量多次，而且要在不同高度位置和方位进行测量；对 C 则进行了不同载荷下细丝伸长的分布测量，这样做便于通过数据处理减小因质量的起伏涨落和光杠杆垂足的随机漂移等引起的随机误差，还有助于消除或发现可能出现的系统误差(参见实验方法专题讨论之一——对实验结果的讨论)。上述测量安排体现了一个原则：可粗则粗，该细求细。

在具体的实验测量中要灵活应用已经学过的基本操作方法和技能，强调操作的规范性。例如光学的共轴调节、粗细分步调节，电学的回路接线、初值、安全位置和逼近调节，以及读数的消空程、消视差等。这些实验的基本功许多已在基本实验作了归纳和总结。下面就容易被初学者所忽视的实验条件问题作一点讨论。实验中总有一些条件特别是关键环节要严格控制，有的则可以在一定的范围内灵活选择。这是实验者必须明确的，否则会影响测量的准确度，甚至导致实验失败。例如在菲涅耳双棱镜实验中，扩束镜到测微目镜的距离，双棱镜的位置安排，都需认真考虑。前者的最短距离受到 $4f$(透镜焦距)的制约，过大则会影响虚光源像的测量；后者则对干涉区、条纹间距和条纹数有明显的影响，双棱镜距光源过远还可能使虚光源放大像的测量无法进行(想一想，为什么?)。

作为典型例子，下面来讨论自组电位差计中工作电流的设置问题。如图 6.0.4 所示，工作电流通常选0.1 mA或 1 mA。一个直觉的想法是选 0.1 mA 可以获得较高的精度(电阻箱的有效数字多一位)。但实验的结果却“出乎预料”：测量的灵敏度低，精度也差。其根本原因就在于工作电流影响了电位差计的灵敏度。下面来做一个定量的估算。相关符号如图 6.0.4 所示。由关系式 $IR_1+(I+I')R_2=E$ 和 $I'R_g+(I+I')R_2=E_X$ 可得

$$I' = \frac{(R_1+R_2)E_X - R_2E}{(R_1+R_2)(R_2+R_g)-R_2^2}$$

当 E_X发生变化时，检流计示值的改变 $\Delta I'$为

$$\Delta I' = \frac{(R_1+R_2)\Delta E_X}{(R_1+R_2)(R_2+R_g)-R_2^2}$$

则灵敏度

$$S=\frac{\Delta E_X}{\Delta I'}=\frac{R_1+R_2}{(R_1+R_2)(R_2+R_g)-R_2^2}$$

讨论时略去了 E 和 E_X 的内阻(如不能忽略,可以将它们分别计入 R_1 和 R_g)。代入典型数据 $E\approx3$ V、$E_X\approx1.5$ V、$R_g\approx10\ \Omega$,以及 $R_1+R_2\approx3\ 000\ \Omega$、$R_2\approx1\ 500\ \Omega$(1 mA)和 $R_1+R_2\approx30\ 000\ \Omega$、$R_2\approx15\ 000\ \Omega$(0.1 mA),可算得系统的灵敏度 S 分别为 1.3×10^{-3} A/V($I_0\equiv1$ mA)和 1.3×10^{-4} A/V($I_0\equiv0.1$ mA)。后者的灵敏度降低为前者的1/10。若检流计分度值 $d\approx2\times10^{-6}$ A/div,取 $I_0\equiv1$ mA,则灵敏度误差 $\Delta E_X=\frac{0.2}{1.3\times10^{-3}/2\times10^{-6}}$ V$\approx0.000\ 3$ V,采用一般的电阻箱,E_X 的测量值大体上可以有5位有效数字,而取 $I_0\equiv0.1$ mA,则灵敏度误差 $\Delta E_X\approx0.003$ V,测量的有效数字反而会减少一位。若取 $I_0\equiv0.1$ mA,要获得6位有效数字,必须使用分度值在 10^{-8} A/div 量级的检流计。

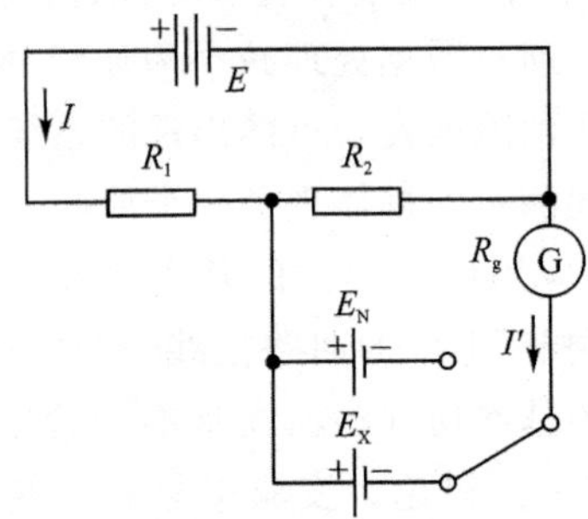

图 6.0.4　自组电位差计

6.0.3　数据处理

实验的数据处理是用数学方法从带有随机性的观测值中导出规律性结论的过程。作为设计性实验,通常以获得被测量的结果为目标,其数据处理方法与被测量的性质和获取方法有密切关系:是以直接观测量、间接观测量还是以隐含在函数中的参量形式出现。例如在拉伸法测弹性模量 E 中,直径 D 的测量可按直接观测量处理,而 C 的测量则是通过应力-应变关系用逐差法完成,它相当于是在8个质量作用下钢丝伸长的多次测量。E 则作为间接观测量由 H、b、C、D 和 L 求出。

实验数据处理的另一个基本任务是不确定度的计算。这里强调指出,作为一个测量结果,不仅要给出被测量的最佳值(包括单位),而且要正确估算相应的不确定度。这样做不仅可以据此讨论测量结果的可靠性,也是对设计的精度要求作出的复核和检验。在一些要求不高的场合,有时可以不计算不确定度,但也应当给出正确的有效数字,并对它作出定性或半定量的说明。

应当指出的是方案设计、实验操作及测量与数据处理是有机的整体,在时序上有时也难以截然分开。例如不确定度的预分配体现了方案设计中的数学处理;灵敏阈分析常常要结合实

$C \geqslant \frac{0.5}{\sqrt{3}} \times \frac{100\sqrt{2}}{3}$ mm≈13.6 mm。

上面的计算说明，当 $D \geqslant 0.27$ mm、$C \geqslant 13.6$ mm 时，测得的弹性模量 E 的精度可达 3 %以内。由 3.3.1 小节数据处理示例 1 可知，实际实验中钢丝直径 $D \approx 0.8$ mm、$C \approx 16$ mm，故能满足要求。

6.0.2　实验操作及数据测量

实验操作及数据测量是按设计方案的要求，完成仪器的调节和数据测量的过程。例如，按照设计方案的分析，拉伸法测弹性模量的精度主要取决于细丝的直径 D 和用光杠杆放大后的伸长读数 C 的测量，因此仅用米尺和卡尺对 R、H、L 作单次测量，而对 D 却用千分尺作精心的测量，不仅要测量多次，而且要在不同高度位置和方位进行测量；对 C 则进行了不同载荷下细丝伸长的分布测量，这样做便于通过数据处理减小因质量的起伏涨落和光杠杆垂足的随机漂移等引起的随机误差，还有助于消除或发现可能出现的系统误差(参见实验方法专题讨论之一——对实验结果的讨论)。上述测量安排体现了一个原则：可粗则粗，该细求细。

在具体的实验测量中要灵活应用已经学过的基本操作方法和技能，强调操作的规范性。例如光学的共轴调节、粗细分步调节，电学的回路接线、初值、安全位置和逼近调节，以及读数的消空程、消视差等。这些实验的基本功许多已在基本实验作了归纳和总结。下面就容易被初学者所忽视的实验条件问题作一点讨论。实验中总有一些条件特别是关键环节要严格控制，有的则可以在一定的范围内灵活选择。这是实验者必须明确的，否则会影响测量的准确度，甚至导致实验失败。例如在菲涅耳双棱镜实验中，扩束镜到测微目镜的距离，双棱镜的位置安排，都需认真考虑。前者的最短距离受到 $4f$(透镜焦距)的制约，过大则会影响虚光源像的测量；后者则对干涉区、条纹间距和条纹数有明显的影响，双棱镜距光源过远还可能使虚光源放大像的测量无法进行(想一想，为什么?)。

作为典型例子，下面来讨论自组电位差计中工作电流的设置问题。如图 6.0.4 所示，工作电流通常选0.1 mA或 1 mA。一个直觉的想法是选 0.1 mA 可以获得较高的精度(电阻箱的有效数字多一位)。但实验的结果却“出乎预料”：测量的灵敏度低，精度也差。其根本原因就在于工作电流影响了电位差计的灵敏度。下面来做一个定量的估算。相关符号如图 6.0.4 所示。由关系式 $IR_1+(I+I')R_2=E$ 和 $I'R_g+(I+I')R_2=E_X$ 可得

$$I' = \frac{(R_1+R_2)E_X - R_2E}{(R_1+R_2)(R_2+R_g)-R_2^2}$$

当 E_X发生变化时，检流计示值的改变 $\Delta I'$ 为

$$\Delta I' = \frac{(R_1+R_2)\Delta E_X}{(R_1+R_2)(R_2+R_g)-R_2^2}$$

则灵敏度

$$S=\frac{\Delta E_X}{\Delta I'}=\frac{R_1+R_2}{(R_1+R_2)(R_2+R_g)-R_2^2}$$

讨论时略去了 E 和 E_X 的内阻(如不能忽略,可以将它们分别计入 R_1 和 R_g)。代入典型数据 $E\approx3$ V、$E_X\approx1.5$ V、$R_g\approx10$ Ω,以及 $R_1+R_2\approx3\ 000$ Ω、$R_2\approx1\ 500$ Ω(1 mA)和 $R_1+R_2\approx30\ 000$ Ω、$R_2\approx15\ 000$ Ω(0.1 mA),可算得系统的灵敏度 S 分别为 1.3×10^{-3} A/V($I_0\equiv$ 1 mA)和 1.3×10^{-4} A/V($I_0\equiv0.1$ mA)。后者的灵敏度降低为前者的 1/10。若检流计分度值 $d\approx2\times10^{-6}$ A/div,取 $I_0\equiv1$ mA,则灵敏度误差 $\Delta E_X=\frac{0.2}{1.3\times10^{-3}/2\times10^{-6}}$ V$\approx0.000\ 3$ V,采用一般的电阻箱,E_X 的测量值大体上可以有 5 位有效数字,而取 $I_0\equiv0.1$ mA,则灵敏度误差 $\Delta E_X\approx0.003$ V,测量的有效数字反而会减少一位。若取 $I_0\equiv0.1$ mA,要获得 6 位有效数字,必须使用分度值在 10^{-8} A/div 量级的检流计。

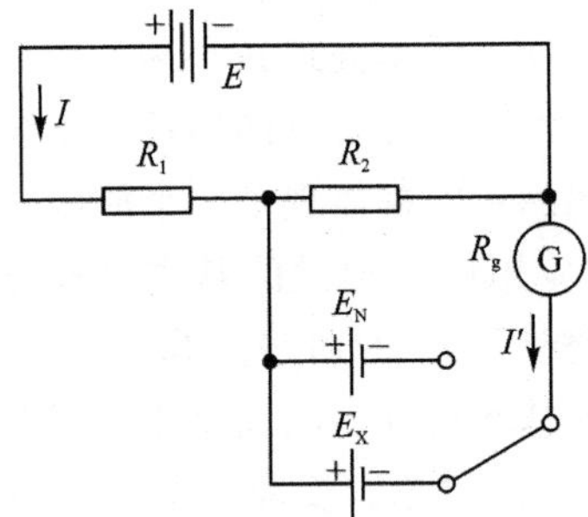

图 6.0.4 自组电位差计

6.0.3 数据处理

实验的数据处理是用数学方法从带有随机性的观测值中导出规律性结论的过程。作为设计性实验,通常以获得被测量的结果为目标,其数据处理方法与被测量的性质和获取方法有密切关系:是以直接观测量、间接观测量还是以隐含在函数中的参量形式出现。例如在拉伸法测弹性模量 E 中,直径 D 的测量可按直接观测量处理,而 C 的测量则是通过应力-应变关系用逐差法完成,它相当于是在 8 个质量作用下钢丝伸长的多次测量。E 则作为间接观测量由 H、b、C、D 和 L 求出。

实验数据处理的另一个基本任务是不确定度的计算。这里强调指出,作为一个测量结果,不仅要给出被测量的最佳值(包括单位),而且要正确估算相应的不确定度。这样做不仅可以据此讨论测量结果的可靠性,也是对设计的精度要求作出的复核和检验。在一些要求不高的场合,有时可以不计算不确定度,但也应当给出正确的有效数字,并对它作出定性或半定量的说明。

应当指出的是方案设计、实验操作及测量与数据处理是有机的整体,在时序上有时也难以截然分开。例如不确定度的预分配体现了方案设计中的数学处理;灵敏阈分析常常要结合实

验进行,在理论分析过于复杂或麻烦时更是如此;等等。

6.1　单量程三用表的设计与校准

6.1.1　任务与要求

① 用一个内阻约 500 Ω、量程为 200 μA 的表头,配以给定的其他器件或仪器,组装成一个单量程的三用表(10 mA 量程的电流表、5 V 量程的电压表和中值电阻 $R_{中}=120\ \Omega$ 的欧姆表)。

② 实验前给出相应的电路图及各元件或仪器的设计值;校准电路的原理图和设计参数。

③ 实验校准应当按满偏电流(10 mA 电流表)、满偏电压(5 V 电压表)以及欧姆表的满偏(0 Ω)和半偏电阻(120 Ω)的设计要求来调整参数。

④ 数据处理时请带坐标纸和计算器。

6.1.2　可供选择的仪器设备

待改装的电流表(量程 200 μA,内阻约 500 Ω)、电流表(1 级,0～3～15～30～75 mA)、电压表(1 级,0～1.5～3.0～7.5～15 V)、直流稳压电源(0～6 V 可调)各 1 个,电阻箱(ZX - 21 型) 2 个,滑线变阻器 2 个,开关 2 个(其中一个为三刀三掷开关),导线若干。

6.1.3　实验提示

① 毫安表和伏特表改装。毫安表和伏特表改装的原理分别如图 6.1.1 和图 6.1.2 所示。R_s和 R_H的数值可由改装后的电表量程和 μA 表的参数算出。所谓校准,就是用改装表与标准表(级别更高的电表)同时测量同一电流或电压,以确定改装表的准确程度并提供校准曲线对测量值作出修正。毫安表的校准电路如图 6.1.3 所示。请考虑图中 R 和 R_n的作用及取值。伏特表的校准电路自行设计。

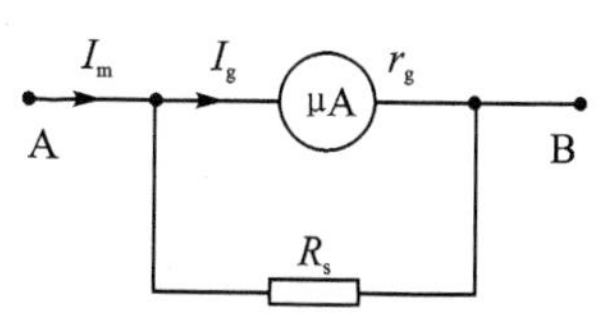

图 6.1.1　毫安表改装原理图

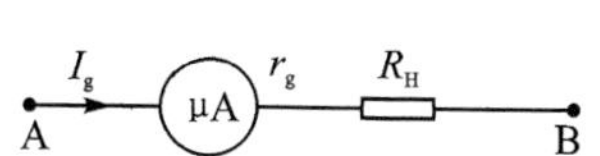

图 6.1.2　伏特表改装原理图

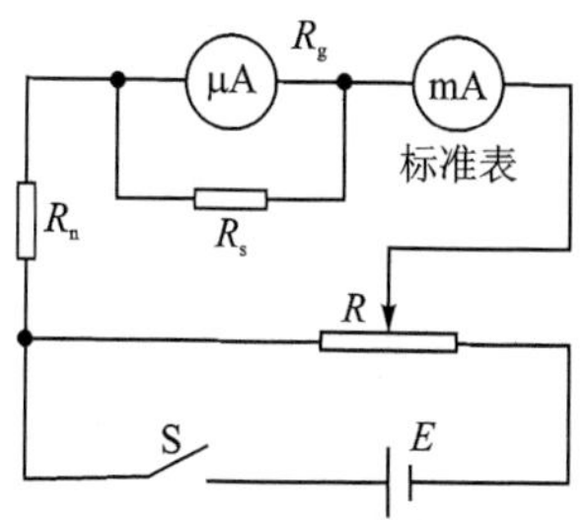

图 6.1.3　毫安表校准电路

② 欧姆表的原理可简化为如图 6.1.4 所示。欧姆表的一个重要指标是“中值电阻 $R_{中}$”,即恰使表头指针指在中心位置(半偏)时的外测电阻 R_x的值,也等于欧姆表的内阻(由 R_g、R_0、R 等构成),它规定了该表适于测量的电阻值范围。欧姆表在进行测量前,必须先调零,即短接 a、b 两端($R_x=0$),调节调零电阻 R_0使指针“满偏”。R_0 的可调范围应在 R 选定(E 取标准值 1.5 V)条件下,在电源(干电池)的使用范围 1.60~1.35 V 内,使欧姆表能正常调零。

③ 校准是在按估算参数值组装成三用表后必须进行的一个步骤,因为有许多因素(如 R_g 值的偏差)都可能使所组装的三用表不能完全满足设计要求。校准要求是:

i 调整分流电阻使表头满偏时,符合标准值 10 mA(标准表读数);

ii 调整串联电阻,使其满偏时,符合标准值 5 V(标准表读数);

iii 调整 R 和 R_0,使之符合满偏($R_x=0$ Ω 时)和半偏($R_x=120$ Ω 时)条件。

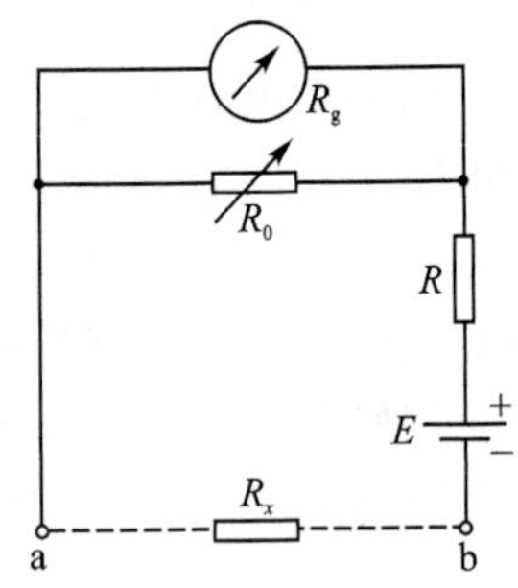

图 6.1.4 欧姆表原理图

④ 欧姆表必须在标准条件($E=1.5$ V)下,同时满足满偏和半偏条件,它们通过对两个参数 R、R_0的调节来实现。由于 R、R_0 的设计值与实际条件或多或少存在着偏离,故调整时总是先固定一个参数(例如 R),调整另一个参数(例如 R_0)来满足半偏条件或满偏条件中的一个条件,再固定后一个参数,调整前一个参数来满足另一个条件。如此循环往复,逐次逼近。这里存在两个问题:

i 如何调节才能使满偏和半偏条件最终得以满足,即所谓调节的收敛性问题;

ii 如何减少调节次数,即加快收敛速度问题。实验中应注意观察和分析,并选好初值以减少调整次数。

6.2 伏安法的应用(玻耳兹曼常数的测量)

6.2.1 任务与要求

① 用伏安法测 PN 结正向电流-电压关系,并由此测出玻耳兹曼(Boltzmann)常数。

② 实验进行前,必须在报告纸上给出:

i 线路图(包括元件的极性、引脚及大小量级);

ii 测量方案和操作步骤的简要说明(不超过 300 字)。

③ 数据处理时请带计算器。

6.2.2　可供选择的仪器设备

待测硅三极管(浸没在变压器油中,油管插入装有冰水混合物的保温瓶)、四位半数字电压表(用四位半数字万用表代替)各 1 个,装有运算放大器、多圈电位器(100 Ω)及金属膜电阻(约 100 kΩ,1/4 W)的实验盒 1 个,三路直流稳压电源(±12 V 及+2 V,其中±12 V 用做运算放大器电源),导线若干。

6.2.3　实验提示

① 半导体 PN 结理论指出:PN 结的正向电流 I 和电压 U 的关系满足 $I=I_0(e^{\frac{eU}{kT}}-1)$,式中,$U$ 为 PN 结的正向压降,I 是正向电流,T 是热力学温度,e 是电子电荷,k 是玻耳兹曼常数。可见,只要测得 PN 结的正向伏安特性,结合 T 和 e 的已知条件,即可测定玻耳兹曼常数 k。

在实际测量中,考虑到 $e^{\frac{eU}{kT}}\gg1$(例如,取 $T=300$ K,$U\geqslant0.3$ V,则 $e^{\frac{eU}{kT}}\geqslant10^5$)。上述关系可简化为

$$I=I_0e^{\frac{eU}{kT}} \tag{6.2.1}$$

即 PN 结的正向电流 I 和电压 U 为指数关系。

② 但对普通二极管而言,除了式(6.2.1)表述的扩散电流以外,还存在违背式(6.2.1)的复合电流和表面电流。为了减小和避免后者的影响,可以采用接成共基极方式的三极管。理论和实验都证明,这时的集电极电流将不包含复合电流(复合电流只出现在基极电流中);如果 eb 结又处于较小的正向偏置,则表面电流也几乎可忽略。式(6.2.1)就可用来确定玻耳兹曼常数 k。

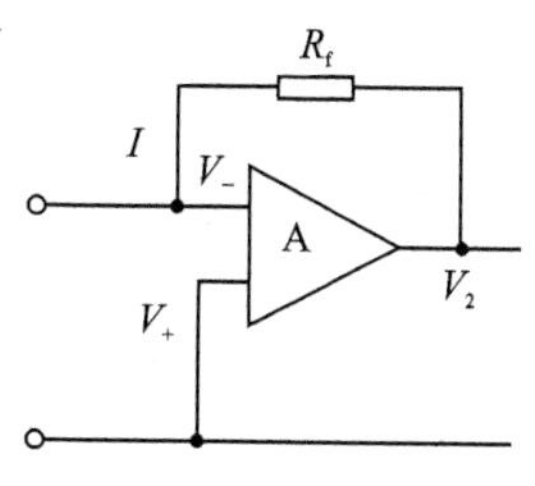

图 6.2.1　电流-电压变换

③ 测量 PN 结的正向伏安特性时,集电极电流的变化范围为 $10^{-2}\sim10^{-1}$ mA。为了选择合适的电流表,可以用运算放大器组成的电流 - 电压变换器来充当。如图 6.2.1 所示,对一个理想的运算放大器:

i　闭环工作时 $V_-\approx V_+$;

ii　运放输入端不取电流(输入阻抗→∞)。于是 $IR_f=-V_2$,$I=-\frac{V_2}{R_f}$。

已知 R_f,只要测出 V_2 即可求得 I。顺便指出,用电流-电压变换器组成的“电流表”,其内阻≈0,是一种“理想”的电流表。

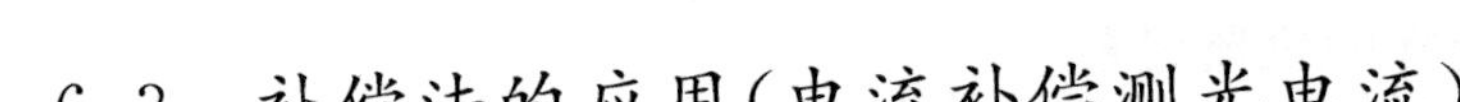

6.3 补偿法的应用(电流补偿测光电流)

6.3.1 任务与要求

① 把 μA 表改装成多量程(2～3 挡)的电流表，以适应不同光电流(短路)的测量，电流表须经过校准。

② 利用电流补偿原理测量不同照度下光电池输出的短路电流。

③ 验证点光源发光在垂直面上产生的照度服从平方反比律。

④ 测量前必须在报告纸上给出：i 线路图；ii 测量方案和操作步骤的简要说明(不超过300 字)；iii 测量的可行性、安全性和准确度分析，包括仪器的参数或元件的量级估计。

⑤ 数据处理时请带坐标纸和计算器。

6.3.2 可供选择的仪器设备

光电池测量专用导轨 1 套(包括照明灯、1 m 导轨和光电池各 1 个)，电阻箱(ZX－21 型) 2 个，双路直流稳压电源 1 台，微安表表头(100 μA，2.5 级，内阻约 2 kΩ)，滑线变阻器，电压表，短路按钮开关(两端并联约有 30 kΩ 的电阻)，单刀双掷开关各 1 个，导线若干。

6.3.3 实验提示

照度是发光体照射在单位面积上的光通量。照度服从平方反比律：点光源发出的光线，在垂直面上的照度 E 与光源到该表面的距离的平方 r^2 成反比，即 $E\propto 1/r^2$。照度可通过光电池被光照后的光电流 I 来表征。那么照度 E 与光电流 I 之间又有什么关系呢？

实验证明光电池的短路电流与照度成正比，而当光电池外接负载后，光电流与照度的线性关系将被破坏。因此用 $I\propto 1/r^2$ 来验证 $E\propto 1/r^2$ 的关键在于如何进行光电池短路电流的测量。它可以通过补偿法实现。如图 6.3.1(a)所示，左侧为光电池所在电路，设光电池受光照后，AB 之间的短路电流为 I；右侧为补偿电路，适当调整电路参数可使 A′B′中的电流也等于 I。这时如将 A 与 A′合并，B 与 B′合并(见图 6.3.1(b))，AB 两端将没有电流流过，电流表指示的电流也就是光电池的短路电流。这就是所谓的电流补偿原理。

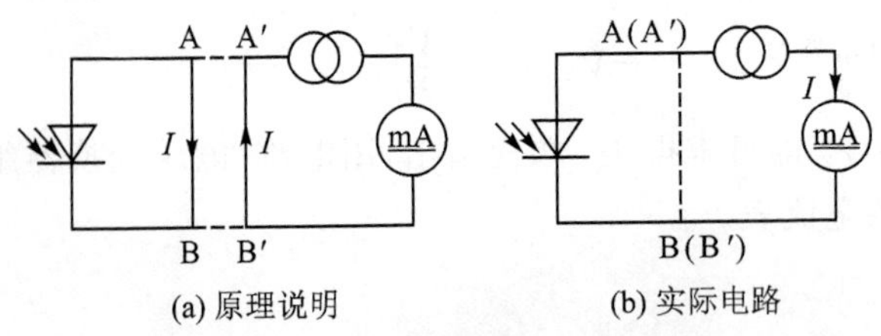

(a) 原理说明　　(b) 实际电路

图 6.3.1　补偿法测光电池的短路电流

6.4　非平衡电桥的应用(自组热敏电阻温度计)

6.4.1　任务与要求

① 设计一个用热敏电阻(电阻随温度升高而下降)做传感元件,用非平衡电桥做指示(电桥不平衡时桥路上的电流是温度的函数)的温度计。

② 先利用平衡电桥原理,测定不同温度下热敏电阻的阻值随温度变化的实验曲线。

③ 由上述实验点进行曲线拟合,获得热敏电阻值随温度(0～100 ℃)的变化曲线 $R(t)$。

④ 利用 $R(t)$ 对热敏电阻温度计定标。

⑤ 数据处理时请带计算器。

6.4.2　可供选择的仪器设备

指示用微安表头(量程为 200 μA,内阻约为 500 Ω)1 个,装有热敏电阻的加热装置 1 台,标准温度计和温度变送器 1 个,数字电压表 1 台,固定电阻(标称值为 1.2 kΩ)2 个,电阻箱(ZX－21 型)2 个,3 路直流稳压电源 1 台(±12 V 供温度变送器用,30～40 V 供加热器用),滑线变阻器、单刀开关各 1 个,导线若干。

6.4.3　实验提示

① 电桥在平衡时,桥路中电流 $I_g=0$(见图 6.4.1),桥臂电阻之间存在关系 $R_1:R_2=R_x:R_3$。如果被测电阻 R_x 的阻值发生改变而其他参数不变,将导致 $I_g\neq0$,I_g 是 R_x 的函数,因此可以通过 I_g 的大小来反映 R_x 的变化。这种电桥称为非平衡电桥,它在电阻温度计、应变片、固体压力计等的测量电路中有广泛的应用。

② 热敏电阻是用半导体材料制成的非线性电阻,其特点是电阻对温度变化非常灵敏。与绝大多数金属电阻率随温度升高而缓慢增大的情况完全不同,半导体热敏电阻随温度升高,电阻率很快减小。在一定温度范围内,热敏电阻的阻值 R_t 可表示为 $R_t=a\mathrm{e}^{b/T}$。式中,T 为热力学温度,a、b 为常量,其值与材料性质有关。热敏电阻的电阻温度系数 α 定义为

$$\alpha\equiv\frac{1}{R_t}\frac{\mathrm{d}R_t}{\mathrm{d}T}=-\frac{b}{T^2}$$

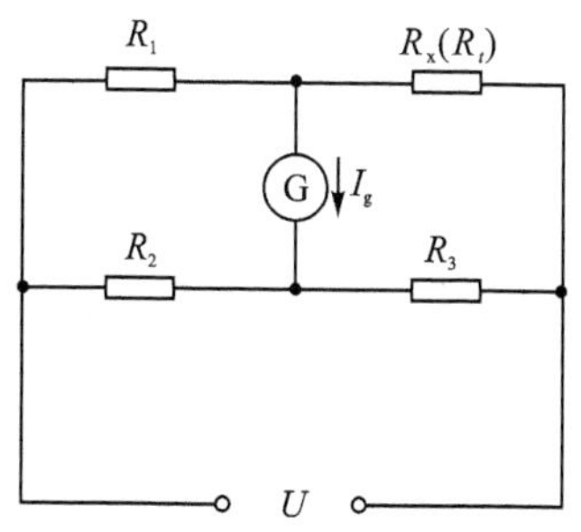

图 6.4.1　非平衡电桥

③ 把热敏电阻和非平衡电桥的原理结合起来,就构成了热敏电阻温度计(见图 6.4.1)。当 R_t 随温度发生改变时,I_g 也将发生变化,因此,只要知道了 I_g 与电阻 R_t 进而与温度 t 的函数

关系,就可以直接测得 R_t 所对应的温度。

热敏电阻特性测量和热敏电阻温度计的定标可以统一起来进行,请考虑实验方案。

④ 热敏电阻特性测量应给出 R_t-t 实验曲线,在低温端 $t=t_n$(例如 0 ℃)到高温端 $t=t_m$(例如 100 ℃)范围内,实验点不得少于 10 个。

⑤ 组装热敏电阻温度计时,要求在校准条件下同时满足 $t=t_n$ 时 I_g 为零及 $t=t_m$ 时 I_g 满偏,并给出 I_g-R_t 定标曲线,在 $R_n\sim R_m$ 范围内实验点不得少于 10 个。作为实际应用的温度计,应考虑工作条件(例如工作电压)变化时可能造成定标曲线失效,为此测量前应进行指针满度的调节,即当 $R_t=R_m$ 时 I_g 满偏。还应考虑标度的线性化,本实验不作要求。

请考虑以上要求在线路设计中如何予以保证和实现。

6.5 分光仪的应用(棱镜光谱仪)

6.5.1 任务与要求

① 按照 4.10 节的要求调整好分光仪及三棱镜。

② 观察汞灯经三棱镜色散后的谱线。测量不同谱线的最小偏向角,计算三棱镜玻璃对不同波长 λ 的折射率,并用一元线性回归法验证科希(Cauchy)公式。

③ 通过测量未知光源对应的折射率,求出待测光源的光谱(波长)。

④ 数据处理时请带计算器。

6.5.2 实验提示

① 本实验对分光仪的调整应达到什么要求?

② 如图 6.5.1 所示,单色平行光束入射到三棱镜 AB 面,经折射后由 AC 面出射,出射光线与入射光线的夹角称为偏向角。对顶角 α 一定的棱镜而言,偏向角 d 随入射角 i_1 而变,当 $i_1=i_2$,$i_1'=i_2'$ 时,偏向角 d 最小,称为最小偏向角。可以证明当 d 取最小值 $d_{\min}$ 时,有

$$n=\frac{\sin\dfrac{d_{\min}+\alpha}{2}}{\sin\dfrac{\alpha}{2}} \tag{6.5.1}$$

请从分析最小偏向角 $d_{\min}$ 在所有偏向角 d 中为最小的特点出发,考虑如何在分光仪上用实验方法找到并测定最小偏向角。

③ 棱镜的折射率与入射光的波长有关,折射率与波长的对应关系可近似地由科希公式给出,即

$$n(\lambda) = A + B/\lambda^2 \qquad (6.5.2)$$

式中，A、B 为常数。

当含多种光谱成分的平行光束以一定角度入射到三棱镜 AB 面时，由于三棱镜对不同波长光的折射率不同，因此经折射后从 AC 面出射时，不同波长的光出射角度也不同，即偏向角不同，如图 6.5.2 所示。在平行光管和棱镜相对位置固定的条件下，入射平行光束中不同波长成分的光产生的偏向角也固定，即通过自准直望远镜观察到的光谱位置固定，但各谱线的最小偏向角位置并不相同。在最小偏向角的条件下，利用已知光谱的光源(如汞灯，见表 6.5.1)作为标定光源，测量出不同谱线的最小偏向角，进而求出对应的折射率，再通过一元线性回归法即可完成光谱仪的标定。将光源换成待测光源，同理测出各待测谱线对应的折射率，由式(6.5.2)便可计算出对应的波长。

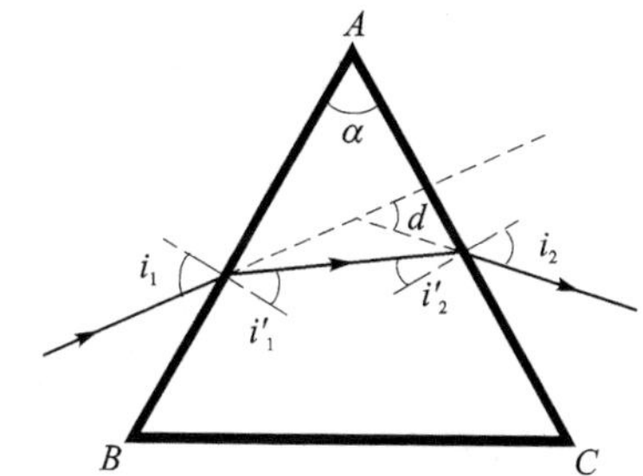

图 6.5.1　光线在三棱镜截面内的折射

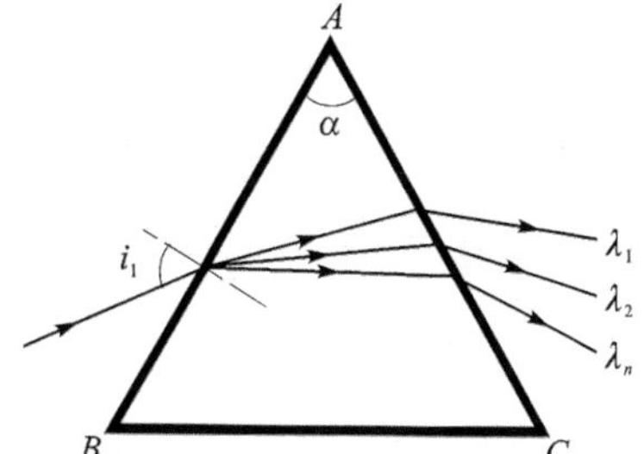

图 6.5.2　三棱镜的色散作用

表 6.5.1　汞灯不同谱线对应的波长

颜　色	波长 λ/nm	强　度
红	690.7	弱
红	623.4	弱
红	612.3	很弱
红	607.0	很弱
黄	579.1	强
黄	577.0	强
黄绿	546.1	强
绿	496.0	很弱
绿蓝	491.6	弱
蓝紫	435.8	强
紫	407.8	很弱
紫	404.7	弱

6.5.3 可提供的仪器设备

分光仪、平面反射镜、三棱镜、会聚透镜、汞灯、待测光源。

6.6 分光仪的应用(测定闪耀光栅的空间频率)

6.6.1 任务与要求

① 以低压汞灯常用的四条光谱线(λ=435.83 nm、546.07 nm、576.96 nm 和 579.07 nm)为标准,利用分光仪测定光栅的光栅常数并估算不确定度。

② 取 $k=\pm1$、λ=546.07 nm 时,测定该光栅的角色散率 D_θ和光栅能分辨的最小波长 dλ。已知平行光管通光口径为 2.20 cm。

6.6.2 实验提示

① 作为分光元件,光栅在光谱仪器中占有重要的地位。但是教学实验中使用的透射光栅有一个致命的缺点,它的主要能量都集中在 0 级透射光中,不同波长完全重叠;真正产生色散的 $k=\pm1$ 级以上的衍射光强变得很弱。而平面反射光栅很好地解决了这个矛盾。如图 6.6.1 所示,当光入射到锯齿形断面的反射光栅上时,衍射光是单槽的衍射和多槽干涉的合成。不难想见,单槽衍射的极大落在满足反射定律的方向上,如果该方向又同时满足多槽干涉的主极大条件,则该级衍射的光强将被显著加强,这个方向称为闪耀方向。满足此条件的波长称为闪耀波长,槽面与光栅平面的夹角 γ 称为闪耀角,闪耀波长为 $2d\sin\gamma$。平面反射光栅也被称为闪耀光栅。

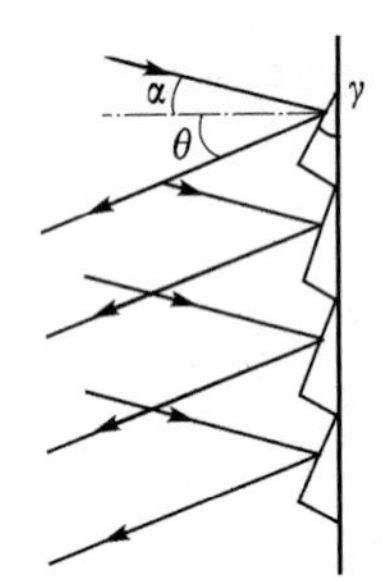

图 6.6.1　闪耀光栅

② 应当指出,平面反射光栅并不一定要在满足闪耀条件时使用,在单槽衍射 0 级主峰的宽度内,不同波长的衍射主极大都会有较大的强度。它们的衍射主极大位置仍由光栅方程给出,只是需要采用斜入射的公式。

正确选择夹角的正负,当一束平行单色光以 α 角入射到光栅上时,衍射光的主极大位置(衍射角 θ)由光栅方程决定,即

$$d(\sin\theta-\sin\alpha)=k\lambda \qquad (k=0,\pm1,\cdots)$$

③ 本实验要求测定平面反射光栅的光栅常数 d。有关分光仪和光栅的知识请查阅 4.10 节和 5.13 节。请考虑实验中如何确定并测得入射和衍射的方向角。

6.6.3　可提供的仪器设备

分光仪、平面反射镜、平面反射光栅、汞灯光源。

6.7　偏振光的研究

6.7.1　任务与要求

① 用布儒斯特定律测定平板玻璃的折射率,并判定偏振片的偏振化方向。估算折射率的不确定度并写出结果表达式。

② 识别给定光源的 1/2 和 1/4 波片,并判定 1/4 波片的光轴(或垂直于光轴)的方向。给出判别结果并说明原理。

③ 设计并实现产生圆偏振光和椭圆偏振光的方法,并用实验验证。

④ 数据处理时请带坐标纸和计算器。

6.7.2　实验提示

① 当一束平行的自然光从空气入射到透明媒质(折射率 n)的界面上时,如果入射角 i 满足关系(见图 6.7.1):

$$\tan i_0 = n$$

则从界面上反射出来的光为平面偏振光,其振动方向垂直于入射面,而透射光为部分偏振光。该规律称为布儒斯特定律。本实验在光具座上进行,平板玻璃垂直放在配有角度刻线的水平圆盘(见图 6.7.2)上,圆盘可在水平面内转动。请考虑如何利用上述装置来确定布儒斯特角并测定玻璃折射率;若入射光为平行入射面的偏振光,其反射光有何特性?

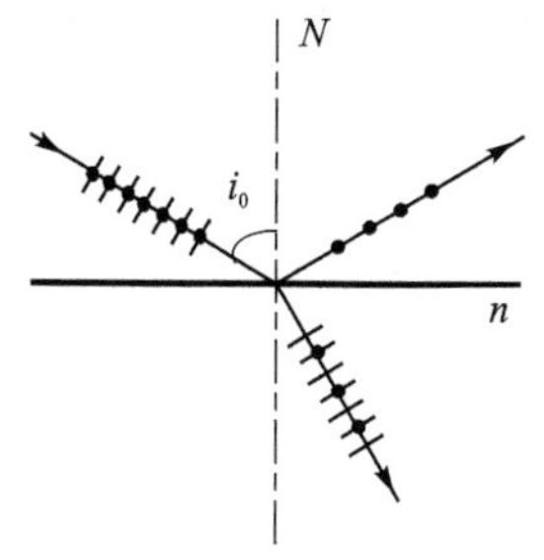

图 6.7.1　全偏振角

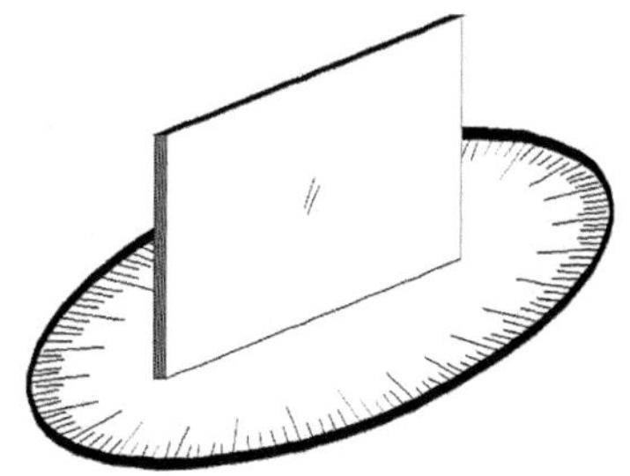

图 6.7.2　水平圆盘

② 当自然光入射到某些晶体上时,会分解为偏振方向不同的两束光:o 光和 e 光,它们以不同的速度在晶体内传播而导致折射角不同,这种现象称为双折射。在这些晶体中存在有特

殊的方向,光线沿该方向传播时不发生双折射,这个特殊方向称为光轴。在实验工作中常把双折射晶体做成光轴与晶体表面平行的“波片”。如图 6.7.3 所示,以振幅为 A 的平面偏振光垂直入射,振动方向与晶体光轴夹角为 α,入射后光分解为沿光轴方向振动的 e 光和沿垂直于光轴振动的 o 光。它们沿原方向传播,由于传播速度不同,经厚度为 d 的晶片到达某点后,两束光将产生附加的相位差 $\Delta\phi=\frac{2\pi}{\lambda}d(n_e-n_o)$。式中,$\lambda$ 为入射光波的波长,n_e 为 e 光的折射率,n_o 为 o 光的折射率。若位相差 $\Delta\phi=(2k+1)\pi$,即 $d(n_e-n_o)=(2k+1)\lambda/2$,这种波片称为二分之一波长片或 $\lambda/2$ 波片;若 $\Delta\phi=(2k+1)\pi/2$,即 $d(n_e-n_o)=(2k+1)\lambda/4$,则这种波片称为四分之一波长片或 $\lambda/4$ 波片。

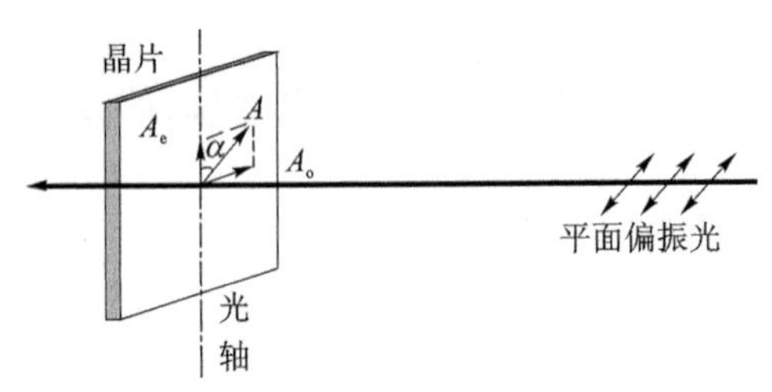

图 6.7.3　波　片

③ 有些物质对 o 光和 e 光吸收的程度有很大不同,称为物质的二向色性。物理实验中偏振片通常用两平板玻璃夹一层二向色性很强的有机化合物做成。它所透过的线偏振光的偏振方向,即为偏振片的偏振化方向。

④ 光按其偏振状态来划分,包括自然光(非偏振光)、线偏振光(平面偏振光)、部分偏振光、椭圆偏振光和圆偏振光。椭圆偏振光和圆偏振光都可看成是两个相互垂直的线偏振光的合成,当它们的振幅相等、位相差为 $\pm\pi/2$ 时,则形成圆偏振光,否则就是椭圆偏振光。

请考虑:当平面偏振光分别垂直入射 $\lambda/2$ 片和 $\lambda/4$ 片时,其透射光分别为何种光?振动方向如何?当圆偏振光通过 $\lambda/4$ 片后成为何种光?椭圆偏振光在什么条件下通过 $\lambda/4$ 片可成为平面偏振光?

6.7.3　仪器设备

单色光源、导轨(带多种滑座及垂直可调圆刻度盘)、平板玻璃及水平可调圆刻度盘、可调狭缝、凸透镜(带透镜夹)、白屏、光电池及数字三用表(用于测光电流) 各 1 个,偏振片 2 个,相应单色光的 $\lambda/2$ 和 $\lambda/4$ 波片各 1 个。

6.8　迈克尔逊干涉仪的应用

6.8.1　任务与要求

实验 1:光学法测压电常数 D_{31}

① 利用改装后的迈克尔逊干涉仪测量压电陶瓷(锆钛酸铅)圆管的压电常数 D_{31}。

② 要求设计 D_{31} 的测量方案，对测量的可行性(灵敏度和精度)作出估计，并用一元线性回归和作图法处理数据。

③ 数据处理时请带坐标纸和计算器。

实验 2：测钠光双黄线的波长差 $\Delta\lambda$

① 调出钠灯面光源等倾干涉条纹，用视见度原理测出钠光双黄线的波长差 $\Delta\lambda$。要求用一元线性回归法处理数据。

② 测出钠光的相干长度并由此估算谱线宽度 $\delta\lambda$。

6.8.2　实验提示

实验 1：光学法测压电常数 D_{31}

① 某些晶体以及经极化处理的多晶铁电体(压电陶瓷)，在受到外力发生形变时，在它们的某些表面会产生电荷，这种效应称为压电效应；反过来，当它们在外电场的作用下，又会产生形变，这种效应则被称为逆压电效应。描写压电效应的基本参数是压电常数 D_{ih}。D_{31} 是指在应力不变的条件下，"3"方向(极化方向)施加单位电场时，在"1"方向产生的应变。

② 本实验中使用的压电陶瓷样品为薄圆管，沿径向("3"方向)极化并涂有电极。在内外壁(厚度为 t)施加电压 V 时，只要测出长度方向("1"方向)的形变 $\frac{\Delta l}{l}$，就可以确定 $D_{31}=\frac{\Delta l/l}{E}=\frac{\Delta l}{l}\frac{t}{V}$。

③ 一般压电陶瓷的 D_{31} 约为 10^{-10} C/N，压电陶瓷圆管 $l\approx10^{-2}$ m，$t\approx10^{-4}$ m，$V\approx10^{2}$ V。D_{31} 测量的难点是长度方向("1"方向)的形变 Δl 很小，用一般的长度测量仪器难以进行测量，而用迈克尔逊干涉仪测量 Δl 有足够的灵敏度。实验前已对迈克尔逊干涉仪进行了改装：取下动镜的反射镜，粘好压电陶瓷圆管后，再将反射镜贴在圆管的另一端。

实验 2：测钠光双黄线的波长差 $\Delta\lambda$

① 视见度(也称反衬度、可见度)V 是描写干涉条纹清晰程度的物理量，且

$$V=\frac{I_{\max}-I_{\min}}{I_{\max}+I_{\min}}$$

式中，$I_{\max}$ 是亮条纹的极大光强，$I_{\min}$ 是暗条纹的极小光强。

当 $I_{\min}=0$ 时，$V=1$，干涉条纹亮暗分明，最清晰；当 $I_{\max}=I_{\min}$ 时，$V=0$，视场为一均匀亮度的光场($I_{\min}\neq0$)，或一片黑暗($I_{\min}=0$)，看不到干涉条纹。理想的单色光源所产生的干涉条纹，其视见度与光程差无关，$V=1$。若扩展光源的谱线由两条靠得很近的双线 λ_1 和 λ_2 组成，且两者的光强相近，干涉仪 $M_2 /\!/ M_1'$(见图 6.8.1)，当 λ_1 和 λ_2 两套同心亮纹重合时，视见度最好，条纹清楚可见；当 λ_1 的一套亮纹恰与 λ_2 的一套暗纹重合时，视场一片均匀，视见度为零。改变 d，视见度将出现交替变化。

② 光源存在一定的相干长度可以作下述理解：

i 光源发射的光波由彼此无关的断续波列组成，每个波列被分束镜分成两束，当光程差

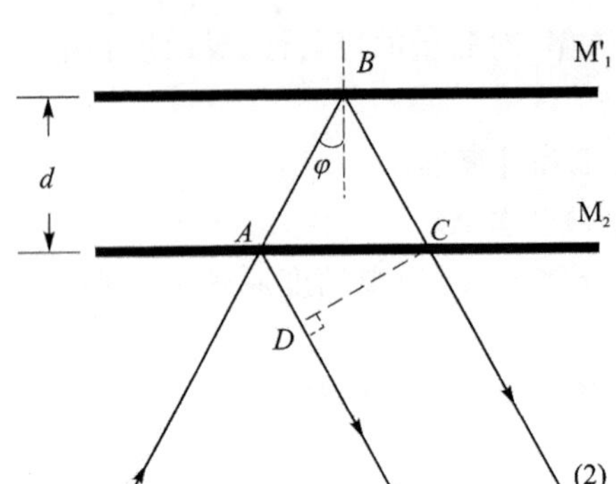

图 6.8.1　等倾定域干涉光程差计算

ΔL 过大时,来自两臂的分波列首尾错开,不发生重叠,因此形不成干涉。

ii 实际光源不是理想的单色光,一个光波可以看成是由波长在 $\lambda_0-\delta\lambda/2\sim\lambda_0+\delta\lambda/2$ 之间的无限多个理想单色光组成的。发生干涉时,每个单色光形成了自己的一套条纹。$\Delta L=0$ 时各套条纹重叠在一起,视场的视见度最好。随光程差的增加,视见度逐渐减小。当 $\lambda_0-\delta\lambda/2$ 的干涉条纹与 $\lambda_0+\delta\lambda/2$ 错开一个条纹间距时,干涉条纹完全消失。

③ 本实验涉及的是面光源产生的定域条纹及其观察问题。如图 6.8.1 所示,调节 M_1、M_2 互相垂直,即 $M_2 /\!/ M_1'$,来自面光源上某光点的入射光 S_1 经 M_2、M_1'反射后成为互相平行的两束光(1)与(2),它们的光程差为

$$\Delta L = AB + BC - AD = 2d\cos\phi$$

式中,d 是镜面形成的空气膜厚,ϕ 是入射角。该式说明,来自面光源不同点的入射光,只要以相同的 ϕ 入射,经 M_1、M_2 反射后都互相平行,它们在∞处相遇而发生干涉。如果在空间放置一块透镜,则将在透镜焦面上产生干涉条纹。这些光线的干涉发生在空间某特定区域,称为定域干涉。同时,相同倾角 ϕ 入射的光线,均属同一级的干涉条纹(ΔL 相同),所以称为等倾定域干涉。

④ 人眼可视做类似照相机的光学仪器,其晶状体相当于一个焦距可调的透镜,眼睛肌肉完全松弛时可调焦至∞(无穷远的物体成像在视网膜上)。在观察近处物体时,则可通过肌肉的收缩使焦距缩短来完成聚焦。

⑤ 调节面光源等倾干涉条纹时,可先参照 4.12 节调出点光源非定域等倾干涉条纹,然后将入射光源换成钠灯,并在灯前置一毛玻璃,使之成为面光源。改换光源前需注意钠光与激光在相干长度上的差异,将点光源非定域条纹调至合适的状态。

请思考:面光源等倾干涉条纹定域在何处?具有什么形状?如果没有透镜是否仍用毛玻璃接收?换成面光源后观察到的条纹就是等倾干涉条纹吗?应看到什么现象才可认为是等倾干涉条纹?

⑥ 有关钠光参数的测量应当采用何种干涉条纹？如何用视见度原理测量钠双线的波长差 $\Delta\lambda$？如何安排实验以便用一元线性回归法来求得该波长差(实验数据不得小于 6 组，λ_0 作为已知值处理)？如何测量钠光的相干长度？

⑦ 钠双线波长差的计算公式，可参阅 5.15 节的式(5.15.8)。

注：相干长度的测量一般只需估计出量级，即只取 2 位有效数字即可。

6.8.3 仪器设备

迈克尔逊干涉仪、压电陶瓷圆管、氦氖激光器、直流高压发生器、钠灯光源、白炽灯、小孔、扩束镜、毛玻璃。

参考文献

[1] 吕斯骅,段家忯.基础物理实验.北京:北京大学出版社,2002.

[2] 丁慎训,张连芳,等.物理实验教程.2版.北京:清华大学出版社,2002.

[3] 张士欣,等.基础物理实验.北京:北京科学技术出版社,1993.

[4] 邬铭新,李朝荣,等.基础物理实验,北京:北京航空航天大学出版社,1998.

[5] 梁家惠,李朝荣,徐平,等.基础物理实验.北京:北京航空航天大学出版社,2005.

[6] 谢慧瑗,等.普通物理实验指导(电磁学).北京:北京大学出版社,1989.

[7] 陈怀琳,邵义全主编.普通物理实验指导(光学).北京:北京大学出版社,1990.

[8] 林抒,龚镇雄主编.普通物理实验.北京:高等教育出版社,1987.

[9] 赵凯华,钟锡华.光学.下册.北京:北京大学出版社,1984.

[10] 李允中,潘维济主编.基础光学实验.天津:南开大学出版社,1987.

[11] 张三慧,史田兰.光学近代物理.北京:清华大学出版社,1991.

[12] 杨介信,陈国英.普通物理实验(二、电磁学部分).北京:高等教育出版社,1986.

[13] 何圣静主编.物理实验手册.北京:机械工业出版社,1989.

[14] Meiners H F,et al. Laboratory physics 2th ed. John wiley &Sons. Inc,1987.

[15] Whiile R M,et al. Experimental physics for students. Chapman & Hall ltd,1973.

[16] Khandelwal D P. A Labolatory Manual of Physics(for Undergraduate Classes). Rikas publishing house prt ltd,1993.

[17] Massachusetts Institude of Technology Physics Department. Junior Physics Laboratory,1981.

[18] BIPM IEC IFCC ISO IUPAC IUPAP OIML.测量不确定度表示指南.1995.

[19] 刘智敏,刘风.现代不确定度方法与应用.北京:中国计量出版社,1997.